Peter H. Meurer

Fontes Cartographici Orteliani

VCH
Acta humaniora

Spectandum dedit Ortelius mortalib. orbem,
Orbi spectandum Galleus Ortelium. P.ypus

Peter H. Meurer

Fontes Cartographici Orteliani

Das „Theatrum Orbis Terrarum"
von Abraham Ortelius
und seine Kartenquellen

VCH
Acta humaniora

Die Deutsche Bibliothek – CIP-Einheitsaufnahme

Meurer, Peter H.:
Fontes cartographici Orteliani : das "Theatrum orbis terrarum"
von Abraham Ortelius und seine Kartenquellen / Peter H.
Meurer. – Weinheim : VCH, Acta Humaniora, 1991
    ISBN 3-527-17727-2

© VCH Verlagsgesellschaft, D-6940 Weinheim
(Bundesrepublik Deutschland), 1991

Gedruckt auf säurefreiem Papier

Alle Rechte, insbesondere die der Übersetzung in andere
Sprachen, vorbehalten. Kein Teil dieses Buches darf ohne
schriftliche Genehmigung des Verlages in irgendeiner Form –
durch Photokopie, Mikroverfilmung oder irgendein anderes
Verfahren – reproduziert oder in eine von Maschinen, insbesondere von Datenverarbeitungsmaschinen, verwendbare Sprache
übertragen oder übersetzt werden.

Herstellerische Betreuung: Dipl. Wirt.-Ing. (FH) Hans-Jochen
Schmitt
Satz: Mitterweger Werksatz, D-6831 Plankstadt
Druck: Hans Rappold Offsetdruck, D-6720 Speyer
Bindung: Großbuchbinderei J. Schäffer, D-6718 Grünstadt

Printed in the Federal Republic of Germany

Inhaltsverzeichnis

Vorbemerkung 1

Einführung 5

1. Die Entwicklung des Typus „Atlas" bis 1600 7
2. Die Kartenproduktion in Antwerpen bis um 1570 13
3. Abraham Ortelius – Leben und Werk 17
3.1 Daten zur Biographie 17
3.2 Ortelius als Altphilologe und Numismatiker 19
3.3 Drei Wandkarten von Abraham Ortelius 20
3.4 Abraham Ortelius und die historische Kartographie 21
4. Das *Theatrum Orbis Terrarum* . . . 25
4.1 Zur Vorgeschichte des *Theatrum* . . 26
4.2 Editionsgeschichte und Editionsstufen des *Theatrum* 27
5. Die Kartenquellen des *Theatrum* . . 31
5.1 Die Originalitätsstruktur der *Theatrum*-Karten 32
5.2 Zur Quellenbeschaffung 33
5.3 Ortelius als Redakteur der *Theatrum*-Karten 35
5.3.1 Kompilationen aus mehreren Quellen 35
5.3.2 Ausschnittkopien 38
5.3.3 Direkte Kopien 39
5.4 Aktualität und Aktualisierung der *Theatrum*-Karten 40
6. Der *Catalogus Auctorum* 43
6.1 Die Quellen 43
6.2 Die Wachstumsstufen 44
6.3 Zur Vollständigkeit 47
7. Epilog 51

Anmerkungen 53
Verzeichnis der abgekürzt zitierten Literatur 61
Tabelle I: Der *Catalogus Auctorum* 63
Tabelle II: Index Cartographorum 68
Tabelle III: Liste der *Theatrum*-Karten . . 79
Catalogus Cartographorum 87
Personenregister 277
Kartenteil 287

VORBEMERKUNG

Eine hohe Bedeutung des seit 1570 in Antwerpen erschienenen *Theatrum Orbis Terrarum* von Abraham Ortelius in der Geschichte der Kartographie und insbesondere in der Geschichte der Atlanten ist unbestritten. Aber selbst in der Forschungsliteratur wird die Position dieses Werkes nicht immer mit der wissenschaftlich größtmöglichen Genauigkeit formuliert. Wie weit oder eng man Begriffe auch auslegen mag: Das *Theatrum* war weder der erste Atlas überhaupt noch der erste gedruckte Atlas noch der erste Weltatlas. In einem Versuch zu sehr präziser Diktion – der notwendigerweise etwas umständlich ausfallen muß – wäre das *Theatrum* zu werten als das erste „eigenständig erschienene, systematisch und weltweit angelegte Druckwerk, dessen bewußter quantitativer und thematischer Hauptinhalt geographische Karten sind". Eine scheinbare Priorität in jeder Hinsicht ist nur dann gegeben, wenn man allein von dem Bild und dem Begriffsinhalt von „Atlas" ausgeht, wie sie im allgemeineren Sprachgebrauch der Gegenwart eingebürgert sind. Das *Theatrum* war das zuerst realisierte von insgesamt drei sehr ähnlichen Editionsprojekten, die etwa ab 1560 gleichzeitig in Antwerpen vorbereitet wurden. In einem vielgliederigen Entwicklungsprozeß taten sie gemeinsam – mit nur leichten Variationen – jene publizistisch und wissenschaftlich-methodisch entscheidenden Schritte, die unmittelbar zum heutigen Bild des Typus Atlas führten. Das *Theatrum* war nicht der erste Weltatlas generell, aber doch der erste Weltatlas im Sinne von Kriterien der Gegenwart.

Die Wertschätzung des *Theatrum* und der Respekt vor seinem Autor sind allerdings nicht abhängig von Definitionen und Prioritäten. In der detaillierten wissenschaftshistorischen Analyse wachsen beide, je tiefer man in das Werk eindringt. Hatte die Erstausgabe 1570 „nur" 53 Kartenblätter, so wuchs deren Zahl bis zur letzten sicher bibliographierbaren Ausgabe 1612 auf 164 an. Über diesen langen Publikationszeitraum, in diesem Umfang und überhaupt in seiner ganzen Konzeption war das *Theatrum* die zusammenfassende und dokumentierende Bilanz des kartographischen Schaffens des gesamten 16. Jahrhunderts. Es ist eine Kompilation gedruckter und ungedruckter Quellen verschiedener Provenienz, aber immer optimal erreichbarer Qualität. Die Monumentalität als Quelle und Werk beruht auf wenigstens sechs nicht nur in der Kombination, sondern auch einzeln zu wertenden und wirksamen Aspekten.

1. Das Gros der *Theatrum*-Karten besteht in getreuen oder nur leicht modifizierten Kopien nach gedruckten Vorlagen, von denen heute mindestens noch ein Exemplar erhalten ist. Diese Fassungen im *Theatrum* aber wurden selbst wiederum oft kopiert. Sie wurden damit selbst typenbildend und sorgen so oft erst für die eigentliche Verbreitung des von den Originalkarten gegebenen topographischen Wissens.

2. Eine ganze Reihe von *Theatrum*-Karten ist kopiert nach gedruckten Vorlagen, von denen gegenwärtig kein Exemplar bekannt ist. Hier stellt das *Theatrum* die zwar nur provisorische und sekundäre, aber eben einzige Quelle für die Kenntnis der Originale dar.

3. Bei etlichen *Theatrum*-Karten handelt es sich um Originalveröffentlichungen nach handschriftlichen, heute ebenfalls nicht mehr vorhandenen Vorlagen.

4. Weitere *Theatrum*-Karten sind Kompilationen aus unterschiedlichen Quellen. Es sind also Eigenschöpfungen von Ortelius, die selbst typenbildend wurden.

5. Der *Parergon*-Teil des *Theatrum* als Atlas der antiken Welt ist der Beginn der modernen wissenschaftlichen Geschichtskartographie überhaupt.

6. Endlich hat Abraham Ortelius seinem *Theatrum* als eigenständigen Teil einen *Catalogus Auctorum Tabularum Geographicarum* vorangestellt. Diese Kartographenliste umfaßte in der Erstausgabe 87 Namen und wuchs bis 1601 auf 183 Namen an. In diesem *Catalogus Auctorum* findet eine ganze Reihe von Kartenmachern mit ihren Werken ihre einzige Erwähnung in der kartenhistorischen Quellenliteratur.

Im übrigen ist das *Theatrum* nicht nur ein rein kartographischer Corpus. Die Rückentexte zu den Karten enthalten umfassende historisch-geographische Erläuterungen und Zusatzinformationen ebenfalls mit Quellenangaben. Eine solche Informationsbreite erreichen viele heutige Atlanten nicht.

Nach kleineren älteren Arbeiten geschah der Einstieg in die wissenschaftliche Forschung zu Leben und Werk von Abraham Ortelius 1887 durch Jan Hendrik HESSELS mit der Publikation eines in London erhaltenen Teiles seiner umfangreichen Korrespondenz und mit einem ersten Anlauf zur Bibliographie der *Theatrum*-Karten. Ein weiterer großer Durchbruch gelang 1912 mit der Arbeit von Jan DÉNUCÉ über die Kartographen im Umfeld des Antwerpener Druck-, Verlags- und Buchhandelshauses Plantin, einschließlich einer lange gültigen Bibliographie der *Theatrum*-Ausgaben. Gleichzeitig und unabhängig davon ging Eduard BRANDMAIR 1914 erstmals an die Untersuchung von Text- und Kartenquellen des *Theatrum*, die aber viele Wünsche offen ließ. Das Standardwerk zu diesem Aspekt schließlich schuf Leo BAGROW, der Altmeister der Kartographiegeschichte, mit den zwei Bänden des *A. Ortelii Catalogus Cartographorum* (1928–1930). Neben einer erneuten Bibliographie der *Theatrum*-Karten versuchte BAGROW hier die Biographien und Werkverzeichnisse zu allen 87 in der Erstfassung des *Catalogus Auctorum* genannten Kartenmachern. Eine erneute Zusammenfassung unternahm Cornelius KOEMAN 1964, er erstellte im Rahmen von Band III seiner *Atlantes Neerlandici* (1969) auch die aktuell gültige Bibliographie der *Theatrum*-Ausgaben und ihrer Karten.

Wer sich intensiver mit dem *Catalogus Auctorum* beschäftigt, steht auch heute noch mit großem Respekt vor der Arbeitsleistung von Leo BAGROW. Seit ihrem Erscheinen aber sind nun doch 50 Jahre vergangen, in denen die Forschung nicht stillgestanden hat. Zu vielen der von BAGROW geschriebenen Biographien sind neue Daten bekannt geworden. Zahlreiche neue Altkartenfunde sind nachzutragen, und Angaben zu Lagerorten sind zu ergänzen und zu revidieren; erwähnt sei hier nur der Verlust der unersetzlichen Altkartenbestände der Stadtbibliothek Breslau im Zweiten Weltkrieg. Endlich hat sich Leo BAGROW eben auch nur auf die 87 Namen der Erstfassung von 1570 beschränkt.

All dies gibt Anlaß und Notwendigkeit, an eine erneute Aufarbeitung des *Catalogus Auctorum* bzw. überhaupt der Kartenquellen des *Theatrum* zu gehen. Dies soll hier geschehen auf der Basis der abschließenden Fassung des *Catalogus Auctorum* (1601) mit 183 Namen bzw. der letzten emendierten *Theatrum*-Ausgabe 1608; eingeschlossen sind alle Karten, die zwischenzeitlich seit 1570 nur in einigen Ausgaben des *Theatrum* enthalten waren. Vorangestellt sind nach einer allgemeinen Einführung in Leben, Werk und Bedeutung von Abraham Ortelius Untersuchungen zu Entwicklung und Struktur des *Theatrum* unter dem besonderen Aspekt der kartographischen Quellenkunde. Komprimierte Übersichten sind gegeben in den Tabellen I bis III. Im Katalogteil werden in jeweils eigenen Kapiteln die biographischen und cartobibliographischen Daten gegeben zu allen Kartographen und ihren Werken, die

a) im *Catalogus Auctorum* genannt und auch im *Theatrum* verwendet wurden;

b) im *Catalogus Auctorum* genannt, aber ansonsten nicht für das *Theatrum* verwendet wurden;

c) im *Catalogus Auctorum* nicht genannt sind, deren Verwendung im *Theatrum* aber nachweisbar ist.

Unter einer Gruppe von Anonymi werden jene Karten erfaßt, die im *Theatrum* kopiert wurden, bei denen der Autor der Originalausgabe aber nicht oder nicht mit Sicherheit bekannt ist. In einigen Grenzfällen sind alte Karten ohnehin nur überliefert unter dem Namen einer Person (Stecher oder Verleger etc.), die mit einiger Sicherheit nicht der eigentliche topographische Urheber war.

Hinsichtlich der biographischen und cartobibliographischen Aspekte versteht sich die vorliegende Arbeit zunächst als Zusammenfassung und Bilanz, im Minimalfalle auf dem Stand der Sekundärliteratur oder – vor allem bei Regionalkarten – auf dem Informationsstand der jeweils zuständigen und ansprechbaren Institutionen. Umfassend abschließenden Charakter kann sie nicht beanspruchen. Zu manchen Kartographen sind kaum feste Lebensdaten bekannt. Sie fanden entweder noch keinen qualifizierten Biographen, oder die relevanten Primärquellen sind nicht mehr vorhanden. Weiterhin ist es in etlichen Fällen noch nicht gelungen, Originalausgaben von Karten durch ein Exemplar nachzuweisen. Die jüngere Fachliteratur aber kennt genügend Beispiele für überraschende Kartenfunde an unerwartetem Ort, und auch die vorliegende Arbeit kann einige Erstbeschreibungen bisher verschollener Karten beitragen. Der sehr unterschiedliche und oft unbefriedigende Stand der Altkartenerfassung in Sammlungen fast aller Länder läßt hier weitere Hoffnungen zu. Damit ist angesprochen das zweite Hauptziel der hier vorgelegten Bilanz. Durch das konkrete Aufzeigen von Überlieferungslücken möchte sie anregen zu gezielter und so vielleicht erfolgreicher Suche.

Auch zum engeren Thema der *Theatrum*-Karten kann eine in allen Punkten erschöpfende Darstellung hier nicht angestrebt werden. Das Verhältnis der Vorlagen und ihrer Kopien im *Theatrum* ist nur soweit dargestellt, wie es für die generelle Sicht und Aussage erforderlich war. Ins Detail gehende Untersuchungen zu diesem Aspekt werden nur aufgezeigt an einigen illustrativen und wichtigen Beispielen. Im jeweiligen Einzelfall bleiben sie – wie auch die Erfassung geringfügiger Plattenänderungen – mit größerem Sinn der regional spezialisierten Altkartenforschung vorbehalten. Ebenfalls nur im Ansatz angesprochen sind die vielen Fragen und Probleme um die Geschichtskarten des *Parergon*-Teiles. Zu ihrer Lösung kann die Geschichte der Kartographie im Grunde nur Anregung und Einstieg vermitteln. Zu mehr fehlt ihr die disziplinäre Kompetenz. Die wissenschaftliche Bearbeitung des *Parergon* wird nur möglich sein im Zusammenwirken mit Historischer Geographie, Altphilologie und Rezeptionsforschung.

Wenn sie ein eigenes Selbstverständnis als Disziplin mit sehr spezifischen Inhalten und Fragestellungen reklamiert, hat die Kartographiegeschichte im akademischen Leben nicht immer einen leichten Stand. So gebührt mein großer Dank Herrn Professor Dr. Wolfgang Scharfe. Er hat meine Arbeit über lange Jahre mit Wohlwollen und Zuspruch verfolgt und dann mit Engagement dafür gesorgt, daß sie dem Fachbereich Geowissenschaften der Freien Universität in Berlin als Dissertation vorgelegt werden konnte. Herrn Professor Dr. Reimer Hansen bin ich verpflichtet für die Übernahme des Zweitgutachtens. Herzlicher Dank auf gleicher Ebene gehört Herrn Professor Dr. Günter Schilder (Rijksuniversiteit Utrecht) vor allem dafür, daß ihm über ein Jahrzehnt hinweg meine vielen Fragen nie lästig waren.

Der in der vorliegenden Arbeit erreichte Datenstand wäre nicht möglich gewesen ohne die engagierte, oft jahrelange Hilfe zahlreicher Kollegen und Freunde. Genannt seien Lisette Danckaert (Bibliothèque Royale, Brüssel), Dr. Mireille Pastoureau (Bibliothèque Nationale, Paris), Tony Campbell (British Library, London), Dr. Daniela Fattori (Biblioteca Civica, Verona), Walter Haupt (Sächsische Landesbibliothek, Dresden), Prof. Dr. Fritz Hellwig (Bonn), Henk van der Heyden (Steensel/Niederlande), Thomas Klöti (Bern), Louis Loeb-Larocque (Paris), Dr. Thomas Niewodniczanski (Bitburg), Prof. Dr. Klaus Stopp (Mainz) und Prof. Dr. Vladimirio Valerio (Neapel). Zu sehr speziellen Fragen halfen Fachleute mit teilweise noch unpublizierten eigenen Forschungsergebnissen: Prof. Maurice Arnould (Mons), Prof. P. Bockstaele (Löwen), Marcel van den Broecke (De Bilt/Niederlande), Franz Gittenberger (Breeskens/Niederlande) und Frank Lestringant (Paris). Ihnen bin ich ebenso verpflichtet wie den Mitarbeitern vieler Sammlungen und Institutionen, die ich brieflich oder persönlich um Rat und Auskunft gebeten habe.

Ein unendlicher Dank schließlich gehört erneut meiner Frau für grenzenloses Verständnis dafür, daß über ein Jahrzehnt unser gemeinsames Leben in viel zu großem Maße von alten Landkarten bestimmt war.

Trier, im Dezember 1990   Peter H. Meurer

EINFÜHRUNG

Wie in der Umgangssprache, so ist auch im wissenschaftlichen Bereich von Geographie und Kartographie das Begriffsverständnis von „Atlas" wenig kompliziert. Alle etablierten Definitionen bewegen sich im Prinzip um den gleichen klaren und einfachen Inhalt wie „Sammlung von (Land-)Karten, üblicherweise in gebundener Form".[1] Auf den ersten Blick hin erscheint dies als ein reichlich dehnbares, geradezu unwissenschaftlich simples Minimum. Folglich wäre zu überlegen, welche Kriterien in welcher Gewichtung in eine präzisere Definitionslösung einzugehen hätten. Bereits für die Kartographie der Gegenwart ergeben sich hier – je nach Ansatz – unterschiedliche Möglichkeiten, und etliche zusätzliche Kriterien hätten im Einzelfall auch ihre gute Berechtigung. Die so geschaffenen Probleme um Definition und Terminologie aber werden umso größer und folgenschwerer, je stärker disziplin- und typusgeschichtliche Belange in die Betrachtung einbezogen sind.[2] Dies gilt für alle drei Kriterienbereiche, aus denen eine sinnvolle Präzisierung des Atlasbegriffes vorstellbar ist.

Ein erstes Kriterium ist das Verhältnis der einzelnen Karten eines Konvoluts zueinander. Entsprechend der Fachterminologie der Gegenwart wäre der Typus „Atlas" abzugrenzen gegenüber zwei benachbarten Formen der Kartenpublikation:
a) „Kartenwerk" =
„Mehrzahl oder Vielzahl von selbständigen Kartenblättern, die ein Gebiet geschlossen abdecken, nach einem bestimmten System einheitlich geschnitten und benannt sind und in der Regel folgende Merkmale einheitlich aufweisen: Maßstab, Abbildung, Zeichenschlüssel bzw. Musterblatt".[3]
b) „Wandkarte" =
„großformatige, aus mehreren Blättern bestehende Karte, deren kompositorische Einheit durch einen die Gesamtkarte umschließenden Rahmen gegeben ist".[4]

In der kartographiegeschichtlichen Arbeit ist eine Unterscheidung und Typenbildung auf dieser Grundlage kaum möglich. Vor allem im späteren 18. und frühen 19. Jahrhundert erschienen die meisten „Kartenwerke" in gebundener Form als „Atlas". Fast alle „Kartenwerke" kann man durch Beschneiden auch zu „Wandkarten" zusammensetzen. Auch erschienen „Wandkarten" in gebundener Form als „Atlas" mit gesondertem Titelblatt, etwa einige der Wandkarten von Gerard → Mercator. Bereits die Kartographie des 16. Jahrhunderts kann ein signifikantes Beispiel geben für Sinn bzw. eben Unsinn aller Abgrenzung unter diesen Aspekten. Die 24 Blätter der *Bairischen Landtaflen* des Philipp → Apian sind sowohl ein „Kartenwerk" (einheitliche Zeichensprache, abgestimmt im Blattschnitt, jedes Blatt mit vollständiger Graduierung) als auch eine „Wandkarte" (Einzelblätter zusammensetzbar nach Beschneiden, gemeinsamer dekorativer Rand) als auch ein „Atlas" (Vertrieb in gebundener Form mit Titelblatt, das nicht Teil der Karte ist).

Eben mit Blick auf „Kartenwerk" und „Wandkarte" wäre also ein Definitionsmerkmal von „Atlas", daß die einzelnen Kartenblätter zwar – wie auch immer – aufeinander abgestimmt sein können, daß es sich bei ihnen aber um jeweils eigenständige kartographische Einheiten handelt, die in der Regel nicht zu einer größeren Einheit zusammengesetzt werden können. Ein solcher Ansatz aber ist in der Kartographie in Vergangenheit und Gegenwart weder notwendig noch praktikabel und wäre deshalb kaum mehr als eine Spitzfindigkeit.

Zur Vermeidung überflüssiger Mehrfachbetrachtungen und zur Vereinfachung der Referenztechnik wurden in der vorliegenden Arbeit drei Arten des Kurzverweises eingeführt:
- Ein Pfeil (→) vor dem Namen eines Kartographen verweist auf ein eigenes Kapitel im Katalogteil.
- Eine in Klammer gesetzte Nummer, z.B. (Nr. 22b), verweist auf die Liste der *Theatrum*-Karten in Tabelle III.
- Eine verkürzte Literaturangabe ohne Verweis auf eine frühere Anmerkung ist bezogen auf das „Verzeichnis der abgekürzt zitierten Literatur" (S. 61–62).

Ein zweites mögliches Merkmal, das bei der Präzisierung des Begriffes „Atlas" zu berücksichtigen wäre, betrifft die publizistischen Verhältnisse zwischen den Einzelkarten und dem von ihnen gebildeten Konvolut. Hier sind zwei grundlegend verschiedene Formen zu unterscheiden, die auch nur als Untertypen definiert werden können:

a) „Sammelatlas" oder „Kompositatlas" =
„Sammlung von ursprünglich losen Kartenblättern gleicher oder verschiedener Provenienz, die erst nachträglich vom Käufer oder einem späteren Besitzer buchförmig oder buchähnlich zusammengefaßt wurden".

b) „Verlegeratlas" =
„buchförmige oder buchähnliche Sammlung von gedruckten Einzelkarten, bei der Zahl und Abfolge der Kartenblätter vor Abgabe an den Ersterwerber festgelegt wurden und in allen Exemplaren einer Auflage identisch sind".

Es ist offensichtlich, daß ein Einbezug dieses Aspektes in die allgemeine Definition von „Atlas" nicht möglich ist. Beide Formen existierten sehr lange nebeneinander, erst frühestens seit dem 18. Jahrhundert kann man den „Verlegeratlas" als Regelfall ansehen. Unberücksichtigt sind bei dieser Unterscheidung auch verschiedene Arten von Mischformen; wohl abgestimmt auf den jeweiligen Käufer, weichen titel- und zeitgleiche Atlasexemplare des gleichen Verlegers manchmal im Inhalt erheblich voneinander ab.

Sehr schwierig und vor allem sehr hinderlich bei einer weiteren Präzisierung der Definition von „Atlas" wäre die Forderung, ein drittes Kriterium in stärkerem Maße zu berücksichtigen: erläuternde Texte auf den Kartenrückseiten oder auf zusätzlichen Textblättern. Dies ist bei Atlaswerken der Gegenwart nicht selten, bei den Verlegeratlanten war es etwa bis zum Ende des 17. Jahrhunderts die Regel. Wie hoch aber darf der Textanteil sein, um ein Druckwerk noch als „Atlas" bezeichnen zu können, d.h.: Wo liegt die Grenze zwischen „Atlas" und „mit Karten illustriertem Buch"? Diese Frage mag man stellen, durch Definition zu klären ist sie aber nicht. Jede Entscheidung allein auf numerischer Grundlage wäre unsinnig, weil willkürlich. Wenn man etwa fordern würde, der Anteil der Kartenseiten müsse in jedem Falle größer sein als der der Textseiten, dann wären epochale Werke wie die zwölfbändige *Geographia Blaviana* (1662 ff.) des Amsterdamer Verlages Blaeu plötzlich kein „Atlas" mehr. Ausgeschlossen blieben automatisch ebenfalls viele wichtige Drucke, in denen eine mehr oder minder große Zahl von Karten im Block innerhalb eines seitenzahlmäßig weitaus umfangreicheren Textteiles steht. Problematisch ist es auch, wenn man zu dieser Frage eine Hilfestellung bei der Konzeptanalyse sucht. Ein „Atlas" wäre dann also ein Werk, in dem die Karten das Hauptmedium der Information darstellen und die zugehörigen Texte die Kartenaussage nur im Wort wiederholen oder geringfügig ergänzen. Eine wenig sinnvolle Grenze aber baut sich bereits auf, wenn diese Texte Angaben enthalten, die kartographisch nicht oder nur schwer darstellbar sind, etwa exakte Daten zu Geschichte und Statistik.

Vor allem in der disziplinhistorischen Arbeit zeigt sich, daß die oben angesprochene „einfache" Definitionslösung in der Kartographie Berechtigung hat und Vorteile bringt. „Atlas" ist ein kumulativer Terminus mit zeitlich wandelbarem Inhalt, dessen weitere Präzisierung allein in der Bildung von Untertypen geschehen kann. Jede Forderung nach weiteren Kriterien per definitionem für den Oberbegriff hätte gleichzeitig ausschließenden Effekt. Dies aber wäre genau das Gegenteil von dem, was die Kartographiegeschichte in der Forschung zur frühen Geschichte der Atlanten benötigt. Notwendig zu betrachten ist eine große Bandbreite bibliographisch sehr verschiedener Werke, aus denen während des 16. Jahrhunderts der moderne Typus „Atlas" allmählich und auf mehreren parallelen Entwicklungslinien entstand.

1. Die Entwicklung des Typus ‚Atlas' bis 1600

Der Beginn der neuzeitlichen Geschichte der Atlanten ist anzusetzen bei der Rezeption der *Geographike hyphegesis* des alexandrinischen Geographen und Astronomen Claudius Ptolemäus (um 100 – um 180)[5] durch die Renaissance. Das Werk enthält in acht Büchern eine Anleitung zum Kartenzeichnen, insbesondere zur Projektionslehre, und als Datenfundus dazu eine Liste der Koordinaten von über 8000 Orten und Örtlichkeiten der ganzen zur Zeit des Ptolemäus bekannten Welt. Nach dem originalen Konzept des Ptolemäus konnten auf dieser Basis Welt-, Erdteil- und Länderkarten in unterschiedlichem Maßstab und Blattschnitt gezeichnet werden. Aus der Antike überliefert ist dieser Corpus durch den arabischen und vor allem durch den byzantinischen Kulturkreis, und zwar in bezug auf die Kartenausstattung in zwei vermutlich nicht-antiken Versionen: der sog. „A-Redaktion" mit 27 Karten und der später weitgehend vergessenen sog. „B-Redaktion" mit bis zu 70 Karten. Um 1400 kam das erste Ptolemäus-Manuskript nach Italien, bereits 1406 vollendete Jacopo d'Angelo in Florenz die erste lateinische Übersetzung. Als *Geographia* bzw. *Cosmographia* fand das Werk des Ptolemäus zunächst in handschriftlicher Verbreitung Eingang und begeisterte Aufnahme in die Wissenschaft der Frührenaissance, vor allem wegen der gebotenen, für das Abendland neuen kartographischen Techniken wie Koordinatensystem und berechnete Projektionen.

Dieser ptolemäische Kartenkanon der 27 „Tabulae Antiquae" zählt natürlich zu den Vorläufern des modernen Typus Atlas. Bei einer genaueren Klassifikation der *Geographia* sind folgende Aspekte zu berücksichtigen:

- Sowohl in Handschriften als auch in frühen Drucken stehen Text und Karten immer zusammen, wobei der Text immer den größeren Teil des Gesamtumfanges ausmacht.
- Die 27 Karten sind nicht mehr als die graphische Umsetzung von Daten, die sämtlich im Text enthalten sind; anschaulich wird dies gezeigt beim ersten Druck der *Geographia* (Vicenza: Hermann Leichtstein, 1475), der noch keine Karten enthält.[6]
- Zumindest am Anfang war die Rezeption der *Geographie* eben vor allem die Wiederentdeckung und Edition eines klassischen Autors im Geist der Renaissance; auch für Editoren war erkennbar, daß bei Ptolemäus ein nicht-aktuelles Bild der Erde gezeichnet ist, nämlich eben das der Antike.

In einer Kartographiegeschichte der frühen europäischen Neuzeit treffen Begriffe wie „Geschichtsatlas" oder nur „Atlas" für die *Geographia* bzw. für ihren Kartenteil nicht genau den Inhalt. In Anbetracht der sehr spezifischen Characteristica ist der von Antiquaren geprägte Begriff „Ptolemäus-Atlas" eine terminologisch akzeptable Lösung.

Sehr bald erkannten abendländische Gelehrte bereits die Unzulänglichkeit und auch Unvollständigkeit dieser traditionellen Kartenfolge der 27 „Tabulae Antiquae" für die zeitgenössischen Belange. So wurde schon 1427 einer Handschrift der *Geographia* erstmals eine nicht-ptolemäische „Tabula Moderna" – eine Skandinavien-Karte – hinzugefügt. Die Zahl solcher „Tabulae Modernae" wuchs bis zum Ende des 15. Jahrhunderts auf bis zu fünf an. Der bedeutendste unter den frühen Redakteuren des Ptolemäus-Corpus war → Nicolaus Germanus. Eben durch die Beigabe einer wachsenden Zahl von „Tabulae Modernae" begann der Kartenteil der *Geographia* ein Eigenleben zu führen, losgelöst vom originalen Text. In Stufen wurde er dann wirklich zum unmittelbaren Vorläufer des modernen Typus Atlas. Zu sehen ist dies deutlich in den weiteren frühen Drucken:

1477   erster lateinischer Druck von Text- und Kartenteil (Bologna: Domenicus de Lapis) mit 26 Kupferstichkarten (nur „Tabulae Antiquae");[7]

1478   zweiter lateinischer Druck von Text- und Kartenteil (Rom: Conrad Schweynheim) mit 27 Kupferstichkarten (nur „Tabulae Antiquae");[8]

1482 erster Druck in italienischer Übersetzung (Florenz: Nicolo Todescho) mit 31 Kupferstichkarten (davon vier „Tabulae Modernae“);[9]

1482 erster lateinischer Druck außerhalb Italiens (Ulm: Lienhard Holl) mit 32 Holzschnittkarten (davon fünf „Tabulae Modernae“);[10]

1507/1508 lateinische Ausgabe in der Redaktion von Marcus Beneventanus (Rom: Bernardino Veneto de Vitalibus) mit 33 Kupferstichkarten (davon sechs „Tabulae Modernae“);[11]

1513 lateinische Ausgabe in der Kartenredaktion von Martin →Waldseemüller (Straßburg: Johannes Schott) mit 27 „Tabulae Antiquae“ und 20 „Tabulae Modernae“ in Holzschnitt.

Diese Straßburger Ptolemäus-Ausgabe von 1513 hat in der Geschichte der Atlanten eine außerordentliche Bedeutung, die zwar bereits von NORDENSKJÖLD erkannt worden ist,[12] aber dennoch keinen allgemeinen Eingang in die Literatur gefunden hat.[13] Die 20 „Tabulae Modernae“ sind zu einem eigenständigen Buchteil mit eigenem Titelblatt *In Claudii Ptolemei Supplementum* zusammengefaßt, der als *Pars Secunda* an die eigentliche *Geographia* angehängt ist. Auf dem Titelblatt steht ebenfalls eine Liste der enthaltenen Karten in feststehender Folge und Numerierung (Abb. 1).

Wenn man dieses *Supplementum* als Separatum betrachtet, so erfüllt es alle wesentlichen Kriterien, die für mögliche Definitionen des modernen Typus „Atlas“ gefordert sein können. Eine Klassifikation lediglich als „Atlas-Vorläufer“ würde auf einem einzigen Umstand beruhen, der aber vernachlässigbar erscheint: Das *Supplementum* war – im exakten Sinne des Wortes – immer eine unselbständige Publikation. In der Generalsicht ist festzuhalten, daß hier doch eine Enwicklungslinie abbricht. Eine unmittelbare Kontinuität zwischen dem Werk Waldseemüllers – wie überhaupt den weiteren Ptolemäus-Ausgaben – und den späteren typenbildenden Atlasprojekten ist nicht erkennbar.

Ein Nebenzweig der frühen Atlantengeschichte hat seine Wurzeln in den Portolanen des Mittelmeerraumes. Seit der ersten Hälfte des 15. Jahrhunderts sind titellose, aus mehreren nicht direkt voneinander abhängigen Blättern bestehende Konvolute aus handgezeichneten Seekarten bekannt.[14] Sie fanden ihre ersten gedruckten Nachfolger in den „Isolarii“ – am besten wörtlich zu übersetzen mit „Inselatlanten“ –,[15] etwa von Bartolomeo dalli Sonetti (Rom um 1485) und Benedetto →Bordone (Venedig 1528). Diese Vertreter des Typus Atlas

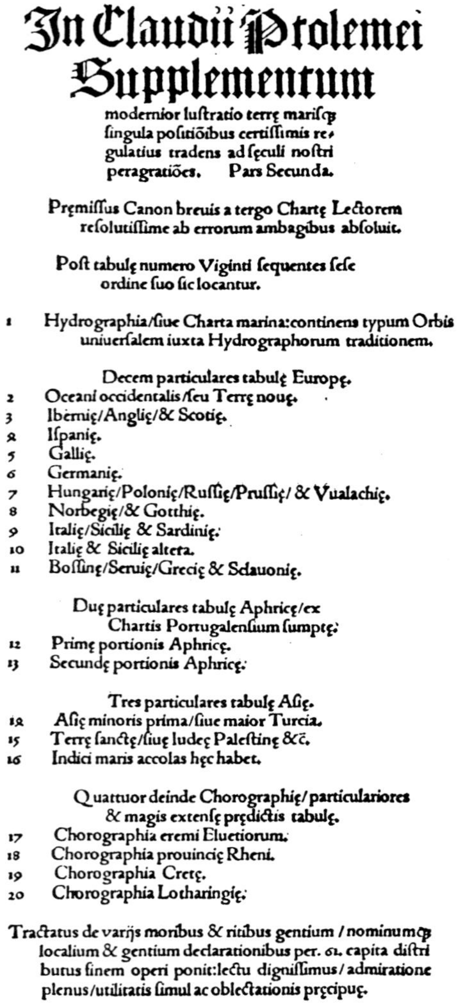

In Claudii Ptolemei
Supplementum
modernior luſtratio terrę mariſqꝫ ſingula poſitiōibus certiſſimis re-gulatius tradens ad ſęculi noſtri peragratiões. Pars Secunda.

Pręmiſſus Canon breuis a tergo Chartę Lectorem reſolutiſſime ab errorum ambagibus abſoluit.

Poſt tabulę numero Viginti ſequentes ſeſe ordine ſuo ſic locantur.

1 Hydrographia/ſiue Charta marina: continens typum Orbis uniuerſalem iuxta Hydrographorum traditionem.

Decem particulares tabulę Europę.
2 Oceani occidentalis/ſeu Terrę nouę.
3 Ibernię/Anglię/& Scotię.
4 Iſpanię.
5 Gallię.
6 Germanię.
7 Hungarię/Polonię/Ruſſię/Pruſſię/ & Vualachię.
8 Norbegię/& Gotthię.
9 Italię/Sicilię & Sardinię.
10 Italię & Sicilię altera.
11 Boſſinę/Seruię/Grecię & Sclauonię.

Duę particulares tabulę Aphricę/ex Chartis Portugalenſium ſumptę.
12 Primę portionis Aphricę.
13 Secundę portionis Aphricę.

Tres particulares tabulę Aſię.
14 Aſię minoris prima/ſiue maior Turcia.
15 Terrę ſanctę/ſiuę Iudeę Paleſtinę &c.
16 Indici maris accolas hęc habet.

Quattuor deinde Chorographię/particulariores & magis extenſę prędictis tabulę.
17 Chorographia eremi Eluetiorum.
18 Chorographia prouincię Rheni.
19 Chorographia Cretę.
20 Chorographia Lotharingię.

Tractatus de varijs moribus & ritibus gentium / nominumqꝫ localium & gentium declarationibus per. 61. capita diſtributus finem operi ponit: lectu digniſſimus / admiratione plenus / utilitatis ſimul ac oblectationis pręcipuę.

Abb. 1: Titelblatt zum *Supplementum* der Ptolemäus-Ausgabe Straßburg 1513

sind zwar sehr spezialisiert, taten aber einen im größeren Zusammenhang sehr wichtigen Schritt: Sie erschienen ohne irgendwelche Bindung an eine andere Publikation. Insgesamt stellen sie eben auch nur eine Nebenlinie der weiteren Entwicklungsgeschichte dar.

Ein Versuch, in der weiteren Atlantengeschichte die völlige Lösung von der Ptolemäus-Edition erstmals auch für einen Weltatlas nachzuweisen, stößt zunächst auf Probleme. Die Favoriten sind auf den ersten Blick Johannes →Honter und sein Geographielehrbuch *Rudimenta Cosmographica,* das seit der endgültigen Fassung (Kronstadt 1542) eine Serie von 13 kleinen Holzschnittkarten enthält, die im Block an den Textteil angehängt sind. Nun enthielt aber die Erstausgabe der *Rudimenta* (Krakau 1530) nur eine Weltkarte. Die Kartenbeigabe ist also erst nachträglich geschehen. Die Kartenfolge stellt einen unselbständigen Teil eines Buches dar, der zudem numerisch erheblich kleiner ist als der

Textteil. So können Honters *Rudimenta* auch bei großzügiger Auslegung der Definition nicht als „Atlas" gelten, sondern eben nur als „mit Karten illustriertes Buch".

Gleiches gilt im Prinzip auch für das nächste in Frage kommende Werk, die Kosmographie von Sebastian → Münster. Die erste Frucht dieses über lange Jahre vorbereiteten Projektes waren 21 bis 27 „Tabulae Modernae" als ungetrennter Anhang zu Münsters Ptolemäus-Ausgabe (Basel 1540ff.). In der seit 1544 in Basel publizierten, von der *Geographia* völlig losgelösten Kosmographie Münsters stehen die 24 und mehr doppelblattgroßen Karten immer im Block am Anfang des Buches. Sie stehen aber eben im festen und ungetrennten Zusammenhang eines Druckes, der außer diesem Kartenteil schon in der Erstausgabe noch weitere 659 gezählte Textseiten aufweist. So mag Münsters Kosmographie zwar ideengeschichtlich in der Entwicklung des Typus Atlas zu betrachten sein, allein schon vom physisch-numerischen Befund her ist sie ebenfalls nur ein „mit Karten illustriertes Buch".

Ebenfalls in der Schweiz und fast gleichzeitig erschien allerdings ein Druck, der einen wichtigen Schritt in der Atlantengeschichte darstellt. Seinen Zyklus von Karten über die Schweiz hat Johannes → Stumpf geschaffen zur Illustration seiner „Schweizer Chronik" (Zürich 1547). Bereits 1548 aber erschien eine Separatausgabe nur der 12 Karten unter einem eigenen Titel *Landtaflen*. Sie stellen eben durch die bewußte Herauslösung aus dem ursprünglichen Kontext – sofern man hiervon überhaupt reden kann – ein abgeschlossenes und selbständiges Werk dar. In aller Diskussion um Prioritäten können Stumpfs *Landtaflen* gelten als der erste gedruckte „Regionalatlas" und auch „Nationalatlas".

In Hinblick auf den Untertypus „Weltatlas" lohnt es nicht, die Gruppe der „mit Karten illustrierten Bücher" weiter zu verfolgen. In einem weiteren, für die Typenbildung entscheidenden Stadium nahm die Entwicklung hier einen anderen Verlauf. Er ging aus – dies ist im Grunde ein Kuriosum der Kartographiegeschichte – von der Edition von Einzelkarten.

Die ältere Kartenverlagsgeschichte und insbesondere die Geschichte der Publikation von Karteneinblattdrucken sind noch weitgehend wissenschaftliches Neuland. Ein großes Forschungshindernis besteht darin, daß wegen fehlenden Sekundärmaterials nicht immer genau zu sagen ist, welches der wissenschaftliche, künstlerisch-technische und/oder publizistisch-merkantile Anteil der Personen war, deren Namen auf den alten Karten genannt sind. Hier gab es sehr verschiedenartige Kombinationen. Ein Extremfall war Gerard → Mercator, der seine eigenen Werke – und nur diese – selbst entwarf, in Kupfer stach, später auch druckte und verlegte. Einmannunternehmen betrieben – mit Abstrichen – auch Johannes → Honter und Matthias → Zündt. In der Regel lagen Druck und Verlag, oft dazu auch Holzschnitt bzw. Kupferstich in einer Hand. So gab es während des gesamten 16. Jahrhunderts an vielen Orten zahlreiche Karten-Kleinproduzenten, die oftmals nur durch ein einziges Werk in der Kartographiegeschichte belegt sind. Andere Karten wiederum erschienen als Einblattdrucke in Offizinen, deren Hauptarbeitsgebiete Bücher und nicht-kartographische Graphiken waren.

Die Wurzeln des spezialisierten Kartenverlagswesens sind zu suchen bei Kartenmachern, die neben eigenen Werken auch die Karten von anderen, eventuell befreundeten oder verwandten Autoren publizierten:

– Francesco Rosselli (1447 oder 1448 – nach 1513) war seit etwa 1480 in Florenz als Buchmaler, Kupferstecher und Drucker tätig.[16] Die von ihm publizierten Karteneinblattdrucke basierten sowohl auf eigenen Aufnahmearbeiten (z.B. die Ungarn-Karte vom Ende des 15. Jahrhunderts)[17] als auch auf dem Werk anderer Autoren (z.B. die Weltkarte des Giovanni Matteo Contarini von 1506).[18]

– In Ingolstadt richtete Peter → Apian zusammen mit seinem Bruder Georg,[19] der auch Holzschneider war, eine eigene Offizin ein. Sie druckte neben Apians eigenen Werken auch die Karten der befreundeten Autoren → Aventinus, → Lazarus Secretarius und → Rotenhan, dazu auch Bücher wie die Schriften des Ingolstädter Gegenreformators Johannes Eck (1486–1543). Die Druckerei blieb in Familienbesitz, noch 1568 stellte Philipp → Apian seine Bayern-Karte auf der eigenen Presse her.

– In Nürnberg schnitt und druckte Christoph → Zell um 1533 seine Europa-Karte, später die Karten seines Verwandten Heinrich → Zell und 1540 die Karte von Erhard → Reich.

Eine nächste Stufe der Spezialisierung stellten jene Druckerverleger dar, die eine größere Anzahl von Karten publizierten, ohne selbst wissenschaftlich-kartographisch tätig zu sein. Genannt seien hier:

– Jérome de Gourmont († 1558), Mitglied einer Pariser Druckerdynastie, publizierte seit 1536 eine ganze Reihe von Karten,[20] darunter alle

Karten von Oronce →Finé und die Palästina-Karte von Martin de →Brion.
- Der kartographisch-topographische Unternehmenszweig von Matteo Pagano,²¹ der von 1538 bis 1562 in Venedig als Drucker, Verleger und vielleicht auch Holzschneider nachweisbar ist, lebte vor allem durch die Zusammenarbeit mit Zuan Domenico →Zorzi und dem jungen Jacobo →Gastaldi.
- Cartographica waren auch das Hauptarbeitsgebiet des Verlages von Giovanni Andrea di →Vavassore in Venedig, wobei noch ungeklärt ist, inwieweit er selbst auch einen wissenschaftlichen Anteil an diesen Karten hatte.

Solche Verbindungen zwischen einem Kartographen und einem Druckerverleger aber waren nicht immer sehr eng. Auch hierfür zwei Beispiele:
- Die Ptolemäus-Ausgabe →Waldseemüllers erschien 1513 in Straßburg bei Johannes Schott (1477–1548),²² während Waldseemüllers Wandkarten und die nachfolgenden Arbeiten von Lorenz →Fries in Straßburg bei Johannes Grüninger (tätig 1508–1531)²³ erschienen.
- Heinrich Petri (1508–1579)²⁴ druckte und verlegte in Basel zwar die Ptolemäus-Ausgabe und die Kosmographie seines Stiefvaters Sebastian →Münster, ohne daß er sich aber weiter um den Bereich der Kartographie kümmerte. Die von Münster edierte Schweiz-Karte von Aegidius →Tschudi erschien 1538 und 1560 bei den Basler Druckerverlegern Johannes Bebel (tätig 1523–1550)²⁵ und Michael Isengrins (1500 bis 1557) Erben.²⁶ Zur gleichen Zeit druckte Johannes Oporinus (1507–1568) in Basel die Karten von Waclaw →Grodecki und Nicolaus →Sophianus.²⁷ Der Atlas der Schweiz von Johannes →Stumpf erschien nicht in Basel, sondern 1548 in Zürich bei Christoph Froschauer (um 1490–1564).²⁸

Relativ auf Cartographica und Topographica spezialisierte Graphikverleger fanden sich im zweiten Drittel des 16. Jahrhunderts vor allem in Italien. In Venedig, im Umfeld des überaus produktiven Jacobo →Gastaldi, wirkten Fernando Bertelli (tätig 1556–1572) und Paolo Forlani (tätig 1560–1576). Von den kleineren Kartenverlegern in Rom seien genannt Claudio Duchetti (tätig 1552–1586) und Vincenzo Luchini (tätig 1544–1548).²⁹ Vor allem im Hinblick auf die weitere Entwicklungsgeschichte der Atlanten waren drei weitere Kartenverleger in Rom und Venedig wichtig:
- Der aus Burgund stammende Antonio Lafreri (Antoine Lafréry, 1512–1577) war seit etwa 1540 in Rom als Kupferstecher, Drucker, Graphikhändler und -verleger tätig.³⁰ Er publizierte zahlreiche Karten und Veduten zunächst als Einzelblätter. Eine Folge von über 100 Ansichten antiker Bauten in Rom faßte er später zusammen zu einem Band *Speculum Romanae Magnificentiae*.³¹
- Als Drucker, Verleger, Buch- und Graphikhändler war Michele Tramezzino († 1579) zusammen mit seinem Bruder Francesco († 1574) seit etwa 1520 in Rom und Venedig tätig.³² Neben zahlreichen Nachstichen nach fremden Vorlagen erschienen bei ihm alle Originalausgaben der Karten von Pirro →Ligorio.
- Der seit 1552 in Venedig tätige Giovanni Francesco →Camocio erhielt 1568 ein Druck- und Verlagsprivileg, das sich hauptsächlich auf Cartographica und Topographica erstreckte.

In dieser italienischen Kartenverlagsszene hat das moderne Bild des Typus „Weltatlas" etwa um 1560 eine weitere Konkretisierung erfahren. Dies geschah in Form von „Sammelatlanten", deren wichtigste Characteristica sind:
- Sie sind zusammengestellt aus Karten unterschiedlicher Formate, die ursprünglich als Einzelkarten erschienen waren.
- Sie bestehen in der Regel aus Karten verschiedener Verlage in Rom und Venedig.
- Sie sind höchst unterschiedlich in Auswahl, Zahl und Abfolge der einzelnen Kartenblätter.

In die Fachliteratur eingegangen sind solche italienischen Sammelbände unter den wenig glücklichen Bezeichnungen „Lafreri-Atlas" oder „IATO-Atlas" (engl. = „Italian Atlas Assembled to Order"). Ein 1572 von Antonio Lafreri publiziertes Verzeichnis der Produkte seines Verlages enthält als einen besonderen Teil einen *Indice delle tavole moderne di geografia della maggior parte del mondo di diversi autori raccolta e messe per ordine*, also ein Verzeichnis der von ihm publizierten und vertriebenen Landkarten.³³ Nun gibt es weiterhin ein unsigniertes und undatiertes kupfergestochenes Titelblatt (Abb. 2), dessen Wortlaut fast vollständig mit dieser Kapitelüberschrift in Lafreris Katalog übereinstimmt; der architekturale Rahmen dieses Blattes ist bekrönt mit der Figur des die Weltkugel tragenden Riesen Atlas. Hier wurde dann die Verbindung hergestellt, dieses Blatt dem Hause Lafreri zugeordnet und auf etwa 1570–1572 datiert.

Dies ist nun ein Punkt, an dem sich eine gewisse Zurückhaltung empfiehlt, insbesondere im Reklamieren von Prioritäten. In einem Bereich mit vie-

Abb. 2: Titelblatt eines italienischen Sammelatlas, zugeschrieben Antonio Lafreri.

len Unsicherheiten sind die folgenden Fakten festzuhalten:
- Lafreri war nicht der erste italienische Verleger, der solche Kartensammelbände auf den Markt gebracht hat; Konvolute mit Tramezzino-Karten sind seit den frühen 1560er Jahren bekannt.
- Es ist eben nicht sicher, ob Lafreri Kartensammelbände mit diesem Titelblatt publiziert hat.
- Der Titel „Atlas" für eine solche Sammlung von Landkarten ist um diese Zeit in Italien eben nicht geprägt worden; es mag aber zugestanden werden, daß Gerard Mercator von besagtem Titelblatt mit der Figur des Atlas mitbeeinflußt worden ist.

Im übrigen sind hier die Dinge doch etwas auseinander zu halten. Es stehen in Rede zwei Untertypen von „Atlas", die hinsichtlich der Publikationsform unvereinbar gegensätzlich sind. Bei den italienischen Konvoluten handelt es sich um weltweit angelegte „Sammelatlanten". Ihnen fehlen vor allem jene Kontinuität und Systematik in der Edition, wie sie schon im *Supplementum* Waldseemüllers erkennbar sind und die gemeinhin als unverzichtbare Merkmale des oben definierten Typus „Verlegeratlas" als Regelfall der modernen Atlaspublikation gelten.

Ein solches italienisches Kartenkonvolut gab allerdings den entscheidenden Anstoß bei der Konzeption jenes Projektes, mit dem der moderne Typus „Atlas" in weltweiter Anlage seine abschließende Form fand (vgl. unten 4.1). Eine solche „Sammlung von Landkarten in gebundener Form" mußte die folgenden Merkmale aufweisen und in sich vereinigen:

- Sie mußte erscheinen als absolut eigenständiges Werk, ohne Bindung an eine andere Publikation.
- Ihr Schwergewicht mußte inhaltlich und auch rein blattzahlmäßig eindeutig auf den Karten liegen.
- Alle Exemplare einer Auflage mußten in ihrer ganzen Ausstattung in Karten (Auswahl, Zahl, Abfolge) und Text in höchstem Maße identisch sein.
- Die Ausstattung wurde bereits vor der Abgabe an den Ersterwerber durch den Verleger bzw. Herausgeber festgelegt.
- Alle Blätter des Werkes – auch wenn sie z.T. mehrere Karten enthalten – haben das gleiche Format.

Seit den frühen 1560er Jahren ausgearbeitet, 1570 realisiert und dann fast 30 Jahre lang weiter vervollkommnet wurde dieses Projekt in Antwerpen von Abraham Ortelius. Als besondere Merkmale seines *Theatrum Orbis Terrarum* sind weiterhin herauszuheben:
- Bei der Mehrzahl der Karten handelt es sich um kaum veränderte Kopien nach Vorlagen Dritter; nur ein kleinerer Teil beruht auf Kompilationen oder Neuschöpfungen des Redakteurs Ortelius.
- Die Textbeigabe beschränkt sich auf Texte auf den Kartenrückseiten; sie enthalten geographische und historische Zusatzinformationen sowie umfassende Hinweise auf weitere Informationsquellen wie Geschichtswerke und Landesbeschreibungen.

In dieser Form wurde das *Theatrum* typenbildend für die dominierende niederländische Schule der Atlaskartographie in ihrer Blütezeit.[34] Ein im Konzept völlig identisches Produkt brachte der Antwerpener Verleger Gerard de Jode mit seinem *Speculum Orbis Terrarum* bereits 1578 heraus. Auch die großen Atlasprojekte der Amsterdamer Verlage Blaeu, Janssonius und Hondius folgten diesem Vorbild. Eine Veränderung trat ein um die Mitte des 17. Jahrhunderts. Sowohl neue niederländische Verlage (Visscher, de Wit u. a.) als auch die neue französische Schule unter Nicolas Sanson (1600–1667)[35] verzichteten auf die Beigabe von Rückentexten; dies mag im übrigen auch ein Indikator sein für den Beginn einer Trennung von Geographie und Kartographie als Disziplinen. Auch gingen einige Verleger davon ab, feste Auflagen zu drucken. Vorübergehend kehrte eine Abart des Typus „Sammelatlas" – in Form uneinheitlicher Bände mit Karten nur eines Verlages – wieder in die Atlasproduktion zurück. Seit dem späteren 18. Jahrhundert waren die von Ortelius geschaffenen Merkmale – Regelmäßigkeit und Systematik – in der Publikation von Atlanten wieder die allgemeine Regel.

Einen Schritt weiter als Ortelius aber ging bereits Gerard → Mercator in seiner ab 1585 publizierten Sammlung von Karten, für die er zum ersten Mal konkret den Titel *Atlas* verwendete. Zwar beruhte auch seine Arbeit vor allem auf der Ausschöpfung bereits vorhandener gedruckter Karten. Mercator aber hat diese Vorlagen in hohem Maße redigiert und verändert. Die einzelnen Karten seines *Atlas* sind in Zeichenschlüssel und Koordinaten völlig aufeinander abgestimmt. Dies geht so weit, daß einige der Atlaskarten zu mehrblättrigen Wandkarten zusammengesetzt werden können. Einen eigenen Weg ging Mercator auch bei den Kartenrückentexten. Sie beschränken sich auf kurze Angaben zur territorialen Gliederung und zur Koordinatenbestimmung.

2. Die Kartenproduktion in Antwerpen bis um 1570

Die am Ende des 16. Jahrhunderts in Europa dominierende niederländische Kartographie nahm ihren Beginn etwa um 1530 an der Universität Löwen.[36] Zu einer Zentralfigur in der Grundlagenforschung, Ausbildung sowie im Bau astronomischer Instrumente wurde hier Regnier → Gemma Frisius. Zu seinen engsten Mitarbeitern gehörten Franciscus → Monachus und der junge Gerard → Mercator.[37] Gemmas epochales Vermessungslehrbuch *Libellus de locorum describendorum ratione* von 1533 war die wissenschaftliche und methodische Basis für die Kartierung niederländischer Provinzen durch Jacob van → Deventer und etwas später durch Jacques und Jean → Surhon. Durch die Arbeiten dieser Kartographen waren die Niederlande um 1560 die am besten in größermaßstäblichen Karten erfaßte Region der Erde.

Von den Kartenpublikationen Mercators abgesehen, war Löwen allerdings in der Tat nur Ort der rein wissenschaftlichen Arbeit. Die technische und wirtschaftliche Umsetzung geschah in Antwerpen, dem um jene Zeit rasch aufblühenden Handels- und Verlagszentrum. Ab ca. 1540 wirkte hier eine ganze Reihe von Künstlern, Druckern und Verlegern, die auch auf kartographischem Gebiet aktiv waren. Exemplare der von ihnen publizierten Karten zählen – sofern überhaupt erhalten – durchweg zu den großen Rarissima der alten Kartographie. Als Antwerpener Druckerverleger, deren Verdienste vor allem in der Publikation von Originalarbeiten liegen, seien genannt

- der vermutlich aus Augsburg zugewanderte Hans Liefrinck (Jan Liefrinx, 1518–1573), der 1538 als Holzschneider, Kupferstecher und Illuminist in die Antwerpener St. Lukas-Gilde aufgenommen wurde.[38] Er publizierte die *Gallia Belgica*-Karte von → Boileau de Bouillon (1557), die Dithmarschen-Karten von → Boeckel (1559) sowie die verschollene Südosteuropa-Karte von → Haselberg. Seine Tochter Mynken Liefrinck war eine bekannte Kartenilluministin.
- Arnold Nicolai (tätig 1548–1596), 1550 in die St. Lukas-Gilde aufgenommen.[39] Von seinen Karten sind nur wenige erhalten, so die Neuausgabe der Brabant-Karte → Deventers (1558) und der *Caert van Oostland* des Cornelis → Anthoniszoon.
- der Illuminist, Holzschneider und Kupferstecher Bernard van der Putte (Bernardus Puteanus, 1528–1580), der 1549 in die St. Lukas-Gilde aufgenommen wurde.[40] Von ihm sind u.a. bekannt Neuausgaben der Karten Hollands (1558) und Frieslands (1559) → Deventers, Neuausgaben der Welt- und Europa-Karte (1566–1570) von → Vopelius, die Karte *Itinera Israelitarum ex Aegypto* (1557) von → Stella sowie die verschollene Geldern-Karte von → Sgrothen. Ein bemerkenswertes Desideratum aus seiner Produktion ist eine Holzschnitt-Neuausgabe der großen Weltkarte → Mercators, die um 1579 erschien und von der bisher nur ein Blatt bekannt ist.[41]

Als weniger bedeutende Antwerpener Kartenkleinverleger seien noch genannt Jan Steelsius[42] (→ Nicolay), Tilman Susato[43] (→ Keltenhofer) und Willem Sylvius[44] (→ Deventer). Produkte ungenannter Antwerpener Kartenhersteller und -verleger waren auch die Karten von Giovanni Battista → Guicciardini, Christoph → Pyramius und Antonius → Wied.

Seit den frühen 1550er Jahren wirkten in Antwerpen zwei Kupferstecher und Verleger, die zwar ebenfalls nicht allein auf die Edition von Landkarten spezialisiert waren, bei denen aber eben doch ein gewisses Schwergewicht auf Cartographica erkennbar ist:

- Hieronymus Cock (Coquus, 1510–1570) eröffnete nach Ausbildungsjahren in Italien 1548 eine später recht bedeutende Graphikoffizin in Antwerpen.[45] Er publizierte u.a. die Savoyen-Karte von → Boileau de Bouillon (1556), die Amerika-Karte von → Gutiérrez (1562), die verschollene Deutschland-Karte von → Heydanus, die nicht auf den Markt gekommene Karte Burgunds von → Lannoy, die Karten von → Settala sowie einige Arbeiten von → Sgrothen.

– Um 1550 eröffnete der aus Nijmegen stammende Gerard de Jode (de Iudeis, Iudaeus, 1509–1591) in Antwerpen einen Graphikhandel und -verlag.[46] Insgesamt brachte er die erstaunliche Zahl von mindestens 35 Wandkarten heraus, von denen aber fast die Hälfte heute nur noch aus sekundären Quellen bekannt ist. Genannt seien hier die unter dem Namen von Lievin → Algoet bekannte Karte Nordeuropas (1562), die Portugal-Karte von → Secco (1563), die große Weltkarte von Abraham Ortelius von 1564 (siehe 3.3), eine Wandkarte der Niederlande von 1566 (Anonymus → Germania Inferior I) und eine verschollene Frankreich-Karte nach → Thevet.

Was die Publikation eines Atlas angeht, so war Gerard de Jode der große Konkurrent von Abraham Ortelius. Sein *Speculum Orbis Terrarum* konnte zwar erst 1578 in Antwerpen erscheinen, war jedoch schon seit den späten 1560er Jahren in Vorbereitung (siehe unten 4.1). Im Rahmen dieser Vorarbeiten publizierte de Jode als Einzelkarten in Folio-Format u. a. Originalarbeiten von → Michaelis, → Schille und → Sgrothen.

Die alles überragende Gestalt des Antwerpener Buchwesens des späten 16. Jahrhunderts war der aus der Nähe von Tours stammende Christoph Plantin (Christoffel Plantijn, um 1520–1589).[47] Er war seit 1548 in Antwerpen zunächst als Buchbinder tätig. 1555 gründete er eine Druckerei, dazu baute er einen Verlag sowie einen Buch- und Papierhandel auf. Durch diese Tätigkeit, zugleich aber auch durch sein mit Verve vertretenes Bekenntnis zur Reformation wurde Plantins Haus „De Gulden Passer" zu einem wichtigen Zentrum des zeitgenössischen Geisteslebens in Westeuropa. Durch Korrespondenz stand Plantin mit vielen Gelehrten in Verbindung.[48] Das seit 1558 nahezu komplett erhaltene Firmenarchiv ist eine unschätzbare Quelle für die Buchhandelsgeschichte, für das 16. Jahrhundert insbesondere auch für den Kartenhandel.[49] Mit Cartographica hat sich Plantin als Verleger weniger beschäftigt. 1571 bis 1572 druckte und verlegte er – als bekennender Protestant! – die katholische *Biblia Regia* von Benito → Arias Montanus. Wohl vor allem wegen seiner engen persönlichen Freundschaft zu Abraham Ortelius dürfte er 1579 Druck und Verlag des *Theatrum Orbis Terrarum* übernommen haben. Nach Christoph Plantins Tod wurde die „Officina Plantiniana" fortgeführt von seinem Schwiegersohn Joannes Moretus (Jan Moerentorf, 1543–1616), danach von dessen Söhnen Balthasar I Moretus (1574–1641) und Joannes II Moretus (1576–1618). Unter ihren Nachfolgern bestand die Firma bis 1878. Danach ging das Haus „De Gulden Passer" mit allem Inventar in den Besitz der Stadt Antwerpen über; es ist heute das Museum Plantin-Moretus.

Diese überaus regen publizistischen Aktivitäten dürfen nicht darüber hinwegtäuschen, daß es in Antwerpen im letzten Drittel des 16. Jahrhunderts alles andere als einfach war zu drucken und zu verlegen. Zunächst nur zur Abwehr reformierten Gedankenguts verstärkte die katholische spanisch-habsburgische Obrigkeit etwa ab 1550 die Inquisition und Zensur. Der Widerstand der einheimischen Bevölkerung bis hin in höchste Adelskreise wuchs jedoch beständig.[50] Dies war auch eine Folge des durch wirtschaftlichen Wohlstand und Einfluß gewachsenen Selbstbewußtseins in den Niederlanden. Philipp II. von Spanien war jedoch zu keinerlei politischen und religiösen Zugeständnissen bereit. Der von 1566 bis 1573 als Statthalter eingesetzte Herzog Fernando Alba führte ein rigides Regiment. 1568 begann der offene kriegerische Widerstand der vor allem von den nördlichen Provinzen getragenen niederländischen Unabhängigkeitsbewegung. In der Nacht vom 3. zum 4. November 1576 plünderte eine marodierende spanische Soldateska Antwerpen. Diese „Spaanse furie" kostete über 8000 Bürger das Leben und löste Entsetzen in ganz Europa aus. Die am 8. November 1576 unterzeichnete Pazifikation von Gent brachte nur einen vorläufigen Waffenstillstand. Dem neuen Statthalter Alexander Farnese gelang es 1578 in der Union von Arras, die südlichen Provinzen der Niederlande wieder völlig unter die Botmäßigkeit der spanischen Krone zu bringen. Die nördlichen Provinzen, einschließlich Flanderns mit Antwerpen, antworteten umgehend 1579 mit der eigenen Union von Utrecht. Als diese 1581 ihre Unabhängigkeit von Spanien erklärte, begann ein Rückeroberungsfeldzug königlicher Truppen. In seinem Verlauf fiel Antwerpen am 17. August 1585 an den spanischen Teil der Niederlande. Der Krieg dauerte noch bis 1609, die Unabhängigkeit der 13 nördlichen Provinzen wurde von Spanien erst 1648 anerkannt.

Eine von vielen Folgen dieser wirren und unsicheren Lage war, daß zahlreiche Kartenmacher Antwerpen verließen und Ableger dieser flandrischen Schule in ganz Westeuropa entstanden. Frans → Hogenberg ging um 1570 nach Köln, wo er zu einer Zentralfigur einer dort entstandenen Schule wurde.[51] Ebenfalls um 1570 verließ der aus Lüttich stammende Kupferstecher Theodor de Bry

(1528–1598)⁵² seine Heimat. Er gründete in Frankfurt am Main einen Verlag, der auch auf kartographischem Gebiet tätig war und der später durch Heirat von de Brys Enkelin an den großen deutschen Vedutenstecher und -verleger Matthäus Merian (1593–1650) kam. Aus Antwerpen stammte Dominicus Custos (nach 1550–1612), der seit 1583 als Kupferstecher und Verleger in Augsburg lebte. Auch unter seinen Arbeiten sind Karten und Veduten.⁵³ Der in Gent geborene Levinus Hulsius (um 1550–1606) publizierte einige Karten ab 1590 in Nürnberg und ab 1603 in Frankfurt am Main.⁵⁴ Flämischer Herkunft war auch die Familie des Straßburger Kupferstechers Jakob van der Heyden (1573–1645), des wahrscheinlich produktivsten deutschen Kartenverlegers im früheren 17. Jahrhundert.⁵⁵ Der Antwerpener Kupferstecher Gabriel Tavernier (1566–1610) stach die Karten für das *Théatre François* (Tours 1594) von Maurice Bouguereau († um 1595), den ersten französischen Nationalatlas.⁵⁶ Auch am *English Atlas* von Christopher →Saxton waren flämische Kupferstecher beteiligt.

Vor allem aber die nördlichen Provinzen der Niederlande profitierten von der Abwanderung flämischer Kartenmacher. Die aus Deventer stammenden Brüder Joannes und Lucas van Deutecum (van Doetecum, genaue Lebensdaten unbekannt) hatten zunächst in Antwerpen als Kupferstecher u. a. für Cock und de Jode gearbeitet.⁵⁷ Joannes van Deutecum und sein Sohn Battista errichteten um 1580 in Deventer und ab 1588 in Haarlem eine Kupferstecherwerkstatt, in denen neben anderen Karten die Werke von →Plancius und →Waghenaer entstanden; auch Petrus Plancius war als Flüchtling aus Antwerpen nach Amsterdam gekommen. Der lange Zeit in den südlichen Niederlanden tätige Jacob Floris van Langren (vor 1525–1610) publizierte um 1586 das erste in Amsterdam gedruckte Globenpaar, seine Söhne und Enkel wirkten als Karten- und Globenstecher dort bis ins 17. Jahrhundert.⁵⁸ Der wichtigste unter den exulierten flämischen Kartenmachern in Amsterdam war Jodocus →Hondius. Die Konkurrenz seines in Amsterdam – vor allem auf der Basis des Mercator-Nachlasses – aufgebauten Verlages trug entscheidend zum völligen Niedergang der Karten- und Atlantenproduktion in Antwerpen etwa um 1620 bei.

3. Abraham Ortelius – Leben und Werk

Neben seinen Publikationen stehen der Erforschung von Biographie und wissenschaftlichem Werk von Abraham Ortelius im wesentlichen drei zeitgenössische Quellen zur Verfügung:
- ein Korrespondenzkonvolut von insgesamt 376 Briefen, die im Nachlaß von Jacob Cole (siehe 3.1) erhalten blieben und 1887 von HESSELS publiziert wurden;[59] darunter sind 318 Briefe, die von verschiedenen Partnern an Ortelius bzw. von ihm selbst an Cole geschrieben wurden, sie datieren von 1556 bis 1598;
- das bereits von HESSELS beschriebene, dann von PURAYE edierte *Album Amicorum* von Abraham Ortelius mit Einträgen aus den Jahren zwischen 1573 und 1596;[60]
- eine von Ortelius' langjährigem Freund, dem Antwerpener Kaufmann und Humanisten Frans Sweerts (Franciscus Sweertius, 1567 bis 1629) verfaßte und 1603 publizierte Biographie.[61]

Die erste moderne Ortelius-Biographie schrieb Felix van HULST 1844.[62] Eine erste Bibliographie der *Theatrum*-Ausgaben versuchte 1876 P. A. TIELE,[63] die dann von HESSELS weiter vervollständigt wurde. Grundlegende Detailforschung insbesondere zur Familiengenealogie leistete Pierre GÉNARD 1880.[64] Auf diesen Grundlagen zeichnete WAUWERMANS 1895 erneut ein Gesamtbild.[65] Ganz wesentlich zur Forschung über das kartographische Werk von Ortelius trug bei die Durchsicht der Archive des Hauses Plantin durch Jan DÉNUCÉ 1912, der auch eine erneute Bibliographie der *Theatrum*-Ausgaben erstellte.[66] In Unkenntnis der Arbeit von DÉNUCÉ machte Eduard BRANDMAIR 1914 den ersten, ungenügenden Versuch, unter dem speziellen Aspekt der Quellenkunde an das *Theatrum* heranzugehen.[67] Hier gelang ein Durchbruch erst Leo BAGROW 1928–1930 mit seiner richtungsweisenden ersten Bearbeitung des ortelianischen Kartographenkatalogs auf der Basis der ersten *Theatrum*-Ausgabe von 1570.[68] Die letzte Zusammenfassung schrieb Cornelius KOEMAN 1964,[69] er erstellte 1969 auch die aktuell gültige Bibliographie der *Theatrum*-Ausgaben und ihrer Karten.[70] Zu den von Ortelius selbst geschaffenen Wand- und Einzelkarten liegt seit 1987 die Edition von Günter SCHILDER vor.[71]

3.1 Daten zur Biographie

Die Vorfahren von Abraham Ortelius (auch Orttelius und Hortelius, im Anagramm auch Bartholus Arameius) stammten aus Süddeutschland. Der eigentliche Familienname in der nicht-latinisierten Schreibweise lautete Ortels (auch Oertel, Wortels u.ä.). Es scheint mehrere Zweige der Familie in Antwerpen gegeben zu haben. Nicht direkt verwandt z.B. war ein Matthias Wortels († 1564), der als Agent der Fugger in Antwerpen zu Wohlstand kam. Direkter Vorfahre von Abraham Ortelius war der aus Augsburg stammende Wilhelm Ortels († 1512/13), der sich 1460 in Antwerpen als Apotheker niederließ; als einen besonderen Ausdruck seines Gemeinsinnes vermerkte Sweerts die Stiftung eines steinernen Betkreuzes auf der Antwerpener Richtstätte. Von den sämtlich in Antwerpen geborenen fünf Kindern des Wilhelm Ortels übernahm der älteste Sohn Imbert das Geschäft seines Vaters. Die Tochter Odile heiratete in zweiter Ehe den Kaufmann Jacob van Meteren, einen frühen Propagandisten der Reformation in den Niederlanden. Ihr Sohn war der Kaufmann und Historiograph Emmanuel van Meteren (Meteranus, 1535–1613).[72] Über den Beruf des nachgeborenen Sohnes Leonard Ortels (1500–1537) ist wenig bekannt. Er war ein gebildeter Mann mit Kenntnissen in Latein und Griechisch. Seinen Lebensunterhalt hat er wahrscheinlich im Handel mit Antiquitäten verdient. Auch er war ein Anhänger der Reformation, 1535 mußte er vor den Inquisitions- und Zensurbehörden in den spanischen Niederlanden nach England fliehen.

Als ältestes von drei Kindern des Leonard Ortels und seiner Frau Anne Herreweyers wurde Abraham Ortelius im April 1527[73] in Antwerpen geboren. Seinen allerersten Unterricht erhielt er wohl bei seinem Vater. Nach dessen frühem Tod 1537 sorgte Jacob van Meteren für die weitere Ausbildung seines Neffen, die allerdings kein Universitätsstudium einschloß. Insgesamt ist über die frühen Lebensjahre von Ortelius wenig bekannt. Quellenmäßig konkret belegt ist er erstmals für 1547, als er als „Afsetter van carten" in die Antwerpener St. Lukas-Gilde aufgenommen wurde.[74] Ab 1558 erscheint er in den Rechnungen des Hauses Plantin als „Abraham, paintre de cartes".[75] Seinen Lebensunterhalt hat er also – mindestens bis 1570, wahrscheinlich aber noch länger – vor allem verdient als Illuminist von Landkarten. In diesem Metier arbeitete er zusammen mit seiner Schwester Anne († 1600).[76] Ein weiteres wirtschaftliches Standbein war der Buch- und Landkartenhandel. Spätestens seit 1554[77] besuchte Ortelius regelmäßig die Frankfurter Frühjahrs- und Herbstmesse, noch 1587 war er dort.[78] Geschäftsverbindungen scheint er vor allem mit Italien gepflegt zu haben,[79] aber auch mit England, wo ihm die dort seit 1550 ansässigen van Meterens die Wege geebnet haben dürften. Schließlich scheint er auch mit dem Antiquitätenhandel etwas Geld verdient zu haben.

In Anbetracht dieser recht widrigen Umstände ist es bewundernswert, wie sich Abraham Ortelius weitgehend im Selbststudium zu einem Gelehrten von hohem Rang und umfassender Bildung entwickelt hat. Er sprach neben Flämisch Latein, Griechisch, Italienisch, Französisch, Spanisch und wohl auch etwas Deutsch und Englisch.[80] Die Liste der von ihm über Plantin erworbenen Bücher[81] zeugt von breitgefächerten Interessen, die von der Geographie bis hin zu Theologie reichten. Vervollständigt hat er seine Bildung durch zahlreiche Reisen, die sicherlich nicht nur beruflichen Belangen dienten. Die erste der drei von Sweerts bezeugten Italienreisen machte er wahrscheinlich schon 1552, zusammen mit dem Maler Pieter Brueghel d.Ä. (um 1525/30 – 1569).[82] Die zweite Italienreise ist schwer zu datieren,[83] die dritte unternahm er 1577–1578 zusammen mit Georg → Hoefnagel. 1559 war Ortelius in Paris,[84] eine weitere Frankreich-Reise erfolgte 1560 (siehe 4.1). 1575 bereiste er den Moselraum (siehe 3.2). 1577 besuchte er England und Irland und seinen Vetter in London;[85] 1575 war Emmanuel van Meteren anläßlich eines Aufenthaltes in Antwerpen unter der Anklage der Häresie verhaftet worden, und nur mit hohem persönlichen Einsatz konnte ihm Ortelius das Entkommen zurück nach England ermöglichen.

Die religiöse Position und Haltung in jenen turbulenten Zeiten sind eines der schwierigsten Kapitel in der Biographie von Abraham Ortelius.[86] Er wurde katholisch getauft und auch beerdigt. Sein Vater und sein Onkel hingegen waren glühende Anhänger der Reformation, und auch er selbst hielt zeitlebens engste Kontakte zu Vertretern aller möglichen Richtungen des neuen Glaubens. So hatte er um 1567 Kontakte zu der Antwerpener Sekte „Het Huys der Liefde", der insbesondere Plantin nahe stand und über die sich Guillaume → Postel bei Ortelius erkundigte.[87] Andererseits hatte er fast immer ein problemloses Verhältnis auch zur spanischen Obrigkeit. 1568 erhielt er – durchaus nicht selbstverständlich – einen Paß für Reisen, wohin immer es ihm beliebte.[88] Bezeichnend ist auch sein gutes Verhältnis zu Benito → Arias Montanus, einem zwar liberalen Mann, aber immerhin doch einem Exponenten des Katholizismus. Man ist versucht, Ortelius zu sehen als einen Mann, der überaus geschickt zwischen allen, zu dieser Zeit sehr harten Fronten lavierte. In einem solchen Sinne könnte ein Rat interpretiert werden, den er 1593 seinem Neffen Jacob Cole gab: In solchen Zeiten ist es weise zu schweigen.[89] Viel wahrscheinlicher aber ist, daß Abraham Ortelius aus selbstgewonnenem Prinzip jeglicher institutionalisierten Religion generell mit Distanz gegenüberstand. Seine eigene Lebens- und Weltsicht hatte er in der Philosophie der Stoa gefunden. Seine Religion war also das „generelle Christentum", mit ihm selbst als „religiösem Individualisten".[90]

In den 1560er Jahren, in der entscheidenden prägenden Phase seiner wissenschaftlichen Persönlichkeit, lebte Abraham Ortelius in bescheidenen Verhältnissen. Es ist fraglich, ob die Familie zu dieser Zeit überhaupt ein eigenes Haus besaß. 1561 lautete seine Adresse im Haus „De Gulden Herdt" in der Korte Ridderstraat.[91] 1563 bis 1567 sind Briefe an ihn gerichtet an das Haus „In de Vette Henne",[92] dies war die Adresse der Antwerpener Faktorei des Kölner Verlagshauses Birckmann. Um 1570 lebte er im Haus „In de Lelie".[93] Zu einigem Wohlstand und auch öffentlichem Ansehen kam Ortelius erst mit dem Erfolg des *Theatrum*. Am 20. Mai 1573 wurde er – auf Vorschlag von → Arias Montanus – von König Philipp II. zum „Geographus Regius" ernannt. 1574 wohnte er unter der Adresse „By Sint Andris Kerk."[94] 1582 bezog er ein großes Haus „De Vlasbloem". 1592 schließlich siedelte er um in das Haus „De Roode Leeuw", das er kurz danach mit dem Nachbarhaus „De Lauwerboom" zusammenlegte; beide Hauskäufe geschahen im übrigen auf den Namen seiner Schwester Anne.[95] In diesem Haus „Zum Lorbeerbaum" fanden dann auch endlich die Sammlungen eine Bleibe, die Ortelius über Jahrzehnte zusammengetragen hatte: eine große Bibliothek, Münzen, andere Antiken, aber auch Kuriositäten wie präparierte Fische, Insekten, Herbarien und verschiedenfarbige Marmorarten.[96] Dieses „Museum Ortelianum" wurde zu einer Antwerpener Sehenswürdigkeit, die sogar 1594 und 1595 von den Habsburger Erzherzögen besucht wurde.

Abraham Ortelius starb hochgeehrt in Antwerpen am 28. Juni 1598.[97] Er wurde in der Prämonstratenserkirche St. Michael begraben, wo sein Epitaph bis 1798 zu sehen war. Erbin war zunächst seine kinderlose Schwester Anne Ortels. Nach ihrem Tode im Jahre 1600 ging Ortelius' gesamter Nachlaß an die Erben seiner Schwester Elisabeth Ortels († 1564), die 1562 den aus Flandern stammenden, in London ansässigen Kaufmann Jacob Cole († 1591) geheiratet hatte.[98] Um das wissenschaftliche Erbe kümmerte sich vor allem Jacob Cole Junior (Jacobus Colius, 1563–1628). Zu ihm hatte der nie verheiratet gewesene und kinderlose Abraham Ortelius stets eine sehr intensive Bindung gehabt, in ihrer seit 1586 belegten Korrespondenz nannte er ihn gelegentlich – vielleicht im Sinne einer formlosen Adoption – Jacobus Colius Ortelianus. Als Jacob Cole Junior 1628 kinderlos starb, wurde der Nachlaß von Abraham Ortelius in alle Winde zerstreut.

3.2 Ortelius als Altphilologe und Numismatiker

Die allerersten wissenschaftlichen Interessen von Abraham Ortelius dürften – angeregt durch die Erziehung seines Vaters – in der Archäologie und klassischen Philologie gelegen haben. Die Lektüre der antiken Autoren war ihm sicherlich seit seiner Jugend vertraut. Diese Interessen scheinen sich dann auf die Numismatik ausgedehnt zu haben. Als noch wenig kenntnisreicher Münzliebhaber ist Ortelius für 1557 erstmals belegt.[99] Bereits 1562 aber zählte seine Münzsammlung schon zu den bekanntesten in Antwerpen.[100] Eine für Ortelius prägende Gestalt in dieser Disziplin war der Zeichner und Archäologe Hubert Goltzius (1526–1583),[101] mit dem ihn über Jahrzehnte eine enge Freundschaft und Zusammenarbeit verband. Unterstützt von dem Brügger Kaufmann und Numismatiker Marc Laurin (1530–1581),[102] konnte Goltzius – wohnhaft in Antwerpen und Brügge – einige größere Reisen durch ganz Europa unternehmen, um antike Münzen und Inschriften zu erfassen. Frucht dieser Reisen waren einige frühe Standardwerke der Archäologie.[103] Wie die Korrespondenz zeigt, hat sich Ortelius bis an sein Lebensende für Münzen interessiert. Überhaupt war er in den frühen 1560er Jahren diesem Kreis der Numismatiker wahrscheinlich viel enger verbunden als der Antwerpener Kartographenszene. Ein Beleg hierfür mag die Widmung seiner Wandkarten der Welt und Asiens (siehe 3.3) an Laurin bzw. Goltzius sein. 1573 publizierte Ortelius ein münzkundliches Werk *Deorum dearumque capita. Ex vetustis numismatibus in gratiam antiquitatis studiosorum effigata et edita*.[104] Es ist Johannes → Sambucus gewidmet, den Ortelius ebenfalls über die Numismatik kennengelernt hatte.

Durch die Klassikerlektüre und das Interesse für Geographie und Kartographie ist Abraham Ortelius zu einem weiteren Arbeitsgebiet gekommen, der historisch-geographischen Namenkunde. Sein wichtigster Partner bei dieser Arbeit war Arnold Mylius (1540?–1604), der seit den 1550er Jahren in Antwerpen als Vertreter des Kölner Verlages Birckmann tätig war, ehe er 1578 als Leiter des Stammhauses nach Köln zurückkehrte.[105] Mit ihm hat Ortelius über Jahrzehnte hinweg zusammengearbeitet. So war es Mylius, der 1594 den Tod Mercators nach Antwerpen meldete; belegt ist seine Korrespondenz mit Ortelius bis 1596.[106] Ihre erste gemeinsame, zunächst nur von Mylius allein signierte Arbeit war ein doppeltes Register antiker geographischer Namen und ihrer modernen Entsprechungen mit Angabe der Fundstellen (*Antiqua regionum ... nomina explicata*),[107] das bereits der Erstausgabe des *Theatrum* 1570 angehängt wurde und schon hier 48 Seiten umfaßte. Seit der *Theatrum*-Ausgabe 1574 erschien dieser Teil unter dem veränderten Titel *Synonymia locorum sive populorum ... appelationes et nomina*. Von dieser Fassung, die 425 Autoren ausschöpfte, erschien auch eine Separatausgabe *Synonymia geographica* (Antwerpen: C. Plantin, 1578). Für die *Theatrum*-Ausgabe 1579 wurde wieder eine neue Fassung dieses

Namensindex geschaffen unter dem Titel *Nomenclator Ptolemaicus*. Diese wurde dann ab 1588 nicht mehr in das *Theatrum* aufgenommen, sondern als separater Druck publiziert (Antwerpen: C. Plantin, 1579 und weitere Ausgaben bis 1609).[108] Die endgültige Fassung dieses namenkundlichen Standardwerkes stellte Ortelius selbst her und publizierte sie allein unter seinem Namen als *Thesaurus geographicus* (Antwerpen: C. Plantin, 1587 und 1596).[109]

Ein schönes Beispiel für das Werk des klassischen Renaissance-Gelehrten Abraham Ortelius ist das in Form eines Briefes an Gerard Mercator geschriebene *Itinerarium per nonnullas Galliae Belgicae partes* (Antwerpen: C. Plantin, 1584).[110] Dies ist der Bericht über eine von der Lektüre antiker Autoren begleiteten Bildungsreise, die Ortelius 1575 zusammen mit den Antwerpener Humanisten Jean Vivien (Johannes Vivianus, um 1520–1598)[111] und Jérome Scholiers (geb. 1553)[112] unternommen hatte. Auf einem Teilstück begleitete sie auch Jan van → Schille. Die Reiseroute führte von Antwerpen durch Brabant über Lüttich, Luxemburg, Trier bis nach Lothringen.[113]

Zum philologischen Alterswerk von Abraham Ortelius gehören schließlich noch die Caesar-Ausgabe *C. Iulii omnia quae extant* (Leiden: Frans Ravelingen, 1593)[114] und die Schrift *Aurei saeculi imago, sive Germanorum veterum vita, mores, ritus et religio* (Antwerpen: Philipp Galle, 1596).

3.3 Drei Wandkarten von Abraham Ortelius

Die große ungeklärte Frage in der Biographie von Abraham Ortelius ist, wann und unter welchen Umständen er vom rein handwerklich tätigen Kartenilluministen und Kartenhändler zum wissenschaftlich-schöpferischen Kartographen wurde. Aus dem hier entscheidenden Zeitraum bis um 1565 sind nur etwa 10 Briefe erhalten. Praktisch über Nacht wird Ortelius in der wissenschaftlichen Welt zum „Cosmographus", diese Anrede gebrauchte – soweit bekannt – erstmals Johannes → Sambucus in einem Brief vom 22. September 1563.[115] Bereits ein Jahr später erschien als ausgereiftes Werk die erste bekannte kartographische Arbeit von Ortelius, die große Weltkarte von 1564:[116]

NOVA TOTIVS TERRARVM ORBIS IVXTA NEO- / TERICORVM TRADITIONES DESCRIPTIO / ABRAH. ORTELIO / ANVERPIANO AVCT. / ANNO DOMINI / M.CCCCC. LXIIII.

Titel in Kartusche über der Karte. Unter der Karte halblinks in Kartusche die Adresse: *Prostant Antuerpiae, apud Gerardum de / Jode, in Borsa nova. / Cum Regiae Maiestatis Privilegio ad / sexennium*. In Kartusche unten in der Mitte die Widmung: *NOBILI ET ERVDITO MARCO / LAVRINI D. DE WATERFLIET / ABRAHAMVS ORTELIVS / ANVERPIANVS / D.D.* Unten links in großer Kartusche eine Liste von Handelsgütern und deren Herkunft, unten rechts zwei Vogelschauansichten von Cuzco und Mexiko

Kupferstich auf 8 Bll., 2 Reihen zu je 4 Bll., Gesamtformat ca. 87 × 150 cm

Exemplare sind in der Öffentlichen Bibliothek der Universität, Basel und in der British Library, London.

Gerade die Liste der Handelsgüter mag ein Beleg dafür sein, daß diese von Gerard de Jode[117] verlegte und Marc Laurin[118] gewidmete Karte im engeren Umfeld der Antwerpener Kaufmannschaft entstand. Wie hat Abraham Ortelius diese Karte geschaffen? Vor ein großes mathematisch-kartographisches Problem war er jedenfalls nicht gestellt. Für die etwas verzerrende herzförmige Projektion gab es etliche Vorbilder bereits im frühen 16. Jahrhundert, etwa bei Peter → Apian. Unmittelbares Vorbild für Ortelius dürfte die Weltkarte des Caspar → Vopelius von 1545 gewesen sein. Was den topographischen Inhalt angeht, so ist sie eine Kompilation aus zahlreichen Quellen. Klar erkennbar sind

– die → Zeno-Karte für Details der Darstellung Grönlands, das Ortelius aber – anders als Zeno – als Insel getrennt von der europäischen Landmasse zeigt;

– die Karte von Diego → Gutiérrez als eine von mehreren Quellen für die Darstellung Amerikas;

– die Weltkarten von Jacobo → Gastaldi als Vorlage für die Darstellung Afrikas und Asiens.

Überaus fremdartig wirken Details wie die Darstellung der amerikanischen Nordostküste mit *CA-*

NADA, TERRA NVOVA und *TERRA DI LABRADOR* als vorgelagerte Inseln. Hierfür ist konkret keine gedruckte Karte als Vorlage nachweisbar. Überhaupt finden sich auf dieser Weltkarte zahlreiche Ortsnamen und weitere Einträge, die nur aus sekundären, nicht-kartographischen Quellen stammen können und von Ortelius kompiliert wurden. Eine Detailanalyse ist hier ein Desideratum künftiger Forschung. Gerard de Jode hat diese Ortelius-Karte später für seinen Atlas auf Folio-Format reduziert. Auch die Weltkarte von Guillaume → Postel folgte dieser Vorlage in weiten Teilen. Insgesamt aber war das Echo dieser Wandkarte doch recht gering. Sie wurde bald abgelöst durch die epochale Weltkarte → Mercators von 1569, nach der auch die Weltkarte des *Theatrum* kopiert ist.

Als nächstes großes kartographisches Werk von Abraham Ortelius erschien 1567 seine Wandkarte von Asien:[119]

ASIAE ORBIS PARTIVM MAXIMAE NOVA DESCRIPTIO

Titel im oberen Rand. Im unteren Rand Widmung und Privileg: *ORNATISS. VIRO DN. HVBERTO GOLTZIO HISTORICO ET TOTIVS ANTIQVITA- / TIS RESTAVRATORI DILIGENTISS. ABRAHAMVS ORTELIVS ANTVERP. DED.* und *CAVTVM EST REGIAE MAIESTATIS GRATIA ET PRIVILEGIO NE / QVIS PROXIMO SEXENNIO HOC OPVS VLLO MODO IMITETVR.* Unten rechts in Kartusche Geleitwort *ABRAHAMVS ORTELIVS ANTVERPIANVS / CANDIDIS SPECTATORIBVS, S.* (15 Zeilen), endend ... *ANTVERPIAE, M.CCCCC. LXVII*

Kupferstich auf 8 Bll., 2 Reihen zu je 4 Bll., Gesamtformat 101,5 × 145 cm

Das einzige erhaltene Exemplar ist in der Öffentlichen Bibliothek der Universität, Basel; das Breslauer Exemplar wurde 1945 zerstört. Bei Exemplaren in der Biblioteca Apostolica Vaticana, Rom und im Museo Civico Correr, Venedig handelt es sich um exakte Nachstiche, deren publizistischer Hintergrund noch ungeklärt ist.

Angeregt zur Herausgabe dieser Hubert Goltzius[120] gewidmeten und wohl im Selbstverlag erschienenen Wandkarte wurde Ortelius möglicherweise durch den Umstand, daß die dreiteilige Asien-Karte Jacobo → Gastaldis von 1559 bis 1561 eben aus drei einzelnen Blättern bestand, die nicht zusammengesetzt werden können. Diese Arbeit Gastaldis war allerdings die Hauptquelle für die vorliegende Wandkarte. Ortelius hat die drei Teilkarten auf einen einheitlichen Maßstab gebracht, in eine Kegelprojektion umgezeichnet und nach weiteren Quellen ergänzt:
– Die Texte in den zahlreichen Schriftfeldern beruhen auf sekundären nicht-kartographischen Quellen.
– Die Darstellung von Nordrußland zeigt Einflüsse der Karte Anthony → Jenkinsons von 1562.
– Die reichlich fiktive Darstellung der asiatischen Nordküste beruht in der Hauptsache auf der Weltkarte Gastaldis von ca. 1561.
– Die Darstellung Japans ist eine Eigenschöpfung von Ortelius vermutlich nach den Daten eines 1554 gedruckten schriftlichen Berichtes.[121]

Diese Wandkarte war die unmittelbare Vorlage für die Asien-Karte des *Theatrum* (Nr. 3).

Darüber hinaus war Abraham Ortelius zumindest Mitautor der 1571 erschienenen, ansonsten mit dem Namen von Carolus → Clusius verbundenen Spanien-Wandkarte.[122] Auf der Basis einer älteren Vorlage wurden in diese Karte neue Daten eingebracht, die aus der eigenen Landeskenntnis von Clusius stammten. Die Redaktionsarbeiten von Ortelius an diesem Material waren 1569 im wesentlichen abgeschlossen. In eine für das *Theatrum* vorgenommene Reduktion (Nr. 7) fügte Clusius noch einige Korrekturen ein, 1571 kam die Wandkarte dann auf den Markt.

3.4 Abraham Ortelius und die Geschichtskartographie

Bei allen Meriten von Abraham Ortelius in der Edition von Wandkarten und in der Atlaskartographie: In der kartographiehistorischen Generalsicht und Wertung liegt seine größte Bedeutung wahrscheinlich in der Erarbeitung von Landkarten mit historischen Inhalten. Umfassend vertraut mit den antiken Quellen einerseits und mit dem Kartenmachen andererseits, wurde Ortelius zum Begründer

der Geschichtskartographie. Seine älteste bekannte Arbeit auf diesem Gebiet ist eine an Scipio Fabius[123] gewidmete Karte des antiken Ägyptens,[124] die 1565[125] im Selbstverlag als Einblattdruck erschien:

Ohne eigentlichen Titel. Unten links Dekoration mit hieroglyphengeschmückten Obelisken, Sphinxen und ägyptischer Münze. Darin in oberer Kartusche die Widmung: HVMANISS. DOCTISS. Q.D. SCIPIONI / FABIO MEDICAE ARTIS PROFES- / SORI ABRAHAMVS ORTELIVS / ANTVERPIANVS DEDICABAT. Darunter in zweiter Kartusche historisch-geographischer Text (28 Zeilen) über Ägypten

Kupferstich, 2 Bll. übereinander, Gesamtformat 64,5 × 45 cm

Exemplare sind in der Öffentlichen Bibliothek der Universität, Basel und in der Herzog August Bibliothek, Wolfenbüttel.

Dies ist eine ganz und gar eigenständige Arbeit von Abraham Ortelius. Für das gegebene topographische Bild ist keine gedruckte Vorlage unmittelbar erkennbar. Die Ortsnamen und weiteren beigegebenen Informationen sind aus antiken Autoren gesammelt, genannt sind in den inserierten Texten Diodor, Herodot, Plinius und Strabo. Eine interdisziplinäre Bearbeitung dieser Karte ist ein Desideratum.

1565 war eine von Ortelius geschaffene Karte des *Paradisus* im Handel.[126] Sie ist ebenso verschollen wie eine Darstellung der *Arx Britannica*, einer 1552 an der holländischen Küste bei Katwijk entdeckten Ruinenstelle.[127] 1571 erschien als Einblattdruck eine von Ortelius erarbeitete Karte des antiken römischen Reiches:[128]

ROMANI / IMPERII I= / MAGO

Titel oben Mitte in Kartusche. Rechts daneben die Widmung: *Ornatiss. Viro D.Francisco / Vsodimaro Patricio Genuen- / si, Venerande. Antiquitatis / summo admiratori / Abrahamus Ortelius Ant- / uerpianus describebat et / dedicabat.* Oben rechts: *Franc. Hogenb. ex / vero sculpsit.* Unten rechts: *Cum Regiae Maiestatis Gratia / et Privilegio ad Sexenniū / Dat. Bruxellis 1571.* Im unteren Teil drei Kartuschen mit Texten zur römischen Geschichte, den benutzten Quellen und einer Genealogie der römischen Könige

Kupferstich, 2 Bll. nebeneinander, Gesamtformat 49 × 70 cm

Exemplare: Öffentliche Bibliothek der Universität, Basel; Bibliothèque Nationale, Paris; Biblioteca Nazionale, Rom; Herzog August Bibliothek, Wolfenbüttel.

In ihrer Topographie beruht diese Karte im wesentlichen auf dem Bild, das Ortelius selbst für die Europa-Karte des *Theatrum* (siehe unten 5.3.1) geschaffen hat. Seine Beziehung zu dem Dedikanten ist anderwärtig nicht nachweisbar.[129]

Die alles überragende Leistung von Abraham Ortelius in der Geschichtskartographie war der Corpus des *Parergon*, eine Serie von insgesamt 38 Blättern.[130] Die Anfänge dieses großen Werkes waren bescheiden. Die ersten drei Karten erschienen zunächst ohne eine Trennung angehängt an das *Theatrum*, ebenso die Sequenzen von acht bzw. 14 weiteren Blättern in den Additamenta III und IV von 1584 bis 1590. Erst in der Gesamtausgabe von 1592 wurde der historische Teil durch ein eigenes Titelblatt (Abb. 3) vom *Theatrum* abgetrennt: *PARERGON / SIVE / VETERIS GEOGRAPHIAE / ALIQVOT TABVLAE*.[131] Weitere Zusätze folgten 1595 (10 Bll.) und 1598 (3 Bll.); die 1598 ebenfalls gebrachte Ansicht des Escorial (Nr. 39P) gehört eigentlich nicht zu diesem Zyklus. Schon 1595 war auch eine Separatausgabe des *Parergon* erschienen, eine weitere folgte noch 1624.

Das *Parergon* ist ein Atlas der Welt in römischer Zeit. Bemerkenswert ist, daß Ortelius sich hier völlig unabhängig bewegt, z.B. von Ptolemäus. Alle Karten sind vollständig von ihm selbst erarbeitet, gestützt auf die seit vor 1570 mit Mylius zusammengetragenen Listen geographischer Namen (siehe oben 3.2). Im topographischen Grundgerüst sind nur in einigen Fällen Anklänge an Vorlagen erkennbar. So beruhen die Karten von Italien (9P), Sizilien (10P), Illyrien (23P) und Dacien (30P) auf → Gastaldi, der Toskana (11P) auf → Bellarmati, der Britischen Inseln auf → Mercator, Spaniens auf → Clusius. Für die Karten des Imperium Romanum (2P) und des alten Ägypten (4P, 5P und 35P) konnte Ortelius auf die eigenen Vorarbeiten zurückgreifen. Interessant sind die *Parergon*-Karten von Griechenland und Palästina:

– Die Palästina-Karte (22P) von 1590 beruht auf der Karte → Stellas von 1557; auch das *Theatrum* enthielt zunächst eine Karte nach Stella (Nr. 51), die dann 1584 abgelöst wurde durch eine Kopie (Nr. 106) nach der jüngeren Vorlage des Christian → Sgrothen von 1570.

– Die Griechenland-Karte (3P) beruht auf der veralteten Vorlage von Nicolaus →Sophianus von 1545, während das *Theatrum* eine Kopie (Nr. 40) nach der jüngeren Karte von →Gastaldi enthält.

Dies heißt aber nicht, daß Ortelius möglichst alte Vorlagen für seine *Parergon*-Karten genommen hat. So sind z.B. für die Karten von Belgien (6P), Gallien (18P) und Germanien (19P) für das topographische Grundgerüst überhaupt keine Vorlage auszumachen, obwohl Ortelius – ausweislich des *Catalogus Auctorum* – hier ältere Karten gekannt hat, als er im *Theatrum* verwendet hat. Bei solchen *Parergon*-Karten handelt es sich um Eigenschöpfungen, bei denen die Topographie – aus welchen Gründen auch immer – weit weniger präzise dargestellt ist, als dies möglich gewesen wäre und auf den entsprechenden *Theatrum*-Karten auch geschehen ist. Reine Phantasieprodukte dürften die Ansichten von *Tempe* (24P) und *Daphne* (33P) sein.

Insgesamt ist auch zum *Parergon* eine detaillierte, vor allem quellenkundliche Analyse wünschenswert, die aber nur in einer Zusammenarbeit von Kartographiegeschichte und Altphilologie Erfolg haben kann.

Abb. 3: Titelblatt zum *Parergon*-Teil

Im Rahmen seiner historisch-geographischen Quellensammlung ist Ortelius schon früh auf die Tabula Peutingeriana gestoßen. 1578 versprach ihm Joannes Barvicius, das Manuskript in Speyer (!?) anzusehen.[132] 1583 waren Peutingers Erben einverstanden, eine Kopie an Ortelius zu senden.[133] In der Publikation kam ihm allerdings Marcus →Welser 1591 zuvor. Nachdem das Original zeitweilig verschollen war – oder war dies eine Ausrede? –, wollte Welser 1597 eine Kopie an Ortelius senden.[134] In der Tat hat er in seinem letzten Lebensjahr noch an der Edition der Tabula Peutingeriana gearbeitet. Als er auf dem Sterbebett lag, nahm der Plantin-Nachfolger Joannes Moretus am 26. Juni 1598 mit Welser Kontakt auf.[135] Noch im gleichen Jahr erschien dann die Antwerpener Ausgabe der Tabula Peutingeriana, allerdings unter dem Namen Welsers.

Ebenfalls erst ein Alterswerk von Ortelius war eine als Einblattdruck publizierte Utopia-Karte:[136]

VTOPIAE / TYPVS / EX / Narratione Raphaelis Hythlodaei, / Descriptione D. Thomae Mori / Delineatione Abrahami Ortelii.

Titel oben Mitte in Kartusche. Unten links in Kartusche die Widmung: *NOBILISS: VIRO: IO: MAT= / THAEO WACKHERO A WACK= / ENFELS SAC. CAES.Mtis. CONSI= / LIARIO ET EPI: WRATISLAV. / CANCELLARIO. / Amico optimatissimo / Ab. Ortelius dedicabat. L.M.* Unten rechts in Kartusche Geleitgedicht *AD SPECTATOREM,* signiert von Wacker von Wackenfels (8 Zeilen), darunter nochmals Angaben der beteiligten Personen: *Lustravit Raphael: Descripsit Morus: Abrahamus / Edidit Ortelius. Tu fuere atq. vale.*

Kupferstich, 38 × 47,5 cm

Das einzige beschriebene Exemplar befindet sich in einer ungenannten Privatsammlung.

Der in Schlesien tätige Jurist Johann Matthäus Wacker von Wackenfels (1560–1619) war mit Ortelius spätestens seit 1584 befreundet, als er sich in das *Album Amicorum* eintrug.[137] Über die Hintergründe der Publikation dieser Utopia-Karte ist nichts bekannt. Ortelius hielt sich bei ihrer Gestaltung sehr eng an den Text von Thomas Morus. 1595 machte Wacker von Wackenfels – als Dedikant wohl gefragt – einige Änderungsvorschläge zur Nomenklatur der Ortsbezeichnungen.[138] Im Oktober 1596 war die Karte dann bereits auf dem Markt.[139]

4. Das *Theatrum Orbis Terrarum*

So hoch der wissenschaftliche Wert der historisch-kartographischen Arbeit von Abraham Ortelius auch anzusetzen ist: Das große Projekt und Lebenswerk schlechthin war das *Theatrum Orbis Terrarum*.[140] Am *Theatrum* hat Ortelius über 30 Jahre gearbeitet. Das *Theatrum* hat seinen Ruf – zu seiner Zeit und vor allem in der Nachwelt – begründet und dauerhaft erhalten. Dem *Theatrum* schließlich verdankte Ortelius wirtschaftliche Unabhängigkeit und einen gewissen Wohlstand.

Das *Theatrum Orbis Terrarum* hat in allen Ausgaben den folgenden, in etwa gleichen Aufbau:
– gestochenes Titelblatt mit Allegorien der fünf Erdteile (Abb. 4);[141]

Abb. 4: Titelblatt zum *Theatrum Orbis Terrarum*

- Widmung, in der Regel an König Philipp II.;
- *Adolphi Mekerchi Brugensis Frontispici Explicatio*;
- Vorrede von Abraham Ortelius, in der Regel datiert Antwerpen 1570;
- *Catalogus Auctorum* (vgl. Kapitel 6);
- *Index Tabularum*, dazu ein zweites Register mit Verweis für Regionen, die nicht auf einer eigenen Karte dargestellt sind;
- Kartenteil: entsprechend dem *Index Tabularum* numerierte Kupferstichkarten mit rückwärtigem Text;
- doppeltes Register antiker und neuzeitlicher Ortsnamen;
- Privilegvermerk und Kolophon.

Der Vorspann wurde später um weitere Texte erweitert, so z.B. um diverse Epigramme und Elogen, einen lobenden Brief Mercators (ab 1573), ein Porträt von Ortelius (ab 1579) sowie seine Biographie (ab 1603) von Sweerts.

In der Regel erschien das *Theatrum* immer als ein Band. Es gibt zweibändige Exemplare, die allerdings wahrscheinlich so nicht vom Verlag ausgeliefert wurden. Der zweite Band ist immer ohne eigene Präliminarien, fast immer sogar ohne Titelblatt.

4.1 Zur Vorgeschichte des *Theatrum*

Die wenigen aus der Zeit vor 1570 erhaltenen Ortelius-Briefe geben keinen Aufschluß über die Umstände und Hintergründe, die in den 1560er Jahren in Antwerpen zur Konzeption und dann Realisierung eines Atlas-Projektes führten. Auch das *Theatrum* selbst macht hierzu keinerlei Angaben. Gesichert scheint in jedem Falle, daß die Idee zum *Theatrum* nicht einzig und allein Abraham Ortelius zum Vater hatte. Sie war wohl vielmehr das Ergebnis von Überlegungen und Planungen, die in einem ganzen Kreis Antwerpener Gelehrter und auch interessierter Kaufleute angestellt wurden. Hier sind neben Ortelius zu nennen

- Gerard → Mercator und Frans → Hogenberg; ihre Namen finden sich für 1560 zusammen mit dem von Ortelius auf einer Abbildung des „Pierre levée" oder „Druidensteins" in der Nähe von Poitiers, eingeritzt während der gemeinsamen Frankreichreise dieses Jahres;[142]
- der aus Haarlem stammende, seit ca. 1560 in Antwerpen ansässige Zeichner, Kupferstecher und Historiker Philipp Galle (1537–1612);[143]
- der Antwerpener Kaufmann Gilles Hooftman († 1581);[144]
- der aus Aachen stammende, seit 1554 in Diensten von Hooftman stehende Kaufmann und Humanist Jan Radermacher (Ioannes Radermacherus, 1538–1617).[145]

Die aus diesem Umfeld erhaltenen Sekundärquellen weisen zur Ideengeschichte des *Theatrum* auf zwei Wurzeln hin.

In der 1594 verfaßten Biographie seines eben verstorbenen Freundes und Nachbarn Gerard Mercator sagt der Duisburger Bürgermeister Walter Ghim (1530–1611),[146] Mercator habe schon lange vor Ortelius die Idee gehabt, eine Serie von Karten in kleinerem Format als Atlas herauszubringen. Schon früh habe er etliche Karten fertig gezeichnet gehabt, so daß sie nur noch in Kupfer zu stechen gewesen wären. Allein aus Gründen der Freundschaft zu Ortelius habe er dieses Projekt aber zurückgestellt, bis dieser sein *Theatrum* publiziert und zum wirtschaftlichen Erfolg gebracht habe. Eine Annahme, daß Gerard Mercator an der Idee und Vorbereitung des *Theatrum* beteiligt war, hat ihre gute Berechtigung. Die definitive Angabe Ghims, Mercator habe ein mehr oder minder fertiges Werk – bis 1585! – allein aus Freundschaft zu Ortelius zurückgehalten, ist aber doch in Zweifel zu ziehen. Ein kräftiger Beleg hierfür ist eine Durchsicht der Atlaskarten Mercators unter dem besonderen Aspekt der Quellenkunde. Mercator hat z.B. für seine *Germaniae tabulae geographicae* Vorlagen benutzt, die erst nach 1570 erschienen sind, etwa die Württemberg-Karte von → Gadner bei Ortelius und die Elsaß-Karte von → Specklin.

Wesentlich konkretere Informationen über die Vorbereitungsphase des *Theatrum* enthalten drei lange Briefe, die Jan Radermacher 1603–1604 an Jacob Cole schrieb.[147] Danach stand Ortelius schon sehr früh, vielleicht schon vor 1554, mit Gilles Hooftman in Verbindung; möglicherweise hat Ortelius einige seiner frühen Reisen im Auftrag bzw. mit Unterstützung von Hooftman gemacht. Als weltweit tätiger Kaufmann hatte Hooftman Interessen und auch eigene Kenntnisse in der Nautik, er besaß selbst eine Sammlung von Land- und Seekarten. Im Umgang damit aber erkannte er die Sperrigkeit großformatiger Wandkarten und damit den Nutzen einer Kartensammlung in handlicherem kleinerem Format. So seien dann er – Radermacher – und Ortelius von Hooftman beauftragt worden, so viele Folio-Karten wie möglich zu beschaffen und zu einem Band zusammenzustellen.[148] Ergebnis dieser Bemühungen war ein Sammelatlas mit 38 Karten, von denen die meisten aus dem Verlag von Michele Tramezzino stammten.[149] Hinzu kamen acht Karten aus einheimischer und aus französischer Produktion. Nach Radermacher enthielt dieser Band eine Weltkarte, Karten von Asien, Afrika, Ägypten und der „Tartarei",[150] dazu Karten der einzelnen europäischen Länder. Dieses zu Demonstrationszwecken angelegte Provisorium fand die Zustimmung des Praktikers Hooftman, und so sah sich Ortelius ermutigt, ein solches Werk in größerer Auflage auf den Markt zu bringen. Das grundlegend Neue an seinem Konzept aber war eben, dies nicht zu tun auf der Basis schon vorhandener Einblattdrucke, sondern eben einen Band mit speziell zu diesem Zweck neugestochenen Karten zu publizieren.

Diese von Gilles Hooftman angeregten Planungsarbeiten sind schwierig zu datieren, sie dürften in die frühen 1560er Jahre anzusetzen sein. Anzumerken ist, daß Abraham Ortelius nicht der einzige Kartenmacher war, der in Antwerpen um jene Zeit konkret an einem solchen Atlasprojekt gearbeitet hat. Noch bei seiner Weltkarte 1564 arbeitete Abraham Ortelius mit Gerard de Jode zusammen (siehe oben 3.3). Wenig später aber scheint ihr Verhältnis – vielleicht eben wegen des Atlasprojektes – irreparabel gestört worden zu sein. An einem solchen Unternehmen hat auch de Jode seit den späten 1560er Jahren gearbeitet.[151] Seine Grundlage war eine Reihe eigener Folio-Karten, die er bereits als Einblattdrucke auf den Markt gebracht hatte. Um 1573 waren schon über 50 Karten gestochen,[152] und ebenfalls 1573 erhielt de Jode für seinen Atlas das kirchliche Imprimatur. Für den Vertrieb aber benötigte er auch das kaiserliche Privileg, dessen Erteilung Ortelius zunächst verhindern konnte. Hier fand de Jode aber einen Umweg, indem er das kaiserliche Privileg 1574 auf den Namen seines in Nürnberg ansässigen Agenten Cornelius Caymox beantragte und auch erhielt.[153] Die Erteilung eines königlich-spanischen Privilegs für die Niederlande zog sich noch bis 1577 hin, erst 1578 konnte de Jodes *Speculum Orbis Terrarum* erscheinen.

Auch in einer weiteren Hinsicht war das *Theatrum* keine singuläre Erscheinung. In den späten 1560er Jahren wurden in Antwerpen auch die Planungen zu einem Parallelunternehmen abgeschlossen, dem Städteatlas *Civitates Orbis Terrarum*.[154] Seit 1566 lebte in Antwerpen, als Lehrer im Dienst des Kölner Hanse-Syndicus Heinrich Sudermann (1541–1622), der Kölner Priester und Humanist Georg Braun (1541–1622).[155] In dieser Zeit dürfte im Kreise um Ortelius und Mylius die Idee zu den *Civitates* formuliert worden sein. Realisiert wurde dieses Projekt nach der Rückkehr Brauns nach Köln und der Übersiedlung von Frans → Hogenberg dorthin. Der erste Band erschien 1572 in Köln mit verlegerischer Beteiligung von Philipp Galle, der letzte Band VI wurde erst 1617 abgeschlossen. Das Projekt der *Civitates* entspricht dem *Theatrum* in allen wichtigen Details: alle Exemplare einer Auflage in gleicher Ausstattung, Abbildungen mit rückwärtigem Text (verfaßt von Braun), Kompilation aus gedruckten und ungedruckten Abbildungsvorlagen, Mitarbeit zum Teil derselben Leute (z.B. Jacob van → Deventer, Georg → Hoefnagel, Johannes → Mellinger und Heinrich von → Rantzau). An diesem Parallelprojekt hat Abraham Ortelius zeitlebens großen Anteil genommen, seine Korrespondenz mit Braun ist belegt bis 1595.[156]

4.2 Editionsgeschichte und Editionsstufen des *Theatrum*

Die Forcierung der Bemühungen von Abraham Ortelius um den Abschluß der Vorarbeiten und die Realisierung des *Theatrum* dürfte um 1568 anzusetzen sein. Konkret gibt es aus dieser Arbeitsphase nur drei feste Daten, die auf der Kolophon-Seite des *Theatrum* mitgeteilt werden:

21. Februar 1569   Erteilung des Druckprivilegs durch den Brabantischen Staatsrat

23. Oktober 1569   Erteilung des Druckprivilegs durch den Geheimen Rat in Brüssel; das ebenfalls beigegebene kirchliche Imprimatur von vor 1570 ist undatiert.

20. Mai 1570   Druckabschluß der Editio princeps laut Kolophon.

Weitere Festdaten sind aus den Karten des *Theatrum* zu erhalten. Die kompilierte Friesland-Karte (Nr. 20) trägt das Datum 1568. Die ihm ebenfalls 1568 zugesandten handgezeichneten Karten von England und Wales von Humphrey → Lhuyd hat Ortelius aber nicht mehr in die Erstausgabe aufgenommen. Weiterhin enthält die Editio princeps noch eine Bayern-Karte (Nr. 29) nach der Vorlage des Johannes → Aventinus von 1535, die jüngere Bayern-Karte des Philipp → Apian von 1568 berücksichtigte Ortelius in der Erstausgabe nur im *Catalogus Auctorum*. Den Stich aller Karten der Erstausgabe besorgte – wie Ortelius in der Vorrede sagt – Frans → Hogenberg. Diese handwerklich-technischen Vorarbeiten zogen sich hin bis unmittelbar vor die Publikation, die Afrika-Karte (Nr. 4) trägt das Datum 1570. Sehr spät gestochen wurde auch die Weltkarte (Nr. 1), topographisch eine Kopie nach der großen Weltkarte Gerard → Mercators von 1569. Die Weltkarte ist im übrigen die einzige Karte der *Theatrum*-Erstausgabe, die eine Stechersignatur trägt. Auch fehlt auf allen Karten der Erstausgabe ein Privilegvermerk. Dies schließt aus, daß einzelne Karten schon vorab als Loseblätter auf den Markt gebracht wurden. Auch die Redaktionsarbeiten am Text wurden erst unmittelbar vor Druckbeginn abgeschlossen. Beleg hierfür ist die Aufnahme der 1570 erschienenen Palästina-Karte von → Laicksteen und → Sgrothen bereits in den *Catalogus Auctorum* der Editio princeps.

Publiziert wurden die ersten Ausgaben des *Theatrum* auf eigene Rechnung von Abraham Ortelius. Seit September 1569 bezog er von Plantin das Druckpapier.[157] Am 20. Mai 1570 war dann der Druck der Erstausgabe abgeschlossen. Aus unbekannten Gründen wurde das *Theatrum* am Anfang nicht bei Plantin, sondern bei dem alteingesessenen Antwerpener Drucker Gilles Coppens van Diest (um 1496 – um 1572)[158] gedruckt. Bereits mit dieser ersten Auflage zeichnete sich der große wirtschaftliche und publizistische Erfolg dieses Atlasprojektes ab. Von Juni bis Dezember 1570 verkaufte allein Plantin 159 Exemplare zu Preisen zwischen fünf und sieben Gulden, Exemplare in Vorzugskolorit kosteten bis zu 24 Gulden. Insgesamt verkaufte Plantin bis 1580 über 1200 Exemplare.[159]

Die Arbeitshektik um das *Theatrum* zog sich hin bis Ende 1570. In diesem Jahr erschienen insgesamt vier Auflagen, die sich neben anderen kleinen Details vor allem im *Catalogus Auctorum* unterscheiden (siehe Kapitel 6). Bemerkenswert ist die Schnelligkeit, mit der neue Informationen verarbeitet wurden. So nennt der *Catalogus Auctorum* der vierten auf 1570 datierten Ausgabe die Mähren-Karte von Paulus → Fabritius – auf die Ortelius mit Brief vom 30. Oktober 1570 hingewiesen wurde[160] – und die 1570 in Rom erschienene Polen-Karte von Andrzej → Pograbka.

Auch die wissenschaftliche Resonanz ließ nicht lange auf sich warten. Besonders Mercator äußerte sich überaus positiv in einem Brief vom 22. November 1570, der allerdings wohl abgesprochen war als eine Art werbemäßig zitierbare Kritik einer großen Co-Authorität; der Brief wurde ab 1573 im Vorspann des *Theatrum* abgedruckt.[161] Ebenfalls zu den Reaktionen gehört ein Brief von Hieronymus de Rhoda aus Madrid, in dem er von einer Klage des Kardinals Espinosa berichtete, daß dessen Heimatort Martimunez nicht auf der Spanien-Karte des *Theatrum* gezeigt sei.[162] Diesen „Mangel" hat Ortelius umgehend beseitigt und die Platte geändert.[163]

Der Erfolg des *Theatrum* war für Ortelius vielleicht eine Überraschung, mit Sicherheit aber ein Ansporn. So hat er dieses Projekt weitergeführt bis zum Ende seines Lebens mit insgesamt über 30 Ausgaben in mehreren Sprachen und unter Hinzufügung immer neuer Karten. Diese Ergänzungen geschahen in Form der *Additamenta*, von denen bis 1595 insgesamt fünf erschienen. Dies waren Bände nur mit neuen Karten, die dann in der jeweils nächsten *Theatrum*-Gesamtausgabe eingegliedert wurden.

Die wichtigsten Editions-Stufen des *Theatrum* bis zum Tode von Abraham Ortelius waren (siehe hierzu auch Tabelle I):

1570 – Insgesamt fünf lateinische Ausgaben mit jeweils 53 Kartenblättern;
1571
1571 erste Ausgabe mit niederländischem Text, verfaßt von dem Lehrer und Dichter Pieter Heyns (1537 – 1598);[164]
1572 erste Ausgaben mit deutschem[165] und französischem Text;
1573 *Additamentum I* mit 17 neuen Karten, darunter der Zyklus der österreichischen Länderkarten nach → Lazius; in dieser Ausgabe auch erstmalige Erwähnung eines kaiserlichen Privilegs;
1579 erste von Plantin gedruckte *Theatrum*-Ausgabe; hier auch Ersatz etlicher Platten durch unveränderte Neustiche, wobei allerdings zweifelhaft ist, ob als Grund hierfür eine Zerstörung etwa bei der Plünderung Antwerpens 1576 anzunehmen ist (siehe auch unten);
1579 *Additamentum II* mit 23 neuen Karten, darunter die drei ersten Karten des *Parergon*-

Zyklus; sicherlich als eine Folge der Pazifikation von Gent 1576 enthält dieses *Additamentum* die Publikation lange gesperrten Kartenmaterials, etwa die Arbeiten von →Lannoy, →Sgrothen und Jacques und Jean →Surhon;

1584 *Additamentum III* mit 24 neuen Karten, darunter solche nach handschriftlichen spanischen Quellen (Nr. 99 a/b, 107), und die Lüttich-Karte von →Schille;

1588 erste Ausgabe mit spanischem Text;[166]

1590 *Additamentum IV* mit 22 neuen Karten; vor allem Ergänzung des *Parergon*-Zyklus, dazu Kopien nach dem Atlas von Gerard →Mercator;

1592 erste *Theatrum*-Ausgabe mit separatem *Parergon*-Teil;

1595 *Additamentum V* mit 17 neuen Karten;

1595 in der Vorrede zu dieser lateinischen Ausgabe wird erstmals die Mitarbeit von Ferdinand und Ambrosius Arsenius[167] als Kupferstecher erwähnt;

1598 die letzte von Ortelius selbst betreute Ausgabe; mit französischem Text und neuen Karten, darunter Kopien nach dem *Théatre François* (1594) von Bouguereau.[168]

Nach dem Tode von Abraham Ortelius erschien 1601 noch eine Ausgabe bei dem Plantin-Nachfolger Joannes Moretus. Im gleichen Jahr noch wurden die Publikationsrechte und Kupferplatten des *Theatrum* erworben von dem Antwerpener Kupferstecher, Verleger und Graphikhändler Joan Baptist Vrients (ca. 1562–1612).[169] Er hatte bereits reichlich Erfahrung im Verlegen von Landkarten, so publizierte er z.B. die Einzelkarten von Petrus →Plancius. 1600 schon hatte er auch die Platten des *Speculum Orbis Terrarum* aus dem Nachlaß von Cornelis de →Jode erworben, ohne diesen Atlas aber nochmals auf den Markt zu bringen.

Bis 1607 publizierte Vrients noch sieben weitere Ausgaben, von denen wichtig waren:

1606 *Theatrum*-Ausgabe mit in London gedrucktem englischem Text;[170]

1608 die von Filippo →Pigafetta betreute Ausgabe mit italienischem Text und einigen neuen italienischen Regionalkarten.

Mit dieser Ausgabe hatte der Atlas von Ortelius seinen größten Umfang erreicht mit 128 Kartenblättern im eigentlichen *Theatrum* und 38 *Parergon*-Karten.

Nach Vrients' Tod wurden die *Theatrum*-Kupferplatten wieder vom Hause Moretus zurückgekauft. 1612 erschienen noch je eine spanische und italienische Ausgabe, 1624 folgte eine separate *Parergon*-Ausgabe. Die spätere Editionsgeschichte ist unübersichtlich, da keine konkret bibliographierbaren Ausgaben mehr bekannt sind. 1628 bezahlte Balthasar I Moretus die Kupferstecher Ferdinand Arsenius und Arnold Floris van Langren (ca. 1571–1644) für das Aufstechen von 106 Kupferplatten des *Theatrum*-Bestandes.[171] In der Tat scheint er um diese Zeit eine neue Ausgabe geplant und zu einem Teil auch schon gedruckt zu haben. Bekannt sind Sammelbände mit den Karten in sehr späten Zuständen und spanischem Rückentext, deren genaue Untersuchung und Einordnung aber noch aussteht.[172] Einige der *Theatrum*-Platten gelangten später an Theodoor Galle (1571–1633) – den Sohn von Philipp Galle und Schwiegersohn von Joannes Moretus – und an dessen Sohn Jan Galle (1600–1676), die sie – mit ihren eigenen Adressen versehen – zur Publikation von Einblattdrucken verwendeten.[173] Einzelne weitere Kupferplatten wurden an andere Verleger abgegeben.[174] 1653 nennt ein Inventar des Hauses Moretus noch 128 *Theatrum*-Platten, 44 *Parergon*-Platten sowie die Kupferplatten für die beiden Titelblätter.[175] Besonders vermerkt wird, daß von den *Theatrum*-Platten sieben oder acht doppelt vorhanden wären. Dies spricht gegen die Annahme, daß einige Platten um 1576 unbrauchbar geworden und deshalb ersetzt worden seien.[176] Zum letzten Mal werden 121 *Theatrum*-Platten und 51 (!) *Parergon*-Platten in einem Moretus-Inventar von 1704 genannt.[177]

Als Atlas spielt das *Theatrum* seit etwa 1610 keine große Rolle mehr. Das überaltete Werk hatte keine Marktchance gegenüber dem in Amsterdam ab 1606 von Jodocus →Hondius publizierten Mercator-Atlas. Der Ruf des *Theatrum* aber blieb ungebrochen. Bezeichnend ist der Titel *Appendix Theatri A. Ortelii et Atlantis G. Mercatori*, den 1631 der Amsterdamer Kartenverleger Willem Janszoon Blaeu (1571–1638) einem seiner allerersten Atlanten gab.[178]

In das unmittelbare Umfeld von Abraham Ortelius und des *Theatrum* gehören die sog. *Epitome*, Atlanten in Taschenformat auf der Basis der *Theatrum*-Karten.[179] Die erste Ausgabe *Spieghel der Werelt* mit 72 Karten wurde 1577 von Plantin gedruckt. Die Karten waren gestochen von Philipp Galle, der Text stammte von Pieter Heyns. Die in der Literatur[180] gelegentlich zu findende Annahme, dies sei eine unautorisierte Ausgabe während des England-Aufenthalts von Ortelius gewesen, ist kaum zu halten. Heyns stand im gleichen Jahr in Briefwechsel mit Ortelius in London.[181] Sofern man hier überhaupt einen Nebensinn suchen möchte, liegt die Annahme näher, daß Plantin und Galle – sicherlich mit Zustimmung des Freundes Ortelius – dem in wirtschaftlicher Not befindlichen Pieter Heyns eine Verdienstmöglichkeit geben wollten. Publizistische Absicht dieses Folgeprojekts war wohl schlicht und einfach, einen Atlas zur Mitnahme auf der Reise auf den Markt zu bringen, in einem noch handlicheren Format als das *Theatrum*. Der wirtschaftliche Erfolg bestätigte dieses Konzept eindrucksvoll. Von dieser *Epitome*-Ausgabe mit den Platten Galles erschienen bis 1603 noch 16 weitere Ausgaben. Eine andere Fassung mit Text von Michel Coignet (1542–1623)[182] erschien ab 1601 bei dem Antwerpener Verleger Joannes van Keerbergen, die Kupfer waren gestochen von den Gebrüdern Arsenius. Italienische Nachdrucke dieser Antwerpener *Epitome*-Ausgaben erschienen in Brescia und Venedig von 1598 bis 1724.

5. Die Kartenquellen des *Theatrum*

Sowohl Planungs- als auch Durchführungskonzept beinhalteten von Anfang an, daß sich das *Theatrum* vorwiegend auf bereits vorhandene Vorlagen stützte, d.h., es sollte im wesentlichen eine Kompilation gedruckter Quellen sein. Für die Zeit bemerkenswert ist, daß Abraham Ortelius aus diesem Umstand keinen Hehl gemacht hat. Dies gilt zunächst für die von ihm selbst verfaßten Rückentexte, zu denen er jeweils eine Literaturliste angibt; sie nennt z.B. in der Editio princeps für die Weltkarte (Nr. 1) 44 und für die Amerika-Karte (Nr. 2) 20 Referenzen. Die Separatausgabe der *Synonymia geographica* (vgl. 3.2) nennt 1578 die Namen von 425 Autoren; offen ist natürlich, ob Ortelius diese Werke auch alle selbst gelesen hat.

Was die Kartenquellen und ihre Behandlung angeht, so erläutert Ortelius seine Arbeitsweise und Ziele selbst in dem Vorwort, das allen *Theatrum*-Ausgaben vorangestellt ist. Die wichtigsten Punkte dieser sehr präzisen Formulierungen sind:
- Sein Bestreben war es generell, als zu übernehmende Vorlagen die Karten auszuwählen, die seiner Erfahrung und Meinung nach die besten waren.
- Diese manchmal großformatigen Vorlagen hat er auf ein handlicheres Folio-Format reduziert, wobei er so wenig wie möglich generalisiert hat; wo die Größe der Vorlage es erlaubte, hat er im *Theatrum* ggf. mehrere Karten auf einem Blatt untergebracht.
- Waren Namen auf den Originalen schlecht lesbar oder falsch geschrieben, hat er versucht, sie nach anderen Quellen zu verifizieren bzw. zu verbessern.
- Falls Platz vorhanden war, hat er aus eigenem Wissen antike Ortsnamen hinzugefügt.
- Bei den *Theatrum*-Karten, auf denen der Autor des Originals genannt ist, hat er in der Regel nichts verändert; eine Ausnahme stellen hier lediglich einige Karten der Niederlande dar (vgl. 5.3.1).
- Die *Theatrum*-Karten, die keinen Autorennamen tragen, sind laut Ortelius' eigener Aussage von ihm selbst in größerem Umfang bearbeitet. Von einigen Regionen, von denen es keine Spezialkarten gab, hat er selbst welche geschaffen, damit das *Theatrum* so flächendeckend wie möglich angelegt sei.

In den weiteren Ausführungen sagt Ortelius, Sorgfalt und Respekt vor den Autoren der Vorlagen seien das oberste Gebot bei seiner gesamten Redaktionstätigkeit gewesen, um sowohl die Leser wie auch eben die Autoren zufriedenzustellen. Er habe nicht dem schlechten Beispiel einiger Zeitgenossen folgen wollen, die lediglich die Werke anderer Kartographen nur leicht abänderten oder gar Kompilationen von fehlerhaften Daten schaffen würden, dies dann aber als das Beste der Zeit ausgeben würden. Diese anderen würden sich auch die Namen fremder Autoren „ausleihen" in der Hoffnung, die so geschaffenen Karten besser verkaufen zu können. Er selbst habe sein Werk überhaupt nicht des Geldes wegen getan, sondern allein als eine Hilfe für die, die sich mit der Materie näher befassen wollten, erneut: immer mit Respekt vor dem Ansehen und der Leistung der Autoren der Originale.

Abschließend äußert dann Ortelius die Vermutung, Lücken in seinem Werk seien durchaus wahrscheinlich. Viele Leser würden im *Theatrum* insbesondere Spezialkarten ihrer jeweiligen Heimatregion vermissen und wünschen, eine solche solle aufgenommen werden. Solche Auslassungen beruhten aber weder auf Nachlässigkeit noch auf wirtschaftlichen Gründen, sondern allein darauf, daß er – Ortelius – solche Karten nicht kennen würde. In solchen Fällen bitte er den Leser, ihm solche Karten zuzusenden. Er werde sie dann auf eigene Kosten stechen lassen und mit Dank an den Informanten in das *Theatrum* aufnehmen.

5.1 Die Originalitätsstruktur der *Theatrum*-Karten

Auf der Basis dieser von Ortelius selbst gemachten Angaben zur Behandlung des Quellenmaterials lassen sich – in Verbindung mit der weitergehenden Analyse – die Karten des *Theatrum* in bezug auf ihre Originalität in vier Kategorien unterteilen:
1. Karten nach handschriftlichen Vorlagen;
2. durch Kompilation aus mehreren Quellen von Ortelius selbst geschaffene Karten;
3. durch Kopie von Ausschnitten aus Karten größerer Räume von Ortelius geschaffene Regionalkarten;
4. nicht oder nur leicht veränderte Kopien nach gedruckten Vorlagen.

Entsprechend diesen vier Kategorien sind im folgenden die Karten des *Theatrum* aufgeschlüsselt, geordnet nach den unter 4.2 beschriebenen Editionsstufen (vgl. hierzu auch die Spalte VI in Tabelle III). Ausgeklammert sind die *Parergon*-Karten, die generell eine hohe Eigenständigkeit besitzen (vgl. 3.4).

Erstausgabe 1570
53 Bll. mit 69 Karten

  1 Kopie nach MS-Vorlage
11 Kompilationen
  5 Ausschnittkopien
52 direkte Kopien
——
69

Additamentum I 1573
18 Bll. mit 29 Karten

  6 Kopien nach MS-Vorlagen
  1 Kompilation
  3 Ausschnittkopien
18 direkte Kopien
  1 Übernahme einer fremden Platte
——
29

Additamentum II 1579
25 Bll. mit 30 Karten
    davon   5 Neustiche
             25 neue Karten

16 Kopien nach MS-Vorlagen
  1 Kompilation
  0 Ausschnittkopien
  8 direkte Kopien
——
25

Additamentum III 1584
20 Bll. mit 39 Karten
    davon   7 Neustiche
             1 Plattenneuverwertung
           31 neue Karten

13 Kopien nach MS-Vorlagen
11 Kompilationen
  3 Ausschnittkopien
  4 direkte Kopien
——
31

Laufende Theatrum-Ausgaben 1586–89
5 Bll. mit 5 Karten
    davon   2 Neustiche
             3 neue Karten

1 Kopie nach MS-Vorlage
2 Kompilationen
0 Ausschnittkopien
0 direkte Kopien
——
3

Additamentum IV 1590
8 Bll. mit 9 Karten

1 Kopie nach MS-Vorlage
3 Kompilationen
0 Ausschnittkopien
5 direkte Kopien
——
9

Theatrum-Ausgabe 1592
2 Bll. mit 3 Karten
    davon   2 Neustiche
             1 neue Karte

1 Kopie nach MS-Vorlage

Additamentum V 1595

14 Bll. mit 20 Karten
davon 6 Neustiche
1 Plattenneuverwendung
───────────────
13 neue Karten

2 Kopien nach MS-Vorlagen
3 Kompilationen
0 Ausschnittkopien
8 direkte Kopien
───
13

Theatrum-Ausgabe 1598

7 Bll. mit 9 Karten
davon 5 Neustiche
───────────────
4 neue Karten

0 Kopien nach MS-Vorlagen
0 Kompilationen
0 Ausschnittkopien
4 direkte Kopien
───
4

Dies ergibt für die zu Lebzeiten von Abraham Ortelius erschienenen Theatrum-Ausgaben die Bilanz:

152 Bll. mit 213 Karten
davon 27 Neustiche
2 Plattenneuverwendungen
───────────────
184 unterschiedliche Karten

41 Kopien nach MS-Vorlagen
32 Kompilationen
11 Ausschnittkopien
99 direkte Kopien
1 Übernahme einer fremden Platte
───
184

Bei der Wertung dieses Ergebnisses ist ein Vorbehalt zu berücksichtigen, der aber gering ist. In einigen Fällen ist nicht sicher zu sagen, ob Ortelius eine handschriftliche Vorlage verwendet hat oder ob er eine gedruckte, heute verlorene und auch in den Sekundärquellen nicht nachweisbare Karte kopiert hat. Wie aber auch immer: Bei fast 45 % der Theatrum-Karten handelt es sich um Werke, denen durch Inhalt oder Blattschnitt ein eigenständiger Wert zukommt.

Zu den von Vrients 1603–1608 publizierten Ausgaben ergibt die Statistik:

17 Bll. mit 20 Karten
davon 2 Neustiche
───────────────
18 neue Karten

4 Kopien nach MS-Vorlagen
2 Kompilationen
0 Ausschnittkopien
11 direkte Kopien
1 Übernahme einer fremden Platte
───
18

5.2 Zur Quellenbeschaffung

Wie die Statistik zur Quellenstruktur zeigt, stützte sich die *Theatrum*-Erstausgabe 1570 fast ausschließlich auf gedruckte Kartenvorlagen. Es spricht nichts gegen die Annahme, daß dieses Material Ortelius allein durch seine eigene Tätigkeit als Kartograph, Kartenilluminist und Kartenhändler bekannt geworden ist. Auch die Vorlage der einzigen Karte, die auf eine handschriftliche Quelle zurückgeht (Nr. 12a), kam durch die enge persönliche Verbindung zu Carolus → Clusius an ihn. Im Rahmen der Vorarbeiten erhielt er – ebenfalls durch privaten Kontakt – 1568 die Manuskriptkarten von → Lhuyd, die er aber erst 1573 publizierte.

Die von Ortelius in der Einführung geäußerte Bitte um Mitarbeit der Leser fiel zumindest am Anfang auf sehr fruchtbaren Boden. Das *Additamentum I* 1573 enthält neben den Karten Lhuyds noch weitere Karten, die ihm in Handzeichnung zugesandt wurden oder auf die ihn Dritte aufmerksam gemacht hatten:

– Vorlage für die Mähren-Karte (Nr. 60) war eine handgezeichnete Überarbeitung der Karte von Paulus → Fabritius, die ihm Johannes Crato[183] am 30. Oktober 1570 geschickt hatte.[184]

– Auf die Vorlagen zu den Karten nach Wolfgang → Lazius (Nr. 62a,b und 67a) wurde Ortelius mit Brief vom 2. November 1570 durch → Mercator hingewiesen;[185] wie der *Catalogus Auctorum* zeigt, waren ihm diese aber bereits bekannt.

– Die Karten von Friaul (Nr. 63) und Illyrien (Nr. 71) gehen auf Handzeichnungen zurück,

die Johannes → Sambucus an Ortelius gesandt hatte.
- Die Vorlage für die Siena-Karte (Nr. 65a) wurde 1572 von Cesare → Orlandi an Ortelius geschickt.[186]

Die zahlreichen Manuskriptvorlagen für das *Additamentum II* 1579 (Nr. 72 ff.) kamen auf verschiedenen, heute meist nicht mehr nachvollziehbaren Wegen an Ortelius. Die Zeichnungen von Johannes → Florianus, Ferdinand de → Lannoy, Sibrandus → Leo, Jacques und Jean → Surhon und Christian → Sgrothen standen ihm wohl mit offizieller Zustimmung zur Verfügung, nachdem sich die politische Situation in den Niederlanden nach 1576 verändert hatte. Gleiches gilt wahrscheinlich auch für die Regionalkarten zu Spanien und der Neuen Welt (Nr. 72, 73a, 74, 99a und c, 103 a–c, 107). Von der Württemberg-Karte (Nr. 88) ist hingegen sicher, daß sie ohne Zustimmung ihres Autors Georg → Gadner an Ortelius kam und publiziert wurde. Bei der Hessen-Karte (Nr. 86a) ist überhaupt nicht zu sagen, wie die Manuskript-Vorlage so lange nach dem Tode ihres Autors Johannes → Dryander 1560 nach Antwerpen gelangte.

Bis zum Ende seines Lebens hat Abraham Ortelius Kontakte zu Kartographen gepflegt und ihre handgezeichneten Werke im *Theatrum* veröffentlicht:
- Auf Handzeichnungen von Luis → Teixeira gehen die Karten der Azoren (Nr. 95) und Japans (Nr. 134) zurück.
- Die Vorlage für die Karte von Rügen und Usedom (Nr. 109b) schickte Petrus von → Edeling 1581 mit der Auflage, bei der Publikation seinen Namen nicht zu nennen.
- 1583 sandte Laurent → Michaelis seine Oldenburg-Karte (Nr. 101b) an Ortelius.
- Im *Theatrum* wurden erstmals jene Quellen verwendet, nach denen Petrus → Plancius später seine Weltkarte zeichnete (siehe auch 5.3.1).
- Filippo → Pigafetta schickte 1591 seine Karte von Vicenza nach Antwerpen (Nr. 154b), die aber zu Lebzeiten von Ortelius nicht mehr publiziert wurde.

Andere handgezeichnete Vorlagen für *Theatrum*-Karten erhielt Ortelius durch Dritte:
- Um die Vermittlung der Vorlage für die China-Karte (Nr. 97) von Luiz Jorge de → Barbuda bemühte sich seit 1576 Benito → Arias Montanus.
- Die unter dem Namen von Anders Sørensen → Vedel bekannte Island-Karte (Nr. 121) kam wahrscheinlich über Heinrich von → Rantzau an Ortelius.
- Die Vorlage für die Karte der Île de France (Nr. 136) wurde aus dem Nachlaß von François de la → Guillotière von dem Pariser Advokaten und Altphilologen Pierre Pithou (1539–1596)[187] an Adam de la Planche übergeben, der sie 1595 an Ortelius sandte.[188]
- 1596 sandte Paulus de Monelia die Korsika-Karte von Girolamo → Bordoni an Ortelius,[189] die entgegen der Behauptung des *Catalogus Auctorum* dann aber doch nicht in das *Theatrum* übernommen wurde.

Bei den gedruckten Kartenvorlagen kann man davon ausgehen, daß Ortelius sich das Material hier auch in späterer Zeit im wesentlichen selbst beschafft hat. In der von HESSELS edierten Korrespondenz finden sich nach 1575 konkret nur zwei Hinweise auf gedruckte Karten, die später für das *Theatrum* kopiert wurden. 1580 schickte Egnatio → Danti selbst seine Perugia-Karte an Ortelius (Nr. 102). Ein sehr wichtiger Informant war der aus Löwen stammende Zeichner und Medailleur Philipp Winghe (1560–1592).[190] Nach einem Frankreich-Aufenthalt 1586 lebte er seit ca. 1588 in Italien. Von dort schrieb er 1589–1592 drei Briefe an Ortelius.[191] Er wies nicht nur hin auf die Kalabrien-Karte von Prospero → Parisio (Nr. 133b), sondern sandte auch Informationen zum Werk von Natale → Bonifacio, Giubilio → Mauro, Giovanni → Pinandello, André → Thevet und Eufrosino della → Volpaia. Seinem letzten Brief fügte Winghe Kopien der gemalten Wandkarten im Vatikan bei.

Wie der *Catalogus Auctorum* zeigt, hat Ortelius wesentlich mehr Karten gekannt, als er tatsächlich auch im *Theatrum* verwendet hat. Dies gilt nicht nur für veraltete Karten, sondern auch für solche Regionalkarten, welche die einzigen des jeweiligen Gebietes waren. In vielen Fällen bleibt der Verzicht auf eine Übernahme in das *Theatrum* unklar, z.B. bei der Kurköln-Karte von → Adgerus, der Frankfurt-Karte von → Hofmann, der Zürich-Karte von → Murer und der Bern-Karte von → Schoepf. An der Größe von Gebiet und Maßstab kann dies nicht gelegen haben, da Ortelius z.B. die Basel-Karte nach → Münster und die Straßburg-Karte nach → Specklin kopiert hat. Weitere auffällige Auslassungen sind z.B. auch mögliche Karten des Erzbistums Trier oder des Donaulaufes. Hier hätte sich Ortelius handgezeichnete Vorlagen von → Sgrothen und → Schille beschaffen können. Eine Begründung, daß diese Karten im *Speculum* von Gerard de Jode enthalten sind, ist nicht einsichtig. In dieser Beziehung haben die beiden Kontrahenten wenig Rücksicht aufeinander genommen.

Endlich hat Ortelius aber auch Angebote und Hinweise zu weiteren Manuskriptvorlagen anscheinend überhaupt nicht zu Kenntnis genommen. 1590 und erneut 1595 bot Johannes Jonas Moravius eine Karte des Raumes Baiae an.[192] Luis → Teixeira schlug 1592 die Aufnahme einer Brasilien-Karte in das *Theatrum* vor, für die er eine Vorlage liefern könne.[193] 1594 schickte Caspar Alvarez Macchiadus eine handgezeichnete Karte der portugiesischen Diözese Braga.[194] Von allen diesen Werken findet sich im *Theatrum* und im *Catalogus Auctorum* keine Spur.

5.3 Ortelius als Redakteur der *Theatrum*-Karten

Zumindest eine der von Abraham Ortelius in seinem Vorwort zum *Theatrum* aufgestellten Behauptungen zu seiner Redaktionsarbeit ist zu relativieren. Wenn eine *Theatrum*-Karte keine Angabe zum Autor enthält, so heißt dies eben nicht generell, daß es sich hier um einen eigenen Entwurf von Ortelius handelt. Vielmehr wurden etliche Karten kopiert nach Vorlagen, die selbst keinerlei Hinweise auf ihren wissenschaftlich-kartographischen Urheber tragen. Sie werden im Rahmen der vorliegenden Arbeit jeweils als Anonyma bezeichnet und katalogisiert (z.B. Anonymus → Germania Inferior I).

Die Vorlagen für jene *Theatrum*-Karten, die auf originalen Handzeichnungen beruhen, sind heute sämtlich verloren. So stehen für die Analysen zur Redaktionstätigkeit von Ortelius heute nur noch die erhaltenen Originalausgaben der verwendeten gedruckten Vorlagen zur Verfügung. Diese Untersuchungen folgen den bereits oben (vgl. 5.1) gebildeten Qualitätsstufen der Originalität. Im vorweggenommenen Fazit wird natürlich der Charakter des *Theatrum* als ein Kompendium fremden Primärmaterials bestätigt. Selbst für die Kartuschenornamente sind Vorlagen zu finden in gedruckten Antwerpener Musterbüchern aus der Mitte des 16. Jahrhunderts.[195] Faszinierend aber waren, sind und bleiben der geniale Blick des Abraham Ortelius für publizistische Notwendigkeiten und seine Fähigkeit zur kritischen Selektion.

5.3.1 Kompilationen aus mehreren Quellen

Eine sehr wichtige Quelle für die Schaffung eigener Karten war für Abraham Ortelius die große Weltkarte Gerard → Mercators von 1569. Im *Theatrum* können wenigstens acht Karten benannt werden, die mehr oder minder direkt auf diese Vorlage zurückzuführen sind. Die bemerkenswerteste Ableitung ist die erste Fassung der Weltkarte von 1570 (Nr. 1) mit ihrem genauen Nachstich von 1586 (Add 112/II):

– Der topographische Inhalt ist vollständig der Mercator-Weltkarte entnommen.
– Eine eigene Leistung von Ortelius ist die Umsetzung in eine für Atlanten bessere, da flächentreue Ovalprojektion; die Vorlage hierfür fand er vermutlich in den Weltkarten von Jacobo → Gastaldi.
– Eine eigene Idee von Ortelius war sicherlich auch die Hinzufügung des Mottos *QVID EI POTEST VIDERI MAGNVM IN REBVS HUMANIS, CVI AETERNIS / TOTIVSQVE MVNDI NOTA SIT MAGNITVDO. CICERO.*

Interpretiert wird dieses Zitat aus Ciceros *Tusculanae disputationes* als die Abkehr von der „res humanae" und die Hinwendung zur Welt in ihrer ewigen Dauer und vollständigen Größe.[196] Dies wäre dann zu sehen als eine versteckte Formulierung des von der Stoa bestimmten Denkens, das die ganze Arbeits- und Lebensauffassung von Abraham Ortelius bestimmte.

Bei seiner zweiten *Theatrum*-Weltkarte (Nr. 113) von 1587 hielt sich Ortelius in der Projektion und in den meisten topographischen Details an seine eigene Vorlage von 1570. Hinzu kamen aber weitere Quellen:

– Diese Ortelius-Weltkarte zeigt zum ersten Mal im Druck ein neues Kartenbild der amerikanischen Westküste und der Inseln um Neu Guinea; hier wurden wahrscheinlich die gleichen portugiesischen Manuskriptquellen benutzt, die wenige Jahre später Petrus → Plancius zur Verfügung standen.
– In runden Medaillons in den vier Ecken des Blattes stehen weitere Zitate nach Cicero und Seneca.

Auch diese Zitate stehen im gleichen Sinne wie *Quid ei potest...*, ein Beleg für die unveränderte philosophische Grundhaltung von Ortelius über Jahrzehnte.[197]

Die Basisdaten aus Mercators Weltkarte nahm Ortelius auch für
- die *Hispaniolae, Cubae ... Descriptio* (Nr. 73b), mit Ergänzungen nach dem Anonymus → Kuba-Haiti;
- die *Maris Pacifici ... Descriptio* (Nr. 124), mit Ergänzungen ebenfalls nach den unter → Plancius genannten portugiesischen Manuskriptkarten.

Die wahrscheinlich eigenständigste *Theatrum*-Karte überhaupt ist die Europa-Karte (Nr. 5, mit Neustich Nr. 110).[198] Sie wurde selbst typenbildend für sehr zahlreiche spätere Kopien, und deshalb lohnt hier eine detailliertere Analyse. Ihre Basis war die große Europa-Karte Gerard → Mercators von 1554. In dieses Grundgerüst aber wurden von Ortelius weitere Informationen eingebaut:
- Die Darstellung der Küste Grönlands ist entnommen der Weltkarte Mercators von 1569.
- Die Darstellung Islands bei Ortelius vereinigt Daten aus Mercators Weltkarte (Beleg: Ortsname *Snaueliokel*) und Mercators Europa-Karte (Beleg: Ortsnamen *C.Hokelfort* und *Wolfsund*).
- Eingearbeitet wurde die Darstellung der Britischen Inseln nach der Spezialkarte → Mercators von 1564.
- Die Darstellung Skandinaviens hat Ortelius entnommen der Karte von Olaus → Magnus; hier entstanden bei der Einpassung in den von Mercator – der sich auf die Karte von → Algoet stützte – gegebenen Rahmen erhebliche Verzerrungen, so ist Finnland zu kurz geraten.
- Für die Darstellung Rußlands stützte sich Ortelius auf die Karte des Anthony → Jenkinson von 1562; auch hier geschahen Fehler bei der Einpassung in das von Mercator vorgegebene Bild, z.B. durch falsche Flußverbindungen.
- Für die Abbildung der südöstlichen Teile, von der Krim bis Mesopotamien, belegen Namen wie *Mare de Bachu* (Kaspisches Meer), *Mare Magiore* (Schwarzes Meer) und *Mare delle Zabache* (Asowsches Meer) Einflüsse der Asienkarte *Prima parte...* von Jacobo → Gastaldi.
- Details an der nordafrikanischen Küste (Nildelta, Landesname *BARCHIA*) sind entnommen der Afrika-Wandkarte → Gastaldis.

Aus unbekannten Gründen hat Ortelius die Darstellung Mittel- und Südeuropas völlig übernommen von Mercators Europa-Wandkarte. In der *Theatrum*-Karte sind keinerlei Einflüsse erkennbar aus jüngeren Regionalkarten Deutschlands von → Sgrothen, Frankreichs von → Jolivet, Spaniens von → Clusius, Italiens und Griechenlands von → Gastaldi.

Eine sehr eigenständige Kompilation aus klar erkennbaren Quellen ist auch die *Septentrionalium Regionum Descriptio* (Nr. 45). Ihre Grundlage war ebenfalls die große Weltkarte Mercators. Ortelius hat auch hier die Projektion verändert – verwendet ist eine stereographische Azimutalprojektion – und darüber hinaus weitere Informationen nach anderen Quellen eingearbeitet:
- Die Namen *Vadin* und *Piglu* auf der mythischen Insel *Frisland* sind der Originalausgabe der Karte von → Zeno entnommen.
- Die Abbildung der Britischen Inseln ist auch hier kopiert nach Mercators Karte von 1564.
- Viele Namen an der Ostseeküste stammen vermutlich aus Mercators Europa-Karte, z.B. *Rostock, Rugen, Ragnet, Olma Ambote, Liba, Getsche Sand* sowie *Ecclesia nova* statt *Nikerk* in Finnland.
- In Nordrußland folgt Ortelius in den Umrißlinien getreu Mercators Weltkarte, fügt aber einige Ortsnamen *(P. Penticost, Faxnos, Polda)* aus der Karte von → Jenkinson hinzu.

Als Kompilationen aus mehreren Quellen seien weiterhin genannt:
- Die *Utriusque Frisiorum Regionis Descriptio* (Nr. 20) beruht im wesentlichen Teil auf der Friesland-Karte des Jacob van → Deventer. Ortelius hat den Blattschnitt nach Osten erweitert bis zum Dollart, die Quellen für diese inhaltlich recht groben Ergänzungen sind nicht zu benennen.
- Die erste Dänemark-Karte des *Theatrum* (Nr. 21) ist vor allem eine Kopie eines größeren Ausschnittes aus der *Caerte van Oostland* des Cornelius → Anthoniszoon. Im südlichen Teil seiner Fassung hat Ortelius erhebliche Ergänzungen beigefügt, wohl nach der Deutschland-Karte von Christian → Sgrothen. Die Flußdarstellungen in Südschweden scheinen ergänzt zu sein nach der Nordeuropa-Karte von Olaus → Magnus.

Anthoniszoon wird von Ortelius als Autor erst in der zweiten, verkleinerten *Theatrum*-Fassung der Dänemark-Karte (Nr. 101a) von 1584 genannt. Sie beruht aber gänzlich auf der Fassung von 1570.
- Die Sardinien-Karte des *Theatrum* (Nr. 38a) ist im wesentlichen kopiert nach dem Anonymus → Sardinien. Im Norden der Insel aber hat

Ortelius – soweit möglich – die Daten aus der Italien-Karte von Jacobo → Gastaldi übernommen.

- Die Lothringen-Karte des *Theatrum* (Nr. 122) von 1590 ist eine Kompilation aus den Karten *Lotharingiae Ducatus Pars Septentrionalis* und *Lotharingiae Ducatus Pars Meridionalis*, die 1585 in den *Galliae tabulae geographicae* von Gerard → Mercator erschienen und sicherlich auf dessen Landesaufnahme in Lothringen beruhen. Ortelius hat – wohl aus Formatgründen – für seine Fassung eine Ostorientierung gewählt. Einige wenige Details, z.B. den *Aquaeductus antiquus* bei Metz hat er hinzugefügt, vielleicht nach eigener Anschauung während der Reise von 1575.
- In hohem Maße Eigenschöpfungen von Ortelius sind die zehn Karten ägäischer Inseln (Nr. 98b). Ihre Vorlagen sind nicht mit letzter Sicherheit auszumachen. Unter den Quellen waren Karten aus italienischen Isolarii wie den *Civitatum aliquot insignorum...* des venezianischen Verlages Bertelli (um 1572), den *Isole famose* (Venedig um 1572) von Giovanni Francesco → Camocio oder *L'isole piu famose del mondo* (Venedig 1572 und spätere Ausgaben) von Tomaso Porcacchi di Castiglione (1530–1585).
- Die Karte des Venaissin (Nr. 108c) beruht im Grundgerüst auf der Vorlage von → Ghebellini. Hinzufügt sind zahlreiche Details und Änderungen im Raum Orange, z.B. *Orange* (statt *Aubence* des Originals), Inseln auf der Rhône, etliche weitere Flüsse und Orte; Quelle waren hier primäre Informationen, vielleicht durch Carolus → Clusius.
- Die *Braunsviciensis et Luneburgensis Ducatuum Descriptio* (Nr. 123a) ist im Blattschnitt eine völlig neue Karte. In der inhaltlichen Analyse aber erweist sie sich als eine simple Kompilation von Informationen der Karten *Saxonia Inferior et Meklenburg Duc.* und *Braunswyck et Meydburg* aus den *Germaniae tabulae geographicae* Gerard → Mercators.
- Der *Neustria. Britanniae et Normandiae Typus* (Nr. 127b) von 1594 beruht im Blattschnitt und im größten Teil des Inhalts auf der Karte *Britannia & Normandia* aus dem Frankreich-Atlas von Gerard → Mercator. Im Bereich der Bretagne sind zahlreiche Details – z.B. die Namen *Teuzec*, *Isles de Sing* und *Ioieuse garde* – ergänzt nach der Karte bei Bertrand → d'Argentré. Die Eintragung von *Pont Epinart* bei Angers zeigt Einflüsse der Karte von → Guyet. Im Bereich der Normandie stammen Ergänzungen aus vermutlich handschriftlichen oder nicht-kartographischen Quellen, die heute nicht mehr konkret nachweisbar sind.
- Ein Kuriosum ist die zweite Polen-Karte des *Theatrum* (Nr. Add 135/IV). Hier hat Ortelius seine erste Karte von 1570 (Nr. 44) nach → Grodecki als Vorlage benutzt und lediglich eine Anzahl von Orten hinzugefügt nach der zwar jüngeren, aber wesentlich schlechteren Polen-Karte von Andrzej → Pograbka.
- Die Karte der *Fessae et Marocchi Regna* (Nr. 135) von 1595 ist eine Eigenschöpfung von Ortelius. Das Grundgerüst ist entnommen der großen Afrika-Wandkarte von → Gastaldi. Die vielen zusätzlichen Daten stammen aus den Karten II und III des Afrika-Atlas von Livio → Sanuto sowie aus weiteren nicht-kartographischen Quellen.

Eine ganz besondere Position nehmen die *Theatrum*-Karten des niederländischen Raumes ein. Im Grunde handelt es sich bei ihnen um „direkte Kopien", d.h., ihr Inhalt stammt im wesentlichen aus einer einzigen Vorlage. Eine detaillierte Analyse aber zeigt doch, daß Ortelius hier in das gedruckte Vorlagenmaterial stärker redigierend eingegriffen hat. Zur Verfügung stand ihm hier zunächst die direkte eigene Landeskenntnis, dann aber generell die relativ große Auswahl an Karten über die Region. Auf dieser Grundlage hat er für das *Theatrum* Versionen geschaffen, die eigenständige und klar erkennbare Characteristica aufweisen und deshalb – in der hier versuchten Systematik – doch eher als „Kompilationen" zu klassifizieren sind.

Die beiden Übersichtskarten der *Germania Inferior* sind an anderer Stelle untersucht worden (vgl. im Katalogteil Anonymus → Germania Inferior I und Anonymus → Germania Inferior II). So kann zum Aufzeigen der Vorlagenemendationen begonnen werden mit der Flandern-Karte (Nr. 17), die laut eigener Aussage auf der großen Flandern-Karte Gerard → Mercators von ca. 1540 beruht. Der auffälligste Unterschied ist das aus unbekannten Gründen für die *Theatrum*-Version gewählte ovale Format. Dadurch entstand gleichzeitig eine Verdrehung der ganzen Karte um etwa 10° nach Osten. Ein detaillierter Vergleich zeigt aber, daß sich Ortelius im topographischen Inhalt überaus genau an die Vorlage hält. Die Übereinstimmung geht bis in Einzelheiten wie den Flußnamen *De Scelde, Scaldis flu. Ptol. Tabula*. Insgesamt finden sich aber bei der *Theatrum*-Karte sechs Details, die über die Flandern-Karte Mercators hinausgehen:

- Bei Mercator fließt die Aa von St. Omer fälschlich ohne Bogen im Norden von Therouanne

vorbei. Ortelius korrigierte dies, die Aa biegt nun unterhalb von St. Omer nach Südwesten ab.
- Der Lauf der Lys wurde nach Süden verlängert mit Eintragung der *Fons Lisae*.
- Hinzugestochen sind die Grenzen Flanderns zur Picardie und dem Artois.
- Hinzugefügt ist der *Sinsixbosch* bei Poperinge.
- Die Darstellung der Inseln in der Schelde-Mündung unterscheidet sich erheblich von Mercator, sie ist entnommen der Seeland-Karte Jacob van →Deventers.
- Bei *Watervliet* an der Scheldemündung ist „neues Land" hinzugefügt, das die Mercator-Vorlage noch nicht zeigen konnte. Die Einleitung des *Theatrum* erwähnt bei der Erläuterung der Redaktionstätigkeit dies expressis verbis als Beispiel, danach stammt die Information darüber von Marc Laurin.[199]

Die zweite *Theatrum*-Version der Flandern-Karte (Nr. 125) folgt in Blattschnitt und Orientierung Mercators Vorlage wesentlich genauer. Die in der ersten Fassung vorgenommenen Ergänzungen werden aber auch hier beibehalten.

Die Karten von Brabant (Nr. 16), Seeland (Nr. 18) und Holland (Nr. 19) sind kopiert nach den Provinzkarten des Jacob van →Deventer. Die *Theatrum*-Kopien folgen diesen Vorlagen bis in die Ortsnamenschreibung genau, aber mit Unterschieden in anderer Hinsicht:
- Auf der Brabant-Karte ist der Raum um die Rhein-Maas-Mündung kopiert nach Deventers Seeland-Karte, mit Ergänzungen im Westen nach Deventers Geldern-Karte. Südlich Namur sind der Lauf der oberen Maas und einige Orte nach anderen Quellen hinzugefügt. Wegen des Blattformats ist die Karte geostet.
- Die Seeland-Karte folgt nördlich der Mündung des Waal weitgehend Deventers Holland-Karte.
- Im Gegenzug übernimmt die Holland-Karte im Bereich südlich des Lek die Darstellung aus Deventers Karten von Seeland und Brabant, auch sie ist aus Gründen des Blattformates geostet.

Fließende Übergänge zwischen den einzelnen Karten werden hier nur zum Teil geschaffen, und so bleibt der Sinn dieses redaktionellen Eingriffes von Ortelius etwas unklar.

5.3.2 Ausschnittkopien

Einige der *Theatrum*-Karten sind in Blattschnitt und regionalem Thema zwar neu, in der inhaltlichen Analyse aber erweisen sie sich als Kopien von Ausschnitten aus Karten größerer Räume. Auf solche Weise ging Ortelius vor, wenn es für die Regionen, deren Darstellung auf separaten Karten ihm angebracht erschien, keine oder nur völlig veraltete Spezialkarten gab.

Die *Americae sive Novi Orbis Nova Descriptio* (Nr. 2, mit Neustich Add 112/I) schuf Ortelius wohl, um den Zyklus der Erdteilkarten zu komplettieren. Inhaltlich beruht sie überwiegend auf der großen Weltkarte von Gerard →Mercator. Der entsprechende Ausschnitt wurde auch hier umgezeichnet in eine äquatorständige stereographische Azimutalprojektion. Ansonsten wurden nur einige wenige Ortsnamen an der südamerikanischen Ostküste hinzugefügt, Quelle war die Karte von Diego →Gutiérrez. Die neue Amerika-Karte des *Theatrum* von 1587 (Nr. 114) gleicht dieser ersten Fassung in der Ornamentik und in vielen topographischen Details sehr genau. Eingearbeitet wurden jedoch auch hier die neuen Kenntnisse nach portugiesischen Manuskriptvorlagen (→Plancius).

Zum asiatischen Raum gab es bis 1570 keinerlei Regionalkarten. Wohl um sich hier nicht allein mit der Generalkarte begnügen zu müssen, schuf Ortelius für die Erstausgabe des *Theatrum* vier Karten in neuem Blattschnitt:
- *Tartaria Magni Chami Regni Typus* (Nr. 47) als Ausschnitt aus der eigenen Asien-Wandkarte von 1567 (vgl. 3.3) mit ergänzenden Kartuschentexten und stilisierten Umrissen von Nordwestamerika;
- *Indiae Orientalis Insularum Adiacentibus Typus* (Nr. 48) als exakt kopierten Ausschnitt aus der großen Weltkarte Gerard →Mercators;
- die Persien-Karte (Nr. 49) ebenfalls als Ausschnitt aus der eigenen Asien-Wandkarte;
- die Karte des Türkischen Reiches (Nr. 50, mit Neustich Nr. 92) als Ausschnitt aus der eigenen Asien-Wandkarte mit grober Ergänzung Griechenlands und Italiens wohl nach →Gastaldi.

Die Reihe der Regionalkarten Afrikas komplettierte Ortelius durch eine Karte des Reiches des imaginären Priesterkönigs Johannes in Nordostafrika (Nr. 69). Dies ist eine Kopie eines Ausschnitts der Afrika-Wandkarte →Gastaldis mit ergänzenden Texten nach anderen Quellen.

Für den europäischen Raum enthält das *Theatrum* fünf Karten, die als Ausschnittkopien anzusehen sind:
- die *Graeciae Universae ... Descriptio* (Nr. 40) als exakt kopierten Ausschnitt aus der Südosteuropa-Karte von Jacobo → Gastaldi bzw. deren Separatausgabe als Griechenland-Karte;
- spezielle Karten von Schottland und Irland (Nr. 54 und 57) als Ausschnitte aus Gerard → Mercators Wandkarte der Britischen Inseln; Ortelius schuf sie für das *Additamentum I*, nachdem ihm durch Humphrey → Lhuyd bereits Spezialkarten von England und Wales zur Verfügung standen;
- die *Romania*-Karte (Nr. 105) als unveränderten Ausschnitt aus der Südosteuropa-Karte → Gastaldis;
- eine spezielle Savoyen-Karte (Nr. 108b) als Ausschnitt aus der Burgund-Savoyen-Karte von Gilles → Boileau de Bouillon, nachdem das *Theatrum* seit 1579 eine neue Burgund-Karte nach Ferdinand de → Lannoy enthielt (Nr. 78) und die ältere Gesamtkopie nach Boileau (Nr. 12b) überflüssig war.

Ausschnittkopien sind im Prinzip auch die beiden Dänemark-Karten nach Cornelis Anthoniszoon, sie wurden aber hier unter den Kompilationen betrachtet (vgl. 5.3.1).

5.3.3 Direkte Kopien

Bei den von Abraham Ortelius mit einem fremden Autorennamen versehenen *Theatrum*-Karten kann man davon ausgehen, daß es sich durchweg um nicht oder kaum emendierte Kopien der genannten Vorlage handelt. Nennenswerte Änderungen beziehen sich zumeist auf Orientierung und Blattschnitt – beides fast immer aus Gründen des Blattformats – sowie auf das Weglassen originalspezifischer Regularia wie Widmungen, Geleitworte etc. Auch die von Ortelius in der Einführung erwähnte eigenständige Hinzufügung von antiken Ortsnamen findet sich auf den *Theatrum*-Karten nur sehr vereinzelt, so z.B. auf der Asien-Karte (Nr. 2) *Bagdet olim Babilonia*, auf der Karte des *Territorium Romanum* (Nr. 35b) *Belletri ol. Velitre* und *Savello olim Alba Longa* sowie – in etwas größerem Ausmaß – auf den Karten von Zypern und Kreta (Nr. 39 a/b) und auf der ersten Bayern-Karte nach → Aventinus.

Die Sprache der *Theatrum*-Karte ist durchweg Latein, erkennbar an den Kartentiteln sowie an den Fluß-, Meeres- und Landschaftsnamen. Dies ist aber nicht in allen Fällen mit letzter Konsequenz durchgehalten worden. Vor allem bei Kopien nach fremdsprachigen, d.h. meist italienischen und französischen Vorlagen hat Ortelius oft die originale Nomenklatur übernommen. So zeigt etwa die Karte der Île de France den Namen *Picardie*, während anderwärtig die lateinische Version *Picardia* verwendet wird. Ein signifikantes Beispiel ist der im *Theatrum* oft zu findende Namen *Mar Maggiore* o.ä. für das Schwarze Meer, gebildet nach den Vorlagen von → Gastaldi. Die ebenfalls in der Einleitung zum *Theatrum* angesprochene Veränderung der Ortsnamenschreibung ist häufig, dies sind aber nicht immer die reklamierten Verbesserungen.

Ausführliche Untersuchungen zu solchen kleinen Unterschieden im Detail bleiben der regional spezialisierten Altkartenforschung vorbehalten. Nur einige weitere Beispiele seien im folgenden erwähnt:
- Seine Fassung der Karte des Comer Sees (Nr. 35a) hat Ortelius ergänzt mit Erläuterungen zu den Ortsnamen, sie sind entnommen der zur Originalkarte gehörenden Schrift von → Giovio.
- Die Schlesien-Karte des *Theatrum* (Nr. 26) enthält Grenzeintragungen, welche das Original von → Helwig nicht aufweist; die Quelle ist schwer auszumachen.
- Die Basel-Karte von Ortelius (Nr. 61a) geht über die Vorlage → Münsters hinaus durch Namen wie *Iurassus Mons*.
- Die Prussia-Karte des *Theatrum* (Nr. 22b) zeigt an der Küste einige Orte, welche auf der Vorlage von Heinrich → Zell fehlen, z.B. *Axternes* und *Ouernorde;* Quelle war hier wahrscheinlich die Karte von → Anthoniszoon.
- Bei der Afrika-Karte (Nr. 4) ist der Blattschnitt gegenüber dem Original → Gastaldis nach Westen erweitert und zeigt einen Teil der südamerikanischen Küste nach der Weltkarte → Mercators.

Eine gewisse Eigenständigkeit trotz Kopie nach einer einzigen Vorlage kann bei Ortelius auch entstehen durch Generalisierung. Das beste Beispiel ist die Germania-Karte des *Theatrum* (Nr. 13), die allein auf der Vorlage von Christian → Sgrothen beruht. Hier hat Ortelius durch sorgfältige Datenauswahl, aber doch extreme Reduktion von Wandkarten-Format auf Folio-Format eine erkennbar bearbeitete Kopie geschaffen, die selbst typenbildend wurde.

5.4 Aktualität und Aktualisierung der *Theatrum*-Karten

Als Kompendium der Arbeiten Dritter stand das *Theatrum* mitten in der Entwicklung des zeitgenössischen Kartenmachens, insbesondere der etwa seit 1540 verstärkt beginnenden Regionalkartographie. Nun dauerte es aber oft sehr lange – oft weit länger als ein Jahrhundert –, ehe eine alte Regionalkarte durch eine grundlegend neue ersetzt wurde. So war denn auch das Alter der in das *Theatrum* übernommenen Karten sehr unterschiedlich. In einigen Zahlen:

Theatrum-Erstausgabe 1570
mit 69 Karten, davon entstanden
die Vorlagen für 17 Karten vor 1550
             für 15 Karten 1550–1559
             für 37 Karten 1560–1569

Additamentum I 1573
mit 29 Karten, davon entstanden
die Vorlagen für 5 Karten vor 1563
             für 24 Karten 1563–1572

Additamentum II 1579
mit 23 Karten, davon entstanden
die Vorlagen für 9 Karten vor 1569
             für 14 Karten 1569–1578

Eine Fortsetzung der statistischen Betrachtungen zu diesem Aspekt ist aber wenig sinnvoll, da die Ergebnisse ein in weiten Teilen falsches Bild ergeben. Einige Basiskarten entstanden schon sehr früh, Ortelius aber hat spätere Ausgaben als Vorlagen benutzt. Dies gilt etwa für die Karten von Pietro → Coppo und Jacob van → Deventer. Weiterhin spielten aber auch in der Edition des *Theatrum* Faktoren eine Rolle, die nicht von Ortelius beeinflußt waren. So konnten – aus politischen Gründen – die Karten von → Lannoy, Jacques und Jean → Surhon u.a. (Nr. 77 ff.) erst 1579 publiziert werden, also zum Teil über 20 Jahre nach ihrer Fertigstellung im Manuskript.

In der weiteren Entwicklung des *Theatrum* sind zu diesem Aspekt der Aktualität keine klaren Regelmäßigkeiten erkennbar. In vielen Fällen wurden neuerschienene Vorlagen bereits im nächstmöglichen *Additamentum* kopiert, z.B.

1573 die Karten von → Stella von 1570 (Nr. 58), → Scultetus von 1569 (Nr. 59b), → Fabritius von 1569/70 (Nr. 60), → Seltzlin von 1572 (Nr. 61b), → Orlandi von 1572 (Nr. 65b) und → Coppo von 1525/1569 (Nr. 67b);

1579 die Karten von → Rogier von ca. 1575 (Nr. 75), → Guyet von 1573 (Nr. 76) → Regerwyl von 1574 (Nr. 87a) und → Brugnoli von 1574 (Nr. 89);

1584 die Karten von → Michaelis von 1583 (Nr. 101b) und → Danti von 1580 (Nr. 102);

1590 die Karten von → Bonifacio von 1587 (Nr. 117), aus dem Atlas → Mercators von 1587 (Nr. 118, 122 und 123a) und → Jasolino von 1586 (Nr. 120);

1595 die Karten von → Bompar von 1591 (Nr. 128), Anonymus → Henneberg von 1593 (Nr. 129a) und → Pigafetta von 1591 (Nr. 135 Inset).

Andere Karten wiederum wurden erst in der übernächsten möglichen Ausgabe eines *Theatrum* oder *Additamentum* publiziert, z.B.

1573 die Karten von → Lazius von 1561 (Nr. 62 a/b, 67a) und → Porebski von 1563 (Nr. 68c);

1579 die Karten von → Campi von 1571 (Nr. 90) und → Sambucus von 1571 (Nr. 91);

1584 die Karten von → Specklin von 1576 (Nr. 94b), → Henneberger von 1576 (Nr. 104) und → Edeling von 1581 (Nr. 109b);

1590 vielleicht die Karte von → Vedel (Nr. 121);

1595 die Karten von → Pinandello von 1583 (Nr. 131 b) und → Buonsignori von 1584 (Nr. 132);

1598 die Karten von → François (Nr. 137), Du → Temps (Nr. 138a) und → Fayen (Nr. 138b) aus dem Frankreich-Atlas Bouguereaus von 1594.

Manchmal aber wurden auch Karten in das *Theatrum* erst sehr lange nach dem Druck der Originalausgabe aufgenommen, z.B.

1573 die Basel-Karte von → Münster von 1538 (Nr. 61a);

1579 die Karte von → Jorden von 1559 (Nr. 86b);

1584 die *Romania*-Karte nach → Gastaldi 1560 (Nr. 105) und die Palästina-Karte von → Laicksteen und → Sgrothen von 1570 (Nr. 106);

1590 die Karten von → Sorte von 1560 (Nr. 119) und Anonymus → Nürnberg von 1559 (Nr. 123b);

1595 die Karten von → Ogier von 1539 (Nr. 127a) und → Postel von 1570 (Nr. Add 128/III).

Gründe für diese etwas uneinheitliche Aktualität sind schwer zu nennen. Eine Rolle gespielt haben sicherlich wissenschaftliche und auch wirtschaftliche Überlegungen von Ortelius zum Umfang und Inhalt des *Theatrum*. Zumeist aber kann man schlichtweg davon ausgehen, daß Ortelius die Vorlagen nicht eher gekannt hat, weil sie fast alle in den jeweils früheren Fassungen des *Catalogus Auctorum* ebenfalls fehlen. Eine Ausnahme bildet der Name von Laicksteen.

Das erfolgte und erfolgreiche Bemühen von Abraham Ortelius um eine möglichst hohe Aktualität der *Theatrum*-Karten wird bereits deutlich in der Editio princeps mit den kompilierten Karten (vgl. 5.3.1), namentlich bei der Europa-Karte (Nr. 5). Hier mußte Ortelius feststellen, daß die große Europa-Karte Mercators von 1554 zwar in Teilen veraltet, insgesamt aber immer noch besser war als alle später erschienenen potentiellen Vorlagen. So schuf er selbst auf der Basis der Mercator-Karte eine aktualisierte Fassung. Im weiteren Erscheinen des *Theatrum* wurden ältere Karten in etlichen Fällen durch Kopien nach jüngeren Vorlagen ersetzt:

– die *Prussiae ... Descriptio* von 1570 (Nr. 22b) nach Heinrich → Zell (1542) ab 1584 durch die *Prussiae ... Nova Descriptio* (Nr. 104) nach → Henneberger (1576);
– *Typus Vindeliciae* von 1570 (Nr. 29) nach → Aventinus (1535) ab 1573 durch *Bavariae ... Compendium* (Nr. 70) nach Philipp → Apian (1568);
– die *Wirtenbergensis ... Vera Descriptio* von 1570 (Nr. 30b) nach dem Anonymus → Württemberg (1559) ab 1579 durch die *Wirtenberg ... Accurata Descriptio* (Nr. 88) nach → Gadner (um 1572);
– die Kreta-Karte von 1570 (Nr. 39a) nach → Camocio (1566) ab 1584 durch die neue Kreta-Karte (Nr. 98a) nach dem Anonymus → Kreta;
– die Zypern-Karte von 1570 (Nr. 39b) nach → Camocio (1564) ab 1573 durch die neue Zypern-Karte (Nr. 66) nach dem Anonymus → Zypern;
– die *Palestinae ... Descriptio* von 1570/1579 (Nr. 51, Neustich Nr. 93) nach → Stella (1557) ab 1584 durch die *Terra Sancta*-Karte (Nr. 106) nach → Laicksteen und → Sgrothen (1570).

Aktualisierte Neustiche auf der Basis älterer Vorlagen gibt es vor allem von Karten einiger niederländischer Provinzen, etwa von Hennegau (Nr. 111), Artois (Nr. 115) und Brabant (Nr. 126). Nicht zu vergessen sind die Weltkarte und die Amerika-Karte von 1587 (vgl. 5.3.2). Ein weiteres Beispiel für eine Teilaktualisierung ist die zweite Polen-Karte des *Theatrum* von 1595 (Nr. Add 135/IV), wo die neue Vorlage im Durchschnitt schlechter war als die dann auch weiterverwendete Vorlage der ersten Fassung (vgl. 5.3.1).

In anderen Fällen wiederum hat Ortelius alte Karten im *Theatrum* behalten, dann aber neue hinzugefügt, obwohl sie einen ähnlichen Blattschnitt haben:

– Die alte *Monasteriensis ... Descriptio* von 1570 (Nr. 24b) nach → Mascop (1568) blieb, 1579 kam die *Westphaliae ... Descriptio* (Nr. 85) nach → Sgrothen (um 1565) hinzu.
– Die kompilierte Friesland-Karte von 1568 (Nr. 20) blieb, obwohl 1579 die neuen Karten nach → Leo (Nr. 83) und → Florianus (Nr. 84) hinzukamen.
– Die alte Ungarn-Karte von 1570 (Nr. 42) nach → Lazius (1556) blieb, 1579 kam eine weitere Ungarn-Karte (Nr. 91) nach → Sambucus (1571) hinzu.
– Die alte Dänemark-Karte von 1570/1584 (Nr. 21 und 101) nach → Anthoniszoon (1543) blieb, 1595 kam die neue Dänemark-Karte (Nr. 130b) nach → Jorden (1585) hinzu.

Mit großer Vorsicht und Sorgfalt ist die Frage anzugehen, warum Ortelius manchmal veraltete *Theatrum*-Karten nicht durch Kopien nach neueren Vorlagen ersetzt hat, obwohl solche vorhanden waren. Hier ist vorab immer zu klären, ob diese neuen Karten wirklich auch Neuerungen und Verbesserungen darstellten oder ob es sich nicht nur um geschickt kaschierte Übernahmen älteren Datenmaterials handelte. Bei diesen Forschungen gerät man leicht in den Sumpf des Kopien- und Kompilationsunwesens, der die Kartographie des späten 16. Jahrhunderts so unübersichtlich macht und den schon Ortelius selbst in der Einführung zum *Theatrum* beklagt.

Bei kritischer Durchsicht der etwa seit 1570 in Europa erschienenen Karten findet man vier Beispiele dafür, daß wichtige *Theatrum*-Karten durch alle zu Lebzeiten von Ortelius erschienenen Ausgaben regelrecht durchgeschleppt wurden, obwohl sie überholt waren:

– die Frankreich-Karte (Nr. 9) nach → Jolivet (1560); hier gab es die neueren Karten nach → Guillotière, → Plancius, → Postel und → Thevet, eine für das *Theatrum* geschaffene Kopie nach Postel (Nr. Add 135/III) wurde nicht in die reguläre Auflage übernommen;
– die Deutschland-Karte (Nr.13) nach → Sgrothen (1565); es gab jüngere Karten von → Ho-

genberg und im Atlas von Gerard →Mercator, Abzüge von der Platte Hogenbergs finden sich ganz vereinzelt in einigen Exemplaren des *Theatrum* etwa ab 1580;
– die Karte der Niederlande (Nr. 14) nach Anonymus →Germania Inferior I (1566); sie hätte ersetzt werden können durch die verlorene Wandkarte von →Hogenberg und aus der Gruppe um Anonymus →Germania Inferior II;
– die England-Karte (Nr. 55) nach →Lhuyd (1568) war spätestens seit den Karten von →Saxton überholt.

Die Gründe, die Ortelius für dieses Festhalten an veraltetem Material hatte, sind nicht zu nennen. Joan Baptist Vrients hat dann 1603 bzw. 1606 aber sehr bald für den Ersatz im *Theatrum* gesorgt (Nr. 143, 147, 150, 153).

6. Der *Catalogus Auctorum*

In nahezu allen lateinischsprachigen Gesamtausgaben (nicht in den *Additamenta*) von 1570 bis 1612 enthält das *Theatrum* im Anschluß an die Vorrede von Ortelius einen *Catalogus auctorum tabularum geographicarum, quotquot ad nostram cognitionem hactenus pervenere, quibus addidimus, ubi locorum, quando et a quibus excusi sunt*. Dies ist eben nicht nur ein Verzeichnis der für das *Theatrum* kopierten Vorlagen. Zur Relation im Beispiel: Für die Kartenausstattung der Editio princeps wurden die Arbeiten von 33 Kartographen verwendet, die Erstfassung des *Catalogus Auctorum* aber enthält bereits 87 Namen. In der letzten Fassung ist die Zahl der Namen etwa doppelt so groß wie die Zahl der Kartographen, deren Arbeiten im *Theatrum* in Kopie oder im Original publiziert wurden. In der von Ortelius formulierten Absicht handelt es sich beim *Catalogus Auctorum* um eine Liste aller ihm bekannt gewordenen Kartographen mit ihren Werken, falls möglich mit Angabe von Verleger, Druckort und -jahr.

Der *Catalogus Auctorum* ist – wie z.B. auch die verschiedenen Ortsnamen-Indices – ein völlig eigenständiger Teil des *Theatrum*. Er allein hätte schon ausgereicht, um die Bedeutung von Abraham Ortelius in der Geschichte der Kartographie dauerhaft zu sichern. Es war der erste Versuch einer fundierten Kartobibliographie überhaupt. Erst der große italienische Kartograph und Enzyklopädist Vincenzo Coronelli (1650–1718) ging – weniger vollständig – daran, Ortelius hier nachzufolgen.[200] Das Werk hat in der kartengeschichtlichen Forschung bis heute seinen hohen Wert, der auch durch alle jüngere Sekundärliteratur nicht geschmälert wird. Drei Aspekte sind hier besonders hervorzuheben:

1. Ohne den *Catalogus Auctorum* wären etliche Kartographen bzw. ihre Werke, die bisher nicht durch ein Exemplar belegt sind, weitgehend unbekannt, vgl. etwa → Brion, → Brochardus, → Haselberg, → Heydanus, → Monachus, → Medina, → Sauracher und → Thevet.
2. Zu einigen verschollenen, nur durch die Kopie im *Theatrum* erhaltene Karten gibt der *Catalogus Auctorum* ergänzende Angaben zu Verleger, Druckort und -jahr der Originalausgaben, etwa zu den Karten von → Guyet und → Rogier.
3. Zu weiteren nur in unfirmierten Drucken erhaltenen Originalausgaben sind weitere Angaben zu Verleger, Druckort und -jahr nur durch den *Catalogus Auctorum* bekannt, etwa zu den Karten von → Moers, → Nicolay und → Putsch.

In der Zusammenfassung und Perspektive: Eine gute Kenntnis des *Catalogus Auctorum* ist für den Kartenhistoriker der Gegenwart immer noch eine Grundvoraussetzung, um bei dem Versuch erfolgreich zu sein, Überlieferungslücken in der Kartographie des 16. Jahrhunderts zu erkennen und eventuelle Neufunde einzuordnen.

6.1 Die Quellen

Die wesentliche Basis bei der Erstellung des *Catalogus Auctorum* war für Abraham Ortelius die eigene Materialkenntnis durch ständige eigene Aktivität mitten in der Welt des zeitgenössischen Kartenmachens über Jahrzehnte. Man kann davon ausgehen, daß Ortelius den Großteil der beschriebenen Karten selbst gesehen hat. Für die Werke, die im *Theatrum* kopiert wurden, ist dies selbstverständlich. Aber auch für die überwiegende Zahl der nicht kopierten Karten ist die Beschreibung nach eigenem Augenschein als sicher anzunehmen. Als Beleg hierfür mögen gelten die teilweise sehr genauen bibliographischen Angaben, etwa zu den Karten von → Algoet, → Herberstein, → Jorden, → Schoepf, → Silvano, → Sophianus und → Ungler. Und im übrigen: Es gab zu dieser Zeit keine bibliographischen Hilfsmittel, aus denen Ortelius die Daten in dieser Vollständigkeit hätte entnehmen können.

Alle gängigen Bibliographien der Zeit hat Ortelius benutzt und nach ihnen den *Catalogus Auctorum* vervollständigt. Zu nennen sind:

- *Descrittione de tutta Italia* (Venedig 1568) von Leandro → Alberti; hiernach sind zitiert die Namen und Werke von → Amaseo, → Bordone, → Coppo, → Ferraris und → Macaneo.
- *Roberti Coenalis ...Gallia historica ...* (Paris 1557) von Robert Ceneau (1483–1566), Bischof von Avranches; von hier stammen die etwas vagen Angaben zu → Nicolaus Germanus und → Reger.
- *Bibliotheca universalis, sive catalogus omnium scriptorum locupletissima* (Zürich 1545) und *Appendix Bibliothecae* (Zürich 1555) des Arztes und Humanisten Konrad Gesner (1516–1565) als Quelle für den ebenfalls etwas unsicheren Eintrag → Obernberg.
- *Premier volume de la bibliothèque du Sieur de La Croix du Maine, qui est un catalogue général de toutes sortes d'autheurs qui ont escrit en francais ...* (Paris 1584) von François Crudé, Sieur de La Croix (genannt La Croix du Maine, 1552–1592; bei Ortelius genannt Crucemannus, *Premier volume* = alles Erschienene); hiernach sind zitiert die Einträge zu → René d'Anjou und → Turrel.
- *De scriptoribus Frisiae decades XVI* (Köln 1590) des Philologen Petrus Suffridus (1527–1597) für den Eintrag zu → Hemminga.

Singuläre Information hat der sehr belesene Abraham Ortelius anderen gedruckten Quellen entnommen, siehe die Einträge zu → Bordone, → Castiglioni, → Cusanus, → Ferraris, → Giustiniani und → Mauro.

Eine sehr wichtige Quelle ist der *Catalogus Auctorum* für Informationen über ungedruckte Karten des 16. Jahrhunderts und ihre Urheber. Die Wege, auf denen Ortelius hier zu seinem Wissen gekommen ist, sind heute nur in wenigen Fällen konkret nachzuweisen. Nicolo Antonio → Stigliola schrieb ihm selbst über seine Arbeiten. Jan van → Schille und Christian → Sgrothen und ihre laufenden Arbeiten hat Ortelius selbst gekannt. Die Amerika-Karte von → Chaves hat er vielleicht selbst besessen. Die Angaben zu → Thurneisser stammten vielleicht von der Familie Hogenberg. Über → Nicolay und → Stella dürfte Ortelius durch heute unbekannte Dritte informiert worden sein; Indiz sind die Nachricht über ihren Tod und ihre unvollendeten Projekte im *Catalogus Auctorum*. Woher die Informationen zu den Einträgen → Regnardus und → Tabourot stammten, ist heute kaum noch festzustellen.

Die Zuverlässigkeit des *Catalogus Auctorum* ist sehr hoch, und im Prinzip kann man Ortelius vertrauen, auch wenn seine Angaben nicht durch andere Quellen abgesichert sind. Dies muß dann auch gelten in Zweifelsfällen, etwa bei der Europa-Karte von → Anthoniszoon – deren Publikation in einem Frankfurter Verlag im Gesamtkontext etwas ausgefallen erscheint – oder bei Kaspar → Brusch.

6.2 Die Wachstumsstufen

Wie die Kartenausstattung des *Theatrum,* ist auch der *Catalogus Auctorum* während eines Publikationszeitraumes von 30 Jahren immer wieder ergänzt und aktualisiert worden. Er wuchs von 87 Kartographennamen in der Editio princeps 1570A bis auf 183 Namen in der letzten Fassung seit 1601. Ähnlich wie andere zeitgenössische biographische und bibliographische Werke ist er alphabetisch geordnet nach den Vornamen.

Allein in bezug auf die Zahl der aufgenommenen Kartographen sind für den *Catalogus Auctorum* zwölf Wachstumsstufen auszumachen. Genannt sind im folgenden die Familiennamen ohne weitere Verweise, siehe hierzu generell Tabelle II und den Katalogteil.

1. Ausgabe 1570A mit 87 Namen
Diese allererste Fassung in der Editio princeps nennt die folgenden Kartographen:

Aggere	Cabot
Algoet	Castiglioni
Amaseo	Chaumeau
Ambrosius	Chaves
Anthoniszoon	Clusius
Peter Apian	Coppo
Philipp Apian	Criginger
Aventinus	Cusanus
Bellarmati	Cuspinianus
Boeckel	Deventer
Boileau de Bouillon	Finé
Bordone	Fries
Brion	Gastaldi
Brochardus	Geminus
Brusch	Gemma Frisius

Giovio	Putsch
Grodecki	Pyramius
Guicciardini	Reich
Gutierrez	Rotenhan
Helwig	Sambucus
Heydanus	Scultetus
Hirschvogel	Secco
Hoirne	Secznagel
Honter	Settala
Jenkinson	Sgrothen
Jolivet	Silvano
Jorden	Sophianus
Keltenhofer	Stella
Laicksteen	Stumpf
Lannoy	Jean de Surhon
Lazius	Symeoni
Lhuyd	Thevet
Ligorio	Tschudi
Macaneo	Vopelius
Magnus	Waldseemüller
Mascop	Wied
Mellinger	Wissenburg
Gerard Mercator	Christoph Zell
Monachus	Heinrich Zell
Münster	Zeno
Nicolaus Germanus	Ziegler
Nicolay	Zorzi
Paletino	Zündt

Als 87. Name ist genannt *Martinus Ilacomylus,* die von Ortelius bereits selbst als solche erkannte Doppelnennung von Waldseemüller.

Diese erste Fassung ist anzusehen als die erste Zusammenfassung des Wissens von Abraham Ortelius über Karten und ihre Autoren. Der Aktualitätsstand ist überaus hoch. So ist die Anfang 1570 erschienene Palästina-Karte nach den Daten von Laicksteen bereits aufgeführt. Ohne die Leistung von Ortelius schmälern zu wollen, seien einige Unregelmäßigkeiten angemerkt:

- Die Palästina-Karte ist nur genannt unter dem Namen von Laicksteen, nicht aber – wie später – auch unter dem Namen des Bearbeiters Christian Sgrothen.
- Zum Namen von Nicolas de Nicolay fehlt dessen Karte von Calais und Boulogne, obwohl sie bereits für die Erstausgabe des *Theatrum* kopiert wurde; sie erscheint im *Catalogus Auctorum* erst seit 1601.
- Nach der *Gallia historica* von Robert Ceneau ist zwar zitiert der Name von Nicolaus Germanus, aber noch nicht Nicolaus Reger.
- Nach der *Italia* von Alberti sind genannt Amaseo, Bordone, Coppo und Macaneo, es bleiben ungenannt Antonio de Ferraris und vor allem Alberti selbst.
- Die Bayern-Karte Philipp Apians – erschienen 1568 – wird aufgeführt mit dem falschen Datum 1570 und der „Ortsangabe" *in Germania alicubi;* der Fehler wurde aber bald korrigiert.

All dies dürfte zu deuten sein als ein Indiz für die übergroße Eile bei den letzten Vorarbeiten vor dem Druck der Editio princeps.

2. Ausgabe 1570B mit 91 Namen
Hinzugefügt sind vier weitere Namen:

Giustiniani	Porebski
Lazarus Secretarius	Tannstetter

Dies ist wohl das Ergebnis einer Nachlese. Die Karten von Lazarus/Tannstetter (1528) und Porebski (1563) dürfte Ortelius wohl schon früher gekannt haben, Giustiniani dürfte nach Alberti zitiert sein.

3. Ausgabe 1570C mit 92 Namen
Die einzige Hinzufügung ist der Name von Haselberg.

4. Ausgabe 1570D mit 94 Namen
Im Vergleich mit der Ausgabe 1570C ist der Name von Haselberg wieder weggelassen, drei neue sind hinzugefügt:
Paul Fabritius
Herberstein
Pograbka

Hier ist der Terminus post quem sicher zu bestimmen. Die handschriftlich überarbeitete Fassung der Mähren-Karte von Fabritius erhielt Ortelius von Crato mit Brief vom 30. Oktober 1570. Auch die Karte Pograbkas ist erst 1570 erschienen, während die Anführung von Herberstein wohl ebenfalls das Produkt einer Nachlese ist. Gründe für die Auslassung des Namens von Haselberg sind nicht erkennbar, er wird erst wieder seit der Ausgabe 1601 in *Catalogus Auctorum* genannt.

5. Ausgabe 1573 mit 103 Namen
Hinzugefügt sind neun weitere Namen:

Alberti	Postel
Arias Montanus	Seltzlin
Dryander	Jacques Surhon
Medina	Ungler
Portantius	

Dies ist eine Mischung zwischen sehr aktuellen Karten (Arias Montanus 1572, Postel 1570, Seltzlin 1572) sowie sehr altem Material; die bei Ungler erschienenen Osteuropa-Karten datieren aus den 1520er Jahren. Endlich wird auch Alberti im *Catalogus Auctorum* erwähnt.

6. Ausgabe 1575 mit 106 Namen
Drei Namen sind neu hinzugekommen:

Brugnoli	Homem
Gadner	

Sie sind alle drei bezogen auf aktuell neue Karten.

7. Ausgabe 1579A mit 120 Namen
Die 14 neu hinzugefügten Namen sind:

Campi	Regerwyl
Creffeldt	Rogier
Florianus	Saxton
Guyet	Schille
Leo	Schoepf
Moers	Specklin
Reger	Thurneisser

Auch hier handelt es sich durchweg um relativ neue Karten. Bemerkenswert ist das Zitat von Nicolaus Reger nach Ceneau erst an dieser Stelle.

8. Ausgabe 1579B mit 127 Namen
In dieser Ausgabe des *Theatrum* ebenfalls mit dem Datum 1579 im Kolophon sind dem *Catalogus Auctorum* sieben neue Namen hinzugefügt:

Barbuda	Hogenberg
Danti	Michaelis
Ghebellini	Tabourot
Henneberger	

Bemerkenswert sind hier vor allem zwei Einträge:
- die Nennung der China-Karte von Luiz Jorge de Barbuda, die erst 1584 im *Theatrum* publiziert wurde;
- die Nennung der erst 1580 in Rom erschienenen Perugia-Karte von Egnazio Danti.

Der Druck dieser *Theatrum*-Ausgabe dürfte also nicht vor Anfang 1581 anzusetzen sein.

9. Ausgabe 1584 mit 134 Namen
Sieben Namen sind hinzugefügt:

Adgerus	Mendezius
Cock	Teixeira
Cousin	Waghenaer
Hoefnagel	

Dies ist eine Aktualisierung allein mit Neuerscheinungen der Jahre seit 1581.

10. Ausgabe 1592 mit 153 Namen
Der *Catalogus Auctorum* erscheint erheblich erweitert um 18 Namen:

Adrichomius	Iasolino
Berganus	Obernberg
Natale Bonifacio	Ogier
Buonsignori	Parisio
Camerarius	Pigafetta
Hofmann	Rantzau
René d'Anjou	Stempel
Sanuto	Strubicz
Sauracher	Vedel

Die Mischung bei dieser Erweiterung ist etwas eigenartig. Bei den gedruckten Karten handelt es sich durchweg um neuerschienenes Material. Die Einträge zu Berganus und Obernberg sind hingegen entnommen den älteren Referenzwerken von Alberti und Gesner, die Ortelius schon wesentlich früher zur Verfügung gestanden haben. Aus der 1584 erschienenen Bibliographie von La Croix du Maine stammt der Eintrag zu René d'Anjou und wahrscheinlich auch der zu Macé Ogier. Die Karte des Letztgenannten – erschienen bereits 1539 – hat sich Ortelius dann aber im Original beschafft und seit 1595 in das *Theatrum* aufgenommen.

11. Ausgabe 1595 mit 170 Namen
Erneut ist der *Catalogus Auctorum* um 17 Namen erweitert worden:

Bompar	Plancius
Cagno	Rover
David Fabricius	Schalbetter
Ferraris	Stigliola
Hemminga	Du Temps
De Jode	Turrel
Johannes Mercator	Vavassore
Rumold Mercator	Welser
Murer	

Auch hier ist die Mischung etwas ungewöhnlich. Etliche Karten sind erst kurz zuvor erschienen, so die Karte des Blésois von Jean du Temps 1594 im Frankreich-Atlas von Maurice Bouguereau; weitere Übernahmen aus dieser Quelle fehlen noch. Daneben aber stehen die zu dieser Zeit etwa 50 Jahre alten Karten von Schalbetter und Vavassore, die Ortelius vielleicht nur aus sekundären Quellen bzw. als Nachstiche gekannt hat. Erst hier werden zitiert die Namen von Turrel und wohl auch von Hemminga nach Bibliographien, die Ortelius schon 1592 gekannt hat.

12. Ausgabe 1601 mit 183 Namen
In dieser letzten Fassung erscheint der *Catalogus Auctorum* nochmals um 13 Namen erweitert:

Barentsz	Hopper
Bordoni	Magini
Enenckel	Mauro
Fayen	Parenzio
François	Regnardus
Haselberg	Ygl
Hondius	

Die Struktur dieser letzten Addenda ist völlig uneinheitlich. Es sind darunter Neuerscheinungen bis zum Jahre 1598, so die Karten von Barentsz, Enenckel, Hondius, Magini und Parenzio. Die Einträge zu Bordoni, Mauro, Regnardus und Ygl sind bezogen auf Karten, die – zum Teil entgegen den Angaben im *Catalogus Auctorum* – zu dieser Zeit noch nicht publiziert waren. Bemerkenswert ist hier aber vor allem eine Art Komplettierung auf alter Basis. Die Namen von Fayen und François sind hinzugefügt nach dem Frankreich-Atlas von Bouguereau, der schon für die Ausgabe 1595 verwendet worden war. Die hier erstmals im *Catalogus Auctorum* erwähnte Karte des antiken Frieslands von Hopper war bereits 1579 im *Theatrum* erschienen. Die Nennung von Haselberg ist lediglich die Wiedereinführung eines seit der Ausgabe 1570D ausgelassenen Eintrags. Komplettierungen durch längst überfällige Informationen sind auch die Hinzufügung der Karte von Calais-Boulogne zum Namen von Nicolay und der Karte des Erzstiftes Trier zum Namen von Schille erst in dieser Ausgabe.

In der Gesamtsicht scheint die Arbeit am *Catalogus Auctorum* mit dem Tode von Abraham Ortelius 1598 zum Stillstand gekommen zu sein. Allenfalls die wenigen Ergänzungen, die aus dem *Theatrum* selbst zu entnehmen waren, können eventuell Joannes Moretus zuzuschreiben sein. Unter Joan Baptist Vrients wurde der *Catalogus Auctorum* nicht mehr verändert. Die später von ihm kopierten weiteren Karten von Magini wurden nicht mehr nachgetragen, und Namen wie Aleotti, Boazio, Goulart, Martini und Ojea fehlen völlig.

Die Ergänzungen zum *Catalogus Auctorum* waren nicht allein auf die Hinzufügung neuer Namen beschränkt. Auch zu bereits vorhandenen Kartographennamen hat Ortelius die Werkverzeichnisse beständig erweitert und aktualisiert. Signifikante Beispiele hierfür sind die Einträge zu Jorden, Ligorio, Gerard Mercator, Postel, Sgrothen, Stella sowie Vater und Sohn Surhon. Ein Gegenbeispiel ist allerdings Gastaldi, dessen Karten italienischer Regionen zwar im *Theatrum* kopiert wurden, im *Catalogus Auctorum* jedoch weitgehend fehlen. Überhaupt sind die Addenda zum Teil etwas inkonsequent vorgenommen. Das falsche Druckdatum der Bayern-Karte Philipp Apians als 1570 in der Ausgabe 1570A wurde bereits in der Ausgabe 1570B auf 1568 korrigiert. In der Ausgabe 1570D wurde das Druckdatum 1559 zum Zitat der Dithmarschen-Karte Boeckels hinzugefügt. Zu vielen anderen Karten, die Ortelius sicherlich per Exemplar gekannt hat, fehlen die Druckdaten jedoch in allen Ausgaben des *Catalogus Auctorum*. Zu Nicolay und Stella finden sich seit der Ausgabe 1595 Hinweise auf den Tod dieser Kartographen und die dadurch nicht realisierten weiteren Projekte. Der Tod Gerard Mercators hingegen wird nicht mehr vermeldet. Mercator allerdings bietet ein weiteres Beispiel für die Laufendhaltung des *Catalogus Auctorum*. Seit der Ausgabe 1573 wird im Abschnitt über ihn die Vorbereitung einer Ptolemäus-Ausgabe erwähnt. Sie wird dann seit der Ausgabe 1579B als erschienen und mit Publikationshinweis Köln 1578 vermerkt. Weitere Beispiele für solche Ergänzungen und Korrekturen auch im Detail sind

– die Korrektur des Namens *Geltenhofer* zu *Keltenhofer* (seit der Ausgabe 1570D);
– das richtige Druckdatum *1568* statt *1558* für die Westfalen-Karte von Mascop (seit der Ausgabe 1573);
– die generellere, aber zutreffendere Druckortangabe *Venetiis et Romae* statt *Venetiis, omnia per Matthaeum Paganum* zu den Karten Gastaldis (seit der Ausgabe 1573);
– die Hinzufügung des Cognomens *Eboliensis* zum Namen von Bernardo Silvano (seit der Ausgabe 1579B);
– die Korrektur des Namens von Waclaw Grodecki von *Godreccius* zu *Grodeccius* (seit der Ausgabe 1592);
– die Korrektur des Namens von Georg Gadner von *Gardnerus* zu *Gadnerus* (seit der Ausgabe 1592).

Im Laufe der Zeit sind doch alle wesentlichen Flüchtigkeitsfehler aus dem Text des *Catalogus Auctorum* eliminiert worden.

6.3 Zur Vollständigkeit

Jedes Nachdenken über Lücken und Auslassungen im *Catalogus Auctorum* muß zunächst und vor allem bestimmt sein von Gerechtigkeit gegenüber Abraham Ortelius. Alle Analysen zu dieser Thematik haben unabdingbar auszugehen von zwei Prämissen.

1. Der *Catalogus Auctorum* ist ein Verzeichnis von Kartographen, d.h. von wissenschaftlichen Urhebern von Karteninhalten, und ihrer Werke. Er brauchte und braucht somit nicht zu enthalten alle jene Karten, deren Autor in den von

Ortelius konsultierten Originalausgaben nicht genannt ist oder von Ortelius nicht ohne zu großen Aufwand sicher auf anderen Wegen zu ermitteln gewesen wäre. Ebenfalls entfallen alle Karten, die nur Namen von Stechern, Verlegern, Druckern etc. tragen; vgl. hierzu die zahlreichen Anonymi am Beginn des Katalogteiles.

2. Für den *Catalogus Auctorum* dürfte Ortelius ähnliche Maßstäbe angelegt haben, wie er sie in der Einführung zum *Theatrum* (vgl. oben Kapitel 5) postuliert hat. Unkritische Kompilatoren und simple Kopisten gelten in seinem Verständnis nicht als Kartographen.

Das Ergebnis einer Durchsicht des *Catalogus Auctorum* unter diesen Vorzeichen ist eindrucksvoll.

Zu 1. Auf der Basis des heutigen Wissensstandes handelt es sich bei maximal fünf der genannten 183 Namen nicht um die kartographischen Urheber. „Florianus" (Florian → Ungler) war nur der Drucker der Osteuropa-Karten des Bernard Wapowski und Heinrich von → Rantzau nur der Vermittler der Dänemark-Karte von Mark → Jorden. Nicht endgültig geklärt sind die Verhältnisse bei Natale → Bonifacio, Thomas → Geminus und Stefano → Ghebellini.

Zu 2. Allenfalls zwei der genannten Kartenmacher haben mehr oder minder genau nach gedruckten Vorlagen kopiert. Den Charakter der Karte von Lorenz → Fries als Kopie nach Martin → Waldseemüller konnte Ortelius nicht erkennen, da ihm der Vergleich anhand von Exemplaren hier mit hoher Wahrscheinlichkeit nicht möglich war. Wiederum bei → Geminus steht man schon an der Grenze der Kriterien, da hier die Vorlage keine Angabe zum Autor enthält. Wenige andere Karten sind wegen Emendationen trotz Kopie nach Vorlage eben doch als eigenständige Leistungen zu werten, etwa die Frankreich-Karte von Petrus → Plancius nach Postel oder eben die Karte von Guillaume → Postel selbst.

Ortelius hat sich also an sehr enge, auch heute noch uneingeschränkt akzeptable Auswahlkriterien gehalten, nach bestem Wissen und in großer Zuverlässigkeit.

Unter dem speziellen Aspekt der Quellen der Informationen zum *Catalogus Auctorum* ist noch in einer weiteren Hinsicht eine Einschränkung erforderlich. Basis der kartenbibliographischen Arbeit von Ortelius war vor allem die Kenntnis der Karten durch den eigenen Augenschein. Hier ist aber dann ein Kriterium die Verfügbarkeit des Materials, entweder in erreichbaren Bibliotheken oder auf dem zeitgenössischen Markt. Die ältesten gedruckten Karten, die Ortelius mit einiger Sicherheit selbst gesehen hat, sind die Ptolemäus-Ausgabe → Silvanos (1511), die Osteuropa-Karte bei → Ungler (1528) und die Ungarn-Karte von → Lazarus Secretarius und → Tannstetter. Einige sehr frühe Karten verzeichnet er nach sekundären Quellen, z.B. zu den Namen von → Coppo, → Cusanus, → Macaneo, → Nicolaus Germanus und → Obernberg. Zahlreiche weitere Karten aus jener Epoche bis zum frühen 16. Jahrhundert aber waren zur Zeit von Ortelius nicht mehr im Handel erhältlich und nirgendwo bibliographiert. Die Namen ihrer Urheber fehlen dann folglich im *Catalogus Auctorum*. Genannt seien

– die Karten der Welt und Mitteleuropas von Hieronymus Münzer in der Weltchronik des Hartmann Schedel (Nürnberg 1493);[201]
– die Einblattdrucke von Francesco Rosselli bis hin zur Contarini-Weltkarte;[202]
– die gesamte Gruppe der Mitteleuropa-Karten des Etzlaub-Typus seit etwa 1500;[203] ihre Auslassung wäre allerdings auch anderwärtig zu erklären, da keiner dieser Einblattdrucke eine Autorenangabe enthält;
– die Karte des Raumes Brixen in *De rebus Brixianorum* (Brescia um 1505) von Elia Capriolo;[204]
– die 1513 in Venedig erschienene Karte der Lombardei, die allerdings nur den Namen ihres Druckers Luca Antonio de Hubertis trägt;[205]
– die frühe niederländische Weltkarte in der *Chronycke van Holland Zeelandt en Vrieslandt* (Leiden 1514) des Cornelius Aurelius;[206]
– die Böhmen-Karte des Nicolaus Claudianus (Nürnberg 1518).[207]

Als ein Gebot der Fairneß gegenüber Abraham Ortelius, aber auch wegen der oft unübersichtlichen Urheberverhältnisse im eigenen Interesse sollte sich der heute prüfende Bibliograph zurückhalten und das vor etwa 1530 erschienene Kartenmaterial zum Aspekt der Vollständigkeit nicht berücksichtigen.

Untersuchungen zu Lücken im *Catalogus Auctorum* haben sich also zu erstrecken auf innovative Karten, die etwa zwischen 1530 und dem Tode von Ortelius im Jahre 1598 erschienen sind und deren Urheber entweder auf ihnen selbst oder in unmittelbar begleitenden Publikationen genannt ist. Wenn man unter dieser Vorgabe das Kartenmachen in den beiden letzten Dritteln des 16. Jahrhunderts durchsieht, so verwundert es nicht, daß

einige relativ bekannte Karten und ihre Autoren nicht bei Ortelius verzeichnet sind. Genannt seien nur
- die 1560 von de Jode publizierte Europa-Wandkarte des Bartholomäus Musinus;[208] Ortelius hat sie mit Sicherheit gekannt[209] und festgestellt, daß es sich hier lediglich um eine leicht überarbeitete Kopie nach → Vopelius handelt;
- die sehr innovative Europa-Wandkarte (Venedig 1564) mit der Signatur von Giovanni Pietro Contarini;[210] Ortelius hat diese Karte besessen[211] und wohl gewußt, daß Contarini nur der Verleger war;
- die Holland-Karte von Cornelis de Hooghe (Antwerpen 1565), eine nur leicht emendierte Kopie nach der Vorlage Jacob van → Deventers.[212]

Die Zahl ähnlich gelagerter Fälle ist Legion. Hier liegen auch die Gründe für das Fehlen von Namen wie → Artopaeus, → Nöttelein, → Sorte und → Volpaia im *Catalogus Auctorum*, denn ihre Werke erschienen ohne Nennung des Autors. Im Falle von Alonso de Santa Cruz ist unsicher, ob Ortelius den Namen des Autors wußte, dessen Arbeiten er verwendet hat (Anonymus → Kuba-Haiti).

Bei der Feststellung von echten Lücken und Auslassungen im *Catalogus Auctorum* sind drei Gruppen zu unterscheiden. Da sind zunächst die auch von ihm als Kartographen akzeptierten Leute, die er mit Namen gekannt und deren Werke auch für das *Theatrum* verwendet worden sind, aber eben nicht im *Catalogus Auctorum* erscheinen:
- Bertrand → d'Argentré ist im Rückentext zur Karte der Bretagne und Normandie genannt und auch als Mitvorlage verwendet worden (Nr. 127b).
- Die Nennung des Namens des Petrus von → Edeling unterblieb auf dessen eigenen Wunsch hin, er erscheint aber dennoch im Rückentext zur Karte von Rügen-Usedom-Wollin (Nr. 109b).
- Die *Theatrum*-Karte der Île de France (Nr. 136) von 1596 nennt den Namen des Autors François de la → Guillotière; er hätte im *Catalogus Auctorum* zu den Addenda in der Ausgabe 1601 gehört.
- Etwas unsicher sind die Autorenverhältnisse im Falle von Cesare → Orlandi und der Siena-Karte (Nr. 65a).
- Ausweislich des Rückentextes zur Malta-Karte (Nr. 38 f.) kannte Ortelius das Buch *Insulae Melitae descriptio* (Lyon 1536) von Jean Quintin, der Autor und die darin enthaltene, allerdings recht grobe Karte Maltas werden im *Catalogus Auctorum* nicht berücksichtigt.[213]

Die Gründe, aus denen Ortelius diese Namen nicht in seine Liste der Kartographen aufgenommen hat, sind im Einzelfall unklar.

Lücken im Werkverzeichnis von Kartographen, die in den *Catalogus Auctorum* aufgenommen sind, bilden eine zweite Gruppe von Auslassungen. Hierzu zählen
- die Siebenbürgen-Karte des Johannes → Honter von 1532; Ortelius kannte und kopierte die spätere Fassung von → Sambucus;
- die erste Weltkarte Gerard → Mercators von 1538; es würde wundern, wenn Ortelius sie nicht gekannt hätte;
- etliche Karten italienischer Regionen von Jacobo → Gastaldi;
- die Deutschland-Karte des Heinrich → Zell von vor 1550; sie war in Antwerpen durchaus bekannt, sie wurde zweifach von Gerard de Jode kopiert;
- die Karte der Niederlande des Matthias → Zündt von 1568; sie wurde ebenfalls kopiert von de Jode und war Ortelius sicherlich bekannt;
- die Deutschland-Karte aus dem Verlag von Frans → Hogenberg von 1576, deren Platte später für das *Theatrum* verwendet wurde;
- die Lüneburg-Karte des Johannes → Mellinger von 1593.

Auch hier sind die Gründe für das Fehlen im *Catalogus Auctorum* nicht ganz einsichtig.

In einem dritten Abschnitt endlich bleibt zu fragen, welche halbwegs wichtigen Kartographen Ortelius – wieder im oben umrissenen Kriterienrahmen – hätte kennen und vielleicht in den *Catalogus Auctorum* aufnehmen können. Es bedarf schon einer recht tiefgehenden Durchsicht der zeitgenössischen Kartenmachens, um hier in der Tat einige Namen nennen zu können:
- den Ingenieur Gabriele Bertazuolo (1527–1590) und seine Karte von Mantua;[214] sie erschien 1597, also im Jahr vor dem Tod von Ortelius;
- den Historiographen Michael von Eitzing (um 1570–1598), in der Kartographie vor allem bekannt durch seine 1583 in Köln von Frans Hogenberg gestochene Karte der Niederlande in Gestalt eines Löwen.[215] Ortelius kannte die Karte mit Sicherheit;
- den Historiographen und Mathematiker Ubbo Emmius (1547–1625) und seine neue Karte von Ostfriesland, erschienen 1595;[216]

- den norddeutschen Maler Melchior Lorichs (1527–1590), den Ortelius gut gekannt hat;[217] seine handschriftliche Karte der unteren Elbe von 1568 hätte im Prinzip einen Niederschlag im *Theatrum* finden können;[218]
- den ältesten Mercator-Sohn Arnold (1537 bis 1587); seine gedruckte Island-Karte (Antwerpen 1557)[219] fehlt vielleicht wegen ihrer schlechten Qualität, jedoch hat Ortelius sicherlich um die von Arnold Mercator begonnene und nach seinem Tode von Johannes → Mercator bis 1592 fortgeführte Landesaufnahme in Hessen gewußt;[220]
- den schwäbischen Kartographen Johann Georg Schinbain (David → Seltzlin) und seine Karten des Bodensees und Schwarzwaldes von ca. 1578–1580; sie nennen den Autor nur in abgekürzter Form, kartographisch sind sie recht schwach.

Bertazuolo und Emmius wären in der posthumen Fassung von 1601 nachzutragen gewesen. Eitzing und Arnold Mercator hätten eventuell schon früher in den *Catalogus Auctorum* hineingehört. Diese Auslassungen sind aber nicht so gravierend, als daß sie Ansatzpunkte einer negativen Kritik sein könnten.

Im Fazit sind im *Catalogus Auctorum* punktuell kleinere Lücken vorhanden, die aber zum Teil durch das *Theatrum* selbst anderwärts abgedeckt werden. Hier schmälert nichts die große Leistung des Abraham Ortelius. Ohne seine Bestandsaufnahme hätte auch unser heutiges Wissen Lücken. Von den vielen halbwegs bedeutenden Kartographen jener Szene und Epoche, die der *Catalogus Auctorum* laut eigenem Selbstverständnis abdecken will und konnte, fehlt im Grunde nicht ein einziger!

7. Epilog

Im 16. Jahrhundert, in einer Zeit des wissenschaftlichen Aufbruchs und des rasant wachsenden neuen Wissens um und über die Welt, war auch die Kartographie nicht arm an großen Gestalten. Das Erstellen von Rangfolgen und Wertungen ist hier wenig sinnvoll, da a priori subjektiv bedingt und damit letztlich nur relativ. Jeder Autor einer typenbildenden Regionalkarte ist eben regional von großer Bedeutung, im größeren Kontext aber nur einer von Vielen. Auch die Arbeiten von Leuten, die vor allem Theoretiker waren – genannt seien Peter Apian und Regnier Gemma Frisius –, trugen mehr zur Entwicklung der Disziplin bei, als ihr numerisch im Grunde bescheidenes Kartenoeuvre glauben macht. In der ersten Reihe des Renommées stehen die Universalisten, die abschließenden Kompilatoren des Wissens eines meist klar definierbaren, mehr oder minder langen Zeitabschnitts. Im Schoß und mit dem Ziel der puren Wissenschaft im Frühhumanismus arbeitete Martin Waldseemüller. Er realisierte genau das, was die Zeit kurz nach 1500 geradezu diktierte: das Zeichnen einer ersten Karte der Erde in ihrem wirklichen, nun halbwegs richtigen Umfang und damit gleichzeitig die Überwindung der bei Ptolemäus gegebenen Schranken. Sebastian Münster war weniger Kartograph als Enzyklopädist. Er regte die Erarbeitung von Karten gezielt an und sorgte für ihre Publikation, sein eigentlicher großer Beitrag in der Disziplingeschichte ist die Profanisierung der Kartographie. Als führenden kreativen und tatkräftigen Kartographen um die Mitte des 16. Jahrhunderts möchte ich Jacobo Gastaldi nennen. Seine italienischen Regionalkarten weisen ihn aus als Praktiker von Grund auf. In der Blüte seines Schaffens erarbeitete er nach den Daten Dritter seine epochalen Übersichtskarten, aber ohne daß aus diesem Oeuvre ein geschlossenes Ganzes wurde. Hieran hat sich Gerard Mercator versucht, der in allen Sparten des Kartenmachens kompetent war: Er war Geometer, Kupferstecher, Drucker, Verleger, Kosmograph, Philologe und Philosoph. Er hat in logischen Stufen eines vorab festgelegten Programms ein wirklich geschlossenes Bild der Erde geschaffen. Die überragende Leistung liegt in der Kompilation nach ureigener neuer Idee, in welcher die zum großen Teil fremde Provenienz der Basisdaten nicht mehr erkennbar ist und nicht erkennbar zu sein braucht. Um das wirklich große kartographische Ganze, die allumfassende Kosmographie zu schaffen, hat das Menschenleben Mercators nicht ausgereicht.

Vieles hat Abraham Ortelius mit diesen Vorgängern und Zeitgenossen gemeinsam, und doch ist seine Position in der Geschichte der Kartographie so charakteristisch einzigartig. Um sie besser verstehen zu können, muß man vielleicht bis an den Anfang der Biographie zurückgehen. Statt akademischen Wissens mußte Ortelius zunächst andere Dinge lernen: hart und allein zu arbeiten, unabhängig und praktisch zu denken, rational und auch taktisch zu handeln. Am Anfang seiner Karriere war er zweierlei: ein historisch-philologisch gebildeter Autodidakt und ein kartographischer Hilfsarbeiter. Diese Zweiteilung zieht sich durch sein gesamtes Wirken, erkennbar auch noch – natürlich qualitativ potenziert – im Spätwerk. Als Wissenschaftler blieb Ortelius zeitlebens in erster Linie Historiker, und seine eigentliche kartographische Spitzenleistung ist das *Parergon*. In der „modernen" Kartographie war er als Mathematiker und Geometer Gastaldi und Mercator weit unterlegen. Am nächsten steht ihm wohl Sebastian Münster, auch Ortelius war zunächst ein sammelnder und anregender Redakteur und danach ein kritischer Kompilator. Das *Theatrum* ist im Grunde die perfekte geographische Enzyklopädie: so vielseitig wie nötig, in Text und Abbildung so materialreich wie möglich, im Inhalt eine Mischung aus sekundären Quellen und Originalbeiträgen und in der Publikation schließlich so variabel, daß Korrekturen und Ergänzungen einzubringen waren. Der Charakter des *Theatrum* als Kompendium nach Vorarbeiten Dritter wird ausdrücklich betont und bleibt deutlich sichtbar – was die wissenschaftliche und publizistische Leistung seines Urhebers aber überhaupt nicht schmälert. Ortelius hat seine Mittel so gewählt und eingesetzt, daß sie exakt jenes Ziel ermöglichen, welches im ganzen Umfeld um Konzeption und Realisierung des *Theatrum* suggeriert wird: ein akzeptables, aber eben auch rasches Ergebnis. Hinsichtlich des Grades der Bearbeitung und der immer neuen Überprüfung der Daten hat sich das *Theatrum* nie selbst die Maximalanforderungen gestellt, die im Atlasprojekt Mercators schon in der Planung eine Arbeit über Jahrzehnte absehbar machten.

Jenseits der wissenschaftlichen Leistung in der historischen Geographie macht dies das Faszinosum des Abraham Ortelius aus: der absolut sichere Blick für das Notwendige und Machbare, gepaart mit enormer Produktivität und auch der Fähigkeit zu fairer Kritik. Er war ein Humanist im klassischen Sinne, aber alles andere als ein weltfremder Gelehrter. Seine wissenschaftlichen und ökonomischen Erfolge hätte er ohne einen überaus gesunden Realismus nicht erreichen können. In politisch schwierigen Zeiten und Umständen hat er Verbindungen zu Parteigängern aller Couleur unterhalten und ist dabei so gut wie nie auf die Klippen geraten. Er verstand auch die Fäden zu ziehen, etwa gegen seinen Konkurrenten Gerard de Jode.

Im kurzen Fazit: Es war ein großes Glück für die Kartographie des späteren 16. Jahrhunderts, daß sie das Metier war, dem Abraham Ortelius einen großen Teil seines Lebens und seiner Kraft gewidmet hat. Die Disziplin fand in ihm einen fachlich und organisatorisch optimal geeigneten Generalisten, der zu Bilanz und Komprimierung fähig war exakt zu jenem Zeitpunkt, als eine unübersichtlich werdende Flut von Einzelunternehmungen dies erforderlich machte.

ANMERKUNGEN

1. So z.B. in dem neuen Standardwerk von WALLIS, H.M. und A.H. ROBINSON: *Cartographical Innovations. An International Handbook of Mapping Terms to 1900.* Tring 1987, hier S. 311.
2. Aus der Literatur um die Atlas-Definition seien weiterhin genannt HORN, W.: Die Geschichte des Atlas-Titels. In: *Petermanns Geographische Mitteilungen* 95, 1951, S. 137–142; Ders.: Zur Geschichte der Atlanten. In: *Kartographische Nachrichten* 11, 1961, S. 1–8; die Einführung zu Bd I von KOEMAN, C.: *Atlantes Neerlandici;* WAWRIK, F.: *Berühmte Atlanten. Kartographische Kunst aus fünf Jahrhunderten* (= Die Bibliophilen Taschenbücher 299). Dortmund 1982; WOODWARD, D.: The Techniques of Atlas Making. In: *The Map Collector* 18, 1982, S. 2–11.
3. Definition in Anlehnung an den Artikel „Kartenwerk" von J. NEUMANN und I. KRETSCHMER in *Lexikon zur Geschichte der Kartographie,* S. 394.
4. Definition in Anlehnung an den Artikel „Wandkarte" von W. STAMS in *Lexikon zur Geschichte der Kartographie,* S. 872.
5. Die Literatur zum Thema ist inzwischen unübersehbar. Verwiesen sei hier auf den zusammenfassenden Beitrag von O.A.W. DILKE et al.: The Culmination of Greek Cartography in Ptolemy. In HARLEY, J.B. und D. WOODWARD (Hrsg.): *The History of Cartography.* Bd I. Chicago–London 1987, S. 177–200 sowie auf den Artikel „Claudius Ptolemäus" von J. BABICZ in *Lexikon zur Geschichte der Kartographie,* S. 644–651.
6. Die aktuell beste Bibliographie der Ptolemäus-Ausgaben ist bei BABICZ (wie Anm. 5).
7. *Claudius Ptolemaeus, Cosmographia, Bologna 1477.* Facsimile with a bibliographical note by R.A. SKELTON. Amsterdam 1963; CAMPBELL, *Earliest Printed Maps,* S. 129–130.
8. *Claudius Ptolemaeus, Cosmographia, Rome 1478.* Facsimile with a bibliographical note by R.A. SKELTON. Amsterdam 1966; CAMPBELL, *Earliest Printed Maps,* S. 131–133.
9. *Claudius Ptolemaeus, Cosmographia, Florence 1482.* Facsimile with a bibliographical note by R.A. SKELTON. Amsterdam 1966; CAMPBELL, *Earliest Printed Maps,* S. 133–135.
10. *Claudius Ptolemaeus, Cosmographia, Ulm 1482.* Facsimile with a bibliographical note by R.A. SKELTON. Amsterdam 1963; MEINE, K.H. (Hrsg.): *Die Ulmer Geographia des Ptolemaeus von 1482* (= Veröffentlichungen der Stadtbibliothek Ulm Bd 2). Weissenhorn 1982; CAMPBELL, *Earliest Printed Maps,* S. 135–138.
11. Die „Tabulae Antiquae" dieser Ausgabe sind von den gleichen Platten gedruckt wie die Ausgabe Rom 1478. Zu den „Tabulae Modernae" vgl. u.a. SHIRLEY, *World Maps,* Nr. 25; NORDENSKJÖLD, *Facsimile-Atlas,* S. 16–18.
12. NORDENSKJÖLD, *Facsimile-Atlas,* S. 20.
13. So z.B. bei WALLIS/ROBINSON (wie Anm. 1), S. 311–312.
14. Zur Übersicht über frühe Exemplare sei hier verwiesen auf CAMPBELL, T.: Portolan Charts from the Thirteenth Century to 1500. In HARLEY/WOODWARD, *History of Cartography I* (wie Anm. 5), S. 371–463, bes. Appendix 19.2.
15. Siehe in der Übersicht die Artikel bei WALLIS/ROBINSON (wie Anm. 1), S. 320–323 und von F. WAWRIK in *Lexikon zur Geschichte der Kartographie,* S. 337.
16. ALMAGIA, R.: On the cartographic work of Francesco Rosselli. In: *Imago Mundi* 8, 1951, S. 27–34; CAMPBELL, *Earliest Printed Maps,* S. 70–78; HELLWIG, F.: Francesco Rosselli. In: *Lexikon zur Geschichte der Kartographie,* S. 679–680.
17. SZATHMARY, *Descriptio Hungariae,* S. 31–36.
18. SHIRLEY, *World Maps,* Nr. 18 und 24.
19. BENZING, *Buchdrucker,* S. 213–214.
20. Eine spezielle Arbeit über Gourmont und seine Karten steht noch aus. Zusammenfassend am besten GRENACHER, F.: The ‚Universae Germaniae Descriptio' Map of Jérome de Gourmont. In: *Imago Mundi* 14, 1959, S. 55–63.
21. Eine neuere Arbeit über Pagano ist ein Desideratum. Bisher am besten BAGROW, L.: *Matheo Pagano, a Venetian Cartographer of the XVIth Century. A Descriptive List of his Maps.* Jenkintown 1940. Zu einigen jüngeren Arbeiten vgl. die Literatur im Katalogteil unter Zuan Domenico → Zorzi.
22. BENZING, *Buchdrucker,* S. 439.
23. BENZING, *Buchdrucker,* S. 437.
24. BENZING, *Buchdrucker,* S. 35.
25. BENZING, *Buchdrucker,* S. 35.
26. BENZING, *Buchdrucker,* S. 36.
27. BENZING, *Buchdrucker,* S. 38.
28. BENZING, *Buchdrucker,* S. 522.

29. Spezielle Arbeiten gibt es zu keinem dieser italienischen Kartenverlage. Zur Übersicht über ihre Produktion immer noch am besten TOOLEY, *Italian Atlases*.
30. HELLWIG, F.: Antonio Lafreri. In: *Lexikon zur Geschichte der Kartographie*, S. 431–432; ROLAND, F.: Un franc-comtois éditeur et marchand d'estampes à Rome au XVIe siècle – Antoine Lafréry (1512–1577). In: *Mémoires de la Société d'Emulation du Doubs*, Ser. 8, vol. 5, Besancon 1911, S. 320–378.
31. Speziell hierzu HUELSEN, C.: Das ‚Speculum Romanae Magnificentiae' des Antonio Lafreri. In: *Collectaneae variae doctrinae Leoni S. Olschki*. München 1921, S. 121–170.
32. HELLWIG, F.: Francesco und Michele Tramezzino. In: *Lexikon zur Geschichte der Kartographie*, S. 817–818; TINTO, A.: *Annali tipografici dei Tramezzino* (= Civiltà veneziana 1). Venedig–Rom 1968.
33. Abgedruckt bei ROLAND (wie Anm. 30), S. 368–375.
34. Siehe hier die verschiedenen Einträge in Bd II–III von KOEMAN, *Atlantes Neerlandici*.
35. Die erschöpfende Übersicht gibt hier PASTOUREAU, M.: *Les atlas français. XVIe–XVIIe siècles*. Paris 1984.
36. In der Übersicht wichtig, im Detail allerdings überholt ist WAUWERMANS, (H.E.): *Histoire de l'école cartographique belge et anversoise du XVIe siècle*. 2 Bde. Brüssel 1895, Neudruck Amsterdam 1964. – Aus der neueren Literatur sind vor allem zu nennen zahlreiche Aufsätze von A. de SMET. Sie liegen gesammelt vor in: *Album Antoine de Smet*. Brüssel 1974.
37. Speziell hierzu SMET, A. de: Mercator à Louvain (1530–1552). In: *Duisburger Forschungen* 6, 1962, S. 28–90; Wiederdruck in: *Album Antoine de Smet* (wie Anm. 36), S. 193–250.
38. DÉNUCÉ, *Kaartmakers I*, S. 87–117; ROUZET, *Dictionnaire*, S. 125–126.
39. DÉNUCÉ, *Kaartmakers I*, S. 48–53, weiterhin den Artikel von M. ROOSES in der *Biographie Nationale de Belgique* 15, 1899, Sp. 663–671.
40. DÉNUCÉ, *Kaartmakers I*, S. 71–86; ROUZET, *Dictionnaire*, S. 180–181.
41. SHIRLEY, *World Maps*, Nr. 140.
42. ROUZET, *Dictionnaire*, S. 209.
43. ROUZET, *Dictionnaire*, S. 214–215.
44. ROUZET, *Dictionnaire*, S. 201–203.
45. DÉNUCÉ, *Kaartmakers I*, S. 118–139; DE PAUW-DE VEEN, L.: *Jérome Cock. Editeur d'estampes et graveur 1507?–1570* (Ausstellungskatalog). Brüssel 1970. – Schon hier sei verwiesen auf eine künftige Folge der *Monumenta Cartographica Neederlandica* von G. SCHILDER speziell zu den Karten von Cock.
46. Grundlegend ist hier immer noch ORTROY, F. van: *L'oeuvre cartographique de Gérard et Corneille de Jode*. Antwerpen 1914, Neudruck Amsterdam 1963. Weiterhin auch DÉNUCÉ, *Kaartmakers I*, S. 163–220 und KOEMAN, *Atlantes Neerlandici II*, S. 205–212.
47. Umfassend zu allen Aspekten informiert hier VOET, L.: *The Golden Compasses, A History and Evaluation of the Printing and Publishing Activities of the Officina Plantiniana*. 2 Bde. Amsterdam 1969–72.
48. Herausgegeben von ROOSES, M. und J. DÉNUCÉ: *Correspondance de Christophe Plantin*, 8 Bde. Antwerpen 1883–1920.
49. Ausgewertet bei DÉNUCÉ, *Kaartmakers I, II*.
50. Zu diesem sehr umfangreichen und komplizierten Thema gibt eine gute Übersicht PARKER, G.: *Der Aufstand der Niederlande 1549–1609*. München 1979 (= dt. Ausgabe von *The Dutch Revolt*, London 1977).
51. Hierzu ausführlich MEURER, *Atlantes Colonienses*.
52. Derzeit am besten, aber ohne Berücksichtigung der Karteneinblattdrucke GARRETT, J.G.: The Maps in De Bry. In: *The Map Collector* 9, 1979, S. 3–11.
53. Eine Bearbeitung steht noch aus, zur Übersicht siehe THIEME-BECKER 8, 1913, S. 218–220.
54. Über Hulsius mit Verzeichnung der Nürnberger Drucke BENZING, J.: Levinus Hulsius, Schriftsteller und Verleger. In: *Mitteilungen aus der Stadtbibliothek Nürnberg* 7/2, 1958, S. 3–8.
55. Über ihn demnächst MEURER, P.H.: *Karten und Topographica der Straßburger Offizin Jakob van der Heyden* (in Vorbereitung).
56. *Maurice Bouguereau, Le Theatre Francoys, Tours 1594*. Facsimile with an introduction by F. de DAINVILLE. Amsterdam 1966; PASTOUREAU, *Atlas français* (wie Anm. 35), S. 81–83.
57. SCHILDER, *Monumenta I*, S. 3–37.
58. KROGT, P.C.J. van der: Familie Van Langren, In: *Lexikon zur Geschichte der Kartographie*, S. 441–442; KEUNING, J.: The Van Langren Family. In: *Imago Mundi* 13, 1956, S. 101–109.
59. HESSELS, *Epistolae*. Die Briefe blieben erhalten im Besitz der Dutch Church in London, deren Kirchenältester Jacob Cole von 1624–1628 war. Sie wurden 1884 in der Cambridge University Library deponiert, ehe die Sammlung 1955 durch Auktion in London aufgelöst wurde. Inzwischen sind in der Literatur einige weitere Briefe von Ortelius bekannt, die nicht zu diesem Cole-Bestand gehören. Es ist durchaus wahrscheinlich, daß in diversen Gelehrten-Nachlässen noch weitere Ortelius-Briefe vorhanden sind. Eine systematische Sichtung steht hier noch aus.
60. PURAYE, *Album Amicorum*. Das Manuskript befindet sich heute im Pembroke College, Cambridge, wohin es auf unbekanntem Wege wohl ebenfalls aus dem Nachlaß von Cole gelangt ist.
Die Einträge im *Album Amicorum* sind nicht chronologisch angeordnet, zumindest einige erst nachträglich nach dem Tode des Eingetragenen von

dritter Hand vorgenommen. Andere Einträge wiederum suggerieren Reisen, die Ortelius nachweislich nie gemacht hat. Vermutlich hat er das *Album* verschickt oder Freunden auf deren Reisen mitgegeben.

61. Die *Abrahami Ortelii Antverpiensis Philippi II Hisp. Regis Cosmographi Vita, Francisco Sweertio Antverp. Auctore* erschien seit der lateinischen Ausgabe 1603 im Vorspann der *Theatrum*-Ausgaben. Über die Abfassung berichtete Sweerts in einem Brief an Cole vom 11. September 1602 (HESSELS, *Epistolae*, Nr. 326). Schon etwas früher hatte Sweerts einen Band mit den Elogen verschiedener Autoren auf Ortelius zusammengestellt: *Insignium huius aevi lacrymae in obitum Cl. V. Abrahami Ortelii* (Antwerpen: Joannes Keerbergen, 1601). Auch diese Elogen wurden später im Vorspann des *Theatrum* abgedruckt. – Zu Frans Sweerts siehe den Artikel von V. FRIS in der *Biographie Nationale de Belgique* 24, 1929, Sp. 362–369.
62. HULST, F. van: *Abraham Ortelius* (= Les Belges illustres Bd 3). Lüttich 1844.
63. TIELE, P.A.: Het kaartboek van Abraham Ortelius. In: *Bibliographische Adversaria* 3, s-Gravenhage 1876, S. 83–121.
64. GÉNARD, P.: La généalogie du géographe Abraham Ortelius. In: *Bulletin de la Société de Géographie d'Anvers* 5, 1880, S. 314–356; Neudruck in *Acta Cartographica 1*, Amsterdam 1967, S. 77–120.
65. WAUWERMANS, *École cartographique* (wie Anm. 36), hier bes. Bd II, S. 314–356. Darauf baut auf der von WAUWERMANS verfaßte Artikel über Abraham Ortelius in der *Biographie Nationale de Belgique* 16, 1901, Sp. 291–332.
66. DÉNUCÉ, *Kaartmakers*, hier bes. Bd II, S. 1–252. Die von DÉNUCÉ erstellte Bibliographie der *Theatrum*-Ausgaben stützt sich allerdings vollständig auf die Bestände des Museum Plantin-Moretus.
67. BRANDMAIR, E.: *Bibliographische Untersuchungen über Entstehung und Entwicklung des Ortelianischen Kartenwerkes*. München 1914, Neudruck Amsterdam 1964.
68. BAGROW, *Catalogus I–II*.
69. KOEMAN, C.: *The History of Abraham Ortelius and his Theatrum Orbis Terrarum* (Kommentarband zum Faksimile der Erstausgabe Antwerpen 1570). Lausanne 1964. – Aus der jüngeren Literatur seien weiterhin noch genannt HOFF, B. van't: Abraham Ortelius, oudheidkundige en geograaf. In: *Hermeneus* 34, 1962, S. 97–103; PERPILLOU, A.: Ortelius. Ptolemée du XVIe siècle. In: *Bulletin de la Société de Géographie d'Anvers* 66, 1953, S. 1–11.
70. KOEMAN, *Atlantes Neerlandici III*, S. 25–81.
71. SCHILDER, *Monumenta II*.
72. Über ihn VERDUYN, W.D.: *Emanuel van Meteren*. 's-Gravenhage 1926. Speziell auch HEYDEN, H.A.M. van der: Emanuel van Meteren's History as source for the cartography of the Netherlands. In: *Quaerendo* 16, 1986, S. 3–29.
73. Als Geburtstag von Ortelius gilt nach GÉNARD (wie Anm. 64) allgemein der 4. April 1527. In der Biographie Sweerts (siehe oben mit Anm. 61) ist der 2. April angegeben. Anläßlich seiner Aufnahme in die St.Lukas-Gilde (siehe nächste Anm.) nannte Ortelius selbst den 16. März 1527. Der Grund für diesen Unterschied dürfte in den verschiedenen Zählweisen vor und nach der Gregorianischen Kalenderreform liegen.
74. DÉNUCÉ, *Kaartmakers II*, S. 1; VOET, L.: Abraham Ortelius, „afsetter van carten". In: *Tijdschrift der Stad Antwerpen* 5, 1959, S. 46–52.
75. DÉNUCÉ, *Kaartmakers II*, S. 149 ff..
76. Anne Ortels arbeitete bis zu ihrem Tode als Kartenilluministin, siehe DÉNUCÉ, *Kaartmakers II*, S. 231–233.
77. HESSELS, *Epistolae*, Nr. 6.
78. DÉNUCÉ, *Kaartmakers II*, S. 67.
79. HESSELS, *Epistolae*, Nr. 330.
80. HESSELS, *Epistolae*, Nr. 31.
81. DÉNUCÉ, *Kaartmakers II*, S. 149 ff..
82. Ich schließe mich hier der überzeugenden Argumentation in dem grundlegenden, von der kartenhistorischen Forschung bisher kaum zur Kenntnis genommenen Aufsatz an von MÜLLER-HOFSTEDE, J.: Zur Interpretation von Pieter Brueghels Landschaft. Ästhetischer Landschaftsbegriff und stoische Weltbetrachtung. In O. von SIMSON und M. WINNER (Hrsg.): *Pieter Brueghel und seine Welt*. Berlin 1979, S. 73–142, hier bes. S. 127–128.
83. Eine Datierung auf kurz vor 1561 beruht auf einem Brief von Scipio Fabius an Ortelius vom 15. Juni 1561 aus Bologna (HESSELS, *Epistolae*, Nr. 11). Er antwortete auf einen heute verlorenen Brief von Ortelius, in dem dieser über seine glückliche Heimkehr berichtete. Ich möchte annehmen, daß sich dies auf die Frankreich-Reise bezog, zumal Fabius hier wie in einem weiteren Brief von 1565 (HESSELS, *Epistolae*, Nr. 15) Grüße an Brueghel ausrichten ließ.
Auch der zweite in der Literatur zu findende Vorschlag, eine Datierung auf 1575, ist nicht zwingend. Er stützt sich auf eine Passage in einem Brief (HESSELS, *Epistolae* Nr. 61) Arnold Wachtendoncks: *Expectabamus accuratiorem itinerarii vestri*. Bei dieser Reise, deren Bericht hier erwartet wird, dürfte es sich mit Sicherheit um die Moselreise des gleichen Jahres handeln. Neben der Zeitstellung spricht hierfür, daß Grüße an Vivien aufgetragen werden (siehe unten mit Anm. 111).
84. HESSELS, *Epistolae*, Nr. 8.
85. Darüber berichtet Sweerts. Am 27. Februar 1577 erhielt Ortelius Post aus Antwerpen mit Londoner Adresse (HESSELS, *Epistolae*, Nr. 68), im Herbst war er aber schon wieder zu Hause.
86. Hierzu am besten, aber sicherlich noch nicht erschöpfend BOUMANS, R.: The religious views of Abraham Ortelius. In: *Journal of the Warburg and Courtauld Institutes* 7, London 1954, S. 374–377.

87. HESSELS, *Epistolae*, S. XXIV und Nr. 201; RUELENS, C.: Christophe Plantin et le sectaire mystique Henrik Niclaes. In: *Le Bibliophile Belge* 3, 1868, S. 130–138.
88. GÉNARD (wie Anm. 64), S. 331–332; DÉNUCÉ, *Kaartmakers II*, S. 7–8.
89. HESSELS, *Epistolae*, Nr. 229. Ortelius signierte dieses recht brisante Schreiben – wie einige andere auch – mit dem Anagramm Bartolus Aramejus.
90. BOUMANS (wie Anm. 86), S. 377.
91. HESSELS, *Epistolae*, Nr. 11.
92. HESSELS, *Epistolae*, Nr. 13 und 18.
93. HESSELS, *Epistolae*, Nr. 28 und 31.
94. HESSELS, *Epistolae*, Nr. 46 ff.
95. GÉNARD (wie Anm. 64), S. 339–342.
96. Ein Kurzinventar gibt Sweerts, siehe auch DÉNUCÉ, *Kaartmakers II*, S. 5–6.
97. Dieses Datum ist gegeben bei Sweerts, ebenso in einem Brief von Galle an van Meteren (HESSELS, *Epistolae*, Nr. 323). Die falschen Daten 28. Januar und 4. Juli stammen aus den Arbeiten von WAUWERMANS (Anm. 65).
98. Zur Nachlaßgeschichte ausführlich HESSELS, *Epistolae*, S. LVI–LXI.
99. HESSELS, *Epistolae*, Nr. 7 und 8.
100. DÉNUCÉ, *Kaartmakers II*, S. 3–4.
101. Zu ihm nun am besten der Ausstellungskatalog *Hubert Goltzius en Brugge 1583–1983*. Brügge 1983. Die Korrespondenz ist belegt bis 1581, vgl. HESSELS, *Epistolae*, Nr. 28, 45 und 105. Goltzius trug sich mit 1574 in das *Album Amicorum* ein, vgl. PURAYE, *Album Amicorum*, S. 34. Vgl. weiter auch DÉNUCÉ, *Kaartmakers II*, S. 8–11.
102. Über ihn siehe den Artikel von L. ROERSCH in der *Biographie Nationale de Belgique* 11, 1891, Sp. 461–469. Auch er trug sich 1574 in das *Album Amicorum* ein, vgl. PURAYE, *Album Amicorum*, S. 28.
103. *Vivum fere imperatorum imagines a C.Iulio Caesar usque ad Carolum et Ferdinandum, ex antiquis numismatis vere ac fideliter adumbratae* (Antwerpen 1557). – *Julius Caesar sive historiae Imperatorum Caesarum Romanorum numismatibus restitutae* (Brügge 1563 ff.) – *Sicilia et Magna Graecia sive historiae urbium et populorum Graeciae, ex antiquis numismatibus restitutae* (Brügge 1576). – *Thesaurus rei antiquae huberrimus, ex antiquis tam numismatum quam marmorum inscriptionibus* (Antwerpen 1579).
Die beiden Brügger Drucke wurden hergestellt auf einer Presse, die Marc Laurin zum Druck wissenschaftlicher Werke finanziert hatte, vgl. FONTAINE VERWEY, H. de la: The first private press in the Low Countries. Marcus Laurinus and the Officina Goltziana. In: *Quaerendo* 2, 1972, S. 294–310.
104. Neuausgabe 1602 und 1603 durch Vrients, vgl. DÉNUCÉ, *Kaartmakers II*, S. 12–13.
105. Über ihn MEURER, *Atlantes Colonienses*, S. 29 und DÉNUCÉ, *Kaartmakers II*, S. 254–264 mit Rechnungsbelegen bis 1602. Trug sich 1574 in das *Album Amicorum* ein, vgl. PURAYE, *Album Amicorum*, S. 50–51.
106. HESSELS, *Epistolae*, Nr. 259 und 295.
107. *Antiqua regionum, insularum, urbium, oppidorum, montium, promontorium, sylvarum, pontium, marium, sinuum, lacuum, paludium, fluviorum et fontium nomina, recentibus eorundem nomina explicata; auctoribus, quibus sic vocantur, adiectis.* Siehe DÉNUCÉ, *Kaartmakers II*, S. 255–256, dort auch über das gleichzeitige Konkurrenzunternehmen *Dictionarium propriorum nominum* (Antwerpen 1570) von Jan Bellerus.
108. Bibliographie bei KOEMAN, *Atlantes Neerlandici III*, S. 68.
109. Zur Entwicklung dieses Werkes siehe HESSELS, *Epistolae*, Nr. 93, 131, 148, 149, 156. Das Originalmanuskript ist erhalten im Museum Plantin-Moretus, siehe DÉNUCÉ, J.: *Catalogue des manuscrits du Musée Plantin Moretus*. Antwerpen 1927, Nr. 24.
110. DÉNUCÉ, *Kaartmakers II*, S. 74–76.
111. Über ihn siehe den Artikel von L. ROERSCH in der *Biographie Nationale de Belgique* 26, 1938, Sp. 801–802, zu seinem undatierten Eintrag in das *Album Amicorum* siehe PURAYE, *Album Amicorum*, S. 77. Ab der Ausgabe 1574 enthält das *Theatrum* im Vorspann zwei Elogen von Vivien.
112. Genaue Lebensdaten unbekannt, zum undatierten Eintrag in das *Album Amicorum* siehe PURAYE, *Album Amicorum*, S. 77.
113. Übersetzung der Beschreibung des Trierer Landes bei MAYER A.: Itinerarium per nonnullas Galliae Belgicae partes. Eine Reise durch einige Gebiete Galliens und Belgiens. In: *Jahreschronik des Max-Planck-Gymnasiums Trier* 1955, S. 17–24 und 1956, S. 13–18.
114. Frans Ravelingen (Franciscus Raphelingius, 1539–1597) war ein Schwiegersohn Plantins.
115. HESSELS, *Epistolae*, Nr. 13.
116. SHIRLEY, *World Maps*, Nr. 114; SCHILDER, *Monumenta II*, S. 33–58 mit Vollfaksimile.
117. Siehe oben mit Anm. 46.
118. Siehe oben mit Anm. 102.
119. SCHILDER, *Monumenta II*, S. 59–84 mit Vollfaksimile.
120. Siehe oben mit Anm. 101.
121. Statt weiterer Spezialliteratur sei verwiesen auf den Artikel „Japan" von K. UNNO in *Lexikon zur Geschichte der Kartographie*, hier S. 359.
122. SCHILDER, *Monumenta II*, S. 85–110 mit Vollfaksimile, siehe weiterhin im Katalogteil die Literatur zu → Clusius.
123. Forschungen zu Leben und Werk des Bologneser Humanisten Scipio Fabio stehen noch aus (hier sei für eine Auskunft gedankt dem Archivo di Stato, Bologna). Er hat 1561 und 1565 mit Ortelius korrespondiert, vgl. HESSELS, *Epistolae*, Nr. 11 und 15.

124. SCHILDER, *Monumenta II*, S. 8–9 mit Abb. 8.
125. Zur Datierung siehe DÉNUCÉ, *Kaartmakers II*, S. 17–20. HESSELS, *Epistolae*, Nr. 122 führt unter 1583 einen undatierten Brief von Marc Laurin an Ortelius an, in dem ebenfalls von einer Neubearbeitung einer Karte des alten Ägyptens die Rede ist. Es ist denkbar, daß dieses Schreiben bereits auf 1563 zu datieren ist.
126. DÉNUCÉ, *Kaartmakers II*, S. 17.
127. An diesem Blatt hat Ortelius seit 1566 gearbeitet (HESSELS, *Epistolae*, Nr. 116). Als erschienen wird es erstmals im März 1568 genannt, vgl. HESSELS, *Epistolae*, Nr. 24 und DÉNUCÉ, *Kaartmakers II*, S. 161.
128. SCHILDER, *Monumenta II*, S. 10 mit Abb. 9.
129. Auch biographisch ist Francesco Usodimare, Mitglied einer Genoveser Patrizierfamilie, kaum faßbar. Hier sei Herrn Prof. Aldo Agosto (Archivo di Stato, Genua) für seine Auskunft gedankt.
130. KOEMAN, *Atlantes Neerlandici III*, S. 69–70.
131. VUYLSTEKE, B.: Het Theatrum Orbis Terrarum van Abraham Ortelius (1595): een onderzoek van de decoratie en haar bronnen. In H. van der HAEGEN et al. (Hrsg.): *Oude kaarten en plattegronden. Bronnen voor de historische geografie van de Zuidelijke Nederlanden*. Brüssel 1986, S. 363–380.
132. HESSELS, *Epistolae*, Nr. 77; DÉNUCÉ, *Kaartmakers II*, S. 69–70; bei Barvicius dürfte es sich um Jean Antoine Baartwijk handeln (Daten unbekannt), der später als kaiserlicher Kanzleisekretär tätig war und sich 1575 in das *Album Amicorum* eintrug (PURAYE, *Album Amicorum*, S. 73–74).
133. HESSELS, *Epistolae*, Nr. 126.
134. HESSELS, *Epistolae*, Nr. 306.
135. DÉNUCÉ, *Kaartmakers II*, S. 84–85 und 241–242.
136. Über diese erst kürzlich wiederentdeckte Karte siehe ausführlich mit Abb. KRUYFHOOFT, C.: A recent discovery: Utopia by Abraham Ortelius. In: *The Map Collector* 16, 1981, S. 10–14.
137. PURAYE, *Album Amicorum*, S. 47–48.
138. HESSELS, *Epistolae*, Nr. 274.
139. HESSELS, *Epistolae*, Nr. 294.
140. Zur Geschichte des *Theatrum* siehe die allgemeine Literatur wie DÉNUCÉ, *Kaartmakers II*, S. 28 ff.; KOEMAN, *Atlantes Neerlandici III*, S. 25 ff.; KOEMAN, *Ortelius* (wie Anm. 69), S. 16 ff.; WAUWERMANS, *Ecole cartographique II* (wie Anm. 36), S. 138 ff. – Siehe weiterhin auch die Einführung von R.A. SKELTON zur Faksimileausgabe *Abraham Ortelius, Theatrum Orbis Terrarum, Antwerp 1570*. Amsterdam 1964.
141. VUYLSTEKE (wie Anm. 131), S. 364–367 und ausführlich WATERSCHOOT, W.: The title-page of Ortelius' Theatrum Orbis Terrarum. In: *Quaerendo* 9, 1979, S. 43–68.
142. Die Abbildung wurde publiziert erst im Band V der *Civitates Orbis Terrarum* (Köln 1598) von Braun und Hogenberg (siehe unten mit Anm. 154). Die Zeichnung stammt wohl von Hoefnagel, dessen Name sich für 1561 auf dem „Pierre levée" findet.
143. DÉNUCÉ, *Kaartmakers II*, S. 221 ff.; SCHILDER, *Monumenta II*, S. 111 ff.
144. Über ihn Ch. RAHLENBEEK in der *Biographie Nationale de Belgique* 9, 1887, Sp. 449–450.
145. Über ihn F. van ORTROY in der *Biographie Nationale de Belgique* 18, 1905, Sp. 541–545. Radermacher trug sich 1578 in das *Album Amicorum* ein (PURAYE, *Album Amicorum*, S. 71). Mit Ortelius korrespondiert Radermacher spätestens seit 1568 (HESSELS, *Epistolae*, Nr. 24).
146. Die Biographie wurde gedruckt im Vorspann von Mercators *Atlas* (Duisburg 1595). Sie liegt vor im Originaltext mit deutscher Übersetzung als: Die Vita Mercatoris des Walter Ghim. Wiedergegeben und übersetzt von H.H. GESKE. In: *Duisburger Forschungen* 6, 1962, S. 242–276.
147. HESSELS, *Epistolae*, Nr. 330, 331, 334.
148. Der Band befand sich im Besitz der Erben Hooftmans noch 1603, als er von Radermacher eingesehen wurde. Er ist leider nicht erhalten.
149. Siehe oben Anm. 32.
150. Dies ist ein Mysteriosum. Eine solche frühe Spezialkarte der „Tartarei", also von Nordasien, ist cartobibliographisch nicht nachweisbar.
151. Vgl. die unter Anm. 46 genannte Literatur sowie die Einführung von R.A. SKELTON zur Faksimile-Ausgabe *G. de Jode, Speculum Orbis Terrarum, Antwerpen 1578*. Amsterdam 1965.
152. SCHILDER, *Monumenta I*, S. 5.
153. MEURER, P.H.: Der Nürnberger Verlag Caymox und die Kartographie (in Vorbereitung).
154. Zum Werk KOEMAN, *Atlantes Neerlandici II*, S. 13–25, weiterhin auch die Einleitung von R.A. SKELTON zur Faksimileausgabe *Georg Braun & Frans Hogenberg, Civitates Orbis Terrarum, Cologne 1572–1617*. Amsterdam 1965.
155. MEURER, *Atlantes Colonienses*, S. 84–90. Braun trug sich 1575 in das *Album Amicorum* ein (PURAYE, *Album Amicorum*, S. 76–77). Zu Sudermann siehe WRIEDT, K.: Heinrich Sudermann. In: *Rheinische Lebensbilder* 110, Köln–Bonn 1985, S. 31–45.
156. HESSELS, *Epistolae*, Nr. 263.
157. DÉNUCÉ, *Kaartmakers II*, S. 53.
158. Über ihn ROUZET, *Dictionnaire*, S. 45–46.
159. Zur Verkaufsstatistik DÉNUCÉ, *Kaartmakers II*, S. 55–56.
160. HESSELS, *Epistolae*, Nr. 30.
161. HESSELS, *Epistolae*, Nr. 32.
162. HESSELS, *Epistolae*, Nr. 36.
163. KOEMAN, *Ortelius* (wie Anm. 69), S. 37.
164. Über Heyns siehe den Artikel von F. LOISE in der *Biographie Nationale de Belgique* 9, 1887, Sp. 359–360, er trug sich ohne Datum in das *Album Amicorum* ein (PURAYE, *Album Amicorum*, S. 14–15). Pieter Heyns war der Vorbesitzer des von Ortelius erworbenen Hauses „De Lauwer-

boom". Siehe hierzu auch SABBE, M.: *Pieter Heyns en de Nimfen uit de Lauwerboom*. Antwerpen – Den Haag s.d. (um 1940).

165. Ebenfalls 1572 publizierte der Nürnberger Drukker Johann Koler (tätig 1563–1578; vgl. BENZING, *Buchdrucker*, S. 361) eine seltsame deutsche Parallel-Ausgabe: titellose Bände auf der Basis der lateinischen *Theatrum*-Ausgabe 1570. Koler hat Abzüge der Karten ohne Text aus Antwerpen bezogen, einen eigenen deutschen Text druckte er auf separate Blätter, die später auf die Rückseiten der Karten geklebt wurden.
Diese Koler-Ausgaben sind extrem selten. Ich kenne folgende Exemplare: Deutsche Staatsbibliothek, Berlin (vgl. BAGROW, L.: The First German Ortelius. In: *Imago Mundi* 2, 1937, S. 74); Zentralbibliothek der Deutschen Klassik, Weimar (in überragendem Kolorit, vgl. KRATZSCH, K.: Eine wiederentdeckte Ortelius-Übersetzung von 1572. In: *Marginalien* 62, 1976, S. 43–50); Universitätsbibliothek, München; Österreichische Nationalbibliothek, Wien; ein Fragment ist in der Herzog August Bibliothek, Wolfenbüttel.

166. Für die Übersetzung erhielt der spanische Mönch Balthasar Vincentius 1587 von Plantin 100 Gulden, siehe VOET, *Golden Compasses* (wie Anm. 47) Bd 2, S. 289.

167. Die Gebrüder Arsenius (Lebensdaten unbekannt), Neffen von → Gemma Frisius, haben wahrscheinlich schon früher Karten für das *Theatrum* gestochen; siehe die zahlreichen Nennungen bei DÉNUCÉ, *Kaartmakers I–II*. Als weiterer Stecher, vor allem am *Parergon*, war beteiligt Jan Wiericx, vgl. DÉNUCÉ, *Kaartmakers I*, S. 78 ff.
Der Versuch, die nahezu sämtlich unsignierten *Theatrum*-Karten konkret einem Stecher zuzuschreiben, muß einer stilkritischen Untersuchung der Kunstgeschichte vorbehalten bleiben.

168. Siehe oben mit Anm. 56.

169. Über ihn zusammenfassend ROUZET, *Dictionnaire*, S. 241; zu seinen Karteneditionen SCHILDER, *Monumenta II*, S. 122 ff.

170. Hierzu ausführlich die Einleitung von R.A. SKELTON zur Faksimile-Ausgabe *Abraham Ortelius, The Theatre of the Whole World, London 1606*. Amsterdam 1968.

171. DÉNUCÉ, *Kaartmakers II*, S. 244–250.

172. Bereits hier sei auf künftige Forschungen von Herrn Franz Gittenberger (Breskens/Niederlande) verwiesen, dem für seine Erklärungen zu diesem speziellen Problem herzlich gedankt sei.

173. SCHILDER, *Monumenta II*, S. 155 ff.

174. So gab der Drucker Manassez de Préaulx (tätig 1595–1628) in Rouen 1627 die Frankreich-Karte (Nr. 9) mit eigener Adresse als Einblattdruck neu heraus, vgl. MEURER, P.H.: Ortelius' map of France – an unrecorded 1627 reissue. In: *The Map Collector* 48, 1989, S. 11–12.

175. DÉNUCÉ, *Kaartmakers II*, S. 251.

176. Im übrigen sei hier nur angemerkt, daß Abzüge von ersten Platten, die um 1578 durch neue ersetzt wurden, oftmals auch in späteren *Theatrum*-Ausgaben von Plantin noch vorhanden sind.

177. DÉNUCÉ, *Kaartmakers II*, S. 252.

178. KOEMAN, *Atlantes Neerlandici I*, S. 73 ff.

179. DÉNUCÉ, *Kaartmakers II*, S. 221–260; KOEMAN, *Atlantes Neerlandici III*, S. 71–73.

180. Zurückgehend auf WAUWERMANS, *Ecole cartographique* (wie Anm. 36), Bd II, S. 230 ff.

181. HESSELS, *Epistolae*, Nr. 68. Der Brief enthält allerdings keinerlei Andeutungen zum *Epitome*.

182. Über ihn ausführlich PRIMS, F.: Michiel Coignet. In: *Antwerpiensia* 19, 1948, S. 103–114, dazu die zahlreichen Nennungen bei DÉNUCÉ, *Kaartmakers I–II*. Coignet schrieb eine *Introduttione mathematica* für die italienische *Theatrum*-Ausgabe 1608.

183. Der Wiener Arzt und Humanist Johannes Crato (= Krafft, 1519–1585) war ein langjähriger Freund und Vertrauter von Ortelius, ihre Korrespondenz ist belegt von 1570–1583. Crato half Ortelius 1574 – wenn auch vergebens – bei der Abwehr des Privilegantrags von Gerard de Jode, im gleichen Jahr trug er sich in das *Album Amicorum* ein (PURAYE, *Album Amicorum*, S. 18). Über Crato in der Übersicht siehe den Artikel von G. EIS in *Neue Deutsche Biographie* 3, 1957, S. 402–403.

184. HESSELS, *Epistolae*, Nr. 30.

185. HESSELS, *Epistolae*, Nr. 32.

186. HESSELS, *Epistolae*, Nr. 39.

187. Über ihn ROSANO, L. de: *Pierre Pithou*. Paris 1925. Pithou war ein Korrespondenzpartner von Plantin, mit Ortelius hatte er anscheinend keinen direkten Kontakt.

188. HESSELS, *Epistolae*, Nr. 279. Über Adam de la Planche ist ansonsten wenig bekannt, 1590 trug er sich in das *Album Amicorum* ein (PURAYE, *Album Amicorum*, S. 85).

189. HESSELS, *Epistolae*, Nr. 284. Biographisch ist Paulus de Monelia anderwärtig nicht nachweisbar.

190. Über den als Künstler wenig bedeutenden Philipp van Winghe vgl. THIEME-BECKER 36, 1947, S. 47. Sein Eintrag findet sich im *Album Amicorum* ohne Datum (PURAYE, *Album Amicorum*, S. 44).

191. HESSELS, *Epistolae*, Nr. 170, 185 und 217.

192. HESSELS, *Epistolae*, Nr. 178 und 272.

193. HESSELS, *Epistolae*, Nr. 210.

194. HESSELS, *Epistolae*, Nr. 251.

195. VUYLSTEKE (wie Anm. 131), S. 367–371.

196. MÜLLER-HOFSTEDE (wie Anm. 82), S. 130 ff.

197. MÜLLER-HOFSTEDE (wie Anm. 82), S. 136–137.

198. Eine umfangreiche Arbeit über die Europa-Karten vor Ortelius von H.A.M. van der HEYDEN ist in Vorbereitung.

199. Siehe oben mit Anm. 102.

200. Vorangestellt Coronellis *Atlante Veneto* (Venedig 1691 ff.), vgl. die nicht ganz befriedigende Edition bei ARMAO, E.: *Il catalogo degli autori di Vincenzo Coronelli*. Florenz 1957.

201. CAMPBELL, *Earliest Printed Maps*, S. 152–159 mit aller älteren Literatur.
202. Siehe oben mit Anm. 16 und 18.
203. CAMPBELL, *Earliest Printed Maps*, S. 59–67; weiterhin GRENACHER (wie Anm. 20) und zur Bibliographie der Nachfolgekarten vor allem KRÜGER, H.: Des Nürnberger Meisters Erhard Etzlaub älteste Straßenkarte von Deutschland. In: *Jahrbuch für fränkische Landesforschung* 18, 1958, S. 1–286 und 379–407.
204. ALMAGIA, *Mon.Ital.Cart.*, S. 18 mit Tav. XX-1.
205. ALMAGIA, *Mon.Ital.Cart.*, S. 17 mit Tav. XIX-2.
206. SHIRLEY, *World Maps*, Nr. 37, dazu KOEMAN, *Kartografie van Nederland*, S. 263–264 mit weiterer Spezialliteratur.
207. KUCHAR, *Bohemia, Moravia and Silesia*, S. 11 ff. mit Tafel 1.
208. RUGE, *1. Reisebericht*, Nr. 48.
209. HESSELS, *Epistolae*, Nr. 241.
210. RUGE, *5. Reisebericht*, Nr. 56.
211. HESSELS, *Epistolae*, Nr. 170.
212. DÉNUCÉ, *Kaartmakers I*, S. 145.
213. ALMAGIA *Mon.Ital.Cart.*, S. 23 mit Tav. XXV-2.
214. ALMAGIA, *Mon.Ital.Cart.*, S. 37.
215. MEURER, *Atlantes Colonienses*, S. 105–115 sowie jetzt speziell HEYDEN, H.A.M. van der: *Leo Belgicus. An illustrated and annotated cartobibliography.* Alphen aan den Rijn 1990.
216. Zum revidierten Forschungsstand nun LANG, A.W.: *Kleine Kartengeschichte Frieslands zwischen Ems und Jade*, 2. Aufl. Norden 1985.
217. HESSELS, *Epistolae*, Nr. 53; PURAYE, *Album Amicorum*, S. 26–27 (zum Eintrag in 1574).
218. Zur Karte ausführlich BOLLAND, J.: *Die Hamburger Elbkarte aus dem Jahre 1568, gezeichnet von Melchior Lorichs* (= Veröffentlichungen aus dem Staatsarchiv der Freien und Hansestadt Hamburg 8). Hamburg 1974³.
219. SIGURDSSON, E.H.: *Kortsaga Islands öndverdu til 16.aldar.* Reykjavik 1971, S. 221 mit Abb. 217.
220. KÖSTER, K.: Die Beziehungen der Geographenfamilie Mercator zu Hessen. In: *Hessisches Jahrbuch für Landesgeschichte* 1, 1951, S. 171–192.

VERZEICHNIS DER ABGEKÜRZT ZITIERTEN LITERATUR

ALMAGIA, R.: *Monumenta Cartographica Vaticana.* Bd. I–IV. Rom–Città del Vaticano 1944–1955

ALMAGIA, R.: *Monumenta Italiae Cartographica.* Florenz 1929, Neudruck Bologna 1979

BAGROW, L.: *A. Ortelii Catalogus Cartographorum.* Teil I–II (= Ergänzungshefte 199 und 210 zu Petermanns Mitteilungen). Gotha 1928–1930, Wiederabdruck in *Acta Cartographica 27,* Amsterdam 1981, S. 65–356

BAGROW, L.: *A History of the Cartography of Russia up to 1600.* Ed. by H.W. CASTNER. Wolfe Island (Ontario) 1975

BENZING, J.: *Die Buchdrucker des 16. und 17. Jahrhunderts im deutschen Sprachgebiet.* 2. Aufl. Wiesbaden 1982

BUCZEK, K.: *The History of Polish Cartography from the 15th to the 18th century.* Amsterdam 1982

CAMPBELL, T.: *The Earliest Printed Maps 1472–1500.* London 1987

Cartographia Bavariae. Bayern im Bild der Karte. Hrsg. von H. WOLFF (= Bayerische Staatsbibliothek. Ausstellungskataloge 44). Weißenhorn 1988

CORTESAO, A. und A. TEIXEIRA DA MOTA: *Portugalliae Monumenta Cartographica.* Bd I–V. Lissabon 1960–1962

DÉNUCÉ, J.: *Oud-Nederlandsche kaartmakers in betrekking met Plantijn.* Teil I–II. Antwerpen – s'Gravenhage 1912–1913, Neudruck Amsterdam 1964

DESTOMBES, M.: *Contributions sélectionnées à l'Histoire de la Cartographie et des Instruments Scientifiques* (= H&S Studies in the History of Cartography and Scientific Instruments III). Utrecht 1987

HANTZSCH, V.: *Die ältesten Karten der sächsisch-thüringischen Länder (1550–1593)* (= Schriften der Königlich Sächsischen Kommission für Geschichte 11). Leipzig 1905

HESSELS, J.H. (Hrsg.): *Abrahami Ortelii et virorum eruditorum ad eundem et ad Jacobum Colium Ortelianum Epistolae (1524–1628).* Canterbury 1887, Neudruck Osnabrück 1969

HEYDEN, H.A.M. van der: *The Oldest Maps of the Netherlands. An illustrated and annotated carto-bibliography of the 16th century maps of the XVII Provinces* (= H&S Studies in the History of Cartography and Scientific Instruments II). Utrecht 1987

KOEMAN, C.: *Atlantes Neerlandici. Bibliography of terrestrial, maritime and celestial atlases and pilot books, published in the Netherlands up to 1800.* Bd I–V. Amsterdam 1967–1972

KOEMAN, C.: *Geschiedenis van de kartografie van Nederland.* Alphen aan den Rijn 1983

KUCHAR, K.: *Early Maps of Bohemia, Moravia and Silesia.* Prag 1961

Lexikon zur Geschichte der Kartographie von den Anfängen bis zum Ersten Weltkrieg. Bearb. von KRETSCHMER, I., DÖRFLINGER, J. und F. WAWRIK (= Die Kartographie und ihre Randgebiete. Enzyklopädie, Bd C/1–C/2). Wien 1986

MARINELLI, G.: *Saggio di cartografia della Regione Veneta* (= Monumenti Storici 6, ser. 4). Venedig 1881

MEURER, P.H.: *Atlantes Colonienses. Die Kölner Schule der Atlaskartographie 1570–1610* (= Fundamenta Cartographica Historica I). Bad Neustadt an der Saale 1988

NEBENZAHL, K.: *Maps of the Bible Lands. Images of Terra Sancta through Two Millenia.* London 1986

NORDENSKJÖLD, A.E.: *Facsimile-Atlas to the Early History of Cartography with Reproductions of the Most Important Maps Printed in the XV and XVI Centuries.* Stockholm 1889, Neudruck New York 1961

NOVACCO, G. (Hrsg.): *Cartografia Rara. Antiche carte geografiche, topografiche e storice dalla collezione Franco Novacco.* Pero 1986

PURAYE, J. (Hrsg.): *Album Amicorum Abraham Ortelius.* Amsterdam 1969

ROUZET, A.: *Dictionnaire des imprimeurs, libraires et éditeurs des XVe et XVIe siècles dans les limites géographiques de la Belgique actuelle.* Nieuwkoop 1975

RUGE, W.: *Älteres kartographisches Material in deutschen Bibliotheken, Reisebericht 1–5* (= Nachrichten der Königlichen Gesellschaft der Wissenschaften zu Göttingen, Phil.-hist.Kl. Jg. 1904, 1906, 1911, 1916). Göttingen 1904–1916, Wiederabdruck in *Acta Cartographica* 17, Amsterdam 1973, S. 105–472

SCHILDER, G.: *Monumenta Cartographica Neerlandica*. Bd. I–II. Alphen aan den Rijn 1986–1987

SHIRLEY, R.W.: *Early Printed Maps of the British Isles. A bibliography 1477–1650* (= Holland Press Cartographica 5). London 1980

SHIRLEY, R.W.: *The Mapping of the World. Early Printed World Maps 1472–1700* (= Holland Press Cartographica 9). London 1983

STYLIANOU, M. und J.: *The History of Cartography of Cyprus.* Nicosia 1980

SZATHMARY, T.: *Descriptio Hungariae. Magyarország és erdély nyomtatott térkepei 1477–1600.* S. l. (Cremona) 1987

THIEME, U. und F. BECKER: *Allgemeines Lexikon der bildenden Künstler von der Antike bis zur Gegenwart.* 37 Bde. Leipzig 1907–1956

TOOLEY, R.V.: Maps in Italian Atlases of the Sixteenth Century, being a comparative list of the Italian maps issued by Lafreri, Forlani, Duchetti, Bertelli and others, found in atlases. In: *Imago Mundi* 3, London 1939, S. 12–47

ZACHARAKIS, Ch.G.: *A Catalogue of Printed Maps of Greece 1477–1800.* Nicosia 1982

ZINNER, E.: *Geschichte und Bibliographie der astronomischen Literatur in Deutschland zur Zeit der Renaissance.* Leipzig 1941

ZINNER, E.: *Deutsche und niederländische astronomische Instrumente des 11.–18. Jahrhunderts.* 2. Aufl. München 1967

TABELLE I

Der *Catalogus Auctorum*

Faksimile der letzten Fassung von 1601 mit Hinzufügung der Kartographennamen in heutiger Schreibweise (in Konkordanz zu Tabelle II und dem Katalogteil)

CATALOGVS AVCTORVM
TABVLARVM GEOGRAPHICARVM
QVOTQVOT AD NOSTRAM COGNITIONEM HACTENVS
peruénere; quibus addidimus, vbi locorum, quando, & à quibus excusi sunt.

Adelbergus Sauracherus, *Heluetiam in lucem dedit*; *Basileæ* 1584.	= A. Sauracher
Ægidius Bulionius Belga, *Galliam Belgicam descripsit; quam edidit Antverpiæ Ioann. Liefrinck. Et Sabaudiam cum Burgundiæ Comitatu, euulgatam apud Hieronymum Cock, Antverpiæ.*	= G. Boileau de Bouillon
Ægidius Tschudus, *Rhetiam, Heluetiamque; Basileæ apud Isingrinum.*	= G. Tschudi
Andreas Pograbius Pilsnensis, *Sarmatiæ Europeæ partē, quæ subiacet Sigismundo Poloniæ Regi; Venetijs* 1569.	= A. Pograbka
Andreas Thevetus, *Galliam Parisiis,* 1578. *Ibidem, idem quoque vniuersum Orbem terrarum, sub lilij forma.*	= A. Thevet
Andreas Velleius, *Islandiæ insulæ tabulam nobis communicauit; in hoc Theatro.*	= A. Vedel
Antonius Campus, *Cremonensis agri Corographiam delineauit; in hoc Theatro.*	= A. Campi
Antonius Galateus, *descripsit multas tabulas Cosmographicas: vt tradit Leander Alb. & testem adducit oculatum Ranzanum.*	= A. de Ferraris
Antonius Ienkinsonus, *Russiam; Londini,* 1562.	= A. Jenkinson
Antonius Wied, *Moscouiam; Antverpiæ.*	= A. Wied
Augustinus Hiersvogel, *Regionum hactenus non visarum (vti titulus habet) Tabulam edidit. continet verò Histriam, Slauoniam, Carinthiam, Styriam, Goritziam, &c. vicinasque regiones; Nurenbergæ, apud Ioannem VVeygel.*	= A. Hirschvogel
Augustinus Iustinianus, *Nebiæ Episcopus, Corsicæ descriptionem in Tabulam redegit, vti ipsemet inquit in sua Historia Genuensi.*	= A. Giustiniani
Bartholomæus Scultetus, *Misniæ & Lusatiæ Corographiam; Gorlitzij anno* 1569.	= B. Scultetus
Benedictus Arias Montanus, *Terræ Canaam descriptiones duas: vnam quæ continet situm eius quem habuit tempore Abrahæ, ante aduentum filiorum Israel; alteram in vndecim tribus distinctam in suo Apparatu Biblico, Antverpiæ excuso, apud Plantinum.*	= B. Arias Montanus
Benedictus Bordonius, *Italiæ Tabulam; vti habet Leander in sua Italiæ descriptione. & Bernardinus Scardeonius in Historia sua Patauina.*	= B. Bordone
Bernardus Brognolus, *Veronense Territorium euulgauit; Venetiis* 1564.	= B. Brugnoli
Bernardus Siluanus Eboliensis, *Ptolemæi Geographiam recognouit, & nouas tabulas recentiorũ nauigationibus respondentes, neque à verbis aut mēte Ptolemæi discrepantes (vt ipse scribit) adiunxit; anno* 1511. *Venetiis.*	= B. Silvano
Bonauentura Brochardus, *Palæstinam; Parisiis, apud Poncetum le Preux.*	= B. Brochardus
Bonauentura Castilioneus, *Longobardiam. testis Ioannes Antonius Castilioneus, in libello qui De Insubrum antiquis sedibus inscribitur.*	= B. Castiglioni
Carolus Heydanus, *Germaniæ Typum; Antverpiæ apud Hieronymum Cock.*	= C. Heydanus
Carolus Clusius Atreb. *Hispaniam, antiquis ac recentibus locorum in ea nominibus inscriptam; quam nos edidimus anno* 1571.	= C. Clusius
Caspar Hennebergerus Erlichensis, *Prussiam descripsit, quam Georgius Ostergerus edidit Regiomonti,* 1576.	= C. Henneberger
Caspar Vopellius Medebach, *Descriptionem Orbis terrarum; item Europæ totius, ac Rheni tractum; omnia Coloniæ.*	= C. Vopelius
Caspar Bruschius Egranus, *Montis Piniferi (quem Fiechtelberg vulgò nuncupant) Tabulam; Vlmæ apud Sebastianum Francum.*	= K. Brusch
Christianus Adrichomius Delphensis, *Palæstinam, multis tabulis æneis formis excusam, edidit Coloniæ, per Arnoldum Mylium,* 1590.	= C. Adrichomius
Christianus Schrot Sonsbekensis, *Gelriam cum Cliuia, vicinásque regiones; Antverpiæ apud Bernardum Puteanum. Eandem tabulam idem recognouit, ediq́ue curauit per Hieronymum Cock, Antverpiæ. Descripsit quoque vniuersam Germaniam, quam idem Cock prælo excudit. Item Danubij tractũ. Item Tabulam quam inscripsit Peregrinationem filiorum Dei; Calcariæ, apud Vincentium Houdaen,* 1572. *VVestphaliam quoque; in hoc Theatro. Vidi quoque tabulam manu descriptam ducatus Lutzenburgensis, ab eodem auctore.*	= C. Sgrothen

Christophorus Pyramius, *Germaniæ Tabulam; Bruxellis Brabantiæ*, 1548. = C. Pyramius
Christophorus Saxtonus, *Angliæ regnum descripsit multis tabulis. singulas enim eius regiones singulis foliis expressit. Londini*, 1580. *Idem vniuersum hoc regnum vnica magna tabula; ibidem.* = C. Saxton
Christophorus Zellius, *Europæ Typum; Nurenbergæ.* = C. Zell
Collantonius Stigliola, *Regnum Neapolitanum in tabulam descripsit accuratissimè. cuius nobis spem dedit in epistola ad me Romæ scripta.* = N. A. Stigliola
Cornelius Ædgerus Frizius, *descripsit Archiepiscopatus Coloniensis diœcesim: excuditque Franciscus Hogenbergius, ibidem*, 1583. = C. Adgerus
Cornelius Antonij, *Regionum Orientalium Tabulam, vti titulus habet (continet autem Daniæ Regnum & circumiacentes regiones) excusam Amstelrodami. Idem descripsit Europam, editam Francofurti ad Mœnum.* = C. Anthoniszoon
Cornelius à Iudæis, *Galliam à Gerardo Mercatore regionatim singularibus tabulis in volumine descriptam, omnes iunctim vnica tabula, suo nomine edidit. Antverpiæ* 1592. = C. de Jode
Daniel Speckel, *Alsatiæ superioris & inferioris Iconem edidit Argentinæ*, 1576. = D. Specklin
Dauid Fabricius Esensis, *Frisiam Orientalem descripsit: quam Ioannes ab Oldersum edidit Emdæ.* 1589. = D. Fabricius
Dauid Zeltzlin, *Topographiam Sueuiæ Ligæ, siue Circuli; Vlmæ* 1562. *Idem Franconiæ circulũ descripsit*, 1577. = D. Seltzlin
Didacus Mendezius, *Peruuiam regionem, in hoc Theatro.* = D. Mendezius
Diegus Gutierus, *Americam; Antverpiæ, apud Hieronymum Cock.* = D. Gutiérrez
Doco ab Hemminga Frisius, *(de quo hæc Pet. Suffridus in Scriptoribus Frisiæ) Exarauit tabulam Geographicam totius Orbis, cumprimis magnam & elegantem, nec minus artificiosam.* = D. ab Hemminga
Dominicus Machaneus, *huius Verbani lacus Corographiam, à Leandro Alberto citatam legimus.* = D. Macaneo
Egnatius Danti, *Perusinum agrum; Romæ*, 1580. *Item Vrbis Veteris ditionem; ibidem*, 1583. = E. Danti
Elias Camerarius: *Huius Brandeburgensis marchionatus exstat in Gerardi Mercatoris opere.* = E. Camerarius
Elias Hofman, *territorium vrbis Francofortensis ad Mœnum delineauit, & edidit ibidem*, 1588. = E. Hofmann
Erhardus Reych Tyrolensis, *Palatinatus Bauariæ tractum; Nurenbergæ*, 1540. = E. Reich
Ferdinandus à Lannoy, *Burgundiæ Comitatus tabulam; quam in hoc nostro Theatro nunc demùm exhibemus.* = F. de Lannoy
Ferdinandus Aluares Zeccus, *Lusitaniam; Romæ, apud Michaelem Tramezzinum*, 1560. = F. A. Secco
Florianus. *Tabulam Sarmatiæ, Regni Poloniæ, & Hungariæ, vtriusque Valachiæ, necnon Turciæ, Tartariæ, Moscouiæ, & Lithuaniæ partem comprehendentem; Cracouiæ*, 1528. = F. Ungler
Franciscus Hogenbergus, *Galliæ Belgicæ tabulam delineauit; & excudit Coloniæ Agrippinæ.* = F. Hogenberg
Franciscus Monachi Mechliniens. *Regiones Septentrionales; Antverpiæ, apud Syluestrum à Parisiis.* = F. Monachus
Gabriël Simeoneus, *Alimaniæ tabulam; in libello inscripto, Dialogus Pius & Speculatiuus; Lugduni apud Guilielmum Rouilium*, 1560. = G. Symeoni
Gellius Parentius, *Spoletinum agrum descripsit. editum Romæ* 1597. = G. Parenzi
Gemma Frisius, *Vniuersi orbis tabulam; Antverpiæ.* = R. Gemma Frisius
Georgius Acacius Enenckel, *L. Baro Hoheneckius, Vniuersæ Græciæ adiacentiumque regionum tabulam descripsit, ediditque vnà cum suo Thucydide.* = G. A. Enenckel
Georgius Tanesterus Collimitius, *Hungariæ tabulam Lazari (quam Cuspinianus edidit) recognouit.* 1528. *Ingolstadij, ex Academia Apiana.* = G. Tannstetter
Georgius Gadnerus, *VVirtebergensem Ducatum; Antverpiæ*, 1575. *in hoc Theatro.* = G. Gadner
Georgius Hoefnaglius Antverpianus, *Gadis insulæ delineatiuncula nostrum Theatrum ornauit.* = G. Hoefnagel
Georgius Iodocus Berganus, *Benacum lacum depinxit, teste Leandro Alberto.* = G. J. Berganus
Gerardus Stampelius, Goudanus, *descripsit Kerpensis territorij in Vbijs effigiem; quam edidit Franc. Hogenbergius, Coloniæ*, 1587. = G. Stempel
Gerardus Mercator Rupelmundanus, *(nostri sæculi Ptolemæus) Palæstinæ, siue Terræ sanctæ: item Flandriæ, Louanij. Postea Europæ; deinde Orbis vniuersi ad vsum nauigantium accommodati tabulam, Duisburgi edidit. Excudit quoque Britannicarum Insularum tabulam, ab alio quopiam descriptam. Idem tabulas Ptolemaicas ad mentem Auctoris castigauit, & edidit Duisburgi, anno* 1578. *Plura Geographiæ studiosis non minùs vtilia quàm iucunda indies ab eodem euulgantur, atque exspectantur.* = G. Mercator
Godefridus Mascopius Embricensis, *Diœcesis Monasteriensis & Osnaburgensis typum; Embricæ edidit per Remigium Hogenbergum*, 1568. = G. Mascop
Gregorius Amaseus, *Fori Iulij tabulam descripsit; quam ab auctore se habuisse, inquit Leander in sua Italia.* = G. Amaseo
Guilielmus Postellus, *Galliæ typum; Parisiis*, 1572. *Ab eodem vniuersalem Orbis terrarum descriptionem habemus; ibidem excusam.* = G. Postel
Henricus Coquus Gorchomius, *Hispaniæ antiquæ tabulam descripsit & edidit Salmanticæ*, 1581. = H. Cock
Henricus Rantzouius, *Daniam descripsit, editam Coloniæ, à Franc. Hogenbergio.* = H. von Rantzau
Henricus Zellius, *Europam, Nurenbergæ. Item Prußiam, ibidem.* = H. Zell
Hermagoras Craft ab Obemburgo, *edidit tabulam Peregrinationis D. Pauli; Zagrabiæ*, 1527. *testis Bibliotheca Gesneri.* = H. K. von Obernberg
Hieronymus Bellarmatus, *Tusciam; Romæ.* = G. Bellarmati
Hieronymus Bordonius, *Corsicam insulam perlustrauit atque in tabulam redegit, quam vides in hoc Theatro.* = G. Bordoni

Hieronymus Chiauez, *Americam descripsit, quæ nondum in lucem prodijt. Idem Conuentum Hispalensem, quem iam hoc Theatro in lucem damus.*	= G. de Chaves
Hugonis Cusini, *tabulam comitatus Burgundiæ ex manuscripto edi curaui.*	= H. Cousin
Humfredus Lhuyd Denbygiensis, *Angliæ regni tabulam; item Cambriæ Corographiam; hoc nostro Theatro anno 1569. publicatas.*	= H. Lhuyd
Ioachimus Hopperus Frisius, *Frisiæ antiquæ situm delineauit. in hoc Theatro, ad tabulam Frisiæ Occidentalis.*	= J. Hopper
Iacobus Castaldus Pedemontanus, *Orbis vniuersalis typum, magna forma; eundem minori forma; item Asiæ, Africæ, Hispaniæ, Italiæ, Siciliæ, Corsicæ, Hungariæ, & Pedemontanæ tabulas; Venetijs, & Romæ.*	= J. Gastaldi
Iacobus à Dauentria, *Brabantiæ, Hollandiæ, Gelriæ, Frisiæ, Zelandiæ tabulas descripsit, & edidit, Mechliniæ.*	= J. van Deventer
Iacobus Homen Lusitanus, *Europam nauigatoriam descripsit: quæ edita fuit Venetijs 1569.*	= D. Homem
Iacobus Surhonius Montanus, *Hannoniam, Artesiam, & Lutzenburgum prouincias descripsit, easque nunc nostro Theatro publicamus.*	= Jacques de Surhon
Iacobus Zieglerus, *Palæstinæ, Scondiæ, Ægypti, & Arabiæ; libri forma, & in iis Commentaria; Argentorati, apud Petrum Opilionem, 1532.*	= J. Ziegler
Ioannes Andreas Valuassorius, *Italiam, Venetijs.*	= G. A. di Vavassore
Ioannes Antonius Maginus, *Bononiense territorium descripsit, & edidit.*	= G. A. Magini
Ioannes Auentinus, *Bauariæ tabulam; Landshuti, anno 1533.*	= J. Aventinus
Ioannes Baptista Guicciardinus, *Vniuersi terrarum Orbis imaginem, maxima forma; quam Aquila biceps, alis expansis comprehendit, Antverpiæ, 1549.*	= G. B. Guicciardini
Ioannes Bucius Ænicola, *Europam; sub forma puellæ, Parisijs, apud Christianum VVechelum.*	= J. Putsch
Ioannes Calameus, *Biturigum regionem; Lugduni apud Gryphium.*	= J. Chaumeau
Ioannes Grigingerus, *Bohemiæ, Misniæ, Turingiæ, & collateralium regionum tabulam; Pragæ, 1568.*	= J. Criginger
Ioannes Cuspinianus, *Hungariam; quam Petrus Apianus edidit, vti auctor est VVolfgangus Lazius in sua Hungariæ tabula.*	= J. Cuspinianus
Ioannes Dominicus Methoneus, *Europam; Venetijs, apud Matthæum Paganum.*	= Z. D. Zorzi
Ioannes Dryander, *Hassiam Cattorum regionem: eam modò hoc nostro Theatro edimus.*	= J. Dryander
Ioannes Fayanus medicus, *Lemouicorum regionem descripsit: editam Cæsaroduni Turonum, 1594.*	= J. Fayen
Ioannes Florianus Antverpianus, *Frisiæ Orientalis regionē delineauit: quā nos publici iuris olim fecimus, 1579.*	= J. Florianus
Ioannes Georgius Septala Mediol. *Ducatum Mediolanensem, & regiones vicinas, Antverpiæ apud Hieronymum Cock.*	= G. G. Settala
Ioannes Haselbergius à Reichnau, *edidit Tabulam quam Expeditionis Turcicæ titulo insigniuit. Regiones nempe Europæ à Constantinopoli versus Occidentem Viennam Austriæ vsque. Antverpiæ, apud Io. Liefrinck.*	= J. Haselberg
Ioannes à Horn, *Germaniæ inferioris tabulam; Antverpiæ.*	= J. van Hoirne
Ioannes Honterus, *Tabulas Geographicas edidit libelli forma; sub titulo Rudimentorum Cosmographicorum; Tiguri, Apud Christoph. Froschouerum.*	= J. Honter
Ioannes Ioliuetus, *Galliam; Parisiis, apud Oliuerium Truchetum, 1560.*	= J. Jolivet
Ioannes Mercator, *G. F. Comitatum Mursensem delineauit, & edidit Duysburgi. 1591.*	= J. Mercator
Ioannes Melenger Halens. *Turingiæ tabulam; VVimariæ.*	= J. Mellinger
Ioannes Pinadellus, *descripsit agrum Taruisinum, & loca adiacentia.*	= G. Pinandello
Ioannes Portantius, *Liuoniæ typum in hoc Theatro habet.*	= J. Portantius
Ioannes Regnardus Forestius, *descripsit Forestum, siue Secusianorum regionem. at pictoria potius quàm geographica manu.*	= J. Regnardus
Ioannes Scillius Antverpianus, *descripsit & edidit Treuirensem episcopatum. Idem Lotharingiam. Item Lutzenburgensis Ducatus partem, quam Terram communem vulgò appellant: sed hactenus non edita.*	= J. van Schille
Ioannes Stusius, *Heluetiæ tabulas, in historia Heluetica volumine Tiguri excuso, apud Christophor. Froschouerū.*	= J. Stumpf
Ioannes Sambucus Pannonius, *Transsyluaniam; Viennæ Austriæ, 1566. Item Hungariam, ibidem, 1570. Forum Iulij, & Illyricum, hoc nostro Theatro edita.*	= J. Sambucus
Ioannes Schalbeter, *Vallesiæ prouinciæ tabellulam descripsit.*	= J. Schalbetter
Ioannes Surhonius, *Veromanduorum regionem; Antverpiæ, apud Christophorum Plantinum, 1558. Item Picardiæ, atque Namurci; in hoc Theatro.*	= Jean de Surhon
Ioannes Teporarius, *Blesense territoriū, Galliæ: Cæsaroduni in Turonibus, apud Mauricium Boguerealdū, 1592.*	= J. du Temps
Iosias Murerus, *Tigurinum territorium, editum est anno 1566. testis mihi Iacobus Monauius.*	= J. Murer
Iubilius Maurus, *cosmographicam totius Sabinæ tabulam descripsit: vt habet And. Baccius lib. 5. de Vino.*	= G. Mauro
Iudocus Hondius, *Vniuersalem, & Europæ tabulam edidit: Amstelrodami in Batauia. 1595.*	= J. Hondius
Iulius Iasolinus, *Ænariam insulam descripsit, Romæ editam, 1586.*	= G. Iasolino
Iustus Moers, *VValdechensem Comitatum, Hassiæ prouinciæ partem, descripsit; Marpurgi, 1575.*	= J. Moers
Laurentius Frisius, *Chartam vniuersalem Marinam, (vt vocant) alicubi in Germania.*	= L. Fries
Laurentius Michaelis ab Hogenkirchen, *Frisiam Orientalem in tabulam deduxit. edita est Antverpiæ, 1579. Item Oldenburgensem Comitatum; quem prodit hoc Theatrum.*	= L. Michaelis
Lazarus Secretarius Cardinalis Strigoniensis, *Hungariæ typum primus descripsit; qui editus est Ingolstadij per Apianum, anno 1528.*	= Lazarus Secretarius

Leander Albertus, *Corſicā, Siciliam, Sardiniā, in libro cui titulus eſt, de Inſulis Italicis, Venetiis impreſſo,* 1568.	= L. Alberti
Leonardus Thurneiſſer, *Brandeburgenſem Marcham, quæ nondum prodijt.*	= L. Thurneisser
Læuinus Algoet, *Regionum Septemtrionalium typum; apud Girardum Iudæum, Antverpiæ.*	= L. Algoet
Licinius Guyetus Andeg. *Andegauenſium regionem publicauit; Pariſiis, anno* 1573.	= L. Guyet
Liuius Sanutus, *Africā aliquot tabulis deſcripſit, forma voluminis; Venetiis apud Damianum Zenarum,* 1588.	= L. Sanuto
Lucas Aurigarius, *Scripſit Speculum Nauigatorium, Oceani Occidentalis. Volumen eſt, continens multas tabulas littorales; Lugduni Batauorum, apud Chriſtophorum Plantinum,* 1584. *Poſtea quoque Orientalis; apud Cornelium Claeſſonium, Amſtelrodami. Idem Europæ tabulam, qualem Marinam nominant; in qua omnes huius oras maritimas accuratè depingit; ibidem per dictum Claeſſonium,* 1589. *evulgatam.*	= L. J. Waghenaer
Ludouicus Georgius, *Chinam regionem deſcripſit; quam hoc Theatro publici iuris fecimus.*	= L. J. de Barbuda
Ludouicus Teiſera Luſitanus, *Aſores inſulas: item Iaponiam inſulam: in hoc noſtro Theatro.*	= L. Teixeira
Marcus Ambroſius Niſſenſis, *Liuoniam, vicinasque regiones, Antverpiæ, ſed nondum edita.*	= M. Ambrosius
Marcus Iordanus, *Holſatus Mathematicus, Daniæ regni typum; Hafniæ, apud Ioannem Vinitorem.* 1552. *Idem Holſatiæ, Sleſwig, &c. Hamburgi, apud Ioachimum Leoninum,* 1559. *Et typum Corographicum Itinerum D. Pauli, Abrahami Patriarchæ, &c. Wittenbergæ, apud Ioannem Cratonem,* 1562. *Idem Iutiæ peninſulæ tabulam conſcripſit, cuius autographum apud me eſt.*	= M. Jorden
Marcus Secſnagel Salisburg. *Ditionem Salisburgenſem; Salisburgi.*	= M. Secznagel
Marcus Velſerus, *nobilis Auguſtanus, Vindeliciæ veteris delineationem nobis dedit, in Rerum Auguſtarum ſuis Commentariis.* 1594.	= M. Welser
Martinus de Brion, *Palæſtinam; Pariſiis, apud Hieronymum Gormontium.*	= M. de Brion
Martinus Carol. Cresfeldt, *Huius Iſalæ Rheni fluminis oſtij delineatiuncula proſtat.*	= M. C. Creffeldt
Martinus Helvvig Neiſſenſis, *Sileſiæ tabulam, quæ Niſſæ excuſa eſt,* 1561.	= M. Helwig
Martinus Ylacomylus Friburgenſis, *Europam. eam alicubi in Germania impreſſam habemus.*	= M. Waldseemüller
Martinus Waldſeemuller, *Vniverſalem nauigatoriam (quam Marinam vulgò appellant) in Germania editam. Puto hunc eundem eſſe cum Ylacomylo prædicto.*	= M. Waldseemüller
Mathæus Ogerius, *deſcripſit regionem & Comitatum de La Maine, Galliæ prouinciam, impreſſam in vrbe Cenomanorum ibidem,* 1539.	= M. Ogier
Matthias Cinthius, *Hungariam; Nurenbergæ,* 1567.	= M. Zündt
Matthias Strubitz, *Magnum ducatū Lithuaniæ & Liuoniæ deſcripſit. exſtat in Cromeri Chronico edito Coloniæ.*	= M. Strubicz
Natalis Bonifacius, *Aprutium Vlteriorem in publicum dedit; Romæ,* 1587.	= N. Bonifacio
Nicolaus à Cuſa, *Huius Chartam Germaniæ citat Althamerus.*	= N. Cusanus
Nicolaus Genus, *Huius tabula Regionum Septemtrionalium habetur in Geographia Ptolemæi, à Girolamo Ruſcelli in linguam Italicam verſa; excuſa Venetiis apud Vincentium Valgriſium.*	= N. Zeno
Nicolaus Germanus, *Huius Galliæ Chartam citat Robertus Cœnalis. Puto hunc eundē eſſe cum Nicolao à Cuſa.*	= Nicolaus Germanus
Nicolaus Nicolaius Delphinas, *Europam marinam; Antverpiæ, apud Ioannem Stelſium. Idem Caleti & Bononiæ tabulam, Pariſiis. Idem quoque Galliæ Tabulam promittit. non prodijt autem: morte præuentus.*	= N. de Nicolay
Nicolaus Reger, *edidit Ptolemæi tabulas gemino ſchemate, veteri ſcilicet ac recentiori, vt teſtatur Robertus Cœnalis in ſuo Galliæ opere.*	= N. Reger
Nicolaus Sophianus, *Græciæ tabulam; Romæ. Eadem poſtea evulgata fuit Baſileæ, per Oporinum.*	= N. Sophianus
Orontius Fineus Delphinas, *Galliæ deſcriptionem, & Orbis terrarum typum, ſub forma cordis humani. Idem Tabulam Regionum, quarum in ſacris Bibliis fit mentio. Omnia Pariſiis apud Hieronymum Gormontium.*	= O. Finé
Olaus Magnus Gothus, *Regionum Septemtrionalium Tabulam; Venetiis.*	= O. Magnus
Paulus Canius Genuenſis, *Neapolitani regni tabulam delineauit. editam Neapoli,* 1582.	= P. Cagno
Paulus Fabricius Medicus, *Morauiam; Viennæ Auſtriæ,* 1570. *Idem Auſtriam promittit.*	= P. Fabritius
Paulus Iouius, *Larij lacus tabulam, cum libello; Venetiis.*	= P. Giovio
Paulus Roverius, *Taruiſinum agrum.*	= P. Rover
Petrus Apianus, *Europam: Peregrinationem D. Pauli: & Typum vniverſalem. omnia Ingolſtadij.*	= Peter Apian
Petrus ab Aggere, *Orbis terrarum Typum, Aquila comprehenſum; Mechliniæ.*	= P. ab Aggere
Petrus Boekel, *Thietmarſorum Regiunculam; Antverpiæ apud Ioannem Liefrinck,* 1559.	= P. Boeckel
Petrus Coppus, *Iſtriam; Venetiis.*	= P. Coppo
Petrus Ioannes Bomparius, *Provinciam Galliæ regni ſic dictam, publici iuris fecit.*	= P. J. de Bompar
Petrus Laicſtain, *Iudæam perluſtrans eius loca deſcripſit, quam deſcriptionem Chriſtianus Schrot in Tabulam redegit. Exſtat Antverpiæ apud Hieronymum Cock,* 1570.	= P. Laicksteen
Petrus de Medina, *Hiſpaniæ Tabulam: Hiſpali, per Ioannem Gutierum,* 1560. *at valde rudem.*	= P. de Medina
Petrus Plancius, *Orbis terrarum geographicam & hydrographicam tabulam deſcripſit.* 1592. *Idem particularis Galliæ, Amſterodami.*	= P. Plancius
Petrus Rogierus, *Pictonum regionem, vicinorumque limitum, vt Rupellarum, Santonum, &c. Pariſiis apud Franciſcum Deſprez.*	= P. Rogier
Petrus Turellus, *tabulam Burgundiæ deſcripſit, vt lego in Bibliotheca Gallica.*	= P. Turrel
Philippus Appianus, *Bauariæ tabulam; Ingolſtadij,* 1568.	= Philipp Apian
Philippus Pigafetta Vicentinus, *deſcripſit Africam, editam Romæ. Item Congo regnum, ibidem,* 1590.	= F. Pigafetta
Proſper Pariſius Conſentinas, *Magnæ Græciæ, ſiue Calabriæ topographiam dedit; Romæ,* 1589. *Idem ibidem, Regni Neapolitani tabulam.*	= P. Parisio

Pyrrhus Ligorius Neapolitanus, *Regni Neapolitani; item Græciæ, & Fori Iulij tabulam, Romæ, per Michaëlem Tramezinum.*	= P. Ligorio
Renatus Andegauensis, *Rex Siciliæ & Neapolis, descripsit Andegauensem Comitatum, & Prouinciam: Galliæ regiones. Testis Franciscus Crucemanius in sua Bibliotheca Gallica.*	= R. d'Anjou
Rumoldus Mercator, *Ger. F. Germaniam descripsit magna tabula: & edidit, Duysburgi.* 1590.	= R. Mercator
Sebastianus Cabotus Venetus, *Vniuersalem tabulam, quam impressam æneis formis vidimus, sed sine nomine loci, & impressoris.*	= S. Cabot
Sebastianus Munsterus, *Basiliense territorium. item Germaniæ typum; Basileæ, quem Tilemannus Stella emendauit & locupletauit; Wittenbergæ, apud Petrum Zeitz,* 1567.	= S. Münster
Sebastianus à Rotenhan, *Franconiam Orientalem; Ingolstadij, anno* 1543.	= S. von Rotenhan
Sibrandus Leonis Leouardiensis, *Tabulā Frisiæ Occidentalis, quam in hoc nostro Theatro lubentes publicauimus.*	= S. Leo
Sigismundus ab Herberstein, *Moscouiæ tabulam, in eius Commentarijs Basileæ excusis, apud Ioannem Oporinum.*	= S. v. Herberstein
Sta. Por. *depinxit Ducatum Oswieczimensem & Zatoriensem; Venetijs,* 1563.	= S. Porebski
Stephanus Florentinus monachus Oriuieti, *tabulam dominij Florentini: & aliam Senensis descripsit: Romæ,* 1584.	= S. Buonsignori
Stephanus Ghebellinus, *Comitatū Venuxinum descripsit, Galliæ Narbonensis partem. in Gallia excusus est.*	= S. Ghebellini
Steph. Tabourotius, *Burgundiæ Ducatum, Galliæ regionem depinxit, sed nondum in lucem prodijt.*	= E. Tabourot
Steph. Keltenhofer, *Campaniæ Galliæ regiunculæ tabulam, suppresso tamen suo nomine: Antverpiæ.*	= S. Keltenhofer
Thomas Geminus, *Hispaniæ tabulam: Londini.*	= T. Geminus
Thomas Scepsius, *Ditionis & agri Bernatium delineationem valde accuratam in publicum dedit, anno* 1578. *Argentorati per Bernardinum Iobinum.*	= T. Schoepf
Tilemanus Stella Sigenensis, *Palæstinæ tabulas duas descripsit, quarum vnam inscripsit, Itinerarium Israëlitarum ex Ægypto; alteram, Chorographia regni Iudææ & Israëlis; Wittenbergæ. Item Comitatum Mansveldiensem; Coloniæ, apud Franciscum Hogenbergum. Lutzenburgi item ditionem accuratißimè descripsit, nondum autem edidit. Idem promittit absolutißimam totius Germaniæ descriptionem. diem autem suum obijt postremum, priusquam eam absoluisset. quid in ea huius filius præstiturus, ignoro.*	= T. Stella
Vincentius Corsulensis, *Hispaniam, Venetijs, apud Matthæum Paganum.*	= V. Paletino
Warmundus ab Ygel *à Volderturn descripsit & edidit tabulam comitatus Tirolensis.*	= W. Ygl
Wenceslaus Grodeccius, *Poloniæ tabulam; Basileæ, apud Oporinum.*	= W. Grodecki
Wilhelmus Bernardi nauclerus *Amsterodamensis, edidit ibidem tabulam trium nauigationum Batauorum versus partes Septentrionales.*	= W. Barentsz
Wolfgangus Lazius, *Hungariæ Corographiam; Viennæ. Item Austriæ; Nurenbergæ. Idem Comitatum Tyrolensem, Styriam, Istriam, & Carinthiam, singulis tabulis edidit. Item alteram Austriæ: sua manu in ære cælatam; Viennæ.*	= W. Lazius
Wolfgangus Regervvil, *Buchauiæ regionis, siue Fuldensis diœcesis Chorographiam delineauit & edidit; Fuldæ, anno* 1574.	= W. Regerwyl
Wolfgangus Wissenburgius Basiliens. *Palæstinam; Argentinæ, apud Rihelium.*	= W. Wissenburg
Ysaacus Francus, *Turonum Galliæ regionis tabulam descripsit. quæ edita Cæsaroduni.* 1592.	= Y. François

TABELLE II

Index Cartographorum

Die folgende Liste umfaßt alle Kartographen, deren Werke für den Kartenteil des *Theatrum* verwendet wurden oder die nur im *Catalogus Auctorum* genannt sind. Falls der Urheber einer nachweislich verwendeten Karte namentlich nicht bekannt ist, wurde ein Notname gebildet aus „Anonymus" und einer Regionalbezeichnung. Diese Anonymi stehen – wie auch im Katalogteil – zusammengefaßt am Anfang. In den Spalten bedeuten

- I Name, wie er in der Literatur und im üblichen Sprachgebrauch verbreitet ist (in Konkordanz mit Tabellen I und III und dem Katalogteil). Zu Varianten etc. siehe ebenfalls im jeweiligen Kapitel des Katalogteils
- II Schreibweise des Namens im *Catalogus Auctorum* (in Konkordanz zu Tabelle I)
- III Regionale Kurzbezeichnung zum kartographischen Werk
- IV Datum der *Theatrum*-Ausgabe mit der erstmaligen Nennung im *Catalogus Auctorum*
- V Angabe zur Verwendung im *Theatrum* (in Konkordanz zu Tabelle III)

I	II	III	IV	V
Anonymus Ägypten	–	Ägypten	–	Vorlage für Nr. 52b
Anonymus Barbaria	–	Nordafrika	–	Vorlage für Nr. 53
Anonymus Britische Inseln	–	Britische Inseln	–	Vorlage für Nr. 148
Anonymus Burgundia Inferior	–	Nieder-Burgund	–	Vorlage für Nr. 96 und Nr. 142a
Anonymus Carpetania	–	Zentrum von Spanien	–	Vorlage für Nr. 99a
Anonymus Catalonia	–	Katalonien	–	Vorlage für Nr. 144
Anonymus Crema	–	Raum Crema	–	Vorlage für Inset in Nr. 90
Anonymus Culiacan	–	Nordwest-Mexiko	–	Vorlage für Nr. 73a
Anonymus Djerba	–	Insel Djerba	–	Vorlage für Nr. 38d
Anonymus Elba	–	Insel Elba	–	Vorlage für Nr. 38e
Anonymus Germania Inferior I	–	Niederlande	–	Vorlage für Nr. 14
Anonymus Germania Inferior II	–	Niederlande	–	Vorlage für Nr. 153
Anonymus Guastecan	–	Nordost-Mexiko	–	Vorlage für Nr. 103c
Anonymus Guipuzcoa	–	Guipuzcoa	–	Vorlage für Nr. 99b
Anonymus Henneberg	–	Henneberg	–	Vorlage für Nr. 129a
Anonymus Hispania Nova	–	Mittelamerika	–	Vorlage für Nr. 72
Anonymus Karthago	–	Raum Tunis	–	Vorlage für Nr. 52c
Anonymus Korfu	–	Insel Korfu	–	Vorlage für Nr. 38c
Anonymus Kreta	–	Kreta	–	Vorlage für Nr. 98a und 7P
Anonymus Kuba-Haiti	–	Karibische Inseln	–	Mit-Vorlage für Nr. 73b
Anonymus Malta	–	Malta	–	Vorlage für Nr. 38f
Anonymus Marca Anconitana	–	Ital. Marken	–	Vorlage für Nr. 65c
Anonymus Mechelen	–	Raum Mechelen	–	Vorlage für Inset zu Nr. 126
Anonymus Sardinien	–	Sardinien	–	Mit-Vorlage für Nr. 38a
Anonymus Valencia	–	Valencia	–	Vorlage für Nr. 107
Anonymus Württemberg	–	Württemberg	–	Vorlage für Nr. 30b
Anonymus Zara	–	Raum Zadar-Sibenik	–	Vorlage für Nr. 67c
Anonymus Zypern	–	Zypern	–	Vorlage für Nr. 66 und 8P b

I	II	III	IV	V
ADGERUS, Cornelius	Cornelius Adgerus Frisius	Kurköln	1584	nicht verwendet
ADRICHOMIUS, Christianus	Christianus Adrichomius Delphensis	Serie von Palästina-Karten	1592	nicht verwendet
AGGERE, Petrus ab	Petrus ab Aggere	Weltkarte in Adlerform	1570A	nicht verwendet
ALBERTI, Leandro	Leander Albertus	Korsika	1573	Vorlage für Nr. 65b
		Sardinien	1573	nicht verwendet
		Sizilien	1573	nicht verwendet
ALEOTTI, Giovanni Battista	–	Ferrara	–	Vorlage für Nr. 157
ALGOET, Lievin	Levinus Algoet	Nordeuropa	1570A	nicht verwendet
AMASEO, Gregorio	Gregorius Amaseus	Friaul	1570A	nicht verwendet
AMBROSIUS, Marcus	Marcus Ambrosius Nissensis	Livland	1570A	nicht verwendet
ANTHONISZOON, Cornelis	Cornelius Antonii	Ostseeraum	1570A	Mit Vorlage für Nr. 21 und Nr. 101a
APIAN, Peter	Petrus Apianus	Weltkarte	1570A	nicht verwendet
		Europa	1570A	nicht verwendet
		Paulus-Reisen	1570A	nicht verwendet
APIAN, Philipp	Philippus Apianus	Bayern	1570A	Vorlage für Nr. 70
D'ARGENTRÉ, Bertrand	–	Bretagne	–	Mit-Vorlage für Nr. 127b
ARIAS MONTANUS, Benito	Benedictus Arias Montanus	2 Kanaan-Karten	1573	nicht verwendet
ARTOPAEUS, Petrus	–	Pommern	–	Vorlage für Nr. 68a
AVENTINUS, Johannes	Ioannes Aventinus	Bayern	1570A	Vorlage für Nr. 29
BARBUDA, Luiz Jorge de	Ludovicus Georgius	China	1579B	Vorlage für Nr. 97
BARENTSZ, Willem	Wilhelm Bernardi Nauclerus	Nordpolargebiet	1601	nicht verwendet
BELLARMATI, Girolamo	Hieronymus Bellarmatus	Toskana	1570A	Vorlage für Nr. 36, Mit-Vorlage für Nr. 11P
BELON, Pierre	–	Beschreibung der Levante	–	Textquelle für Inset zu Nr. 66
BERGANUS, Georgius Jodocus	Georgius Iodocus Berganus	Garda-See	1592	nicht verwendet
BOAZIO, Giovanni Battista	–	Irland	–	Vorlage für Nr. 149
BOECKEL, Peter	Petrus Boeckel	Dithmarschen	1570A	Vorlage für Nr. 22a
BOILEAU DE BOUILLON, Gilles	Aegidius Bulionius Belgae	Belgien	1570A	nicht verwendet
		Burgund und Savoyen	1570A	Vorlage für Nr. 12b und Nr. 108b
BOMPAR, Pierre-Jean de	Petrus Ioannes Bomparius	Provence	1595	Vorlage für Nr. 128
BONIFACIO, Giovanni	–	Raum Rovigo	–	Vorlage zum Inset in Nr. 158
BONIFACIO, Natale	Natalis Bonifacius	Abruzzen	1592	Vorlage für Nr. 117
BORDONE, Benedetto	Benedictus Bordonius	Italien	1570A	nicht verwendet
BORDONI, Girolamo	Hieronymus Bordonius	Korsika	1601	nicht verwendet
BRION, Martin de	Martinus de Brion	Palästina	1570A	nicht verwendet

I	II	III	IV	V
BROCHARDUS, Bonaventura	Bonaventura Brochardus	Palästina	1570A	nicht verwendet
BRUGNOLI, Bernardino	Bernardus Brognolus	Raum Verona	1575	Vorlage für Nr. 89
BRUSCH, Kaspar	Caspar Bruschius Egranus	Fichtelgebirge	1570A	nicht verwendet
BUONSIGNORI, Stefano	Stephanus Florentinus Monachus Orivieti	Raum Florenz Raum Siena	1592 1592	Vorlage für Nr. 132 nicht verwendet
CABOT, Sebastian	Sebastianus Cabotus Venetus	Weltkarte	1570A	nicht verwendet
CAGNO, Paolo	Paulus Canius Genuensis	Neapel	1595	nicht verwendet
CAMERARIUS, Elias	Elias Camerarius	Brandenburg	1592	Vorlage für Nr. 118
CAMOCIO, Giovanni Francesco	–	Zypern Kreta Weitere Insel-Karten	– – –	Vorlage für Nr. 39a Vorlage für Nr. 39b Mit-Vorlagen zu Nr. 98b
CAMPI, Antonio	Antonius Campus	Raum Cremona	1579A	Vorlage für Nr. 90
CASTIGLIONI, Bonaventura	Bonaventura Castilioneus	Lombardei	1570A	nicht verwendet
CHAUMEAU, Jean	Ioannes Calameus	Berry	1570A	Vorlage für Nr. 10a
CHAVES, Gerónimo de	Hieronymus Chiavez	Amerika Raum Sevilla Florida	1570A 1573 –	nicht verwendet Vorlage für Nr. 74 Vorlage für Nr. 103b
CLUSIUS, Carolus	Carolus Clusius Atreb.	Spanien Südfrankreich	1570A –	Vorlage für Nr. 7, Mit-Vorlage für Nr. 20P Vorlage für Nr. 12a und Nr. 108a
COCK, Hendrik	Henricus Coquus Gorchomius	Antikes Spanien	1584	nicht verwendet
COPPO, Pietro	Petrus Coppus	Istrien	1570A	Vorlage für Nr. 67b
COUSIN, Hugues	Hugo Cusinus	Herzogtum Burgund	1584	Vorlage für Nr. 116
CREFFELDT, Martinus Carolus	Martinus Carolus Cresfeldt (sic!)	Ijssel-Gebiet	1579A	nicht verwendet
CRIGINGER, Johannes	Ioannes Grigingerus	Meissen-Thüringen Böhmen	1570A 1570A	Vorlage für Nr. 23 Vorlage für Nr. 25
CUSANUS, Nicolaus	Nicolaus a Cusa	Deutschland	1570A	nicht verwendet
CUSPINIANUS, Johannes	Ioannes Cuspinianus	Ungarn	1570A	vgl. LAZARUS SECRETARIUS
DANTI, Egnazio	Egnatius Danti	Perugia Orvieto	1579B 1592	Vorlage für Nr. 102 nicht verwendet
DEVENTER, Jacob van	Iacobus a Daventria	Brabant Friesland Gelderland Holland Seeland	1570A 1570A 1570A 1570A 1570A	Vorlage für Nr. 16 und Nr. 126 Mit-Vorlage für Nr. 20 nicht direkt verwendet Vorlage für Nr. 19 Vorlage für Nr. 18

I	II	III	IV	V
Dryander, Johannes	Ioannes Dryander	Hessen	1573	Vorlage für Nr. 86a und Nr. 129b
Edeling, Petrus von	–	Rügen-Usedom-Wollin	–	Vorlage für Nr. 109b
Enenckel, Georgius Acacius	Georgius Acacius Enenckel	Antikes Griechenland	1601	nicht verwendet
Fabricius, David	David Fabricius Esensis	Ostfriesland	1595	nicht verwendet
Fabritius, Paul	Paulus Fabricius Medicus	Mähren	1570D	Vorlage für Nr. 60
		Österreich (geplant)	1573	nicht verwendet
Fayen, Jean	Ioannes Fayanus medicus	Limousin	1601	Vorlage für Nr. 138b
Ferraris, Antonio de	Antonius Galateus	„Viele Karten"	1595	nicht verwendet
Finé, Oronce	Orontius Fineus Delphinas	Weltkarte	1570A	nicht verwendet
		Frankreich	1570A	nicht verwendet
		Karte zur Bibel	1570A	nicht verwendet
Florianus, Johannes	Ioannes Florianus Antwerpianus	Ostfriesland	1579A	Vorlage für Nr. 84 und Nr. Add 135/I
François, Isaac	Ysaacus Francus	Touraine	1601	Vorlage für Nr. 137
Fries, Lorenz	Laurentius Frisius	Weltkarte	1570A	nicht verwendet
Gadner, Georg	Georgius Gadnerus	Württemberg	1575	Vorlage für Nr. 88
Gastaldi, Jacobo	Iacobus Castaldus Pedemontanus	Große Weltkarte	1570A	Mit-Vorlage für Nr. 1, Nr. Add 112/II und Nr. 113
		Kleine Weltkarte	1570A	
		Asien	1570A	Vorlage für Ortelius 1567 (vgl. 3.3)
		Afrika	1570A	Vorlage für Nr. 4, Mit-Vorlage für Nr. 69, Nr. 135 und Nr. 14P
		Spanien	1570A	nicht verwendet
		Italien	1570A	Vorlage für Nr. 32 und Nr. 112, Mit-Vorlage für Nr. 38a und Nr. 9P
		Sizilien	1570A	Vorlage für Nr. 38b, Mit-Vorlage für Nr. 10P
		Korsika	1570A	nicht verwendet
		Piemont	1570A	Vorlage für Nr. 34
		Ungarn	1570A	nicht verwendet
		Raum Padua	–	Vorlage für Nr. 64a und Nr. 131a
		Apulien	–	Vorlage für Nr. 64b und Nr. 133a
		Kleinasien	–	Vorlage für Nr. 52a
		Südost-Europa	–	Vorlage für Nr. 40 und Nr. 105, Mit-Vorlage für Nr. 23P, Nr. 25P und Nr. 30P
Geminius, Thomas	Thomas Geminus	Spanien	1570A	nicht verwendet

I	II	III	IV	V
GEMMA FRISIUS, Regnier	Gemma Frisius	Weltkarte	1570A	nicht verwendet
GHEBELLINI, Stefano	Stephanus Ghebellinus	Venaissin	1579B	Vorlage für Nr. 108c
GIOVIO, Paolo	Paulus Iovius	Comer See	1570A	Vorlage für Nr. 35a
GIUSTINIANI, Agostino	Augustinus Iustinianus	Korsika	1570B	vgl. ALBERTI
GOULART, Jacques	–	Genfer See	–	Vorlage für Nr. 152
GRODECKI, Waclaw	Wenceslaus Grodeccius	Polen-Litauen	1570A	Vorlage für Nr. 44, Mit-Vorlage für Nr. Add 135/IV
GUICCIARDINI, Giovanni Battista	Ioannes Baptista Guicciardinus	Weltkarte in Adlerform	1570A	nicht verwendet
GUILLOTIÈRE, François de la	–	Île de France	–	Vorlage für Nr. 136
GUTIÉRREZ, Diego	Diegus Gutierus	Amerika	1570A	nicht direkt verwendet
GUYET, Lézin	Licinus Guyetus Andeg.	Anjou	1579B	Vorlage für Nr. 76
HASELBERG, Johann	Ioannes Haselbergius a Reichenau	Türkengebiet in Europa	1570C, dann wieder ab 1601	nicht verwendet
HELWIG, Martin	Martinus Helwig Neissensis	Schlesien	1570A	Vorlage für Nr. 26 und Nr. Add 135/II
HEMMINGA, Doco ab	Doco ab Hemminga Frisius	Weltkarte	1595	nicht verwendet
HENNEBERGER, Caspar	Caspar Hennebergerus Erlichensis	Ostpreußen	1579B	Vorlage für Nr. 104 und Nr. 141
HERBERSTEIN, Sigismund von	Sigismundus ab Herberstein	Rußland	1570D	nicht verwendet
HEYDANUS, Carolus	Carolus Heydanus	Deutschland	1570A	nicht verwendet
HIRSCHVOGEL, Augustin	Augustinus Hirsvogel	Slowenien-Kroatien	1570A	Vorlage für Nr. 41
		Illyrien	–	Mit-Vorlage für Nr. 71
HOEFNAGEL, Georg	Georgius Hoefnagel Antwerpianus	Cadiz	1584	Vorlage für Nr. 99c
HOFMANN, Elias	Elias Hofmann	Raum Frankfurt/Main	1592	nicht verwendet
HOGENBERG, Frans	Franciscus Hogenbergus	Niederlande-Belgien	1579B	wahrscheinlich nicht verwendet
		Deutschland	–	Platte von Ortelius übernommen (Nr. 147)
HOIRNE, Jan van	Ioannes a Horn	Niederlande	1570A	nicht verwendet
HOMEM, Diego	Iacobus Homen Lusitanus	Europa-Seekarte	1575	nicht verwendet
HONDIUS, Jodocus	Iudocus Hondius	Weltkarte	1601	nicht verwendet
		Europa	1601	nicht verwendet
HONTER, Johannes	Ioannes Honterus	Karten in den „Rudimenta Cosmographica"	1570A	nicht verwendet
HOPPER, Joachim	Ioachimus Hopperus	Antikes Friesland	1601	Inset zu Nr. 83

I	II	III	IV	V
Iasolino, Giulio	Iulius Iasolinus	Ischia	1592	Vorlage für Nr. 120
Jenkinson, Anthony	Antonius Jenkinson	Rußland	1570A	Vorlage für Nr. 46, Mit-Vorlage für Nr. 5, Nr. 45 und Nr. 110
Jode, Cornelis de	Cornelius a Iudaeis	Frankreich	1595	nicht verwendet
Jolivet, Jean	Ioannes Iolivetus	Frankreich	1570A	Vorlage für Nr. 9
Jorden, Mark	Marcus Iordanus	Dänemark	1570A	nicht verwendet
		Schleswig-Holstein	1574	Vorlage für Nr. 86b
		Paulus-Reisen	1574	wahrscheinlich nicht verwendet
		Jütland	1595	Vorlage für Nr. 130b
Keltenhofer, Stephan	Stephanus Keltenhofer (Geltenhofer)	Champagne	1570A	nicht verwendet
Laicksteen, Petrus	Petrus Laicstain	Palästina	1570A	vgl. Sgrothen
Lannoy, Ferdinand de	Ferdinandus a Lannoy	Grafschaft Burgund	1570A	Vorlage für Nr. 78 und Nr. 142b
Lazarus Secretarius	Lazarus Secretarius Cardinalis Strigoniensis	Ungarn	1570B	nicht verwendet
Lazius, Wolfgang	Wolfgangus Lazius	Ungarn	1570A	Vorlage für Nr. 42
		Österreich I	1570A	Vorlage für Nr. 27 und Nr. 140
		Tirol	1570A	Vorlage für Nr. 62a
		Steiermark	1570A	nicht verwendet
		Istrien	1570A	Vorlage für Nr. 62b
		Kärnten	1570A	Vorlage für Nr. 67a
		Österreich II	1584	nicht verwendet
Leo, Sibrandus	Sibrandus Leo Leovardiensis	Westfriesland	1579A	Vorlage für Nr. 83
Lhuyd, Humphrey	Humfredus Lhuyd Denbygiensis	England	1570A	Vorlage für Nr. 55
		Wales	1570A	Vorlage für Nr. 56
Ligorio, Pirro	Pyrrhus Ligorius	Neapel	1570A	Vorlage für Nr. 37
		Griechenland	1570A	nicht verwendet
		Friaul	1592	nicht verwendet
Macaneo, Domenico	Dominicus Machaneus	Lago Maggiore	1570A	nicht verwendet
Magini, Giovanni Antonio	Ioannes Antonius Maginus	Raum Bologna	1601	Vorlage für Nr. 154a
		Ligurien	–	Vorlage für Nr. 155
		Raum Parma-Piacenza	–	Vorlage für Nr. 156
		Romagna	–	Vorlage für Nr. 158
		Raum Urbino	–	Vorlage für Nr. 159
Magnus, Olaus	Olaus Magnus Gothus	Skandinavien	1570A	Mit-Vorlage für Nr. 5 und Nr. 110
Martini, Aegidius	–	Limburg	–	Vorlage für Nr. 151
Mascop, Godfried	Godefridus Mascopius Embricensis	Münster-Osnabrück	1570A	Vorlage für Nr. 24b
Mauro, Giubilio	Iubilius Maurus	Sabinia	1601	nicht verwendet
Medina, Pedro de	Petrus de Medina	Spanien	1573	nicht verwendet
Mellinger, Johannes	Ioannes Melenger Halens	Thüringen	1570A	Vorlage für Nr. 59a
Mendezius, Didacus	Didacus Mendezius	Peru	1584	Vorlage für Nr. 103a

I	II	III	IV	V
MERCATOR, Gerard	Gerardus Mercator Rupelmondanus	Palästina	1570A	nicht verwendet
		Flandern	1570A	Vorlage für Nr. 17, Nr. Add 93/II und Nr. 125
		Europa	1570A	Mit-Vorlage für Nr. 5, Nr. 45 und Nr. 110
		Britische Inseln	1570A	Vorlage für Nr. 6, Nr. 54, Nr. 57, Nr. 15P, Nr. 16P und Nr. 34P Mit-Vorlage für Nr. 5, Nr. 45 und Nr. 110
		Weltkarte	1570A	Mit-Vorlage für Nr. 1, Nr. 2, Nr. 4, Nr. 45, Nr. 48, Nr. 110, Nr. Add 112/I, Nr. Add 112/II, Nr. 113, Nr. 124
		Ptolemäus-Ausgabe	1573	nicht verwendet
		„Geographiae studiosis utilia exspectata", davon aus dem *Atlas*:	1573	
		Lothringen		Vorlage für Nr. 122
		Braunschweig-Lüneburg		Vorlage für Nr. 123a
		Bretagne-Normandie		Mit-Vorlage für Nr. 127b
		Brandenburg		vgl. CAMERARIUS
MERCATOR, Johannes	Ioannes Mercator	Moers	1595	nicht verwendet
MERCATOR, Rumold	Rumoldus Mercator	Deutschland	1595	nicht verwendet
MICHAELIS, Laurent	Laurentius Michaelis ab Hogenkirchen	Ostfriesland	1579B	nicht verwendet
		Oldenburg	1584	Vorlage für Nr. 101b
MOERS, Joist	Justus Moers	Waldeck	1579A	Vorlage für Nr. 87b
MONACHUS, Franciscus	Franciscus Monachus Mechliniensis	Nordeuropa	1570A	nicht verwendet
MÜNSTER, Sebastian	Sebastianus Munsterus	Deutschland	1570A	vgl. STELLA
		Raum Basel	1584	Vorlage für Nr. 61a
MURER, Jost	Josias Murerus	Raum Zürich	1595	nicht verwendet
NICOLAUS GERMANUS	Nicolaus Germanus	Frankreich	1570A	nicht verwendet
NICOLAY, Nicolas de	Nicolaus Nicolaius Delphinas	Europa	1570A	nicht verwendet
		Frankreich (geplant)	1570A	nicht verwendet
		Raum Calais-Boulogne	1601	Vorlage für Nr. 11a und Nr. 139a
NÖTTELEIN, Jörg	–	Raum Nürnberg	–	Vorlage für Nr. 123b
OBERNBERG, Hermagoras Kraft von	Hermagoras Craft ab Obemburg (sic!)	Paulus-Reisen	1592	nicht verwendet

I	II	III	IV	V
Ogier, Macé	Mathaeus Ogerius	Le Mans	1592	Vorlage für Nr. 127a
Ojea, Fernando	–	Galizien	–	Vorlage für Nr. 145
Orlandi, Cesare	–	Raum Siena	–	Vorlage für Nr. 65a
Paletino, Vincenzo	Vincentius Corsulensis	Spanien	1570A	nicht verwendet
Parenzi, Gellio	Gellius Parentius	Raum Spoleto	1601	nicht verwendet
Parisio, Prospero	Prosperus Parisius	Kalabrien	1592	Vorlage für Nr. 133b
		Neapel	1592	nicht verwendet
Pigafetta, Filippo	Philippus Pigafetta Vicentinus	Afrika	1592	nicht verwendet
		Kongo	1592	Vorlage für Inset in Nr. 135
		Raum Vicenza	–	Vorlage für Nr. 154b
Pinandello, Giovanni	Ioannes Pinandellus	Raum Treviso	1592	Vorlage für Nr. 131b
Plancius, Petrus	Petrus Plancius	Weltkarte	1595	nicht direkt verwendet, vgl. aber Nr. 113, Nr. 114 und Nr. 124
		Frankreich	1595	Vorlage für Nr. 150
Pograbka, Andrzej	Andreas Pograbius Pilsnensis	Polen-Litauen	1570D	Mit-Vorlage für Nr. Add 135/IV
Porebski, Stanislaw	Sta. Por.	Oswiecim-Zator	1570B	Vorlage für Nr. 68c
Portantius, Johannes	Ioannes Portantius	Livland	1573	Vorlage für Nr. 68b
Postel, Guillaume	Guilielmus Postellus	Frankreich	1573	Vorlage für Nr. Add 135/III
		Weltkarte	1579B	nicht verwendet
Putsch, Johannes	Ioannes Bucius Aenicola	Europa in Frauengestalt	1570A	nicht verwendet
Pyramius, Christoph	Christophorus Pyramius	Deutschland	1570A	nicht verwendet
Rantzau, Heinrich von	Henricus Rantzovius	Dänemark	1592	vgl. Jorden
Reger, Nicolaus	Nicolaus Reger	Ptolemäus-Ausgabe	1579A	nicht verwendet
Regerwyl, Wolfgang	Wolfgangus Regerwil	Raum Fulda	1579A	Vorlage für Nr. 87a
Regnardus, Joannes	Ioannes Regnardus Forestius	Forez (mit Lyonnais?)	1601	nicht verwendet
Reich, Erhard	Erhardus Reich Tyrolensis	Oberpfalz	1570A	Vorlage für Nr. 30a und Nr. 94a
René d'Anjou	Renatus Andegavensis	Anjou	1592	nicht verwendet
		Provence	1592	nicht verwendet
Rogier, Pierre	Petrus Rogierus	Poitou	1579A	Vorlage für Nr. 75
Rotenhan, Sebastian von	Sebastianus a Rotenhan	Franken	1570A	Vorlage für Nr. 24a
Rover, Paolo	Paulus Roverus	Raum Treviso	1595	nicht verwendet
Sambucus, Johannes	Ioannes Sambucus Pannonius	Siebenbürgen	1570A	Vorlage für Nr. 43 und Nr. Add 93/III
		Ungarn	1570B	Vorlage für Nr. 91
		Friaul	1573	Vorlage für Nr. 63
		Illyrien	1573	Vorlage für Nr. 71
Sanuto, Livio	Livius Sanutus	Afrika-Karten	1592	Mit-Vorlage für Nr. 135
Sauracher, Adelbert	Adelbergus Sauracherus	Schweiz	1592	nicht verwendet

I	II	III	IV	V
SAXTON, Christopher	Christophorus Saxtonus	England-Atlas	1579A	nicht verwendet
		England-Wandkarte	1579A	Vorlage für Nr. 143
SCHALBETTER, Johannes	Ioannes Schalbeter	Wallis	1595	nicht verwendet
SCHILLE, Jan van	Ioannes Scillius Antwerpianus	Lothringen	1579A	nicht verwendet
		Luxemburg	1579A	nicht verwendet
		Trier	1601	nicht verwendet
		Lüttich	–	Vorlage für Nr. 100 und Nr. Add 141/I
SCHOEPF, Thomas	Thomas Scepsius	Raum Bern	1579A	nicht verwendet
SCULTETUS, Bartholomäus	Bartholomaeus Scultetus	Meissen-Lausitz	1570A	Vorlage für Nr. 59b
SECCO, Fernando Alvarez	Ferdinandus Alvares Zeccus	Portugal	1570A	Vorlage für Nr. 8
SECZNAGEL, Marcus	Marcus Secznagel	Raum Salzburg	1570A	Vorlage für Nr. 28a und Nr. Add 135/V
SELTZLIN, David	David Zeltzlin	Schwaben	1573	Vorlage für Nr. 61b
		Franken	1579B	nicht verwendet
SETTALA, Giovanni Giorgio	Ioannes Georgius Septala	Raum Mailand	1570A	Vorlage für Nr. 33
SGROTHEN, Christian	Christianus Schrot Sonsbeckensis	2 × Geldern-Kleve	1570A	Vorlage für Nr. 15
		Deutschland	1570A	Vorlage für Nr. 13
		Luxemburg	1573	nicht verwendet
		Donauraum	1573	nicht verwendet
		Route des Exodus	1574	nicht verwendet
		Palästina	–	Vorlage für Nr. 106, vgl. LAICKSTEEN
		Westfalen	1579B	Vorlage für Nr. 85
SILVANO, Bernardo	Bernardus Silvanus Eboliensis	Ptolemäus-Ausgabe	1570A	nicht verwendet
SOPHIANUS, Nicolaus	Nicolaus Sophianus	Griechenland	1570A	Mit-Vorlage für Nr. 3P
SORTE, Christoforo	–	Raum Brixen	–	Vorlage für Nr. 119
SPECKLIN, Daniel	Daniel Speckel	Elsaß	1579A	Vorlage für Nr. 94b
STELLA, Tilemann	Tilemannus Stella Sigensis	Palästina	1570A	Vorlage für Nr. 51 und Nr. 93, Mit-Vorlage für Nr. 22P
		Route des Exodus	1570A	nicht verwendet
		Mansfeld	1570A	Vorlage für Nr. 58 (Platte von HOGENBERG)
		Deutschland nach Münster	–	nicht verwendet, genannt unter MÜNSTER
		Deutschland-Kartenwerk (geplant)	1584	nicht verwendet
		Luxemburg	1592	nicht verwendet
STEMPEL, Gerhard	Gerardus Stampelius Goudanus	Kerpen-Lommersum	1592	nicht verwendet

I	II	III	IV	V
STIGLIOLA, Nicola Antonio	Collantonius Stigliola	Neapel	1595	nicht verwendet
STRUBICZ, Maciej	Matthias Strubitz	Nordosteuropa	1592	nicht verwendet
STUMPF, Johannes	Ioannes Stufius	Schweiz-Atlas	1570A	nicht verwendet
SURHON, Jacques de	Iacobus Surhonius Montanus	Hennegau	1573	Vorlage für Nr. 81 und Nr. 111
		Luxemburg	1579B	Vorlage für Nr. 79
		Artois	1579A	Vorlage für Nr. 82 und Nr. 115 (genannt unter Jean de SURHON)
SURHON, Jean de	Ioannes Surhonius	Veromandois	1570A	Vorlage für Nr. 11b und Nr. 139b
		Picardie	1579B	Vorlage für Nr. 77
		Namur	1579B	Vorlage für Nr. 80
		Artois	1579B	vgl. Jacques de SURHON
SYMEONI, Gabriel	Gabriel Simeoneus	Limagne	1570A	Vorlage für Nr. 10b
TABOUROT, Etienne	Stephanus Tabourotius	Herzogtum Burgund	1579B	unsicher, vgl. Anonymus BURGUNDIA INFERIOR
TANNSTETTER, Georg	Georgius Tanesterus Collimitus	Ungarn	1570B	vgl. LAZARUS SECRETARIUS
TEIXEIRA, Luis	Ludovicus Teisera Lusitanus	Azoren	1584	Vorlage für Nr. 95
		Japan	1595	Vorlage für Nr. 134
TEMPS, Jean du	Ioannes Temporarius	Blésois	1595	Vorlage für Nr. 138a
THEVET, André	Andreas Thevetus	Frankreich	1570A	nicht verwendet
		Weltkarte		nicht verwendet
THURNEISSER, Leonhard	Leonardus Thurneisser	Brandenburg	1579A	nicht verwendet
TSCHUDI, Gilg	Aegidius Tschudus	Schweiz	1570A	Vorlage für Nr. 31
TURREL, Pierre	Petrus Turellus	Burgund	1595	nicht verwendet
UNGLER, Florian	Florianus	Polen-Ungarn	1573	nicht verwendet
		Osteuropa	1573	nicht verwendet
VAVASSORE, Giovanni Andrea di	Ioannes Andreas Valvassorius	Italien	1595	nicht verwendet
		Friaul	–	Vorlage für Nr. 35c
VEDEL, Anders Sørensen	Andreas Velleius	Island	1592	Vorlage für Nr. 121
VOLPAIA, Eufrosino della	–	Kirchenstaat	–	Vorlage für Nr. 35b
VOPELIUS, Caspar	Caspar Vopellius Medebach	Weltkarte	1570A	nicht verwendet
		Europa	1570A	nicht verwendet
		Rheinlauf	1570A	nicht verwendet
WAGHENAER, Lucas Janszoon	Lucas Aurigarius	2 See-Atlanten	1584 ff	nicht direkt verwendet
		Europa-Seekarte	1592	nicht verwendet
WALDSEEMÜLLER, Martin	Martinus Waldseemüller Martinus Ylacomylus Friburgensis	Welt-Seekarte	1570A	nicht verwendet
		Europa	1570A	nicht verwendet
WELSER, Marcus	Marcus Welserus	Alpenraum	1595	nicht verwendet

I	II	III	IV	V
WIED, Antonius	Antonius Wied	Rußland	1570A	nicht verwendet
WISSENBURG, Wolfgang	Wolfgang Weissenburgus Basiliensis	Palästina	1570A	nicht verwendet
YGL, Warmund	Warmundus ab Ygl	Tirol	1601	nicht verwendet
ZELL, Christoph	Christophorus Zellius	Europa	1570A	nicht verwendet
ZELL, Heinrich	Henricus Zellius	Europa	1570A	vgl. Christoph ZELL
		Ostpreußen	1570A	Vorlage für Nr. 22b
ZENO, Nicolò	Nicolaus Genus	Nordeuropa	1570A	Mit-Vorlage für Nr. 45
ZIEGLER, Jakob	Iacobus Zieglerus	Palästina, Ägypten, Arabien, Nordeuropa	1570A	nicht verwendet
ZORZI, Zuan Domenico	Ioannes Dominicus Methoneus	Europa	1570A	nicht verwendet
ZÜNDT, Matthias	Matthias Cinthius	Ungarn	1570A	nicht verwendet

TABELLE III

Liste der *Theatrum*-Karten

Die folgende Liste enthält alle Karten (einschließlich der neugestochenen Platten), die zwischen 1570 und 1612 im *Theatrum* und *Parergon* erschienen sind. In den Spalten bedeuten

I in dieser Arbeit verwendete Numerierung der *Theatrum*-Karten, folgend der Zählung bei KOEMAN, *Atlantes Neerlandici III*, S. 34 ff.
Um die Einführung einer neuen Numerierung zu vermeiden, wurden die bei KOEMAN nicht verzeichneten Karten eingefügt durch Zählung mit einer „Add"-Signatur (z. B. Add 112/I)

II Zählung der *Theatrum*-Karten in der Einführung von HESSELS, *Epistolae*

III Zählung der *Theatrum*-Karten bei BAGROW, *Catalogus*

IV Kurzzitat des Kartentitels

V Datum der Erstveröffentlichung im *Theatrum*

VI Sigel zur Klassifizierung betr. Vorlage und Eigenständigkeit (vgl. Kapitel 5). Es bedeuten
MS = Kopie nach Manuskriptvorlage
AK = Kopie eines Ausschnittes einer gedruckten Vorlage
KP = Kompilation aus mehreren Kartenquellen
K = Nicht oder nur unwesentlich veränderte Kopie nach einer Vorlage mit Nennung des Urhebers durch Ortelius (falls ihm bekannt)

VII Name des Autors der Vorlage (in Konkordanz zur Schreibung in Tabelle II und im Katalogteil). In besonderen Fällen wird auf die Behandlung der Karte auch im Einleitungsteil verwiesen.

I	II	III	IV	V	VI	VII
1	1	6	*Typus Orbis Terrarum*	1570	KP	Gerard Mercator/Gastaldi/Ortelius (vgl. 5.3.1)
2	2	7	*Americae sive Novi Orbis Nova Descriptio*	1570	AK	Gerard Mercator/Ortelius (vgl. 5.3.2)
3	3	8	*Asiae Nova Descriptio*	1570	K	Ortelius (vgl. 3.3)
4	4	9	*Africae Tabula Nova*	1570	K	Gastaldi
5	5	10	*Europae*	1570	KP	Ortelius et al. (vgl. 5.3.1)
6	10	11	*Angliae, Scotiae et Hiberniae ... Descriptio*	1570	K	Gerard Mercator
7	16	12	*Regni Hispaniae ... Descriptio*	1570	K	Clusius/Ortelius (vgl. 3.3)
8	17	13	*Portugalliae ... Descriptio*	1570	K	Secco
9	21	14	*Galliae Regni ... Descriptio*	1570	K	Jolivet
10a	24a	15	*Regionis Biturigum ... Descriptio*	1570	K	Chaumeau
10b	24b	16	*Limaniae Topographia*	1570	K	Symeoni
11a	26a	17	*Caletensium et Bononiensium Ditionis ... Delineatio*	1570	K	Nicolai
11b	26b	18	*Veromanduorum ... Descriptio*	1570	K	Jean de Surhon
12a	29a	19	*Galliae Narbonensis ... descripta*	1570	MS	Clusius
12b	29b	20	*Sabaudiae et Burgundiae Comitatus Descriptio*	1570	K	Boileau de Bouillon
13	33	21	*Germania*	1570	K	Sgrothen
14	34	22	*Descriptio Germaniae Inferioris*	1570	KP	Anonymus Germania Inferior I
15	36	23	*Gelriae, Cliviae ... Descriptio*	1570	K	Sgrothen
16	38	24	*Brabantiae ... Descriptio*	1570	KP	Deventer (vgl. 5.3.1)

I	II	III	IV	V	VI	VII
17	42	25	*Flandria*	1570	KP	Gerard Mercator (vgl. 5.3.1)
18	43	26	*Zelandicarum Insularum ...*	1570	KP	Deventer (vgl. 5.3.1)
19	44	27	*Hollandiae ... Descriptio*	1570	KP	Deventer (vgl. 5.3.1)
20	45	28	*Utriusque Frisorum Regionis ... Descriptio*	1570	KP	Deventer et al. (vgl. 5.3.1)
21	48	29	*Daniae Regni Typus*	1570	KP	Anthoniszoon et al. (vgl. 5.3.1)
22a	49a	30	*Thietmarsiae ... Typus*	1570	K	Boeckel
22b	49b	31	*Prussiae Descriptio*	1570	K	Heinrich Zell
23	52	32	*Saxoniae, Misniae, Thuringiae Nova Descriptio*	1570	K	Criginger
24a	60a	33	*Franciae Orientalis Descriptio*	1570	K	Rotenhan
24b	60b	34	*Monasteriensis et Osnaburgensis ... Descriptio*	1570	K	Mascop
25	61	35	*Regni Bohemiae ... Descriptio*	1570	K	Criginger
26	62	36	*Silesiae Typus*	1570	K	Helwig
27	64	37	*Austriae Ducatus Chorographia*	1570	K	Lazius
28	65	38	*Salisburgensis ... Descriptio*	1570	K	Secznagel
29	66	39	*Typus Vindeliciae ...*	1570	K	Aventinus
30a	67a	40	*Palatinatus Bavariae*	1570	K	Reich
30b	67b	41	*Wirtenbergensis Ducatus ... Descriptio*	1570	K	Anonymus Württemberg
31	70	42	*Helvetiae Descriptio*	1570	K	Tschudi
32	72	43	*Italiae ... Descriptio*	1570	K	Gastaldi
33	75	44	*Ducatus Mediolanensis ... Descriptio*	1570	K	Settala
34	78	45	*Pedemontanae ... Descriptio*	1570	K	Gastaldi
35a	80a	46	*Larii Lacus ... Descriptio*	1570	K	Giovio
35b	80b	47	*Territorii Romani Descriptio*	1570	K	Volpaia
35c	80c	48	*Fori Iulii ... Typus*	1570	K	Vavassore
36	81	49	*Thusciae Descriptio*	1570	K	Bellarmati
37	86	50	*Regni Neapolitani ... Descriptio*	1570	K	Ligorio
38	88	51	*Insularum aliquot Maris Mediterranei Descriptio*	1570		
38a	88	53	*Sardinia*	1570	KP	Gastaldi/Anonymus Sardinien
38b	88	52	*Sicilia*	1570	K	Gastaldi
38c	88	54	*Corfu*	1570	K	Anonymus Korfu
38d	88	55	*Zerbi*	1570	K	Anonymus Djerba
38e	88	56	*Elba*	1570	K	Anonymus Elba
38f	88	57	*Malta*	1570	K	Anonymus Malta
39a	90a	58	*Cyprus Insula*	1570	K	Camocio
39b	90b	59	*Candia*	1570	K	Camocio
40	93	60	*Graeciae ... Descriptio*	1570	K	Gastaldi
41	95	61	*Schlavoniae, Croatiae ... Descriptio*	1570	K	Hirschvogel
42	98	62	*Hungariae Descriptio*	1570	K	Lazius
43	99	63	*Transilvania*	1570	K	Sambucus
44	100	64	*Poloniae ... Descriptio*	1570	K	Grodecki

I	II	III	IV	V	VI	VII
45	104	65	Septentrionalium Regionum Descriptio	1570	KP	Ortelius et al. (vgl. 5.3.1)
46	106	66	Russiae, Moscoviae et Tartariae Descriptio	1570	K	Jenkinson
47	107	67	Tartariae sive Magni Chami Regni Typus	1570	AK	Ortelius (vgl. 3.3 und 5.3.2)
48	110	68	Indiae Orientalis ... Typus	1570	AK	Gerard Mercator (vgl. 5.3.2)
49	111	69	Persici ... Regni Typus	1570	AK	Ortelius (vgl. 3.3 und 5.3.2)
50	112	70	Turcici Imperii Descriptio	1570	AK	Ortelius (vgl. 3.3 und 5.3.2)
51	113	71	Palestinae ... Descriptio	1570	K	Stella
52a	115a	72	Natoliae ... Descriptio	1570	K	Gastaldi
52b	115b	73	Aegypti Recentior Descriptio	1570	K	Anonymus Ägypten
52c	115c	74	Carthaginis Sinus Typus	1570	K	Anonymus Karthago
53	117	75	Barbaria et Biledulgerid	1570	K	Anonymus Barbaria
54	11	79	Scotiae Tabula	1573	AK	Gerard Mercator (vgl. 5.3.2)
55	22	80	Angliae ... Descriptio	1573	MS	Lhuyd
56	13	81	Cambriae Typus	1573	MS	Lhuyd
57	14	82	Hiberniae ... Descriptio	1573	AK	Gerard Mercator (vgl. 5.3.2)
58	53	83	Mansfeldiae Comitatus Descriptio	1573	fremde Platte	Stella
59a	56a	84	Thuringiae ... Descriptio	1573	K	Mellinger
59b	56b	85	Misniae et Lusatiae Tabula	1573	K	Scultetus
60	63	86	Moraviae ... Corographia	1573	K	Paulus Fabritius
61a	69a	87	Basiliensis Territorium Descriptio	1573	K	Münster
61b	69b	88	Circulus sive Liga Sueviae	1573	K	Seltzlin
62a	71a	89	Rhetiae Alpestris Descriptio	1573	K	Lazius
62b	71b	90	Goritiae, Karstii ... Descriptio	1573	K	Lazius
63	73	91	Fori Iulii ... Descriptio	1573	MS	Sambucus
64a	79a	92	Patavini Territorii Descriptio	1573	K	Gastaldi
64b	79b	93	Apuliae ... Corographia	1573	K	Gastaldi
65a	84a	94	Senensis Ditionis ... Descriptio	1573	MS	Orlandi
65b	84b	95	Corsica	1573	K	Alberti/Giustiniani
65c	84c	96	Marcha Anconae	1573	K	Anonymus Marca Anconitana
66	92a	97	Cypri Insulae Descriptio	1573	K	Anonymus Zypern
	92b	97	Inset: Lemnos	1573	KP	Ortelius nach Belon
67a	96a	99	Carinthiae Ducatus	1573	K	Lazius
67b	96b	100	Histriae Tabula	1573	K	Coppo
67c	96c	101	Zarae et Sebenici Descriptio	1573	K	Anonymus Zara
68a	102a	102	Pomeraniae ... Typus	1573	K	Artopaeus bei Münster
68b	102b	103	Livoniae Nova Descriptio	1573	MS	Portantius
68c	103c	104	Ducatus Oswiecensis et Zatoriensis Descriptio	1573	K	Porebski
69	116	105	Presbiteri Johannis ... Imperii Descriptio	1573	AK	Gastaldi (vgl. 5.3.2)
70	–	78	Bavariae ... Compendium	1573	K	Philipp Apian
71	94	98	Illyricum	1573	MS	Sambucus/Hirschvogel
72	7	106	Hispaniae Nova ... Descriptio	1579	MS	Anonymus Hispania Nova
73a	8a	107	Culiacaniae ... Descriptio	1579	MS	Anonymus Culiacan
73b	8b	108	Hispaniolae, Cubae ... Descriptio	1579	KP	Gerard Mercator/ Anonymus Kuba-Haiti

I	II	III	IV	V	VI	VII
74	18	109	*Hispalis Conventus Delineatio*	1579	MS	Chaves
75	23	110	*Pictonum Regionum ... Descriptio*	1579	K	Rogier
76	25	111	*Anjou*	1579	K	Guyet
77	27	112	*Picardiae ... Descriptio*	1579	MS	Jean de Surhon
78	31	113	*Burgundiae Comitatus ... Descriptio*	1579	MS	Lannoy
79	35	114	*Lutzenburgensis Ducatus ... Descriptio*	1579	MS	Jacques de Surhon
80	39	115	*Namurcum Comitatus*	1579	MS	Jean de Surhon
81	40	116	*Hannoniae Comitatus Descriptio*	1579	MS	Jacques de Surhon
82	41	117	*Artois*	1579	MS	Jacques de Surhon
83	46	118	*Frisia Occidentalis*	1579	MS	Leo
			Inset: *Frisia Antiqua*	1579	MS	Hopper
84	47	119	*Frisiae Orientalis Descriptio*	1579	MS	Florianus
85	51	120	*Westphaliae ... Descriptio*	1579	MS	Sgrothen
86a	55a	121	*Hassiae Descriptio*	1579	MS	Dryander
86b	55b	122	*Holsatiae Descriptio*	1579	K	Jorden
87a	58a	123	*Bughaviae sive Fuldensis Ditionis Typus*	1579	K	Regerwyl
87b	58b	124	*Waldeccensis Comitatus Descriptio*	1579	K	Moers
88	68	125	*Wirtenberg Ducatus Descriptio*	1579	MS	Gadner
89	74	126	*Veronae Urbis Territorium*	1579	K	Brugnoli
90	76	127	*Agri Cremonensis Typus*	1579	MS	Campi
			Inset: *Cremae Ditionis Descriptio*	1579	K	Anonymus Crema
91	98	128	*Ungariae loca praecipua*	1579	K	Sambucus
92	–	–	*Turcici Imperii Descriptio*	1579	Neustich Nr. 50	
93	–	–	*Palestinae ... Descriptio*	1579	Neustich Nr. 51	
Add 93/I	–	–	*Asiae Nova Descriptio*	1579	Neustich Nr. 3	
Add 93/II	–	–	*Flandria*	1579	Neustich Nr. 17	
Add 93/III	–	–	*Transilvania*	1579	Neustich Nr. 43	
94a	67a	40a	*Palatinatus Bavariae Descriptio*	1584	Neustich Nr. 30a	
94b	67b	132	*Argentoratensis Agri Descriptio*	1584	AK	Specklin
95	15	136	*Acores Insulae*	1584	MS	Teixeira
96	32	142	*Burgundiae Inferioris Descriptio*	1584	MS	Anonymus Burgundia Inferior
97	108	152	*Chinae ... Descriptio*	1584	MS	Barbuda
98a	91a	148	*Candia Insula*	1584	MS	Anonymus Kreta
98b	91b	149	*Archipelagi Insularum aliquot Descriptio* (10 Karten: Metillino, Cerigo, Scarpanto, Nicsia, Santorini, Milo, Stalimene, Negroponte, Rodus, Scio)	1584	KP	Camocio et al. (vgl. 5.3.1)

Liste der Theatrum-Karten   83

I	II	III	IV	V	VI	VII
99a	20b	138	*Carpetaniae Partis Descriptio*	1584	MS	Anonymus Carpetania
99b	20c	139	*Vardusorum sive Guipuscoae Regionis Typus*	1584	K	Anonymus Guipuzcoa
99c	20a	140	Cadiz (ohne Titel)	1584	MS	Hoefnagel
100	37	143	*Leodiensis Dioecesis Typus*	1584	MS	Schille
101a	48a	144	*Daniae Regni Typus*	1584	Neustich Nr. 21	
101b	48b	145	*Oldenburg Comitatus*	1584	MS	Michaelis
102	83	147	*Perusini Agri ... Descriptio*	1584	K	Danti
103a	9a	133	*Peruviae Auriferae Regionis Typus*	1584	MS	Mendezius
103b	9b	134	*La Florida*	1584	MS	Chaves
103c	9c	135	*Guastecan Regio*	1584	MS	Anonymus Guastecan
104	101	150	*Prussiae ... Descriptio*	1584	K	Henneberger
105	103	151	*Romaniae ... Descriptio*	1584	AK	Gastaldi (vgl. 5.3.2)
106	114	153	*Terra Sancta*	1584	K	Laicksteen/Sgrothen
107	19	137	*Valentiae Regni ... Typus*	1584	MS	Anonymus Valencia
108a	–	19a	*Gallia Narbonensis*	1584	Veränderter Neustich Nr. 12a	
108b	–	20a	*Sabaudiae Ducatus*	1584	AK	Boileau de Bouillon
108c	29b	141	*Venuxini Comitatus*	1584	KP	Ghebellini (vgl. 5.3.1)
109a	49a	–	*Thietmarsiae ... Typus*	1584	= Nr. 22a	
109b	49b	146	*Rugiae, Usedomiae ... Descriptio*	1584	MS	Edeling
110	–	–	*Europae*	1584	Neustich Nr. 5	
111	–	–	*Nobilis Hannoniae Comitatus Descriptio*	1584	Veränderter Neustich Nr. 81	
112	–	–	*Italiae Novissima Descriptio*	1584	Neustich Nr. 32	
Add 112/I	–	–	*Americae sive Novi Orbis Nova Descriptio*	1584	Neustich Nr. 2	
Add 112/II	–	–	*Typus Orbis Terrarum*	1586	Neustich Nr. 1	
113	–	186	*Typus Orbis Terrarum*	1587	KP	Nr. 1, dazu Plancius (vgl. 5.3.1)
114	–	187	*Americae sive Novi Orbis Nova Descriptio*	1587	KP	Nr. 2, dazu Plancius (vgl. 5.3.2)
115	–	–	*Artesia*	1587	Veränderter Neustich Nr. 82	
116	–	–	*Burgundia Comitatus*	1589	MS	Cousin
117	85	170	*Aprutti Ulterioris Descriptio*	1590	K	Natale Bonifacio
118	57	166	*Brandenburgensis Marchae Descriptio*	1590	K	Camerarius bei Gerard Mercator
119	77	169	*Bresciano Brixiani Agri Typus*	1590	K	Sorte
120	89	171	*Ischia*	1590	K	Iasolino
121	105	172	*Islandia*	1590	MS	Vedel
122	30	165	*Lotharingiae Nova Descriptio*	1590	KP	Gerard Mercator (vgl. 5.3.1)
123a	59a	167	*Braunsvicensis et Luneburgensis Ducatuum Delineatio*	1590	KP	Gerard Mercator (vgl. 5.3.1)
123b	59b	168	*Norimbergae Agri Descriptio*	1590	K	Nöttelein
124	6	164	*Maris Pacifici ... Descriptio*	1590	KP	Gerard Mercator/Plancius (vgl. 5.3.1)
125	= 42	189	*Flandriae Comitatus Descriptio*	1592	Veränderter Neustich Nr. 17	
126	= 38	188	*Brabantiae Descriptio* Inset: *Machlinae Urbis Dominium*	1592 1592	Veränderter Neustich Nr. 16 MS	Anonymus Mechelen

I	II	III	IV	V	VI	VII
127a	22a	191	*Cenomanorum Galliae Regionis Typus*	1595	K	Ogier
127b	22b	192	*Neustria. Britanniae et Normandiae Typus*	1595	KP	d'Argentré, Gerard Mercator et al. (vgl. 5.3.1)
128	28	193	*Provinciae ... Descriptio*	1595	K	Bompar
129a	54	196	*Hennebergensis Ditionis ... Delineatio*	1595	K	Anonymus Henneberg
129b	–	–	*Hassiae Descriptio*	1595	\multicolumn{2}{|l|}{Neustich Nr. 86a}
130a	48a	–	*Daniae Regni Typus*	1595	\multicolumn{2}{|l|}{= Nr. 101a}
130b	48b	195	*Cimbriae Cersonesi ... Descriptio*	1595	MS	Jorden
131a	=79a	–	*Patavini Territorii Corographia*	1595	\multicolumn{2}{|l|}{Neustich Nr. 64a}
131b	79b	198	*Tarvisini Agri Typus*	1595	K	Pinandello
132	82	199	*Florentini Dominii Descriptio*	1595	K	Buonsignori
133a	79b	=93a	*Apuliae Corographia*	1595	\multicolumn{2}{|l|}{Neustich Nr. 64b}
133b	79b	200	*Calabriae Descriptio*	1595	K	Parisio
134	109	203	*Iaponiae Insulae Descriptio*	1595	MS	Teixeira
135	121	204	*Fessae et Marochi Regna ...*	1595	KP	Ortelius nach Gastaldi, Sanuto et al. (vgl. 5.3.1)
			Inset: *Congi ... Descriptio*	1595	K	Pigafetta
Add 135/I	–	194	*Frisiae Orientalis*, mit Inset: *Rideriae Portionis*	1595	\multicolumn{2}{|l|}{Veränderter Neustich Nr. 84}
Add 135/II	–	197	*Silesiae Typus*	1595	\multicolumn{2}{|l|}{Neustich Nr. 26}
Add 135/III	–	–	*Gallia*	1595	K	Postel
Add 135/IV	–	201	*Poloniae Lithuaniae Descriptio*	1595	KP	Grodecki/Pograbka (vgl. 5.3.1)
Add 135/V	–	=38a	*Salisburgensis ... Descriptio*	1595	\multicolumn{2}{|l|}{Veränderter Neustich Nr. 28a}
136	–	213	*L'Isle de France*	1598	K	Guillotière
137	–	214	*Touraine*	1598	K	François
138a	–	215	*Blasois*	1598	K	Du Temps
138b	–	216	*Lemovicium ... Descriptio*	1598	K	Fayen
139a	–	–	*Caletensium et Bononiensium Ditionis ... Delineatio*	1598	\multicolumn{2}{|l|}{Neustich Nr. 11a}
139b	–	–	*Veromanduorum ... Descriptio*	1598	\multicolumn{2}{|l|}{Neustich Nr. 11b}
140	–	190	*Austriae Descriptio*	1598	\multicolumn{2}{|l|}{Neustich Nr. 27}
141	–	202	*Prussiae Vera Descriptio*	1598	\multicolumn{2}{|l|}{Neustich Nr. 104}
Add 141/I	–	–	*Leodiensis Dioecesis Typus*	1598	\multicolumn{2}{|l|}{Emendierter Ersatz für Nr. 100}
142a	–	–	*Burgundiae Ducatus*	1603	\multicolumn{2}{|l|}{Verkleinerter Neustich Nr. 96}
142b	–	–	*Burgundiae Comitatus*	1603	\multicolumn{2}{|l|}{Verkleinerter Neustich Nr. 78}
143	–	–	*Anglia Regnum*	1603	K	Saxton
144	–	–	*Cataloniae Principatus*	1603	K	Anonymus Catalonia
145	–	–	*Descriptio del Reyno de Galizia*	1603	MS	Ojea
146			= Nr. 116			
147	–	–	*Deutschlandt*	1603	\multicolumn{2}{|l|}{fremde Hogenberg Platte}

I	II	III	IV	V	VI	VII
148	–	–	*Angliae et Hiberniae ... Descriptio*	1606	K	Anonymus Britische Inseln
149	–	–	*Irlandiae Accurata Descriptio*	1606	K	Boazio
150	–	–	*Gallia*	1606	K	Plancius
151	–	–	*Limburgensis Ducatus*	1606	MS	Martini
152	–	–	*Lacus Lemani Descriptio*	1608	K	Goulart
153	–	–	*Inferioris Germaniae ... Descriptio*	1608	KP	Anonymus Germania Inferior II
154a	–	–	*Bononiense Territorium*	1608	K	Magini
154b	–	–	*Territorium Vicentini*	1608	MS	Pigafetta
155	–	–	*Reipublicae Genuensis ... Descriptio*	1608	KP	Magini
157 (i.e. 156)	–	–	*Parmae et Placentiae ... Descriptio*	1608	K	Magini
(159 i.e. 157)	–	–	*Ducatus Ferrariensis ...*	1608	K	Aleotti
158	–	–	*Romagna olim Flaminia* Inset: *Rhodiginae ... Descriptio*	1608 1608	K MS	Magini Giovanni Bonifacio
159	–	–	*Ducatus Urbini ... Descriptio*	1608	K	Magini
1 P	118	129	*Peregrinatio Divi Pauli*	1579	KP	Eigenschöpfung Ortelius
2 P	119	130	*Romani Imperii Imago*	1579	K	Ortelius nach eigener Vorlage (vgl. 3.4)
3 P	120	131	*Ellas. Graecia, Sophiani*	1579	KP	Ortelius nach Sophianus
4 P	128	163	*Aegyptus Antiqua* (nördlicher Teil)	1584	K	Ortelius nach eigener Vorlage (vgl. 3.4)
5 P	128	163	*Aegyptus Antiqua* (südlicher Teil)	1584	K	Ortelius nach eigener Vorlage (vgl. 3.4)
6 P	122	154	*Belgii Veteris Typus*	1584	KP	Eigenschöpfung Ortelius
7 Pa	126a	161a	*Creta Iovis Magni ...*	1584	KP	Ortelius nach Nr. 98a
7 Pb	126b	161b	*Corsica*	1584	KP	Eigenschöpfung Ortelius
7 Pc	126c	161c	*Insulae Maris Ionii*	1584	KP	Eigenschöpfung Ortelius
7 Pd	126d	161d	*Sardinia*	1584	KP	Eigenschöpfung Ortelius
8 Pa	127	162	*Insularum aliquot Aegaei Maris Antiqua Descriptio* (*Rhenia, Icaria, Rhodus, Chios, Euboea, Samos, Cia et Ceos, Lesbos, Lemnos*)	1584	KP	Ortelius nach verschiedenen Isolarii (wie Nr. 98b)
8 Pb	127	162	*Cyprus*	1584	KP	Ortelius nach Nr. 66a
9 P	123	155	*Italiae Veteris Specimen*	1584	KP	Ortelius nach Gastaldi
10 P	125	157	*Siciliae Veteris Typus* Inset: *Territorii Syracusani loca*	1584 1584	KP KP	Ortelius nach Gastaldi Eigenschöpfung Ortelius
11 P	124	156	*Thusciae Antiquae Typus*	1584	KP	Ortelius nach Bellarmati
12 P	140	184	*Abrahami Patriarchae Peregrinatio*, mit Inset: *Arabia*	1590	KP	Eigenschöpfung Ortelius
13 P	129	173	*Aevi Veteris Typus*	1590	KP	Eigenschöpfung Ortelius
14 P	139	183	*Africae Propriae Tabula*, mit Inset: *Sinus Carthaginiensis*	1590	KP	Eigenschöpfung Ortelius nach Gastaldi et al.
15 P	130	174	*Britannicae Insularum Vetus Descriptio* (nördlicher Teil)	1590	KP	Ortelius nach Gerard Mercator

I	II	III	IV	V	VI	VII
16 P	130	174	Item (südlicher Teil)	1590	KP	Ortelius nach Gerard Mercator
17 P	137	181	*Pontus Euxinus*	1590	KP	Ortelius nach Gerard Mercator et al.
18 P	132	176	*Gallia Vetus*	1590	KP	Eigenschöpfung Ortelius
19 P	133	177	*Germaniae Veteris Typus*	1590	KP	Eigenschöpfung Ortelius
20 P	131	175	*Hispaniae Veteris Descriptio*, mit Inset: *Gades Minor*	1590	KP	Ortelius nach Clusius
21 P	135	179	*Italia Gallica sive Gallia Cisalpina*	1590	KP	Eigenschöpfung Ortelius
22 P	138	182	*Typus Chorographicus Locorum in Regno Iudea*	1590	KP	Ortelius nach Stella
23 P	134	178	*Pannoniae et Illyrici Veteris Typus*	1590	KP	Ortelius nach Gastaldi
24 P	141	185	*Tempe*	1590	KP	Eigenschöpfung Ortelius
25 P	136	180	*Thraciae Veteris Typus*	1590	KP	Ortelius nach Gastaldi et al.
26 P	142	205	*Europam sive Celcticam Veterem*	1595	KP	Eigenschöpfung Ortelius
27 P	143	206	*Galliae Veteris Typus*	1595	KP	Eigenschöpfung Ortelius
28 P	144	207	*Latium*, mit Inset: *Mons Circaeius*	1595	KP	Eigenschöpfung Ortelius
29 P	145	208	*Graecia Maior*, mit Inset: *Diomedeae Insulae*	1595	KP	Eigenschöpfung Ortelius
30 P	146	209	*Daciarum Moesiarumque Vetus Descriptio*	1595	KP	Ortelius nach Gastaldi
31 P	147	210	*Alexandri Magni Expeditio*, mit Inset: *Iovis Ammonis Oraculum*	1595	KP	Eigenschöpfung Ortelius
32 P	148	211	*Aeneas Troiani Navigatio*	1595	KP	Eigenschöpfung Ortelius
33 P	149	212	*Daphne*	1595	KP	Eigenschöpfung Ortelius
Add 33 P	–	154a	*Belgii Veteris Typus*	1595	Neustich Nr. 6 P	
34 P	–	174a	*Britannicarum Insularum Typus*	1595	Ersatz für Nr. 15 P und Nr. 16 P	
35 P	128	163a	*Aegyptus Antiqua*	1595	Ersatz für Nr. 4 P und Nr. 5 P	
36 P	–	217	*Geographia Sacra*	1598	KP	Eigenschöpfung Ortelius
37 P	–	218	*Erythreaei sive Rubri Maris Periplus*, mit 3 Insets: *Annonis Periplus*, Nordpolargebiet und *Ulysses Errores*	1598	KP	Eigenschöpfung Ortelius
38 P	–	219	*Argonautica*	1598	KP	Eigenschöpfung Ortelius
39 P	–	220	*Scenographia Totius Fabricae S. Laurentii in Escoriali*	1598	K	Unbekannt
Add 39 P/I	–	–	*Gallia Vetus*	1603	Neustich Nr. 18 P	
Add 39 P/II	–	–	*Aeneas Troiani Navigatio*	1603	Neustich Nr. 32 P	
Add 39 P/III	–	221	*Tabula Itinerae ex illustri Peutingerorum Bibliotheca*	nach 1604	MS	Welser
Add 39 P/IV	–	–	*Abrahami Patriarchae Peregrinatio*	nach 1604	Neustich Nr. 12 P	

CATALOGUS CARTOGRAPHORUM

Der folgende Katalog enthält eigene Kapitel zu allen Kartenmachern, deren Werke nachweisbar in irgendeiner Form in das *Theatrum* eingegangen sind. Vorangestellt ist eine Gruppe von Anonymi. Beschrieben werden hier Karten, die im *Theatrum* verwendet wurden, deren Autor aber nicht genannt ist und somit Ortelius nicht bekannt war und den auch die heutige Forschung nicht oder nicht mit Sicherheit benennen kann. Mit Artikeln unter Namenstichwort sind alle Kartenautoren angeführt, die im *Catalogus Auctorum* genannt und/ oder deren Karten im *Theatrum* kopiert worden sind. Die zu den einzelnen Kartographen gegebenen Werkverzeichnisse erheben – insbesondere bei produktiven Leuten wie etwa Jacobo Gastaldi – keinen Anspruch auf Vollständigkeit. Bevorzugt erfaßt werden die Arbeiten, die im Zusammenhang mit dem *Theatrum* relevant sind.

Erfassung und Beschreibung der einzelnen Karten beruhen auf einem festen Schema unter folgenden Vorgaben:

– Die Titel sind orthographisch so genau wie möglich zitiert mit der Angabe von Zeilenbruch etc.

– Weitere Beschriftungen werden nur in Kurzform zitiert; ein besonderer Aspekt ist hier der Hinweis auf Ausgabevarianten bzw. eine Funktion als Hilfestellung, um solche Varianten künftig noch ausfindig zu machen.

– Bei den Formatangaben steht immer Höhe vor Breite.

– Das Verzeichnis von Lagerorten kann keinen Anspruch auf Vollständigkeit erheben. Lagerorte sind ohnehin nur bei seltenerem Material angegeben, bei Büchern und Atlanten fehlen sie in der Regel.

Eine erschöpfende Bildausstattung dieses Katalogs wäre eine wirtschaftlich nicht machbare Illusion. Zu den meisten Karten wird verwiesen auf Abbildungen in der Sekundärliteratur, vor allem in relativ leicht zugänglichen Standardwerken. Die Aufschlüsselung dieser Kurzzitate findet sich am Ende des jeweiligen Abschnitts bzw. im „Verzeichnis der abgekürzt zitierten Literatur". Konkret zur Abbildung im vorliegenden Band ausgewählt wurden vor allem Karten, die bisher überhaupt nicht oder nur entlegen publiziert worden sind.

Anonymus ÄGYPTEN

Die Ägypten-Karte des *Theatrum* (Nr. 52b) ist ohne wesentliche Änderungen kopiert nach einer anonymen Karte, deren Originalausgabe 1566 in Venedig bei Forlani erschien:

NVOVA ET / COPIOSA DE- / SCRITTIONE / DI TVTTO / L'EGITTO / Pur hora da Paulo / Forlani Veronese / intagliata in / Venetia l'anno / 1566

Titel und Adresse oben links in Kartusche

Kupferstich, 35 × 26,5 cm

Zu Exemplaren vgl. TOOLEY, *Italian Atlases*, Nr. 193 (Abb. einer späteren Ausgabe von 1570 bei NORDENSKJÖLD, Abb. 59).

Der unmittelbare Autor dieser Karte ist nicht zu ermitteln. Das kartographische Datenmaterial beruht in hohem Maße auf der Afrika-Karte von Jacobo → Gastaldi.

Lit.:
– ALMAGIA, *Mon. Cart. Vaticana II*, S. 114
– NORDENSKJÖLD, A.E.: *Periplus. An essay on the early history of charts and sailing directions.* Stockholm 1897, S. 133.

Anonymus BARBARIA

Vorlage für die Nordafrika-Karte *Barbaria et Biledulgerid Nova Descriptio* (Nr. 53) war mit hoher Wahrscheinlichkeit der Einblattdruck:

BARBARIA pars APRICAE, Comprae: / hendens praecipua Loca Versus littora / MARIS MEDITERRANEI

Titel oben links in Kartusche

Kupferstich, 2 Bll. nebeneinander, Gesamtformat 17,5 × 87,5 cm

Ein Exemplar ist in der Biblioteca Apostolica Vaticana, Rom (Abb. bei ALMAGIA, *Mon. Cart. Vaticana II*, Tav. XL).

Die Karte enthält keinerlei Angabe zu Autor, Druckort und -jahr. Es dürfte sich um eine Publikation eines Verlages in Venedig aus den 1560er Jahren handeln. Inhaltlich beruht sie in hohem Maße auf den Afrika-Wandkarten von → Gastaldi.

Die Fassung im *Theatrum* kopiert den linken und mittleren Teil dieser Vorlage. Der Blattschnitt ist etwas nach Süden erweitert ohne wesentliche zusätzliche kartographische Ergänzungen. Ortelius hat einige erläuternde Texte eingefügt, deren Hauptquelle ebenfalls Karten Gastaldis waren.

Lit.:
– ALMAGIA, *Mon. Cart. Vaticana II*, S. 114.

Anonymus BRITISCHE INSELN

Die von Vrients 1605 datierte und seit 1606 dem *Theatrum* beigegebene *Angliae et Hiberniae Accurata Descriptio* (Nr. 148) hat als Vorlage einen englischen Einblattdruck:

FLORENTISSIMORV̄ Regnorum ANGLIAE / et HIBERNIAE accurata descriptio veteribus / et recentioribus nominibus illustrata et ad doct. / viri Giuliel. Camdeni BRITANIĀ Topographice ac- / co̅modata Nominibus Antiquis vel preponitur vel postponitur

Titel oben Mitte in Rollwerkskartusche. Rechts ein Stammbaum der englischen Regenten bis auf Elisabeth I. (1558–1603)

Kupferstich, 43 × 58,5 cm

Ein Exemplar ist im Besitz der Royal Geographical Society, London (Abb. bei SHIRLEY, Plate 39).

Ausweislich des Titels erschien dieses Blatt zum parallelen Gebrauch mit der 1586 erstmals gedruckten *Britannia* des englischen Historikers William Camden (1551–1623). Es wird auf etwa 1594 datiert, der Stich wird dem Engländer Benjamin Wright (1575–1613) zugeschrieben. Unmittelbare Vorlage für dieses Blatt war ein 1592 von Jodocus → Hondius edierter Einblattdruck (Exemplar in der National Library of Wales, Aberystwyth; Abb. bei SHIRLEY, Plate 36).

Vrients hat sich sehr genau an diese englische Vorlage gehalten. Auffällige Unterschiede sind seine Adresse unten in der Mitte und die Fortführung des Regentenstammbaumes bis auf Jakob I. (1603–1625).

Lit.:
– SCHILDER, *Monumenta II*, S. 133–135
– SHIRLEY, *British Isles*, Nr. 164, 177 und 275.

Anonymus BURGUNDIA INFERIOR

Die auf 1584 datierte und im gleichen Jahr auch publizierte *Theatrum*-Karte von Nieder-Burgund (Nr. 96, mit der Reduktion *Burgundiae Ducatus* Nr. 142a) ist ein offenes Problem in der älteren Geschichte der französischen Regionalkartographie. Der derzeitige Forschungsstand gibt keinerlei Anhaltspunkt, um den kartographischen Urheber konkret namhaft zu machen. Festzustellen sind lediglich zwei gesicherte Fakten:

1. Die *Theatrum*-Karte stimmt inhaltlich weitgehend überein mit der Karte *Burgundia Ducatus* im Frankreich-Atlas Gerard → Mercators von 1585.
2. Seit 1579 nennt der *Catalogus Auctorum* Etienne → Tabourot als Autor einer nicht publizierten Karte des Herzogtums Burgund.

In diesem Dreieck Tabourot – Ortelius – Mercator sind verschiedene Verbindungen und Wege des Materialflusses vorstellbar. Im Prinzip wäre es möglich, daß die Manuskript-Karte von Etienne Tabourot eben dann doch hier von Ortelius veröffentlicht worden ist. Dem steht aber entgegen, daß der *Catalogus Auctorum* bis zur spätesten Ausgabe die Tabourot-Karte mit dem Vermerk *sed nondum prodiit* versieht. Wäre sie aber doch erschienen, hätte es dem Usus des *Theatrum* entsprochen, diesen Vermerk zu ändern in *In hoc Theatro* oder ähnlich. Andererseits könnte eine Handzeichnung Tabourots natürlich auch an Mercator zur Erstveröffentlichung gelangt sein. Es ist bekannt, daß einige der Atlaskarten Mercators schon früher als Einblattdrucke publiziert wurden, und ein solcher könnte dann die Vorlage für Ortelius gewesen sein. Natürlich ist auch der umgekehrte Weg, von Ortelius zu Mercator, denkbar.

Alle diese Fragen müssen offen bleiben mindestens so lange, wie feste Daten zu Leben und Werk von Etienne Tabourot noch fehlen. Daneben aber kann der hier in Rede stehende anonyme Kartograph auch ein ganz anderer gewesen sein, eine Verbindung dieser *Theatrum*-Karte mit Tabourot ist nicht zwingend.

Anonymus CARPETANIA

Seit 1584 enthält das *Theatrum* eine Karte von „Carpetania" (Nr. 99a), d.h. der Region genau in der Mitte von Spanien am Tajo zwischen Toledo und Aranjuez. Über die Vorlage und ihren Weg zu Ortelius geben die vorhandenen Quellen keinerlei Anhaltspunkt, gedruckt wurde eine vergleichbare Karte vorher allem aktuellen Kenntnisstand nach nicht. Ortelius dürfte mit einiger Sicherheit eine Handzeichnung benutzt haben. Die Karte ist sehr detailliert, mit Eintragungen wie *Hic multa antiqua monumenta effodiuntur* am Zusammenfluß von Jarama und Tajuna oder dem Zusatz *nobiliß. hinc vinum* zu *Esquivias*. Dies läßt auf einen Urheber mit einer recht genauen eigenen Landeskenntnis schließen. Erstaunlicherweise endet die Karte im Norden unmittelbar südlich von Madrid, das seit 1561 zur Hauptstadt Spaniens geworden war. Dies suggeriert, die Entstehung der Vorlage wesentlich früher als in den 1580er Jahren anzunehmen. Für die Urheberschaft stehen dann Namen wie Carolus → Clusius und Georg → Hoefnagel im Raum. Weitere Aussagen hierzu sind aber nach dem gegenwärtigen Stand der Forschung noch nicht möglich.

Anonymus CATALONIA

Die seit 1602 im *Theatrum* enthaltene Karte von Katalonien (Nr. 144) ist eine verkleinerte, aber ansonsten genaue Kopie einer Wandkarte, die um 1600 von Vrients selbst publiziert wurde:

NOVA PRINCIPATVS CATALONIAE DESCRIPTIO

Titel in eigenem Rahmen oben außerhalb des Randes. Oben links in Kartusche Widmung und Geleitwort (21 Zeilen), signiert von Vrients. Mitte links in der Maßstabskartusche die Adresse *Antuerpiae apud Ioannem Baptistam Vrints*

Kupferstich, 6 Bll. in 2 Reihen zu je 3 Bll., Gesamtformat 123 × 151,5 cm

Das einzige beschriebene Exemplar ist in der Bibliothèque Nationale, Paris (Abb. bei SCHILDER, Nr. 104).

Ein Exemplar einer zweiten Auflage durch Claes Janszoon Visscher in Amsterdam ist ebenfalls in der Bibliothèque Nationale, Paris (Abb. bei SCHILDER, Nr. 105).

Der Autor dieser Karte ist an keiner Stelle genannt. Seine Identifizierung – vielleicht mit Hilfe katalonischer Archivquellen – steht noch aus.

Lit.:
– SCHILDER, *Monumenta II*, S. 125–129.

Anonymus CREMA

Die *Theatrum*-Fassung der Cremona-Karte nach Antonio → Campi (Nr. 90) enthält als Inset eine kleine Karte des Raumes um die westlich von Cremona gelegene Stadt Crema. Vorlage war hier ein 1570 in Venedig bei Paolo Forlani erschienener Einblattdruck, dessen kartographischer Urheber nicht bekannt ist:

Ohne eigentlichen Titel, aber oben rechts in Rahmen das Geleitwort: *Benigni Lettori / Douendo dar alle stampe questa cosi / bela discrittione di tutto il Territorio / Cremasco, ho anco uoluto dimonstrare / con puntesini la oue si diuide i cōfini / d'ogni parte intagliata da Paolo For- / lani Veronese In Venetia l'Anno 1570*

Kupferstich, 22,5 × 36 cm

Exemplare: Biblioteca Nazionale, Florenz; British Library, London; Bibliothèque Nationale, Paris (nicht bei TOOLEY, *Italian Atlases*).

Siehe Abb. 5

Ortelius hat diese Vorlage mit leichten Änderungen übernommen. Die Flußläufe weisen stärkere Kurven auf, die Planansicht von Crema selbst ist stark simplifiziert. Einige Namen wie *Mediolanensis confinia* sind hinzugefügt, andere, wie der Name der Etsch, wurden geändert (*Addua flu.* statt *ADA FLV.*).

Lit.:
- ALMAGIA, *Mon. Ital. Cart.*, S. 39.

Anonymus CULIACAN

Die 1573 im *Theatrum* veröffentlichte *Culiacanae ... Descriptio* (Nr. 73a), eine Karte des nordwestlichen Mexiko, wurde – wie Ortelius in einem Geleitwort in einer Kartusche oben links ausdrücklich erwähnt – von einem anonymen Autor gezeichnet. Diesen heute noch nachzuweisen dürfte kaum möglich sein. Auch die sekundären Quellen sagen hierzu und über den Weg, auf dem die vermutlich handschriftliche Vorlage an Ortelius kam, nichts (vgl. auch Anonymus → Guastecan).

Lit.:
- CLINE, H.F.: The Ortelius maps of New Spain, 1579, and related contemporary materials 1560–1610. In: *Imago Mundi* 16, 1962, S. 98–115.

Anonymus DJERBA

Vorlage für Ortelius' kleine Karte der Insel Djerba vor Tunis (Nr. 38d) war ein anonymer italienischer Einblattdruck:

Disigno dell'Isola de Gerbi con le seche che la difendeno dall'inondatione del mare, et Il sito della fortezza fatta da Christiani alla defesa della quala ui e restato / cinq millia ualorosi soldati, e' buona prouisione di Vituaglie e monitione che con l'aiuto di Dio bastara a diffenderla dall'Insulti de l'armata Turchesca

Zweizeiliger Text am unteren Rand des Blattes mit Beschreibung der dargestellten Ereignisse, einer Belagerung der von christlichen Truppen gehaltenen Befestigung von Djerba durch die Türken

Kupferstich, 30 × 43,5 cm

Zu Exemplaren vgl. TOOLEY, *Italian Atlases*, Nr. 244.

Siehe Abb. 6

Ort und Jahr dieses Druckes sowie der topographische Urheber des Blattes sind nicht bekannt. Dargestellt sind vermutlich Ereignisse des Jahres 1560. Kurz nachdem sizilianische Truppen das von dem Freibeuter Dragut gehaltene Djerba erobert hatten, wurden sie selbst durch eine türkische Armada attackiert. Der Stich zeigt nicht mehr das Ende dieser zu ihrer Zeit spektakulären Kampagne. Die Türken eroberten Djerba zurück, die gesamte sizilianische Garnison von 5000 Mann wurde niedergemacht.

Die topographischen Details dieser Vogelschauansicht wurden von Ortelius recht genau übernommen und in eine Karte umgesetzt. Weggelassen sind die Darstellungen der Flotten vor der Küste und die Palmenwaldsignaturen auf Djerba selbst.

Anonymus ELBA

Die Elba-Karte des *Theatrum* (Nr. 38e) ist eine leicht generalisierte, ansonsten aber sehr exakte Kopie eines italienischen Einblattdruckes, der ohne Angabe von Ort und Jahr erschien:

ILBA sive ILVA, imsula (sic!)*, est in / mari tusco, continet distans mill. / X pasuum, et nascuntur minerales / metalli, bene munita et forti situ / impetui turcarum resistit.*

Titel mit kurzen Erläuterungen oben rechts in Kartusche

Kupferstich, 26,5 × 20 cm

Zu Exemplaren vgl. TOOLEY, *Italian Atlases*, Nr. 196 (Abb. bei ALMAGIA, *Mon. Ital. Cart.*, Tav. XXVI-4).

Das Blatt gehört zu einer ganzen Familie sehr ähnlicher Karten, deren kartographischer Urheber nicht bekannt ist.

Lit.:
- ALMAGIA, *Mon. Ital. Cart.*, S. 22
- NOVACCO, *Cartografia Rara*, Nr. 40.

Anonymus GERMANIA INFERIOR I

Die Diskussion um die Urheberschaft an der *Descriptio Germaniae Inferioris* des Ortelius-Atlas (Nr. 14) wird seit langem und nicht immer mit größtmöglicher Sorgfalt geführt. KOEMAN (1964) nahm die nur im Fragment erhaltene Karte der *Osterschen Zee* des Jan van → Hoirne als Grundlage an, enthielt sich aber später (1983) einer Wiederholung dieser Meinung. H. A. M. van der HEYDEN versucht im Gefolge davon — auf der Basis von Details wie Küsten- und Flußverläufen —, als Vorlage für diese *Theatrum*-Karte die im *Catalogus Auctorum* genannte, heute verschollene *Germaniae Inferioris Tabula* des Jan van → Hoirne zu erschließen.

Es stellt sich hier aber doch die Frage, ob man wirklich bis zu Jan von Hoirne zurückgehen muß. Bei einer detaillierten Analyse zeigt sich, daß nahezu alle Informationen zu finden sind auf einer Wandkarte der Niederlande, die 1566 in Antwerpen von Gerard de Jode publiziert wurde:

TOTIVS GALLIAE BELGICAE, INVICTISSIMI REGIS PHILIPPI PROVINCIAE HAEREDITARIAE, LOCORVM VICINORVMQVE DESCRIPTIO

Titelzeile über dem oberen Rand. Oben links in Kartusche Geleitwort (10 Zeilen), oben rechts in Kartusche Text zur geographischen Gliederung (12 Zeilen). Unten links die Stechersignatur *Joannes a Duetecum / Lucas a Duetecum / fecit*. Unten rechts die Adresse *Prostant Antuerpiae apud Gerardum de / Jode in Borsa noua An.° Domini 1566*.

Kupferstich, 6 Bll. in 3 Reihen zu je 2 Bll., Gesamtformat 82,5 × 98 cm

Exemplare: Bibliothèque Nationale, Paris (danach Voll-Faksimile bei SCHILDER, Plate 1/1 – 1/5); Herzog August Bibliothek, Wolfenbüttel.

Diese Wandkarte von de Jode ist eine Kompilation aus verschiedenen Quellen, vor allem aus den Provinzkarten Jacob van → Deventers. Ihr Urheber ist nicht genannt und bekannt, vielleicht war es de Jode selbst.

Die Abhängigkeit der *Theatrum*-Karte von dieser Vorlage fällt auf den ersten Blick nicht auf. Ortelius hat seine Fassung nach Nordwesten orientiert. Hinzu kommen der ovale Blattschnitt — vielleicht in Anlehnung an die Flandern-Karte — sowie eine recht strenge Generalisierung. Aber dennoch: Alle wesentlichen Details der *Theatrum*-Karte sind aus de Jode übernommen. Von Ortelius hinzugefügt wurden einzelne Informationen, wie etwa östlich der Maas das Sumpfgebiet *Die Peel* bei Geldern und die Grenze um Erkelenz; Quelle waren hier die Gelderland-Karten von Deventer oder → Sgrothen.

Lit.:
- HEYDEN, *Maps ot the Netherlands*, S. 20 – 22 und Nr. 9 – 14
- KOEMAN, C.: *The History of Abraham Ortelius and his Theatrum Orbis Terrarum*. Lausanne 1964, S. 59
- KOEMAN, *Kartografie van Nederland*, S. 107
- SCHILDER, *Monumenta I*, S. 102 – 109.

Anonymus GERMANIA INFERIOR II

Die Quellen- und Prioritätsfrage um die neue Karte der Niederlande, die dem *Theatrum* 1608 von Vrients beigefügt wurde (Nr. 153), ist etwas verworren. Nach den Forschungen von H.A.M. van der HEYDEN ist zunächst festzustellen:

1. Die *Theatrum*-Karte zeigt in der Ausgabe von 1608 klare Spuren von Rasuren. In der doppelten Kartusche oben rechts, die einen Hinweis auf die Regierungsübernahme in den Spanischen Niederlanden 1598 durch Prinzessin Isabella Clara sowie die Widmung von Vrients an Frans Sweerts vom 1. September 1606 trägt, stand ursprünglich ein anderer Text (HEYDEN, Nr. 32; SCHILDER, Plate 7).

2. In allen dekorativen Elementen zeigt diese Vrients-Karte eine überaus hohe Übereinstimmung mit einer *Belgicarum Provinciarum Descriptio*, die 1588 in Haarlem von Battista und Joannes van Deutecum ebenfalls in Folio-Format publiziert wurde (HEYDEN Nr. 33; SCHILDER, Plate 8).

3. Gemeinsame inhaltliche Vorlage für beide genannten Folio-Karten war eine Wandkarte *Nova et emendata totius Belgi, sive Inferioris Germaniae ... Descriptio* eines unbekannten Autors, die um 1578 in Antwerpen von Philipp Galle publiziert wurde. Die Originalausgabe ist verschollen, die älteste bekannte Fassung ist eine Neuausgabe von den alten Platten 1605 durch Vrients (HEYDEN, Nr. 22; SCHILDER, Plate 5/1 – 5/6).

4. Sowohl von der Folio-Karte 1608 als auch von der Wandkarte 1605 gibt es spätere Nachdrucke durch die Söhne Galles.

Die gezogene Folgerung und die aufgestellte Theorie ist, daß Vrients für die Folio-Karte 1608 eine Platte verwendet hat, die ebenfalls von Philipp Galle gestochen worden war, gleichsam als kleinere und in etwa zeitgleicher Zusammenfassung der Wandkarte von 1578. Die Deutecum-Karte von 1588 wäre dann also eine Kopie dieser vermuteten Folio-Karte von Galle, welche somit auf vor 1588 zu datieren wäre.

Eine sehr detaillierte inhaltliche Analyse macht es jedoch schwer, sich diesem Gedankengang ohne Einschränkung anzuschließen. Unbestritten sind
a) die Existenz eines älteren Plattenzustandes der *Theatrum*-Karte 1608;
b) die Abhängigkeit zwischen dieser Vrients-Karte und der Deutecum-Karte von 1588 in bezug auf die Dekoration;
c) die Position beider Folio-Karten in der direkten Nachfolge der Wandkarte von Galle.

Allerdings: Die Deutecum-Karte folgt der Wandkarte Galles wesentlich genauer. So stimmen beide Werke z.B. überein in der Abbildung der Südostspitze von England, der Inseln im Dollart und von Sandbänken vor allem vor Texel und der Schelde-Mündung. Die Vrients-Karte läßt England fast ganz weg, hat weitere Inseln im Dollart und eingezeichnete Untiefen entlang der ganzen Küste. Als Quelle für diese Ergänzungen meine ich recht sicher Karten aus den Seeatlanten von Lucas Janszoon → Waghenaer ausmachen zu können.

So möchte ich die Vrients-Karte als eine Kompilation nach der Deutecum-Karte und Waghenaer ansehen. Offen bleibt die Frage nach dem ersten Plattenzustand. Er ist vielleicht vor 1598 zu datieren, aber auch der Herausgeber dieser Editio princeps könnte Vrients selbst gewesen sein.

Lit.:
- HEYDEN, *Maps of the Netherlands*, S. 80–82 und 148 ff.
- SCHILDER, *Monumenta II*, S. 111–122.

Anonymus GUASTECAN

Die auf einem Blatt mit der Florida-Karte nach → Chaves gedruckte Karte von Guastecan (Nr. 103c), d.h. des nordöstlichen Mexiko, trägt keinerlei Hinweis auf ihren Autor. Auch die Sekundärquellen enthalten hierzu keinerlei Information. Wegen der Übereinstimmung im gewählten Nullmeridian durch Toledo schlägt BRANDMAIR vor, auch diese Karte dem anonymen Autor der Culiacan-Karte (Anonymus → Culiacan) zuzuschreiben. Eine inhaltlich-stilistische Analyse ergibt für eine solche Annahme allerdings keinerlei weiteren Anhaltspunkt. Auch andere Zuschreibungsversuche, etwa an Chaves oder → Mendezius, entbehren jeder konkreten Grundlage. Die Frage nach dem Autor und den Umständen, unter denen die sicherlich handgezeichnete Vorlage an Ortelius gelangt ist, muß offenbleiben.

Lit.:
- BRANDMAIR, E.: *Bibliographische Untersuchungen über Entstehung und Entwicklung des Ortelianischen Kartenwerkes*. München 1914, Neudruck Amsterdam 1964, S. 96
- CLINE, H.H.: The Ortelius maps of New Spain, 1579, and related contemporary materials 1560–1610. In: *Imago Mundi* 16, 1962, S. 98–115.

Anonymus GUIPUZCOA

Die seit 1584 im *Theatrum* enthaltene Karte von Guipuzcoa, dem spanischen Baskenland (Nr. 99b), ist eine Kopie nach einer Vorlage, deren älteste mir bekannte Fassung 1578 im *Speculum Orbis Terrarum* von Gerard de Jode erschien:

NOVA ET EXACTISSIMA DESCRIPTIO / nobis provinciae GVIPVSCOVAE in partibus Hispaniae sitae

Titel oben in der Mitte in Kartusche

Kupferstich, 35 × 25,5 cm

Über den kartographischen Urheber dieser Karte und über den Weg, auf dem die vermutlich handschriftliche Vorlage an Gerard de Jode gekommen ist, sind keine Informationen vorhanden.

Anonymus HENNEBERG

Die auf 1594 datierte und seit 1595 im *Theatrum* enthaltene Karte der mitteldeutschen Grafschaft Henneberg (Nr. 129a) ist eine genordete, sonst aber sehr genaue Kopie einer geosteten Vorlage, die 1593 als Einblattdruck erschienen war:

HENNENBERGENSIVM / PRINCIPVM QVONDAM / DITIONIS VERA ET / INTEGRA DELINEATIO. / ANNO. / 1593.

Titel unten rechts in Kartusche. Oben halblinks in Kartusche (mit dem Hahn als Henneberger Wappentier) die Regionalbezeichnung *TVRINGIAE / PARS*. Links darunter eine Bemerkung über die Aufteilung Hennebergs: *Hennenbergica hic descripta ditio moderna / ...*, endend *... 27 Decemb: ad finem Anni 1593.* (insgesamt 7 Zeilen)

Kupferstich, mit einigen Ortsnamen in Typendruck nachgetragen, 30,5 × 46 cm

Das einzige derzeit vorhandene Exemplar ist in der Stadtbibliothek, Leipzig. Das Dresdener Exemplar ging im Zweiten Weltkrieg verloren.

Ebenfalls verschollen ist das Exemplar der Universitätsbibliothek, Halle. Es hatte am unteren Rand die typengedruckte Adresse *In Schmalkalden bey Mich. Schmück, 1593.*

Siehe Abb. 7

Michael Schmück (1535–1604) war nach Druckerlehre und einem abgebrochenen Studium in Wittenberg seit 1564 als erster Drucker in Schmalkalden tätig. Er war mit höchster Wahrscheinlichkeit eben auch nur der Drucker und Verleger dieser Karte. Der eigentliche kartographische Urheber ist bisher noch nicht identifiziert.

Lit.:
- BENZING, *Buchdrucker*, S. 411
- HANTZSCH, *Karten der sächsisch-thüringischen Länder*, Nr. XVII
- HÖHN, A.: *Das Coburger Land im Spiegel alter Karten.* Coburg 1989, S. 56–57.

Anonymus HISPANIA NOVA

Die seit 1579 im *Theatrum* enthaltene *Hispaniae Novae ... Descriptio* (Nr. 72), eine Karte des westlichen Teiles von Mittelamerika, erschien ohne Angabe zum Autor. Auch der *Catalogus Auctorum* und andere Quellen aus dem Umfeld des Ortelius nennen diese Karte nicht. Die vermutlich handgezeichnete Vorlage war mit einiger Sicherheit das Werk eines offiziellen Kartenmachers der spanischen Krone. WAGNER weist darauf hin, daß es in der Ortsnamenschreibung klar erkennbare Parallelen gibt zwischen dieser Karte und dem Material, das 1571–1574 in Spanien zur Verfügung stand für die seinerzeit ungedruckt gebliebene *Geografia y descripcion universal de las Indias* von Juan Lopez de Velasco.

Einen etwas verwirrenden, von BRANDMAIR bekanntgemachten Hinweis auf diesen anonymen Autor liefert der französische Kartograph Didier Robert de Vaugondy (1723–1786) in seinem *Essai sur l'histoire de la cartographie* (Paris 1755). Dort heißt es auf S. 195: *Jean Duran composa une carte de la nouvelle Espagne, en dix huit cartes, pour sa géographie du nouveau monde.* Diese Karte Neu-Spaniens in 18 Blättern ist bisher nicht bekannt geworden. Überhaupt sind dieser Jean Duran und sein Werk anderwärtig nicht nachweisbar. Möglich ist, daß Robert de Vaugondy hier die *Historia de las Indias de la Nueva Espana y Islas de Tierra Firme* des Dominikanermönches Diego Duran († 1588) meint. Dieses Werk, geschrieben auf der Grundlage umfassender eigener Landeskenntnisse, wurde aber erst im 19. Jahrhundert erstmals vollständig publiziert. Auch ist von kartographischen Arbeiten des Diego Duran nichts bekannt.

Insgesamt sind hier die Beziehungen und Quellen noch zu wenig erforscht, als daß Aussagen über einen möglichen Zusammenhang mit der *Theatrum*-Karte gemacht werden könnten.

Lit.:
- BRANDMAIR, E.: *Bibliographische Untersuchungen über Entstehung und Entwicklung des Ortelianischen Kartenwerkes.* München 1914, Neudruck Amsterdam 1964, S. 94
- CLINE, H.F.: The Ortelius maps of New Spain, 1579, and related contemporary materials 1560–1610. In: *Imago Mundi* 16, 1962, S. 98–115
- WAGNER, H.R.: *The Cartography of the Northwest Coast of America to the Year 1800.* Bd 1. Berkeley 1937, S. 71–72.

Anonymus KARTHAGO

Vorlage für die *Theatrum*-Karte des Gebietes um das alte Karthago, d.h. des Raumes Tunis (Nr. 52c), war mit hoher Wahrscheinlichkeit ein früher italienischer Einblattdruck:

Lettori mi eparso p. maggior inteligentia della terra di tunezi ...

Erläuterungstext statt eines konkreten Kartentitels (13 Zeilen) oben links in Rahmen. Oben rechts Maßstab mit Stechzirkel, darunter die Datierung *1535* und die Buchstaben *A. V.*

Kupferstich, 26,5 × 37,5 cm

Zu Exemplaren vgl. TOOLEY, *Italian Atlases*, Nr. 556 (Abb. bei NOVACCO).

Dies ist eine Vogelschaukarte aus Nordosten, sie zeigt die zu ihrer Zeit aufsehenerregende Eroberung von Tunis durch Kaiser Karl V. im Jahre 1535. Die Buchstaben *A. V.* werden gelesen als Signatur von Agostino Musi, genannt Veneziano. Geboren 1490 in Venedig, war er seit etwa 1510 in Rom als Kupferstecher und Kleinverleger tätig. Der topographische Urheber des Blattes bleibt unbekannt.

Dieser Druck enthält alle Informationen, die Ortelius für seine Karte im *Theatrum* benötigte. Alle Flotten- und Belagerungsszenerien sind weggelassen, die Darstellung ist um 180° gedreht und überhaupt in ein regelrechtes kartographisches Grundrißbild übertragen.

Lit.:
- NOVACCO, *Cartografia Rara*, Nr. 138
- THIEME – BECKER 25, 1931, S. 292 (über Musi).

Anonymus KORFU

Unmittelbare Vorlage für die Korfu-Karte des *Theatrum* (Nr. 38c) war ein 1564 in Rom von Fernando Bertelli publizierter Einblattdruck:

Ohne Titel. Oben rechts in Kartusche geographische Kurzbeschreibung *Vogliono alcuni che Isola di Corfu ...* (14 Zeilen), endend *... quasi trecento miglia. Ferādo Berteli exc: / 1564*

Kupferstich, 37,5 × 28 cm

Zu Exemplaren vgl. TOOLEY, *Italian Atlases*, Nr. 165 (Abb. bei NOVACCO).

Dies ist eine durch einen unbekannten Autor vorgenommene, emendierte Bearbeitung einer Karte von 1537. Bis auf eine Drehung um 180° in eine Nordorientierung folgt die *Theatrum*-Fassung dieser Vorlage sehr genau.

Lit.:
- ALMAGIA, *Mon. Cart. Vaticana II*, S. 106–107
- NOVACCO, *Cartografia Rara*, Nr. 32.

Anonymus KRETA

Seit 1584 enthält das *Theatrum* eine neue Kreta-Karte (Nr. 98a), die auch die Grundlage bildete für die Karte des antiken Kreta im *Parergon* (Nr. 7P a). Diese Darstellung ist wesentlich genauer als alle anderen älteren Kreta-Karten, die bekannt sind. Sie wurde typenbildend für zahlreiche spätere Nachstiche. Höchstwahrscheinlich hat Ortelius hier eine handgezeichnete Vorlage benutzt, über deren Urheber und deren Weg an ihn derzeit nichts bekannt ist. Eine noch zu klärende Rolle hat möglicherweise der Venezianer Francesco Superanti gespielt, der im Rückentext zu dieser Karte als „Liebhaber der Mathematik und Geographie" genannt ist. Forschungen zu diesem Mann stehen noch aus.

Lit.:
- ZACHARAKIS, *Maps of Greece*, Nr. 1458.

Anonymus KUBA – HAITI

Die seit 1579 im *Theatrum* enthaltene Karte des karibischen Raumes um Kuba und Haiti (Nr. 73b) ist eine Eigenschöpfung von Ortelius durch Kompilation unterschiedlicher Quellen. Im Grundgerüst besteht eine gewisse Ähnlichkeit mit dem entsprechenden Ausschnitt aus der großen Weltkarte Gerard → Mercators von 1569 bzw. der Amerika-Karte von Diego → Gutiérrez als deren Vorlage. Daneben aber enthält diese *Theatrum*-Karte zahlreiche Informationen – vor allem topographische Details der Inseln und Toponyme –, die auf keiner älteren gedruckten Karte der Region zu finden sind.

Ortelius hat hier spanische Manuskriptvorlagen benutzt, die auf heute nicht mehr nachweisbarem Wege an ihn gelangt sind. Konkret scheint es sich gehandelt zu haben um Kopien nach dem *Isolario general de todos los islas del mundo*. Dieser Manuskriptatlas (Exemplare in der Biblioteca Nacional, Madrid und in der Österreichischen Nationalbibliothek, Wien) wurde 1560 in Madrid geschaffen von Alonso de Santa Cruz. 1505 in Sevilla geboren, hatte er 1526–1529 an der mißlungenen Expedition von Sebastian → Cabot teilgenommen. 1537 wurde er Kosmograph der Casa de la Contratación, nach Cabots Übersiedlung nach England dessen Vertreter als Piloto Mayor und später Mitglied der Junta de Cosmografos am spanischen Hof. Er starb 1567 in Madrid.

Lit.:
- BLASQUEZ, A. (Hrsg.): *Isolario general de todos las islas del mondo por Alonso de Santa Cruz.* Madrid 1920
- CUESTA, M.: *Alonso de Santa Cruz y su obra cosmografica.* Madrid 1983
- *Mapas espanoles de America. Siglos XV–XVII.* Madrid 1941, S. 18–20 und S. 67 ff.
- WIESER, F. von: *Die Karten von Amerika in dem Isolario general des Alonso de Santa Cruz.* Innsbruck 1908.

Anonymus MALTA

Die Malta-Karte des *Theatrum* (Nr. 38f) gehört zu einer Kartenfamilie, deren typenbildendes Original von einem unbekannten Autor geschaffen und 1551 in Rom von Antonio Lafreri publiziert wurde:

MELITA Insula, quam hodie MALTAM uocant, medio fere / mediterranei maris transitu ...

Titel bzw. geographische Kurzbeschreibung (9 Zeilen) oben halbrechts in Kartusche. Unten links die Adresse *ANT. LAFRERI ROMAE 1551.*

Kupferstich, 32,5 × 46 cm

Zu Exemplaren vgl. TOOLEY, *Italian Atlases,* Nr. 373 (Abb. bei ALMAGIA, *Mon. Ital. Cart.,* Tav. XXV-4).

Höchstwahrscheinlich hat Ortelius diese Originalausgabe benutzt. Gegenüber dieser Vorlage ist die *Theatrum*-Fassung um 180° gedreht, d.h., sie ist genordet. Relief, Wälder und auch die relativ reichhaltigen Straßeneintragungen wurden weggelassen.

Lit.:
- ALMAGIA, *Mon. Ital. Cart.,* S. 32.

Anonymus MARCA ANCONITANA

Eine handgezeichnete Karte der italienischen Marken sandte Cesare → Orlandi 1572 an Ortelius mit der Bemerkung, sie sei zwar nicht perfekt, aber immerhin besser als die entsprechende „Tabula Moderna" in der Ptolemäus-Ausgabe Venedig 1561. Für das Atlas-Projekt von Ortelius war dies aber bedeutungslos. Die seit 1573 im *Theatrum* enthaltene Karte der *Marchae Anconae, olim Picenum 1572* (Nr. 65c) ist kopiert nach einem Einblattdruck, der 1564 in Rom bei Vincenzo Luchini erschien:

MARCA D'ANCONA

Titel oben Mitte in Schriftband. Unten rechts in Kartusche geographische Kurzbeschreibung *Marchia Anconitana, Picenum olim dicta ...* (6 Zeilen), endend ... *Typis excussa. Romae apud Vincentium Luchinū. 1564.* Unten links Dekoration in Form eines Steinblocks mit Maßstab und leerem Wappenschild sowie mit den Buchstaben *M A*

Kupferstich, 39 × 48,5 cm

Zu Exemplaren vgl. TOOLEY, *Italian Atlases,* Nr. 102 (Abb. bei NOVACCO). Es gibt etliche weitere Ausgaben mit dieser Platte bis 1647.

Die Auflösung des Monogramms *MA* – sofern es sich hier überhaupt um eine Namenssignatur und nicht etwa um ein bloßes Kürzel für „Marca Anconitana" handelt – ist bisher nicht gelungen. Der wissenschaftliche Urheber dieser typenbildenden und oft kopierten Karte bleibt unbekannt.

Ortelius hat diese Vorlage sehr getreu übernommen, aus unbekannten Gründen ist die *Theatrum*-Version um 180° in eine Südwestorientierung gedreht worden.

Lit.:
- ALMAGIA, *Mon. Ital. Cart.,* S. 31
- BATTISTELLI, F. und R. PANICALI: *Il territorio di Fano nella cartografia delle Marche dalla meta del XVI ai primi del XLX secolo.* Fano 1979
- NOVACCO, *Cartografia Rara,* Nr. 82
- TOOLEY, *Italian Atlases,* Nr. 102–105.

Anonymus MECHELEN

Die mit Privileg auf 1591 datierte zweite Brabant-Karte des *Theatrum* (Nr. 126) enthält als Inset eine Karte des *MACHLINIAE VRBIS / DOMINIVM,* der Umgebung von Mechelen. Eine gedruckte Vorlage ist hierzu nicht auszumachen. Über den Autor der zu vermutenden handgezeichneten Vorlage sind keine Angaben möglich.

Die Brabant-Karte selbst trägt die Widmung: *Stemmate et eruditione claro / Dn. Hadriano Marsselario, / patricio Antwerpiensi; / Ab. Ortelius dedi-*

cab. / L.M. Diese beiden letzten Buchstaben der Widmung sind schwer aufzulösen. In der älteren Literatur findet sich mehrmals die Vermutung, dies seien die Initialen von Laurent → Michaelis, der somit als Autor dieser Mechelen-Karte anzusehen sei. Eine solche Annahme entbehrt jedoch jeder Grundlage, allem Wissen nach hatte Michaelis keinerlei Verbindung zu Mechelen.

Anonymus SARDINIEN

Die Sardinien-Karte des *Theatrum* (Nr. 38a) ist eine Kompilation. Ein kleinerer Teil im Norden ist entnommen der Italien-Karte von Jacobo → Gastaldi. Der große Rest ist kopiert nach einer Karte, die etwa um 1560–1565 in Venedig von Fabio Licinio gestochen wurde:

Sardinia insula inter Africā et Tyrr- / henum pelagus sita. magnitudine / 562 mill. pas. fertis admodum ani- / masiumq. uarii generis abundans / metallis argentariis, stagnis, fontib- / us salubris prestantisima.

Titel oben links in Rahmen, an dessen unterem Rand die Signatur *fabius licinius f.*

Kupferstich, 29,5 × 19 cm

Zu Exemplaren vgl. TOOLEY, *Italian Atlases*, Nr. 509 (Abb. bei ALMAGIA, *Mon. Ital. Cart.*, Tav. XXVI-1).

Der Autor dieser typenbildenden Karte ist nicht bekannt.

Lit.:
– PILONI, L.: *Carte geografiche della Sardegna.* Cagliari 1974.

Anonymus VALENCIA

Es ist bisher nicht gelungen, den Autor der Karte von Valencia (Nr. 107) ausfindig zu machen, die seit 1584 im *Theatrum* enthalten ist. Weder die zeitgenössischen Sekundärquellen noch die Literatur geben irgendeinen Hinweis auf den Ursprung der Vorlage und ihren Weg zu Ortelius.

Möglicherweise ist diese Karte, die im *Theatrum* ein auf 1584 datiertes Privileg trägt, von Ortelius zunächst als Einblattdruck publiziert worden. Mir ist ein früher Druck von dieser Platte ohne Rükkentext bekannt, in dem das Privileg auf 1582 datiert ist (Exemplar in der Bibliothèque Municipale, Grenoble).

Anonymus WÜRTTEMBERG

Grundlage für die Württemberg-Karte in den ersten *Theatrum*-Ausgaben (Nr. 30b) war ein 1559 in Tübingen publizierter Einblattdruck:

Das Blatt ist gedruckt von einem insgesamt vierteiligen Druckstock.

1. Oben eine holzgeschnittene Schriftrolle mit typengedrucktem Titel:
Warhafftige und grundtliche Abconterpheung des / loblichen Fürstenthumbs Würtemberg

2. Darunter viereckiger Holzschnitt mit der runden Karte darin. Über der Karte in Schriftrolle das Datum *Anno 1559*. Auf dem Holzschnitt unten rechts die Initialen *J S*. Auf der Karte unten in der Mitte ein Sonnenkompaß, dabei die Buchstaben *H H* und *L.F.*

3. Unter der Karte holzgeschnittene Schriftrolle mit typengedrucktem Geleitgedicht *In diser Mappen würdt bekandt / Das edel Würtembergisch Land. / ...* (3 Kolumnen zu je 6 Zeilen)

4. Am unteren Blattrand die typengedruckte Adresse *Getruckt zu Tübingen bey Ulrich Morharts Wittib.*

Holzschnitt mit Typendruck, Format des Kartenholzschnittes 43,5 × 30 cm, Blattformat etwa 51 × 30 cm

Das einzige heute bekannte Exemplar ist in der Öffentlichen Bibliothek der Universität, Basel; das Exemplar der Württembergischen Landesbibliothek in Stuttgart ging im Zweiten Weltkrieg verloren.

Nach HAUBER wurde der Druckstock später von dem Tübinger Drucker Georg Gruppenbach erworben und mit eigener Adresse und dem Datum 1578 für eine Neuauflage verwendet, von der bisher kein Exemplar aufgefunden wurde.

Siehe Abb. 8

Aus dem editorischen Umfeld dieser Karte ist nur gesichert, daß sie von den bis 1571 tätigen Nachfolgern des Tübinger Druckers Ulrich Morhart d. Ä. († 1554) publiziert wurde. Die Initialen *H H* und *L.F.* stellen wohl eine Holzschneidersignatur dar, deren Auflösung noch nicht gelungen ist. Das Monogramm *J S* wird gedeutet als Hinweis auf den Autor, wobei in der Literatur zwei Lesungen angeboten werden. OEHME zitiert einen handschriftlichen Hinweis *Author creditur Johan Sizlin, modist zu Vlm*, der sich auf dem Stuttgarter Exemplar befand; ich halte dies für einen falsch geschriebenen und auch inhaltlich unzutreffenden Verweis auf David → Seltzlin. Bereits HAUBER und nach ihm GRENACHER, DÜRST u.a. vermuten – wohl mit einiger Berechtigung – als Autor Johann Scheubel. Er wurde 1494 in Kirchheim/Teck geboren und war zunächst als Geometer und Mathematiker tätig, 1550 gab er in Basel die Werke Euklids heraus. Später war er Mathematikprofessor an der Universität Tübingen, wo er am 20. Februar 1570 starb.

Für das *Theatrum* wurde die durch den Gebrauch mit einem Sonnenkompaß bedingte Südorientierung des Originals in eine Nordorientierung umgekehrt. Inhaltlich wurde die Vorlage recht genau übernommen. Seit 1579 enthält das *Theatrum* eine neue, verbesserte Württemberg-Karte nach Georg → Gadner.

Lit.:
- BENZING, *Buchdrucker*, S. 465 (über Morhart)
- DÜRST, A.: *Johann Scheubel, Fürstentum Württemberg, 1559* (= Documenta Cartographica, 16. Blatt). Zürich 1970
- GRENACHER, F.: Das Wiederauftauchen einer verloren geglaubten Karteninkunabel. In: *Kartengeschichte und Kartenbearbeitung. Festschrift zum 80. Geburtstag von Wilhelm Bonacker.* Hrsg. von K.H. MEINE. Bad Godesberg 1968, S. 63–65
- HAUBER, D.: *Historische Nachricht von den Land-Charten deß Schwäbischen Craißes.* Ulm 1724, Neudruck Karlsruhe 1988, S. 70–75
- OEHME, R.: *Die Geschichte der Kartographie des deutschen Südwestens.* Konstanz–Stuttgart 1961, S. 34–35

Anonymus ZARA

Die seit 1573 im *Theatrum* enthaltene *Zarae et Sebenici Descriptio* (Nr. 67c) ist eine genaue Kopie einer Karte, die 1570 in Venedig bei Paolo Forlani erschien:

La vera & fidele discrittione di / tutto il Contado di Zara et Sebe- / nico, molto diligentemente descrit- / to et con ogni diligentia intagliato / da Paolo Forlani Veronese. / In Venetia l'Anno 1570.

Titel und Adresse unten halblinks in Kartusche

Kupferstich, 29 × 40 cm

Zu Exemplaren vgl. TOOLEY, *Italian Atlases*, Nr. 600 (Abb. bei ALMAGIA, *Mon. Ital. Cart.*, Tav. XXXV-2).

Der kartographische Urheber dieses Druckes ist nicht genannt und auch nach sekundären Quellen bisher nicht ermittelt worden.

Lit.:
- ALMAGIA, *Mon. Ital. Cart.*, S. 30
- NOVACCO, *Cartografia Rara*, Nr. 38.

Anonymus ZYPERN

Um 1570 erschien in Venedig eine typenbildende Karte von Zypern, die wahrscheinlich auf die Landesaufnahme eines ungenannten Kartographen im offiziellen Auftrag der Republik Venedig zurückgeht:

Ohne Titel. Unten rechts in Rahmen die Signatur *Iacomo Frac. fecit*

Kupferstich auf 2 Bll. nebeneinander, Gesamtformat 41 × 57 cm

Exemplare: British Library, London; Bibliothèque Nationale, Paris (Abb. bei STYLIANOU).

Möglicherweise gab es hierzu noch ein drittes Blatt, das links anzusetzen war und auch einen Kartentitel trug. Ein solches Exemplar wurde bisher noch nicht aufgefunden.

Giacomo Franco (Franchus, Francus u.ä.) war von ca. 1550 bis 1620 in Venedig als Kupferstecher, Drucker und Verleger tätig. Die Kartengeschichte kennt ihn weiterhin als Stecher der Treviso-Karte von → Rover und als Mitarbeiter am Afrika-Kartenwerk von → Sanuto.

Diese Franco-Karte hat Ortelius zweifach für seinen Atlas übernommen. Auf ihr beruht die zweite moderne Zypern-Karte des *Theatrum* von 1573 (Nr. 66). Die auf dem Original dargestellten umgebenden Levante-Küsten wurden weggelassen. Hinzugefügt wurden einige Landschaftsbezeichnungen und antike Ortsbezeichnungen. Neu ist auch die als Inset beigefügte Lemnos-Karte nach Daten bei Pierre → Belon. Fernerhin lieferte dieser Stich Francos auch das topographische Gerüst für die Zypern-Karte im *Parergon* (Nr. 8P b).

Lit.:
- STYLIANOU, *Cartography of Cyprus*, S. 57–67 mit Abb. Nr. 66–70
- THIEME–BECKER 12, 1916, S. 365–366 (über Franco).

Cornelius ADGERUS

Cornelius Adgerus (auch Aedgerus, Adgerus van Engenhuis sowie Cornelis Adgiers und Aedgersz) wurde 1520 oder 1521 in Leeuwarden in Friesland geboren. Seit 1548 ist er nachweisbar als Landmesser im Dienst des Hofes von Friesland. Um 1575 verließ er seine Heimat wohl wegen der politischen Wirren und wurde vorübergehend im Rheinland ansässig. 1583 gab er eine Karte des Erzbistums Köln heraus, die zum Teil auf eigenen Aufnahmearbeiten basierte und von Frans → Hogenberg in Köln als Einblattdruck publiziert wurde:

Coloniensis Dioecesis / Typus / In quo urbium, Oppidor., Vicorū, / Pagor. Immunitatum ac Munitionum, / finitimorumque locor. situs accurate / delineatus, Ducibus, Comitib, Baronib. / et caeteris, Metropolitanae Eccle- / siae Canonicis, nuncupatus / Anno salutis 1583.

Titel oben Mitte in runder Kartusche. Unten halbrechts in Rahmen Geleitwort (10 Zeilen). Unten rechts in Rahmen über den Maßstäben die Signatur *AVTHORE CORNELIO ADGERO LEOVERDIENSI / FRISIO MATHEMATICO CO- / LONIAE AGRIPPINAE SVB* (folgen astromische Siglen)/ *1583*

Kupferstich, 33 × 49 cm

Exemplare: Bibliothèque Royale, Brüssel; Historisches Archiv der Stadt Köln; British Library, London.

Siehe Abb. 9

1584 schuf Adgerus einen heute nicht mehr erhaltenen Plan der Stadtbefestigung von Köln. Bald darauf ist er wieder nach Friesland zurückgekehrt, wo er seit 1588 wieder als Landmesser belegt ist. Das Todesjahr ist nicht bekannt, er lebte noch 1595 in Leeuwarden.

Es bleibt unklar, weshalb Ortelius diese Karte nicht kopiert hat. Kurköln ist im *Theatrum* relativ schlecht dargestellt, verstreut auf mehrere Karten. Auch war der Raum wichtig als Nebenschauplatz des niederländischen Unabhängigkeitskampfes. Vielleicht spielten hier wirtschaftliche Rücksichten auf den Verlag Hogenbergs eine Rolle.

Lit.:
- MEURER, P.H.: Die Kurköln-Karte des Cornelius Adgerus (1583). In: *Rheinische Vierteljahrsblätter* 48, 1984, S. 123–137.

Christianus ADRICHOMIUS

Als Sohn einer niederadligen Familie wurde Christianus Adrichomius (auch Christianus Crucius, ursprünglich Christiaan van Adrichem bzw. Kruys van Adrichem) am 14. Februar 1533 in Delft geboren. Nach dem Theologiestudium in Löwen und der Priesterweihe 1561 wirkte er als Rektor des Barbara-Konventes in seiner Heimatstadt. Als Delft in den religiösen Wirren für Katholiken zu unsicher wurde, ging er 1572 zunächst nach Mechelen, ehe er um 1580 nach Köln übersiedelte. Dort starb er als Rektor des Augustinessen-Klosters Nazareth am 20. Juli 1585.

Schon in seiner Zeit in Delft hatte sich Adrichomius mit der Topographie der biblischen Länder beschäftigt. Als erste Frucht jahrelanger Sammlung von gedruckten und ungedruckten Informationen erschien erstmals 1584 in Köln seine Jerusalem-Beschreibung *Ierusalem sicut Christi tempore floruit et suburbanorum insignorumque historiarum eius brevis descriptio*. Dieses oftmals aufgelegte und mehrfach übersetzte Standardwerk besteht im Kern aus einem Lexikon von 260 Örtlichkeiten in und um Jerusalem. Beigegeben ist ein später typenbildender Kupferstichplan *IERUSALEM et suburbia eius, sicut tempore Christi floruit ... descripta per Christianum Adrichom. Delphum* (Titel am oberen Rand in Schriftband, 2 Bll., Gesamtformat 51 × 74,5 cm; Abb. bei MEURER, Nr. 15, und NEBENZAHL, Plate 33). Der Entwurf stammte von Adrichomius, die Zeichnung wurde ausgeführt von dem ansonsten kaum bekannten Maler Johannes Verheyen aus Mechelen, der Stich war eine Arbeit der Werkstatt von Frans → Hogenberg und eines ebenfalls weitgehend unbekannten Arnold de Loose.

Die Summe von Adrichomius' wissenschaftlichem Lebenswerk war die posthum von Georg Braun edierte Palästina-Enzyklopädie *Theatrum Terrae Sanctae* (Köln: Arnold Mylius, 1590 und sechs weitere Ausgaben bis 1722). Neben einer *Vita Iesu Christi*, die Adrichomius erstmals 1578 in Mechelen veröffentlicht hatte, und der *Ierusalem ... descriptio* enthält sie als Hauptteil ein nach den Siedlungsgebieten der 12 Stämme Israels geordnetes Lexikon *Terrae promissionis ... descriptio* zu 1395 Örtlichkeiten des Heiligen Landes. Hinzu kommen mehrere chronologische Verzeichnisse sowie ein auch als kartenhistorische Quelle wichtiger *Catalogus Auctorum*. Das *Theatrum Terrae Sanctae* ist illustriert mit dem Jerusalem-Plan sowie den bei Ortelius genannten *multis tabulis*, einer Palästina-Übersichtskarte und zehn Karten der einzelnen Stammesgebiete, die ebenfalls wohl von der Werkstatt Hogenberg gestochen wurden:

- *SITVS TERRAE PROMISSIONIS SS BIBLIORVM INTELLIGENTIAM EXACTE APERIENS: PER CHRISTIANVM ADRICHOMIVM DELPHVM*
  Kopftitel, 2 Bll., Gesamtformat 35,5 × 100 cm
  Abb. bei MEURER, Nr. 17, und NEBENZAHL, Plate 35

- *TRIBVS ASER / id est portio illa Terrae Sanctae / quae Tribui Aser in divisione regionis / attributa fuit*
  Titel oben links in Kartusche, 22 × 29 cm

- *TRIBVS EPHRAIM, / BENIAMIN, ET, DAN / iste videlicet Terrae Sanctae tractus, qui / in regionis partitione tribus tribubus datus est*
  Titel Mitte rechts in Kartusche, 37,5 × 46 cm
  Abb. bei MEURER, Nr. 18

- *TRIBVS GAD / nempe ea Terrae Sanctae pars, quae / obtigit in partitione regionis tribui Gad*
  Titel unten rechts in Kartusche, 23,5 × 42 cm

- *TRIBVS IVDA / id est pars illa Terrae Sanctae / quam in ingressu Tribus Iuda / consecuta fuit*
  Titel oben links in Kartusche, 33 × 42 cm
  Abb. bei MEURER, Nr. 19

- *DIMIDIA TRIBVS MANASSE / hoc est ea Terrae Sanctae pars, quam Manassae / dimidia tribus in regionis divisione obtinuit*
  Titel unten Mitte in Kartusche, 22 × 45 cm

- *TRIBVS NEPTALIM / videlicet ea Terrae Sanctae pars, / quam / in divisione regionis tribus Neptalim accepit*
  Titel oben links in Kartusche, 20,5 × 36,5 cm

- *PHARAN desertum et / confinia eius cum parte Aegypti ...*
  Titel unten links in Kartusche, 34,5 × 48 cm

- *TRIBVS RVBEN / hoc est ea Terrae Sanctae regio, qua / in dividendo tribui Ruben assignata est*
  Titel oben links in Kartusche, 22,5 × 47 cm

- *TRIBVS SIMEON / nempe ea Terrae Sanctae portio, quam / tribus Simeo in ingressu nacta fuit*
  Titel oben rechts in Kartusche, 17,5 × 34,5 cm

- *TRIBVS ZABVLON, / ISACHAR ET DI- / MIDIA MANASSE altera, / hoc est illae Terrae Sanctae / regiones, quas iste tribus in distri- / buendo possidendas acceperunt*
  Titel Mitte rechts in Kartusche, 36,5 × 39,5 cm
  Abb. bei MEURER, Nr. 21.

Die kartographischen Entwürfe und überhaupt die Konzeption dieses Kartenwerkes stammen von Adrichomius selbst. Es ist eine Kompilation aus den unterschiedlichsten gedruckten und ungedruckten Quellen, eine ausführliche Analyse ist hier ein Desideratum.

Dieser epochale erste Palästina-Atlas der Kartengeschichte wurde von Ortelius für das *Theatrum* als Kartenquelle nicht benutzt. Zahlreiche Kopien bis ins frühe 18. Jahrhundert stützten sich allerdings auf diese Vorlage.

Lit.:
- MEURER, *Atlantes Colonienses*, S. 54–65
- NEBENZAHL, *Maps of the Bible Lands*, S. 91–92 und 94–97.

Petrus ab AGGERE

Neben dem verschollenen Werk von Giovanni Battista → Guicciardini geistert in den kartenhistorischen Quellen noch eine zweite Weltkarte in Form eines Adlers herum. Konkret zu nennen sind zwei Belege:
1. 1556 erhielt der in Mechelen ansässige Drucker und Kupferstecher Hendrik Terbruggen ein Privileg ... *pour imprimer et graver une mappe monde, en forme d'un aigle de l'empire, aorné des noms des princes, potentatz, dignitez et offices concernant le dict empire, avec les villes impériales anchiennes et modernes ... ensemble les blasons et armoyeries de chascune d'icelles, avec figuraigne des sept planètes et d'une bordure crotesque.*
2. Im *Catalogus Auctorum* wird ein *Orbis Terratrum Typus, Aquila comprehensam* genannt, der

in Mechelen publiziert worden sei und als dessen Autor Ortelius einen „Petrus ab Aggere" angibt.

Hendrik Terbruggen (Henricus Pontanus, † um 1564) stammte aus Arnhem. Ehe er sich um 1548 in Mechelen niederließ, hatte er einige Jahre – etwa ab 1540 – in Antwerpen gelebt. Seine Aktivitäten in der frühen flandrischen Kartenproduktion waren sicherlich weit intensiver, als heute noch nachweisbar ist. Er war vermutlich der Drucker der verlorenen Weltkarte von → Gemma Frisius. Dann stand er in Verbindung mit Tilmann Susato (→ Keltenhofer). Zu nennen ist er auch als der Stiefvater von Frans → Hogenberg.

Der Name Petrus ab Aggere hingegen findet sich außer im *Catalogus Auctorum* bei Ortelius an keiner weiteren Stelle. Es ist bisher keine Karte bekannt, auf welcher der Name in dieser oder ähnlicher Schreibweise vorkommt. Auch liegt die Vermutung nahe, daß es sich hier um die latinisierte Kunstform eines ursprünglich flämischen Namens handelt. Bei der Suche nach einer Übersetzungsmöglichkeit tat sich DÉNUCÉ noch recht schwer. BAGROW hingegen gelang es, die Möglichkeiten zu konkretisieren und einzukreisen. Zunächst nennt er Pierre de Wale, der 1530 in Antwerpen die Weltkarte von Peter → Apian neu herausgegeben hat (SHIRLEY, *World Maps*, Nr. 64). Weiterhin lenkte er die Aufmerksamkeit auf den Kupferstecher Pieter van der Heyden, und dies ist – wie unten gezeigt – ein sehr brauchbarer Ansatz.

So ganz spurlos verschollen scheint die bei Ortelius genannte Weltkarte in der Form eines Adlers in der Tat nicht zu sein. Erst seit SHIRLEY kennt die Literatur eine Karte, auf welche die im Privileg für Hendrik Terbruggen beschriebenen Details – insbesondere die Quaternionen – in hohem Maße zutreffen:

> In drei Sektionen geteilte Weltkarte ohne eigentlichen Titel. Die Karte ist gezeichnet auf der Brust und den beiden Flügeln eines kaiserlichen Adlers, auf dessen Flügelfeldern die Wappen und Namen der Reichsstände dargestellt sind. In den unteren Ecken dieses Druckes sind Zettel aufgeklebt mit einem typengedruckten Geleitwort in Latein (links) und Deutsch (rechts), beide Fassungen sind unterzeichnet von Georg Braun und datiert vom 1. April 1574 in Köln.
>
> Kupferstich, auf 6 Bll., 3 Reihen zu je 2 Bll., Gesamtformat 87,5 × 100 cm
>
> Das einzige bekannte, stark lädierte Exemplar ist in der Herzog August Bibliothek, Wolfenbüttel (Abb. bei SCHILDER, Nr. 24 und SHIRLEY, Plate 111).

Auf der Basis dieser Karte führt nun ein möglicher Weg zu einer Identifizierung des Petrus ab Aggere mit Pieter van der Heyden (Petrus a Myrica, Merianus u.ä.). Geboren um 1530, war er ab etwa 1550 für zahlreiche Antwerpener Verleger als Kupferstecher tätig. Für Hans Liefrinck stach er 1569 vierblättrige Vogelschaupläne von Antwerpen und Amsterdam, für Plantin die Karten zur *Biblia Regia* von Benito → Arias Montanus. Seine letzte Erwähnung in Antwerpen datiert von 1572. Danach verliert sich seine Spur. Er ist aber höchstwahrscheinlich identisch mit jenem Kupferstecher Peter van der Heyden, der 1576 bei Bergheim in der Nähe von Köln durch Wegelagerer ermordet wurde.

Bei der Karte in Wolfenbüttel handelt es sich mit einiger Sicherheit nicht um eine Erstausgabe. Das gezeigte Weltbild ist älter als 1576, und überhaupt hat der ganze Duktus des Blattes keinerlei Ähnlichkeit mit anderen Kölner Cartographica jener Zeit. Eine vorläufige Arbeitshypothese ist: Es handelt sich hier um eine Neuausgabe der Terbruggen-Karte, die von Petrus ab Aggere = Pieter van der Heyden gestochen wurde. Van der Heyden hätte dann die Kupferplatten mitgenommen, als er um 1573 Antwerpen verließ und – wie viele andere flämische Kartenmacher auch – eine Zuflucht in Köln fand. Hier wäre dann unter Mitarbeit von Georg Braun eine neue Auflage gedruckt worden.

Klarheit könnte die noch ausstehende Restaurierung der Wolfenbütteler Karte bringen. Es ist durchaus möglich, daß sich unter den aufgeklebten Zetteln mit den Geleittexten von Braun eine andere Inschrift verbirgt, etwa die originale Adresse.

Lit.:
- BAGROW, *Catalogus II*, S. 45–46
- DÉNUCÉ, *Kaartmakers I*, S. 11–12 und 63–64
- De PAUW-De VEEN, L.: Pieter van der Heyden. In: *Nationaal Biografisch Woordenboek* 3, Brüssel 1968, S. 386–392
- DOORSLAER, G. van: Henri Terbruggen. In: *Biographie Nationale de Belgique* 24, 1929, Sp. 686–690
- MEURER, *Atlantes Colonienses*, S. 84–87
- SCHILDER, *Monumenta II*, S. 32
- SHIRLEY, *World Maps*, Nr. 130.

Leandro ALBERTI

Als Sohn einer aus Florenz stammenden Familie wurde Leandro Alberti am 12. Dezember 1479 in Bologna geboren. Seinen ersten Unterricht erhielt er 1489–1493 bei dem Bologneser Humanisten Giovanni Garzoni (1419–1493). Es folgte eine philosophische und theologische Ausbildung in Forli und wieder in Bologna auf Schulen des Dominikanerordens, in den Alberti 1500 eintrat. Danach wirkte er als Prediger, 1514 war er erstmals tätig beim Generalat des Ordens in Rom. Bereits in dieser Zeit beschäftigte er sich mit historischen Studien, sein erstes Buch waren die *De viris illustribus Ordinis Praedicatorum libri sex* (Bologna 1517). 1525 war Alberti wieder in Rom, er wurde zum Titularprovinzial der Dominikaner für das Heilige Land ernannt. Anschließend begab er sich auf mehrere Reisen durch ganz Italien, zu den zugehörigen Inseln sowie durch ganz Frankreich bis zur Bretagne. 1530 ist er wieder in Rom nachweisbar, danach wurde er für den Rest seines Lebens in seiner Heimatstadt ansässig. Im Hauptamt war er Inquisitor der Stadt Bologna. Daneben entstanden einige kleinere kirchenhistorische Schriften sowie eine umfassende *Historia di Bologna* (Bologna 1541 ff.), die zum großen Teil erst posthum publiziert wurde. In dieser Zeit vollendete er auch sein wissenschaftliches Hauptwerk, eine historisch-geographische Landesbeschreibung Italiens. Die Erstausgabe dieser *Descrittione di tutta Italia* erschien 1550 in Bologna bei Anselmo Giaccarelli, sie ist ebenso wie eine folgende Ausgabe Venedig 1551 nicht illustriert. Leandro Alberti starb Anfang (am 9.?) April 1552 in Bologna.

Illustrierte Ausgaben von Albertis *Italia* erschienen erst posthum. Den Anfang machte hier ein Teilband *Isole appartenenti alla Italia* (Venedig: Lodovico degli Avanzi, 1567); er ging unverändert ein in die Gesamtausgabe *Descrittione di tutta Italia* des gleichen Verlages von 1568. Diese Teilausgabe der *Isole* meint Ortelius im *Catalogus Auctorum*. Sie enthält sieben Holzschnittkarten, deren Titel ohne Kartuschen oder Rahmen in die Kartenzeichnung hineingeschrieben sind:

- Bl. 5: *L'ISOLA DI CORSICA*, 24,5 × 17 cm
  Siehe Abb. 10
- Bl. 18: *SARDEGNA*, 24,5 × 17 cm
- Bl. 24: *Isole del Mar Thirenno*, 17 × 24,5 cm
- Bl. 25: *Isole vicine a Napoli*, 17 × 24,5 cm
- Bl. 31: *SICILIA*, 17,5 × 24,5 cm
- Bl. 77: *Isole del Mare Adriatico*, 17,5 × 24,5 cm
- Bl. 79: Titelloser Vogelschauplan Venedigs in der Art Barbaris, 17 × 24,5 cm.

Eben weil erst die posthumen Ausgaben der *Italia* illustriert sind, ist die Frage nach der Urheberschaft von Alberti an diesen Karten schwer zu beantworten. Die Korsika-Karte stammt in jedem Falle nicht von ihm. Laut eigener Aussage Albertis im Text beruht sie auf einem heute verlorenen Original von Agostino → Giustiniani. Einzig diese Korsika-Karte wurde für das *Theatrum* kopiert (Nr. 65b), wohl aus Formatgründen wurde die Vorlage hier um 90° von einer Nord- in eine Ostorientierung gedreht.

Der Text der *Descrittione di tutta Italia* war für Ortelius eine sehr wichtige Quelle zur Komplettierung des *Catalogus Auctorum*. Nach Alberti zitiert er etliche Kartenmacher, deren Werke er im Original nicht gekannt hat: Gregorio → Amaseo, Georgius Jodocus → Berganus, Benedetto → Bordone, Pietro → Coppo, Antonio de → Ferraris und Domencio → Macaneo.

Lit.:
- BERTHOLOT, A. und F. CECCALDI: *Les cartes de la Corse de Ptolemée au XIXe siècle*. Paris 1939, S. 85 ff.
- RHEDIGONDA, A.L.: Leandro Alberti. In: *Dizionario Biografico degli Italiani* 1, 1960, S. 699–702
- ROLETTO, G.B.: Le cognizioni geografiche di Leandro Alberti. In: *Bolletino della Società Geografica Italiana* 59, 1922, S. 445–485.

Giovanni Battista ALEOTTI

Die 1608 der Pigafetta-Ausgabe des *Theatrum* beigefügte Karte des Herzogtums Ferrara (Nr. 157) beruht auf einem Einblattdruck von 1603:

COROGRAPHIA DELLO STATO DI FERRARA CON LE VICINE PARTI DELLI / ALTRI STATI CHE LO CIRCONDANO

Titel am oberen Rand innerhalb des Rahmens. Oben links in Kartusche Widmung an Papst Clemens VIII. (22 Zeilen), datiert *Di Ferrara questo di primo dell'Anno 1603* und signiert *Gio: Battista Aleotti detto l'Argenta*. Am unteren Rand dieser Kartusche die Adresse *In Ferrara, Apresso Vittorio Baldini, Stampatore Camerale*. Auf der Karte unten links die Stechersignatur *Angela Baroni Sculp. Ven.ª*

Kupferstich, 60 × 45 cm

Exemplare: Stadt- und Universitätsbibliothek, Bern; Biblioteca Communale, Ferrara.

Siehe Abb. 11

Diese Vorlage wurde inhaltlich sehr genau übernommen. Aus Gründen des Formats wurde die Nordorientierung des Originals für das *Theatrum* in eine Westorientierung gedreht. Von Vrients neu hinzugefügt wurde die Widmung nun an Hieronymus Giliolius.

Der Autor dieser Ferrara-Karte, Giovanni Battista Aleotti, wurde 1546 in Argenta südöstlich von Ferrara geboren. Von 1575 bis zu seinem Tode stand er als Architekt im Dienste der Herzöge d'Este, in Ferrara baute er u.a. die Universität und Bibliothek, das Grabmal des Dichters Ludovico Ariosto (1474–1533) und das berühmte Teatro Farnese. Zeitweilig hat er auch in Rom für Papst Clemens VIII. (1592–1605) gearbeitet. Ein spezielles Arbeitsgebiet Aleottis war der Wasserbau. Seine frühe Publikation hierzu war die Heron-Übersetzung *Gli artificiosi et curiosi moti spiritali di Herrone* (Ferrara 1589). Über seine Arbeiten bei der Regulierung des Po schrieb er *Difesa per riparare alla sommerzione del Polesina* (Ferrara 1601). In diesem Rahmen entstand wohl auch die vorliegende Karte. Ein umfangreicher Nachlaß mit weiteren hydrographischen Zeichnungen befindet sich in der Biblioteca Communale in Ferrara. Giovanni Battista Aleotti starb am 9. Dezember 1636 in Ferrara.

Lit.:
– ALMAGIA, *Mon. Ital. Cart.*, S. 42–43
– BANDI, G.: *Giovanni Battista Aleotti. Cenno biografico – storico.* Argenta 1878.

Lievin ALGOET

Bei der im *Catalogus Auctorum* unter diesem Namen aufgeführten Nordeuropa-Karte handelt es sich ohne Zweifel um die folgende, 1562 in Antwerpen von Gerard de Jode publizierte Wandkarte:

TERRARVM SEPTENTRIONALIVM EXACTA NOVISSIMAQVE DESCRIPTIO PER LIVINVM ALGOET et aliis autoribus. 1562 Antverpiae apud / Gerardu de Juede supra borsam novam.

Kopftitel über dem oberen Kartenrand in separatem Schriftfeld. Unten rechts in Kartusche typengedruckter Text *Oostland, Noorwegen, Sweden, / Denemercken, Liefland, Pomeren end Prusen met alle haren / aenruerenden frontieren ...* (21 Zeilen)

Kupferstich auf 6 Bll., 2 Reihen zu je 3 Bll., Gesamtformat 76 × 101 cm

Das einzige bekannte Exemplar ist in der Bibliothèque Nationale, Paris.

Siehe Abb. 12

Diese Karte stellt die Forschung vor einige Probleme. Zunächst handelt es sich bei diesem Pariser Exemplar um einen späteren Plattenzustand. Der Titeltext nach ... *ALGOET* zeigt Spuren einer Tilgung, von dem originalen Text ist nur das erste Wort *GANDENSEM* noch entzifferbar. Überhaupt aber dürfte es sich nicht um die Kupferplatten der Editio princeps handeln. In diese Richtung deutet eben der korrigierte Text, der wohl besagt, daß es sich hier um eine nach anderen Quellen emendierte Fassung der ursprünglichen Algoet-Karte handelt. Daß es von dieser Karte aber eine ältere Ausgabe gegeben hat, ist belegbar durch die Europa-Wandkarte Gerard → Mercators von 1554, die in der Darstellung Nordeuropas in großen Teilen diesem Kartenbild bei Algoet folgt. Ein Exemplar dieser Originalausgabe ist bisher nicht bekannt, und sie taucht auch nicht in den zeitgenössischen Sekundärquellen – etwa in den Rechnungen Plantins – auf.

Kaum Anhaltspunkte liefert auch die Biographie des einzigen Gelehrten, der mit diesem Namen in Verbindung gebracht werden kann. Lievin Algoet (Livinus Algotius) aus dem niederadligen Geschlecht Alsberghe – der in der älteren Literatur genannte Geschlechtsname Goethals ist unzutreffend – wurde gegen Ende des 15. Jahrhunderts in Gent geboren. Über seine Jugend ist nichts bekannt. 1519 trat er als Sekretär in den Dienst des Erasmus von Rotterdam (1469–1536), dem er 1523 nach Basel folgte. Bei ihm vervollständigte Algoet seine Bildung, während dieser Zeit legte er sich auch den Gelehrtennamen Livinus Omnibonus bzw. Panagathus zu. Im Auftrag des Erasmus machte Algoet mehrere Reisen nach Italien, England und in die Niederlande. Ab 1530 stand er als Gesandter und später Lehrer im Dienste von Mitgliedern des kaiserlichen Hauses in Brüssel. 1538 ist er als Genealoge und Heraldiker, 1543 auch als Kalligraph belegt. 1530 publizierte er in Löwen die Schrift *Pro religione christiana res gestae im Comitis Augustae Vindelicorum habitis Anno Domini MDXXX*, zu seinen weiteren Werken gehören einige kleinere neulateinische Dichtungen wie *Epitaphium Serenissimae Imperatricis Isabellae* (Antwerpen 1548). Algoet starb während einer Gesandtschaftsreise am 25. Januar 1547 in Ulm.

In der gesamten bekannten Biographie dieses Lievin Algoet gibt es nicht die Spur eines weiteren Hinweises auf eine Kenntnis der Geographie der nordischen Länder und überhaupt auf eine Tätigkeit als Kartenmacher. Hier sind viele Fragen offen. Wie aber auch immer: Das Todesjahr 1547 wäre ein Terminus ante quem für die Edition dieser Karte, die von Ortelius wohl zu recht als reichlich veraltet erkannt wurde. Aus diesem Grunde wurde für das *Theatrum* eine völlig neue, aus mehreren jüngeren Quellen kompilierte Karte der *Septentrionalium Regionum* (Nr. 45) geschaffen.

Lit.:
- BAGROW, *Catalogus I*, S. 25–26
- NAUWELAERTS, M.A.: Livinus Algoet. In: *Nationaal Biografisch Woordenboek* 6, Brüssel 1974, Sp. 1–3
- ROERSCH, A.: Lievin Algoet, humaniste et géographe. In: *Musée Belge* 26, 1922, S. 127–143 und 27, 1923, S. 91–94.

Gregorio AMASEO

Als Sohn einer aus Bologna stammenden Patrizierfamilie wurde Gregorio Amaseo (Gregorius Amasaeus, Gregorio de Masio) am 12. März 1464 in Udine geboren. Seine Schulausbildung erhielt er bis 1486 im Privatunterricht bei Humanisten in Udine. Anschließend scheint er zunächst einige Jahre das Leben eines freien Dichters und Redners geführt zu haben. 1489 krönte ihn Kaiser Friedrich III. zum Poeta laureatus, gedruckt wurden in jener Zeit kleinere Schriften wie *Panegyricus in laudem Cardinalis Grimani* (Venedig 1498) und *Oratio de laudibus studiorum humanitatis ac eloquentiae* (Venedig 1501). Für 1499 ist Amaseo in Venedig als Advokat belegt, 1506 war er Richter in Bergamo. Um 1510 kehrte er wieder nach Udine zurück. Er wirkte dort als Lehrer, und setzte auch die von seinem Bruder Leonardo Amaseo (1462–1510) begonnenen *Diarii* seiner Heimatstadt fort. Für 1521 ist Gregorio Amaseo nachweisbar als Vertreter Udines in Venedig, danach für 1524 und 1527 als hochgeschätzter Redner. Kurz nach 1530 ging er für einige Jahre nach Bologna, wo er wieder als Lehrer und Jurist wirkte. Gegen Ende seines Lebens kehrte er wieder nach Udine zurück, wo er am 22. Juli 1541 starb.

Während seines Aufenthaltes in Bologna ist Gregorio Amaseo mit Leandro → Alberti in Verbindung gekommen. Wohl angeregt durch ihn, schrieb Amaseo eine *Descriptio geographica Italiae et Foroiuliensis* (Manuskript in der Bibliothèque Nationale, Paris). Wie Alberti in seiner *Italia* (Bll. 434 und 437) selbst sagt, hat er dieses Werk benutzt. An gleicher Stelle erwähnt Alberti auch eine von Amaseo geschaffene Karte Friauls. Eine solche ist in der *Italia* jedoch nicht enthalten. Zwar gibt es mehrere Friaul-Karten der Zeit, bei keiner jedoch ist die unmittelbare Urheberschaft Amaseos konkret zu belegen. Auch Ortelius kannte Gregorio Amaseo und seine Karte Friauls nur aus dem Zitat bei Alberti. Für das *Theatrum* kopiert wurde eine Friaul-Karte nach einem Typus, dessen erkennbare Ursprünge zurückgehen auf eine Karte, die 1557 bei Giovanni Andrea di → Vavassore erschien. Eine Verbindung zwischen diesem Druck und der Karte Amaseos ist natürlich möglich, aber bisher noch nicht bewiesen.

Lit.:
- ALMAGIA, *Mon. Ital. Cart.*, S. 18
- *Diarii udinesi dall'anno 1508 al 1541 di Leonardo e Gregorio Amaseo e Giovanni Antonio Azia* (= Monumenti Storici, ser. III, vol. II). Venedig 1884
- AVESANI, R.: Gregorio Amaseo. In: *Dizionario Biografico degli Italiani* 2, 1960, S. 655–658
- BAGROW, *Catalogus* I, S. 26
- LORENZI, A.: L'epistola di Gregorio Amaseo a Leandro Alberti, codice autografo dell'anno 1534. In: *Rivista Geografica Italiana* 44, 1947, S. 65–78
- MARINELLI, *Saggio*, Nr. 551 ff.

Marcus AMBROSIUS

Feste Daten zur Biographie von Marcus Ambrosius (poln. Marek Ambrozy) sind spärlich. Als Sohn deutscher Eltern wurde er in den 1530er Jahren in der schlesischen Stadt Neisse (Nysa) geboren. Um 1557 begann er ein Studium an der Universität Krakau, über dessen Abschluß aber nichts bekannt ist. Unter Umständen, über die wir ebenfalls bisher wenig wissen, kam er in den frühen 1560er Jahren nach Antwerpen. Hier erschien als seine erste Veröffentlichung das Wappenbuch *Arma Regni Poloniae* (Antwerpen: Gilles Coppens van Diesth, 1562; das einzige Exemplar dieser Erstausgabe ist in der Biblioteka Czartoryskich, Krakau); eine Neuausgabe *Arma Regni Poloniae* erschien ohne Ort und Jahr (Paris 1573). Marcus

Ambrosius scheint durchaus engere Verbindungen zur Antwerpener Humanisten- und insbesondere Druckerszene gehabt zu haben. In der 1562 von ihm verlegten *Vita Regum Polonorum* des Clemens Janicius schreibt Willem Sylvius im Vorwort, er wolle Ambrosius helfen bei der Einrichtung einer Druckerei für die Herstellung religiöser Werke. Dies ist wohl zu sehen als eine Unterstützung der Bestrebung um eine Union zwischen dem katholischen Litauen und dem orthodoxen Ruthenien in jener Zeit, hier sind die bisherigen Forschungsergebnisse aber noch nicht eindeutig. 1566 brachte der Neisser Drucker Johann Cruciger (tätig 1553–1585) eine Neuausgabe der Paracelsus-Schrift *Ex libro de nymphis, sylvanis, pygmaeis, salamandris et gigantibus* heraus, deren Geleitwort von Ambrosius als Mit-Drucker signiert ist. Dies ist die letzte konkrete Spur von ihm, danach verliert sich seine Biographie im Dunkeln.

Laut dem *Catalogus Auctorum* hat Marcus Ambrosius in Antwerpen eine Karte von Livland geschaffen, die aber nicht veröffentlicht worden und auch als Handzeichnung nicht erhalten ist. Auch ist nicht bekannt, auf der Basis welcher Umstände und Kenntnisse Ambrosius überhaupt zur Beschäftigung mit der Geographie Livlands gekommen ist. Reine Hypothese, aber immerhin denkbar ist, daß die später von Johannes → Portantius für das *Theatrum* geschaffene Livland-Karte auf das Material von Ambrosius zurückgeht.

Lit.:
– BAGROW, *Catalogus I*, S. 26–27
– BENZING, *Buchdrucker*, S. 341 (über Cruciger)
– WDOWISZEWSKI, Z.: Marek Ambrozy. In: *Polski Slownik Biograficzny* 1, 1935, S. 85–86.

Cornelis ANTHONISZOON

Feste Daten zur Biographie von Cornelis Anthoniszoon (auch Anthonisz, Thonisz, Teunissen o.ä.) sind spärlich. Er wurde vermutlich 1507 geboren. Über seine Jugend und Ausbildung ist nichts bekannt. Seit 1533 ist er in Amsterdam nachweisbar als Maler, Zeichner, Holzschneider und Kupferstecher. Sein künstlerisches Oeuvre besteht in Porträts, Allegorien und topographischen Darstellungen. 1538 vollendete er ein Gemälde mit einer Vogelschauansicht Amsterdams, danach schuf Jan Ewoutszoon 1544 eine typenbildende Holzschnittfassung auf 12 Blättern. Für die Jahre 1541–1547 ist Anthoniszoon als Geometer im Dienst der Stadt Amsterdam belegt. 1551 schuf er einen handgezeichneten Plan der Stadt Weesp, zu nennen sind weiterhin Holzschnitte mit Darstellungen der Belagerungen von Algier (1542) und Thérouanne (1553). Er starb zwischen 1553 und 1557 wahrscheinlich in Amsterdam.

Es wird angenommen, daß Cornelis Anthoniszoon in jungen Jahren zur See gefahren ist. Dies würde seine Kenntnisse in der Navigation und Seekartographie erklären. 1541 schuf er eine – nicht erhaltene und wahrscheinlich handschriftliche – Karte der Zuider Zee. 1543 publizierte er seine berühmte, im Auftrag von Karl V. geschaffene Karte des Nord- und Ostseeraumes. Die älteste bekannte Ausgabe dieser typenbildenden Karte ist der folgende Druck:

Caerte van oostland

Titel oben halblinks in Schriftband. Unten rechts in Kartusche typengedrucktes Geleitwort *CORNELIVS ANTHONII LECTORI S.* (18 Zeilen), darunter in kleiner Kartusche die typengedruckte Adresse *ANTVERPIAE / Per Arnoldum Ni- / colai, ad insigne / Testudinis.*

Holzschnitt mit Texten in Typendruck, 9 Bll. in 3 Reihen zu je 3 Bll., Gesamtformat 70,5 × 96,5 cm

Das einzige bekannte Exemplar ist in der Herzog August Bibliothek, Wolfenbüttel (Edition bei LANG).

Es handelt sich hier aber mit Sicherheit nicht um ein Exemplar der Erstausgabe. Die Holzstöcke zu den Blättern 8 und 9 sind neu geschnitten. Auch war Arnold Nicolai erst seit etwa 1550 in Antwerpen tätig, die vorliegende Ausgabe dürfte etwa um 1558 gedruckt worden sein. Geschaffen hat Anthoniszoon seine *Caerte van oostland* parallel zu seinem Buch *Onderwijsinge van der Zee*. Es enthält im ersten Teil eine Einführung in die Navigation, danach ein Segelanweisung für Nord- und Ostsee mit Darstellung von Küstenprofilen. Die Originalausgabe dieses Druckes (Amsterdam? um 1544) ist verschollen, die älteste bekannte Ausgabe datiert von 1558.

Die *Caerte van oostland* war die Basis für die Karte *Daniae Regni Typus* (Nr. 21) der *Theatrum*-Erstausgabe 1570. Ortelius hat hier einen Ausschnitt nach Anthoniszoon kopiert und ergänzt mit Details aus der Deutschland-Karte von → Sgrothen und der Skandinavien-Karte von Olaus → Magnus (vgl. 5.3.1), ein Autor ist nicht genannt. Die zweite *Theatrum*-Fassung dieser Karte (Nr. 101a) ist eine im Blattschnitt weiter reduzierte Kopie dieser eigenen Bearbeitung, nun mit dem Namen von Anthoniszoon als Autor.

Keinerlei Angaben sind möglich zu der im *Catalogus Auctorum* genannten Europa-Karte des Cornelis Anthoniszoon, die in Frankfurt am Main erschienen sein soll. Dieses Werk ist spurlos verschollen.

Lit.:
- BAGROW, *Catalogus I*, S. 27–30
- DUBIEZ, F.J.: *Cornelis Anthoniszoon van Amsterdam. Zijn leven en werken ca. 1507–1553.* Amsterdam 1969
- KEUNING, J.: Cornelis Anthonisz. In: *Imago Mundi* 7, 1950, S. 51–65
- KOEMAN, *Atlantes Neerlandici IV*, S. 9–11
- LANG, A.W.: *Die „Caerte van oostlande" des Cornelis Anthoniszoon 1543. Die älteste gedruckte Seekarte Nordeuropas und ihre Segelanweisung* (= Schriften des Deutschen Schiffahrtsmuseums 8). Bremerhaven–Hamburg 1986
- STEPPES, O.: *Cornelis Anthonisz, Onderwijzinge van der Zee, 1558* (= Nordseeküste. Volkstümliche Vorträge und Abhandlungen des Küstenmuseums Juist, Heft 9). Juist 1966.

Peter APIAN

Peter Bienewitz (auch: Bennewitz, Panewitz u.ä.), der seinen Namen später zu Apian (Apianus, Appian) latinisierte, wurde am 16. April 1495 in Leisnig/Sachsen geboren. Nach einer ersten Schulausbildung in Rochlitz studierte er Mathematik und Astronomie an den Universitäten von Leipzig und Wien. Bereits 1520 schuf er seine erste Weltkarte *Tipus orbis universalis iuxta Ptolemei cosmographi traditionem et Americi Vespucci aliorumque lustrationes a Petro Apiano Leysnico elucbrat. An. Do. MDXX* (Holzschnitt, 28,5 × 41 cm; Abb. SHIRLEY, Plate 45), eine verkleinerte Kopie der Weltkarte von Martin →Waldseemüller. Die Karte diente zunächst zur Illustration einer Solinus-Ausgabe (Wien 1520) und einer Mela-Ausgabe (Basel 1522). Sie erschien jedoch auch als Einzelblatt mit einem zugehörigen Kommentar Apians *Isagoge in Typum Cosmographicum seu Mappam Mundi* (Landshut 1521) bzw. *Declaratio et usus Typi Cosmographici* (Landshut 1522). Seit etwa 1521 war Apian in Landshut ansässig. Dort entstanden einige kleinere astronomische Schriften sowie sein 1524 erstmals gedrucktes Hauptwerk *Cosmographicus Liber*. Diese wichtige mathematisch-kartographische Grundlagenarbeit enthält u.a. die Koordinaten von 1400 Orten und eine Methode zur Längenbestimmung mit Hilfe der Monddistanzen. Das Buch erlebte zahlreiche weitere Ausgaben und Übersetzungen. Im Rahmen der Kartengeschichte erlangte die Ausgabe Antwerpen 1533 eine besondere Bedeutung, ihr Herausgeber →Gemma Frisius fügte ihr seine bahnbrechende Schrift über die Methodik der zeichnerischen Triangulation bei.

1527 wurde Peter Apian auf den mathematischen Lehrstuhl der Universität Ingolstadt berufen. Dort erschien 1530 die im *Catalogus Auctorum* genannte Weltkarte in herzförmiger Projektion:

Ohne eigentlichen Titel. Auf dem Blatt unten rechts neben der Karte in Kartusche die Widmung: *Nobiliss. simul et prudentiss. viro ac D.Do / mino LEONARDO ab Eck in Wolfs et / Randeck do: oratori et philosopho insigni, me / coenati suo cum primis humanissimo P. Api / anus de Leyßnigk Academie Ingolstadiane / Mathematicus hanc universaliorem cogniti / orbis Tabulam ex recentibus observationibus / confectam: Dedicat. / Anno M.D.XXX. die 9. Nov.* Oben Mitte über der Karte in Kartusche der Vermerk über ein kaiserliches Privileg für 30 Jahre

Holzschnitt mit Texten und Namen in Typendruck, Blattformat 55 × 40 cm

Das einzige bekannte Exemplar ist in der British Library, London (Abb. bei SHIRLEY, Plate 58).

Diese ansonsten von Ortelius nicht verwendete Karte ähnelt mit ihrer herzförmigen Projektion natürlich den Arbeiten von Oronce →Finé. Die in der Literatur verbreitete Theorie, Apian habe eine Handzeichnung Finés benutzt, ist jedoch wenig wahrscheinlich. Die Projektion war seit 1515 bekannt, und topographisch-inhaltlich unterscheiden sich die Karten von Apian und Finé grundlegend. Der Holzstock für diese Karte Apians wurde wahrscheinlich geschnitten von Michael Ostendorfer (um 1490–1559). Gedruckt wurde sie in einer Offizin, die Apian 1526 zusammen mit seinem Bruder Georg in Ingolstadt eingerichtet hatte. Hier wurden auch gedruckt die Karten von →Aventinus und →Rotenhan, die von seinem Wiener Lehrer →Tannstetter bearbeitete Ungarn-Karte des →Lazarus Secretarius sowie alle späteren Publikationen von Peter Apian selbst. Unter Letzteren ist vor allem zu nennen das *Astronomicum Caesareum* von 1540, ein Prachtwerk mit 21 Tafeln mit beweglichen Scheiben zur Darstellung der Himmelsbewegungen im ptolemäischen Weltbild. Dadurch erlangte er auch die Gunst von Kaiser Karl V., der ihn 1540 zum Kaiserlichen Mathematicus und 1541 in den Reichsritterstand erhob. In Ingolstadt, wo 1531 auch sein Sohn Philipp → Apian geboren wurde, blieb Peter Apian – trotz zahlreicher Rufe an andere Universitäten – ansässig bis zu seinem Tode am 1. Juli 1552.

Bislang ist kein Exemplar bekannt geworden von der im *Catalogus Auctorum* genannten Europa-Karte Peter Apians, erschienen 1534 in Ingolstadt. Zweifelhaft ist die Existenz einer Karte der *Peregrinatio Divi Pauli*, die der *Catalogus Auctorum* ebenfalls zitiert. Ortelius hat diese Angabe entnommen der ersten Ausgabe (1548) der *Bibliotheca universalis* von Konrad Gesner. Dort lag jedoch eine Verwechslung vor mit der Karte des Hermagoras Kraft von → Obernberg, in späteren Ausgaben hat Gesner dies korrigiert.

Lit.:
– *Peter Apian, Astronomicum Caesareum, Ingolstadt 1540.* Faksimile-Ausgabe mit Einführung von D. WATTENBERG. Leipzig 1968
– BAGROW, *Catalogus I*, S. 30–36
– BENZING, *Buchdrucker*, S. 213–214
– *Cartographia Bavariae*, S. 83 ff.
– HARTNER, W.: Peter Apian. In: *Neue Deutsche Biographie 1*, 1953, S. 325–326
– ORTROY, F. van: *Bibliographie de l'oeuvre de Pierre Apian* (Nachdruck eines Aufsatzes von 1902). Amsterdam 1963
– SHIRLEY, *World Maps*, Nr. 45, 46 und 63
– ZINNER, *Astronomische Instrumente*, S. 233–234.

Philipp APIAN

Als Sohn von Peter → Apian wurde Philipp Apian am 14. September 1531 in Ingolstadt geboren. Den ersten Unterricht erhielt er bei seinem Vater. 1542 begann er ein Mathematikstudium an der Universität Ingolstadt. 1549 begab er sich auf eine Auslandsreise. In Straßburg studierte er zwei Semester Rechtswissenschaft, in Paris und Bourges wiederum Mathematik. 1552 kehrte er nach Ingolstadt zurück, wo er im gleichen Jahr zwei Monate nach dem Tode seines Vaters dessen Lehrstuhl übernahm. 1554 erhielt Philipp Apian von Herzog Albrecht V. den Auftrag, eine umfassende Landesaufnahme Bayern durchzuführen. Dieses großangelegte Unternehmen, die erste genaue Vermessung eines deutschen Territoriums, war etwa 1561 abgeschlossen. Der Aufnahmemaßstab lag bei ca. 1:45 000. In dieser Größe wurde die Karte auch erstmals gezeichnet in Form einer etwa 5 × 5 m großen Landtafel *Ein neue Beschreibung des Fürstenthums Ober- und Nieder Bairn*, die Apian 1563 in Zusammenarbeit mit dem Maler Bartholomäus Refinger fertigstellte. Diese gemalte Fassung ging 1782 in München verloren. 1756 hatte der Ingenieurleutnant Franz Xaver Pitsch eine Kopie auf 40 Blättern hergestellt. Deren Originale wiederum verbrannten im Zweiten Weltkrieg im Münchener Armeemuseum, nur die Faksimiles einiger Blätter sind erhalten.

Auf Wunsch des Herzogs ging Philipp Apian bald danach an eine zum Druck vorgesehene Bearbeitung im kleineren Format (ca. 1:135 000). Die Zeichnung war 1566 fertig, anschließend wurde die Karte von dem Züricher Holzschneider und Maler Jost Amman (1539–1591) in Holz geschnitten. Der Druck erfolgte dann 1568 in Form eines Atlas aus 20 Blättern zu je 32,5 × 41,5 cm und vier Halbblättern zu je 15,5 × 41,5 cm. Das Gesamtwerk hat ein Titelblatt:

Bairische / Landtaflen / XXIIII. / Darinnē das Hochlöbliche Fürstenthumb / Ober unnd Nidern Bayrn, samt der / Obern Pfaltz, Ertz unnd Stifft Saltz- / burg, Eichstet, unnd andern mehrern anstossenden / Herschafftē, mit vleiß beschribē, und in druck gegebē. / Durch Philippum Apianum. / Zu Ingolstat MDLXVIII.

In zusammengesetzter Form ergeben die Blätter eine Wandkarte im Format 171 × 169 cm. Sie trägt oben in der Mitte des Zierrahmens einen Titel CHOROGRAPHIA BAVARIAE. Oben rechts in einer Kartusche steht ein weiterer Titel *Beschreibung / Des Lands und Fürstenthumbs Obern / und Nidern Baiern ... Durch Philippum Apian* (12 Zeilen). Unten in der Mitte die Holzschneidersignatur *I.A.G.V.Z* (= Jost Amman Gradierer von Zürich). Rechts unten im Zierrand stehen die Datierung *1567* und zwei weitere Künstlersignaturen *WS* (= Wolf Strauss) und *HF* (nicht aufgelöst).

Zur Ausgabe in Buchform gehört auch eine Übersichtskarte:

Ein kurtze Beschreibung des gantzen Fürstenthumbs Obern und Nidern Bayrn samt den anstossenen Lendern.

Titel oben über der Karte. Unten rechts in Kartusche ein weiterer Titel: *BREVIS TOTI.* /

BAVARIAE / DESCRIPTIO / AVTORE / PHIL. APIANO. Links unten wiederum die Signatur *HF*

Holzschnitt, Format incl. Wappenrand 32 × 42,5 cm.

Das ganze Kartenwerk ist in Holz geschnitten. Die Texte sind mit Typen gedruckt, alle Namen mit inserierten Letternplatten. Damit ist die Apiansche Landesaufnahme Bayern zugleich eines der wichtigsten Beispiele für die Anwendung der Stereotypie im Landkartendruck.

Die Druckstöcke der *Chorographia Bavariae* blieben erhalten, sie befinden sich heute im Bayerischen Nationalmuseum in München. Das Kartenwerk ist heute nicht selten, da kurz nach 1568, um 1600, 1651 und 1886 weitere Abzüge hergestellt wurden. Ungeachtet des 30jährigen Privilegs für Apian, wurde die Karte 1579 auf Anordnung Herzog Albrechts V. durch Peter Weiner († 1589) im originalen Maßstab in Kupferstich neu herausgegeben. 1655–1663 gab der Münchener Hofratssekretär Georg Philipp Finckh (um 1608–1679) eine auf ca. 1:270 000 reduzierte Kupferstichfassung in 28 Blättern heraus. Insgesamt gehen fast alle Karten Bayerns bis zum frühen 19. Jahrhundert auf die *Chorographia Bavariae* zurück.

Philipp Apian selbst kam durch seine Sympathie für die Gedanken der Reformation seit 1568 zunehmend in Konflikt mit der bayerischen Obrigkeit. 1569 verließ er Ingolstadt und ging zunächst nach Wien, bevor er – wahrscheinlich auf Vermittlung von Georg → Gadner – 1570 als Professor für Geometrie und Astronomie an die württembergische Landesuniversität Tübingen ging. Die Verbindungen zu Bayern ließ er jedoch nicht abbrechen. 1575–1576 schuf er einen handgezeichneten Erdglobus im Durchmesser von 118 cm, der sich heute in der Bayerischen Staatsbibliothek in München befindet; der zugehörige Himmelsglobus ist das Werk des Ingolstädter Physikprofessors Heinrich Arboreus. In Tübingen setzte Apian auch die Arbeiten an einer schon in Ingolstadt begonnenen topographischen Landeskunde Bayerns fort. Ein großer Teil der zugehörigen Veduten war von Amman bereits in Holz geschnitten worden. Das Werk wurde zu Lebzeiten Apians jedoch nicht mehr veröffentlicht. Auch in Tübingen wurde er in Religionskonflikte verwickelt. 1582 mußte er seinen Lehrstuhl verlassen. Danach lebte er bis zu seinem Tode am 14. November 1589 in Tübingen als Privatgelehrter.

Das Bayern-Kartenwerk von Philipp Apian wurde schon im *Catalogus Auctorum* der Editio princeps genannt, dort allerdings noch mit dem Erscheinungshinweis *in Germania alicubi 1570*; erst in der zweiten *Theatrum*-Ausgabe des Jahres 1570 wird die Angabe korrigiert auf Ingolstadt 1568. In die ersten Ausgaben hat Ortelius noch eine Bayern-Karte nach → Aventinus aufgenommen. Das *Bavariae ... Compendium* (Nr. 70) als generalisierte und reduzierte, ansonsten aber sehr genaue Kopie der großen Karte Philipp Apians erschien im regulären Auflagendruck seit dem *Additamentum I* 1573; das Blatt findet sich auch schon in einigen wenigen Exemplaren der niederländischen *Theatrum*-Ausgabe von 1571.

Lit.:
- *Philipp Apian, Bairische Landtaflen.* Faksimile-Ausgabe mit Kommentar von G. STETTER und A. FAUSER. München 1966
- *Philipp Apian und die Kartographie der Renaissance.* Hrsg. von H. WOLFF (= Bayerische Staatsbibliothek. Ausstellungskataloge 50). Weißenhorn 1989
- BAGROW, *Catalogus I*, S. 36–41
- *Cartographia Bavariae*, S. 40 ff.
- FINSTERWALDER, R.: *Zur Entwicklung der bayerischen Kartographie von ihren Anfängen bis zum Beginn der amtlichen Landesaufnahme* (= Deutsche Geodätische Kommission bei der Bayerischen Akademie der Wissenschaften, Reihe C, Heft 108). München 1967, S. 20–25
- GÜNTHER, S.: *Peter und Philipp Apian, zwei deutsche Mathematiker und Kartographen. Ein Beitrag zur Gelehrtengeschichte des XVI. Jahrhunderts.* Prag 1882, Neudruck Amsterdam 1967
- HARTIG, O.: Die Globen in der Bayerischen Staatsbibliothek und ihre Münchener Meister Philipp Apian und Heinrich Arboreus. In: *Kultur und Handwerk – Amtliche Zeitschrift der Ausstellung „Das Bayerische Handwerk".* München 1927, S. 242–248
- HARTIG, O. (Hrsg.): *Das Alte Bayern. Dreissig Zeichnungen und achtunddreißig Holzschnitte aus der Werkstätte Philipp Apians und Jost Ammans.* München 1927
- HARTNER, W.: Philipp Apian. In: *Neue Deutsche Biographie* 1, 1953, S. 326
- OEFELE, E. von und K. PRIMBS (Hrsg.): *Philipp Apians Topographie Bayerns und bayerische Wappensammlung* (= Oberbayerisches Archiv für vaterländische Geschichte 39). München 1880
- ZINNER, *Astronomische Instrumente*, S. 234–235.

Bertrand d'ARGENTRÉ

Die *Theatrum*-Karte der Normandie und Bretagne (Nr. 127b) ist eine Eigenschöpfung von Ortelius auf der Basis mehrerer Quellen (vgl. oben 5.3.1). Eine davon war die erste Spezialkarte der Bretagne:

DESCRIPTION DV PAYS ARMORIQVE A PRESENT BRETAIGNE

Titel entlang des oberen Randes in eigenem Rahmen

Kupferstich, 35 × 47,5 cm

Siehe Abb. 13

Die Karte ist als Beilage enthalten in der zweiten Ausgabe des Geschichtswerkes *L'histoire de Bretagne* (Paris: Jacques du Puys, 1588) von Bertrand d'Argentré, der wohl auch als ihr Autor zu gelten hat. Der Stecher ist nicht genannt, sichtbar sind aber hohe stilistische Ähnlichkeiten mit dem Werk von Gabriel Tavernier. Tavernier stach eine sehr genaue Kopie dieser Karte für das *Théatre François* Bouguereaus von 1594, erst sie erbrachte eine weitere Verbreitung des von d'Argentré gegebenen Datenmaterials.

Bertrand d'Argentré wurde am 19. Mai 1519 geboren in Vitré (östlich von Rennes) als Sohn von Pierre d'Argentré (1488–1548), seit 1526 Seneschall der Bretagne. Bertrand d'Argentré erhielt eine erste Ausbildung auf Kollegien in Orléans und Poitiers, danach studierte er Rechtswissenschaften in Bourges. Bereits in der Studienzeit beschäftigte er sich auch mit historiographischen Arbeiten. 1542 vollendete er *De origine ac rebus gestis Armoricae Britanniae regum* (Manuskript; Bibliothèque Nationale, Paris), eine lateinische Bearbeitung eines Werkes seines Onkels, des bretonischen Historikers Pierre Le Baud. 1547 folgte Bertrand d'Argentré seinem Vater nach als Seneschall der Bretagne in Rennes. In diesem Amte gehörte er zu den Führern einer Bewegung, die eine möglichst große Autonomie der Bretagne von der französischen Krone anstrebte. Publizistische Frucht dieser Aktivitäten waren mehrere staatsrechtliche Schriften wie *Commentaires sur les quatre premiers livres de l'ancienne coutume* (Rennes 1568) und *Aitologia sive ratiocinatio de reformandis causis* (Rennes 1584). 1583 erschien die erste gedruckte Ausgabe von d'Argentrés Geschichtswerk *L'histoire de Bretagne*, ohne Titelblatt und auch noch ohne Kartenbeilage; die in der älteren Literatur gegebene Druckangabe Rennes: Julien Duclos, 1582 ist unzutreffend, bereits diese Editio princeps wurde 1583 in Paris von Jacques du Puys gedruckt. Du Puys brachte dann auch die zweite Ausgabe 1588 mit der Karte heraus, der etliche weitere Ausgaben bis 1684 folgten. 1589 zog sich Bertrand d'Argentré aus der Politik zurück, als die royalistische Partei in der Bretagne an die Macht kam. Er starb am 13. Februar 1590 auf Schloß Tizé in Cesson-Sévigné (östlich von Rennes).

Lit.:
- BALTEAU, J.: Bertrand d'Argentré. In: *Dictionnaire de Biographie Française* 3, 1939, Sp. 572–574
- JONES, I.E.: *D'Argentré's history of Britanny and its maps* (= University of Birmingham, Department of Geography, Occasional Publications No. 23). Birmingham 1987
- MIOREC DE KERDANET, D.L.: *Histoire de Bertrand d'Argentré, législateur de la Bretagne.* Brest 1852.

Benito ARIAS MONTANUS

Als Sohn eines Notars wurde Benito Arias 1527 in Frejenal de la Sierra in der spanischen Provinz Estremadura geboren; nach seiner gebirgigen Heimat bildete er später das Cognomen Montanus. Er studierte Philosophie und alte Sprachen in Sevilla 1546–1547, danach bis 1552 in Alcala Theologie. 1552 wurde er zum Poeta laureatus gekrönt. 1560 trat er in den Orden von St. Jago (OSHier.) ein, 1562 begleitete er den Bischof von Segovia zum Konzil von Trient. Danach wurde er Hofkaplan von König Philipp II., gleichzeitig wirkte er auch als Bibliothekar des Escorial. Wohl unter dem Eindruck der reformatorischen Bewegung in den Niederlanden bestimmte Philipp II. den hervorragenden Sprachwissenschaftler und Theologen Benito Arias Montanus 1568 zum Redakteur einer neuen polyglotten *Biblia Regia*. Zur Beaufsichtigung dieses Unternehmens siedelte er im gleichen Jahr nach Antwerpen über, wo 1571–1572 bei Plantin die *Biblia sacra hebraice, chaldaice, graece et latine* gedruckt wurde. Dieses epochale Werk blieb nicht ohne Kritik. Ab 1572 lebte Arias Montanus in Rom, um seine Arbeit vor einer päpstlichen Kommission zu verteidigen. 1576 kehrte er nach Spanien zurück und diente Philipp II. wiederum als Theologe, Bibliothekar und auch Gesandter. Er lebte überwiegend in der Einsiedelei von Aracena bei Sevilla, wo er bereits seit 1550 Inhaber einer Pfründe der Kathedrale von Sevilla war. Die letzten Jahre seines Lebens verbrachte er als Prior der Niederlassung seines Ordens in Sevilla, wo er am 6. Juli 1598 starb.

Während seines Aufenthaltes spielte Benito Arias Montanus im Geistesleben Antwerpens eine sehr wichtige Rolle. Trotz seiner klar umrissenen offiziellen Funktion war er ein sehr liberaler Mann. Von Anfang an hat er sich auch für die Kartographie interessiert, seit 1568 kaufte er bei Plantin Globen, astronomische Instrumente, geographische Bücher und Karten. Neben der *Biblia Regia* erschienen bei Plantin noch andere Werke von Arias Montanus, z.B. die *Humanae salutis monumenta* (1571) und eine Ausgabe des *Itinerarium Beniamini Tudelensis* (1575); Philipp Galle druckte 1574 sein *Iesu Christi vitae ... speculum* mit Stichen von Jan Wiericx. Auch mit Abraham Ortelius dürfte Arias Montanus schon bald nach 1568 in Kontakt gekommen sein. Auf seine Initiative ging die Verleihung des Titels eines Königlichen Geographen an den Schöpfer des *Theatrum Orbis Terrarum* im Jahre 1573 zurück. Erst für 1574 findet sich sein Eintrag im *Album Amicorum*. 1576 schrieb Arias Montanus aus Rom an Ortelius u. a. über eine handgezeichnete China-Karte; es dürfte sich hier um die erste Erwähnung der Karte von Luiz Jorge de →Barbuda handeln. Auch später noch blieben Ortelius und Arias Montanus in Verbindung, ihre Korrespondenz ist bis 1596 belegt.

Die im *Catalogus Auctorum* unter dem Namen von Benito Arias Montanus genannten beiden Karten kommen vor in Band VIII – dem Erläuterungsband – der *Biblia Regia*, wo sie die Ausführungen zur historischen Geographie Palästinas illustrieren:

- TABVLA TERRAE CANAAN / ABRAHAE TEMPORE ET ANTE ADVENTVM FILIOR. ISR- / RAEL CVM VICINIS ET FINITIMIS REGIONIB. ex Descrip- / tione Benedicti Ariae Montani.

    Titel unten links in Kartusche

    Kupferstich, 33 × 51 cm.

    Siehe Abb. 14

- TERRAE ISRAEL OMNIS ANTE CANAAN / DICTAE IN TRIBVS VNDECIM DISTRI- / BVTAE ACCVRATISSIMA ET AD SACRAS / HISTORIAS INTELLIGENDAS OPPOR- / TVNISS. CVM VICINARVM GENTIVM / ADSCRIPTIONE TABVLA ET EXACTIS- / SIMO MANSIONEM XLIII SITV. / Ad sacri apparatus A BENED. / ARIA MONTANO descripta.

    Titel unten links in Kartusche

    Kupferstich, 33,5 × 50,5 cm.

Wie alle anderen Illustrationen der *Biblia Regia* (Tempelansicht, Jerusalem-Plan etc.) wurden die Karten gestochen von Pieter van der Heyden (Petrus ab →Aggere). Für die Karten des *Theatrum* hatten sie keinerlei Bedeutung. Nicht einmal in den *Catalogus Auctorum* aufgenommen ist eine weitere Karte aus dieser Serie, eine Doppelhemisphären-Weltkarte *BENEDICT. ARIAS MONTANUS SACRAE GEOGRAPHIA TABULAM ...* (Kupferstich, 31,5 × 55 cm). Sie zeigt die Siedlungsgebiete der Enkel Noahs auf der ganzen Welt, kartographisch ist sie bemerkenswert wegen einer seltsam frühen Darstellung der australischen Nordküste.

Lit.:
- BATAILLON, M.: Philippe Galle et Arias Montanus. Matériaux pour l'iconographie des savants de la renaissance. In: *Bibliothèque d'Humanisme et Renaissance. Travaux et documents* 2, 1942, S. 132–160
- BELL, A.F.G.: *Benito Arias Montanus* (= Hispanic Notes and Monographs, Vol. V.). Oxford 1922
- DÉNUCÉ, *Kaartmakers I*, S. 1–16
- HESSELS, *Epistolae*, Nr. 62, 173, 177, 195 und 288
- MORALES OLIVER, L.: Avance para la bibliografia de obras impresas del Dr. Benito Arias Montanus. In: *Revista del Centro de Estudios Extremenos* 2, 1928, S. 171–236
- PURAYE, *Album Amicorum*, S. 24
- REKERS, B.: *Benito Arias Montano, 1527–1598. Studie over een groep spiritualistische humanisten in Spanje en de Nederlanden, op grond van hun briefwisseling.* Groningen 1961.
- SHIRLEY, *World Maps*, Nr. 125.

Petrus ARTOPAEUS

Die recht genau kopierte Vorlage für die seit 1573 im *Theatrum* enthaltene Karte *Pomeraniae Wandalicae Regionis Typus* (Nr. 68a) war:

Pommern-Karte ohne festen Titel. Ein typengedruckter Titel in Latein, Deutsch, Französisch oder Italienisch steht über dem Holzstock, d.h. über den neun Wappen über dem oberen Kartenrand. Unten rechts in Rahmen typengedruckte Kurzbeschreibung von Pommern in der jeweiligen Sprache

Holzschnitt mit allen Namen und Texten in Typendruck, Kartenformat 16 × 38 cm.

Siehe Abb. 15

Diese Karte erscheint seit 1550 in allen Ausgaben der Kosmographie von Sebastian →Münster.

Die handgezeichnete Vorlage für diese erste Spezialkarte Pommern erhielt Münster zugesandt von Petrus Artopaeus. Die Biographie dieses Mannes ist nur in Fragmenten sicher bekannt und noch von berufener Seite zu schreiben. Nach JÖCHER und meist danach in aller späteren Literatur war der eigentliche Name Peter Becker, der um 1491 in Köslin geboren sei und der in Wittenberg studiert habe. Ein Problem besteht jedoch darin, daß ein Peter Becker in den Akten der Wittenberger Universität für diese Zeit nicht belegt ist. Hingegen wurde am 18. März 1522 ein *Petrus Kuchenmeister Misn. Civ.* immatrikuliert. Neben „Becker" ist nun „Kuchenmeister" eine durchaus akzeptable Übersetzungsalternative von „Artopaeus". Der Geburtsort wäre also Meissen gewesen, das Geburtsjahr wäre sicherlich später als 1491 – etwa um 1500–1505 – anzusetzen. Wie aber auch immer, nach Beendigung seiner Studien soll Artopaeus zunächst als Lehrer in Köslin und Rügenwalde gewirkt haben. 1528 wurde er Rektor in Stettin, wo er auch eine Bibliothek anlegte. 1549 wurde er reformierter Pfarrer an der Marien-Kirche in Stettin. Wegen religiöser Differenzen wurde er aus diesem Amt entfernt, er starb 1563 an unbekanntem Ort (in Stettin?).

Petrus Artopaeus war der Autor einer stattlichen Zahl zumeist theologischer Werke. Sie erschienen zunächst in Wittenberg, der Erstling war *Discretio locorum legis et evangelii in literis sacris* (Wittenberg 1534). Seit 1538 war er dem Basler Verlag Petri verbunden, über den dann sicherlich auch die Beziehung zu Sebastian Münster entstanden ist. Seine wichtigste Publikation bei Petri war die *Latinae, graecae et hebraicae linguae grammatica* (Basel 1543 und spätere Ausgaben). Als Geograph und Historiograph ist Artopaeus ansonsten nicht mehr in Erscheinung getreten.

Lit.:
– FOERSTEMANN, C.E.: *Album Academiae Vitebergensis ab A. Chr. MDII usque ad a. MDLX.* Bd. 1. Leipzig 1841, S. 109
– JÖCHER, Ch. G.: *Allgemeines Gelehrten-Lexikon.* Bd 1, Leipzig 1750 (Neudruck Hildesheim 1960), Sp. 578 und Erg. Bd 1, Leipzig 1784 (Neudruck Hildesheim 1960), Sp. 1152
– WEHRMANN, M.: Pommern in Münsters Cosmographie. In: *Monatsblätter für Pommerische Geschichte und Altertumskunde* 29, 1915, S. 57–59.

Johannes AVENTINUS

Johannes Turmair (Thurmair), der sich später mit dem Humanistennamen Aventinus (eingedeutscht Aventin) nannte, wurde am 4. Juli 1477 in Abensberg südlich von Regensburg als Sohn eines Brauers und Gastwirts geboren. Nach einer Ausbildung auf der Lateinschule in seiner Heimatstadt besuchte er ab 1495 die Universitäten Ingolstadt, Wien, Krakau und Paris, wo er 1504 das Magisterexamen ablegte. Danach lebte er erneut einige Jahre in Wien, bevor er 1508 als Prinzenerzieher in den Dienst der Herzöge von Bayern trat. In diesem Rahmen entstand auch seine erste Veröffentlichung, eine Latein-Grammatik (München 1512 und spätere Ausgaben). 1515 begleitete er seine Zöglinge an die Universität Ingolstadt. Dort gründete er noch im gleichen Jahr – nach dem Vorbild des deutschen „Erzhumanisten" Konrad Celtis (1459–1508) – eine Gelehrtengesellschaft „Sodalitas Litterarum". Die von Aventinus gehegten Hoffnungen auf einen Lehrstuhl in Ingolstadt zerschlugen sich jedoch. 1517 wurde er zum offiziellen Historiographen des bayerischen Hofes berufen. In diesem Amt hatte er Gelegenheit für zahlreiche Reisen zur Sammlung umfangreichen archäologischen und archivalischen Materials. Erste Frucht dieser Arbeiten waren einige Kleinschriften wie *Historia non vulgaris Otingae Boiorum* (Nürnberg 1518) und *Imperatori Henrici Quarti vita* (Nürnberg 1518). Um 1521 war eine erste lateinische Fassung seines Hauptwerkes, der *Annales Ducum Boiariae*, abgeschlossen. Hiervon erschien aber zunächst nur eine Teilübersetzung als *Bayrischer Chronicon kurtzer Auszug* (Nürnberg 1522). Die als Beilage zu diesem Buch vorgesehene Karte erschien erst 1523 als Separatdruck mit zugehörigem Textblatt:

Obern und Nidern Bairn bey den alten im Latein und Kriechischen Vindelicia ec.

Titel über der Karte. Unten Mitte in runder Kartusche Widmung an die Herzöge von Bayern (9 Zeilen), endend ... *Io. Aventinus Dedi: / MDXXIII*. Die Karte ist allseitig umgeben von einem Wappenrand, darin unten in der Mitte Sonnenkompaß mit den Initialen *G.A.*

Ein zugehöriges Textblatt mit Erläuterungstext in deutscher Sprache trägt die Adresse *Getruckt zu Landshut durch Johann Weyssenburg*

Holzschnitt mit allen Namen in Typendruck, 42,5 × 48 cm

Das einzige bekannte Exemplar befand sich zuletzt in der Armeebibliothek in München, es ging 1945 verloren. Grundlage aller späteren Reproduktionen ist das Faksimile bei HARTMANN.

Siehe Abb. 16

Die Initialen G.A. verweisen auf einen Druck und vermutlich auch Holzschnitt der Karte durch Georg Apian in Ingolstadt, den Bruder von Peter → Apian. Ein Tisch von 1531, auf dessen Platte eine Kopie dieser Karte gemalt ist, befindet sich im Bayerischen Nationalmuseum in München.

Im Rahmen der Weiterarbeit an den *Annales Boiorum* schuf Johannes Aventinus eine leicht überarbeitete Fassung dieser Bayern-Karte. Sie war 1533 fertig, zusammen mit dem endgültigen Manuskript der deutschsprachigen *Bayerischen Chronik*. Während der Druckvorbereitung starb Aventinus am 9. Januar 1534 in Regensburg.

Erst im folgenden Jahr wurde diese zweite Bayern-Karte des Johannes Aventinus in Landshut, wo Georg Apian seit 1531 ansässig war, als Einblattdruck publiziert:

Obern unnd Nidern Bairn bey den alten im Latein unnd Kriechischen Vindelicia

Typengedruckter Titel über der Karte. Unten Mitte in runder Kartusche Widmung an die Herzöge von Bayern (12 Zeilen), endend ... *Ioann: / Aventinus dedicat: Anno / Domini Millesimo / Quingentesimo / Tricesimo / Tertio.* Rechts von der Widmungskartusche ein Sonnenkompaß, in dessen Rand die Initialen *G.A.B* (= Georg Apian Bienewitz).

An beiden Seiten der Karte ist anmontiert ein deutschsprachiger Erläuterungstext mit der Adresse *Gedruckt in der Fürstlichen / Stadt Lanndshut durch / Georgium Apianum: / M.D.XXV.*

Holzschnitt mit allen Namen und Texten in Typendruck, Kartenformat 35 × 38 cm

Das einzige bekannte Exemplar befand sich in der ehemaligen Hof- und Staatsbibliothek in München, es ging 1945 ebenfalls verloren (Abb. bei OBERHUMMER, Nachträgliches ..., Tafel IV).

Diese zweite Fassung hat Ortelius als Bayern-Karte für die ersten *Theatrum*-Ausgaben kopiert (Nr. 29). Alle Bergdarstellungen nördlich der Donau sind weggelassen, hinzugefügt sind einige lateinische Orts- und Landschaftsnamen. Sehr bald wurde diese recht veraltete Karte im *Theatrum* ersetzt durch eine Kopie nach der neuen Bayern-Karte von Philipp → Apian.

Die endgültigen Ausgaben des bayerischen Geschichtswerkes von Johannes Aventinus erschienen erst lange nach seinem Tode als *Annalium Boiorum libri septem* (Ingolstadt 1554) bzw. *Bajerische Chronik* (Frankfurt 1566). Ursprünglich hatte Aventinus zur Illustration dieses Werkes auch Karten von Deutschland und des Römischen Weltreiches vorgesehen. Diese standen vielleicht in Zusammenhang mit einem weiteren Projekt, einer *Germania illustrata* wiederum nach dem Vorbild von Celtis. Die hierfür vorgesehenen Karten von Deutschland und der Aufenthaltsorte von Deutschen im Ausland (?) waren als Vorzeichnungen vielleicht schon fertig. Dieses Werk wurde posthum herausgegeben von Kaspar → Brusch als *Chronica von Ursprung, Herkomen und Thaten der Uhralten Teutschen* (Nürnberg 1541), allerdings ohne Karten.

Lit.:
- AVENTINUS, J.: *Sämtliche Werke*. 6 Bde. München 1881–1908
- BAGROW, *Catalogus I*, S. 41–43
- *Cartographia Bavariae*, S. 32 ff.
- DUNNINGER, E.: *Johannes Aventinus. Leben und Werk des bayerischen Geschichtsschreibers*. Rosenheim 1977
- LEIDINGER, G.: *Zur Geschichte der Entstehung von Aventins „Germania illustrata" und dessen „Zeitbuch über ganz Teutschland"* (= Sitzungsberichte der Bayerischen Akademie der Wissenschaften, phil.-hist. Abt., 1935, Heft 3). München 1935
- LEIDINGER, G.: Johannes Aventinus. In: *Neue Deutsche Biographie* 1, 1953, S. 469–470
- OBERHUMMER, E.: Bemerkungen zu Aventins Karte von Bayern. In: *Sitzungsberichte der Königlichen Bayerischen Akademie der Wissenschaften*, phil.-hist. Klasse 2/1899, S. 435–462
- OBERHUMMER, E.: Nachträgliches zur Aventin-Karte. In: *Jahresbericht der Geographischen Gesellschaft München* Jg. 1898–1899, S. 83–93 mit Tafel IV
- RUDDER, B. de: *Über die „Abkunterfeiung" Baierns von 1531 und ihren Kartographen Aventinus* (= Akademie der Wissenschaften und Literatur [in Mainz], Abh. der math.-nat. Kl., Jg. 1960, Heft 1). Mainz 1960.

Luiz Jorge de BARBUDA

Am 28. Februar 1576 schrieb → Arias Montanus aus Rom an Ortelius, er habe bei dem Mathematiker und Orientalisten Johannes Baptista Raimundus eine handgezeichnete China-Karte gesehen. Sie sei vom portugiesischen Gesandten in China angefertigt worden, und er – Arias Montanus – werde versuchen, hiervon eine Kopie zur Publikation im *Theatrum* zu erhalten. Diese Bemühungen zogen sich aber hin. Am 11. Juli 1579 schrieb Johannes Moflinus aus Madrid an Ortelius, er habe bisher vergeblich versucht, Raimundus zu finden und ihn an seine Zusage zu erinnern. Dies scheint ihm aber dann doch bald gelungen zu sein. Seit 1584 enthält das *Theatrum* eine *Chinae ... Descriptio* (Nr. 97), die erste gedruckte und typenbildende China-Spezialkarte des Abendlandes. Als Autor nennt Ortelius einen „Ludovicus Georgius".

Dies ist der kartographische Bearbeiter von Primärinformationen, die von portugiesischen Kaufleuten und Seefahrern des 16. Jahrhunderts gesammelt worden waren. Der eigentliche Name war Luiz Jorge de Barbuda. Seine genauen Lebensdaten sind nicht bekannt. Als „oficial mechanico de iluminar y pintar cartas de marear" ist er zum ersten Mal für 1575 in Lissabon belegt, eine Quelle von 1579 nennt ihn „Geografo Portugues". Nachdem Spanien und Portugal seit 1580 in Personalunion regiert wurden, trat Barbuda in spanische Dienste und machte eine rasche Karriere. 1582 wurde er als Lehrer für Geographie und Mathematik an die königliche Akademie in Madrid berufen. 1596 ist er genannt als einer der Beisitzer im wissenschaftlichen Rat der Casa de la Contratación in Sevilla. Letztmalig belegt ist er für den 14. Juli 1599 als Mitunterzeichner einer *Declaracion de los mathematicos nombrados* in Madrid.

Lit.:
- CORTESAO, A.: *Cartógrafia e cartógrafos portugueses dos séculos XV e XVI.* Bd 2, Lissabon 1935, S. 276–285
- HESSELS, *Epistolae,* Nr. 62 und 87
- KAMMERER, A.: *La découverte de la Chine par les Portugais au XVIème siècle et la cartographie des portulans.* Leiden 1944.

Willem BARENTSZ

Willem Barentsz (Barentszoon, auch Wilhelmus Barentsonus bzw. Bernardus) wurde um 1560 auf der niederländischen Insel Terschelling geboren. Über sein Leben ist wenig bekannt. Vielleicht als Frucht einer Tätigkeit als Steuermann im Mittelmeerraum erschien 1595 in Amsterdam erstmals seine *Nieuwe Beschryvinghe ende Caertboeck vande Midlandtsche Zee,* ein mehrmals aufgelegter Seeatlas des Mittelmeeres mit zehn später oft kopierten Karten. Im Sommer 1594 kommandierte Barentsz ein Schiff einer Expedition, die von Amsterdamer Kaufleuten – angeregt durch die geographischen Theorien von Petrus → Plancius – ausgesandt wurde zur Auffindung der Nordostpassage. Dieses Ziel wurde nicht erreicht, ebenso blieb eine erneute Expedition im folgenden Jahr ohne Ergebnis. 1596 fuhr Barentsz auf einer dritten Forschungsreise in die Arktis als Steuermann auf dem Schiff des Expeditionsleiters Jacob van Heemskerck. Auf dieser Reise gelang u.a. die Wiederentdeckung Spitzbergens. Die Expedition mußte ihre Heimfahrt unterbrechen und auf Novaya Zemlya überwintern. Auf der Bootsfahrt zur russischen Küste starb Willem Barentsz am 20. Juni 1597 auf See.

Daten der ersten Reise von Barentsz flossen schon ein in die Europa-Wandkarte von Jodocus → Hondius. Die Summe des neuen Wissens war eine Karte, die posthum 1598 in Amsterdam bei Cornelis Claesz erschien und von Battista van Deutecum gestochen wurde:

Delineatio cartae trium navigationum per / Batavos ad Septentrionalem plagam ... Authore Wilhelmo Bernardo Ams- / telredamo expertissimo pilota. (10 Zeilen)
Beschryvinghe van de drie seylagien door de / Hollanders gedaen ande Noordtsyde van Noorweghen ... door WILLEM BARENTS van / Amstelredam de vermaerde Piloot. (10 Zeilen)

Zweisprachiger Titel oben Mitte in Kartusche. Unten rechts in Kartusche die Signatur: *Auctore / Wilhelmo Ber / nardo. / Cornelius Nico / lai excudebat. / Baptista a Doe / techum schulp. / aº 1598.*

Kupferstich, 42 × 57 cm

Siehe Abb. 17

Dies ist eine Karte des Nordpolar-Meeres in stereographischer Projektion. Sie löste in der Kartographie der Folgezeit das Bild der Arktis nach Mercator ab. In das *Theatrum* ist sie allerdings nicht mehr eingegangen.

Lit.:
- *Willem Barentsz, Caertboeck van de Midlandtsche Zee, Amsterdam 1595.* Facsimile-edition with an introduction by C. KOEMAN. Amsterdam 1970
- KOEMAN, C.: *Atlantes Neerlandici IV,* S. 21–26
- NABER, S.P.: *Reizen van Willem Barents, Jacob van Heemskerck, Jan Cornelisz. Rijp en anderen naar het Noorden (1594–1597)* (= Werken uitgegeven door de Linschoten-Vereeniging, 14–15). Amsterdam 1917
- SCHILDER, G.: Development and achievements of Dutch northern and arctic cartography in the sixteenth and seventeenth centuries. In: *Arctic* 37, 1984, S. 493–514
- WIEDER, F.C.: *The Dutch Discovery and Mapping of Spitsbergen 1596–1829.* Amsterdam 1919.

Girolamo BELLARMATI

Als Sohn einer stadtadligen Familie wurde Girolamo Bellarmati (auch Bellarmato, Bell'Armato u.ä.) am 24. August 1493 in Siena geboren. In seiner Heimatstadt und wahrscheinlich in Urbino erhielt er eine umfassende Ausbildung in Fächern wie Architektur, Kosmographie und Mathematik. 1525 mußte er aus politischen Gründen Siena verlassen und lebte danach zeitweilig in Florenz und am päpstlichen Hof. Während dieser unsteten Wanderjahre entstand unter nicht weiter bekannten Umständen Bellarmatis Karte der Toskana, die 1536 in Rom erschien:

CHOROGRAPHIA TVSCIAE

Titel im oberen Kartenrand. Im oberen rechten Teil der Karte umfangreicher typengedruckter Text (insgesamt 54 Zeilen), beginnend mit der Widmung *Hyeron. Bellarmato Illustriss. Signori S. Valerio Orsini*, endend *... di Roma / alli V. di Agosto del. / M.D.XXXVI*. Darunter Druckprivileg des Papstes und der Signoria Venedigs (9 Zeilen)

Holzschnitt mit Text in Typendruck von 4 Stöcken, 2 Reihen zu je 2 Bll., Gesamtformat 78,5 × 112 cm

Das einzige bekannte Exemplar ist im Archivio di Stato, Florenz (Abb. bei ALMAGIA, *Mon. Ital. Cart.*, Tav. XXII).

Als einer der ersten neuzeitlichen Regionalkarten kommt diesem Werk Bellarmatis in der Geschichte der italienischen Regionalkartographie ein hoher Rang zu. Sie wurde innerhalb und außerhalb Italiens vielfach kopiert. Auch Ortelius hat sie ohne wesentliche topographische Änderungen seit der Erstausgabe in das *Theatrum* übernommen (Nr. 36). 1589 schrieb Winghe an Ortelius über eine in Rom 1588 von Alitteno Gatti publizierte Karte der Toskana, erschienen im für das italienische Kartenmachen der Zeit recht ungewöhnlichen Holzschnitt. Hier könnte es sich um eine Neuauflage mit den originalen Druckstöcken von 1536 gehandelt haben, von der in der Literatur allerdings bisher kein Exemplar bekannt geworden ist.

1538 lebte Girolamo Bellarmati als Wasserbauingenieur in Venedig. Kurz danach trat er in den Dienst von König Franz I. von Frankreich. Er war tätig als Festungsbauingenieur in Le Havre und Dieppe, später auch im Piemont (1546), in Dijon (1547) und in Paris 1550. Aus dieser Zeit ist eine Elfenbein-Sonnenuhr erhalten, in der Kartographie ist er jedoch nicht mehr hervorgetreten. Erst im Alter war es ihm wieder gestattet, seine Heimatstadt Siena zu besuchen. Bellarmati blieb jedoch in französischen Diensten, er starb am 28. April 1555 in Châlons-sur-Saône.

Lit.:
- ALMAGIA, *Mon. Ital. Cart.*, S. 19–20
- BAGROW, *Catalogus I*, S. 43–44
- CODAZZI, A.: Girolamo Bellarmati. In: *Dizionario Biografico degli Italiani 7*, 1965, S. 604–606
- GENOVIE, L.: La cartografia della Toscana. In: *L'Universo 14*, 1933, S. 779–785
- HERVAL, R.: Un ingénieur siennois en France au XVIe siècle. In: *Bulletino Senese di Storia Patria 67*, 1960, S. 85–109
- HERVAL, R.: Girolamo Bellarmati et la création du Havre. In: *Etudes Normandes 40/3*, 1961, S. 33–42
- HESSELS, *Epistolae*, Nr. 170.

Pierre BELON

Die kleine Karte der Insel Lemnos als Inset auf der Zypern-Karte (Nr. 66) ist eine Eigenschöpfung wohl von Ortelius selbst allein nach einer Textquelle. Die Quellenangabe ist allerdings leicht fehlerhaft. Die Daten hierzu stammen nicht aus Belons *Histoire de la nature des oyseaux* (Paris 1555). Belons ausführliche Beschreibung von Lemnos findet sich vielmehr in seinen *Observations de plusieurs singularitez et choses memorables trouvez en Grèce, Asie, Iudée, Egypte, Arabie et aultres pays étranges*. Die Erstausgabe erschien erstmals in Paris 1553, sie wurde 1555 sogleich nachgedruckt in Antwerpen von Plantin. Eine lateinische Ausgabe in der Übersetzung von Carolus → Clusius erschien bei Plantin 1589.

Pierre Belon (Petrus Bellonius) ist einer der großen Naturwissenschaftler und französischen Humanisten des 16. Jahrhunderts, seine großen Leistungen bestehen vor allem in systematischen Arbeiten zur Botanik und Ornithologie. Er wurde geboren 1517 in La Soultière, einem Weiler bei Oizé in der französischen Grafschaft Le Mans. Seine Jugend verbrachte er in der Bretagne und als Gehilfe des bischöflichen Apothekers in Clermont am Hof des Bischofs René du Bellay, der auch Besitzer eines der größten botanischen Gärten in Frankreich war. In seinem Auftrag machte Belon seine erste botanische Reise 1540–1541 nach Dresden und Wittenberg. 1542 setzte er seine Studien in Paris fort und wurde Apotheker. Es folgte eine lange Studienreise durch Deutschland, die Schweiz und Italien. 1547–1548 hatte er die Gelegenheit, als Mitglied einer französischen Gesandtschaft an den türkischen Hof die gesamte Levante zu bereisen. Nach der Rückkehr begann er 1549 in Paris ein Medizinstudium, unterbrochen durch weitere Reisen nach England, der Schweiz und Italien. Ebenfalls in dieser Zeit schrieb er seine zahlreichen Bücher, darunter die oben zitierten *Observations* als Frucht seiner Levante-Reise. Erst 1560 schloß Pierre Belon sein Medizinstudium ab. Danach trat er als Arzt in den Dienst des französischen Königs Karl IX. und lebte im Château de Madrid bei Paris. Auf einem Weg dorthin wurde er im April 1564 im Bois de Boulogne vermutlich von Straßenräubern ermordet.

Lit.:
- DELAUNAY, P.: *L'aventureuse existence de Pierre Belon du Mans*. Paris 1926
- DELAUNAY, P.: *Pierre Belon, naturaliste*. Le Mans 1926.

Georgius Jodocus BERGANUS

Zu dem Mann, der im *Catalogus Auctorum* als Georgius Jodocus Berganus genannt ist, steht gegenwärtig alle biographische Grundlagenforschung noch aus. Er war Mönch des Benediktinerklosters in Verona. Eine von mehreren Annahmen ist, daß es sich bei dem Namen „Berganus" um ein Cognomen handelt, das nach einer Herkunft aus Bergen in Flandern gebildet wurde. In diesem Falle könnte der ursprüngliche Name vielleicht Joeris Joost o.ä. gelautet haben.

Die einzige derzeit konkrete Spur des Lebens und Wirkens von Georgius Jodocus Berganus ist der Druck *Georgi Iodoci Bergani Benacus* (Verona: Antonius Puteolus, 1556), eine Beschreibung des Raumes um den Garda-See in Reimform. Diesem Büchlein ist eine westorientierte Karte der Region beigegeben, die vielleicht ebenfalls von Berganus geschaffen worden ist:

> Ohne eigentlichen Kartentitel. Der Name *BENACVS* ist in großen Lettern in die Mitte des Sees geschrieben
>
> Holzschnitt mit allen Namen in Typendruck, 29 × 40,5 cm.
>
> Siehe Abb. 18

Ausweislich des *Catalogus Auctorum* kannte Ortelius diese Karte nur nach dem Zitat bei → Alberti. In das *Theatrum* ist sie nicht eingegangen.

Lit.:
- ALMAGIA, *Mon. Ital. Cart.*, S. 37
- MARINELLI, *Saggio*, Nr. 513.

Für Korrespondenz sei hier gedankt Frau Dr. FATTORI (Biblioteca Civica, Verona) und dem Archivio di Stato, Verona.

Giovanni Battista BOAZIO

Zur Biographie von Giovanni Battista Boazio (John Babtist Boazio, auch Beotio u.ä.) sind nur wenige feste Daten bekannt. Dem Namen nach scheint er italienischer Herkunft gewesen zu sein, in Großbritannien ist er belegt für die Zeit von 1585 bis 1606. Insgesamt sind ihm etwa zehn Karten und andere topographische Arbeiten zuzuschreiben, von denen nur ein Teil gedruckt wurde. Sein Berufsbild ist etwas schwer zu fassen. Er scheint von den Arbeiten anderer Kartographen nur die Reinzeichnungen bzw. die unmittelbaren Vorlagen zum Kupferstich angefertigt zu haben, selbst ist er als Geometer wahrscheinlich nicht tätig gewesen. Dies gilt auch für die Karte von Irland, die unter Boazios Namen bekannt ist und die durch andere Quellen in das Jahr 1599 zu datieren ist. Die Originalausgabe wurde in London gestochen von Renold Elstracke (1570–1625) und von dem Londoner Verleger John Sudbury publiziert:

> *IRELANDE*
>
> Titel oben Mitte in Kartusche. Rechts daneben in Kartusche Erläuterungen *In this geographicall discription or Chart of IRELAND ... by Baptista Boazio* (10 Zeilen). Unten links in Kartusche Widmung an Königin Elisabeth I., signiert ... *Your Maiesties most / humble and loyal subject / Baptista Boazio* (insgesamt 14 Zeilen). Links daneben in Rahmen die Adresse *Theise Descriptions of Ireland / are to be soald in the popes head / Alley by M. Sudbury*. Unten rechts in Rahmen die Stechersignatur *Graven by / Renolde Elstracke*.
>
> Kupferstich, 2 Bll. nebeneinander, Gesamtformat 53 × 82,5 cm

Exemplare: Trinity College Library, Dublin; British Library, London; ein drittes Exemplar in einer englischen Privatsammlung.

Siehe Abb. 19

Die Karte ist ein Konglomerat nach verschiedenen älteren Vorlagen. Hauptquelle waren wahrscheinlich handgezeichnete Karten des englischen Militärkartographen Robert Lythe (tätig 1556 bis 1574), der zwischen 1567 und 1571 in Irland gearbeitet hat.

Die Irland-Karte Boazios wurde von Vrients ohne wesentliche kartographische Änderungen kopiert und seit 1606 dem *Theatrum* beigefügt (Nr. 149).

Lit.:
- ANDREWS, J.H.: The Irish surveys of Robert Lythe. In: *Imago Mundi* 19, 1965, S. 22–31
- ANDREWS, J.H.: Baptista Boazio's map of Ireland. In: *Long Room* 1, 1970, S. 29–36
- ANDREWS, J.H.: An Elizabethan surveyor and his cartographic progeny. In: *Imago Mundi* 26, 1972, S. 45
- LYNAM, E.: Baptista Boazio's Irish maps. In: *Geographical Journal* 116, 1950, S. 23–25.

Peter BOECKEL

Als Sohn des Malers Cornelis (van) Boeckel wurde Peter Boeckel (auch Beckel, Bockel, Bebel, Bödel u.ä.) um 1530–1535 in Antwerpen geboren. Vielleicht weniger aus politisch-religiösen als vielmehr aus ökonomischen Gründen siedelte die Familie schon relativ früh nach Hamburg über, wo Peter Boeckel aufwuchs und – vermutlich bei seinem Vater – eine Ausbildung als Maler erhielt. Wahrscheinlich noch in Hamburg schuf er seine Karte des Landes Dithmarschen:

Bescribung vom landt Zu Ditmers Nach aller gelegenth. Wies konnigliche Ma: Zu Denemarck sampt die Herñ von Holstē erubert habē año 1559.

Titel in Schriftband am oberen Kartenrand. Oben Mitte in Kartusche typengedruckte Widmung an König Friedrich II. von Dänemark und die Herzöge Johann und Adolf von Holstein, endend ... *Petrus Beekel dedicavit* (10 Zeilen). Unten links und rechts in Kartuschen typengedruckte Erläuterungstexte, dabei in der rechten Kartusche auch die Adresse: *Ghedruct / Thantwerpen / op de Lombaer / de veste int gul / den Turcx / hooft, by Hans / Liefrinck Fi / guersnijder*

Holzschnitt auf 6 Bll., 2 Reihen zu je 3 Bll., Gesamtformat 74 × 108 cm

Das einzige bekannte Exemplar ist in der Österreichischen Nationalbibliothek, Wien.

Siehe Abb. 20

Anlaß zur Anfertigung der Karte war die Eroberung der „Bauernrepublik" Dithmarschen im Jahre 1559 durch dänische Truppen. Der Entwurf zu der Karte bzw. die Vorzeichnung überhaupt stammte von Boeckel. Unsicher ist, ob er auch die Aufnahmearbeiten durchgeführt hat oder ob er hier die topographischen Unterlagen eines Dritten zur Verfügung hatte; die in älterer Literatur geäußerte Vermutung, Heinrich von →Rantzau sei an diesem Werk als Mitautor oder zumindest Auftraggeber beteiligt gewesen, ist schwer zu belegen. In jedem Falle sieht man der Karte die Handschrift eben eines Malers deutlich an. Es handelt sich um eine Vogelschaudarstellung noch ganz in der Tradition der Landtafelmalerei. Gedruckt wurde die Karte in Antwerpen bei Hans Liefrinck, der vielleicht auch die Holzstöcke geschnitten hat.

Für die Aufnahme in das *Theatrum* (Nr. 22a) hat Ortelius diese Vorlage stark verändert. Die Westorientierung des Originals ist in eine Nordorientierung gedreht, alle plastischen und bildhaften Elemente sind verschwunden. Die streng „kartographische" Fassung bei Ortelius wurde dann auch der unmittelbare Vorläufer für etliche spätere Kopien.

In späteren Jahren hat sich Peter Boeckel allem Wissen nach nicht mehr mit dem Kartenmachen beschäftigt. Eine in älteren Quellen genannte Dänemark-Karte ist bisher nicht durch ein Exemplar belegt, vielleicht handelt es sich hier um eine Verwechslung mit dem vorliegenden Werk. 1561 trat Boeckel als Hofmaler in den Dienst der Herzöge von Mecklenburg in Schwerin und Güstrow. In dieser Tätigkeit ist er bis 1598 in den Hofrechnungen genannt, sicher zuschreibbare Werke sind jedoch nicht erhalten. Er starb am 13. Juni 1599 in Wismar.

Lit.:
- BAGROW, *Catalogus I*, S. 44–45
- HANSEN, R.: Peter Böckels Dithmarschen-Karte aus dem Jahre 1559 und ihre Nachbildungen. In: *Dithmarschen*, Neue Folge Jg. 1968, S. 57–76
- NØRLUND, N.E.: *Danmarks kortlaegning*. Bd 1. Kopenhagen 1942 (mit Großreproduktion auf Tafel 17)
- THIEME – BECKER 4, 1910, S. 177.

Gilles Boileau de Bouillon

Feste Daten zur Biographie von Gilles Boileau de Bouillon (Gilles Bouloigne, lat. Aegidius Bulionius Belga und Egidius Boleavus Bulionius, Pseudonym auch Darinel pasteur de Amadis) sind spärlich. Er wurde etwa um 1510 geboren, vermutlich in Bouillon (Ardennen). Wo er seine recht umfassende Bildung insbesondere in der Kenntnis zahlreicher Sprachen erhalten hat, ist unbekannt. Für 1534 ist er belegt als Einwohner von Antwerpen. Danach nahm er an verschiedenen Feldzügen Kaiser Karls V. teil, dem er auch als Diplomat und 1541 als Gouverneur von Cambrai diente. Aus unbekannten Gründen in Ungnade gefallen, siedelte Boileau kurz vor 1550 nach Paris über, wo er sich mit literarischen Arbeiten beschäftigte. Sein publizistischer Erstling war ein *Commentaire du Seigneur Don Loys d'Avila, contenant la guerre d'Allemagne* (Paris 1550), eine Übersetzung eines spanischen Werkes des Historikers Luiz de Avila y Zuniga (1500–1564) über den Schmalkaldischen Krieg 1547–1548; eine zweite Ausgabe Paris 1551 enthielt eine kleine Deutschland-Karte nach Sebastian Münster, die erste bekannte kartographische Arbeit Boileaus. Als Dichter versuchte er sich mit dem Werk *Le neufiesme livre d'Amadis de Gaule* (Paris 1553). Seit 1553 lebte Boileau in Lüttich, später dürfte er wieder nach Antwerpen übergesiedelt sein. Dort erschien sein geographisches Hauptwerk *La sphère des deux mondes* (Antwerpen 1555) mit einem Kartensatz nach der Kosmographie von Johannes → Honter, einer Peru-Karte sowie Abbildungen von Algier, El Mahdia und Tunis, die möglicherweise auf eigene Handzeichnungen zurückgehen. Ohne Angabe von Ort und Jahr liegt von Boileau weiterhin vor eine Karte der *Campaigne de Romme ... avec une partie de Etrurie* (Kupferstich, 31 × 48 cm; Exemplar in der Bibliothek von Schloß Wolfegg/Württemberg).

Die Ernennung von Emmanuel-Philibert von Savoyen zum Statthalter Philipps II. in den Niederlanden im November 1556 war höchstwahrscheinlich der Anlaß zur Edition von Boileaus Savoyen-Karte, die in Antwerpen bei Hieronymus Cock erschien:

NOVA ET EXACTISSIMA SABAVDIAE DVCAT. DESCRIPTIO 1556

Lateinischer Titel im oberen Kartenrand. Im unteren Kartenrand entsprechender Titel in Niederländisch:

EEN NIEWE BESCRIVINGHE VAN HET HERTOCHDOM VAN SAVOIIEN

Oben links in Kartusche typengedrucktes lateinisches Geleitwort *AEGIDIVS BVLIONIVS BELGA BENIGNE LECTORIS* (13 Zeilen), Mitte rechts in Kartusche typengedrucktes französisches Geleitwort *Gilles de Bouillon au bening. Lecteur* (36 Zeilen). Unten links in ovaler Kartusche: *Absolutum / Antverp. 20 / Novemb. A°. / 1556 / per Hieron. / Cock / pictor*. Rechts daneben in Kartusche Adresse: *Imprimé en Anvers aupres la bourse neuve en la Maison / de Hieronymus paintre, aux quatre Vens Avec / priuilege du Roy pour six ans.*

Kupferstich, 2 Bll. nebeneinander, Gesamtformat 46,5 × 69,5 cm

Das einzige bekannte Exemplar befindet sich in der Herzog August Bibliothek, Wolfenbüttel.

Siehe Abb. 21

Die Karte beruht höchstwahrscheinlich nicht auf eigenen Aufnahmearbeiten Boileaus, sondern sie wurde von ihm nur aus verschiedenen gedruckten und primären Informationen kompiliert. Für die Erstausgabe des *Theatrum* wurde sie als Ganzes kopiert (Nr. 12); Ortelius wählte hier eine Nordorientierung, während das Original geostet ist. Seit 1584 enthielt das *Theatrum* nur noch eine Ausschnittkopie, die allein Savoyen zeigt (Nr. 108b); Burgund wurde abgetrennt, da Ortelius hier eine neue Karte dieser Region von Ferdinand de → Lannoy zur Verfügung hatte.

1557 erschien – laut dem *Catalogus Auctorum* in Antwerpen bei Hans Liefrinck – Boileaus Karte der Gallia Belgica, d.h. in etwa des heutigen Belgien:

Das einzige erhaltene Exemplar ist sehr eng beschnitten. Möglicherweise hatte die Karte einen Titel außerhalb des oberen Randes

Oben links in Kartusche (mit Typen gedruckt auf aufgeklebtem Zettel) Erläuterungstext *EN candide Lector* (8 Zeilen), in deren unterem Rand die Datierung *ANNO CHRISTI / 1557*. Unten rechts in Kartusche weiteres Geleitwort *Egidius boleavus bulionius Belga benign. Inspectorib.* (8 Zeilen)

Kupferstich auf 2 Bll. nebeneinander, Gesamtformat 42,5 × 67,5 cm

Das einzige bekannte Exemplar ist in der Bibliothèque Royale, Brüssel.

Siehe Abb. 22

Laut Aussage im Geleitwort wurde diese südorientierte Karte von Boileau geschaffen als Begleitung zur Lektüre von Caesars *De Bello Gallico*. Von ihr gibt es zahlreiche, vor allem italienische Nachstiche. Für das *Theatrum* wurde sie nicht verwendet.

Über die letzten Jahre von Gilles Boileau de Bouillon ist wenig bekannt. Bis 1560 ist er belegt durch die Edition von Prognostica, in denen er sich als „Mathematicus" bezeichnete. 1560–1561 erschienen bei Plantin noch zwei literarische Werke, *Cleyn tractat vons Arnolte ende Lucenda* und *Les livres d'Amadis de Gaule, traduit d'Espagnol en Francais*. Danach verliert sich seine Spur.

Lit.:
- BAGROW, *Catalogus I*, S. 45–57
- DÉNUCÉ, *Kaartmakers I*, S. 90–97
- HELBIG, H.: Gilles Boileau de Bouillon, sa vie et ses ouvrages. In: *Le Bibliophile Belge* 15, 1859, S. 190–203
- HEYDEN, *Maps of the Netherlands*, S. 37–39
- LAVIS TRAFFORD, M.A. de: *L'evolution de la cartographie de la region du Mont-Cenis et de ses abords aux XVe et XVIe siècles*. Chambéry 1949, S. 59–67
- METTRIER, H.: *Les cartes de Savoie au XVIe siècle. La carte de Boileau de Bouillon (1556)*. Paris 1919
- SMET, A. de: Une carte très rare: La „Gallia Belgica" de Gilles Boileau de Bouillon. In: *Revue Belge de Philologie et d'Histoire* 18, 1939, S. 100–107; Wiederabdruck in: *Album Antoine de Smet*. Brüssel 1974, S. 117–122.

Pierre-Jean de BOMPAR

Die seit 1595 im *Theatrum* enthaltene Karte der Provence (Nr. 128) ist eine sehr genaue Kopie eines Karteneinblattdruckes von 1591:

ACCVRATISSIMA PATRIAE PROVINCIAE DESCRIPTIO OPERA PETRI IOANNIS DE BOMPAR IVRI CONS. IVDICIS REGII CIVITATIS GRASSAE ANNO REDEMPTIONIS HVMANAE M.D.L.XXXXI

Titel in Schriftfeld entlang des oberen Randes. Oben links in Kartusche Widmung an Herzog Karl von Savoyen, signiert durch *PETRVS JOANNES DE BOMPAR* (insgesamt 21 Zeilen). Unten links Geleitwort *PETRVS IOANNES DE BOMPAR LECTORI* (13 Zeilen). Unten rechts die Signatur *Jacobus de formaceriis fecit*.

Kupferstich, 39,5 × 54,5 cm

Ein Exemplar dieser Karte fand ich in der Bibliothèque Municipale, Grenoble.

Siehe Abb. 23

Der Kupferstecher Jacopo de Formaceriis war in Turin und später in Lyon tätig.

Die Karte ist in der Literatur weitgehend übersehen worden, und auch eine Biographie ihres Autors von berufener Seite steht noch aus. Mitglieder der Familie Bompar sind während des 16. Jahrhunderts vielfach in der Provence als Amtsträger belegt. Ein Pierre-Jean de Bompar war seit 1544 Konsul in Aix-en-Provence und später Richter in Grasse, wo er am 27. November 1583 starb. Sofern er der alleinige Autor war, müßte die Karte zu diesem Zeitpunkt bereits fertig gewesen und posthum veröffentlicht worden sein. Als Autor wahrscheinlicher ist vielleicht ein Jean-Pierre de Bompar, der 1591 in Grasse als Pionieroffizier belegt ist.

Lit.:
- ARTEFEUIL, L.V.: *Histoire heroique et universelle de la noblesse de Provence*. Avignon 1757, S. 161–162
- *Les Bouches-du-Rhone. Encyclopédie départementale*. Tom. IV-2. Marseille 1931, S. 83
- REBOUL, R.: *Biographie et bibliographie de l'arrondissement de Grasse*. Grasse 1887, S. 88.

Für Forschungshilfen habe ich hier zu danken Mme. Francine GUIBERT (Archives Municipales, Grasse), M. Louis LOEB-LAROCQUE (Paris) und M. Pierre SANTONI (Archives de la Region de Provence-Cote d'Azur, Marseille).

Giovanni BONIFACIO

Die seit der Pigafetta-Ausgabe 1608 im *Theatrum* enthaltene Romagna-Karte (Nr. 158) enthält als Inset eine *Rhodiginiae Peninsulae Descriptio*, eine kleine Karte des Raumes um Rovigo in der Polesina. Bei der Autorenangabe ist auf diesem Stich allerdings ein Fehler unterlaufen mit dem Namen „Gaspare Bonifacio". Die handgezeichnete Vorlage wurde vielmehr von Giovanni Bonifacio, der höchstwahrscheinlich auch der Autor war, 1602 an → Pigafetta geschickt.

Giovanni Bonifacio wurde am 6. September 1547 als Sohn einer vornehmen Familie in Rovigo geboren. Nach Abschluß eines Jura-Studiums an der Universität Padua 1573 wirkte er in Rovigo als Rechtsanwalt. Von 1593 bis 1623 war er Beamter der Republik Venedig in verschiedenen Städten der Terra Firma, vor allem in Treviso und Padua.

Während seines ganzen Lebens war er auch als Dichter und Historiograph tätig, er war Mitglied mehrerer Akademien. Sein wissenschaftliches Hauptwerk war die 1591 gleichzeitig in Treviso und Venedig erschienene Regionalgeschichte *Historia Trivigiana*. Der venezianischen Ausgabe ist die Karte von Paolo → Rover beigegeben. Giovanni Bonifacio starb am 23. Juni 1635 in Padua.

Lit.:
- ALMAGIA, *Mon. Cart. Vaticana II*, S. 5
- BENZONI, G.: Giovanni Bonifacio. In: *Dizionario Biografico degli Italiani* 12, 1970, S. 194–197.

Siehe weiter auch die Literatur zu Paolo → Rover.

Natale BONIFACIO

Als Sohn einer aus Capua stammenden vornehmen Familie wurde Natale Bonifacio (auch Natale Dalmatino, lat. Natalis Bonifacius Sebenicensis) am 23. Dezember 1538 in Sibenik (Sebenico) in Dalmatien geboren. Über seine Jugend und Ausbildung ist wenig bekannt. Spätestens seit etwa 1565 lebte er als Kupferstecher in Venedig. Bereits dort waren Topographica und Landkarten sein Hauptarbeitsgebiet, so stach er eine Serie von elf Karten ägäischer Inseln sowie Ansichten zu dem Band *Civitatum aliquot insigniorum et locum magis munitorum exacta delineatio* (Venedig: Bertelli, 1568 und spätere Ausgaben). Um 1575 siedelte Natale Bonifacio zusammen mit seinem Bruder Francesco, einem Chirurgen, nach Rom über. Dort blieb er für den Rest seines Lebens ansässig. Während eines kurzen Aufenthaltes in seiner Heimat starb er am 23. Februar 1592 in Sibenik.

In Rom arbeitete Natale Bonifacio als Gelegenheitsstecher für verschiedene Verlage und wohl auch auf eigene Rechnung. Seine bekanntesten Arbeiten sind die Illustrationen zur *Transportatione dell'obelisco vaticano ... fatta dal cavaliere Domenico Fontana* (Rom 1590). Er stach die Karten des Afrika-Werkes von Filippo → Pigafetta, die Kalabrien-Karte von Prospero → Parisio, Stadtpläne, einen Globus und weitere Einzelkarten (Bibliographie bei ALMAGIA 1933). Von Bonifacio nennt der *Catalogus Auctorum* nur die 1587 in Rom als Einblattdruck erschienene Karte der Abruzzen:

ABRVZZO VLTERIORE

Titel in der Mitte am oberen Kartenrand. Rechts in Kartusche Widmung an Frederico Cesi und geographische Kurzbeschreibung *La Prouincia Ulteriore d'Abruzzo ...*, endend mit der Datierung *Roma li XV di Xbre 1587* und der Signatur *Natale / Bonifacio da / Sebenico* (insgesamt 48 Zeilen). In der rechten unteren Ecke die Verlagsangabe *Nicolo Van Aelst Formis*

Kupferstich, 35,5 × 49,5 cm

Abb. bei ALMAGIA, *Mon. Ital. Cart.*, Tav. LIII-1 ohne Angabe des Lagerortes, vgl. auch TOOLEY, *Italian Atlases*, Nr. 94.

Das Blatt enthält keinerlei Hinweis zum kartographischen Urheber. Allem heutigen Wissen nach ist es wenig wahrscheinlich, daß dies Bonifacio selbst war. Der aus Brüssel stammende Nicolaes van Aelst (ca. 1527–1613) war seit etwa 1583 in Rom als Kupferstecher und Graphikverleger tätig.

Die Abruzzen-Karte Bonifacios wurde von Ortelius im Prinzip recht genau für das *Theatrum* kopiert (Nr. 117). Die Plastizität in Bonifacios Stil der Geländedarstellung bleibt nur im Ansatz erhalten. Hinzugefügt hat Ortelius einige antike Flußnamen, z.B. *qui Tifernus olim* zu *Salino flu*.

1590 berichtete Winghe an Ortelius über eine neu erschienene Palästina-Karte Bonifacios. Aus unbekannten Gründen wurde sie nicht in den *Catalogus Auctorum* aufgenommen. Das einzige derzeit bekannte Exemplar dieser Karte (Kupferstich, 44,5 × 33 cm) ist in der Biblioteca Nazionale in Florenz (Abb. bei NEBENZAHL). Mit Brief vom 13. Juli 1592 meldete Winghe auch den Tod Bonifacios nach Antwerpen.

Lit.:
- ALMAGIA, *Mon. Ital. Cart.*, S. 46
- ALMAGIA, R.: Primo saggio storico di cartografia abruzzese. In: *Rivista Abruzzese di Science*, cl. di lettere e arti, fasc. III–IV, 1912
- ALMAGIA, R.: Intorno all'opera cartografica di Natale Bonifacio. In: *Archivo Storico per la Dalmazia* 14, 1933, S. 481–493
- ALMAGIA, R.: A hitherto unknown map of Palestine. In: *Imago Mundi* 8, 1951, S. 34–35
- BORRONI, F.: Natale Bonifacio. In: *Dizionario Biografico degli Italiani* 12, 1970, S. 201–204
- DONATI, L.: Intorno all'opera di Natale Bonifacio. In: *Archivo Storico per la Dalmazia* 15, 1933, S. 211–238
- HESSELS, *Epistolae*, Nr. 185 und 217
- NEBENZAHL, *Maps of the Bible Lands*, S. 98–99.

Benedetto BORDONE

Benedetto Bordone stammte aus Padua, sein Geburtsjahr ist etwa um 1470 anzusetzen. Seit etwa 1494 ist er als Holzschneider und Illuminator in Venedig nachweisbar. Am 15. September 1508 erhielt er von der Signoria in Venedig ein Privileg zum Druck einer Karte Italiens sowie einer Weltkarte „in Form eines Balles" (d.h. für einen Globus?). Von beiden Werken ist kein Exemplar bekannt. Auch Ortelius kannte die zitierte Italien-Karte nicht aus eigener Anschauung. Die Angabe im *Catalogus Auctorum* stützt sich auf die Erwähnung in der *Italia* von Leandro → Alberti und in *De antiquitate urbis Patavini* (Basel 1566) des Bernardino Scardeone (1478–1574). Benedetto Bordone starb 1539 in Venedig.

Anscheinend hat Ortelius das Hauptwerk Bordones nicht gekannt. Über Jahre hinweg hat er Material gesammelt für ein Buch über alle Inseln der Welt. Hierfür erhielt er bereits 1521 ein päpstliches Druckprivileg und 1526 ein solches Venedigs. 1528 endlich erschien in Venedig die erste Ausgabe des *Libro di Benedetto Bordone, nel qual si ragiona de tutte l'isole del mondo* (weitere Ausgaben 1532, 1534, 1537 und 1547, alle in Venedig). Das dreiteilige Werk enthält insgesamt 112 von Bordone selbst erarbeitete und auch in Holz geschnittene Karten, überwiegend Karten von Inseln aus allen Teilen der Welt.

Lit.:
- ALMAGIA, *Mon. Ital. Cart.*, S. 15
- ALMAGIA, R.: Intorno alle carte e figurazione annesse all'isolario di Benedetto Bordone. In: *Maso Finiguerra* 2, 1937, S. 170–180
- BAGROW, *Catalogus I*, S. 47–49
- *Benedetto Bordone, Libro di tutte l'isole del mondo, Venice 1528*. Facsimile edition with an introduction by R.A. SKELTON. Amsterdam 1966.

Girolamo BORDONI

Girolamo Bordoni (Geronimo Bordone) wurde zwischen 1510 und 1520 in Sermoneta südlich von Rom geboren. Er trat in den Franziskanerorden ein und lebte zunächst, gefördert von Kardinal Filonardo, bis zu dessen Tod 1549 am päpstlichen Hof in Rom. Anschließend widmete er sich einige Jahre ganz dem Ordensleben sowie der neulateinischen Poesie, einige Gedichte wurden 1556 und 1557 in Neapel veröffentlicht. 1564 trat er in den Dienst der Republik Genua, die ihm 1588 offiziell das Amt eines Zeremonienmeisters übertrug. Er starb am 24. Februar 1615 in Genua.

Eine von Girolamo Bordoni gezeichnete Karte von Korsika schickte Paulus Monelia 1596 an Ortelius mit der Bemerkung, der Autor habe die Insel selbst bereist und verfüge somit über eine genaue Landeskenntnis. Entgegen der Angabe des *Catalogus Auctorum* ist dieses Material aber nicht für das *Theatrum* verwendet worden. Die Originalzeichnung ist verschollen, und auch andere Korsika-Karten können nicht mit Sicherheit darauf zurückgeführt werden. Das Museo Civico in Genua besitzt ein Gemälde mit einer Panoramadarstellung des Meeres von Genua bis Korsika, das 1598 von Christoforo de Grassis geschaffen wurde. Dort wird in der Legende u.a. auch Girolamo Bordoni als Quelle genannt.

Lit.:
- ALMAGIA, *Mont. Ital. Cart.*, S. 49
- CIAPPINA, M.: Girolamo Bordoni. In: *Dizionario Biografico degli Italiani* 12, 1970, S. 523–524
- HESSELS, *Epistolae*, Nr. 290
- VOLPICELLA, L.: Genova nel secolo XV. Note d'iconografia panoramica. In: *Atti della Societa Ligure di Storia Patria* 52, 1924, S. 249–288.

Martin de BRION

Zum Einstieg in die Erforschung der Biographie von Martin de Brion (Martinus Brionaeus Parisiensis) fehlen derzeit noch konkrete Anhaltspunkte. Auch von seiner Palästina-Karte, die laut dem *Catalogus Auctorum* in Paris bei Jérome de Gourmont erschienen ist, konnte bisher kein Exemplar gefunden werden. Überhaupt scheinen sich alle späteren Erwähnungen dieser Karte auf das Zitat bei Ortelius zu stützen. Bekannt ist nur das Buch *Totius Terrae Sanctae urbiumque et quicquid in eius memoria dignum, actum gestumque fuit, secundum biblicos libros ac divum Hyeronimum, authore Martino Brionaeo Parisiensis, elaborata descriptio* (Paris: Guillaume de Bossozel, 1540), das aber keine Karte enthält.

Lit.:
- BAGROW, *Catalogus I*, S. 49.

Bonaventura BROCHARDUS

Auch dieser im *Catalogus Auctorum* bei Ortelius genannte Autor einer Palästina-Karte macht der Forschung einige Probleme. In den Quellen und in der Literatur sind hier verschiedene Personen sehr ähnlichen Namens bekannt, die selbst in bibliographischen Standardwerken gelegentlich verwechselt oder als identisch angesehen werden. Zunächst ist zu nennen der aus dem sächsischen Adelsgeschlecht von Barby stammende Dominikanermönch Burchardus de Monte Sion († 1285), der um 1282–1285 den Vorderen Orient bereiste. Seine *Descriptio Terrae Sanctae* ist eine der zuverlässigsten und wichtigsten mittelalterlichen Beschreibungen des Heiligen Landes. Sie wurde erstmals gedruckt 1475 in Lübeck als Anhang zu den *Rudimenta novitiorum* des Lukas Brandis; ungeklärt ist noch, ob die diesem Druck beigegebene Palästina-Karte (Holzschnitt, 40 × 58 cm) ebenfalls auf eine Handzeichnung des Burchardus de Monte Sion zurückgeht. Der Text wurde als *Descriptio Terrae Sanctae et regionum finitimarum* noch 1587 in Magdeburg gedruckt.

Weiterhin gab es einen italienischen „Pellegrino Brocardi", der über seine Palästina-Reise in den 1550er Jahren einen handschriftlichen Bericht mit mehreren Zeichnungen anfertigte.

Den Schlüssel zur eindeutigen Identifizierung des bei Ortelius gemeinten Bonaventura Brochardus fand bereits BAGROW im *Catalogus Auctorum* des *Theatrum Terrae Sanctae* von Christianus →Adrichomius, wo eine *Delineatio et descriptio Ierusalem et Terrae Promissionis accuratissima per Bonaventura Brocardum Bernaitum, excusa Parisiis, anno 1544* genannt ist. Es handelt sich hier um den Franziskanermönch Bonaventura Brochardus aus Bernay in der Normandie, dessen Biographie noch nicht geschrieben ist. Sein handschriftlicher Bericht über eine Reise ins Heilige Land von 1533 ist erhalten in der Bibliothèque Nationale in Paris, eine gedruckte Fassung *Descriptio Terrae Sanctae exactissima* erschien 1536 in Antwerpen bei Jan Steelsius. Ein Exemplar der 1544 bei Poncet Le Preux in Paris erschienenen Karte ist bisher nicht bekannt geworden. Es hat hiervon wahrscheinlich auch spätere Auflagen gegeben. Ortelius hat sie sehr gut gekannt, 1567 bezog er von Plantin fünf Exemplare der „Palestina Brochardi" zum Kolorieren.

Lit.:
- ALMAGIA, R.: Intorno al viaggiatore Pellegrino Brocardi. In: *Rivista Geografica Italiana* 61, 1954, S. 328–331
- BAGROW, *Catalogus I*, S. 49
- DÉNUCÉ, *Kaartmakers II*, S. 158
- LEUSCHNER, J.: Burchardus de Monte Sion. In: *Neue Deutsche Biographie 3*, 1957, S. 32–33
- NEBENZAHL, *Maps of the Bible Lands*, S. 60–62.

Bernardino BRUGNOLI

Bernardino Brugnoli (Bernardo Brognoli) wurde 1538 oder 1539 in Verona geboren. Sein Vater war der Festungsbaumeister Alvise Brugnoli (ca. 1505 bis nach 1559), seine Mutter entstammte der Veroneser Baumeisterdynastie Sanmichele. Seine Ausbildung erhielt Bernardino Brugnoli bei Mitgliedern der beiden elterlichen Familien, die zumeist im Dienst Venedigs arbeiteten. Bis etwa um 1580 war er tätig als Baumeister im Kirchen- und Profanbau im Raum Verona, eine Arbeit auch als Bildhauer ist nicht durch erhaltene Werke belegt. Sein Hauptarbeitsgebiet scheint der Wasserbau gewesen zu sein. Auf diesem Wege dürfte er zur Landesvermessung gekommen zu sein. Von 1569 gibt es eine Kanalkarte von seiner Hand (Archivio di Stato, Venedig). Unter heute unbekannten Umständen, aber wohl in offiziellem Auftrag, schuf Brugnoli sein kartographisches Hauptwerk, eine 1574 in Venedig von Paolo Forlani publizierte Karte des Großraums Verona:

> Ohne besonderen Titel. Oben rechts in Kartusche Widmung an den Veroneser Adligen Nicola Ramboldo (insgesamt 49 Zeilen), die auch die Autorenangabe ... *da Bernardin Brognolo perito dell'Ufficio de Beni Inculti, et Ecc. mo Architetto e Scultore* ... enthält. Die Widmung ist signiert ... / *Di Venetia, A XXV Ottobre MDLXXIIII. / Di V.S. servitor che la reverisce / Paolo Forlani Veronese* / ...

> Kupferstich, 52,5 × 35 cm

> Exemplare sind in der British Library, London und in der Biblioteca Civica, Verona (Abb. bei ALMAGIA, *Mon. Ital. Cart.*, Tav. XL).

Diese Karte und ihr Autor sind bereits seit 1575 im *Catalogus Auctorum* aufgeführt, allerdings ständig mit dem falschen Erscheinungsjahr 1564. Seit 1579 findet sich ein sehr genauer Nachstich im *Theatrum* (Nr. 89). Wohl aus Gründen des Blattformats wählte Ortelius eine Ostorientierung, während die Originalausgabe genordet ist.

Im Sommer 1580 trat Bernardino Brugnoli als Architekt in den Dienst der Gonzaga-Herzöge in

Mantua, hielt aber auch weiterhin Verbindung zu Verona und Venedig. Er starb am 16. März 1583 in Mantua.

Lit.:
- ALMAGIA, *Mon. Ital. Cart.*, S. 37–38
- ANDREATA, L.: Notizie e documenti su Bernardino Brugnoli. In: *Vita Veronese* 25, 1972, S. 87–93
- BARBIERI, F.: Bernardino Brugnoli. In: *Dizionario Biografico degli Italiani* 14, 1972, S. 503–504
- CUCAGNA, A.: *Il Roveretano nella raffigurazione cartografica de Veronese dell'architetto Bernardino Brugnoli (1574)*. Rovereto 1984
- CUCAGNA, A. (Hrsg.): *Cartografia antica del Trentino Meridionale 1400–1620* (Ausstellungskatalog der Biblioteca Civica Rovereto). Rovereto 1985.

Für Hinweise auf entlegene Literatur sei hier Frau Dr. Daniela FATTORI (Biblioteca Civica, Verona) sehr gedankt.

Kaspar BRUSCH

Kaspar Brusch (Caspar Bruschius, auch Brusthius) wurde am 19. August 1518 in Schlaggenwald im Egerland als Sohn eines Schuhmachers geboren. Nach dem Besuch der Lateinschule in Eger studierte er ab 1536 an den Universitäten Wittenberg und Tübingen. Danach führte er fast 20 Jahre lang das Leben eines wandernden Dichters auf Reisen in Deutschland, Österreich, Italien und der Schweiz. 1542 krönte ihn Kaiser Karl V. in Regensburg zum Poeta laureatus. Zeitweilig war er als Lateinlehrer tätig, eine feste Anstellung hatte er erst ab 1555 als reformierter Pfarrer in Pettendorf bei Regensburg. Am 20. November 1557 wurde er von einem Adligen, der sich durch eines seiner Epigramme gekränkt fühlte, bei Steinach in Mainfranken ermordet.

Das umfangreiche schriftstellerische Werk von Kaspar Brusch besteht neben theologisch-reformatorischen und politischen Flugschriften vor allem aus historisch-geographischen Arbeiten; 1541 war er der Herausgeber der posthum erschienenen *Chronica ... der uhralten Teutschen* von Johannes →Aventinus. Eine Karte ist unter seinen erhaltenen Werken allerdings nicht, wenngleich er die Herausgabe einer Karte des Fichtelgebirges mehrfach geplant und angekündigt hat. Bei der im *Catalogus Auctorum* genannten *Tabula* handelt es sich möglicherweise um den nur Text umfassenden Einblattdruck *Descriptio amnium ex Piniferomonte decurrentium*, den der Drucker und Reformationsschriftsteller Sebastian Franck (1499–1542) 1538 in Ulm herausbrachte; das einzige bekannte Exemplar ist in der Forschungsbibliothek in Gotha. Brusch plante eine umfassende Beschreibung seiner Heimat, von der aber nur ein erster Teil *Des Vichtelberges, in der alten Nariscen land gelegen, ... gründtliche Beschreibung* (Wittenberg 1542) gedruckt wurde. Aber dennoch: Bei der hohen Zuverlässigkeit des *Catalogus Auctorum* ist im Grunde nicht daran zu zweifeln, daß Bruschs Karte des Fichtelgebirges existiert hat und heute verschollen ist.

Lit.:
- BAGROW, *Catalogus I*, S. 50–51
- BEZZEL, I.: Kaspar Brusch (1518–1557). Poeta laureatus. Seine Bibliothek, seine Schriften. In: *Archiv für Geschichte des Buchwesens* 23, 1982, Sp. 389–480
- JAHNEL, F.: *Die Landkarten des Fichtelgebirges* (= Arzberger Hefte 4). Arzberg 1956
- HORAWITZ, A. von: *Caspar Bruschius. Ein Beitrag zur Geschichte des Humanismus und der Reformation.* Prag – Wien 1874.

Stefano BUONSIGNORI

Über die Jugendjahre des Kartographen, der im *Catalogus Auctorum* als *Stephanus Florentinus Monachus Oriuieti* genannt ist, fehlen die Angaben weitgehend. Sein eigentlicher Name war Stefano Buonsignori (Stephanus Bonisignorius). Er stammte vermutlich aus Florenz und war Mönch des Benediktinerklosters Montoliveto Maggiore bei Siena. Quellenmäßig konkret belegt ist er erstmals für 1576, als er mit Erlaubnis des Ordens auf Antrag von Herzog Francesco Maria an den Medici-Hof nach Florenz ging. Hier wurde er als Kosmograph Nachfolger von Egnazio →Danti. Sein Hauptwerk war die Fertigstellung des Wandkartenzyklus im Palazzo Vecchio. In diesem Amt lebte er bis zu seinem Tode am 21. September 1589 in Florenz.

Von den topographischen Arbeiten des Stefano Buonsignori wurden gedruckt eine Vogelschauansicht von Florenz sowie die beiden im *Catalogus Auctorum* genannten Karten. Bis in Einzelheiten genau für das *Theatrum* kopiert (Nr. 132) wurde die Karte des Territoriums von Florenz:

DOMINII FLORENTINI LOCORVMQ. ADIACENTIVM DESCRIPTIO

Titel in Schriftleiste entlang des oberen Randes. Oben rechts in Kartusche Widmung an

Herzog Francesco Maria de Medici, signiert von *D. Stefano monaco di / Mont Oliveto* (insgesamt 12 Zeilen). Unten rechts die Stechersignatur *D. Vitus V V^s monac. incid. 1584*

Kupferstich, 37 × 46 cm

Exemplare: Biblioteca Angelica, Rom; Biblioteca Apostolica Vaticana, Rom (Abb. bei ALMAGIA, *Mon. Ital. Cart.*, Tav. XLVIII-1).

Drucker und Verleger der Karte sind unbekannt. Sie wurde gestochen von Domenico Vito, einem Mönch des Kloster Vallombrosa. Er ist nachweisbar etwa von 1576 bis 1586, sein übriges Oeuvre umfaßt vor allem Stiche mit religiösen Inhalten.

Nur im *Catalogus Auctorum* genannt ist die ebenfalls von Vito gestochene Siena-Karte Buonsignoris. Auch sie erschien als Einblattdruck ohne Angabe des Druck- bzw. Verlagsortes. Sie ist undatiert, dürfte aber etwa gleichzeitig mit der Florenz-Karte publiziert worden sein:

SENARVM LOCORVMQ. ADIACENTIVM DESCRIPTIO

Titel entlang des oberen Randes. Oben rechts die Autorenangabe *Opera di don Stefano fiorentino monaco / di Montoliueto*. Unten in der Mitte die Stechersignatur *D. Vitus Vall. Umb. monac. fecit.*

Kupferstich, 30 × 28 cm

Exemplare: Biblioteca Angelica, Rom; Biblioteca Apostolica Vaticana, Rom (Abb. bei ALMAGIA, *Mon. Ital. Cart.*, Tav. XLVIII-2).

Dieses Werk Buonsignoris wurde für das *Theatrum* nicht kopiert. Auch in den späteren Ausgaben ist die Siena-Karte nach der von Cesare → Orlandi vermittelten Vorlage enthalten.

Lit.:
- ALMAGIA, *Mon. Ital. Cart.*, S. 43
- BADIA, J. del: Pianta topografica della citta di Firenze di Don Stefano Buonsignori dell'anno 1584. In: *Atti del III. Congresso Geografico Italiano*. Vol. II. Florenz 1899, S. 570–577
- BANFI, F.: The cartographer ‚Stephanus Florentinus'. In: *Imago Mundi* 112, 1955, S. 92–102
- MORI, A.: Le carte della Toscana di D. Stefano Buonsignori. In: *La Bibliofilia* 9, 1907, S. 281–289
- THIEME – BECKER 34, 1940, S. 43 (über Vito).

Sebastian CABOT

Sebastiano Caboto (auch Gaboto, Chiabotto, Gavotta u.ä.) ist eine der schillerndsten Gestalten aus der großen Zeit der Entdeckungsreisen in der ersten Hälfte des 16. Jahrhunderts. Er wurde etwa um 1474/1476 in Venedig geboren als zweiter Sohn des aus Genua stammenden Seefahrers Giovanni Caboto (John Cabot, um 1445–1498). Um 1495 siedelte die Familie nach Bristol über; wie der Vater, so anglisierte auch der Sohn seinen Namen zu Sebastian Cabot. In englischem Auftrag führte John Cabot 1497 eine Expedition, die Neufundland entdeckte, auf einer zweiten Nordamerikareise 1498 starb er. Es ist unwahrscheinlich, daß Sebastian Cabot bereits an diesen frühen Reisen teilgenommen hat. In jedem Falle aber hat er eine ausgezeichnete Ausbildung in der Navigation und im Kartenzeichnen erhalten. Erst 1509 führte er im Auftrag Heinrichs VII. von England eine eigene Expedition nach Nordamerika, die bis in die Hudson-Bay gelangte. In seinen Berichten war Cabot davon überzeugt, hier eine Nordwestpassage gefunden zu haben; diese Fiktion spukte während des 16. Jahrhunderts in Weltkarten herum. Nach der Rückkehr ebenfalls noch 1509 schloß sich Cabot einem englischen Korps an, das ins verbündete Spanien entsandt wurde im Krieg gegen Frankreich. Bei dieser Gelegenheit zeichnete er eine Karte der Gascogne und Guyenne. Sie ist ebenso verschollen wie andere Karten, die er auf seinen Reisen vielleicht gezeichnet hatte.

Danach blieb Sebastian Cabot in Spanien. Er trat in königliche Dienste und wurde 1518 zum Piloto Mayor ernannt. Seine Hauptaufgabe in diesem Amt war die Erarbeitung von Seekarten und die Beratung der staatlichen Institutionen vor allem in Fragen um die Aufteilung der neuentdeckten Länder entsprechend dem Vertrag von Tordesillas. Möglichkeiten zu eigenen Reisen in spanischem Auftrag ergaben sich zunächst nicht. 1520 und 1522 knüpfte er Verbindungen nach Venedig und erneut nach England. Erst 1526, nach der Rückkehr der Expedition Magellans, konnte er als Führer einer spanischen Flotte mit dem Ziel Ostasien aufbrechen. Bei einer Zwischenlandung in Brasilien änderte er jedoch eigenmächtig alle Planungen und erforschte das Gebiet von La Plata und Parana. Dies brachte ihn nach der Rückkehr 1529 in enorme Schwierigkeiten, und nur durch die Gnade Karls V. entging er der Verbannung. Während der nächsten anderthalb Jahrzehnte arbeitete Cabot weiter bei der Casa de la Contratación in Sevilla als

Navigationslehrer und Kartograph. Handgezeichnete Weltkarten von ca. 1533 und ca. 1547 sind nur aus sekundären Quellen bekannt. Spuren von ihnen sind wahrscheinlich erhalten in der Manuskript-Weltkarte von Sancho Gutiérrez, des Sohnes von Diego → Gutiérrez. Eine der Weltkarten Cabots erschien 1544 auch im Druck – wie auch im *Catalogus Auctorum* gesagt – ohne Angabe des Autors:

> Weltkarte in ovaler Projektion mit abgeplatteten Polen ohne Titel. Auf beiden Seiten der Karte auf angeklebten Blättern steht ein Text in spanischer Sprache. Neben Erläuterungen zur Navigation enthält er u.a. die Aussage ... *Sebastian Caboto capitan y piloto mayor ... hizo est a figura extensa en plano ... anno ... M.D.XLIIII*

> Kupferstich von 4 Platten, 2 Reihen zu je 2 Bll., Kartenformat 122 × 145 cm. Dazu auf beiden Seiten je 29 cm Text

> Das einzige bekannte Exemplar mit diesem Text ist in der Bibliothèque Nationale, Paris (Faksimile bei HERVÉ-ROUSSEL, Abb. z.B. auch bei SCHILDER, Nr. 20, und SHIRLEY, Plate 69). Ein Exemplar ohne Text fand SCHILDER erst 1984 in der Zentralbibliothek der Deutschen Klassik, Weimar.

Eine lateinische Fassung des Begleittextes, *Declaratio chartae novae navigatoriae domini admirantis* (Exemplar in der Bayerischen Staatsbibliothek, München), erschien – wie auch die Karte selbst – ohne Angabe von Druckort und -jahr. Die vorliegende Literatur ist sich weitgehend einig in der Zuschreibung an eine Kupferstecherwerkstatt in Antwerpen. Noch offen ist die Frage nach dem Verhältnis dieser Ausgabe und zwei anderen Drucken, die nur aus zeitgenössischen Quellen bekannt sind: ein Nachdruck von 1549 und eine Fassung des englischen Stechers Clement Adams. Klärung könnten vielleicht Papieranalysen der Exemplare in Paris und Weimar bringen. Wie aber auch immer: Im topographischen Inhalt ist die Weltkarte Cabots relativ schwach. Kurioserweise enthält sie keinerlei Hinweise auf die Existenz der Nordwestpassage. Für das *Theatrum* war sie ohne jede Bedeutung.

1548 wurde Sebastian Cabot von Edward VI. wieder nach England berufen. Er war führend beteiligt an den Planungen der Londoner Merchant Adventurer's Company. 1553 wurde er erster Direktor der neugegründeten Muscovy Company, deren Ziel die Öffnung des Rußland-Handels und gleichzeitig die Suche nach einer Nordostpassage war. Die Verbindungen zu Spanien rissen aber nicht ab. Cabot behielt weiterhin die Stellung eines Piloto Mayor. 1553 sandte er eine weitere, heute ebenfalls verschollene Manuskript-Weltkarte nach Spanien. Sebastian Cabot starb vermutlich 1557 und wohl in London. In diesem Jahre hörten die Zahlungen der Muscovy Company an ihn auf. Der Posten des Piloto Mayor in Spanien wurde erst 1559 neu besetzt mit Alonso de Chaves, dem Vater von Gerónimo de → Chaves. In Cabots Nachlaß haben sich noch zahlreiche weitere Karten von seiner eigenen Hand befunden. Sie gelangten zunächst in den Besitz des englischen Adligen William Worthington, wo sie HAKLUYT 1582 sah und dazu bemerkte, ihre Publikation sei in Kürze beabsichtigt. Dies ist allem heutigen Wissen nach aber nicht geschehen. Um 1665 befanden sich diese Karten in der Royal Library in Whitehall. 1688 sind sie in private Hände gekommen, danach verliert sich ihre Spur.

Lit.:
- BAGROW, *Catalogus I*, S. 51–54
- BEAZLEY, C.R.: *John and Sebastian Cabot*. London 1898
- HAKLUYT, R.: *The Principal Navigations. London 1589* (= Hakluyt Society Works, Extra Ser. Nr. 39). Cambridge 1965
- HERVÉ, R. und A. ROUSSEL: *Mappemonde de Sebastian Cabot ... 1544* (Vollfaksimile mit Kommentar). Paris 1968
- SCHILDER, *Monumenta II*, S. 23–25
- SHIRLEY, *World Maps*, S. 90–93
- TRUE, D.: Cabot explorations in North America. In: *Imago Mundi* 13, 1956, S. 11–25
- WALLIS, H.: Some new light on early maps of North America 1490–1560. In KOEMAN, C. (Hrsg.): *Land- und Seekarten im Mittelalter und in der frühen Neuzeit* (= Wolfenbütteler Forschungen 7). München 1980, S. 91–121.

Paolo CAGNO

Forschungen zu Leben und Werk von Paolo Cagno (Paulus Canius) fehlen noch weitgehend. Er stammte aus Genua und war 1582 bereits verstorben. Seine einzige bekannte Arbeit ist eine 1582 erschienene Karte des Königreichs Neapel:

> Ohne eigentlichen Titel. Unten rechts in Kartusche Widmung an den Marchese Scipio Pignatelli, darin ist die Rede von der Karte als ... *opera di Paolo cagno / genovese....*, am Ende

die Datierung Neapel 1582 und die Herausgebersignatur *G. Batt.ᵃ Capello* (insgesamt 17 Zeilen). Links von dieser Kartusche die Stechersignatur *Hieronimo siciliano f.*

Kupferstich auf 4 Bll., 2 Reihen zu je 2 Bll., Gesamtformat 78,5 × 80 cm

Das einzige beschriebene Exemplar ist in der Biblioteca Angelica, Rom (Abb. bei ALMAGIA, *Mon. Ital. Cart.* Tav. LI).

Von den originalen Kupferplatten wurden weitere Ausgaben veranstaltet 1595 (Exemplar in der Bibliothèque Nationale, Paris) und 1615 (Exemplar im Museo di San Martino, Neapel).

Laut weiterer Aussage in der Widmung wurde die Karte von Giovanni Battista Capello herausgegeben wegen des „plötzlichen Todes" von Paolo Cagno. Weitere Daten zu Capello und auch zu dem Stecher Hieronimo Siciliano fehlen.

Die Karte Cagnos wurde für das *Theatrum* nicht kopiert, da sie im Grunde kaum besser ist als die seit 1570 hier enthaltene Neapel-Karte nach Pirro → Ligorio.

Lit.:
- ALMAGIA, *Mon. Ital. Cart.*, S. 46.

Für eine Korrespondenz zum Thema Paolo Cagno sei gedankt dem Archivio di Stato, Genua.

Elias CAMERARIUS

Die seit 1588 im *Theatrum* enthaltene Brandenburg-Karte (Nr. 118) ist ohne wesentliche topographische Änderungen kopiert nach einer Vorlage, die 1585 in den *Germaniae tabulae geographicae* Gerard → Mercators erschien:

MARCA BRAN / DENBVRGENSIS & / POMERANIA

Titel unten links in Kartusche, darunter *Per Gerardum Mercatorem. Cum Priuilegio.*

Kupferstich, 35 × 47 cm.

Im Rückentext zu dieser Karte bemerkt Mercator, sie sei gezeichnet nach astronomischen Ortsbestimmungen des Mathematikprofessors Elias Camerarius aus Frankfurt an der Oder.

Die Biographie von Elias Camerarius ist noch nicht geschrieben. Ungeklärt ist vor allem eine eventuelle Verwandtschaft mit dem aus Kärnten stammenden, später im ganzen deutschen Raum verbreiteten Geschlecht Camerarius bzw. Kammermeister. Begründer des gelehrten Zweiges der Familie war der Humanist und Philologe Joachim Camerarius I (1500–1574), seit 1541 Professor an der Universität Leipzig. Sein Sohn Johann Camerarius (1531–1592) stand seit 1566 als Jurist in preußischen Diensten, ein weiterer Sohn Joachim Camerarius II (1534–1598) lebte als Arzt und Gelehrter in Nürnberg. Dieser Joachim Camerarius II stand mit Mercator in Verbindung, seine Korrespondenz mit Abraham Ortelius ist belegt von 1577 bis 1597.

Biographisch konkret faßbar ist Elias Camerarius erstmals mit seiner Immatrikulation an der Universität Wittenberg am 9. Februar 1547. Dort wird seine Herkunft mit *Halensis* angeben, was wohl auf Halle an der Saale zu beziehen ist. Das Geburtsjahr dürfte etwa um 1530 anzusetzen sein. Nach dem Magisterexamen vermutlich in Wittenberg ging er an die Universität Frankfurt an der Oder, wo er 1551 immatrikuliert wurde als *Magister Helias Camerarius Hallensis*. In Frankfurt an der Oder blieb Camerarius zeitlebens ansässig. Zu einem noch nicht bekannten Datum übernahm er an der Universität den Lehrstuhl für Mathematik, 1567 und 1577 bekleidete er das Amt des Rektors. Als Wissenschaftler scheint er zu seiner Zeit in recht hohem Ansehen gestanden zu haben. In der Wittenberger Universitätsmatrikel ist seine Berufung zum Professor in Frankfurt von zeitgenössischer Hand nachgetragen. Im Rückentext zu seiner Brandenburg-Karte spricht Mercator von Camerarius als einem „Mann, von dem noch viele astronomisch-wissenschaftliche Leistungen erhofft werden, sofern ihm der Herr ein längeres Leben gewähre". Publizistisch ist Elias Camerarius – soweit feststellbar – aber nur hervorgetreten mit einer Kleinschrift zu einer Nova-Beobachtung *Observatio et descriptio novi sideris, quod in principis Octobris 1572 forma stellae primae magnitudinis apparuit* (Frankfurt an der Oder 1573). Der Hinweis bei Mercator ist vielleicht zu deuten als Indiz für eine längere Krankheit. Am Ende scheint die Verbindung zwischen Frankfurt an der Oder und Duisburg völlig abgerissen zu sein. 1585 wußte Mercator anscheinend nicht, daß Elias Camerarius bereits am 18. April 1581 gestorben war.

Lit.:
- DURME, M. van: *Correspondance mercatorienne.* Antwerpen 1959, Nr. 94, 104, 107, 120 und 133 (Briefwechsel mit Joachim Camerarius II)
- FOERSTEMANN, C.E.: *Album Academiae Vitebergensis ab A. Chr. MDII usque ad a. MDLX.* Bd 1, Leipzig 1841, S. 238

- FRIEDLÄNDER, E.: *Aeltere Universitäts-Matrikeln. Teil I. Universität Frankfurt a. O.* Bd 1 (= Publicationen aus den K. Preußischen Staatsarchiven 32). Leipzig 1887, mit mehreren Nennungen
- HESSELS, *Epistolae*, Nr. 70, 160, 169 und 304 (Briefwechsel Johannes Camerarius II)
- STÄHLIN, F.: Joachim Camerarius. In: *Neue Deutsche Biographie* 3, 1957, S. 104.

Für die Mitteilung des Todesdatums von Elias Camerarius habe ich zu danken dem Stadtarchiv in Frankfurt an der Oder.

Giovanni Francesco CAMOCIO

Der Buchhändler, Drucker und Verleger Giovanni Francesco Camocio (Camoccio, Camotio, Cametti u. ä.) ist in Venedig nachweisbar, seit er 1552 ein 15jähriges Privileg für zwei von ihm selbst aus dem Griechischen ins Lateinische übersetzte Werke erhielt. In den Anfangsjahren arbeitete er noch in Partnerschaft mit anderen Verlegern, erst seit etwa 1566 war er selbständig. Ein erneutes 15jähriges Privileg der Signoria Venedigs von 1568 belegt, daß in der künftigen Verlagstätigkeit ein besonderes Schwergewicht auf Cartographica und Topographica liegen sollte. Camocio starb vermutlich 1575 in Venedig als eines der zahlreichen Opfer einer Pestepidemie.

Tätiger Kartograph ist Giovanni Francesco Camocio wahrscheinlich nicht gewesen. Unter seinem Verlegernamen sind jedoch zahlreiche Karten in die Literatur eingegangen. Dies gilt zunächst für das kartographisch-topographische Hauptwerk des Verlages Camocio, den Sammelband *Isole famose, porti, fortezze e terre marittime sottoposte alla Ser. Sig. di Venetia...* (um 1572) mit etwa 55 oftmals kopierten Karten und Ansichten. Dieser Corpus war eine der Vorlagen für die von Ortelius selbst kompilierten Karten (s. o. 5.3.1) der Ägäischen Inseln (Nr. 98b und Nr. 8P a). Weiterhin hat Camocio eine ganze Anzahl von Einblattdrucken herausgebracht, von denen GALLO 36 verzeichnet hat. Es handelt sich hier zumeist um Kopien oder Überarbeitungen nach älteren Vorlagen. Von diesen Einzelkarten Camocios sind mindestens zwei direkt für das *Theatrum* kopiert worden. Zu nennen ist zunächst eine Kreta-Karte von 1564:

EL VERO ET NVOVO DISEGNO DI TVTTA LA ISOLA DI CANDIA

Titel oben in Schriftband. Unten rechts in Kartusche ein Geleitwort *Ad Cosmographiae Studiosis N. St. / ... CRETA Insula vulgo Candia nuncupata ...* (insgesamt 13 Zeilen), darunter die Adresse *Venetiis Io. Franc. Camotii aeris formis ad signū Pyramidis 1564*

Kupferstich, 27 × 38,5 cm

Zum Exemplarnachweis vgl. TOOLEY, *Italian Atlases*, Nr. 176 (Abb. bei ZACHARAKIS, Plate 85).

Die Signatur *N. St.* des Geleitwortes ist aufzulösen als die Initialen des um diese Zeit in Venedig tätigen Nicolaus Stopius (→ Paletino). Sein Anteil an diesem Werk ist nicht ganz klar. Es handelt sich hier um eine recht genaue Kopie einer Kreta-Karte, die 1538 in Venedig von Matteo Pagano verlegt wurde. Wie aber auch immer: Dieser Camocio-Druck war die Vorlage für die erste Kreta-Karte des *Theatrum* (Nr. 39b). Ortelius hat hier sehr genau kopiert. Einige antike Orts- und Landschaftsnamen hat er nach anderen Quellen hinzugefügt.

Ebenfalls auf einem Kartendruck Paganos von 1538 beruht eine Zypern-Karte, die 1566 von Camocio als Einzelblatt publiziert wurde:

Ohne eigentlichen Kartentitel. Oben rechts in Kartusche Geleitwort *CYPRVS Insula nobilissima, que inter maiores huius / maris primum ... / ... Insulae designationem expensis Io. Fr. Camotii in / aes incisa, Chorographiae Studiosis visum fuit imp̄tire / VENETIIS ad signum Pyramidis M.D.LXVI.* (insgesamt 9 Zeilen)

Kupferstich, 26,5 × 40,5 cm

Zum Exemplarnachweis vgl. TOOLEY, *Italian Atlases*, Nr. 183 (Abb. bei STYLIANOU, Nr. 67).

Auch diese Camocio-Karte wurde für das *Theatrum* genau kopiert (Nr. 39a), wiederum mit Hinzufügung einiger antiker Ortsbezeichnungen nach anderen Quellen.

Lit.:
- GALLO, R. Gioan Francesco Camocio and his large map of Europe. In: *Imago Mundi* 7, 1950, S. 93–102
- PALAGIANO, G.: Giovan Francesco Camocio. In: *Dizionario Biografico degli Italiani* 17, 1974, S. 288–291
- STYLIANOU, *Cartography of Cyprus*, mit zahlreichen Nennungen
- ZACHARAKIS, *Maps of Greece*, Nr. 499 und 1476.

Antonio Campi

Als Sproß einer Künstlerfamilie wurde Antonio Campi (auch Campo, lat. Antonius Campus) um 1525 in Cremona geboren. Er selbst ist als Maler, vor allem als Kirchenmaler seit 1546 in Cremona und Mailand nachweisbar. Er war auch tätig als Bildhauer und Architekt. Er starb im Januar 1587 in Cremona.

In die Kartographiegeschichte eingegangen ist Antonio Campi als Autor einer Karte des Raumes Cremona, deren Genealogie allerdings noch nicht ganz geklärt ist. Das Privileg zum Druck dieser Karte erhielt Campi bereits 1571, von einer Ausgabe dieses Jahres ist allerdings bisher kein Exemplar bekannt geworden. Die älteste nachweisbare Publikation geschah 1579 im *Theatrum* (Nr. 90). Im *Catalogus Auctorum* versieht Ortelius diese Karte mit dem Vermerk *in hoc Theatro*. Entsprechend seinem Sprachgebrauch heißt dies, er habe auf eine handschriftliche Vorlage zurückgegriffen. Über den Weg dieser Manuskriptfassung zu Ortelius sagen die sekundären Quellen nichts. Denkbar ist, daß Ortelius auf seiner dritten Italienreise 1577–1578 mit Antonio Campi zusammengetroffen ist.

Die älteste bekannte italienische Ausgabe der Cremona-Karte Campis ist ein Einblattdruck von 1583:

> *TVTTO IL CREMONESE ET SOI CONFINI ET SVA DIOCESE*
>
> Titel oben in der Kartenzeichnung. Unten halbrechts in Rahmen die typengedruckte Signatur *ANTONIUS CAMPUS / PICTOR / ET / EQUES CREMONEN. / F. ANNO M.D. LXXXIII.*
>
> Holzschnitt auf 2 Bll. nebeneinander, 46 × 68,5 cm
>
> Exemplare: Istituto de Geografia della Universita, Bologna (Abb. bei ALMAGIA, *Mon. Ital. Cart.*, Tav. XXXIX-1); Novacco Collection der Newberry Library, Chicago (Abb. bei NOVACCO).
>
> Zur Bibliographie späterer Ausgaben von 1595, 1634 und 1745 siehe SINISTRI-FINK.

Verglichen mit dieser Ausgabe ist die Fassung im *Theatrum* in der Kartenzeichnung im wesentlichen inhaltsgleich. Statt des Titels mit einer Wappendarstellung und zweier astronomisch-astrologischer Ringskalen, wie sie die Ausgabe von 1583 zeigt, hat Ortelius als Inset eine Karte des Raumes Crema hinzugefügt. Diese ist kopiert nach der 1570 bei Paolo Forlani erschienenen Vorlage des Anonymus → Crema.

1585 publizierte Antonio Campi in Cremona eine Geschichte seiner Heimatstadt *Cremona fedelissima citta et nobilissima colonia de Romani rappresentata in disegno con suo contado ...* (Neuausgabe Bologna 1645). Das Werk ist reich illustriert mit Stichen von Agostino Caracci nach Entwürfen Campis, darunter eine Neuausgabe der Cremona-Karte als *Discrittione del contado territorio et diocesi di Cremona con suoi confini* (Kupferstich, 32,5 × 47 cm).

Lit.:
- ALMAGIA, *Mon. Ital. Cart.*, S. 17
- NOVACCO, *Cartografia Rara*, Nr. 36
- PEROTTI, A.: *I pittori Campi da Cremona*. Mailand 1932
- PUERARI, A.: Antonio Campi scrittore. In: *Colloqui Cremonesi* 1, 1970, S. 72–87
- SINISTRI, C. und M. und B. FINK: *Cremona nelle antiche stampe*. Cremona 1980, mit zahlreichen Nennungen
- ZAMBONI, A.: Antonio Campi. In: *Dizionario Biografico degli Italiani* 17, 1974, S. 500–503.

Bonaventura Castiglioni

Bonaventura Castiglioni (Castilioneus) entstammte einer Mailänder Familie, die bis ins 18. Jahrhundert zahlreiche Gelehrte, Literaten und Künstler hervorbrachte. Er selbst wurde am 7. April 1487 in Mailand geboren. Über seine Jugend und Ausbildung ist nichts bekannt. Schon früh in den Franziskanerorden eingetreten, wurde er 1521 Kanoniker an S. Maria della Scala in Mailand und später Propst von S. Ambrogio. Frucht seiner Arbeit als Historiker in jener Zeit war das von seinem Verwandten Giovanni Antonio Castiglioni edierte Werk *De Gallorum insubrum antiquae sedes* (Mailand 1541), der erste Teil einer umfassender geplanten historischen Geographie der Lombardei. In der Vorrede zu diesem Buch ist gesagt, einem der folgenden Teile solle auch eine Karte beigegeben werden. Danach zitiert der *Catalogus Auctorum* etwas mißverständlich, als ob diese Karte bereits erschienen sei. Dieses Projekt ist jedoch nicht fortgesetzt worden, die Karte wurde nie publiziert. In der Folgezeit hat Bonaventura Castiglioni mehr und mehr rein kirchliche Aufgaben übernommen. Manuskript blieben die *Vite dei primi undeci vescovi di Milano*. Zusammen mit mehreren anderen Franziskanern war er beteiligt an dem Sammelwerk *Indicium contra Iudaeos* (Mailand 1548). 1553 wurde Castiglioni Inquisitor von Mailand, in diesem Amt publizierte er den *Indice dei libri prohibiti* (Mailand 1554). Er starb am 10. Juni 1555 in Mailand.

Lit.:
- ALMAGIA, *Mon. Ital. Cart.*, S. 18
- BAGROW, *Catalogus I*, S. 55
- PALMA, M.: Bonaventura Castiglioni. In: *Dizionario Biografico degli Italiani* 22, 1979, S. 124–126.

Jean CHAUMEAU

Jean Chaumeau (Ioannes Calameus), Sieur de Lassay, war Jurist an der Provinzregierung in Bourges. Weitere feste Daten zu seiner Biographie fehlen. Bekannt ist er allein durch seine *Histoire de Berry, contenant l'origine, antiquité, gestes, prouesses, privileges et libertés des Berruyers* (Lyon: Antoine Gryphius, 1566). Diesem Buch ist eine Karte des Berry beigefügt, die aber weniger das eigene Werk von Chaumeau ist, als vielmehr eine nur unwesentlich überarbeitete Fassung der Karte Jean → Jolivets von 1545 darstellt:

LA CARTE DE BERRY

Typengedruckter Titel über dem oberen Rand, zusammen mit den Seitenzahlen *223* und *224*

Holzschnitt, 31,5 × 33 cm.

Siehe Abb. 24

Diese Vorlage wurde ohne nennenswerte kartographische Änderungen für das *Theatrum* kopiert (Nr. 10a).

Lit.:
- BAGROW, *Catalogus I*, S. 55
- BONGIU, A.: *Cartes anciennes du Berry (du milieu du XVIe siècle à 1850)* (= Cahiers d'Archéologie et d'Histoire du Berry, Nr. 74). Bourges 1983
- *Jean Chaumeau, Histoire de Berry, Lyon 1566* (Faksimile mit Beiheft von J. JENNY). Argenton-sur-Creuse 1985.

Gerónimo de CHAVES

Gerónimo de Chaves (Jeronimo Chavez, Hieronymus Chiavez) wurde 1523 in Sevilla geboren. Er war der Sohn von Alonso de Chaves (ca. 1492? – nach 1586?), Kartograph im Dienst der Casa de Contratación und 1559 Nachfolger von Sebastian → Cabot als Piloto Mayor. Nach Ausbildung auf der Universität Sevilla und bei seinem Vater scheint Gerónimo de Chaves zunächst nach Portugal gegangen zu sein. 1543 erschien in Lissabon sein Erstlingswerk *Reportorio dos tempos em lingoagem portugues. Com as astrellas dos signos*. Eine spanische Übersetzung dieses mit stark astrologischem Hintergrund geschriebenen Werkes erschien als *Chronographia o reportorio de los tiempos* in Sevilla in vielen Ausgaben von 1548 bis 1588. 1545 publizierte Chaves in Sevilla erstmals seine *Sphera del mundo*, eine ebenfalls mehrfach aufgelegte Sacrobosco-Übersetzung. Später trat er als Kartenmacher in den Dienst der Casa de Contratación. Er starb 1574 in Sevilla.

Über das kartographische Werk von Gerónimo de Chaves wissen wir heute kaum mehr, als was durch das *Theatrum* überliefert ist:
- Die im *Catalogus Auctorum* genannte handgezeichnete Amerika-Karte ist verschollen.
- Auf einer Handzeichnung von Chaves beruht die seit 1579 im *Theatrum* enthaltene *Hispalensis Conventus Delineatio* (Nr. 74), eine Karte des Raumes Sevilla.
- Nicht im *Catalogus Auctorum* genannt ist Chaves als Autor der seit 1584 im *Theatrum* publizierten Florida-Karte (Nr. 103b). Sie beruht wohl auf Unterlagen der Casa de Contratación, vor allem auf den Ergebnissen der Expedition des Hernando de Soto von 1539–1542.

Weitere Karten von Chaves sind in der Literatur bisher nicht bekannt.

Lit.:
- BAGROW, *Catalogus I*, S. 55–56
- MENDEZ-BEJERANO, M.: *Diccionario de escritores, maestros, y oradores naturales de Sevilla y su actual provincia*. Bd 1, Sevilla 1922, S. 153–154
- SCHWARTZ, S.I. und R.E. EHRENBERG: *The Mapping of America*. New York 1980, S. 61 und 73–81.

Carolus CLUSIUS

Carolus Clusius (Charles de l'Escluse) wurde am 19. Februar 1526 in Arras als Sohn einer niederadligen Familie geboren. Nach einer Schulausbildung in Arras und Gent begann er 1546 an der Universität Löwen ein Studium der Rechtswissenschaft und auch der Philologie. Ein Studienaufenthalt 1548 in Marburg führte ihn zu seinem späteren Hauptarbeitsgebiet, der Botanik. Auch kam er dort mit dem Gedankengut der Reformation in Kontakt. 1549 studierte er ein Semester in Wittenberg bei Melanchthon. 1550 reiste er weiter nach Paris, wo er die Bekanntschaft von Johannes →Sambucus machte, mit dem ihn eine lebenslange Freundschaft verband. Anschließend ging er an die Universität Montpellier, wo er 1551 ein Medizinstudium begann. 1554 kehrte Clusius nach Flandern zurück. Er wurde in Antwerpen ansässig, wo er seinen Lebensunterhalt als Lehrer und als Übersetzer verdiente. In dieser Zeit ist er wohl auch mit Plantin und Ortelius in Verbindung gekommen. 1560 ging Clusius zum Abschluß seines Medizinstudiums nach Paris, zudem war er dort der Tutor des Breslauer Kaufmannssohnes Thomas Rhedinger. 1564–1565 machte er als Begleiter des Augsburger Kaufmannssohnes Jakob Fugger eine 16monatige Reise durch die Iberische Halbinsel. Über die nächsten Jahre seines Lebens ist wenig bekannt, er hat aber wahrscheinlich einige Zeit wieder in Antwerpen gelebt, wie die Datierung der unten genannten kartographischen Arbeiten vermuten läßt. 1573 siedelte Clusius nach Wien über, wo er für Kaiser Maximilian II. einen medizinischen Kräutergarten anlegte. Dort lernte er auch Paul →Fabritius kennen. Die Kontakte nach Antwerpen blieben aber weiterhin bestehen. Von 1575 datiert Clusius' Eintrag im *Album Amicorum* von Ortelius. 1576 druckte Plantin sein erstes großes botanisches Werk *Rariorum aliquot stirpium per Hispanias observatarum historia*. In Wien lebte Clusius bis 1588, unterbrochen nur durch eine Englandreise 1580. Danach ging er nach Frankfurt am Main, wo er ebenfalls einen botanischen Garten anlegte. Den Lebensunterhalt verdiente er dort als Übersetzer für das große Reisewerk des Verlages von Theodor de Bry. Im Alter wurde Clusius 1593 in Leiden ansässig, wo er den „Hortus Academicus" betreute und an der Universität Vorlesungen über Botanik hielt. Hier vollendete er auch sein wissenschaftliches Hauptwerk *Rariorum plantarum historia* (Antwerpen 1601–1602). Er starb am 4. April 1609 in Leiden.

Die Kartographie war im wissenschaftlichen Leben von Carolus Clusius nur eine Episode. Sicherlich auf Anregung von Ortelius schuf er – auf der Basis eigener Landeskenntnis – eine handgezeichnete Karte des südfranzösischen Küstengebietes. Die erste, westorientierte Fassung dieser Karte der *Gallia Narbonensis ora maritima* (Nr. 12a) wurde bereits in der *Theatrum*-Erstausgabe publiziert. Ein genordeter, aber ansonsten inhaltlich unveränderter Neustich entstand 1584 (Nr. 108a). Auch einige Ergänzungen auf der *Theatrum*-Karte des Venaissin (Nr. 108c) nach Stefano →Ghebellini dürften auf primäre Informationen von Clusius zurückgehen.

Am bekanntesten ist Clusius in der Kartengeschichte durch die mit seinem Namen verbundene Spanien-Karte. Die maßgebliche Edition erschien 1571 in Antwerpen in Form einer Wandkarte:

HISPANIAE NOVA DESCRIPTIO, CETERIS CASTIGATIOR PLVRIMISQVE LOCIS / auctior, et additis ubiq. ferè regionū, populorū, urbiū, fluviorū, et montiū priscis nominib: ad antiquitatis studiū et lectionē historiarū hactenus editis multo accomodatior. Ex diligentia et peregrinatione Caroli Clusij.

Titel oben Mitte im Zierrahmen. Unten links in Kartusche Angaben zur Herrschaftsstruktur in Spanien, darunter in weiterer Kartusche das Datum *A°. 1571*. Unten rechts dreiteilige Kartusche: oben Widmung an Thomas Rhedinger, in der Mitte Erläuterungstext *CVM Abrahamus Ortelius THEATRVM OR- / BIS TERRARVM aediturus esset ...* (16 Zeilen), unten die Signatur *Ioannes à Duetecum / Lucas à Duetecum fecerunt*. Links neben dieser dreiteiligen Kartusche unten Privilegvermerk *ANTVERPIAE ... 1571*.

Kupferstich auf 6 Bll., 2 Reihen zu je 3 Bll., Gesamtformat 82,5 × 101,5 cm

Das einzige bekannte Exemplar dieser Erstausgabe ist in der Öffentlichen Bibliothek der Universität, Basel (Vollfaksimile bei SCHILDER, Plate 4/1–4/6). Das Breslauer Exemplar wurde 1945 zerstört, es trug den Privilegvermerk in Handschrift.

Die Kupferplatten wurden später nach Paris verkauft. Bekannt sind weitere Ausgaben von Nicolas Berey 1666 und Alexis-Hubert Jaillot 1704 (Exemplare von beiden in der Bibliothèque Nationale, Paris; vgl. SCHILDER, Abb. 82 und 83).

Das wissenschaftshistorische Umfeld dieser Karte und die Frage nach der wirklichen Autorenschaft sind etwas kompliziert. In ihrem topographischen Grundgerüst geht sie zurück auf die 1553 in Antwerpen bei Hieronymus Cock erschienene Spanien-Karte, als deren Autor ich Giovanni Giorgio →Settala annehmen möchte. Aus einem Brief von Ortelius an Clusius vom 14. Oktober 1569 geht hervor, daß zu diesem Zeitpunkt in Antwerpen diese neue Spanien-Wandkarte fertig war, um gestochen zu werden. Wohl erst danach, vielleicht auf einem Probedruck, hat Clusius nach eigener Landeskenntnis eine Vielzahl zusätzlicher Informationen in die Karte eingebracht. Im Grunde ist also weniger Carolus Clusius als vielmehr Abraham Ortelius der eigentliche Urheber dieser Karte. Dies mag auch daraus hervorgehen, daß bereits vor 1571 für die Editio princeps des *Theatrum* eine reduzierte, aber völlig auf diesem Materialfundus beruhende Fassung gestochen wurde (Nr. 7).

Lit.:
- BAGROW, *Catalogus I*, S. 62–63
- HUNGER, F.W.T.: *Charles de l'Escluse*. Leiden 1927–1943
- HUNGER, F.W.T.: Vier onuitgegeven brieven van Abraham Ortelius aan Carolus Clusius. In: *De Gulden Passer* 3, 1925, S. 208–211
- SCHILDER, *Monumenta II*, S. 85–110
- WIEDER, F.C.: *Monumenta Cartographica*. Bd II, The Hague 1927, Tafel 41–44 (Faksimile des Breslauer Exemplars).

Hendrik COCK

Hendrik Cock (Henrique Cock, Henricus Coquus) stammte aus Gorinchem (Gorcum) in den Niederlanden, sein Geburtsdatum ist etwa um 1550/1555 anzusetzen. Über seine Jugend und Ausbildung sind bisher keinerlei Informationen bekannt geworden. Er lebte in Rom, ehe er um 1574 nach Spanien übersiedelte, wo er anscheinend für den Rest seines Lebens ansässig blieb. Von etwa 1579 bis 1582 stand er im Dienst des Herzogs von Feria. In dieser Zeit entstand als wissenschaftliches Frühwerk die im *Catalogus Auctorum* genannte historische Spanien-Karte:

HISPANIAE NOVA DELINEATIO CVM ANTIQVIS ET RECENTIORIBVS NOMINIBVS

Titel in Schriftfeld am oberen Rand. Unten rechts in Kartusche Geleitwort *HENRICVS COQVVS/GORCVMIVS BATAVVS HISPANIAE STVDIOSO S.* (insgesamt 22 Zeilen), datiert *Salamanticae, a. d. IIX. Kal. Martias. Anno / MDLXXXI*. Danach die Signatur *Georgius flemalia excud*.

Kupferstich, 35,5 × 47 cm

Das einzige bisher bekannte Exemplar fand ich in der Hessischen Landesbibliothek, Darmstadt.

Von dieser Karte gab es eine zweite Auflage 1583, von der bisher kein Exemplar nachgewiesen ist.

Siehe Abb. 25

Der 1581 in Salamanca ansässige, vermutlich aus den südlichen Niederlanden stammende Kupferstecher und Kleinverleger Georgius Flemalia (George de Flemalle?) ist bisher anderwärtig nicht nachweisbar.

Die eigene wissenschaftlich-kartographische Leistung von Hendrik Cock besteht hier im Zusammentragen der antiken Ortsnamen. Topographisch beruht die Karte auf der großen Spanien-Wandkarte von Ortelius und →Clusius. Direkten Eingang in das *Theatrum* fand sie nicht. Sie war aber wohl eine der Quellen für Ortelius' eigene *Hispaniae Veteris Descriptio* (Nr. 20P).

1582 lebte Hendrik Cock in Cadiz und Granada, danach in Madrid als Lehrer im Dienst des Marquis de Vilada. Gleichzeitig war er auch im Buchhandel tätig, u.a. für Plantins spanischen Agenten Jan Poelman. Spätestens seit 1583 hatte er auch Kontakt zu Ortelius, die entsprechende Korrespondenz ist allerdings verschollen; für 1587 ist ein Briefwechsel mit Plantin belegt. Wissenschaftlich hat Cock um diese Zeit gearbeitet an einer Bibliographie der spanischen Autoren, zu diesem Zweck hatte er eine umfangreiche Bibliothek alter Drucke zusammengetragen. Eine späte Frucht dieser Arbeiten war die *Hispaniae Bibliotheca* (Frankfurt am Main 1618) seines ebenfalls in Spanien ansässigen Landsmannes Andreas Schott (1552–1629). Aller wirtschaftlichen Sorgen ledig wurde Hendrik Cock ab 1584, als er die Stelle eines „Archero de la Guarda del Cuerpo Real", d.h. eines Offiziers in der Leibgarde Philipps II. erhielt. In dieser Funktion bereiste er die ganze Iberische Halbinsel, über Reisen der Jahre 1585 und 1592 fertigte er Berichte an. Sie blieben zu seinen Lebzeiten ungedruckt, ebenso wie andere Arbeiten, z.B. das Gedicht *Hispania heroice descripta*, ein *Chronicon memorabilium omnium Hispaniae*, eine *Tabula de omnibus in Hispania gestis* und *Varias descriptiones de ciudades de Espana*. 1596 stand Hendrik Cock mit Georg Braun in Verbindung, ein Beitrag zu den *Civitates Orbis Terrarum* ist aber konkret nicht erkennbar. Als Mitglied der Königlichen Garde ist er letztmalig für 1598 belegt. Ort und Jahr seines Todes sind unbekannt.

Lit.:
- DÉNUCÉ, *Kaartmakers II*, S. 47–49 und 239
- DEVOS, J.P.: Hendrik Cock van Gorcum, humanist, boogschutter in de koninklijke lijfwacht te Madrid.

In: *Mededelingen van het Nederlands Historisch Instituut te Rome*, 3. ser., vol. 6, 1950, S. 1–9
- MOREL-FATIO, A. und A. RODRIGUEZ-VILLA: *Relacion del viaje hecho por Felipe II, en 1585 a Zaragoza, Barcelona y Valencia. Escrita por Henrique Cock.* Madrid 1876
- MOREL-FATIO, A. und A. RODRIGUEZ-VILLA: *Jornada de Tarazona hecha por Felipe II en 1592, recopilada por Enrique Cock.* Madrid 1897.

Pietro COPPO

Als Sohn einer Patrizierfamilie wurde Pietro Coppo (Petrus Coppus) Ende 1469 oder Anfang 1470 in Venedig geboren. Seine Ausbildung erhielt er im Unterricht bei dem Humanisten Marcantonio Sabellico (1436–1506). Schon in jungen Jahren trat Coppo in den Dienst der Republik Venedig, in deren Auftrag er zahlreiche Reisen in Italien und im ganzen Mittelmeerraum machte. Seit 1499 ist er in der zu Venedig gehörenden Stadt Izola in Istrien belegt, wo er für den Rest seines Lebens ansässig blieb und hohe öffentliche Ämter bekleidete. Dies ließ ihm Zeit für umfangreiche wissenschaftlich-geographische Arbeiten vor allem auf der Basis der eigenen Reiseerfahrungen. In der Gesamtsicht gehört Coppo zu den bedeutendsten italienischen Kartographen des frühen 16. Jahrhunderts. Um 1520 schloß er die erste Fassung seiner Kosmographie *De toto orbe* mit 22 Karten ab; Exemplare dieses nur handschriftlich vorhandenen Werkes sind in der Biblioteca Communale, Bologna und in der Bibliothèque Nationale, Paris. Ein Auszug daraus, *De summa totius orbis*, blieb ebenfalls nur Manuskript; Exemplare sind in der Bibliothèque Nationale in Paris, im Schiffahrtsmuseum Sergej Mašera in Piran/Istrien und in der Biblioteca Marciana in Venedig. Die erste gedruckte Arbeit Coppos war ein *Portolano delli lochi maritimi e isole del mar mediteraneo* (Venedig 1528) mit sieben Karten (Exemplare in der British Library, London und in der Biblioteca Marciana, Venedig). 1540 erschien in Venedig die Schrift *Del sito de l'Istria*. Pietro Coppo starb zwischen dem 1. Dezember 1555 und dem 29. Janaur 1556 in Izola.

Die Originalausgabe der auf eigenen Aufnahmen beruhenden, über 50 Jahre lang typenbildenden Istrien-Karte Coppos erschien 1525 – vermutlich in Venedig – mit einer Widmung an den Dogen Andrea Gritti (1523–1538):

SERENISSIMO P. & DÑO EXCELL.^{MO} D. ANDREAE GRITI INCLITO DVCI VENETIARVM & c. – ISTRIA

Widmung und Titel über dem oberen Rand. Unten links die Signatur *petrus coppus / F.*, unten Mitte die Datierung *IMPRESSA ANNO MDXXV*

Holzschnitt, 26 × 34,5 cm

Das einzige bekannte Exemplar ist im Museum Sergej Mašera in Piran (Abb. bei ALMAGIA, *Mon. Ital. Cart.*, Tav. XX-3 und LAGO-ROSSIT, *Pietro Coppo*, Tav. 5).

Dies ist Blatt 5 einer Serie von insgesamt 15 Holzschnittkarten, die jeweils nur in einem einzigen Exemplar erhalten sind und dem Manuskript von *De summa totius orbis* in Piran beigebunden sind. Die Blätter tragen Daten zwischen 1524 und 1526. Möglicherweise wurden sie geschaffen für einen geplanten Druck von *De summa totius orbis*, der dann aber doch nicht realisiert worden ist. Weitere frühe, von Coppo selbst betreute Ausgaben seiner Istrien-Karte finden sich in *Portolano* (Holzschnitt ohne Titel, 7,5 × 11 cm; Abb. bei LAGO-ROSSIT, *Pietro Coppo*, Fig. 124) und als Beilage zu *Del sito de l'Istria* (Holzschnitt ohne Titel, 13,5 × 19 cm; Abb. bei LAGO-ROSSIT, *Pietro Coppo*, Fig. 125).

Alle diese Originalausgaben hat Ortelius nicht gekannt. Im *Catalogus Auctorum* der *Theatrum*-Erstausgabe findet sich zu Coppo noch ein Verweis auf → Alberti, der später entfiel. Die unmittelbare Vorlage für die seit 1573 im *Theatrum* enthaltene Istrien-Karte (Nr. 67 b) war ein 1569 in Venedig von Fernando Bertelli publizierter Einblattdruck:

ISTRIA – ISRIA – ISTRIA

Dreifacher Titel unter dem oberen Rand. Unten links in Kartusche Widmung an Aldo Manuzio (insgesamt 12 Zeilen), signiert ... *Ferrando Bertelli 1569*. In diesem Text ist die Rede von der vorliegenden Karte als ... *Disegno dell'ISTRIA di M. Pietro Coppo*

Kupferstich, 32 × 50,5 cm

Zu Exemplaren vgl. TOOLEY, *Italian Atlases*, Nr. 320 (Abb. bei LAGO-ROSSIT, *Pietro Coppo*, Fig. 128).

Dieses Blatt wurde ohne nennenswerte Änderungen für das *Theatrum* kopiert. Die Ortelius-Version selbst wiederum wurde typenbildend für etliche spätere Fassungen dieser Karte.

Lit.:
- ALMAGIA, *Mon. Ital. Cart.,* S. 14–19
- ALMAGIA, R.: The Atlas of Pietro Coppo, 1520. In: *Imago Mundi 7,* 1956, S. 48–50
- BAGROW, *Catalogus* I, S. 56–58
- *Pietro Coppo, Il Portolano (1528).* Faksimile mit Einführung von L. LAGO (= Speculum Orbis I). Triest 1985
- DEGRASSE, A.: Di Pietro Coppo e delle sue opere. Documenti inediti e l'opuscolo „Del sito de l'Istria" ristampato dall'edizione del 1540. In: *L'Archeografo Triestino,* Ser. III, vol. 11, 1924, S. 319–387
- LAGO, L. und C. ROSSIT: *Descriptio Histriae. La peninsola istriana in alcuni momenti significativi della sua tradizione cartografica sino a tutto il secolo XVIII* (= Collana degli Atti del Centro di Ricerche Storiche di Rovigno 5). Triest 1981
- LAGO, L. und C. ROSSIT: *Pietro Coppo, Le „Tabulae" (1524–1526). Una preziosa raccolta cartografica custodita a Pirano* (= Collana degli Atti del Centro di Ricerche Storiche di Rovigno 7). Triest 1986.

Hugues COUSIN

Seit 1584 nennt der *Catalogus Auctorum* die handgezeichnete *Hugonis Cusini Tabula Comitatus Burgundiae.* Sie wurde von Ortelius auch publiziert (Nr. 116), ist allerdings nur in den *Theatrum*-Ausgaben von 1585 und dann wieder 1603 enthalten. Überhaupt ist der publizistische Hintergrund hier etwas verwirrend. Sie deckt in etwa das gleiche Gebiet ab wie die vorher und nachher und gleichzeitig im *Theatrum* enthaltene Karte der Grafschaft Burgund nach → Lannoy. Kartographisch ist Cousins Karte allerdings wesentlich schlechter als das Werk von Lannoy.

Zu erklären ist die Aufnahme dieser Karte in das *Theatrum* möglicherweise mit politischen Hintergründen, über die heute nichts mehr bekannt ist. Die Familie Cousin aus Nozeroy in der Franche-Comté brachte im 16. Jahrhundert in einer einzigen Generation mehrere bedeutende Persönlichkeiten hervor. An erster Stelle ist zu nennen der Historiker Gilbert Cousin (1506–1567), u.a. Autor eines Buches *Brevis Burgundiae Comitatus descriptio* (Basel 1552 und spätere Ausgaben). Wie aus einem 1555 der Familie erteilten Adelspatent hervorgeht, hatte Gilbert Cousin gleich zwei Brüder mit dem Vornamen Hugues. Hugues Cousin I, dessen Geburtsjahr unbekannt ist, trat schon in jungen Jahren in den Dienst von Kaiser Karl V. Ab 1532 stand er im Kriegsdienst in Ungarn, vor Tunis und in der Provence. 1539 geriet er in Dalmatien in türkische Gefangenschaft. Nach seiner Freilassung 1542 ging er an den Hof nach Spanien, 1548 wurde er zum Feldmarschall ernannt. In der Historiographie ist er belegt als Autor einer handschriftlichen Biographie Karls V. in 24 Büchern. Er starb 1566 in Nozeroy. Von dem jüngeren Hugues Cousin II ist wenig mehr bekannt, als daß er im Dienste von Philipp II. stand.

Höchstwahrscheinlich war dieser Hugues Cousin II der Autor der vorliegenden Burgund-Karte. Vielleicht hat er seine Stellung am Hofe ausgenutzt, um die Publikation eines an sich völlig ungeeigneten Werkes in hochangesehenem Rahmen zu lancieren. Vorstellbar ist, daß der Kreis um das *Theatrum* in Anbetracht der Situation in Antwerpen um 1585 zu großem Entgegenkommen bereit war.

Lit.:
- MOREL-FATIO, M. A.: Une histoire inédite de Charles – Quint par un fourrier de sa Cour. In: *Mémoires de l'Institut National de France, Academie des Inscriptions et Belles-Lettres* Bd 39, Paris 1914, S. 1–40
- ROLAND, F.: *Les cartes anciennes de la Franche-Comté.* Bd 1, Besancon 1913, S. 32–34.

Martinus Carolus CREFFELDT

Bei der im *Catalogus Auctorum* unter diesem Namen genannten Karte handelt es sich um den folgenden Einblattdruck, der ohne Angabe von Ort, Jahr und Verleger erschien:

Egentlicke Beschrijvinghe des Iselstrooms, sampt Ittelickē omliggendē Stedē unde Vlecken, Doer Mart. Carol. Creffeldt.

Titel in eigenem Rahmen am oberen Rand

Holzschnitt, 13,5 × 35,5 cm

Das einzige bekannte Exemplar befindet sich in einer ungenannten Privatsammlung.

Siehe Abb. 26

Es handelt sich hier um eine ostorientierte, recht grobe Karte des Ijssel-Gebietes vom Rhein bis zur Zuidersee. Terminus ante quem ist das Jahr 1579 mit der erstmaligen Erwähnung im *Catalogus Auctorum,* die Sprache weist auf einen Druckort in den nördlichen Niederlanden.

Die Autopsie des Originals zeigt, daß Ortelius bei seinem Zitat ein Lesefehler unterlaufen ist. Es heißt *Creffeldt.* und nicht *Cresfeldt.* Es dürfte sich hier um ein Gelehrten-Cognomen eines Martinus Carolus (Martin Karel o. ä.?) aus Krefeld am Niederrhein handeln. Ein Einstieg in die Forschung zur Biographie dieses Mannes ist jedoch schwierig. Die relevanten Personenstandsquellen sind in Krefeld für diese Zeit nicht erhalten. Auch anderwärtige Hinweise, auf Leben und Wirken an anderem Ort, fehlen derzeit noch völlig.

Lit.:
– *Le Benelux. Cartographie et topographie ancienne.* Antiquariat Louis LOEB-LAROCQUE, Catalogue 47. Paris 1983, Nr. 58.

Johannes CRIGINGER

Johannes Criginger (auch Kriegner, Krüger, Krüginger u.ä., lat. Crigingerus, Kringerus u.ä.) wurde im August oder September 1521 in Joachimsthal/ Jáchymov in Böhmen geboren. Nach einer ersten Ausbildung an der Lateinschule seiner Heimatstadt studierte er seit 1538 an den reformierten Universitäten Wittenberg, Leipzig und Tübingen. Nach dem Magisterexamen 1544 wirkte er zunächst als Schulmeister in Crimmitschau und Marienberg. In dieser Zeit versuchte er sich auch als Dichter von Dramen, gedruckt wurden die *Comoedia von dem reichen Mann und dem armen Lazaro* (Zwickau 1543) und *Herodes und Iohannes der Taufer* (Zwickau 1545). 1547 wurde Criginger als reformierter Prediger ordiniert. Er wirkte in Marienberg zunächst als Diakon, dann ab 1551 als Pfarrer. Dort starb er am 27. Dezember 1571.

Sicherlich bereits durch seine Wittenberger Lehrer um Melanchthon (→ Stella) ist Johannes Criginger in die für die reformierte Wissenschaft jener Zeit typische enge Verbindung von Theologie und Geographie eingeführt worden. Unter welchen Umständen er dann erst gegen Ende seines Lebens auch selbst als Kartograph tätig wurde, wissen wir nicht. 1567 schickte Criginger einen Probeabzug einer von ihm geschaffenen Karte von Sachsen an Kurfürst August mit der Bitte, ihm hierfür ein Privileg zu erteilen. Diese Karte zeigte das sächsische Wappen und ein Porträt Augusts, was den Eindruck eines offiziellen Werkes erweckte. Dies aber mißfiel dem Kurfürsten, und er forderte Criginger auf, Wappen und Porträt wieder zu entfernen. In dieser veränderten Form ist die *Chorographia nova Electoratus Saxonici et totius Misniae cum adiacentibus regionibus* (so der Titel nach einem alten Inventar der Dresdener Kunstkammer) 1567, nach dem *Catalogus Auctorum* erst 1568 in Prag gedruckt worden. Von dieser Originalausgabe ist bisher kein Exemplar gefunden worden. Eine wahrscheinlich recht getreue Kopie stellt die seit 1570 im *Theatrum* enthaltene *Saxoniae, Misniae ... Descriptio* (Nr. 23) dar, Ortelius beruft sich im Rückentext ausdrücklich auf diese Vorlage Crigingers.

Dem verschollenen Original der Criginger-Karte von Meissen-Lausitz vermutlich ebenfalls sehr nahe kommt ein Einblattdruck, der – im Vergleich mit der Ortelius-Version – einen kleineren Ausschnitt zeigt:

CHOROGRAPHIA NOVA MISNIAE ET THVRINGIAE SITV COMPREHENDENS

Titel über der Karte. Unter dem unteren Rand die Adresse *Lipsia excudebat aeneis Typis Wolff. Meyerpeck.*

Kupferstich, Plattenformat 31,5 × 51 cm

Exemplare: Öffentliche Bibliothek der Universität, Basel; Universitätsbibliothek, Rostock; Österreichische Akademie der Wissenschaften (Sammlung Woldan), Wien.

Siehe Abb. 27

Wolfgang Meyerpeck (tätig 1568–1595) war in Prag und Leipzig als Drucker und Kupferstecher tätig, sein gleichnamiger Vater († 1578) war der Drucker der frühen Werke Crigingers in Zwickau. Wie aber auch immer: Dies ist sicherlich nicht die Originalausgabe der Criginger-Karte von Sachsen und Meissen. Die Ortelius-Karte ist also nicht eine Kompilation aus dieser Meyerpeck-Karte und weiteren Vorlagen. Bei Ortelius finden sich Informationen, die nur aus der oben genannten größeren Karte Crigingers stammen können.

Dieser Meyerpeck-Druck führt allerdings unmittelbar zur zweiten Karte von Johannes Criginger. Im Rückentext der Böhmen-Karte des *Theatrum* (Nr. 25) steht, sie sei kopiert nach einer 1568 in Prag erschienenen Karte Crigingers. Nun nennt der *Catalogus Auctorum* in den frühen Ausgaben als Werke Crigingers *Bohemiae; Misniae Turingiae et collateralium Regionum Tabulam, Pragae 1568.* Das Semikolon zwischen *Bohemiae* und *Misniae* ist in späteren Ausgaben durch ein Komma ersetzt worden. Allem Anschein nach hat es also eine spezielle Böhmen-Karte Crigingers gegeben. Die Suche nach diesem Werk führt nun zu einem anonymen Einblattdruck:

BOHEMIAE REGNI NOVA CHOROGRAPHICA DESCRIPTIO

Titel in Schriftfeld am oberen Rand

Kupferstich, ca. 44 × 54 cm

Unvollständige Exemplare befinden sich in der Bibliothek von Kloster Strahov bei Prag und in der Universitätsbibliothek, Salzburg (Abb. bei KUCHAR, Tafel 2).

Alle stilistischen Kriterien weisen diesen Druck ebenfalls als ein Werk von Wolfgang Meyerpeck aus. Im wesentlichen enthält dieses Blatt alle kartographischen Daten, die für die Böhmen-Karte des *Theatrum* notwendig waren. Am Rande sind einige Orte hinzugefügt, die aus anderen Quellen – etwa der Mähren-Karte von Paul →Fabritius – entnommen sein könnten. Allerdings ist die Sprache der Ortsnamen bei Ortelius deutsch, bei diesem anonymen Blatt tschechisch. Weiterhin enthält die Ortelius-Karte einige wirtschaftsgeographische Zusatzinformationen, die das Anonymum nicht zeigt, z.B. *Cromelaw, habet argenti fodinam* und *Pardubitz, prestantissimos gladios hic fabrica sunt.*

In der Zusammenfassung sind hier derzeit nur Spekulationen möglich, solange keine gesicherten Exemplare der Originalausgaben der Karten Crigingers gefunden sind. Bei den beiden Meyerpeck-Drucken scheint es sich um zeitgleiche und vielleicht auch von Criginger autorisierte Kopien, aber eben doch nicht um die Originalfassungen zu handeln.

Lit.:
- BAGROW, *Catalogus* I, S. 59–60
- BENZING, *Buchdrucker*, S. 146 und 532 (über Meyerpeck)
- HANTZSCH, *Karten der sächsisch-thüringischen Länder*, S. 3
- HANTZSCH, V.: Johann Criginger. In: *Allgemeine Deutsche Biographie* 47, 1903, S. 556–562
- KAHLER, E.: Johannes Criginger. In: *Neue Deutsche Biographie* 3, 1957, S. 415
- KUCHAR, *Bohemia, Moravia and Silesia*, S. 16–18.

Nicolaus Cusanus

Der Geburtsname des Nicolaus Cusanus (Nicolaus a Cusa, Nikolaus von Kues) war Nicholas Cryffts (Kryffts = Krebs). Seinen Humanistennamen bildete er nach dem Dorf Kues an der Mosel, wo er 1401 als Sohn eines Schiffers und Fischers geboren wurde. Gefördert durch die Grafen von Manderscheid, erhielt er seine erste Schulausbildung in Deventer in den Niederlanden. 1416 begann er ein Philosophiestudium in Heidelberg, ehe er zum weiteren Studium nach Italien ging. Nach der Promotion zum Doktor der Rechtswissenschaften 1424 in Padua kehrte er nach Deutschland zurück. Seit 1425 studierte er in Köln Theologie, etwa seit dieser Zeit wirkte er auch als Seelsorger im Rheinland. Eine Frucht seiner humanistisch-gelehrten Arbeit bereits in dieser Zeit war die Wiederentdeckung der Bücher I–VI der Tacitus-Annalen. 1430 wurde Cusanus zum Priester geweiht. 1432 reiste er als Gesandter des Grafen von Manderscheid zum in Basel tagenden Konzil. Hier erwarb er sich rasch Ansehen als geschickter Diplomat in der Vermittlung im Hussitenproblem sowie überhaupt im großen Streit zwischen Papsttum und Reich. Auch wissenschaftlich waren dies die wohl fruchtbarsten Jahre im Leben von Nicolaus Cusanus. Umfassend gebildet in Geistes- wie Naturwissenschaften, entwarf er ein für die Zeit völlig neues Bild eines Kosmos als unendlicher Einheit ohne Mittelpunkt in der Erde; der Mensch war nur noch ein Mikroskosmos in einem von Gott nach mathematischen Prinzipien geschaffenen grenzenlosen All. In Basel vollendete Cusanus einige mathematische Kleinschriften wie *De quadratura circuli, De geometricis transmutationibus, De complementis mathematicis* und vor allem den Vorschlag zur Kalenderreform *De reparatione calendarii.* Nachdem er sich letztlich aber doch für die unbedingte Treue zum Papst entschieden hatte, verließ er das Basler Konzil 1437 und trat als Diplomat in den Dienst der römischen Kurie. 1438 reiste er als Gesandter des Papstes nach Konstantinopel. Seit 1439 war er mehrfach als Vertreter des Papstes auf Reichs- und Kirchentagen in Deutschland. Als Beleg für wissenschaftliche Arbeiten auch noch in dieser späteren Zeit gilt der Kauf astronomischer Handschriften und Instrumente – darunter eines Himmelsglobus – 1444 in Nürnberg; sie befinden sich heute in der Bibliothek des St. Nikolaus-Hospitals in Bernkastel-Kues. 1448 wurde Cusanus zum Kardinal und 1450 zum Erzbischof von Brixen ernannt, er blieb jedoch weiter im kirchendiplomatischen Dienst tätig. 1451 führte ihn eine große Visitationsreise erneut durch ganz Deutschland und die Niederlande bis nach England. Im Streit mit den Grafen von Tirol verließ er 1458 seinen Erzbischofssitz und lebte fortan in Rom, wo er sich vor allem um die Einleitung einer Kirchenreform bemühte. Er starb am 11. August 1464 in Todi bei Rom.

In der Geschichte der Kartographie kommt Nicolaus Cusanus eine hohe Bedeutung zu als Autor der ersten neuzeitlichen Karte Mitteleuropas. Im Grunde ist über dieses Werk, dessen Entstehung auf etwa 1450—1455 zu datieren ist, wenig mehr bekannt als die Tatsache, daß es einmal existiert hat. Die Originalfassung ist verloren. Ihr am nächsten kommt wahrscheinlich jene Karte, die als einzige von mehreren späteren Fassungen den Namen von Cusanus nennt und die als „Eichstätter Karte" in die Literatur eingegangen ist. Vor allem durch die jüngsten Forschungen von CAMPBELL gibt es nun eine fundiertere Chronologie zu dieser Karte, die wenigstens vier Auflagen erlebt hat.

1. Die originale Fassung wurde wahrscheinlich geschaffen als „Tabula Moderna" für die Ptolemäus-Ausgabe Rom 1478, dann aber aus unbekannten Gründen doch nicht in den Auflagendruck dieser Ausgabe übernommen. Hierauf deutet — neben allgemeinen stilistischen Kriterien — vor allem die Technik hin: alle Linien sind gestochen, alle Beschriftungen und Stadtsignaturen sind gepunzt.

Diese Editio princeps von 1478 hatte wahrscheinlich folgende cartobibliographische Daten:
QVOD PICTA EST PARVA GERMANIA TOTA TABELLA: ET LATVS ITALIAE GELIDAS QVOD PROSPICIT ALPES: SAVROMATVM QVE TRVCES POPVLI: GENTES QVE PROFVNDO VICINAE ADRIACO: PELOPIS REGNVM QVE VETVSTI: / PANNONIOS ET FINDIT AGROS QVA FRIGIDVS HISTER: ATQVE LICAONIOS TERRARVM QVICQVID IN AXES VERGIT: ET AEQVOREAS RHODANVS QVA VERBERAT VNDAS: ET MVLTAE PVNCTIS VRBES VILLE QVE NOTATAE / GRACIA SIT CVSAE NICOLAO: MVRICE QVONDAM QVI TYRIO CONTECTVS ERAT: SPLENDIOR QVE SENATVS INGENS ROMANI: NVLLI EXPLORATA PRIORVM: ET LOCA QVI MODICO CAELARI IN AERE.

Inhaltsbeschreibung und Dank an Cusanus als Autor in lateinischen Hexametern über dem oberen Kartenrand. Die Kartenbezeichnung geht unten nicht über den Rand hinaus

Kupferstich mit allen Beschriftungen gepunzt, Plattenformat 39,5 × 57 cm, Format der Kartenzeichnung ca. 29 × 40,5/52 cm (trapezförmig)

Von diesem vermuteten Erstzustand ist kein Exemplar bekannt.

2. Zwischen oberem Kartenrand und Hexametern wurden mit den gleichen Punzen hinzugefügt: *EYSTAT ANNO SALVTIS 1491, XII KALENDIS AVGVSTI PERFECTVM*. Die Kartenzeichnung wurde über den unteren Rand hinaus erweitert bis zum heute noch erkennbaren Plattenrand. Unten halblinks finden sich die Buchstaben *P.P.I* und die Figur eines zu Fuß reisenden Mannes.

Auch von diesem Zustand ist kein Exemplar bekannt.

Diese frühen Editionsstadien weisen noch eine ganze Reihe von ungeklärten Fragen auf:
- Gab es noch mehrere als die beschriebenen Zustände 1 und 2?
- Weil der Hinweis auf Eichstätt mit den gleichen Punzen angebracht wurde: Geschah dieser Zusatz in Italien oder wurden die Punzen nach Deutschland gebracht?
- Was bedeutet überhaupt *PERFECTVM*? Wurde die südliche Erweiterung der Karte in Italien oder eben in Eichstätt vorgenommen?
- Die Initialen *PPI* könnten vielleicht zu lesen sein als die Signatur eines heute unbekannten Stechers oder Kartographen.
- Was bedeutet die Miniatur eines reisenden Mannes? Ist dies vielleicht ein Hinweis auf die um 1500 in Süddeutschland mehrfach belegte Druckerfamilie Reiser?

Klarer wird die Editionsgeschichte dieser „Eichstätter Karte" erst mit den späteren Zuständen.

3. Ganz am oberen Plattenrand ist hinzugestochen: *COMMVNI ERVDIT VTILITATI CHVONRADVS PEVTINGER AVGVSTAN: IVRE CONS. ARCHETYPVM AEN. PECVNIA SVA EMPTVM IOAN. BVRGKMAIR PICTORI MVNICIPI SVO ET D.S.B. IMPRIMEND. CONCESSIT*

Das einzige Exemplar dieses Zustandes ging 1945 in der Armeebibliothek, München verloren (Abb. bei HERRMANN, Tafel 3–4).

Der hinzugefügte Text besagt, daß die Platte von dem Ausburger Humanisten Konrad Peutinger (1465–1547) — dem Entdecker der „Tabula Peutingeriana" (→Welser) — etwa um 1510 (?) erworben und dem Augsburger Maler Hans Burgkmair d.Ä. (1473–1531) zum Druck einer weiteren Auflage übergeben worden ist.

4. Der Peutinger-Burgkmair betreffende Text ist wieder getilgt, übrig ist nur noch die senkrecht stehende Silbe *SIT* (von *CONCESSIT*) oben rechts.

Exemplare: Staatsbibliothek Preußischer Kulturbesitz, Berlin; Studienbibliothek, Dillingen; British Library, London; Germanisches Nationalmuseum, Nürnberg; Bibliothèque Nationale, Paris; Sammlung Otto Schäfer, Schweinfurt.

Dieser Zustand entstand 1530, als die Platte von dem Basler Verleger Andreas Cratander (tätig 1518–1536) erworben wurde. Er publizierte die Karte neu mit einem Begleittext *Germaniae atque aliarum regionum ... descriptio ... pro tabula Nicolai Cusae* (Basel 1530) aus der Feder von Sebastian → Münster.

Möglicherweise ist danach die Platte noch für weitere, unveränderte Abzüge benutzt worden. Das Nürnberger Exemplar hat ein Wasserzeichen, wie es für die zweite Hälfte des 16. Jahrhunderts belegt ist.

Spätere Bearbeitungen der Cusanus-Karte – ohne Nennung des Autors – erschienen in Italien noch bis zur Mitte des 16. Jahrhunderts. Auch nördlich der Alpen war sie zu dieser Zeit noch verbreitet eben durch den Basler Druck von 1530. Ein Beleg für ihre relative Bekanntheit ist, daß Hiob Magdeburg in einem Brief von 1574 (→ Mellinger) Ortelius auf diese Karte hinwies. Wie aber auch immer: Abraham Ortelius hat die Karte des Nicolaus Cusanus mit einiger Sicherheit nicht gekannt. Unter den zahlreichen Autoren, die im Rückentext der Deutschland-Karte in den verschiedenen *Theatrum*-Ausgaben genannt sind, kommt Cusanus nicht vor. Die Nennung im *Catalogus Auctorum* stützt sich auf ein Zitat in den *Commentaria Germaniae in P. Cornelii Taciti libellum de situ, moribus et populis Germanorum* (Nürnberg 1529 und 1536) des süddeutschen Humanisten und Reformators Andreas Althamer (ca. 1498–1539). Hier heißt es (Ausgabe Nürnberg 1536, S. 30) in der Diskussion über die Zahl der Inseln von Seeland: *Nicolaus de Cusa Brixiensis episcopus, in vico Cusa ad Mosellae ripam in diocesi Trevirensi natus, in sua Germania cartha septem monstrat Selandiae insulas.* Ansonsten spielten Nicolaus Cusanus und seine Karte für das *Theatrum* keine Rolle.

Lit.:
- BAGROW, *Catalogus* I, S. 29–33
- CAMPBELL, *Earliest Printed Maps*, S. 35–52
- GRASS, N. (Hrsg.): *Cusanus-Gedächtnisschrift* (= Forschungen zur Rechts- und Kulturgeschichte 3). Innsbruck–München 1970
- HARTMANN, J.: *Die astronomischen Instrumente des Kardinals Nikolaus Cusanus* (= Abhandlungen der Gesellschaft der Wissenschaften zu Göttingen, math.-phys. Klasse, Neue Folge, Nr. 6). Göttingen 1919
- HERRMANN, *Karten von Deutschland*, S. 8–11
- HOFMANN, J. und J. E.: *Nicolaus Cusanus. Die mathematischen Schriften* (= Schriften des Nikolaus Cusanus 11). Hamburg 1952
- KOLDE, Th.: *Andreas Althamer, der Humanist und Reformator in Brandenburg-Ansbach.* Erlangen 1895
- MEURER, P. H.: Zur Systematik der Cusanus-Karten. Überlegungen aus der Sicht der rheinischen Landeskunde. In: *Kartographische Nachrichten* 33, 1983, S. 219–225
- MEUTHEN, E.: *Nikolaus von Kues 1401–1464. Skizze einer Biographie.* Münster 1964
- MOFFIT-WATTS, P.: *Nicolaus Cusanus. A fifteenth-century vision of Man* (= Studies in the History of Christian Thought 30). Leiden 1982.

Johannes CUSPINIANUS

Als Sohn einer wohlhabenden Familie wurde Johannes Cuspinianus (Johann Spießheimer, auch Spießhaymer u.ä.) Ende Dezember 1473 in Schweinfurt geboren. 1490 immatrikulierte er sich in Leipzig. Seit 1491 lebte er in Wien, wo er Medizin studierte und daneben als Rhetoriklehrer tätig war; 1493 krönte ihn Kaiser Maximilian I. zum Poeta laureatus. Nach der Promotion 1496 blieb er an der Wiener Universität, seit 1499 ist er mehrfach als Rektor und Dekan der philosophischen Fakultät belegt. Seit 1506 stand Cuspinianus auch als Diplomat im Dienste Maximilians I. in Polen und Ungarn. 1512 wurde er Kaiserlicher Rat und Historiograph, dazu 1515 Stadtanwalt von Wien. Dort starb er am 19. April 1529.

Johannes Cuspinianus war einer der Führer des Wiener Humanistenkreises seiner Zeit. Er publizierte zu Lebzeiten einige kleinere Streitschriften, seine umfangreichen historischen Forschungen wurden jedoch sämtlich erst posthum veröffentlicht. Bereits um 1512 waren fertig eine Geschichte der römischen, griechischen und türkischen Kaiser sowie eine Geschichte der römischen Konsuln; *De caesaribus* erschien erstmals 1540 in Straßburg, *De consules* erstmals 1553 in Basel. Ebenfalls 1553 wurde in Basel bei Johannes Oporinus das wissenschaftliche Hauptwerk von Cuspinianus gedruckt, die 1527 begonnene historisch-geographische Landeskunde *Austria ... cum omnibus eiusdem marchionatibus, ducibus, archiducibus.* Diesem Werk sollte eine Karte Österreichs beigegeben werden, die aber wahrscheinlich nicht mehr fertig geworden ist. Verschollen ist auch ein Plan *Descriptio Urbis Viennensis Danubique.* Definitiv in der Kartengeschichte belegt ist Cuspinianus nur durch seine Mitarbeit an der Ungarn-Karte von → Lazarus Secretarius. Dort ist er genannt als Herausgeber, sein eigentlicher wissenschaftlicher Anteil ist unklar. Durch seine diplomatische Tätigkeit in Ungarn besaß er ohne Zweifel eine sehr gute eigene Landeskenntnis. Er hatte die Absicht, zu dieser Lazarus-Karte einen Kommentar zu schreiben. Dieser blieb jedoch Fragment und wurde zu Lebzeiten nicht publiziert.

Von den drei unmittelbar an der Erarbeitung der Lazarus-Karte beteiligten Gelehrten nennt der *Catalogus Auctorum* der Editio princeps allein Cuspinianus, Ortelius zitiert ihn nach der Anführung in der Legende der Ungarn-Karte von Wolfgang → Lazius. Anfang 1570 hat Ortelius also die Originalausgabe noch nicht gekannt. Lazarus Secretarius und Georg → Tannstetter erscheinen im *Catalogus Auctorum* erst seit der Ausgabe 1570B, die Lazius-Referenz zum Namen von Cuspinian blieb aber in allen weiteren *Theatrum*-Ausgaben bestehen.

Lit.:
- ANKWICZ-KLEEHOVEN, H.: Johannes Cuspinianus. In: *Neue Deutsche Biographie* 3, 1957, S. 450–452
- ANKWICZ-KLEEHOVEN, H.: *Der Wiener Humanist Johannes Cuspinianus. Gelehrter und Diplomat zur Zeit Maximilians I.* Graz–Köln 1959
- BAGROW, *Catalogus I,* S. 61–62.

Egnazio DANTI

Carlo Pellegrino Danti wurde getauft am 29. April 1536 in Perugia. Ersten Unterricht in Fächern wie Zeichnen und Mathematik erhielt er bei seinem Vater, dem Maler Giulio Danti (1500–1575). 1555 trat er in Perugia in den Dominikanerorden ein und nahm den Klosternamen Egnazio Danti an. Seine künstlerisch-wissenschaftliche Ausbildung hat er jedoch weiter vervollkommnet. 1563 wurde Danti vom Dominikanerorden wieder freigestellt, als ihn Herzog Cosimo I. als Kosmographen an den Medici-Hof nach Florenz berief. Dantis Hauptwerk in Florenz war der Zyklus von Karten, die auf die Holztüren der Guardaroba Nuova des Palazzo Vecchio gemalt sind. Das Projekt war auf 53 Karten angelegt, blieb jedoch unvollendet. Weiterhin war er tätig als Architekt für den Dominikanerorden und als Hersteller astronomischer Instrumente. Zu seinen Publikationen aus dieser Zeit gehören ein *Trattato dell'uso et della fabbrica dell'astrolabio* (Florenz 1568), ein *Trattato dell'uso della sfera* (Florenz 1573) und eine Euklid-Ausgabe (Florenz 1573). 1572 schuf er einen großen Mauerquadranten an der Kirche Santa Maria Novella in Florenz. Seit 1571 war er auch Mathematikprofessor in Florenz.

Nach dem Tode von Herzog Cosimo I. 1574 kam Egnazio Danti mit dessen Nachfolger Francesco Maria nicht zurecht. Sein Nachfolger als Kosmograph am Medici-Hof wurde Stefano → Buonsignori. Er selbst ging nach Bologna, wo er 1576 an der Universität den Lehrstuhl für Mathematik übernahm. Eine Buchveröffentlichung aus jener Zeit war eine *Anemographia* (Bologna 1578) mit der Beschreibung eines Windmessers. Weiterhin führte Danti 1577 eine Landesaufnahme des Raumes Perugia–Orvieto durch. Unmittelbarer Anlaß war die Materialsammlung für eine Wandkarte im Palazzo del Gobernatore in Bologna. Diese Unterlagen dienten auch als Basis für die beiden einzigen Kartenveröffentlichungen Dantis. Zunächst erschien 1580 die Perugia-Karte, die in Rom von Mario Cartaro (Nicola Antonio → Stigliola) gestochen wurde:

DESCRITTIONE DEL TERRITORIO DI PERVGIA AVGVSTA / ET DEI LVOCHI CIRCONVICINI DEL P. M. EGNATIO DANTI DA PERVGIA MATEMATICO DELLO STVDIO DI BOLOG.[A]

Titel am oberen Kartenrand. Unten links in Kartusche Listen von Abteien und Ordenskommenden. Unten rechts in Kartusche Widmung an Jacopo Buoncompagni, den Gouverneur des Kirchenstaates (8 Zeilen), darunter die Stechersignatur *Marius Cartarus Inci / debat Romae 1580.* Unten Mitte Privilegien durch den Papst und den Herzog der Toskana

Kupferstich, 61 × 80 cm

Ein Exemplar ist in der Biblioteca Apostolica Vaticana, Rom (Abb. bei ALMAGIA, *Mon. Ital. Cart.,* Tav. XLIX).

ALMAGIA spricht von der Existenz einiger weiterer Exemplare, aber ohne Angabe von Lagerorten.

Egnazio Danti selbst schickte diese Karte mit Brief vom 24. Dezember 1580 an Ortelius, der sie ohne nennenswerte topographische Änderungen für das *Theatrum* kopierte (Nr. 102).

Nur im *Catalogus Auctorum* genannt ist Dantis Karte des Raumes Orvieto, die 1583 in Rom erschien:

VRBIS VETERIS ANTIQVAE DITIONIS / DESCRIPTIO

Titel in der Mitte am oberen Kartenrand. Unten links in Kartusche Widmung und Kurzbeschreibung *F. EGNATIVS DANTE S. ORD. PRAED. / ILLVSTRISS. MONALDO MONALDESCHIO / S.P.D.* (insgesamt 26 Zeilen), darin die Datierung *Romae, IX. Kalendas Aprilis / M.D.LXXXIII*

Kupferstich, 40 × 65,5 cm

Exemplare: Istituto Geografico Militare, Florenz; Biblioteca Apostolica Vaticana, Rom (Abb. bei ALMAGIA, *Mon. Ital. Cart.*, Tav. L-1 und ALMAGIA, *Mon. Cart. Vaticana II,* Tav. III).

Aus unbekannten Gründen wurde diese recht gute Karte nicht in das *Theatrum* übernommen, ein Nachstich findet sich jedoch in späteren Ausgaben von Galles *Epitome*.

Seinen Lehrstuhl in Bologna behielt Egnazio Danti zwar bis 1583, seit 1580 lebte er jedoch am päpstlichen Hof in Rom. Hier wirkte er mit an der Kalenderreform, auch gab er die *Due regole della prospettiva pratica* (Rom 1583) aus dem Nachlaß des Architekten Giacomo Barozzi da Vignola (1507 – 1573) heraus. Sein Hauptwerk in Rom waren die Entwürfe zu dem Zyklus von 40 Wandkarten italienischer Regionen in der Galleria delle Carte Geografiche im Vatikan. Auch war er beteiligt an einer Überarbeitung des Wandkartenzyklus in der Bella Loggia des Vatikan (Etienne → Tabourot). Über diese Arbeiten Dantis wurde Ortelius unterrichtet durch Briefe Winghes von 1590 und 1592, der sich darüber jedoch recht abfällig äußerte. Zu dieser Zeit lebte Egnazio Danti jedoch bereits nicht mehr. 1583 wurde er zum Bischof von Alatri (südöstlich von Rom) ernannt, wo er am 19. Oktober 1586 verstarb.

Lit.:
- ALLEGRI, E. und CECCHI, A.: *Guida storica di Palazzo Vecchio e i Medici.* Florenz 1980
- ALMAGIA, *Mon. Ital. Cart.*, S. 44 – 45
- ALMAGIA, *Mont. Cart. Vaticana III (Le pitture murali della Galleria delle Carte Geografiche),* mit zahlreichen Nennungen
- BADIA, J. del: *Egnazio Danti, cosmografo e matematico e le sue opere in Firenze.* Florenz 1881
- FIORE, F. P.: Egnazio Danti. In: *Dizionario Biografico degli Italiani* 32, 1986, S. 659 – 663 (mit zahlreicher weiterer Spezialliteratur)
- HESSELS, *Epistolae,* Nr. 100, 185 und 217.

Jacob van DEVENTER

Als illegitimer Sohn eines Geistlichen wurde Jacob van Deventer kurz nach 1500 in oder in der Nähe von Deventer geboren. Der ursprüngliche Name war Jacob Roelofsz oder Roelafsz nach dem Vornamen des Vaters. Später nannte er sich nach seiner Heimatstadt, in der latinisierten Form erscheint der Name als Jacobus de (a) Daventria oder Jacobus Daventriensis. 1520 oder 1523 wurde Jacob van Deventer an der Universität Löwen immatrikuliert, Studienfächer waren Medizin und Mathematik. Dort ist er sicherlich auch mit Regnier → Gemma Frisius und dessen mathematisch-kartographischen Grundlagenforschungen in Kontakt gekommen. Nach Abschluß der Studiums war er vermutlich zunächst als Arzt, bald danach aber nur noch als Landmesser tätig. Er wurde in Mechelen ansässig. Dort schuf er 1537 in Zusammenarbeit mit Nikolaus Hogenberg, dem Vater von Frans → Hogenberg, eine heute verlorene Karte des Überschwemmungsgebietes um Dordrecht. An kleineren Arbeiten folgten u.a. eine Karte von Delfland (1539, verloren), eine Karte von Nord-Holland mit Ameland und Terschelling (1545; Algemeen Rijksarchief, Amsterdam) und ein Stadtplan von Dordrecht (1545, verloren).

Seit Mitte der 1530er Jahre arbeitete Jacob van Deventer an einem Projekt, das seinen Ruf als „Vater der niederländischen Kartographie" begründete. Auf der Basis der von Gemma Frisius entwickelten Methodik der Triangulation schuf er eine Serie relativ genauer und großmaßstäblicher Karten der nördlichen Provinzen der Niederlande; entsprechende Landesaufnahmen in den südlichen Provinzen führten etwas später Jacques und Jean de → Surhon durch. Für dieses Projekt wurde Deventer um 1540 von Karl V. zum königlichen Geographen ernannt. Die Erstausgaben aller von ihm geschaffenen Provinzkarten erschienen wahrscheinlich in Mechelen im Selbstverlag. Von ihnen ist kein Exemplar erhalten. Es wird aber noch zu klären sein, inwieweit die bekannten späteren Holzschnittausgaben die originalen Druckstöcke verwendet haben.

Die insgesamt fünf Karten dieses Zyklus wurden bis zum Ende des 16. Jahrhunderts innerhalb und außerhalb der Niederlande vielfach kopiert. Auch Abraham Ortelius hat natürlich umfassend auf diesen Bestand zurückgegriffen. Vier niederländische Provinzen sind im *Theatrum* dargestellt nach Jacob van Deventer. Bei drei dieser Karten handelt es sich im Prinzip um getreue Kopien, allerdings in etwas modifiziertem Blattschnitt (vgl. 5.3.1) und in Details ergänzt nach eigener Landeskenntnis von Ortelius oder nach heute zum Teil unbekannten primären Quellen.

Am Anfang von Deventers Provinzkartenzyklus stand eine Karte von Brabant. Sie war 1536 fertig. Italienische Kopien sind seit 1556 bekannt, die älteste bekannte niederländische Ausgabe wurde 1558 in Antwerpen von Arnold Nicolai gedruckt:

DVCATVS BRABANTIAE

Titel im oberen Kartenrahmen. Unten links in Kartusche Widmung und Adresse in Typendruck: *CANCELLARIO SENATVI / POPVLOQ. BRABANTIAE / IACOBVS DAVEN. / DEDICAVIT. / Gheprint by my Arnout Nicolai Fi- / guersnyder, op die Lombaerde / Veste to Antwerpen. / 1558.* Unten rechts in Kartusche typengedruckte Erläuterungen und Legende

Holzschnitt mit Typendruck auf 6 Bll., 3 Reihen zu je 2 Bll., Gesamtformat 82,5 × 76,5 cm

Das einzige bekannte Exemplar ging 1945 in der Stadtbibliothek Breslau verloren (Faksimile bei HOFF, *Kaarten*, Bll. 1–4, danach Abb. bei SCHILDER, Nr. 43).

Die erste Brabant-Karte des *Theatrum* (Nr. 16) folgt dem von Deventer gegebenen Bild mit kleineren Änderungen. Sie ist nach Osten orientiert, während das Original genordet ist. Einige Einzelheiten sind nach Deventers Karten von Seeland und Gelderland hinzugefügt. Weitere Ergänzungen nach schwer nachweisbaren Quellen enthält die zweite Brabant-Karte des *Theatrum* (Nr. 126), am auffälligsten ist die als Inset hinzugefügte Stadtumgebungskarte von Mechelen (vgl. Anonymus → Mechelen).

Noch nicht beendet ist die Diskussion darüber, ob die Flandern-Karte Gerard → Mercators von 1540 auf Vermessungsarbeiten beruht, die von Jacob van Deventer durchgeführt wurden. Auffällig ist in jedem Fall das Fehlen einer Karte Flanderns im Zyklus der Provinzkarten Deventers.

Als nächste gesicherte Arbeit Deventers erschien die Karte der Provinz Holland, die seit 1537 in der Arbeit war und 1542 erstmals publiziert wurde. Italienische Kopien gibt es seit 1556, die älteste bekannte niederländische Ausgabe erschien 1558 bei Bernard van der Putte in Antwerpen:

Hollandt

Titel oben Mitte auf Schriftrolle. Oben rechts in Kartusche Liste der Grafen von Holland. Oben links in Kartusche Widmung an Karl V. (darüber sein Wappen), signiert ... *Bernardus a Putte, Typoglyphus / Antwerpianus imitabatur Anno M.D.LVI* (7 Zeilen). Mitte links in Kartusche Benutzungsanleitung der Karte in Latein, Französisch und Niederländisch. Unten links in Kartusche die Adresse: *Gheprint Thantwerpen op die Lombaerde / Veste, aldernaest Simon Cock, by my Ber-/naert van den Putte, figuersnijder. / Int jaer ons Heeren M.CCCCC. / LVIII den XIX. Februarij.* Unten rechts in Kartusche ein Vermerk *Opus absulutum Anno M.D.LIII, mense Iulio* ... mit dem Hinweis, die Karte sei entstanden zur Zeit, als René de Chalons Statthalter von Holland war (7 Zeilen, über der Kartusche das Wappen Chalons)

Holzschnitt mit Typendruck auf 9 Bll., 3 Reihen zu je 3 Bll., Gesamtformat 110,5 × 78,5 cm

Das einzige bekannte Exemplar ging 1945 in der Stadtbibliothek Breslau verloren (Faksimile bei HOFF, *Kaarten*, Bll. 5–8, danach Abb. bei SCHILDER, Nr. 44).

Die verschiedenen Daten auf diesem Druck von 1558, der aus unbekannten Gründen den Namen Jacob van Deventers nicht nennt, bereiten einige Probleme. In der Widmung an Karl V. sagt Bernard van der Putte, er habe diese Karte 1556 „imitiert". Eine Verwendung der Druckstöcke der Originalausgabe wäre somit hier auszuschließen. Unbekannt ist, ob van der Putte bereits 1556 eine Ausgabe publiziert hat. Unverständlich ist die Angabe unten rechts, das Werk sei 1553 vollendet worden, zumal in Verbindung mit René de Chalons, der bereits 1544 starb.

Auch bei dieser Holland-Karte hat Ortelius bei der Kopie für das *Theatrum* (Nr. 19) die Nordorientierung des Originals in eine Ostorientierung gedreht. Ansonsten folgt er der Vorlage recht genau. Im Süden sind Details nach Deventers Karten von Seeland und Brabant hinzugefügt.

1542 schuf Jacob van Deventer im Auftrag Karls V. eine Karte der Provinz Gelderland. Italienische Nachstiche gibt es seit 1556, aus dem gleichen Jahr stammt auch die älteste bekannte niederländische Ausgabe ohne Angabe von Druckort und Verleger:

GELDRIA DVC. / Gelderlandt

Titel Mitte links in Kartusche, darin auch die Widmung: *DIVO CAROLO V. ROMA. / IMPERATORI D.B. IACOBVS / A DAVEN.*

SVAE CAESAREAE MAI. / GEOGRAPHVS FA. ET DEDICABAT. Darunter in zwei Kartuschen Benutzungsanleitung in Latein und Niederländisch sowie ein Privilegvermerk mit Datierung *20. Maij An. 1556* (beide Texte in Typendruck). Unten rechts in Kartusche Widmung an Philipp de Lalaing, 1545–1555 Statthalter von Geldern (5 Zeilen), endend ... *Jacobus Dauent. Caes. M. Geog. dedicabat.*

Kupferstich mit Typendruck auf 9 Bll., 3 Reihen zu je 3 Bll., Gesamtformat 93 × 78,5 cm

Das einzige bekannte Exemplar ist in der Herzog August Bibliothek, Wolfenbüttel (Faksimile bei HOFF, *Kaarten*, Bll. 9–12, danach Abb. bei SCHILDER, Nr. 45).

Einzelne Details aus dieser Karte hat Ortelius verwendet für die Brabant-Karte des *Theatrum*. Als Ganzes hat er sie nicht kopiert, zur Darstellung Gelderns hat er die jüngere Karte von Christian → Sgrothen übernommen.

Als nächste publizierte Deventer 1545 eine Karte von Friesland. Italienische Kopien erschienen seit 1556, die älteste bekannte niederländische Ausgabe wurde 1559 von Bernard van den Putte in Antwerpen gedruckt:

Frieslandt

Titel oben Mitte in Kartusche. Mitte links in Kartusche typengedruckte Widmung an Maximilian von Egmont, Statthalter in Friesland (*ANNO M.D.XLV* ..., insgesamt 8 Zeilen). Unten links in Kartusche typengedruckte Benutzungsanleitung in Latein, Niederländisch und Französisch, in Kartusche darunter die typengedruckte Adresse: *Geprint Thantwerpen op die Lom / baerde veste in den gulden Rinck / by my Bernaerd van den Putte / Figuersnijder / 1559.*

Holzschnitt mit Typendruck auf 9 Bll., 3 Reihen zu je 3 Bll., Gesamtformat 88,5 × 79 cm

Das einzige bekannte Exemplar ging 1945 in der Stadtbibliothek Breslau verloren (Faksimile bei HOFF, *Kaarten*, Bll. 13–16, danach Abb. bei SCHILDER, Nr. 46).

Diese Karte Deventers war eine von mehreren Quellen für die mit 1568 datierte *Theatrum*-Karte Frieslands (Nr. 20), die wohl von Ortelius selbst kompiliert worden ist (vgl. oben 5.3.1).

Den Abschluß der Provinzkartenserie bildete 1546 eine Karte Seelands. Sie fand aus unbekannten Gründen kaum ein Echo bei ausländischen Verlagen, die älteste bekannte niederländische Ausgabe wurde 1560 in Antwerpen von Willem Sylvius gedruckt:

ZELANDIA

Titel unten rechts am Kopf einer großen Kartusche. Darin in Typendruck Benutzungsanleitung in Latein und Niederländisch, im unteren Teil ein Privilegvermerk, die Autorenangabe *Jacobus Dauentr. / geograph regius faciebat* sowie die Adresse *ANTVERPIAE / Excudebat Gulielmus Sylvius typographus / Regius ad insigne angeli aurei / A.° 1560.* Oben links in Kartusche Widmung an Prinz Willem van Nassau, signiert *Gulielmus Sylvi.ˢ typographus Regius dedicabat* (8 Zeilen)

Holzschnitt mit Typendruck auf 4 Bll., 2 Reihen zu je 2 Bll., Gesamtformat 51,5 × 70 cm

Das einzige bekannte Exemplar ist in der Biblioteca Nazionale, Florenz (Abb. bei SCHILDER, Nr. 47). Das Breslauer Exemplar ging 1945 verloren (Faksimile bei HOFF, *Kaarten*, Bll. 17–18).

Diese Karte wurde von Ortelius recht genau für das *Theatrum* kopiert (Nr. 18), mit einigen Ergänzungen nach der Holland-Karte Deventers.

Über die nächsten zehn Jahre im Leben Jacob van Deventers ist relativ wenig bekannt. Spätestens ab 1559 arbeitete er an einem weiteren kartographischen Großprojekt im Auftrag von König Philipp II.: einem Manuskriptatlas mit Plänen aller Städte des spanisch-habsburgischen Herrschaftsgebietes in Nordwesteuropa. Von diesen Arbeiten sind in zwei verschiedenen Konvoluten (Bibliothèque Royale in Brüssel, Biblioteca Nacional in Madrid und verschiedene niederländische Sammlungen) Pläne von insgesamt 228 Städten in Belgien, Luxemburg, Frankreich, Westdeutschland und den Niederlanden erhalten geblieben. Viele dieser Pläne dienten als Vorlage für gedruckte Abbildungen in den *Civitates Orbis Terrarum*. Sie standen Frans Hogenberg als Sohn eines Kollegen aus jungen Jahren zur Verfügung, als Jacob van Deventer am Ende seines Lebens seine Heimat wegen der politisch-religiösen Unruhen verließ und in Köln eine Zuflucht fand. Dort starb er Anfang Mai 1575.

Lit.:
- BAGROW, *Catalogus I*, S. 113–120
- HOFF, B. van 't: *De kaarten van de Nederlandsche provincien in de zestiende eeuw door Jacob van Deventer.* Den Haag 1941

- HOFF, B. van't: *Jacob van Deventer. Keizerlijk-koninglijk geograaf.* Den Haag 1953
- KOEMAN, *Kartografie van Nederland*, S. 81–85
- SCHILDER, *Monumenta I*, S. 76–88.

Eine Neuausgabe der Stadtpläne Jacob van Deventers ist in Vorbereitung.

Johannes DRYANDER

Johannes Eichmann, der seinen Namen später zu Johannes Dryander gräzisierte, wurde am 27. Juni 1500 in Wetter/Oberhessen geboren. Nach dem Besuch der Lateinschule in seiner Heimatstadt studierte er seit 1518 an der Universität Erfurt. Ein publizistisches Frühwerk war *Ein new Artzney und Practicir Büchlein* (Köln 1527). Seine medizinische Ausbildung setzte er fort an den Universitäten von Bourges (seit ca. 1528), Paris (seit ca. 1530) und Mainz, wo er 1533 zum Dr. med. promoviert wurde. Nach einer kurzen Tätigkeit als Leibarzt im Dienst des Erzbischofs von Trier erhielt er einen Ruf als Professor der Medizin und auch Mathematik an die Universität Marburg. Hier machte er sich einen Namen vor allem als Autor medizinischer Lehrbücher, z.B. *De balneis Emsensibus* (Marburg 1535) und *Anatomia capitis humanae* (Marburg 1536). Er starb am 20. Dezember 1560 in Marburg.

Wahrscheinlich in seiner Studienzeit in Paris wurde Dryander zur Beschäftigung mit der Mathematik und insbesondere mit der Astronomie angeregt. Ein Schwergewicht bei seinen Arbeiten auf diesen Gebieten lag im Bau astronomischer Instrumente, zu seinen Schriften zu dieser Thematik gehören *De nocturnalis instrumenti compositione et usu* (Marburg 1535), *Astrolabii canones brevissimi* (Marburg 1538), *Sphaerae materialis* (Marburg 1539) und *Quadrantis usus et explicatio brevis* (Marburg 1542). Zur kartographischen Arbeit wurde Dryander wahrscheinlich veranlaßt durch den Aufruf von Sebastian → Münster. Die Hessen betreffenden Daten in den „Tabulae Modernae" von Münsters Ptolemäus-Ausgabe gehen zurück auf Material, das Dryander nach Basel geschickt hatte.

Laut Aussage des *Catalogus Auctorum* beruht die seit 1573 im *Theatrum* enthaltene Hessen-Karte (Nr. 86a mit Neustich Nr. 129b) auf handgezeichnetem Material, das von Dryander stammte. Über den Weg dieser Unterlagen zu Ortelius – mit hoher Sicherheit nach dem Tode Dryanders im Jahre 1560 – fehlen alle Quellen. Denkbar ist, daß es eine irgendwie geartete Vermittlung durch Mitglieder der Familie Mercator gegeben hat.

Zur möglichen Autorenschaft Dryanders an einer Europa-Wandkarte siehe den Abschnitt zu Christoph → Zell.

Lit.:
- FUHRMEISTER, E.: *Johannes Dryander Wetteranus.* Diss. med. (MS) Halle 1923
- HERRLINGER, R.: Johannes Dryander. In: *Neue Deutsche Biographie* 4, 1959, S. 142–143
- ZINNER, *Astronomische Literatur*, mit zahlreichen Nennungen
- ZINNER, *Astronomische Instrumente*, S. 298–299.

Petrus von EDELING

Die seit 1584 im *Theatrum* enthaltene anonyme Karte der Ostseeinseln Rügen, Usedom und Wollin (Nr. 109b) basiert auf einer Handzeichnung, die ihr vermutlicher Autor Petrus von Edeling mit Brief vom 10. Juli 1581 an Ortelius gesandt hatte. Bereits 1579 hatte er Zeichnungen mit Ansichten von Stettin, des Kremls in Moskau und des Berges Sinai nach Antwerpen geschickt; über die Herkunft dieses Materials wie auch über den späteren Verbleib bzw. eine eventuelle Publikation dieser drei Zeichnungen ist nichts bekannt. Aus unbekannten Gründen bat Edeling in der Korrespondenz mit Ortelius ausdrücklich darum, daß im Falle einer Veröffentlichung – wie bei der Karte von Rügen-Usedom-Wollin dann auch geschehen – sein Name nicht genannt werde.

Petrus von Edeling (Petrus ab Edling u.a.) wurde 1521 in Pasewalk in Pommern geboren. 1539 wurde er an der Universität Greifswald immatrikuliert, 1543 dort Baccalaureus, 1546 Magister und 1549 schließlich Professor für Grammatik und Musik. In den Akten der Universität Greifswald wird er letztmalig für das Wintersemester 1552–1553 genannt. Über die nächsten Jahre seines Lebens ist nichts bekannt. Unsicher ist, ob er mit jenem *Magister Petrus Eddelingk* identisch ist, der 1562 an der Universität Frankfurt an der Oder immatrikuliert wurde. Nach anderen Quellen wurde er 1559 Pastor in Pasewalk. Seit 1568 war Edeling Generalsuperintendent des Bistums Kammin und etwa ab 1579 Dekan des Kapitels in Kolberg. Hier hat er sich mit historiographischen Arbeiten beschäftigt, die zu Lebzeiten aber nicht gedruckt wurden. Petrus von Edeling starb am 16. Januar 1602 in Kolberg.

Lit.:
- FRIEDLÄNDER, E.: *Aeltere Universitäts-Matrikeln. Teil II. Universität Greifswald.* Bd 1 (= Publicationen aus den K. Preußischen Staatsarchiven 52). Leipzig 1893, mit mehreren Nennungen
- HESSELS, *Epistolae*, Nr. 97 und 107
- VANSELOW, A. C.: *Gelehrtes Pommern.* Stargard 1728, S. 28.

Georgius Acacius ENENCKEL

Georgius Acacius (Georg Achaz) Enenckel, Baron von Hoheneck, wurde 1573 in Oberösterreich geboren als Sohn einer protestantischen Adelsfamilie. Seit 1586 studierte er an der Universität Tübingen Rechtswissenschaften und gleichzeitig Altphilologie. Um 1596 kehrte er in seine Heimat zurück. Hier wirkte er als Jurist und Diplomat und wurde eine wichtige Führungspersönlichkeit des österreichischen Protestantismus. Er starb am 1. Mai 1620 in Wien.

Seit seiner Tübinger Studienzeit hat sich Georgius Acacius Enenckel mit geographischen und historischen Forschungen beschäftigt. Sein wissenschaftliches Erstlingswerk war eine lateinische Thukydides-Ausgabe *Thucydidis Atheniensis de Bello Peloponnesico libri VIII* (Tübingen: Georg Gruppenbach, 1596), der die im *Catalogus Auctorum* genannte Griechenland-Karte beigegeben ist:

NOVA VNIVERSAE GRAECIAE / adiacentiumq. terrarum Descriptio, / Auctore Georgio Acacio Enenckel, / L. Barone Hoheneccio.

Titel unten halblinks in Kartusche. Oben links in Kartusche Geleitwort *Georg. Acac. Enenckel Lectori S.* (24 Zeilen)

Kupferstich, 28 × 53,5 cm.

Siehe Abb. 28

Die topographischen Eintragungen dieser Karte sind eine eigenständige Leistung Enenckels auf der Basis eigener Kenntnis der antiken Autoren. Im rein kartographischen Grundgerüst gehört sie zu dem Typ der Griechenland-Karten, der von → Gastaldi geschaffen wurde. Der Stecher der Karte dieser Tübinger Ausgabe ist nicht genannt. Stilvergleiche ermöglichen aber recht sicher eine Zuschreibung an die Werkstatt der Erben Mercator in Duisburg. Es ist die gleiche Hand, die auch die Deutschland-Wandkarte von Rumold → Mercator gestochen hat.

Die Tübinger Thukydides-Ausgabe ist weiterhin illustriert mit einer ebenfalls von Enenckel konzipierten Karte *Descriptio Syracusarum in Sicilia* (Kupferstich, 14,5 × 18,5 cm). Die Griechenland-Karte selbst hatte kaum Einfluß im späteren Kartenschaffen. Sie wurde kopiert für eine Neuausgabe von Enenckels Thukydides-Bearbeitung (Straßburg: Lazarus Zetzner, 1614). Für das *Theatrum* fand sie keinerlei Verwendung.

In späteren Jahren schrieb Enenckel vor allem juristische Werke wie *De privilegiis juris civilis* (Frankfurt 1606), *De privilegiis militum* (Frankfurt 1607) und *De privilegiis parentum* (Tübingen 1618). Erst gegen Ende seines Lebens fand er nochmals zur Historiographie zurück mit der mehrfach übersetzten Biographiensammlung *Seianus seu de praepontibus regum ac principum ministris commonefactio* (erstmals Straßburg 1620).

Lit.:
- OEHME, R.: Georg Acacius Enenckel, Baron von Hoheneck, und seine Karte des alten Griechenlandes von 1596. In: *Zeitschrift für Württembergische Landesgeschichte* 44, 1985, S. 165–179.

David FABRICIUS

Als Sohn des Schmieds Jan Jansen wurde David Jansen, der seinen Namen später nach dem Beruf seines Vaters zu Fabricius latinisierte, am 9. März 1564 in Esens/Ostfriesland geboren. Ersten Unterricht erhielt er auf der Lateinschule in Braunschweig bei dem Geistlichen und Mathematiker Heinrich Lampadius (1503–1583), danach studierte er in Helmstedt Theologie. 1584 erhielt Fabricius eine Predigerstelle in Resterhave/Ostfriesland, 1603 wurde er Pfarrer im nahegelegenen Osteel. Dort wurde er am 7. Mai 1617 von einem Bauern, den er in einer Predigt des Diebstahls bezichtigt hatte, ermordet.

David Fabricius zählte zu den bedeutendsten deutschen Astronomen seiner Zeit. Er publizierte zahlreiche Kalender, Prognostica und astronomische Kleinschriften. 1596 entdeckte er einen veränderlichen Stern, 1604 beteiligte er sich an der Beobachtung der Nova dieses Jahres. Er führte eine umfangreiche Korrespondenz u.a. mit Tycho Brahe und Johannes Kepler, der sich bei der Erarbeitung seiner Planetengesetze nicht zuletzt auch auf die Beobachtungen von Fabricius stützte. In der Geschichte der Astronomie wichtig ist auch sein Sohn

Johannes Fabricius (1587–1615), dessen Buch *De maculis in sole observatis* (Wittenberg 1611) als die erste wissenschaftliche Beschreibung der Sonnenflecken gilt.

Ergebnis eigener Landeskenntnis von Fabricius war eine Ostfriesland-Karte, die erstmals 1589 als Einblattdruck in Emden bei Johann von Oldersum (tätig 1584–1602) gedruckt wurde:

NIE VND WARHAFFTIGE BESCHRIVINGE / DES OSTFRESLANDES.

Niederdeutscher Titel oben Mitte in Kartusche. Oben rechts in weiterer Kartusche lateinischer Titel und Autorenangabe: *FRISIAE ORIENTALIS / POST OMNIVM EDI / TIONES LOCVPLETISSIMA / ET EXACTISSIMA DESCRIPTIO / AVCTORE / DAVIDE FABRICIO ESENSI / SIC PATRIAM EXORNANTE / ANNO MDLXXXIX* Links unten die Adresse: *prostant Embdae apud Johannem ab Oldersum.*

Kupferstich, 50 × 61,5 cm

Exemplare sind bekannt im Ostfriesischen Landesmuseum, Emden und in der Aberdeen University Library (Edition bei LANG).

Die Karte wurde nicht in das *Theatrum* aufgenommen, Ostfriesland ist bei Ortelius gezeigt nach der wenig älteren Karte von Johannes → Florianus.

Das kartographisch-geographische Spätwerk von David Fabricius ist bisher nur zum Teil erforscht. 1592 gab er eine verbesserte Fassung seiner Ostfriesland-Karte heraus, sie ist nur bekannt aus einer Neuauflage von 1613 (Exemplar im Staatsarchiv Oldenburg). Um 1600 zeichnete er eine recht genaue Karte des Gebietes am Jadebusen (Staatsarchiv Oldenburg). Verschollen sind eine 1591 in Amsterdam gestochene und 1592 erschienene Karte der Grafschaft Oldenburg, eine Karte von Island und Grönland sowie eine Beschreibung von West- und Ostindien.

Lit.:
- JAHN, W.: David und Johann Fabricius. In: *Neue Deutsche Biographie* 4, 1959, S. 731–732
- LANG, A. W.: *Die „Nie und warhafftige Beschrivinge des Ostfreslandes" des David Fabricius von 1589* (= Nordseeküste. Volkstümliche Vorträge und Abhandlungen des Küstenmuseums Juist 8). Juist 1963
- SELLO, G.: Des David Fabricius Karte von Ostfriesland und andere Fabriciana des Oldenburger Archivs. In: *Norden und Norderney* 1896, Wiederabdruck in *Acta Cartographica* 20, 1975, S. 453–505
- VREDENBERG-ALINK, J. J.: *De kaarten van Groningerland.* Uithuizen 1974
- WATTENBACH, D.: *David Fabricius. Der Astronom Ostfrieslands (1564–1617)* (= Vorträge und Schriften der Archenhold-Sternwarte Berlin-Treptow 19). Berlin 1964
- ZINNER, *Astronomische Literatur,* mit zahlreichen Nennungen.

Paul FABRITIUS

Paul Fabritius (Paulus Fabricius, ursprünglicher Name wohl Paul Schmid o.ä.) wurde 1519 in Lauban/Oberlausitz geboren. Einem Medizinstudium an der Universität Wien folgten zunächst einige beruflich unsichere Jahre. Um 1550 lebte er in Nürnberg. Hier schuf er einen handgezeichneten Atlas mit Weltkarten in verschiedenen Projektionen, den er 1551 dem Nürnberger Rat dedizierte; das Werk liegt noch unediert im Staatsarchiv Nürnberg. 1553 wurde Fabricius als Mathematikprofessor an die Universität Wien berufen. Hauptarbeitsgebiet war in der Folgezeit die Astronomie. Ab 1550 publizierte er zahlreiche Kalender und Prognostica. 1556, 1558, 1566 und 1577 veröffentlichte er Schriften über Kometenbeobachtungen, 1572 einen Bericht über eine Nova. Von 1564 ist eine Sonnenuhr erhalten, 1573 wirkte er mit an der Erneuerung der großen Schauuhr am Rathaus von Ölmütz. In Wien ist Fabritius auch mit Carolus → Clusius in Verbindung getreten. Am 22. Februar 1574 bestiegen beide zusammen den Ötscher in Niederösterreich zur geographischen Ortsbestimmung. Neben dieser wissenschaftlichen Tätigkeit wirkte er auch als Leibarzt von Kaiser Maximilian II. Paul Fabritius starb am 20. April 1588 in Wien.

Die schon spätestens 1551 belegten kartographischen Interessen von Fabricius fanden nach langer Unterbrechung ihre Fortsetzung in einer typenbildenden Karte von Mähren, die erstmals 1569 in Wien erschien:

MARCHIONATVS / MORAVIAE – *Das Marggrafftumb / Mährern*

Zweisprachiger Titel oben links und rechts in der Kartenzeichnung. Oben links in Rahmen lateinische Widmung der Karte an den mährischen Adel (insgesamt 26 Zeilen), signiert *PAULUS FABRICIVS CAES: MATH: MED: DOCT.:* und datiert *Viennae M.D.LXIX. Calend. Ianuarii.* Mitte rechts in Rahmen deutsches Geleitwort *An den Freundlichen Leser* (24 Zeilen). Beide Texte stehen in Typendruck auf aufgeklebten Zetteln. Unten rechts die bislang nicht aufgelöste Stechersignatur *AF*.

Kupferstich auf 6 Bll., 2 Reihen zu je 3 Bll., Gesamtformat 84,5 × 94,5 cm

Exemplare befinden sich in der Bibliothèque Nationale, Paris und in der British Library, London (Abb. bei KUCHAR, Tafel 7).

Bald nach dem Druck dieser Originalausgabe gingen die Platten in Wien verloren. 1575 erschien in Wien eine verkleinerte Neuausgabe mit dem Titel *Chorographia Marchionatus Moraviae – Die Landtschafft des Marggrafthumbs Marhern* (Kupferstich, 40 × 48,5 cm, Exemplar im Staatsarchiv Brünn), die Platte ist wiederum signiert von dem Anonymus AF.

Ortelius erhielt die Mähren-Karte von Fabritius 1570 zugesandt durch den Wiener Arzt Johannes Crato (= Krafft, 1519–1585). Dies war allerdings eine handgezeichnete Fassung, die gegenüber dem publizierten Original von 1569 in einigen Punkten korrigiert war und auch einen kleineren Ausschnitt zeigte. Urheber dieser Änderungen war der mährische Arzt Thomas Jordan von Klausenburg (1539–1586). Diese heute verlorene Handzeichnung war die Vorlage für die Mähren-Karte des *Theatrum* (Nr. 60), im Rückentext werden Crato und Jordan als Korrektoren genannt. Für die gedruckte Originalausgabe nennt der *Catalogus Auctorum* als Erscheinungsjahr 1570, ein Exemplar mit diesem Datum ist bisher nicht bekannt geworden.

Ein direkter Kontakt zwischen Ortelius und Fabritius dürfte durch Clusius vermittelt worden sein. 1576 schrieb Fabritius an Ortelius und berichtete u.a. über eine Österreich-Karte, die er vorbereite. Dieses Projekt, das allem heutigen Wissen nach nie realisiert worden ist, wird aber schon seit 1573 unter Fabritius' Namen im *Catalogus Auctorum* aufgeführt. Vielleicht hat Crato oder Clusius in einem heute verlorenen Brief darüber schon früher an Ortelius berichtet.

Lit.:
- HESSELS, *Epistolae*, Nr. 30
- KUCHAR, *Bohemia, Moravia and Silesia*, S. 33–37
- SCHNELBÖGL, F.: *Dokumente zur Nürnberger Kartographie* (= Beiträge zur Geschichte und Kultur der Stadt Nürnberg 10). Nürnberg 1966, S. 82–84
- ZINNER, *Astronomische Instrumente*, S. 312–313
- ZINNER, *Astronomische Literatur*, mit zahlreichen Nennungen.

Jean FAYEN

Daten zur Bibliographie von Jean Fayen (Jean du Fayan, Joannes Fayanus) sind sehr spärlich. Er stammte aus Limoges, das Geburtsjahr ist etwa um 1530 anzusetzen. Von Beruf war er Arzt. Daneben war er Mitglied eines Poeten- und Gelehrtenkollegiums, das sich gegen Ende des 16. Jahrhunderts in Limoges zusammengefunden hatte. Er starb in Limoges um 1616.

Jean Fayen war der Autor einer typenbildenden Karte des Limousin, die erstmals 1594 im *Théatre François* von Maurice Bouguereau erschien:

TOTIVS / LEMOVICI / ET / Confinium pro- / uinciarum quantum / ad dioecesin lemo- / uicensen spectant. / NOVISSIMA ET FIDISSIMA / DESCRIPTIO. / Aut. Jo. Fayano M. L.

Titel oben links in ovaler Kartusche, in deren unterem Teil die Adresse *Caesaroduni Turonum, in / Aedibus Mauricii / Boguerealdi. / Anno 1594* und die Stecherinitialen *GT* (= Gabriel Tavernier). Oben rechts ein *Plan de la Ville de Lymoges*, darunter Legende und ein Geleitwort *LECTORI IO. BELBRAEVS*. Unten links in Kartusche ein Lobgedicht auf Fayen u.a., signiert *JOACHIN BLANCHON*. Unten rechts in Rahmen Widmung der Karte an Anne de Ventadour, den Gouverneur des Limousin (24 Zeilen) durch *J. Fayanus Medio.*, datiert *4.Id.* (= 17.) *Febr. An. 1594*.

Kupferstich, 35 × 48 cm.

Eine recht genaue Kopie dieser Karte ist seit 1598 im *Theatrum* enthalten (Nr. 137). Der Blattschnitt ist im Westen und Osten verkürzt. Der Plan von Limoges und die Widmung sind weggelassen, das Lobgedicht wurde unter den unteren Rand versetzt.

Lit.:
- DRAPEYRON, L.: Jean Fayen et la première carte du Limousin (1594). In: *Bulletin de la Société Archéologique et Historique du Limousin* 42, 1894, S. 61–105
- MARTIGNON, L.: Les differentes éditions de la carte du Limousin de Jean Fayan 1594. In: *Bulletin de la Société Archéologique et Historique du Limousin* 84, 1952, S. 128–130.

Antonio de FERRARIS

Als Sohn griechischer Eltern wurde Antonio de Ferraris 1444 in Galatone in Apulien geboren. Nach seinem Heimatort bildete er später seinen Gelehrtennamen Antonio de Ferraris detto il Galateo oder einfach Antonio Galateo (Antonius Galateus). Nach einem Medizinstudium in Ferrara wirkte er als Arzt am Königshof in Neapel und später in Gallipoli. Er starb am 12. November 1517 in Lecce.

Antonio Galateo war ein wichtiger Vertreter des süditalienischen Frühhumanismus. Er stand mit zahlreichen Gelehrten in Verbindung. Neben der Medizin beschäftigte er sich auch mit der Literatur, der Philosophie und vor allem der Geographie. Zu seinen Arbeiten auf letzterem Gebiet gehörten Kleinschriften wie *De situ elementorum* (um 1501), *De situ terrarum* (um 1502), *De mari et aquis et fluviorum origine*, *De situ Iapygiae* (um 1511), *Descriptio urbis Gallipoli* (um 1512) und eine *Expositio super Ptolomei tabulas*; das letztgenannte Werk könnte im Prinzip eine Mitarbeit an der Ptolemäus-Ausgabe des gleichzeitig in Neapel wirkenden Bernardo → Silvano suggerieren. Sämtliche genannten Schriften blieben zu Galateos Lebzeiten unveröffentlicht. Eine erste Sammelausgabe erschien 1558 in Basel bei Peter Perna, herausgegeben von Giovanni Bernardino Bonifacio (1517–1597).

Von den Karten, die Antonio de Ferraris möglicherweise gezeichnet hat, ist nichts erhalten. Sie sind erstmals genannt in der *Italia* von Leandro → Alberti, wo es (S. 214 r) zu Galateo heißt: *... Tavole della cosmographia sottilemente da lui designate (come scrive Razzano che le vide)*. Alberti hat diese Karten also auch nicht selbst gesehen. Er beruft sich auf eine Aussage in einem von ihm auch anderwärtig ausgeschöpften, heute aber konkret schwer nachweisbaren Werk des neapolitanischen Bischofs und Humanisten Pietro Razzano (um 1428–1492). Nach diesem Zitat bei Alberti hat Ortelius die Angaben im *Catalogus Auctorum* kritiklos übernommen.

Lit.:
- BARONE, N.: *Nuovi studi sulla vita e sulle opere di Antonio Galateo.* Neapel 1892
- BLESSICH, A.: Le carte geografiche di Antonio de Ferraris. In: *Rivista Geografica Italiana* 3, 1896, S. 446–452
- BLESSICH, A.: *La geografia alla corte aragonese in Napoli.* Rom 1897
- GRANDE, S. (Hrsg.): *La Giapigia e varie opuscoli di Antonio de Ferrariis, detto il Galateo* (= Collana di opere scelte edite e inedite di scrittori di Terra d'Otranto, Bd 2 und 4). Lecce 1867–1868.

Oronce FINÉ

Als Sohn eines Arztes und Amateurastronomen wurde Oronce Finé (Orontius Finaeus) 1494 in Briançon/Dauphiné geboren. Nach einem Studium der Mathematik und Philosophie am Pariser Collège de Navarre wirkte er zunächst seit ca. 1519 in Paris als Lehrer. Danach nahm er als Militäringenieur an den französischen Feldzügen gegen Mailand in Norditalien teil, ehe er 1531 von König Franz I. als Mathematikdozent an das neugegründete Collège de France nach Paris berufen wurde. In diesem Amt wirkte er bis zu seinem Tode 1555.

Zu publizieren begonnen hatte Oronce Finé mit einer kommentierten Ausgabe von Sacroboscos *Tractatus de sphaerae* (Paris 1516). Es folgten weitere Ausgaben von Klassikern der Mathematik und einige kleinere Schriften über astronomische Meßinstrumente; 1553 baute Finé mit an der astronomischen Uhr mit einen Himmelsglobus für den Herzog von Guise (heute Abbaye Sainte-Geneviève, Paris). Weitere Schriften waren u.a. das Mathematiklehrbuch *Protomathesis* (Paris 1532) und *De cosmographia sive mundi sphaera libri V* (Paris 1532), der Vorläufer des späteren Lehrbuches *Le sphère du monde* (Paris 1551). Wichtig war auch eine Euklid-Ausgabe (Paris 1544). Ihr ist angehängt ein *Index operum*, der eine weitgehende Rekonstruktion des nur zum Teil erhaltenen kartographischen Oeuvres von Oronce Finé enthält.

Ein Frühwerk ist die mit *OF* signierte Karte Palästinas (Holzschnitt von 2 Blöcken, 23 × 73 cm) für *Le grant voyage de Iherusalem* (Paris 1517), die dritte französische Ausgabe der *Peregrinatio in Terrarum Sanctam* des Bernhard von Breidenbach (Abb. bei PASTOUREAU, Fig. 41–42); dies ist eine Überarbeitung der Karte in der Originalausgabe Mainz 1486. Für eine Pariser Ausgabe 1531 der *Novis Orbis regionum* von Simon Grynaeus schuf Finé eine Weltkarte in Doppelherzprojektion *NOVA ET INTEGRA VNIVERSI ORBIS DESCRIPTIO* (Holzschnitt, 29 × 42 cm). Sie wurde bis 1555 mehrfach aufgelegt (Bibliographie und Abb. bei SHIRLEY, Plate 60), wichtig ist sie auch als eine der Vorlagen für die erste Weltkarte Gerard → Mercators. Mit herzförmigen Kartenprojektionen hat sich Finé seit etwa 1519 beschäftigt. Die verbreitete Annahme, daß eine handgezeichnete Fassung in die Hände von Peter →Apian gekommen sei und als Vorlage für dessen Weltkarte von 1530 gedient habe, ist allerdings schwer zu beweisen. Ebenfalls 1530 hat Oronce Finé selbst in Paris bei Jérome de Gourmont eine größerformatige Weltkarte in herzförmiger Projektion herausgebracht:

RECENS ET INTEGRA ORBIS DESCRIPTIO / ORONTIVS F. DELPH. REGI MATHEMATIC. FACIEBAT

Titel und Autorenangabe im oberen und unteren Rand. Unten links in Schriftrolle typengedrucktes Geleitwort *ORONTIVS F. DELPH. / Regius Mathematicarum interpres: / Studioso Lectori, S.D.P. ..., endend ... Lutecie Parisorum Cal. Maij / M.D.XXXIIII* (insgesamt 28 Zeilen). Unten rechts in Schriftrolle typengedruckte *ANNOTATIO*, endend mit der Verlagsadresse *... Hiero. Gormontius curabat imprimi Lutetiae Parisiorum. Anno Christi M.D.XXXVI* (insgesamt 25 Zeilen)

Holzschnitt, 52 × 58 cm

Ein Exemplar mit dieser Datierung 1536 ist im Germanischen Nationalmuseum, Nürnberg; ein Exemplar der Erstausgabe 1530 ist bisher nicht aufgefunden worden; auf einem Exemplar der Bibliothèque Nationale, Paris fehlen die Datierung des Geleitwortes und die Verlagsadresse (Abb. bei SHIRLEY, Frontispiz).

Diese Karte ist im *Catalogus Auctorum* genannt, wurde ansonsten aber nicht für das *Theatrum* verwendet. Gleiches gilt auch für die Frankreich-Karte Finés, die erstmals 1525 in Paris bei Simon Colinaeus erschienen ist. Sie ist ebenfalls nur aus späteren Auflagen bei Jérome de Gourmont in Paris bekannt:

NOVA TOTIVS GALLIAE DESCRIPTIO / ORONTIVS F. DELPHINAS FACIEBAT 1538

Titel und Autorenangabe im oberen und unteren Kartenrand. Oben rechts in Rahmen typengedrucktes Geleitwort, endend mit der Verlagsadresse *On les Vent a Paris par Hierosme de Gourmont, demourant en la rue S. Jacques la lenseigne des trois Couronnes dargent*, darunter Vermerk über 10jähriges Privileg (insgesamt 54 Zeilen)

Holzschnitt auf 4 Bll., 2 Reihen zu je 2 Bll., Gesamtformat 68 × 95 cm

Das einzige bekannte Exemplar dieser Ausgabe von 1538 ist in der Öffentlichen Bibliothek der Universität, Basel; die Bibliothèque Nationale, Paris besitzt eine spätere Ausgabe von 1553.

Bei Gourmont ist auch erschienen die im *Catalogus Auctorum* genannte zweite Palästina-Karte Finés, die 1534 in der Arbeit war. Ein Exemplar ist bisher nicht bekannt geworden, ebensowenig wie von einer etwa gleichzeitigen Karte mit einer Darstellung der Paulusreisen. Verschollen ist endlich auch eine Karte der Dauphiné, Savoyens und Piemonts von 1543.

Lit.:
- BAGROW, *Catalogus I*, S. 63–69
- BROC, N.: Quelle est la plus ancienne carte „moderne" de la France? In: *Annales de Géographie* 92, 1983, S. 513–530
- DAINVILLE, F. de: How did Oronce Finé draw his large map of France? In: *Imago Mundi* 24, 1970, S. 49–55
- DESTOMBES, M.: Oronce Finé et son globe céleste de 1553. In: *Actes du XIIe Congrès International d'Histoire des sciences*, 1971, S. 41–50; Wiederabdruck in DESTOMBES, *Contributions*, S. 391–400
- GALLOIS, L.: De Orontio Finaeo geographo. Paris 1890
- PASTOUREAU, M.: *Les atlas français. XVIe–XVIIe siècles*. Paris 1984, S. 86–87 mit Abb. 41–42
- SHIRLEY, *World Maps*, S. 73 ff.

Johannes FLORIANUS

Jan Bloemmaerts, der seinen Namen später zu Johannes Florianus latinisierte, wurde 1522 in Antwerpen geboren. In den fünfziger Jahren des 16. Jahrhunderts war er Rektor der Lateinschule in seiner Heimatstadt. Publizistisch tätig war er zunächst auf dem Gebiet der Altphilologie, so edierte er Leo Africanus und eine flämische Übersetzung der Metamorphosen Ovids. Wegen seiner Sympathie für den Calvinismus mußte Florianus Flandern verlassen. Er ging nach Ostfriesland, wo er 1566 als Rektor der Lateinschule in Norden und später als Prediger in Pilsum belegt ist. 1566 publizierte er in Emden eine Auslegung der Paulus-Briefe, im gleichen Jahr in Antwerpen eine Ausgabe des zu dieser Zeit hochbrisanten *Reynaert de Vos*. Nach der scheinbaren Beruhigung der politisch-religiösen Situation kehrte Florianus in seine Heimat zurück und war 1583 in Brüssel ansässig. Nach der

Rückeroberung Brüssels geriet er vor die Inquisition und wurde am 4. April 1585 in Löwen hingerichtet.

Die von Ortelius seit 1579 im *Theatrum* publizierte Ostfriesland-Karte (Nr. 84) beruht auf einer Handzeichnung, die von Johannes Florianus wohl nach eigenen Aufnahmen angefertigt worden war; die Beziehung zwischen beiden ist ansonsten nicht belegt. 1595 wurde die Karte im *Theatrum* ersetzt durch eine leicht überarbeitete Fassung eines ungenannten Redakteurs, der wohl auch der Autor der Inset-Karte war, welche die Überschwemmungen an der Emsmündung im Jahre 1277 zeigt (Nr. Add 135/I).

Lit.:
- LANG, A. W.: *Kleine Kartengeschichte Frieslands zwischen Ems und Jade*. 2. Aufl. Norden 1985, S. 24–27
- RAHLENBEEK, Ch.: Jean Florianus. In: *Biographie Nationale de Belgique* 7, 1883, Sp. 116–117.

Isaac FRANÇOIS

Isaac François (Ysaacus Francus) wurde 1566 in Tours geboren. Wie schon sein Vater, Großvater und Urgroßvater war er Architekt und königlicher Wegebaumeister, später war er Provinzbaumeister der Touraine. Von 1591 bis 1649 ist er in den Stadtrechnungen von Tours mit zahlreichen Arbeiten an Schloß und Stadtbefestigung belegt. Er starb wahrscheinlich 1649 in Tours.

Zu dem 1594 in Tours erschienenen *Théatre François* von Maurice Bouguereau trug Isaac François eine von ihm selbst aufgenommene Karte der Touraine bei:

Topographia Aug. Turon. Ducatus et confinium Galliae / Celticae ... (5 Zeilen)

Titel oben rechts in Kartusche, in deren unterem Teil die Autorenangabe: *AB YSAACO FRANCO Regio Aedili nec / non in ea provincia Viarum magistre perluc- / strata ac descripta. Anno domin. 1592.* Unten links in Kartusche Widmung (22 Zeilen) an den königlichen Sekretär François Maillé durch Bouguereau, datiert ... *Tours le 25. feburier 1592.* Darunter die Stechersignatur *GT* (= Gabriel Tavernier). Unten halbrechts in Kartusche das Impressum *CAESARODVNI TVRONVM / Impensis Mauricii Boguere- / aldi Cum Privilegio Regis ad / decennium 1592.*

Kupferstich, 36 × 44 cm.

Diese typenbildende Karte wurde von Ortelius ohne wesentliche inhaltliche Änderungen in das *Theatrum* übernommen (Nr. 137).

Lit.:
- GIRAUDET, E.: *Les artistes tourangeaux*. Tours 1885, S. 185–188
- SCHOEFLER, M.: Les François. In: *Dictionnaire de Biographie Française* 14, 1977, Sp. 1030
- TOULIER, B.: Cartes de Touraine et d'Indre-et-Loire (des origines à 1850). In: *Bulletin trimestre de la Société Archéologique de Touraine* 1977, S. 499–536.

Lorenz FRIES

Über Jugend und Ausbildung von Lorenz Fries (Laurent Phries, Laurentius Frisius u.ä.) ist nichts bekannt. Er stammte wahrscheinlich aus Colmar im Elsaß, das Geburtsjahr ist um 1490 anzusetzen. Im Hauptberuf war er Arzt, er selbst bezeichnete sich als „der freien Künste und Arznei Doktor". Die von ihm behaupteten Studien der Medizin an den Universitäten Montpellier, Padua und Piacenza sind quellenmäßig bisher nicht belegt. Seit 1518 wirkte Fries als Arzt in Colmar, Fribourg und schließlich in Straßburg, wo er 1520 das Bürgerrecht erhielt und bis 1525 ansässig blieb. Danach übte er seine Praxis aus in Metz, Colmar, Thionville und wiederum in Metz. Er starb an unbekanntem Ort um 1531.

Wissenschaftlich-publizistisch war Lorenz Fries ein fruchtbarer und recht vielseitiger Mann. Mehrfach aufgelegt wurden sein Gesundheitsbuch *Spiegel der Artzney* (erstmals Straßburg 1518), ein *Tractat der Wildbeder* und ein mehrsprachiges Heilmittel-Wörterbuch (beide erstmals Straßburg 1519). Es folgten weitere medizinische Werke über Hygiene, Mnemotechnik, Syphilisbekämpfung, Wundbehandlung sowie eine *Defensio medicorum principiis Avicennae*. Schon sehr früh hat sich Fries auch mit der Astronomie bzw. Astrologie beschäftigt. Seine *Kurtze Schirmred der Kunst Astrologie* (Straßburg 1520) wendet sich gegen Martin Luthers Warnung vor der Astrologie. Auch die *Expositio ususque astrolabii* (Straßburg 1522) hat einen rein astrologischen Hintergrund. Es folgten 1523 ein Beschwichtigungstraktat über die für 1524 angekündigte neue Sintflut und 1525 eine *Juden Practica*. Zum Gesamtwerk hinzu kommt endlich eine Reihe von Prognostica, bekannt sind solche für die Zeit zwischen 1521 und 1531.

Die Kartographiegeschichte kennt Lorenz Fries als Bearbeiter und Neuherausgeber der Werke von Martin → Waldseemüller. Die genauen Umstände, unter denen Fries zu diesem Tätigkeitsfeld kam, sind heute kaum noch zu rekonstruieren. Am Anfang steht der im Detail schwer zu bestimmende Anteil von Fries an der Edition der 1520 in Wien unter dem Namen von Peter → Apian erschienenen Weltkarte, eine Reduktion der Waldseemüller-Karte von 1507. Etwa gleichzeitig hat es in Straßburg vielleicht einen irgendwie gearteten Auftrag des Verlegers Johannes Grüninger an Fries gegeben, nach dem Tode Waldseemüllers kurz nach 1518 dessen Werke zu vollenden bzw. neu zu edieren. Noch 1520 publizierte Johannes Schott in Straßburg die zweite Auflage von Waldseemüllers Ptolemäus-Ausgabe mit den originalen Karten von 1513. Erstmals 1522 erschien dann bei Grüninger in Straßburg die Neubearbeitung dieses Werkes durch Fries. Trotz einiger Veränderungen vor allem im Blattschnitt beruhen die 23 „Tabulae Modernae" dieser Ausgabe in hohem Maße auf den Karten von 1513. Ihre Holzstöcke tragen Daten zwischen 1518 und 1522. Es gibt hier die Theorie, daß zumindest einige von diesen Holzstöcken geschnitten worden sind für die nie erschienene *Chronica Mundi* Waldseemüllers. Bedeutend ist diese Ptolemäus-Ausgabe durch Fries nicht zuletzt durch eine Bemerkung im Vorwort, durch die definitiv Waldseemüller als Urheber dieses ganzen Karten-Corpus genannt ist: *Has tabulas e novo a Martino Ilacomyli pie defuncto constructas*. Neuausgaben mit Karten von diesen Holzstöcken von 1522, aber neuem Text erschienen in Straßburg 1525, Lyon 1535 und Lyon-Vienne 1541. Ein Exemplar der Ausgabe von 1541 befand sich im Besitz von Abraham Ortelius. Aus unbekannten Gründen ist diese Arbeit von Fries aber nicht im *Catalogus Auctorum* genannt.

Von Lorenz Fries führt der *Catalogus Auctorum* nur die *Carta Marina Navigatoria* auf, und zwar mit der Bemerkung, sie sei erschienen „irgendwo in Deutschland". Anscheinend hat Ortelius dieses Werk nicht aus eigener Anschauung gekannt. Dies ist eine von Fries im Format leicht reduzierte, bis auf dekorative Elemente aber kaum veränderte Fassung der originalen *Carta Marina Navigatoria* Waldseemüllers von 1516. Die Erstausgabe dieser Friesschen Bearbeitung erschien 1525 in Straßburg bei Grüninger zusammen mit einem Erläuterungstext *Yslegung der Mercarthen oder Cartha Marina*. Ein Exemplar dieser Erstausgabe der Karte ist bisher nicht bekannt geworden. Auch fehlt der Nachweis einer zweiten Auflage von 1527, die aus einer Ausgabe der *Yslegung* aus diesem Jahr zu erschließen wäre. Die älteste bekannte Fassung von Fries' *Carta Marina Navigatoria* datiert von 1530:

CARTA MARINA NAVIGATORIA PORTVGALIEN. NAVIGAT. ATQ. TOCIVS COGNITI ORBIS TERRAE MARISQ. FORMA NATVRAM SITO ET TERMINOS NOVITER RECOGNITOS ET AB ANTIQVOR. TRADITIO. ET DIFFERENTES HEC GENERALITER MONSTRAT. 1525.

Titel über dem oberen Kartenrand. Unten rechts weiterer Kurztitel: *Carta marina universalis / emendata et veritati restituta a Laurentio Frisio anno 1530*. Die Karte enthält zahlreiche Kartuschen mit typengedruckten Texten in Deutsch, darunter in der Mitte rechts die Adresse Grüningers und die Datierung Straßburg 1530 (insgesamt 6 Zeilen)

Holzschnitt mit Typendruck von 12 Stöcken, 3 Reihen zu je 4 Bll., Gesamtformat 115 × 200 cm

Das einzige bekannte Exemplar dieser Ausgabe von 1530 befindet sich in der Bayerischen Staatsbibliothek, München (Faksimile-Ausgabe 1972, Abb. u.a. auch bei SHIRLEY, Plate 53). Das Allerheiligen-Museum in Schaffhausen/Schweiz besitzt ein Exemplar mit lateinischen Kartuschentexten und Grüningers Adresse mit der Datierung 1531. Bereits 1530 war auch eine lateinische Fassung des Begleittextes (*Hydrographia, hoc est chartae marinae ... descriptio*) bei Grüninger erschienen.

Die Universiteitsbibliotheek Leiden besitzt zwei Fragmente einer Ausgabe mit Kartuschen ohne Text, deren Zeitstellung allerdings fraglich ist (BAGROW 1959).

Auf das *Theatrum* hatte diese Karte von Fries keinerlei Einfluß.

Der Straßburger Arzt und Kartenmacher Lorenz Fries darf nicht verwechselt werden mit einem Namensvetter. Dieser zweite Lorenz Fries (1491 bis 1550), der z.B. zur Kosmographie von Sebastian → Münster Informationen beitrug, war Historiker und Diplomat im Dienste der Fürstbischöfe von Würzburg.

Lit.:
- BAGROW, *Catalogus I*, S. 69–74
- BAGROW, L.: Fragments of the „Carta Marina" by Laurentius Fries 1524. In: *Imago Mundi* 14, 1959, S. 111–112
- *Laurent Fries, Carta Marina* (Faksimile-Ausgabe von Karte und Begleittext). Unterschneidheim 1972

- JOHNSON, H. B.: *Carta Marina. World Cartography in Strassburg 1525.* Westport 1963
- PETRZILKA, M.: *Die Karten des Laurent Fries von 1530 und 1531 und ihre Vorlage, die Carta Marina aus dem Jahre 1516 von Martin Waldseemüller* (= Arbeiten aus dem Geographischen Institut der Universität Zürich, Ser. A, Nr. 241). Zürich 1970
- SCHMIDT, C.: Laurent Fries de Colmar, médicin, astrologue, géographe à Strasbourg et à Metz. In: *Annales de l'Est* 4, Nancy 1890, S. 523–575
- SHIRLEY, *World Maps,* Nr. 48, 49 und 56
- WICKERSHEIMER, E.: Lorenz Fries. In: *Neue Deutsche Biographie* 5, Berlin 1961, S. 609–610
- ZINNER, *Astronomische Literatur,* mit zahlreichen Einträgen.

Zu Ortelius' Exemplar der Ptolemäus-Ausgabe Lyon-Vienne 1541 vgl. *The Map Collector* 39, 1987, S. 43.

Georg GADNER

Als Sohn eines herzoglichen Bau- und Zeugmeisters wurde Georg Gadner (Gadner von Garneck, Gardnerus als verschriebene lat. Version in ersten Ausgaben des *Catalogus Auctorum*) 1522 in Landshut geboren. In früher Jugend war er Page des bayerischen Herzogs Wilhelm IV., der auch seine Ausbildung förderte. 1539 wurde Gadner in die Artistenfakultät der bayerischen Landesuniversität Ingolstadt immatrikuliert, anschließend begann er dort ein Studium der Rechtswissenschaften. 1544 verließ er die Universität, um einige Monate als Landsknecht in Frankreich zu dienen. Über die Universitäten Köln und Tübingen kehrte er nach Ingolstadt zurück, wo er 1546 promovierte. Danach war er wieder für den bayerischen Hof tätig, als Jurist und auch als Gesandter. Da Gadner zum reformierten Glauben konvertieren wollte, mußte er Bayern verlassen. 1553 trat er als Rentkammerprokurator, Gelehrter Rat und Diplomat in den Dienst von Herzog Christoph von Württemberg. Hier war er u.a. auch verantwortlich für das Forst- und Bergbauwesen. In diesem Rahmen hat er wahrscheinlich schon um 1560 mit Kartierungen begonnen. Eine fachliche Hilfe bei diesen Arbeiten war ihm später vielleicht Philipp →Apian, den Gadner sicherlich von Ingolstadt her gekannt und dem er 1569 bei dessen Berufung nach Tübingen geholfen hat. Eine erste Karte des Herzogtums Württemberg hatte Gadner um 1572 fertig, sie ist heute verloren. An einer Landesaufnahme Württembergs hat Gadner jedoch beständig weitergearbeitet. 1590–1592 dienten seine Unterlagen als Basis für großformatige handgezeichnete Karten, die im fürstlichen Lusthaus aufgehängt wurden, sie sind heute ebenfalls bis auf eine verloren. 1596 schließlich legte Gadner den handgezeichneten Atlas *Chorographia Ducatus Wirtembergici* vor. Er besteht aus einer Übersichtskarte und 20 Detailkarten der württembergischen „Forsten", das Original befindet sich heute im Hauptstaatsarchiv in Stuttgart. Im Alter war Gadner auch als Historiograph für den Hof in Stuttgart tätig, 1598 vollendete er eine handschriftliche Geschichte der württembergischen Herzöge. Er starb am 2. Mai 1605 in Freudenthal/Württemberg. Sein Werk wurde von dem Kartographen Johannes Oettinger weitergeführt, der der *Chorographia* 1609–1612 noch fünf weitere Karten hinzufügte.

Auf einem heute unbekannten Wege hat sich Abraham Ortelius eine Kopie der Württemberg-Karte Gadners von 1572 beschafft und sie dann 1579 im *Theatrum* publiziert (Nr. 88), wo sie die ältere Karte nach dem Anonymus →Württemberg ablöste. Diese Veröffentlichung geschah ohne Zustimmung Gadners. Im Widmungstext der *Chorographia* beklagte er sich noch 1596 über dieses Vorgehen von Ortelius. Wie aber auch immer: Eben durch die Publikation im *Theatrum* wurde die Württemberg-Karte Gadners, der sie selbst nie veröffentlicht hat und dies wohl auch nie geplant hatte, typenbildend für über ein halbes Jahrhundert.

Lit.:
- *Georg Gadner und Johannes Oettinger, Chorographia Ducatus Wirtembergici* (Faksimileausgabe). Stuttgart 1936
- MÜLLER, K. O.: Georg Gadner. In: *Schwäbische Lebensbilder* 2, Stuttgart 1941, S. 171–182
- OEHME, R.: *Die Geschichte der Kartographie des deutschen Südwestens.* Konstanz–Stuttgart 1961, S. 36 ff.
- REGELMANN, O.: Die Landtafeln des Herzogtums Württemberg im ehemaligen Lusthaus zu Stuttgart, gemalt in den Jahren 1590–1592. In: *Blätter des Schwäbischen Albvereins,* 14, 1902, S. 51–58.

Jacobo GASTALDI

Gemessen an seiner überragenden Bedeutung sind feste Daten zur Biographie von Jacobo Gastaldi (Jacopo Gastaldo, auch Castaldo u.ä.; auf älteren Karten nennt er sich mit dem Vornamen Giacomo) relativ spärlich. Er stammte aus Villafranca in Piemont, das Geburtsjahr ist etwa um 1500–1510 anzusetzen. Über seine Jugend und Ausbildung ist nichts bekannt. In Venedig ist Gastaldi nachweisbar seit 1539, als er ein Druckprivileg für einen Kalender erhielt. In den frühen 1540er Jahren begann dann seine umfangreiche kartographische Tätigkeit, und zwar sogleich auf einem so hohen qualitativen Niveau, das doch an eine wissenschaftlich-technische Ausbildung denken läßt. In den Anfangsjahren arbeitete Gastaldi vor allem mit dem Verleger Matteo Pagano zusammen. Um 1546 entstand dann der wichtige Kontakt mit dem venezianischen Verleger Giovanni Battista Ramusio (1485–1557), dem Sammler geographischer Reiseberichte und Herausgeber der *Navigationi et viaggi* (Venedig 1550 ff.). Das Berufsbild von Gastaldi ist etwas schwer zu fassen. Er arbeitete zeitweilig in Venedig als Baumeister, 1557 ist er auch als Wasserbauingenieur belegt. Allein vom Umfang seines Oeuvres her aber dürfte das Kartenmachen die Hauptbeschäftigung gewesen sein. Eine offizielle Verleihung des gelegentlich geführten Titels eines „Cosmografo della Republica Veneta" ist allerdings quellenmäßig nicht belegbar. Gastaldi starb im Oktober 1566 in Venedig.

Alles in allem schuf Jacobo Gastaldi über 100 Karten, von denen etliche bisher nur aus sekundären Quellen bekannt sind. Bei anderen Arbeiten wiederum ist nicht sicher zu sagen, wie hoch der eigentliche Anteil Gastaldis an ihrer Erarbeitung anzusetzen ist. Insgesamt läßt sich das Oeuvre in drei große Gruppen unterteilen:

1. frühe Einzelkarten verschiedener Länder, darunter die Spanien-Karte von 1544 (s.u.) und die Deutschland-Karte nach Heinrich → Zell von 1546;
2. typenbildende, innovative Welt- und Erdteilkarten vor allem auf der Basis der bei Ramusio zusammengekommenen neuen Daten;
3. typenbildende Regionalkarten Italiens und des östlichen Mittelmeerraumes.

In Anbetracht des Forschungsstandes und der Kartenzahl kann an dieser Stelle unmöglich versucht werden, eine auch nur annähernd vollständige Übersicht über das Werk Gastaldis und seine Bedeutung zu geben; eine monographische Behandlung dieses Themas ist seit langem überfällig. Die folgende Darstellung betrachtet die Karten Gastaldis allein so weit, als sie für das *Theatrum* von Bedeutung waren.

Unter dem Namen Jacobo Gastaldis gibt es eine ganze Reihe von Weltkarten, die entweder von ihm selbst oder nach seinen Arbeiten durch andere Herausgeber kopiert wurden. Unter den folgenden drei Originalausgaben dürften sich die beiden Weltkarten *magna forma* und *minori forma* befinden, die im *Catalogus Auctorum* aufgeführt sind.

1. Ohne eigentlichen Kartentitel, oben über dem Kartenrand das Wort *VNIVERSALE*. Unten Mitte innerhalb des Kartenrandes die Signatur: *1546 / Giacomo Cosmographo / In Venetia*

Kupferstich, 36,5 × 53 cm

Exemplare u.a. in der British Library, London, in der Bibliothèque Nationale, Paris und in der Biblioteca Nazionale, Rom (TOOLEY, *Italian Atlases*, Nr. 3; Abb. z.B. bei SHIRLEY, Plate 72).

Stecher und Verleger dieser Erstausgabe sind unbekannt. Dies war die Vorlage für zahlreiche spätere Folio-Karten, die von italienischen Verlegern, aber auch z.B. 1555 von Gerard de Jode publiziert wurden.

2. Ohne eigentlichen Kartentitel. In zwei Kartuschen über der Karte stehen Erläuterungstexte in Typendruck: links kurze Angaben zur Entdeckungsgeschichte (18 Zeilen), rechts eine Kurzbeschreibung *DELL'VNIVERSALE / L'Vniverso Orbe della Terra, fu divisa secondo gli antiqui in tre parti ...*, endend mit der Signatur *GIacomo Gastaldo Cosmographo. In Venetia* (13 Zeilen). Unten links die Verlegeradresse *In Venetia per Matio pagan / in Frezaria al Segno della / Fede*

Holzschnitt von 2 Stöcken, 2 Bll. nebeneinander, Gesamtformat 51,5 × 77 cm

Das einzige beschriebene Exemplar ist in der British Library, London (TOOLEY, *Italian Atlases*, Nr. 6; SHIRLEY, Nr. 89 mit Plate 76).

Siehe Abb. 29

Die Datierung dieser Karte ist noch unsicher, sie wird vorläufig um 1550–1555 angesetzt.

3. *COSMOGRAPHIA VNIVERSALIS ET EXACTISSIMA IVXTA POSTREMAM NEOTERICORVM TRADITIONEM / A IACOBO CASTALDIO NONNVLLISQVE ALIIS HVIVS DISCIPLINAE PERITISSIMIS NVNC PRIMVM REVISA, AC INFINITIS FERE IN LOCIS CORRECTA ET LOCVPLETATA.*

Titel und Autorenangabe entlang des oberen und unteren Kartenrandes. Im Atlantik allegoriehafte Darstellung von König Philipp II., darin die Buchstaben *P.F.D.* Zahlreiche Kartuschen, die wohl typengedruckte Texte aufnehmen sollten, sind im einzigen bekannten Exemplar leer

Holzschnitt auf 10 Bll., 2 Reihen zu je 4 1/2 Bll., Gesamtformat 91 × 182 cm

Das einzige bekannte Exemplar ist in der British Library, London (SHIRLEY, Nr. 107 mit Plate 92; Abb. auch bei SCHILDER, Nr. 25).

Die Details um die Publikation dieser wunderbaren, typenbildenden Karte sind noch ungeklärt. Eine Lesung der genannten Initialen als Signatur von Paolo Forlani ist sehr fraglich. Es besteht möglicherweise ein Zusammenhang mit einem Privileg zum Druck einer Weltkarte, das 1561 an Matteo Pagano erteilt wurde. Dieses lautete allerdings auf eine Weltkarte in 12 Blättern, und eine solche aus dem Hause Pagano ist bisher nicht bekannt geworden. Höchstwahrscheinlich zur vorliegenden Karte erschien allerdings die von Pagano gedruckte Erläuterungsschrift *La universale descrittione del mondo, descritta da Giacomo Castaldi Piemontese* (Venedig 1561; Exemplare: Biblioteca Trivulziana, Mailand und Biblioteca Marciana, Venedig; Exemplar einer Neuausgabe 1562 in der John Carter Brown Library, Providence, vgl. SCHILDER, Abb. Nr. 26).

Die letztgenannte große Weltkarte Gastaldis von ca. 1561 hat einigen Einfluß gehabt auf die Wandkarten der Welt und Asiens von Ortelius (vgl. oben 3.3). Auf diesem Umweg gingen Details dann ein in die Asien-Karte des *Theatrum* (Nr. 3). Sämtliche Weltkarten des *Theatrum* beruhen inhaltlich völlig auf der Weltkarte Gerard → Mercators von 1569. Sie sind allerdings alle in der gleichen äquidistanten ovalen Projektion gezeichnet, wie sie auch Gastaldi für alle seine Weltkarten verwendet hat. Hier sind Einflüsse überaus wahrscheinlich (vgl. auch oben 5.3.1).

Ein Meilenstein in der Entwicklung der kartographischen Darstellung Asiens war Gastaldis *Disegno dell'Asia*, die von Fabio Licinio (ca. 1521–1565) gestochen und 1559–1561 in drei nicht zusammensetzbaren Blättern publiziert wurde:

1. *IL DISEGNO DELLA PRIMA PARTE DEL ASIA. / La quale principia da Levante al Regno di Tarse, et alla provincia de Charassa ...*

Titel oben halbrechts in Rahmen, daran anschließend die Widmung an den Herzog von Savoyen, signiert ... *Giacomo / di Gastaldi piamōtese et cosmographo in Venetia* (insgesamt 10 Zeilen). Im gleichen Rahmen weitere Erläuterung mit Hinweis auf eine zugehörige Ortsnamen- und Koordinatenliste auf separatem Blatt und die Datierung *M.D.LIX.* mit Privilegvermerk (insgesamt 6 Zeilen). Innerhalb dieses Rahmens unten rechts die Signatur *fabio licinio f.*

Kupferstich auf 2 Bll. nebeneinander, 43,5 × 73,5 cm

Zum Exemplarnachweis vgl. TOOLEY, *Italian Atlases,* Nr. 46 (Abb. bei SCHILDER, Nr. 50).

2. *IL DISEGNO DELLA SECONDA PARTE DELL'ASIA / In quale principia da levante al fiume indu gia detto indo ...*

Titel unten halbrechts in Rahmen, daran anschließend Widmung an Marcus Fugger, signiert ... *Giacomo di Castaldi Piamontese Cosmographo in Venetia. 1561,* danach Privilegvermerk (insgesamt 16 Zeilen). Unter diesem Rahmen die Signatur *fabio licinio f.*

Kupferstich auf 2 Bll. nebeneinander, 47,5 × 74,5 cm

Zum Exemplarnachweis vgl. TOOLEY, *Italian Atlases,* Nr. 54 (Abb. bei SCHILDER, Nr. 52).

3. *IL DISEGNO DELLA TERZA PARTE / DELL'ASIA* (Karte von Ostasien und Hinterindien)

Titel unten links in Rahmen, zusammen mit der Widmung wiederum an Marcus Fugger, signiert ... *Giacomo di Castaldi Piamōtese Cosmographo in Venetia* (insgesamt 5 Zeilen). Mitte rechts in Rahmen Liste alter und neuer Ortsnamen, wiederum signiert von Gastaldi und datiert *1561.* Ebenfalls Mitte rechts Rahmen mit Privilegvermerk und Maßstab, darunter die Signatur *fabius licinius Excudebat.* Unten links die Adresse *Si vende alla libraria d'l San Marco in Venetia.*

Kupferstich auf 2 Bll. nebeneinander, 63 × 73 cm

Zum Exemplarnachweis vgl. TOOLEY, *Italian Atlases,* Nr. 61 (Abb. bei SCHILDER, Nr. 54).

Diese drei Blätter waren die Hauptgrundlage für die Asien-Wandkarte von Abraham Ortelius von 1567 (vgl. oben 3.3), auch beeinflußten sie entscheidend die Darstellung Asiens auf der Weltkarte Mercators. Im Geleitwort zu seiner Karte machte Ortelius 1567 einige Angaben über die Quellen Gastaldis. Danach beruhen dessen Asien-Karten vor allem auf einer Kosmographie des arabischen Geographen Ismael Abulfeda (1273–1331), deren

Manuskript von Guillaume →Postel nach Venedig gebracht worden war und im 2. Band von Ramusios *Navigationi et viaggi* (Venedig 1559) publiziert wurde. Dieser Sachverhalt wurde Ortelius von Postel selbst mitgeteilt in einem Brief vom 9. April 1567.

Auf dem Umweg über die Asien-Karte von Ortelius und die Weltkarte Mercators fand das Datenmaterial der drei Asien-Teilkarten Gastaldis umfassend Eingang in das *Theatrum:*

– Die Asien-Übersichtskarte (Nr. 3) ist eine Reduktion der Ortelius-Wandkarte von 1567.
– Die Tartaria-Karte (Nr. 47) beruht auf einem Ausschnitt von Ortelius' Wandkarte.
– Die Karte *Indiae Orientalis ... Typus* (Nr. 48) ist kopiert nach einem Ausschnitt von Mercators Weltkarte.
– Die Karte *Persici sive Sophorum Regni Typus* (Nr. 49) ist kopiert nach einem Ausschnitt der großen Asien-Karte von Ortelius.
– Die *Turcici Imperii Descriptio* (Nr. 50, mit Neustich Nr. 92) beruht im östlichen Teil ebenfalls auf Gastaldi/Ortelius, für die Darstellung Griechenlands wurden andere Quellen verwendet.

Schon 1555 war in Antwerpen bei Hieronymus Cock eine von Gastaldi geschaffene Spezialkarte Anatoliens erschienen mit dem Titel *Totius illius regionis quam hodie Turciam vocant ...* (Holzschnitt auf 2 Bll., Gesamtformat 35,5 × 52 cm; einziges bekanntes Exemplar in der Herzog August Bibliothek, Wolfenbüttel); wahrscheinlich hat es von dieser Karte eine heute verlorene italienische Originalausgabe gegeben. Unmittelbare Vorlage für die *Theatrum*-Karte Anatoliens (Nr. 52 a) war eine von Gastaldi überarbeitete Neufassung, deren typenbildende Erstausgabe 1564 in Venedig bei Paolo Forlani erschien:

IL DISEGNO D'GEOGRAPHIA / MODERNA / Della Prouincia di Natolia et Caramania patria / degli Sig. ri Turchi della casa Ottomana usw...

Titel unten rechts in Kartusche, zusammen mit den Signaturen ... / *Gia.° di Castaldi Cosmografo in Venetia / L'anno MDLXIIII / Paulo Forlani Veronese Intagliatore* (insgesamt 17 Zeilen)

Kupferstich, 39,5 × 52,5 cm

Zum Exemplarnachweis vgl. TOOLEY, *Italian Atlases*, Nr. 64 (Abb. einer späteren Ausgabe von 1570 bei Bertelli bei ALMAGIA, *Mon. Cart. Vaticana II*, Tav. VIII).

Das Original ist genordet, die Kopie im *Theatrum* aus Gründen des Blattformates geostet.

Mit der Erarbeitung von Afrika-Karten hat sich Jacobo Gastaldi schon am Anfang seiner Tätigkeit als Kartenmacher beschäftigt. Möglicherweise erschien eine von ihm entworfene, heute verschollene Afrika-Karte schon 1545 bei Matteo Pagano. 1549 zeichnete er die Vorlage für eine gemalte Afrika-Karte im Palazzo Ducale in Venedig. 1562 brachte Paolo Forlani eine anonyme Afrika-Karte in Folio-Format heraus, die ebenfalls auf diesem Datenmaterial basiert. Die eigentliche Originalausgabe der später typenbildenden Afrika-Karte Gastaldis erschien 1564:

Il disegno della geographia moderna de tutta la parte dell'Africa i confini / della quale stampa in questo modo ... / Composta per l'eccelente m. Giacomo di Castaldi piamontese in Venetia

Titel und Autorenangabe (insgesamt 8 Zeilen) oben rechts in Rahmen, der weiterhin eine Widmung an Kaiser Maximilian II. und eine Ortsnamenliste enthält sowie am unteren Rand die Signatur *fabius licinius exc. 1564*

Kupferstich, 8 Bll. in 2 Reihen zu je 4 Bll., Gesamtformat 106 × 142 cm

Zum Exemplarnachweis vgl. TOOLEY, *Italian Atlases*, Nr. 71 (Abb. bei BIASUTTI, 1920).

Diese Wandkarte Gastaldis hat im *Theatrum* für mindestens vier Karten als Vorlage gedient:

– Nach ihr ist sehr genau kopiert die Afrika-Übersichtskarte (Nr. 4).
– Einen Ausschnitt benutzte Ortelius für die von ihm selbst entworfene *Presbiteri Iohannis Imperii ... Descriptio* (Nr. 69), vor allem Erläuterungstexte in der Karte wurden nach anderen Quellen hinzugefügt.
– Auf einem Grundgerüst nach Gastaldi schuf Ortelius mit weiteren Daten vor allem nach Livio →Sanuto seine Karte der *Fessae et Marocchi Regna* (Nr. 135), vgl. auch oben 5.3.1.
– Auch das topographische Grundgerüst der *Africae Propriae Tabula* im *Parergon* (Nr. 14P) beruht auf Gastaldi.

In der großen Afrika-Karte Gastaldis haben auch die *Theatrum*-Karten Nordafrikas und des Nildeltas ihre Wurzeln, als unmittelbare Vorlagen sind hier jedoch zwei anonyme italienische Einblattdrucke nachzuweisen (Anonymus →Ägypten und Anonymus →Barbaria).

Die früheste erhaltene kartographische Arbeit von Jacobo Gastaldi ist eine Spanien-Karte, die 1544 ohne Angabe von Ort (wohl Venedig) und Verleger erschien:

LA SPAÑA

Titel oben Mitte in der Kartenzeichnung. Unten links in Kartusche Geleitwort *Giacomo Castaldo Piemontese de villa franca, Cosmographo / Alli Spettatore Salute ..., endend ... In Venetia. 1544* (10 Zeilen)

Kupferstich auf 4 Bll., 2 Reihen zu je 2 Bll., Gesamtformat 67,5 × 93,5 cm

Zum Exemplarnachweis vgl. TOOLEY, *Italian Atlases*, Nr. 527 (Abb. bei SCHILDER, Nr. 67).

Laut Aussage im Geleitwort beruht die Karte auf Unterlagen, die Gastaldi von Diego Hurtado de Mendoza, zu dieser Zeit kaiserlicher Diplomat in Italien (Didacus → Mendezius), erhalten hatte. Die Karte ist nur im *Catalogus Auctorum* genannt, ansonsten im *Theatrum* nicht verwendet worden.

Ebenfalls nur im *Catalogus Auctorum* genannt ist eine Ungarn-Karte Gastaldis, in den ersten Ausgaben mit dem Zusatz, sie sei wie alle Gastaldi-Karten bei Matteo Pagano erschienen. Hierbei dürfte es sich um das folgende, ebenfalls sehr frühe Werk von 1546 handeln:

La vera descrittione di Tutta la Unghe / ria: Transilvania: Valachia: Parte di Polo: / nia: Podolia: e Russia: con Tutta la Boe / mia: Slesia: Morauia: Austria: Parte di / Franconia: et la Bauiera: dalla parte / Australe del Danubio, la Bulgaria: la Bo / ssna: Serua: Romania: Parte de Italia: Co / Tutta la Schiauonia

Titel unten halblinks in Kartusche, zusammen mit der Autorenangabe *Per Iacomo Castaldi Geographo in / Venetia D.M.XLVI* (sic!) und der Adresse *Stampata in Venetia per Mattio Pagan / in Frezaria al insegna della Fede* (insgesamt 12 Zeilen)

Holzschnitt auf 4 Bll., 2 Reihen zu je 2 Bll., Gesamtformat 73 × 106 cm

Das einzige bekannte Exemplar ist in der Biblioteca Apostolica Vaticana, Rom (Abb. bei SZATHMARY, Nr. 34; Faksimilie bei ALMAGIA, 1939).

An der Verbesserung der kartographischen Darstellung von Südosteuropa hat Gastaldi beständig weitergearbeitet. Es entstand ein Werk, dessen Editionsgeschichte etwas kompliziert ist (vgl. hierzu ausführlich TOOLEY, *Italian Atlases*, Nr. 28, jedoch unvollständig):

a) Zunächst erschien 1559 eine Karte, welche nur die Länder entlang des Donaulaufes zeigt:

M.D.L.IX / Il dissegno particolare delle Regioni che sono / da Constantinopoli a venetia, da venetia / a viena, et da viena a constantinopolo ...

Titel Mitte rechts in Kartusche, darin auch die Angabe ... *Opera noua di iacomo gastaldi piamōtese / alla magnifica Comagnia da ca pisani* (insgesamt 12 Zeilen). Im unteren Teil der Kartusche Privilegvermerk und die Signatur *fabius licinius fecit*

Kupferstich auf 2 Bll. nebeneinander, Gesamtformat 35 × 102,5 cm

Einziges Exemplar in der Studienbibliothek, Dillingen (Abb. bei SZATHMARY, Nr. 50).

Von diesem Blatt gibt es spätere Ausgaben von 1560 mit und ohne Verlagsadresse von Antonio Lafreri.

b) Die beiden unter a) genannten Blätter erschienen 1560 dann zusammen mit zwei unten angesetzten Blättern, zusammen eine große Karte von ganz Südosteuropa bildend:

Geographia particolare d'una grande parte dell'Europa, nouuamēte descritta co i confini suoi, e prima uerso leuāte e il meridiano di constatinopoli, e da ponēte il meridiano della mag.ca cita di Venetia, et da tramōtana il parallelo di vienna in Austria, e uerso il parallelo che passa per il mezzo dell'isola di Candia ...

Titel auf dem unteren linken Blatt in Kartusche, zusammen mit der Signatur *Opera nuoua di Giacopo di castaldi piamontese* und einer Widmung an Jakob Fugger (insgesamt 14 Zeilen). Auf dem rechten unteren Blatt die Signatur *fabius licinius fecit. Venetiis.*

Kupferstich auf insgesamt 4 Bll., 2 Reihen zu je 2 Bll., Gesamtformat ca. 82,5 × 104,5 cm

Zum Exemplarnachweis vgl. TOOLEY, *Italian Atlases*, Nr. 28.

c) Von dem rechten unteren Teil gibt es auch eine auf 1560 datierte, aber später als b) erschienene Spezialausgabe als Griechenland-Karte mit einem neu hinzugestochenen Titel:

TOTIVS GRAETIAE (sic!) DESCRIPTIO / Dñi Jacobi gastaldis cosmographi ... 1560

Titel mit Widmung ebenfalls an Jakob Fugger unten links in Rahmen (insgesamt 8 Zeilen). Unten rechts die Signatur *fabius licinius fecit*.

Kupferstich, 49 × 69 cm

Ein Exemplar ist in der Bibliothek von Schloß Wolfegg/Württemberg (Beschreibung hier nach RUGE, *4. Reisebericht*, Nr. 87/32).

Von den verschiedenen Teilen dieser großen Karte gibt es jeweils zahlreiche Nachstiche durch verschiedene italienische Verleger. So ist es etwas schwierig zu sagen, welche Fassungen genau Ortelius hier gekannt hat. Im *Catalogus Auctorum* findet sich auf diesen ganzen Komplex überhaupt kein Hinweis. Dennoch beruhen zwei *Theatrum*-Karten auf Vorlagen aus diesem Material:

- Die Griechenland-Karte (Nr. 40) ist kopiert nach dem südöstlichen Teil bzw. einem der hierauf beruhenden italienischen Nachstiche.
- Die *Romaniae ... Descriptio* (Nr. 105) ist kopiert nach einem Ausschnitt, der den gesamten östlichen Teil umfaßt.

Auf beiden Kopien nennt Ortelius Gastaldi als Autor. Weiterhin hat er diese Vorlage auch benutzt als Basis für drei *Parergon*-Karten (Nr. 23P, 25P und 30P).

Bahnbrechendes hat Jacobo Gastaldi schließlich geleistet auf dem Gebiet der Regionalkartographie Italiens. Nicht für alle hier mit seinem Namen verbundenen Karten ist zu sagen, in welchem Umfang er an den vorbereitenden Landesaufnahmen beteiligt war. Zunächst ist zu nennen eine typenbildende Italien-Karte, die erstmals 1561 erschien:

IL DISEGNO DELLA GEOGRAFIA / MODERNA DE TVTTA LA PRO / VINCIA DE LA ITALIA / Con le sue Regioni, Citta, Castella, Moti, Laghi, Fiumi, / ...

Titel unten rechts in Rahmen, zusammen mit einer Widmung an Herzog Alfonso II. von Ferrara, signiert von *Giacopo di Castaldi Piamōtese cosmografo / in Venetia*, darunter Privilegvermerk und Datierung *M.D.LXI.* (insgesamt 17 Zeilen). Am unteren Rand dieses Rahmens die Signatur *fabio licinio exc.*

Kupferstich auf 2 Bll. nebeneinander, Gesamtformat 54 × 77 cm

Zum Exemplarnachweis vgl. TOOLEY, *Italian Atlases*, Nr. 328.

Siehe Abb. 30

Eine sehr genau Kopie dieser Karte ist in allen Ausgaben des *Theatrum* enthalten (Nr. 32, mit Neustich Nr. 112). Dann war sie – zusammen mit dem Anonymus →Sardinien – eine der Quellen für die Sardinien-Karte (Nr. 38a). Auch lieferte sie das topografische Grundgerüst für die Italien-Karte des *Parergon* (Nr. 9P).

Von seiner Heimatregion Piemont schuf Gastaldi eine erstmals 1555 bei Matteo Pagano gedruckte Karte (Holzschnitt auf 4 Bll., 52,5 × 76 cm); ein Exemplar beschreibt ALMAGIA *(Mon. Ital. Cart.,* Tav. XXIX) in der Biblioteca de Bardi in Florenz, weitere sind in der Universiteitsbibliotheek Leiden und im Archivo General in Simancas. Typenbildend und für eine weite Verbreitung dieses Kartenbildes von Piemont wichtiger war eine Neufassung, die 1556 in Venedig von Gabriele Giolito (ca. 1510–1578) verlegt wurde:

Opera de Iacomo gastaldo piamontese cosmogra/pho in venetia, nella quale e descritto la regione/dil Piamonte et quella di Monferra, con la magg/ior parte della riviera di Genoa ...

Titel Mitte links in Rahmen, zusammen mit der Datierung *M.D.L.VI* (insgesamt 14 Zeilen). Unten links im Rahmen die Adresse *In vinegia appresso Ga / briel Giolito de ferrari* und der Privilegvermerk (6 Zeilen)

Kupferstich, 38 × 50,5 cm

Zum Exemplarnachweis vgl. TOOLEY, *Italian Atlases*, Nr. 448.

Siehe Abb. 31

Diese Vorlage wurde ohne nennenswerte Änderungen für das *Theatrum* kopiert (Nr. 34).

Die Padua-Karte des *Theatrum* (Nr. 64a, mit Neustich Nr. 131a) ist eine westorientierte, ansonsten aber sehr genaue Kopie einer nordorientierten Karte Gastaldis, deren Originalausgabe 1568 in Venedig bei Fernando Bertelli publiziert wurde:

Ohne eigentlichen Kartentitel. Unten links in Kartusche Widmung dieser *noua Disegno del Territorio Padoano* von der Hand von *M. Giacomo gastaldo Piemontese, Cosmografo eccellentissimo* an Giovanni Delfino, den Bischof von Torcello. Die Widmung ist datiert *Di Venetia a di 3 di zugno MDLXVIII* und signiert von *Ferrando Bertelli* (insgesamt 16 Zeilen). Unter der Kartusche die Stechersignatur *Girolamo Olgiato fece*.

Kupferstich, 44 × 54,5 cm

Zum Exemplarnachweis vgl. TOOLEY, *Italian Atlases*, Nr. 429–430 und NOVACCO, *Carto-*

grafia Rara, Nr. 94 (mit Abb. und Beschreibung der Varianten).

Vorlage für die Apulien-Karte des *Theatrum* (Nr. 64 b, mit Neustich Nr. 133 a) war eine Karte Gastaldis, deren Originalausgabe erst posthum 1567 in Venedig von Fernando Bertelli publiziert wurde:

LA DESCRIPTIONE DELA / PVGLIA

Titel unten halblinks in Kartusche, zusammen mit der Angabe *Opera di Giacomo gastaldo / Cosmografo in Venetia* und der Adresse *ferando berteli 1567*.

Kupferstich, 22,5 × 37,5 cm

Zum Exemplarnachweis vgl. TOOLEY, *Italian Atlases*, Nr. 114 (Abb. bei NOVACCO, *Cartografia Rara*, Nr. 107).

Das Original ist genordet. Aus Gründen des Blattformats hat Ortelius eine Ostorientierung gewählt. Auch hat er Details nach anderen Quellen ergänzt, wie etwa historische Bemerkungen zu Brindisi und den Namen *Mare Grande* für die Hafenbucht von Tarent.

Ebenfalls ein typenbildendes Standardwerk wurde Gastaldis Sizilien-Karte, die erstmals 1545 erschien ohne Angabe eines Verlages:

Descrittione della Sicilia con le sue Isole della / qual li nomi Antichi et Moderni et altre / cose notabili per un libretto sono bre- / vemente decchiarati con gratia et priuilegio / per Giacomo Gastaldo Piemon: / tese Cosmographo in Venetia / 1545

Titel oben links in Kartusche

Kupferstich, 37,5 × 53,5 cm

Zum Exemplarnachweis vgl. TOOLEY, *Italian Atlases*, Nr. 514 (Abb. bei ALMAGIA, *Mon. Ital. Cart.*, Tav. XXIV und NOVACCO, *Cartografia Rara*, Nr. 124).

Nach dieser Karte oder einem ihrer vielen italienischen Nachfolger ist die Sizilien-Karte des *Theatrum* (Nr. 38 b) sehr genau kopiert. Der gleichen Vorlage ist das topographische Grundgerüst für die Sizilien-Karte des *Parergon* (Nr. 10P) entnommen.

Lit.:
- ALMAGIA, *Mon. Ital. Cart.*, mit zahlreichen Nennungen
- ALMAGIA, *Mon. Cart. Vaticana*, mit zahlreichen Nennungen
- ALMAGIA, R.: Intorno ad un grande mappamondo perduto di Giacomo Gastaldi (1561). In: *La Bibliofilia* 41, 1939, S. 259–266
- ALMAGIA, R.: *La carta dei paesi danubiani e delle regioni contermini di Giacomo Castaldi (1546).* Citta del Vaticano 1939
- ALMAGIA, R.: Nuove notizie intorno a Giacomo Gastaldi. In: *Bolletino della Società Geografica Italiana* 84, 1947, S. 187–189
- BAGROW, *Catalogus I*, S. 74–96
- BARATTA, M.: Ricerche intorno a Giacomo Gastaldi. In: *Rivista Geografica Italiana* 21, 1914, S. 117–136 und 373–379
- BIASUTTI, R.: Il „Disegno della geografia moderna" dell'Italia di Giacomo Gastaldi (1561). In: *Memorie Geografiche* 4, 1908, S. 5–68
- BIASUTTI, R.: La carta dell'Africa di Giacomo Gastaldi (1545–1564) e lo sviluppo della cartografia africana nei secoli XVI e XVII. In: *Bolletino della Società Geografica Italiana* 57, 1920, S. 327–346 und 387–436
- GRANDE, S.: *Notizie sulla vita e sulle opere di Giacomo Gastaldi.* Turin 1902
- GRANDE, S.: Le relazioni geografiche fra P. Bembo, G. Fracastoro, B. G. Ramusio e Giacomo Gastaldi. In: *Memorie della Società Italiana* 12, 1905, S. 93–197
- SCHILDER, *Monumenta II*, mit zahlreichen Nennungen
- SHIRLEY, *World Maps*, mit zahlreichen Nennungen
- SZATHMARY, *Descriptio Hungariae*, mit zahlreichen Nennungen
- ZACHARAKIS, *Maps of Greece*, Nr. 526 ff.

Thomas GEMINUS

Sichere Angaben zur Biographie des Thomas Geminus sind spärlich. Die in der älteren Literatur genannten Lebensdaten 1500–1570 sind nicht belegbar. Thomas Geminus (auch Gemyne, Geminie, Gemynous u.ä.) nannte sich gelegentlich mit den Cognomen „Flandrensis" bzw. „Lysiensis". Danach stammte er wahrscheinlich aus Lys-le-Lannoy bei Lille, der ursprüngliche Familienname könnte Tweeling oder Jumeau gewesen sein. Geminus lebte seit etwa 1540 in London als Kupferstecher und Drucker. Sein bekanntestes Werk sind die Tafeln zur *Compendiosa totius anatomiae delineatio* des Arztes Andreas Vesalius (London 1545 und zahlreiche weitere, bis 1559 von Geminus gedruckte Ausgaben). Weiterhin stach er Porträts und andere Buchillustrationen. 1556 veröffentlichte er ein *Technicon*, eine Einführung in das Vermessungswesen. Für 1552 ist er durch ein Astrolabium als Instrumentenbauer belegt. Er starb vermutlich 1563 in London.

In der Kartographiegeschichte ist Thomas Geminus bemerkenswert als der erste bekannte in England tätige Kartendrucker. Bei Ortelius ist er als Verleger bzw. Herausgeber einer Spanien-Karte genannt:

NOVA DESCRIPTIO HISPANIAE

Titel oben links in Schriftband. Unten links in Kartusche Erläuterungstext, endend mit der Adresse ... *Excusum Londini per / Thomam / Geminum. / 1555* (insgesamt 15 Zeilen). In Rahmen unten rechts Widmung an König Philipp II. von Spanien und Königin Maria I. von England (14 Zeilen), ebenfalls signiert *Londini, T. Gemini*

Kupferstich auf 4 Bll., 2 Reihen zu je 2 Bll., Gesamtformat 75 × 93 cm

Das einzige heute bekannte Exemplar befindet sich in der Bibliothèque Nationale, Paris; das Exemplar der Stadtbibliothek Breslau wurde 1945 zerstört (Abb. bei SCHILDER, Nr. 73).

Bei dieser Ausgabe handelt es sich mit Sicherheit um einen späteren Zustand. Die Platte zeigte ursprünglich unten rechts das Wappen von Kaiser Karl V., der im Januar 1556 zugunsten von Philipp II. als König von Spanien abdankte. Maria I. regierte nur von 1553 bis 1558. Von der zu vermutenden Erstausgabe des Jahres 1555 ist bisher kein Exemplar bekannt. Die vorliegende Ausgabe mit der geänderten Widmungskartusche dürfte um 1556 gedruckt worden sein. Inhaltlich kommt dieser Karte von Geminus keinerlei eigenständiger Wert zu. Sie ist eine getreue Kopie der 1553 bei Hieronymus Cock in Antwerpen erschienenen Spanien-Karte (Giovanni Giorgio → Settala).

Anscheinend hat Ortelius eine Karte der Britischen Inseln nicht gekannt, die von Thomas Geminus ebenfalls 1555 in London publiziert wurde (Exemplar in der Bibliothèque Nationale, Paris; vgl. LYNAM und SHIRLEY). Es handelt sich hier um die Neuverwendung einer Platte, die gestochen worden war für eine Erstausgabe 1546 in Rom bei Michele Tramezzino. Ihr Autor war der 1539–1554 als katholischer Flüchtling in Italien lebende englische Kartograph George Lily (ca. 1510–1559).

Lit.:
- BAGROW, *Catalogus I*, S. 97
- CUSHING, H.: *A bio-bibliography of Andreas Vesalius.* New York 1934
- HIND, A. M.: *Engraving in England in the sixteenth and seventeenth centuries.* Bd I, Cambridge 1952, S. 39–63
- LYNAM, E.: *The Map of the British Isles of 1546.* Jenkintown 1934
- SCHILDER, *Monumenta II*, S. 96–98
- SHIRLEY, *British Isles*, Nr. 41 und 59.

Regnier GEMMA FRISIUS

Regnier Gemma (Reiner Jemme), der sich später nach seiner Heimatregion das Gelehrtencognomen Frisius zulegte, wurde am 8. Dezember 1508 in Dokkum/Friesland geboren. Seine erste Schulausbildung erhielt er in Groningen. 1525 wurde er in die Artistenfakultät der Universität Löwen immatrikuliert. Nach dem Magisterexamen 1528 begann er ein Medizinstudium, das er 1536 abschloß. Um 1537 wurde er auf den Lehrstuhl für Medizin der Universität Löwen berufen, gleichzeitig hielt er auch mathematische Vorlesungen ab. Er starb in Löwen am 25. Mai 1555.

Gemma Frisius war eine der führenden Gestalten jener Forschungsszene, durch die Löwen in den 1520er Jahren zu einem Zentrum der wissenschaftlichen Kartographie wurde. Dazu gehörten u.a. auch Franciscus → Monachus sowie als Gemmas Schüler Jacob van → Deventer und Gerard → Mercator. Seine eigene Tätigkeit begann wahrscheinlich auf dem Gebiet des Instrumentenbaues. 1530–1531 schuf er ein Globenpaar, von dem heute nur noch die Erläuterungsschrift *De principiis astronomiae et cosmographiae* (Antwerpen 1530) erhalten ist. An seiner Herstellung war der Löwener Goldschmied Gaspard van der Heyden beteiligt, der zuvor schon an den Globen von Monachus mitgearbeitet hatte. In *De principiis* ist erstmals die Überlegung formuliert, die Längendifferenz zwischen zwei Orten mit chronometrischen Mitteln zu bestimmen. 1533 besorgte Gemma Frisius eine Antwerpener Neuausgabe des *Cosmographicus Liber* von Peter → Apian. Diesem Druck fügte er als Anhang bei eine selbstverfaßte Schrift *Libellus de locorum describendorum ratione*, in der die Methode der zeichnerischen Triangulation zur Erstellung halbwegs verläßlicher Karten relativ großer Räume beschrieben wird. Auf dieser Methodik beruhen u.a. die Regionalkarten niederländischer Provinzen von Deventer, von Mercator und von Vater und Sohn → Surhon. 1535–1537 schuf Gemma Frisius ein zweites Globenpaar (∅ 37 cm), an dem Mercator mitgearbeitet hat. Ein Exemplar des Erdglobus ist in der Österreichischen Nationalbibliothek in Wien, ein Exemplar des dazugehörigen Himmelsglobus besitzt das National Maritime Museum, Greenwich; das Globenpaar in Zerbst ging im Zweiten Weltkrieg verloren. Beide Globen waren noch 1568 in Antwerpen bei Plantin zu kaufen.

Die im *Catalogus Auctorum* von Ortelius genannte Weltkarte des Regnier Gemma Frisius erschien 1540 in Löwen. Von ihr ist bisher kein Exemplar bekannt geworden. Eine ungefähre Vorstellung von ihrem Weltbild geben vielleicht einige spätere Weltkarten in kleinerem Format, z.B. in der Antwerpener Ausgabe 1544 von Apians *Cosmographia*. Die Originalausgabe 1540 wurde noch 1565 von Plantin vertrieben. Er bezog sie von dem Buchhändler Peter Draecks in Mechelen, die von Ortelius genannte Antwerpener Ausgabe ist anderwärtig nicht belegt.

Lit.:
- BAGROW, *Catalogus I*, S. 97–99
- DÉNUCÉ, *Kaartmakers I–II*, mit zahlreichen Nennungen
- DÖRFLINGER, J.: Der Gemma-Frisius-Erdglobus von 1536 in der Österreichischen Nationalbibliothek. In: *Der Globusfreund* 23, 1973, S. 81–99
- HAARDT, R.: The globe of Gemma Frisius. In: *Imago Mundi* 9, 1952, S. 109–111
- HAASBROEK, N. D.: *Gemma Frisius, Tycho Brahe and Snellius and their triangulations*. Delft 1968
- KISH, G.: *Medicina, Mensura, Mathematica: The Life and Works of Gemma Frisius 1508–1555*. Minneapolis 1967
- KROGT, P. C. J. van der: *Globi Neerlandici. De globeproduktie in de Nederlanden*. Utrecht 1989, S. 42 ff.
- ORTROY, F. van: *Biobliographie de Gemma Frisus, fondateur de l'école belge de géographie, de son fils et des neveux les Arsenius*. Brüssel 1920, Neudruck Amsterdam 1966
- POGO, A.: Gemma Frisius, his method of determining differences of longitude by transporting timepieces (1530) and his treatise on triangulation (1533). In: *Isis* 22, 1935, S. 469–485
- SMET, A. de: L'orfèvre et graveur Gaspard van der Heyden et la construction des globes à Louvain dans le premier tiers du XVIe siècle. In: *Der Globusfreund* 13, 1964, S. 38–48; Wiederabdruck in *Album Antoine de Smet*. Brüssel 1974, S. 171–184
- SMET, A. de: Leuven als centrum van de wetenschappelijke kartografische traditie in de voormalige Nederlanden gedurende de eerste helft van de 16de eeuw. In: *Festbundel L. G. Poelspoel* (= Acta Geographica Lovaniensia 5). Löwen 1967, S. 98–116; Wiederabdruck in *Album Antoine de Smet*. Brüssel 1974, S. 329–345
- SCHILDER, *Monumenta II*, S. 17
- SHIRLEY, *World Maps*, S. 93–94.

Stefano GHEBELLINI

Basis der Karte des Venaissin/Südfrankreich im *Theatrum* (Nr. 108 c) war ein Einblattdruck von 1574:

LA CARTE DV CONTE DE VENAYSCIN / Et de la Principaulte Daurange avec un peu des Confrons, Le tout mis en description, Selon Lourdre des Climat Dompas vous servira de prevues a cause que / le tout est reduict en linues comunes. E la dicte Conte lia Trois Evesches Carpentras Cavaillo et Vaison. Subs. L'Archevesches d'Avignon, et aussi lia / trois Judicateures Carpentras Lisle et Vaurias

Titel und Kurzbeschreibung in eigenem Rahmen über der Karte. Unten links in Kartusche Widmung an Graf Marcantonio Martinengo, den päpstlichen Gouverneur von Avignon (12 Zeilen), signiert *Stefano Ghebellini / 1574*.

Kupferstich, 35 × 29 cm

Das einzige bekannte Exemplar ist in der Bibliothèque Nationale, Paris.

Siehe Abb. 32

Ortelius hat diese Vorlage übernommen mit etlichen Änderungen. Im Bereich von Orange findet sich ein ganz neues Kartenbild. Der Städtename lautet nun *Orange* statt *Aubence* der Vorlage. Weiterhin sind hinzugefügt einige Orte wie *Coyrol, Corchan, Gocordon* und *La tour du prevost*. Außerdem wurde erheblich geändert die Darstellung der Gewässer. Neu eingetragen sind z.B. einige Inseln auf der Rhône und die Flüsse *Meine flu.* und *La Seille flu.* Quelle waren hier primäre Informationen, die möglicherweise von Carolus → Clusius stammten.

Über den Autor dieser Karte und die weiteren Umstände ihrer Entstehung ist nichts bekannt. Der Mann, der die Widmung signiert hat, ist höchstwahrscheinlich identisch mit jenem Kupferstecher und Kleinverleger Stefano Gibellino, der 1571 in Brescia eine Abbildung der Belagerung von Famagusta publizierte (Abb. bei STYLIANOU, Nr. 62). Es ist jedoch fraglich, ob er auch der topographische Urheber war.

Lit.:
- GAGNIERE, S. und J. GRANIER: *Images du passé vauclusien*. Avignon 1973
- STYLIANOU, *Cartography of Cyprus*, Nr. 59 mit Abb. 62.

Für eine Korrespondenz zum Thema habe ich zu danken M. HAYEZ (Archives Départementales de Vaucluse, Avignon).

Paolo Giovio

Paolo Giovio (Paulus Iovius) wurde am 19. April 1483 in Como als Sohn einer vornehmen Familie geboren. Über seine Jugend liegen nur wenige Daten vor. Im Jahre 1509 war er Teilnehmer an der Schlacht von Agnadello zwischen Venedig und Frankreich, 1511 schloß er ein Studium der Medizin und Philosophie in Padua ab. 1514 wurde Giovio von Leo X. als Philosophieprofessor an das päpstliche Gymnasium Romanum berufen. Dieses Amt am päpstlichen Hof gab ihm die Gelegenheit zu einem Humanistenleben klassischer Prägung, dessen Frucht eine große Zahl naturwissenschaftlicher und historischer Schriften war. Mit der Geographie und Kartographie kam Giovio als Autor erstmals in Berührung durch den Kontakt mit Dimitri Gerasimow (ca. 1465 – nach 1535), dem Führer einer von Großfürst Wassilij III. von Moskau 1525 an den päpstlichen Hof geschickten Gesandtschaft. Nach Informationen von Gerasimow schrieb Giovio das *Libellus de legatione Basilii Magni Principis Moschoviae ... in qua situs regionis antiquis incognitus ... referuntur* (Rom 1525). In der Einführung zu diesem Buch sagt Giovio, eine zugehörige Karte Rußlands nach Angaben von Gerasimow wolle er später publizieren. Allem heutigen Wissen nach ist dies aber nicht geschehen. Die Rußland-Karte nach Gerasimow ist nur erhalten durch ihre Aufnahme in einige der Manuskriptatlanten des Battista Agnese (tätig in Venedig 1535–1564). 1528 wurde Paolo Giovio Bischof von Nocera. Auch wurde er Parteigänger von Kaiser Karl V., der ihn 1536 in den Adelsstand erhob. Unter seinen zahlreichen weiteren Schriften ist zu nennen die *Descriptio Britanniae, Scotiae, Hyberniae et Orchadum* (Venedig 1548). Dies ist eine Begleitschrift zu der bereits 1546 in Rom bei Michele Tramezzino erschienenen Karte der Britischen Inseln von George Lily, deren Platte 1555 in London von Thomas → Geminus für eine zweite Auflage verwendet wurde. Wegen eines Zerwürfnisses mit Papst Paul III. (1534–1549) verließ Giovio Rom und ging an den Medici-Hof in Florenz. Hier vollendete er sein Hauptwerk, die *Historiarum sui temporis libri XLV* (Florenz 1550–1552). Er starb in Florenz am 10. Dezember 1552.

Im wissenschaftlichen Nachlaß von Paolo Giovio befand sich eine ausführliche geographische Beschreibung seiner Heimatregion am Comer See. Sie wurde posthum herausgegeben von Dionysius Somentius als *Pauli Iovii Descriptio Larii Lacus* (Venedig: Jordanus Zilletti, 1559). Auch schuf Giovio eine Karte der Region, deren Manuskript sich heute in der Biblioteca Nazionale Braidense in Mailand befindet. Die gedruckte Fassung ist den meisten Exemplaren der *Descriptio* beigebunden:

> Ohne Titel oder weitere Texte. Die Karte zeigt nur die unmittelbare Nachbarschaft des Comer Sees, Teile des Blattes oben links und unten rechts bleiben frei

Holzschnitt, 22 × 38 cm.

Siehe Abb. 33

Dieses Blatt war die Vorlage für die Karte des Comer Sees, die seit der Erstausgabe im *Theatrum* enthalten ist (Nr. 35 a). Um das Blattformat zu füllen, hat Ortelius bzw. Hogenberg die Orientierung leicht gedreht, die Karte selbst auf eine Bildrolle gesetzt und den Rest des Kartenvierecks mit einem Landschaftshintergrund ausgefüllt. Gegenüber dem Original enthält diese *Theatrum*-Fassung zahlreiche Ergänzungen zu den Toponymen, z.B. *cum specula et templo Deiparae Virginis* zum *Busbinus mons* oder *Hic candidi marmoris fodinae* zu *Aducum*. Diese Addenda sind sämtlich dem Text der *Descriptio Larii Lacus* entnommen.

Lit.:
- BAGROW, *Catalogus* I, S. 100–101
- BAGROW, *Russia*, S. 61–64
- *Paolo Giovio, Opera omnia*. Rom 1956 passim
- *Atti del convegno „Paolo Giovio – Il rinascimento e la memoria"* (= Raccolta Storica, pubblicata dalla Società Storica Comense 16). Como 1985.

Agostino Giustiniani

Als Sohn einer Patrizierfamilie wurde Agostino Giustiniani (Augustinus Iustinianus) 1470 in Genua geboren. Nach einer Ausbildung vermutlich in Spanien trat er 1488 in Padua in den Dominikanerorden ein. Seine ersten Publikationen waren theologische Kleinschriften wie *De immortalitate animorum deque corporum resurrectione* (Venedig 1513). Gleichzeitig entwickelte sich Giustiniani zu einer Kapazität für die biblischen Sprachen. Sein erstes Werk auf diesem Gebiet war ein *Psalterium Hebraeum, Graecum, Arabicum et Chaldaeum* (Genua 1516), der erste Teil einer dann aber aus Geldmangel nicht realisierten polyglotten Bibelausgabe; kurioserweise ist diesem Druck beigegeben eine *Christophori Columbi Vita*. 1515 wurde Giustiniani zum Bischof von Nebbio auf Korsika berufen. Dieses Amt verließ er 1515–1522, um an der Pariser Sorbonne einen Lehrauftrag für hebräische Philologie zu übernehmen. In dieser Zeit erschienen Schriften wie *Liber viarum linguae sanctae, Victoria ... adversus impios Hebraeos, Centum et duae quaestiones et totidem responsiones morales super genesim* und die Maimonides-Ausgabe *Dux seu director dubitantium aut perplexorum*. Zurückgekehrt nach Nebbio, widmete sich Giustiniani der geographischen und historischen Arbeit über Korsika. Ungedruckt blieb zu seinen Lebzeiten ein *Dialogo nominato Corsica*, der 1531 abgeschlossen war. Im Rahmen dieser Arbeiten entstand eine wahrscheinlich nur handschriftliche Karte von Korsika, deren Original verloren ist. Sie gelangte an Leandro → Alberti – wie Giustiniani Dominikaner –, der diese Informationen für seine Italien-Beschreibung verwendete. Man muß davon ausgehen, daß die bei Alberti publizierte und dann auch in das *Theatrum* übernommene Korsika-Karte zum großen Teil das Werk von Giustiniani ist. Das historiographische Hauptwerk von Giustiniani waren die *Castigatissimi annali con loro copiosa tavola della excelsa et illustrissima Republica de Genoa* (Genua 1537). Die hier im Titel angesprochene Karte des Staatsgebietes von Genua ist im Buch jedoch nicht enthalten und höchstwahrscheinlich auch nie gedruckt worden. Der Grund war wahrscheinlich der, daß das Werk posthum von Laurentio Lomellino Sorba herausgegeben werden mußte, nachdem Agostini Giustiniani 1536 bei einem Schiffbruch vor der korsischen Küste ums Leben gekommen war.

Lit.:
- BAGROW, *Catalogus* I, S. 101–102
- BERTHELOT, A. und F. CECCALDI: *Les cartes de la Corse de Ptolemée au XIXe siècle*. Paris 1939, S. 85 ff.
- CANEPA, V. (Hrsg.): *Annali della repubblica di Genova, scritti da Monsignore Agostino Giustiniani*. Genua 1835 und spätere Ausgaben
- CARACI, G.: La carta della Corsica attribuita ad Agostino Giustiniani. In: *Archivio Storico di Corsica* 12, 1936, S. 130–495
- CARAFFA, M. de (Hrsg.): *Dialogo nominato Corsica, del Rmo. Monsignor Agostino Justiniano, vescovo di Nebbio, anno 1531*. Bastia 1882
- GALASSI, D., ROTA, M. P. und A. SCRIVANO: *Populazione e insediamento in Liguria secondo la testimonianza di Agostino Giustiniani*. Florenz 1979
- *Agostino Giustiniani – Annalista genovese ed i suoi tempi*. Genua 1984.

Jacques GOULART

Die von Vrients 1608 dem *Theatrum* beigefügte *Lacus Lemani Descriptio* (Nr. 152) ist kopiert nach einer Karte des Genfer Sees, die erstmals 1606 publiziert wurde in der ersten von Jodocus → Hondius edierten Amsterdamer Ausgabe des Mercator-Atlas:

CHOROGRAPHICA TABULA LACUS LEMANNI / LOCORUMQUE CIRCUMIACENTIUM AUTORE IAC: G. Genevensi

Titel in Schriftfeld entlang des oberen Randes. Unter der Karte dekorativer Rand mit fünf Reformatorenporträts und vier Schriftfeldern. In der linken unteren Ecke der Karte leere Kartusche, in der vielleicht eine Adresse fehlt

Kupferstich, Format einschließlich des unteren Zierrandes 37,5 × 54 cm (Abb. bei CLOUZOT).

Dieses Original ist südorientiert, während die *Theatrum*-Fassung genordet ist. Ansonsten wurde der topographische Inhalt ohne wesentliche Änderungen übernommen. Bemerkenswert ist die auf 1607 datierte und von Vrients signierte Widmung dieser Kopie im *Theatrum* an Jacob Cole Junior, den Neffen des Abraham Ortelius. Irgendein Hinweis auf den Autor der Vorlage fehlt völlig.

Bei dem von Hondius genannten *Iac. G. Genevensi* handelt es sich um Jacques Goulart, geboren am 12. März 1580 in Genf als Sohn des calvinistischen Theologen Simon Goulart (1543–1628). Nach einer ersten Ausbildung in Genf wurde er im November 1600 zum Studium der Theologie an der Universität Basel immatrikuliert. 1603 begann Jacques Goulart eine größere Reise in die Niederlande, nachgewiesen sind Aufenthalte in Leiden und Franeker. Sicherlich hat er auch seinen Bruder Simon Goulart Junior (1575–1628) besucht, der seit 1601 als Prediger in Amsterdam wirkte. Dort dürfte dann auch der Kontakt zu Jodocus Hondius entstanden sein, die Einzelheiten hier sind unbekannt. 1605 war Jacques Goulart in Compiègne, anschließend kehrte er in die Heimat zurück. 1606 wurde er Diakon in Nyon, danach wirkte er als Pfarrer in mehreren Gemeinden im Genfer Raum. Auch noch in dieser Zeit hat er sich wissenschaftlich betätigt. Von 1608 gibt es eine Äußerung über Goulart, er habe sich mehr mit der Geographie beschäftigt als mit der Vorbereitung seiner Predigten. Von diesen Arbeiten ist jedoch nichts bekannt. Man sollte den Rang Goularts als Kartograph auch nicht überschätzen. Seine Karte des Genfer Sees ist im Grunde eine Überarbeitung einer Vorlage, die 1588 von dem Genfer Offizier Jean du Villard (1532–1610) gezeichnet wurde. Quellenmäßig zum letzten Mal belegt ist Jacques Goulart für 1622 als Pfarrer von Arzier.

Lit.:
- CLOUZOT, E.: La carte de Jacques Goulart (1605). In: *Genava* 11, 1933, S. 171–187
- JONES, L. C.: *Simon Goulart, 1543–1628, étude biographique et bibliographique.* Genf–Paris 1917
- LEVY, B.: Histoire de la carte regionale à Genève de la renaissance à nos jours. In: *Le Globe* 124, 1984, S. 17–34.

Für die Sichtung und Beschaffung entlegener Literatur zum Thema möchte ich danken Herrn Thomas KLÖTI (Bern).

Wacław GRODECKI

Als Sohn eines Gutsbesitzers wurde Wacław Grodecki (auch Grodziecki, lat. Grodeccius und Grodetius) um 1535 in dem Dorf Grodziec in der Grafschaft Teschen (Cieszyn) in Schlesien geboren. 1550 wurde er in die Artistenfakultät der Universität Krakau immatrikuliert, seine Studienfächer waren Mathematik und Philosophie. 1556 setzte er seine Ausbildung an der Universität Leipzig fort, seinen Lebensunterhalt dort verdiente er als Hauslehrer im Dienst eines polnischen Adligen. Um 1558 ging er nach Rom, wo sich um diese Zeit bereits sein Bruder Jan Grodecki (1525–1574) aufhielt. 1561 kehrten beide Brüder nach Polen zurück. Wacław Grodecki schloß seine Studien 1564 in Krakau mit dem Magisterexamen ab. Nicht genau bekannt ist das Datum seiner Priesterweihe, jedenfalls wurde er bald danach Mitglied des Domkapitels von Breslau. Als Jan Grodecki 1572 Bischof von Ölmütz wurde, folgte ihm Wacław nach Mähren. Er wurde Propst des Kollegiatkapitels in Brünn. Beide Brüder Grodecki gehörten zu den führenden Gestalten der Gegenreformation in Mähren, so betrieben sie die Gründung des Jesuitenkollegs in Brünn. Über die späteren Jahre von Wacław Grodecki ist wenig bekannt. Er führte ein recht zurückgezogenes Leben in Ölmütz und in Brünn, wo er 1591 starb.

Vermutlich angeregt durch die politischen Stimmungen der Zeit – König Sigismund II. August plante die Union von Polen und Litauen –, zeichnete Grodecki während seines Aufenthaltes in Leipzig eine Karte der beiden Länder. Ihre Erstausgabe erschien in Basel bei Johannes Oporinus:

Ohne Kartentitel. Unten links in Kartusche typengedrucktes Geleitgedicht *IN POLONIAM LAUDEM* (2 Kolumnen zu je 13 Zeilen)

Holzschnitt von zwei Stöcken, 2 Bll. nebeneinander, Gesamtformat 66 × 83,5 cm

Das einzige bekannte Exemplar dieser Erstausgabe befand sich in der ehemaligen Armeebibliothek, München und ging 1945 verloren. Ein Faksimile wurde vorbereitet von K. BUCZEK für Bd I der geplanten Reihe *Monumenta Poloniae Cartographica*. Die fast fertige Auflage dieses Werkes wurde 1939 bei der deutschen Besetzung Krakaus zerstört, von dem Faksimile der Grodecki-Karte blieben nur drei Probedrucke erhalten.

Siehe Abb. 34

Mit den originalen Druckstöcken veranstalteten die Nachfolger von Oporinus 1570 eine zweite Auflage. Sie hat statt des Geleitgedichtes unten links nun einen typengedruckten Kartentitel:

POLONIAE, LITHUANIAE, RVS= / SIAE, PRVSSIAE, MASOVIAE ET / Scepusii Chorographia.

Darunter die Widmung an König Sigismund II. August, die Autorenangabe *Authore VENCESLAO GRODECIO / Polono* und die Adresse *BASILEAE, EX OFFICINA / Oporiana, anno Salutis humanae / M.D.LXX.* (insgesamt 10 Zeilen)

Das einzige bekannte Exemplar befindet sich heute in der Harvard University Library, Cambridge/Mass.

Technisch ist an dieser Originalausgabe bemerkenswert, daß die beiden Holzstöcke von zwei verschiedenen, nicht genannten Künstlern geschnitten sind. Unbekannt ist auch, aus welchen Gründen die Erstausgabe völlig auf Angaben zu Autor, Drucker, Druckort und -jahr verzichtet. Diese Daten finden sich lediglich in einem zur Karte gehörenden gedruckten Ortsnamenverzeichnis *Venceslai Godreccii* (sic!) *in Tabulam Poloniae a se descriptam ...* (Basel: Johannes Oporinus, s.d.). Der Schrift beigefügt ist eine Abhandlung über die Abstammung der Slawen aus der Feder des Wittenberger Reformators Philipp Melanchthon (→ Stella), den Grodecki wohl in seiner Zeit in Leipzig kennengelernt hat. Der Diskurs Melanchthons ist datiert 1558, den Druck der Karte samt der zugehörigen Schrift möchte BUCZEK jedoch etwas später, um 1560–1562, ansetzen. Die zweite Auflage von 1570 ist wohl nur als eine Art Ersatzpublikation zu sehen. Grodecki hat eine zweite Fassung seiner Karte von Polen und Litauen angefertigt, die wahrscheinlich auch schon fertig in Kupfer gestochen war. Diese war vorgesehen zur Illustration der Landesbeschreibung *Poloniae ... libri duo* des ermländischen Bischofs und Historikers Martin Kromer (1512–1589), die in Basel erscheinen sollte. Diese Ausgabe kam jedoch nicht zustande wegen Verzögerungen beim Manuskriptabschluß Kromers und des Todes von Johannes Oporinus im Jahre 1568. Kromers Werk erschien erst zehn Jahre später in Frankfurt am Main und Köln, die zweite Karte Grodeckis wurde nie publiziert.

Zum Teil auf das Werk von Bernard Wapowski (Florian → Ungler) zurückgehend, wurde die Karte Grodeckis typenbildend bis weit ins 17. Jahrhundert. Ortelius hat die Originalausgabe ohne nennenswerte inhaltliche Änderungen bereits für die Editio princeps des *Theatrum* kopiert (Nr. 44). Hinzugefügt hat er die Autorenbezeichnung in der falschen Namensschreibung als *Godreccius,* wie sie auch in dem Beiheft erscheint. 1595 wurde diese alte Fassung im *Theatrum* ersetzt durch eine neue Platte (Nr. Add 135/IV). Sie beruht in hohem Maße auf der ersten Platte von 1570, topographische Addenda sind hinzugefügt nach der jüngeren Karte von Polen und Litauen von Andrzej → Pograbka.

Lit.:
- BUCZEK, K.: Wacław Grodecki. In: *Polski Słownik Biograficzny* 8, 1960, S. 609–610
- BUCZEK, *Polish Cartography,* S. 41 ff.
- KMIECIKOWA, B.: Mapa Polski Wacława Grodeckiego. In: *Polski Przegląd Kartograficzny* 1/1974, S. 23–29
- NIEWODNICZAŃSKI, T.: Eine zweite Auflage der Polen-Karte von Wacław Grodecki (Basel 1570). In: *Speculum Orbis* 2, 1986, S. 93–95.

Giovanni Battista GUICCIARDINI

Als zweiter Sohn einer bedeutenden Kaufmannsfamilie wurde Giovanni Battista Guicciardini (Jean-Baptiste Guicciardin) am 3. April 1508 in Florenz geboren; sein Onkel war der Historiograph Francesco Guicciardini (1483–1540), Autor einer *Storia Fiorentina* (1509) und einer *Storia d'Italia* (1537). Ende 1526 siedelte Giovanni Battista nach Flandern über, um die dortigen Geschäfte des im Wein-, Getreide- und Tuchhandel tätigen Familienunternehmens zu führen. Er wurde in Antwerpen ansässig und wurde zu einem der Führer der dortigen florentinischen Kolonie. Um 1540 folgte ihm sein jüngerer Bruder Lodovico Guicciardini (1521–1589) nach Antwerpen. Auch er war im Hauptberuf Kaufmann. Daneben betrieb er – ganz im Sinne der humanistischen Familientradition – umfassende historisch-geographische Studien, sein Hauptwerk war die epochale *Descrittione di tutti i Paesi Bassi* (Antwerpen 1567 und zahlreiche spätere Ausgaben).

Mit geographischen Arbeiten hat sich auch Giovanni Battista Guicciardini beschäftigt. Am 14. Juni 1549 erhielt er die Genehmigung, die im *Catalogus Auctorum* genannte Weltkarte „in größtem Format, in der Form eines Adlers" in Antwerpen zu publizieren. Nach einem Eintrag im alten Katalog der Bibliothek des Escorial hatte diese Karte ein Format um 225 × 260 cm. Leider ist von diesem Werk bisher kein Exemplar aufgefunden worden, so daß weitere Aussagen hierzu derzeit nicht möglich sind.

In späteren Jahren hat Giovanni Battista Guicciardini nicht mehr publiziert. Sein Interesse für geographische und historisch-politische Fragen blieb allerdings rege. 1564 kaufte er bei Plantin ein portugiesisches Manuskript über die Geschichte Indiens. Große Bedeutung als zeitgeschichtliche Quelle haben 231 erhaltene Briefe, die er von 1559 bis 1577 aus Brüssel und Antwerpen als Berichte zur wirtschaftlichen und politischen Lage in den Niederlanden an die Medici-Herzöge nach Florenz schrieb. Über die letzten Jahre von Giovanni Battista Guicciardini ist nichts bekannt. Für 1586 sagt eine Quelle, daß er Antwerpen verlassen habe. Ort und Jahr seines Todes sind unbekannt, er starb wahrscheinlich vor seinem Bruder Lodovico.

Lit.:
- BAGROW, *Catalogus I,* S. 102–103
- BATTISTINI, M.: *Lettere di Giovan Battista Guicciardini a Cosimo e Francesco de Medici, scritte dal Belgo dal 1559 al 1577* (= Bibliothèque de l'Institut Historique Belge de Rome, Fasc. 2). Brüssel–Rom 1950.

François de la GUILLOTIÈRE

Spezielle Forschungen über François de la Guillotière fehlen noch völlig. Nach Angaben von LA CROIX DU MAINE stammte er aus Bordeaux, das Geburtsjahr und Einzelheiten über seine Ausbildung und das genaue Berufsbild sind bisher nicht bekannt. Später scheint er überwiegend in Paris gelebt zu haben. Er war der Autor einiger historischer Kleinschriften wie *Description de tout le Royaume de Pologne* (Paris: Jean Le Clerc, 1573) und *La description du Royaume d'Austrasie* (s.l., s.d.). LA CROIX DU MAINE berichtet weiter, Guillotière lebe gegenwärtig (1584) noch und habe in den Händen *toutes les cartes ou descriptions de France, lesquelles il espère mettre en lumière en bref.* Dieses Frankreich-Kartenwerk sei von Guillotière selbst erarbeitet worden. Außer an der „Chorographie", wo er zu den besten Kennern seiner Zeit gehöre, sei er auch sehr an der Malerei interessiert. Das letzte sichere Lebenszeichen datiert von 1589, als ihn André →Thevet zu seinem Testamentsvollstrecker benannte.

1595 schrieb Adam de la Planche an Ortelius, er habe von dem Advokaten Pierre Pithou (1539–1596) eine handgezeichnete Karte der Île de France erhalten, die von dem verstorbenen François de la Guillotière geschaffen worden sei. Diese Zeichnung ist dann umgehend an Ortelius gelangt, sie war die Vorlage für die *Theatrum*-Karte der Île de France von 1598 (Nr. 136). Das Todesjahr von François de la Guillotière ist also zwischen 1589 und 1595 anzusetzen. Die *Theatrum*-Karte trägt eine Widmung von ihm an Pithou. Darin bezeichnet er sich als *Fr. Guilloterius Biturix*, die hier suggerierte Beziehung zu Bourges ist bisher nicht zu konkretisieren. Aus unbekannten Gründen erscheint Guillotière nicht im *Catalogus Auctorum*.

Im genannten Brief berichtet Adam de la Planche weiter, François de la Guillotière habe neben weiteren Manuskriptkarten auch die Kupferplatten einer großen Frankreich-Karte hinterlassen. Ein Exemplar einer solch frühen Ausgabe ist bisher nicht bekannt geworden, vielleicht ist eine solche auch nie gedruckt worden. Es gibt nur eine spätere Ausgabe:

CHARTE DE LA FRANCE

Titel oben im Kartenrand. Oben rechts in Kartusche Geleitwort *AU LECTEUR* (28 Zeilen), das mit den Worten beginnt: *Cette carte recueillie des restes de cette seconde & riche Bibliotheque de seu Mr. Pithou, est suivant l'intention de Fr. de la Guillotiere son autheur rendue a public ...* Mitte rechts in weiterer Kartusche Widmung an den französischen König, signiert *von IEAN LE CLERC.* (23 Zeilen)

Kupferstich mit Kartuschentexten in Typendruck, 9 Bll. in 3 Reihen zu je 3 Bll., Gesamtformat 104 × 147 cm

Das einzige bekannte Exemplar ist in der Bibliothèque Nationale, Paris.

Siehe Abb. 35

Im Geleitwort wird weiterhin gesagt, diese Ausgabe sei gedruckt worden 626 Jahre, nachdem das Geschlecht der Kapetinger die französische Krone erlangt habe. Dies geschah 987, der Druck ist also auf 1613 zu datieren. Es handelt sich hier mit Sicherheit um die Verwendung älterer Kupferplatten, der ganze Stil des Stiches weist in das spätere 16. Jahrhundert und wahrscheinlich in den flämischen Raum. Wohl durch sehr alte Verbindungen – siehe die Polen-Beschreibung von 1573 – sind die Platten dann aus dem Nachlaß von Guillotière bzw. Pithou an den Pariser Verleger Jean Le Clerc († 1622) gelangt.

Lit.:
- HESSELS, *Epistolae*, Nr. 279
- LA CROIX DU MAINE, F.: *Premier volume de la bibliothèque du Sieur de La Croix du Maine.* Paris 1584, S. 98.

Diego GUTIÉRREZ

Diego Gutiérrez wurde 1485 in Sevilla geboren. Nach einer Ausbildung, über die nichts Näheres bekannt ist, arbeitete er als Kartenmacher bei der Casa de la Contratación in Sevilla. Hier stand er im Mittelpunkt eines wissenschaftlich-technischen Streites, bei dem Sebastian →Cabot und Pedro de →Medina seine Hauptopponenten waren. Gegenstand war der seit dem frühen 16. Jahrhundert in der spanischen Seekartographie aufgekommene Usus, wegen der Differenz zwischen astronomischem und magnetischem Azimut jeweils zwei Breitenzählungen auf den Karten anzubringen. Einer der wichtigsten Verfechter dieser unsinnigen Technik war Diego Gutiérrez. 1544 verbot ihm Cabot – zu dieser Zeit Piloto Mayor der Casa – die Herstellung solcher Karten ausdrücklich. Daran hielt sich Gutiérrez jedoch nicht. Noch 1550 schuf er eine handgezeichnete Karte des Atlantik mit doppelter Breitenzählung (Bibliothèque Nationale, Paris). Dies ist im übrigen die einzige erhaltene Karte von seiner Hand. Er starb 1554 in Sevilla.

Auf einem älteren Manuskript von Diego Gutiérrez beruht eine gedruckte Amerika-Wandkarte, die 1562 in Antwerpen von Hieronymus Cock publiziert wurde:

AMERICAE SIVE QVARTAE ORBIS PARTIS NOVA ET EXACTISSIMA DESCRIPTIO. AVCTORE DIEGO GUTIERO PHILIPPI REGIS HISP. / ETC. COSMOGRAPHO. HIERO. COCK EXCVDE. 1562.

Titel in Schriftleiste am oberen Rand. In dreigeteilter Kartusche unten links von Cock signierte Widmung (11 Zeilen) an die Statthalterin Margaretha von Parma, ein Geleitwort *Geographiae Studiosi* (12 Zeilen) und die erneute Adresse *Hieronimus Cock excude. / cum gratia et privilegio / 1562.*

Kupferstich auf 4 Bll., 2 Reihen zu je 2 Bll., Gesamtformat 107 × 104 cm

Exemplare sind in der British Library, London und in der Library of Congress, Washington (Abb. u.a. bei SCHWARTZ-EHRENBERG, Plate 29).

Diese Karte war schon zum Zeitpunkt ihres Erscheinens überholt. Etliche Ergebnisse neuer Entdeckungsreisen seit etwa 1540 sind nicht mehr berücksichtigt. Überhaupt fehlt fast die gesamte Darstellung Nordwestamerikas, bemerkenswert ist hier allenfalls die erstmals auf einer Karte verwendete Bezeichnung *California*. Insgesamt hat diese Gutiérrez-Karte ein recht geringes Echo in der zeitgenössischen Kartographie gehabt. Auch Ortelius hat sie für das *Theatrum* im Prinzip nicht verwendet. Seine erste Amerika-Karte (Nr. 2, mit Nachstich Add 112/I) kopiert im wesentlichen einen Ausschnitt der Weltkarte von Gerard → Mercator. Lediglich einige zusätzliche Ortsnamen könnten von Gutiérrez übernommen sein.

Als Kartograph tätig war auch Diego Gutiérrez' Sohn Sancho (1516–1580), von 1553 bis 1575 Piloto Mayor im Dienste der Casa de la Contratación. Von ihm ist eine handgezeichnete Weltkarte von 1551 erhalten (Österreichische Nationalbibliothek, Wien), die möglicherweise zum Teil auf heute verlorenen Arbeiten von Sebastian → Cabot beruht.

Lit.:
- BAGROW, *Catalogus I*, S. 103
- LA RONCIÈRE, M. de und M. MOLLAT DU JARDIN: *Portulane. Seekarten vom 13. bis zum 17. Jahrhundert.* München 1984, S. 229 und Tafel 46
- SCHWARTZ, S. J. und R. E. EHRENBERG: *The Mapping of America.* New York 1980, S. 63 ff.
- WAGNER, H. R.: A Map of Sancho Gutiérrez of 1551. In: *Imago Mundi* 8, 1951, S. 47–59.

Lézin GUYET

Zu Lézin Guyet (Licinus Guyetus) weiß die heutige Forschung kaum mehr als das, was bereits LA CROIX DU MAINE in seiner *Bibliothèque* berichtet. Danach wurde er am 13. Februar 1515 in Angers geboren und lebte dort noch im Jahre 1580. Im Hauptberuf war er Staatsrat des Hofes von Anjou. Wie er zur Kartographie gekommen ist, ist unbekannt. Auf jeden Fall erschien unter seinem Namen 1573 in Paris eine Karte des Anjou. Sie war dem Duc d'Anjou gewidmet, der für dieses Werk an Guyet 100 Ecus zahlte. Ein Exemplar der Originalausgabe dieser typenbildenden Karte ist bisher nicht bekannt geworden. Alle Aussagen darüber stützen sich auf den Nachstich von 1579 im *Theatrum* (Nr. 76).

Lit.:
- LA CROIX DU MAINE, F.: *Premier volume de la bibliothèque du Sieur de la Croix du Maine.* Paris 1584, S. 289
- PORT, C.: *Dictionnaire historique de l'Anjou.* Bd 2, Angers 1876, S. 338.

Johann HASELBERG

Daten zur Biographie von Johann Haselberg (Johannes Monteleporis) sind kaum vorhanden. Er stammte von der Bodenseeinsel Reichenau und betrieb das Gewerbe eines reisenden Druckers und Schriftstellers. Durch seine Druckwerke ist er belegbar für die Jahre 1515–1538. Sein Wanderweg führte ihn durch den ganzen süd- und westeuropäischen Raum. Beziehungen Haselbergs zu Antwerpen sind belegt durch drei kleine Schriften, die dort 1532 von Adrian van Berghen gedruckt wurden. Sicher ist auch, daß er sich mit den zeitgeschichtlichen Ereignissen auf dem Balkan beschäftigt hat. So war er der Autor zweier Kleinschriften *Des Turckischen Kaysers Heerzug, wie er von Constantinopel ... gen Kriechischen Weyssenburg kummen* (Nürnberg: Christoph Zell, 1530) und *Des Turckischen Keysers Heerzug und vörnem widder die Christen ...* (Erfurt: Andreas Rauscher, 1531).

Ein mit Namen signiertes Exemplar der laut dem *Catalogus Auctorum* in Antwerpen bei Hans Liefrinck erschienenen Südosteuropa-Karte Haselbergs ist bisher nicht bekannt geworden.

Lit.:
- BENZING, J.: Johann Haselberg, ein fahrender Verleger und Schriftsteller 1515–1538. In: *Archiv für Geschichte des Buchwesens 7*, 1967, S. 301–316.

Martin HELWIG

Martin Helwig wurde am 5. November 1516 in Neisse/Nysa in Schlesien geboren. Daten zu Ort und Art seiner Ausbildung sind bisher nicht sicher bekannt. Er soll ein Schüler von Philipp Melanchthon gewesen sein, ein Studium Helwigs an dessen Wirkungsort Wittenberg ist quellenmäßig aber nicht belegt. 1552 wurde er zunächst Lehrer, 1560 dann Rektor an der Maria Magdalena-Schule in Breslau. In diesem Amt verblieb er bis zu seinem Tode am 26. Januar 1574 in Breslau.

Seit etwa 1558 hat Helwig an einer Landesaufnahme bzw. Landesbeschreibung Schlesiens gearbeitet. Ergebnis war eine 1561 erschienene Karte der Region:

Ohne eigentlichen Titel, der Name *SILESIA* ist in großen Buchstaben quer durch die Karte geschrieben. Oben halbrechts in Kartusche typengedruckte Widmung der Karte durch *Martinus Helwig von der Neiss* an den Breslauer Ratsherrn Nikolaus Rhedinger (insgesamt 18 Zeilen), endend *... Geben inn Bresslaw den 14. Septemb. im 1561. Jar.* Unten halbrechts in Rahmen typengedrucktes Privileg mit der Adresse *Zur Neiss, bey Johan Creutzig.* (6 Zeilen)

Holzschnitt mit Typendruck von insgesamt 12 Holzstöcken; die Karte ist gedruckt von 4 Stöcken (2 Reihen zu je 2 Bll.), dazu 8 Stöcke zum Druck der Randbordüren; Kartenformat 55,5 × 73 cm, Gesamtformat 67 × 81,5 cm

Das einzige heute bekannte Exemplar dieser Erstausgabe befindet sich in der Badischen Landesbibliothek, Karlsruhe; das Exemplar in Breslau ging 1945 verloren.

Die Holzstöcke blieben bis ins 18. Jahrhundert erhalten. Es sind bekannt Neuauflagen von 1605, 1627, 1642, 1685, 1738, 1765, nach 1765 und 1776 durch verschiedene Verleger in Breslau (siehe die Bibliographie zuletzt bei KUCHAR).

Siehe Abb. 36

Helwigs Schlesien-Karte wurde typenbildend bis weit ins 17. Jahrhundert hinein. Bereits die *Theatrum*-Erstausgabe enthält eine recht genaue Kopie (Nr. 26). Die Südorientierung des Originals ist in eine Nordorientierung geändert, hinzugefügt wurden Territorialgrenzen. Die seit 1595 für das *Theatrum* verwendete neue Platte (Nr. Add 135/II) beruht auf dieser ersten Version.

Zu dieser Karte gab Martin Helwig auch eine *Erklerung der Schlesischen Mappen, wozu und wie dieselbe nützlich zu gebrauchen. Sampt einem vollkommen Register, dadurch jede Stadt, Schloß und Kloster ohne Mühe zu finden* (Breslau: Crispin Scharffenberg, 1564) heraus. Bei Crispin Scharffenberg († 1576) erschien schon 1561 eine auf der ptolemäischen „Tabula Europae Sexta" beruhende Italien-Karte (Holzschnitt, 51 × 33 cm, das einzige bekannte Exemplar ging 1945 in Breslau verloren), die von Helwig wohl zu Unterrichtszwecken ediert worden war. Eine weitere Veröffentlichung Helwigs war *Von allerlei Stundenzeigern* (Breslau: C. Scharffenberg 1570; Neuauflage Breslau: Georg Baumann, 1592). Ohne Ort und Jahr erschien ein *Idyllion de fluminibus Silesiae*, ungedruckt blieb eine Landesbeschreibung Schlesiens von 1571. Ein weiterer Martin Helwig (sein Sohn?) ist seit 1616 belegt in Breslau als Herausgeber von Kalendern.

Lit.:
- BAGROW, *Catalogus I*, S. 103–106 (im Neudruck 1981 als Tafel 11 Abb. der Italien-Karte)
- HEYER, A.: Die kartographischen Darstellungen Schlesiens bis zum Jahre 1720. In: *Zeitschrift des Vereins für Geschichte und Altertumskunde Schlesiens 23*, 1889, S. 177–240
- KUCHAR, *Bohemia, Moravia and Silesia*, S. 49–55 mit Tafel 11
- RUNGE, C.: *M. Helwigs erste Land-Charte vom Hertzogthum Schlesien nebst derselben Erklerung und Gebrauch.* Breslau 1738
- ZINNER, *Astronomische Literatur*, mit zahlreichen Nennungen.

Doco ab Hemminga

Das heutige Wissen über Doco ab Hemminga stützt sich immer noch auf die Angaben in *De scriptoribus Frisiae* von Petrus Suffridus. Sie wurden dort mitgeteilt von seinem Bruder Sixtus ab Hemminga (Sicke van Hemminga, 1533–1586), Autor einer Schrift *Astrologiae ratione et experientiae refutatae liber* (Antwerpen: Chr. Plantin, 1583). Danach wurde Doco ab Hemminga (Duco van Hemminga) im August 1527 in Berlikum bei Leeuwarden geboren. Konkrete Aussagen zu Ausbildung und Beruf fehlen. Sowohl in öffentlichen als auch in privaten Dingen war er sehr engagiert. Seine Interessen galten der Bibellektüre, der Poesie und der Kunst, aber auch der Geometrie und Optik. Von ihm verfaßte *Tabulae universalis chronographiae* waren unvollendet, als er am 30. März 1570 an ungenanntem Ort starb.

Aus Suffridus übernimmt der *Catalogus Auctorum* – wie von Ortelius dort selbst gesagt – fast wörtlich zu Doco ab Hemminga: *Exaravit tabulam geographicam totius mundi, cum primis magnam et elegantem, nec minus artificiosam.* Er hat also eine „große, korrekte und nicht wenig künstlerische Weltkarte" eben nur „geschaffen". Es ist hier nicht gesagt, daß diese Karte auch publiziert worden ist. Ihre Entstehung dürfte frühestens um ca. 1550 anzusetzen sein. Wäre eine solche niederländische Weltkarte um jene Zeit gedruckt worden, dann wäre sie sicher in anderen zeitgenössischen Quellen erwähnt worden, etwa in den Rechnungen Plantins. Auch hätte Ortelius sie mit Sicherheit selbst gekannt, und er hätte nicht auf die Angabe bei Suffridus zurückgreifen brauchen. Die Anführung in *De scriptoribus Frisiae* ist die einzige Spur dieser ansonsten ohne erkennbare Nachwirkung gebliebenen Weltkarte des Doco ab Hemminga.

Lit.:
- AA, A. J. van der: *Biographisch Woordenboek der Nederlanden*. Bd 8, Haarlem 1867, S. 530 (über Sixtus van Hemminga)
- SUFFRIDUS, P.: *De scriptoribus Frisiae*. Köln 1593, S. 243–244.

Herzlich gedankt sei für Korrespondenz und Hilfe zu Doco ab Hemminga Herrn Prof. P. Bockstaele (Löwen/Heverlee).

Caspar Henneberger

Caspar Henneberger (Hennenberger) wurde 1529 in Ehrlich bei Hof geboren. 1550 wurde er in die theologische Fakultät der Universität Königsberg immatrikuliert. Seit 1554 wirkte er als lutherischer Pfarrer in den ostpreußischen Gemeinden Domnau und Georgenau. 1560 erhielt er eine Pfarrstelle in Mühlhausen, und 1590 schließlich wurde er Pfarrer des Hospitals im Königsberger Stadtteil Löbenicht. Dort starb er im Jahre 1600.

Mit geographisch-kartographischen Arbeiten hat sich Henneberger schon seit seiner Studienzeit beschäftigt. 1555 hat er eine Karte von Livland publiziert, von der bisher kein Exemplar aufgefunden wurde. Verstärkt haben sich diese Interessen während seiner Zeit in Mühlhausen. Vielleicht angeregt durch die relativ hohe Unzuverlässigkeit der *Theatrum*-Karte Ostpreußens nach Heinrich → Zell, ging er nebenberuflich, aber mit Unterstützung durch Herzog Albrecht Friedrich an eine neue Landesaufnahme des Herzogtums Preußen. Diese wurde erstmals 1576 in Königsberg publiziert:

> *PRVSSIAE / Das ist des Landes zu Preussen, / welchs das herrlichste theil ist Sarmatiae Europeae, / eigentliche und warhafftige Beschreibung ... Durch Casparum Hennenbergerum Erlichensem, Pfarherrn / zu Mülhausen auff Polangen*

Typengedruckter Titel mit Widmung an Herzog Albrecht Friedrich (insgesamt 12 Zeilen) oben Mitte in Kartusche, im unteren Teil der gleichen Kartusche unsigniertes Geleitgedicht. Weitere Texte und Erläuterungen in weiteren Kartuschen. Unten Mitte in Kartusche die typengedruckte Adresse *Gedruckt zu Königs- / perg in Preussen bey Ge- / orgen Osterbergern, / im Jar M.D.LXXVI.* Rechts daneben das Holzschneidermonogramm *CF* (= Caspar Felbinger)

Holzschnitt von 2 (!) Stöcken mit Texten in Typendruck, 2 Bll. nebeneinander, Gesamtformat 93,5 × 105, 5 cm

Exemplare sind in der Deutschen Staatsbibliothek, Berlin und in der Stadtbibliothek, Toruń (Abb. bei JÄGER, Nr. 30).

Die originalen Druckstöcke standen nur für diese Erstausgabe zur Verfügung. Schon bald wurde die Karte neu geschnitten. Diese neue Fassung, die sich inhaltlich nur wenig von der Editio princeps unterscheidet, wurde erstmals 1595 gedruckt:

PRVSSIAE / Das ist des Landes zu Preussen / Welches das herrlichste Theil ist Sarmatiae Europeae, / Eigentliche und Warhafftige Beschreibung ... Durch / Casparum Hennebergerum, Erlichsensem, / Pfarrern des Fürstlichen Hospitals Löbenicht Königsberg.

Typengedruckter Titel mit Widmung an Herzog Albrecht Friedrich (insgesamt 13 Zeilen) oben Mitte in Kartusche, im unteren Teil der gleichen Kartusche Geleitgedicht nun mit der Signatur *Ambrosius Lobwasser D.* Weitere Texte und Erläuterungen in weiteren Kartuschen. Unten Mitte in Kartusche die typengedruckte Adresse *Gedruckt zu Königs- / berg in Preussen bey Georg Osterbergern, / Im Jahr, / M.D.XCV.* Rechts daneben das Holzschneidermonogramm *CF* (= Caspar Felbinger)

Holzschnitt von 9 Stöcken mit Texten in Typendruck, 3 Reihen zu je 3 Bll., Gesamtformat 93,5 × 105,5 cm

Ein Exemplar dieser ersten Ausgabe von den neuen Druckstöcken ist im Staatsarchiv Preußischer Kulturbesitz, Berlin (Abb. bei JÄGER, Nr. 31).

Die Druckstöcke wurden bis ins späte 17. Jahrhundert von verschiedenen Danziger Druckern für weitere Auflagen benutzt (Teilbibliographie bei JÄGER). Es sind Ausgaben der folgenden Jahre bekannt: 1621 (Zentralbibliothek der Deutschen Klassik, Weimar), 1629 (bekannt nur nach Faksimile), 1638 (Biblioteka PAN, Danzig), 1639 (Hessische Landesbibliothek, Darmstadt) 1655 (Kungliga Biblioteket, Stockholm), 1656 (Hessische Landesbibliothek, Darmstadt) und 1679 (derzeit Staatliches Archivlager, Göttingen).

Zu dieser zweiten Ausgabe verfaßte Henneberger auch eine zugehörige *Erclerung der preussischen groessern Landtaffel oder Mappen* (Königsberg: Georg Osterberger, 1595), die viele Einzelheiten über die Entstehung der Karte enthält.

Vielleicht schon im Hinblick auf eine Veröffentlichung im *Theatrum* hat Henneberger von seiner großen Karte eine spiegelverkehrte Fassung in Folio-Format gezeichnet, die nicht erhalten ist. Es hat wahrscheinlich zwischen ihm und Ortelius eine Korrespondenz gegeben, die ebenfalls verloren ist. Etwas verwirrend ist eine Angabe in älteren Quellen, daß bereits in Königsberg durch den Kupferstecher Christian Dittmar 1580 eine Platte zum Druck einer reduzierten Fassung von Hennebergers Ostpreußen-Karte angefertigt wurde. Auch von einer solchen Fassung ist bisher kein Exemplar bekannt geworden. Wie aber auch immer: Hennebergers Karte wurde für das *Theatrum* sehr genau kopiert und löste seit der Ausgabe 1584 die ältere Karte der Region nach Heinrich Zell ab (Nr. 104). Ein bis auf den Titel nur unwesentlich veränderter Neustich wurde seit der *Theatrum*-Ausgabe 1598 verwendet (Nr. 141). Nicht zuletzt durch die Aufnahme in das *Theatrum* wurde Hennebergers Karte typenbildend bis ins 18. Jahrhundert.

Für seine historisch-geografische Landesbeschreibung *Kurtze und warhafftige Beschreibung des Landes Preussen* (Königsberg: Georg Osterberger, 1584) schuf Henneberger auch eine historische Karte des alten Preußenlandes (Holzschnitt, 32 × 27 cm).

Lit.:
– BOYSEN, K.: Beiträge zur Lebensgeschichte des preußischen Kartographen und Historikers Kaspar Henneberger. In: *Altpreussische Monatszeitschrift*, Neue Folge Bd 45, 1908, S. 67–101
– CROME, H.: Kaspar Hennebergers Karte des alten Preussens, die älteste frühgeschichtliche Karte Ostpreussens. In: *Alt Preussen* 5, 1940, S. 10–15 und 27–32
– JÄGER, E.: *Prussia-Karten 1542–1810*. Weißenhorn 1982, S. 48 ff.
– REKLAITIS, P.: Die beiden Landkarten Alt-Preußens von Kaspar Hennenberger. In: *Nordost-Archiv* 9, 1976, S. 1–6.

Sigismund von HERBERSTEIN

Sigismund Reichsfreiherr von Herberstein (auch Herberstain, Herberstein von Neyberg und Guettenhag u.ä.) wurde am 23. August 1486 in Wippach/Krain geboren. Nach einem Studium der Rechtswissenschaften an der Universität Wien widmete er sich zunächst der Verwaltung des Besitzes seiner Familie in Krain und in der Steiermark. Seit 1509 stand er in kaiserlichen Diensten, anfangs als Offizier, seit 1514 nach dem Ritterschlag und der Ernennung zum Kaiserlichen Rat vor allem als Diplomat. Eine seiner vielen Gesandtschaftsreisen führte Herberstein 1516–1518 zum ersten Mal nach Polen und Rußland. 1525–1526 war er erneut als kaiserlicher Gesandter am Zarenhof. Er starb am 28. März 1566 in Wien.

Etwa um 1540 hatte Herberstein damit begonnen, das auf den eigenen Reisen und aus sekundären Quellen gesammelte Material über Rußland zusammenzustellen. Erste Frucht dieser Arbeit war eine Karte Rußlands von der Ostsee bis zur Wolgamündung, die 1546 von Augustin → Hirschvogel gestochen und als Einblattdruck in Wien publiziert wurde:

MOSCOVIA SIGISMVNDI LIBERI / BARONI IN HERBERSTEIN NEI- / PERG ET GVTENHAG M.D.XLVI

Titel oben links in Kartusche. Rechts in der Mitte in Kartusche die Signatur: *HANC TABVLAM ABSOLVIT AVGVS- / TINVS HIRSFOGEL VIE. AVS. CVM / GRACIA ET PRIVILEGIO IMPE. / 1546*

Kupferstich, 36 × 56 cm

Exemplare: British Library, London; Österreichische Nationalbibliothek, Wien (Abb. bei BAGROW, Nr. 26).

1549 erschienen in Wien erstmals Herbersteins *Rerum Moscovitarum Commentarii*. Dieses zu seiner Zeit grundlegende Standardwerk zur Geschichte, Geographie, Ethnologie und Politik des Zarenreiches wurde in der Folgezeit oftmals nachgedruckt und übersetzt. Die beste und für viele spätere Ausgaben maßgebende lateinische Fassung wurde 1556 in Basel bei Johannes Oporinus gedruckt. Sie enthält neben anderen Illustrationen auch eine Kopie der Karte Herbersteins, einen Holzschnitt im Format 14 × 21 cm mit einem typengedruckten Titel *MOSCOVIA SIGISMVNDI LIBERI / BARONIS IN HERBERSTEIN, NEIPERG / ET GVTENHAG ANNO M.D.XLIX* (sic!) oben links in Rahmen (siehe Abb. 37). Dies ist die Fassung, die auch im *Catalogus Auctorum* genannt wird, die Wiener Originalausgabe von 1546 hat Ortelius anscheinend nicht gekannt. Für das *Theatrum* fand die Karte Herbersteins keine Verwendung.

Lit.:
- BAGROW, *Russia*, S. 69 ff.
- BERGSTRAESSER, D.: Sigmund von Herberstein. In: *Neue Deutsche Biographie* 8, 1968, S. 579–580
- *Sigismund von Herberstein. Selbstbiographie 1486–1553*. Hrsg. von Th. G. von KARAJAN (= Fontes Rerum Austriacorum, 1. Abt., 1. Bd.). Wien 1855
- *Notes upon Russia. Being a translation of the earliest account of that country entitled Rerum Moscovitarum Commentarii*. Transl. by R. H. MAJOR (= Hakluyt Society, Works Ser. 1, Nr. 10 und 12). London 1851–1852, Neudruck New York 1963
- SAGER, P.: Zu Sigismund Herbersteins Karte von Moscovia. In: *Nordost-Archiv* 30, 1974, S. 3–13.

Carolus HEYDANUS

Die seit der Erstausgabe 1570 im *Catalogus Auctorum* aufgeführte Karte *Germaniae Typus* des Carolus Heydanus verschließt sich derzeit noch weitgehend dem Zugriff der Forschung. Der Autor Carolus Heydanus (Carel van der Heyden?) ist bislang kaum biographisch faßbar. Möglicherweise handelt es sich hier um den ansonsten weitgehend unbekannten und wohl auch unbedeutenden Karel van der Heyden, der als „printsnyder" 1545 in die Antwerpener St. Lukas-Gilde aufgenommen wurde. Auch von der Karte ist bisher noch kein Exemplar in Sammlungen nachgewiesen. Sie ist irgendwann zwischen etwa 1550 und 1570 in Antwerpen bei Hieronymus Cock publiziert worden. Erstaunlich ist, daß sie erst sehr spät in den Rechnungen des Hauses Plantin auftaucht, zudem sind in dieser Quelle Verwechslungen mit der ebenfalls bei Cock erschienenen Germania-Wandkarte von Christian → Sgrothen nicht immer auszuschließen. Um das Werk von Heydanus handelte es sich wahrscheinlich bei jener 16blättrigen Germania-Wandkarte, die 1585 von Plantin zu einem reduzierten Preis verkauft wurde. Sie ist wohl schon in dieser Zeit als veraltet betrachtet worden, und bereits 1570 fand sie für das *Theatrum* keinerlei Verwendung.

Einen vagen Eindruck vom topographischen Inhalt dieser Heydanus-Karte gibt möglicherweise die in der zweiten Ausgabe des de Jode-Atlas (Antwerpen 1593) enthaltene Karte *Germaniae totius, nostrae Europae celeberrimae regionis, descriptio singularis* (Kupferstich, 38 × 53 cm). In der Typologie der Deutschland-Karten des 16. Jahrhunderts steht sie völlig isoliert da. Im Vergleich mit den Deutschland-Karten etwa von Sgrothen oder Gerard und Rumold → Mercator wirkt ihr Kartenbild recht antiquiert. Denkbar ist also, daß diese de Jode-Karte eine Reduktion nach Heydanus ist. Der Beweis hierfür ist aber derzeit nicht zu erbringen.

Lit.:
- BAGROW, *Catalogus I*, S. 106
- DÉNUCÉ, *Kaartmakers I*, S. 25
- ROMBOUTS, Ph. und Th. van LERIUS: *De liggeren en andere historische archieven der Antwerpsche Sint Lucasgilde*. Bd 1, Antwerpen–Den Haag 1872 (Neudruck Amsterdam 1961), hier S. 153.

Augustin Hirschvogel

Als Sohn des Glasmalers Veit Hirschvogel (1461–1525) wurde Augustin Hirschvogel (auch Hirsvogel, Hirschfogel u.ä.) 1503 in Nürnberg geboren. Seine erste künstlerische Ausbildung erhielt er in der Werkstatt seines Vaters. Seit etwa 1528 war er mehrfach auf Reisen im Donauraum. Zunächst aber blieb er als Glasmaler, Kupferstecher, Zeichner und Topograph in Nürnberg ansässig. Um 1536 siedelte er nach Ljubljana und einige Jahre später nach Wien über, wo er Anfang Februar 1553 starb.

Neben einem umfangreichen künstlerischen Oeuvre hat Augustin Hirschvogel auch eine ganze Anzahl von Karten geschaffen. 1539 überreichte er dem Nürnberger Rat eine heute verlorene handgezeichnete Karte des türkischen Grenzgebietes. 1542 vollendete er eine *Beschreibung des Erczherzogtumb Oesterreich ober Enns*. Diese Zeichnung gelangte viel später auf unbekanntem Wege nach Antwerpen, wo sie 1583 von Gerard de Jode als Einblattdruck publiziert wurde (Kupferstich, 37 × 49 cm); die Karte wurde auch aufgenommen in die zweite Ausgabe des *Speculum Orbis Terrae* 1593 von Cornelis de →Jode. Verschollen ist eine Karte Krains, die 1544 an Erzherzog Ferdinand überreicht wurde. 1546 stach Hirschvogel die Originalausgabe der Rußland-Karte von Sigismund von →Herberstein. Im gleichen Jahr wurde er zum Kartographen der Stadt Wien bestellt. In einem Triangulationsverfahren nahm er das gesamte Wiener Stadtgebiet auf. Erstes Ergebnis war 1547 ein auf eine Tischplatte gezeichneter Rundplan Wiens, eine Kupferstichfassung (6 Bll., 85 × 84 cm) wurde 1552 fertig; beide Werke befinden sich heute – zusammen mit den Meßunterlagen und Erläuterungen ihres Autors – im Historischen Museum in Wien. 1550 war Hirschvogel als Geometer im böhmisch-sächsischen Grenzgebiet tätig, die hier entstandene Karte ist nicht erhalten.

Gegen Ende seines Lebens, etwa ab 1552, war Augustin Hirschvogel als Geometer in Slowenien, Kroatien, Kärnten, Bosnien und Istrien unterwegs. Ergebnis dieser Aufnahmearbeiten war die im *Catalogus Auctorum* genannte Karte des illyrischen Raumes, die erst posthum 1565 von dem Nürnberger Holzschneider und Verleger Hans Weigel († 1577) publiziert wurde:

NOVA ET HACTENVS NON VISA REGNORV̄ ATQVE PROVINTIARVM PER AVGVSTI HIRSFŌ DESCRIPTIO

Kopftitel über dem oberen Rand. Oben links in Kartusche typengedruckte Widmung an Erzherzog Ferdinand: *Zu ehr der Römischen zu Hungern und Behaim Kün. May. / Ertzherzogen zu Österreich Ist dise Carta der Künigreich / Fürstenthumb Graftschafften und Landen / Hungern, Bossen, Crabaten, Dalmatien, Windisch Lande / Siruey, Steir, darinnen die Fürstlich Graffschafft Cilly / Kerndten, Crain und seine anraychenden Herrschafften Windisch Marck, Mettling, Mitterburg, / Karst und Görtz ... Allem Kriegsz / wesen nutzlich und fürdersam. Durch Augustin Hiersfogel verfasst und zusammen tragen worden.* (10 Zeilen). Unten links in Rahmen die typengedruckte Adresse: *Gedruckt zu Nürnberg durch / Hans Weigel Formschneider beim / Sonnenbad. Im Jahr 1565.*

Holzschnitt auf 12 Bll., 3 Reihen zu je 4 Bll., Gesamtformat 80 × 150,5 cm

Das einzige bekannte Exemplar ging 1945 in der Stadtbibliothek Breslau verloren (Abb. bei Banfi und Szathmary, Nr. 61).

Auf der Basis dieses Druckes oder auf einer handgezeichneten Vorlage von Hirschvogel hat Johannes →Sambucus eine vor allem in den Ortseintragungen wesentlich ergänzte Bearbeitung geschaffen und an Ortelius geschickt. Diese Sambucus-Version war die Vorlage für die Illyrien-Karte des *Theatrum* (Nr. 41).

Lit.:
- Bagrow, *Catalogus I*, S. 106–110
- Banfi, F.: Sole surviving specimens of early Hungarian cartography. In: *Imago Mundi* 13, 1956, S. 89–100
- *Descriptio Austriae*. Hrsg. von J. Dörflinger, R. Wagner und F. Wawrik. Wien 1977, S. 66–68 und 76–77
- Eisler, M.: *Historischer Atlas des Wiener Stadtbildes*. Wien 1919, S. 10–14
- Pilz, K.: Augustin Hirschvogel. In: *Neue Deutsche Biographie* 9, 1972, S. 231–232
- Schwarz, K.: *Augustin Hirschvogel. Ein deutscher Meister der Renaissance*. Berlin 1917
- Szathmary, *Descriptio Hungariae*, Nr. 61
- Zinner, *Astronomische Instrumente*, S. 383–384.

Georg Hoefnagel

Georg Hoefnagel (Joeris Houfnagel, Huefnagel u.ä.) wurde 1542 in Antwerpen als Sohn eines Diamantenhändlers geboren. Er trat zunächst in das väterliche Geschäft ein, dilettierte aber schon in seiner Jugend als Landschafts- und Genremaler. Gelegenheit dazu boten ihm mehrere Auslandsaufenthalte in Angelegenheiten der Firma. 1561 war er in Südfrankreich, 1563–1567 lebte er in Spanien und 1568–1569 in England. Ebenfalls schon in jungen Jahren dürfte er in persönlicher Verbindung mit Ortelius gestanden haben. Konkret belegbar ist dieser Kontakt erst seit 1575 durch den Eintrag Hoefnagels im *Album Amicorum*. Bei der Einnahme Antwerpens 1576 verlor die Familie ihr gesamtes Vermögen, und Georg Hoefnagel machte die Malerei nun zu seinem Broterwerb. 1578 reiste er mit Ortelius nach Italien. Anschließend wurde er in München ansässig als Hofmaler von Herzog Albrecht V. Sein bevorzugtes Arbeitsgebiet waren Miniaturen und insbesondere die um diese Zeit schon stagnierende Buchmalerei. Das thematische Spektrum des Manieristen Hoefnagel reichte von Pflanzen- und Tierdarstellungen über topographische Sujets bis hin zu Allegorien und biblischen Szenen. Über die Arbeit für Erzherzog Ferdinand kam er mit dem kaiserlichen Hof in Kontakt. 1590 wurde er Hofmaler von Kaiser Rudolf II. und siedelte nach Wien über. Von dort führten ihn etliche Reisen vor allem in die östlichen Teile Mitteleuropas. Die Verbindung zu Ortelius blieb bestehen. 1591 findet sich ein erneuter Eintrag Hoefnagels im *Album Amicorum*, 1593 schrieb er an Ortelius aus Frankfurt an der Oder. Georg Hoefnagel starb am 9. September 1600 in Wien. Sein Werk wurde fortgeführt von seinem Sohn Jakob Hoefnagel (1575–ca. 1630).

Die Geschichte der Kartographie kennt Georg Hoefnagel vor allem als Mitarbeiter an den *Civitates Orbis Terrarum* von Georg Braun und Frans →Hogenberg. Er lieferte die Vorlagen für die Abbildungen zahlreicher Städte in Frankreich, Italien, England und Spanien. Später beschafften er und sein Sohn Jakob auch handgezeichnete Abbildungen österreichischer und ungarischer Städte zur Aufnahme in die *Civitates*. Zum *Theatrum* trug Georg Hoefnagel die Vorlage für die Karte des Raumes Cadiz (Nr. 99 c) bei. Sie erschien zwar erst 1592, die Handzeichnung aber dürfte wohl schon während des Spanienaufenthaltes entstanden sein.

Lit.:
- CHMELARZ, E.: Georg und Jakob Hoefnagel. In: *Jahrbuch der Kunstsammlungen des Allerhöchsten Kaiserhauses* 17, 1896, S. 275–296
- HESSELS, *Epistolae*, Nr. 239
- POPHAM, A. E.: Georg Hoefnagel and the Civitates Orbis Terrarum. In: *Maso Finiguerra* 1, 1936, S. 183–201
- PURAYE, *Album Amicorum*, S. 16 und 82
- WILBERG VIGNAU-SCHUURMANN, T. A. G.: *Die emblematischen Elemente im Werk Jöris Hoefnagels*. 2 Bde. Leiden 1969.

Elias HOFMANN

Über Leben und Werk des in Frankfurt am Main tätigen Malers Elias Hofmann ist wenig bekannt. Er starb am 2. Juli 1592. Seine Werkstatt wurde weitergeführt von seinem Schwiegersohn, dem Maler und Kupferstecher Philipp Uffenbach (1566–1636). Die einzige sichere erhaltene Spur von Hofmanns Schaffen ist das im *Catalogus Auctorum* genannte Blatt:

Ohne Titel. In gewundener Umrahmung mit 40 Wappen von Frankfurter Ratsherren, Schöffen und Zunftmeistern oben Karte des Raumes Frankfurt, unten Vogelschauplan der Stadt Frankfurt. Unten rechts die Stechersignatur *HW* (= Hans Weyrich?)

Kupferstich, 2 Bll. übereinander, Gesamtformat 72 × 42,5 cm

Exemplare sind im Historischen Museum, Frankfurt am Main und in der Universitätsbibliothek, Würzburg.

Siehe Abb. 38

Die Entstehung des Blattes geht zurück auf ein Schützenfest, das 1582 in Frankfurt stattfand und das auf dem Vogelschauplan im Westen der Stadt dargestellt ist. Vielleicht hat Hofmann zunächst nur von dieser Festszene ein Bild angefertigt, ehe er dann – unter unbekannten Umständen – an die Kartierung von Stadt und Region Frankfurt ging. Diese Arbeiten haben sich über mehrere Jahre hingezogen. Der Stich selbst ist nicht datiert. Das bei Ortelius genannte Erscheinungsdatum 1588 ist jedoch quellenmäßig belegbar. Im Januar 1589 überreichte Hofmann der Stadt und jedem Ratsmitglied ein Exemplar des Stiches und erhielt dafür ein Geschenk von 50 Reichstalern.

Dies ist ein demonstrativer Beleg für die Zuverlässigkeit des *Catalogus Auctorum*. Gleichzeitig wird gezeigt, daß Ortelius noch im fortgeschrittenen Alter intensiv Quellen gesammelt hat, er dürfte das Blatt unmittelbar auf der Frankfurter Messe erworben haben. Aus unerfindlichen Gründen hat er diese gute und später typenbildende Karte des

Raumes Frankfurt aber nicht in das *Theatrum* aufgenommen.

Lit.:
- RITTER, H.: Matthäus Merians großer Stadtplan von 1628 und Elias Hofmanns Stadtplan von 1582. In: *Alt-Frankfurt* 2, 1910, S. 61–69
- THIEME-BECKER Bd 37, 1933, S. 538 (Stichwort Uffenbach).

Frans HOGENBERG

Neben Abraham Ortelius hatte Frans Hogenberg (auch Hoogenberg, Hoghenberghe u. ä.) den größten Anteil an der publizistischen Realisierung des *Theatrum*-Projektes. Er wurde geboren um 1538 in Mechelen als Sohn des aus München stammenden Kupferstechers Nikolaus Hogenberg (vor 1500–1548), der auf kartographischem Gebiet u. a. durch seine Zusammenarbeit mit Jacob van → Deventer 1537 belegt ist. Nach Nikolaus Hogenbergs Tod heiratete seine Witwe den Kupferstecher und Verleger Hendrik Terbruggen (Petrus ab → Aggere), der noch 1563 mit Deventers Frau Barbara in Verbindung war. Bei einem unbekannten Meister – vielleicht bei seinem Stiefvater – hat Frans Hogenberg das Kupferstecherhandwerk erlernt. Schon in jungen Jahren – spätestens seit der gemeinsamen Frankreichreise 1560 – dürfte er in engem Kontakt mit Ortelius gewesen sein. Danach arbeitete er in Antwerpen u. a. für Hieronymus Cock und auch einige Zeit in England. Etwa um 1568 hat er mit dem Stich für die Karten des *Theatrum* begonnen. Diese Arbeit hat er auch noch weitergeführt, nachdem er um 1570 nach Köln übergesiedelt war. Die Gründe hierfür sind nicht ganz klar, sie lagen wohl primär in der politischen und religiösen Situation in den Niederlanden; Hogenberg war zumindest später in Köln Mitglied der reformierten Gemeinde. Einfluß dürfte hier auch Arnold Mylius gehabt haben, der Antwerpener Faktor des Kölner Verlages Birckmann und vertraute Freund von Ortelius und Mercator. Eine weitere Kontaktperson endlich dürfte der Theologe Georg Braun (1541–1622) gewesen sein, der 1566–1568 als Hauslehrer in Antwerpen lebte. In Köln baute Frans Hogenberg eine recht produktive Kartenstecherwerkstatt auf, die in der Folgezeit für etliche weitere Künstler und Gelehrte aus den Niederlanden zur Anlaufstelle bei der Emigration werden sollte. Zu ihnen gehörte im hohen Alter Jacob van → Deventer. Um Hogenberg, den Kupferstecher und Geographen Matthias Quad (1557–1613) und den Gelehrten Jean Matal (Joannes Metellus, um 1520–1597) entstand die „Kölner Schule", die sich vor allem auf die Publikation kleinerformatiger Gebrauchsatlanten spezialisierte. Insgesamt blühte das Unternehmen über 50 Jahre. Nach dem Tode von Frans Hogenberg – vermutlich 1590 in Köln – wurde die Firma weitergeführt von seiner Witwe und danach von seinen Söhnen.

Der genaue Anteil von Frans Hogenberg am Stich der *Theatrum*-Karten ist schwer auszumachen, da seine Handschrift keine unverkennbar typischen Characteristica aufweist. Obwohl nur die Weltkarte (Nr. 1) seine Signatur trägt, kann man davon ausgehen, daß er alle 53 Platten der Editio princeps gestochen hat. Ohne Zweifel hat er auch später in Köln noch für Ortelius gearbeitet, wie überhaupt sein ganzes Wirken ständig und auf das Engste mit Antwerpen verbunden blieb.

Das kartographische Oeuvre von Frans Hogenberg und seiner Werkstatt ist sicherlich noch nicht in seinem ganzen Umfang erforscht. Genannt seien zunächst vier große Projekte, die er in eigener Regie realisiert hat:

- die sogenannten „Geschichtsblätter", eine Folge von insgesamt etwa 470 Illustrationen zur Zeitgeschichte, die in Lieferungen erschienen; die ältesten Blätter zeigen Ereignisse von 1558, die Reihe wurde fortgeführt unter den Nachfolgern bis gegen 1634 (Bibliographie und Edition bei HELLWIG);
- der zusammen mit Georg Braun als Textredakteur publizierte Städteatlas *Civitates Orbis Terrarum* – ein Parallelunternehmen zum *Theatrum* – mit insgesamt 543 Stadtansichten und -plänen; der erste Band erschien 1572 in Köln, abgeschlossen wurde das Projekt erst 1617 mit Band VI;
- das 1579/1580 entstandene *Itinerarium Orbis Christiani*, ein Reiseatlas mit 84 Karten (Edition von SCHULER);
- eine Folge von 20 Karten der Niederlande ohne eigentlichen Titel, die aber im Prinzip den ersten Nationalatlas der Niederlande darstellen (SCHILDER 1984, Exemplare sind bekannt in den Universitätsbibliotheken von Breslau und Marburg).

In späteren Jahren hat Hogenberg wahrscheinlich auch für Gerard → Mercator gearbeitet, bereits 1574 stach er dessen Porträt.

Eines der vermutlichen Hauptwerke von Frans Hogenberg ist verschollen, die im *Catalogus Auctorum* genannte *Galliae Belgicae Tabula*. Seit 1574 erscheint in den Aufzeichnungen Plantins eine *Belgicae Hogenbergii,* eine Wandkarte auf 7 bzw. 8 1/2 Blättern. Einen Eindruck von ihrem Inhalt gibt möglicherweise eine Folio-Karte *Germaniae Inferrioris ... delineatio,* die Hogenberg 1578 als Einblattdruck publizierte und die Daniel → Specklin gewidmet ist (HEYDEN Nr. 20).

Ebenfalls als Einblattdruck erschien 1576 in Köln bei Hogenberg die Karte *Deutschlandt – Germaniae Typus.* Der wissenschaftliche Urheber dieser Karte ist nicht bekannt, vielleicht war es Frans Hogenberg selbst. Sie ist ein Konglomerat aus den Informationen verschiedener Regionalkarten. Später gelangte die Platte nach Antwerpen und wurde statt der veralteten Germania-Karte nach → Sgrothen für das *Theatrum* verwendet (Nr. 147). Nach der Bibliographie der *Theatrum*-Karte bei KOEMAN geschah dies erst seit der Ausgabe 1603. Dies gilt allerdings nur für das regelmäßige Erscheinen. Vereinzelt findet sich diese Germania-Karte Hogenbergs schon seit etwa 1578 in einigen *Theatrum*-Exemplaren. Hogenberg hat also zunächst lediglich Abzüge nach Antwerpen geliefert.

Weiterhin stach Frans Hogenberg etliche Karten, die im *Catalogus Auctorum* an anderer Stelle, unter den Namen ihrer Autoren aufgeführt sind:

- die Kurköln-Karte von Cornelius → Adgerus;
- das Palästina-Kartenwerk von Christian → Adrichomius;
- die im *Catalogus Auctorum* unter Heinrich von → Rantzau genannte Dänemark-Karte von Mark → Jorden;
- die Elsaß-Karte von Daniel → Specklin;
- die Originalausgabe der Mansfeld-Karte von Tilemann → Stella, deren veränderte Platte später für das *Theatrum* verwendet wurde;
- die Karte von Kerpen-Lommersum des Gerhard → Stempel;
- die Osteuropa-Karte von Matthias → Strubitz.

Von 1570 datiert ein Nachstich der Rußland-Karte des Antonius → Wied mit der Adresse Hogenbergs.

In der Kartengeschichte zu nennen ist auch Frans Hogenbergs Bruder Remigius (um 1536 – nach 1578). Er war ebenfalls einige Jahre im Rheinland ansässig, 1568 stach er in Emmerich die Westfalen-Karte von Godfried → Mascop. Später ging er nach England, wo er u.a. am Atlas von Christopher → Saxton mitarbeitete.

Johann Hogenberg, der Sohn von Frans aus erster Ehe, ist als Kartenstecher und -verleger wenig bedeutend. Wichtiger war der Sohn aus zweiter Ehe, Abraham Hogenberg (um 1580 – um 1653).

Er führte das väterliche Unternehmen weiter und brachte eine Anzahl weiterer Karten heraus. Nach seinem Tode wurde die Firma aufgelöst, so erwarb etwa Joannes Janssonius (→ Hondius) aus Amsterdam die Kupferplatten der *Civitates Orbis Terrarum.*

Lit.:
- DÉNUCÉ, *Kaartmakers* I, S. 23 – 25 und S. 261 – 298
- HELLWIG, F. (Hrsg.): *Franz Hogenberg – Abraham Hogenberg. Geschichtsblätter.* Nördlingen 1983
- HEYDEN, *Maps of the Netherlands* (mit zahlreichen Nennungen)
- KOEMAN, *Atlantes Neerlandici* II, S. 10 – 25
- MEURER, *Atlantes Colonienses* (mit zahlreichen Nennungen)
- PURAYE, *Album Amicorum,* S. 32 (mit Eintrag Hogenbergs ohne Datum)
- SCHILDER, G.: Een belangrijke 16e eeuwse atlas van de Nederlanden gepubliceerd door Frans Hogenberg. In: *Kartografisch Tijdschrift* 10, Heft 2, 1984, S. 39 – 46
- SCHILDER, *Monumenta* I, S. 45 – 46
- SCHULER, J. E. (Hrsg.): *Der älteste Reiseatlas der Welt.* Stuttgart 1965

Jan van HOIRNE

Daten zur Biographie des Jan van Hoirne (Joannes a Horn, Jan van Horen, auch Jan de Beeldesnyder) sind kaum vorhanden. Er stammte vermutlich aus Hoorn in Holland und war im ersten Viertel des 16. Jahrhunderts als Holzschneider in Antwerpen tätig. Später siedelte er nach Amsterdam über, wahrscheinlich sein Sohn war der dort später als Kartograph, Kupferstecher und Architekt tätige Joost Jansz. Beeldesnyder (1541 – 1596).

Am 11. November 1526 erhielt Jan van Hoirne vom brabantischen Staatsrat in Brüssel ein Privileg zum Druck einer Karte des „Oostersche Zee". Von dieser Karte sind einige Fragmente im Gemeentearchief in Groningen erhalten geblieben (Abb. u.a. bei HEYDEN und HOFF):

- zwei Teile eines Blattes einer holzgeschnittenen, südorientierten Karte des Raumes zwischen Calais und der Westküste Jütlands bzw. zwischen der Nordseeküste und Koblenz. Das Blattformat bzw. das Format dieses Druckstockes beträgt etwa 38 × 57 cm;
- das Fragment einer Kartusche mit einem typengedruckten Text *Aen den goetwillighen Leser* mit einer Erklärung zum Gebrauch der Karte, dar-

unter der Vermerk *Cum gratia et Preuile ...* sowie das Adressenfragment *Dese Carthen vintmen te coope Thantwerpen by my Jan Horen, die ....* (insgesamt 13 Zeilen).

Ein Rekonstruktionsversuch ergibt – auch im Vergleich etwa mit der Karte des Cornelis →Anthoniszoon –, daß es sich bei den Kartenfragmenten um zwei Teile des rechten oberen Blattes einer vermutlich vierblättrigen, südorientierten Karte der Nord- und Ostsee einschließlich des norddeutschen Raumes handelt.

Die Darstellung der *Germania Inferior*, d.h. der Niederlande, macht auf dieser Karte maximal ein Achtel des Gesamtumfanges aus. So kann man davon ausgehen, daß es noch eine weitere Karte des Jan van Hoirne gegeben hat, eben die im *Catalogus Auctorum* genannte *Germaniae Inferioris Tabula*. Von diesem Werk hat sich bisher keine Spur gefunden.

Lit.:
- BAGROW, *Catalogus I*, S. 121
- HEYDEN, *Maps of the Netherlands*, S. 20–21 und Nr. 1
- HOFF, B. van't: Jan van Hoirne's map of The Netherlands and the „Oosterscher Zee" printed in Antwerp in 1526. In: *Imago Mundi* 11, 1954, S. 136
- KOEMAN, *Kartografie van Nederland*, S. 104–105.

Diego HOMEM

Mitglieder der Familie Homem sind seit dem 13. Jahrhundert als Funktionsträger am portugiesischen Königshof nachweisbar. Der erste namentlich bekannte Kartograph unter ihnen war Lopo Homem (geb. 1496, tätig 1519–1554), er wurde 1529 von König Joao III. zum „Cosmografo" ernannt. Über seinen Sohn und Schüler Diego Homem liegen nur wenige biographische Daten vor. Wegen einer Verwicklung in einen Mord verließ er 1547 Portugal und ging zunächst nach England, wo er bis etwa 1555 ansässig blieb. Obwohl eine königliche Begnadigung vorlag, kehrte er nicht nach Portugal zurück. Er siedelte nach Venedig über, wo er bis um 1576 lebte. Danach ging er wieder nach England, wo sich seine Spur verliert.

Alles in allem sind von Diego Homem bisher 24 Portolankarten – Atlanten und Einzelkarten – bekannt, die zwischen 1557 und 1576 datiert sind (Verzeichnis bei DESTOMBES). Es handelt sich zumeist um Karten des gesamten europäischen Küstenraumes, an dessen verbesserter Darstellung Diego Homem vor allem um 1560–1565 einen großen Anteil hatte. Eine dieser Portulankarten diente als Vorlage für eine gedruckte Karte der europäischen Küstengebiete, die 1569 in Venedig von Paolo Forlani publiziert wurde:

Ohne eigentlichen Kartentitel. Oben rechts von der Mitte in Kartusche Widmung an Giacomo Murari: *La carta del navigare ... la descrittione dell'Europa et parte dell'Africa, et dell'Asia secodo l'uso de navigati del S. Giacomo Home portughese ...* (insgesamt 15 Zeilen). Darunter die Adresse *Da Vinegia il p.° d'ottobre l'Anno M.D.XIV. / Paolo Furlani Veronese*

Kupferstich auf 2 Bll. nebeneinander, Gesamtformat 49 × 87 cm

Zum Exemplarnachweis vgl. TOOLEY, *Italian Atlases*, Nr. 34.

Siehe Abb. 39

Diese typenbildende Karte wurde von Ortelius seit 1575 im *Catalogus Auctorum* genannt, ansonsten aber nicht für das *Theatrum* verwendet.

Lit.:
- CORTESAO, A.: *Os Homens, Cartografos portugueses do seculo XVI*. Coimbra 1932
- CORTESAO-TEIXEIRA DA MOTA, *Port. Mon. Cart. II*, S. 3–10 und zahlreiche Tafeln
- DESTOMBES, M.: Une carte inédite de Diogo Homem, circa 1566. In: *Revista da Universidade de Coimbra* 24, 1970, S. 5–15; Wiederabdruck in DESTOMBES, *Contributions*, S. 351–363.

Jodocus HONDIUS

Jodocus Hondius der Ältere (Joost d'Hondt) wurde am 14. Oktober 1563 in Wakken/Flandern als Sohn eines Architekten geboren. 1565 siedelte die Familie nach Gent über. Hier erhielt der junge Jodocus Hondius eine umfassende Ausbildung in Mathematik und klassischen Sprachen, aber auch im Kupferstich und in der Kalligraphie. Als Gent 1583 durch spanische Truppen erobert wurde, verließ er seine Heimat und ging nach England. In London arbeitete er als Hersteller von astronomischen Instrumenten und Globen. Weiterhin war er tätig als Kupferstecher für mehrere Londoner Verleger, schon hier spezialisierte er sich auf den Kartenstich (vgl. Anonymus →Britische Inseln). In London prägte Hondius auch eine Kartengattung, die später zu einem der Markenzeichen seines Hauses und danach oft kopiert wurde: die Dekoration des Kartenrandes mit Veduten, Figurendarstellungen etc. 1593 kehrte Jodocus Hondius in die Niederlande zurück. Er wurde als Kupferstecher und Verleger in Amsterdam ansässig. An Cartographica zählten zum Programm seiner Firma zunächst Globen, Einzelkarten in Folio-Format und Wandkarten. Der Durchbruch gelang Hondius 1604 mit dem Erwerb der Kupferplatten aus dem Nachlaß von Gerard → Mercator und seiner Erben. Auf dieser Basis brachte er 1605 die erste Ptolemäus-Ausgabe heraus. 1606 legte er erstmals Mercators *Atlas* wieder auf. Es folgten zahlreiche weitere Ausgaben, in denen die alten Karten Mercators nach und nach durch neue ergänzt und ersetzt wurden (siehe z.B. Jacques → Goulart). Seit 1607 publizierte Hondius als Eigenschöpfung, aber wissenschaftlich ebenfalls auf der Basis des Mercator-Atlas den *Atlas minor*. Nicht zuletzt diese Werke waren als bessere und damit übermächtige Konkurrenz der Grund für die Einstellung der Publikation der Ortelius-Atlanten (*Theatrum* und *Epitome*) in Antwerpen etwa mit dem Jahr 1612. Jodocus Hondius der Ältere starb am 16. Februar 1612 in Amsterdam. Der Verlag wurde fortgeführt von seinen Söhnen Jodocus dem Jüngeren (1594–1629) und Henricus (1597–1651) sowie von dem Schwiegersohn Joannes Janssonius (1588–1664).

Im *Catalogus Auctorum* erscheint der Name von Jodocus Hondius seit der *Theatrum*-Ausgabe 1601. Mit der hier genannten „Tabula universa" dürfte die Doppelhemisphären-Wandkarte des Verlages Hondius gemeint sein:

NOVISSIMA AC EXACTISSIMA TOTIVS ORBIS TERRARVM DESCRIPTIO MAGNA / cura & industria ex optimis quibusq. tabulis Geographicis et Hydrographicis nuperrimisq. doctorum virorum observationib. duobus planisphaeriis delineata. Auct. J. Hondius.

Titel über der Karte in Schriftfeld

Kupferstich von 18 Platten, 3 Reihen zu je 6 Bll., Gesamtformat 167 × 246 cm.

Von der Erstausgabe dieser Karte durch Jodocus Hondius den Älteren ist bisher kein Exemplar aufgefunden worden. Terminus ante quem für das Erscheinungsdatum ist die Nennung im *Catalogus Auctorum* 1601. Bekannt sind lediglich spätere Ausgaben durch den Verlag Hondius von 1618 (Bibliothek von Schloß Wolfegg/Württemberg), 1627 (ehemals Privatsammlung San Francisco, 1906 beim Erdbeben zerstört) und 1634 (Bibliothèque Nationale, Paris). Später wurden die Kupferplatten an den Amsterdamer Verlag Visscher verkauft, der sie 1660 und 1669 für weitere Ausgaben verwendete (Faksimile bei SCHILDER 1978).

Bereits 1595 hatte Jodocus Hondius die ebenfalls im *Catalogus Auctorum* genannte Europa-Wandkarte auf den Markt gebracht:

NOVA TOTIVS EVROPAE DESCRIPTIO. Auctore I. Hondio

Titel am oberen Kartenrand in Schriftfeld. Unten Mitte in Kartusche: *Deo propito / Jodocus Hondius una / cum affine Petro Kaerio / Flandri caelarunt / Anno Domini / 1595.*

Kupferstich von 8 Platten, 2 Reihen zu je 4 Bll., Gesamtformat 132 × 164 cm. Ein typengedruckter Erläuterungstext steht auf gesonderten Blättern, die unten an die Karte angesetzt sind.

Exemplare: Harvard University Library, Cambridge/Mass. (Faksimile bei KOEMAN, 1967); Staatsarchiv, Nürnberg.

Der als Miturheber genannte Petrus Kaerius (Pieter van den Keere, 1571–ca. 1646), Kupferstecher und Verleger in Amsterdam, war der Schwager von Jodocus Hondius dem Älteren.

Beide Karten sind von Grund auf aus neueren Quellen erarbeitet. In das *Theatrum* sind sie von Vrients aber nicht übernommen worden.

Lit.:
- KOEMAN, *Atlantes Neerlandici II*, S. 136 ff.
- KOEMAN, C.: *Jodocus Hondius' Wall-Map of Europe 1595* (= Imago Mundi, Supplement 5). Amsterdam 1967
- SCHILDER, G.: *The World Map of 1669 by Jodocus Hondius the Elder and Nicolaas Visscher* (= Wall maps of the 16th and 17th centuries II). Amsterdam 1978
- SCHILDER, G.: Jodocus Hondius, creator of the decorative map border. In: *The Map Collector* 32, 1985, S. 40–43
- SHIRLEY, *World Maps*, S. 293–296.

Johannes HONTER

Johannes Honter (eigentlich Aust oder Auschut, dann Honter, Holer, Hunter u.ä., Humanistennamen Honterus und Coriander; der in älterer Lit. gegebene Geburtsname Graß ist unzutreffend) wurde um 1498 in Kronstadt/Siebenbürgen (heute Brasov) als Sohn eines Ledermachers geboren. Er besuchte zunächst die Dominikanerschule in seiner Heimatstadt. 1515 wurde er in die Artistenfakultät der Universität Wien immatrikuliert, wo neben anderen Georg → Tannstetter zu seinen Lehrern zählte. Nach dem Magisterexamen 1515 blieb Honter zunächst noch einige Jahre in Wien. 1529 besuchte er Peter → Apian in Ingolstadt und Johannes → Aventinus in Regensburg. 1530 wurde er an der Universität Krakau immatrikuliert. Noch im gleichen Jahr reiste er weiter nach Basel, wo er als Korrektor und Lektor in der Offizin Bebel-Isengrin arbeitete und auch mit Sebastian → Münster in Kontakt kam. 1533 wurde Honter durch den Rat seiner Heimatstadt nach Siebenbürgen zurückgerufen. In Kronstadt gründete er ein Gymnasium, eine Bibliothek und eine Druckerei. Als Pädagoge, Reformator, Ratsherr und Rechtsgelehrter wirkte er bis zu seinem Tode am 23. Januar 1549 in Kronstadt.

Bei den im *Catalogus Auctorum* genannten *Tabulae geographicae libelli formae* handelt es sich um die Karten in einer von Honter herausgegebenen Kosmographie, dem am häufigsten gedruckten Geographielehrbuch des 16. Jahrhunderts im deutschen Kulturraum (Bibliographie bei ENGELMANN 1982). Die Erstausgabe *Rudimentorum cosmographiae libri duo* erschien 1530 in Krakau, sie enthält lediglich eine kleine Weltkarte nach Apian. Nach der Rückkehr nach Kronstadt ging Honter an eine Neubearbeitung des Werkes, die er erstmals 1542 als *Rudimenta cosmographica* auf der eigenen Presse druckte. Für diese Fassung schuf er eine Serie von recht groben Holzschnittkarten (Abb. bei MEURER), die als eigener Teil am Ende des Buches stehen:

1. *VNIVERSALIS COSMOGRAPHIA* (12,5 × 16 cm)
2. *HISPANIA* (12,5 × 15,5 cm)
3. *GALLIA* (12,5 × 15 cm)
4. *GERMANIA* (12,5 × 15 cm)
5. *SARMATIA* (12,5 × 15 cm)
6. *DACIA – THRACIA – MACEDONIA* (12,5 × 15,5 cm)
7. *MACEDONIA – ACHAIA – PELOPONESVS* (12,5 × 15,5 cm)
8. *ITALIA* (12 × 15,5 cm)
9. *SYRIA – IVDAEA* (12 × 15 cm)
10. *ASIA MINOR* (12 × 15,5 cm)
11. *SARMATIA – ASIA – INDIA* (12 × 16 cm)
12. *AFRICA* (12 × 15,5 cm)
13. *SICILIA* (12 × 7,5 cm).

Alle Karten sind ohne eigentlichen Titel, zitiert sind hier die in der Kartenzeichnung jeweils groß geschriebenen Ländernamen. Die Holzstöcke für die Karten dieser Erstausgabe wurden wahrscheinlich von Honter selbst geschnitten. Eine große Verbreitung erreichten Honters *Rudimenta cosmographica* vor allem durch die Nachdrucke, die ab 1546 von der Offizin Froschauer in Zürich herausgebracht wurden. Ihre Karten sind exakte Kopien nach der Originalausgabe, die Holzstöcke wurden geschnitten von Heinrich Vogtherr d.Ä. (1490–1556). Laut dem *Catalogus Auctorum* kannte Ortelius auch nur diese Züricher Ausgabe. Im *Theatrum* fanden die Karten der *Rudimenta cosmographica* keine Verwendung.

Überhaupt nicht gekannt hat Ortelius allem Anschein nach das zweite kartographische Hauptwerk von Johannes Honter, die erste Regionalkarte Siebenbürgens. Sie erschien 1532 in Basel als Einblattdruck:

CHOROGRAPHIA TRANSYLVANIAE / Sybembürgen

Titel oben Mitte in der Kartenzeichnung. Am rechten Rand in der Mitte in Schriftrolle die Signatur *IHC* (= Ioannes Honterus Coronensis). Unten Mitte in Kartusche Widmung an den Stadtrat von Hermannstadt (heute Sibiu) in Siebenbürgen: *ORNATISS: SENATVI / CIBINIENSI DICATVM / BASILIAE ANNO MDXXXII*. Unten rechts und links in Rahmen Geleitgedichte in Deutsch und Latein (je 8 Zeilen)

Holzschnitt von 2 Stöcken, 2 Bll. nebeneinander, Gesamtformat 37 × 55 cm

Das einzige bekannte Exemplar ist in der Nationalbibliothek Széchenyi, Budapest.

Siehe Abb. 40

Diese Siebenbürgen-Karte Honters wurde typenbildend und oft kopiert. Eine etwas überarbeitete Fassung brachte 1566 Johannes → Sambucus heraus, die dann selbst als Vorlage für das *Theatrum* kopiert wurde.

Nicht mehr zur Ausführung gekommen ist eine von Honter geplante Übersichtskarte Siebenbürgens, Moldaviens und der Walachei, die als Beilage für eine Chronik des Historikers Antonius Verantius (1504–1573) vorgesehen war. Auch der Kartograph Christoph Pomarius (1500–1565), der diese Aufgabe nach Honters Tod übernahm, konnte sie nicht vollenden. Erwähnenswert ist fernerhin ein Erdglobus, den Honter 1542 in Kronstadt anfertigte und für den er Segmente verwendete, die Peter Apian zugeschrieben werden.

Lit.:
- BAGROW, *Catalogus I*, S. 110–113
- BINDER, P.: Christian Pomarius Kartograph. In: *Revue Roumaine d'Histoire* 8, 1969, S. 171–175
- ENGELMANN, G.: Ingolstädter Globusstreifen. In: *Sammelblatt des Historischen Vereins Ingolstadt* 84, 1975, S. 123–128
- ENGELMANN, G.: *Johannes Honter als Geograph* (= Studia Transylvanica 7). Köln–Wien 1982
- KLEIN, K. K.: *Zur Basler Sachsenlandkarte des Johannes Honter vom Jahre 1532* (Faksimile mit Textheft). München 1960
- MEURER, P. H.: Die Karten der Kronstädter Ausgabe 1542 von Johannes Honters Rudimenta Cosmographica. In: *Speculum Orbis* 2, 1986, S. 34–39
- NETOLICZKA, O.: *Johannes Honterus. Ausgewählte Schriften*. Wien–Hermannstadt 1898
- NUSSBÄCHER, G.: *Johannes Honterus. Sein Leben und Werk in Bildern dargestellt*. Bukarest 1973
- SZATHMARY, *Descriptio Hungariae*, S. 79 ff.

Joachim HOPPER

Joachim Hopper (Joachimus Hopperus) wurde am 11. November 1523 in Sneek/Friesland geboren. Nach einem Studium der Rechtswissenschaften in Leiden, das er 1553 mit der Promotion abschloß, trat er in den Dienst der spanisch-habsburgischen Verwaltung in den Niederlanden. Sein Förderer war der Staatsmann Joachim Viglius ab Aytta (1507–1577), der auch einer der bedeutendsten Kartensammler seiner Zeit war. 1554 wurde Hopper Mitglied des Großen Rates in Mechelen und 1561 Mitglied des Geheimen Rates in Brüssel. Er war zwar stets loyaler Parteigänger der spanischen Krone, zeichnete sich aber aus durch ein stetes Bemühen um beiderseitige Mäßigung im beginnenden Unabhängigkeitskampf der Niederlande. 1566 wurde er von König Philipp II. in den Kronrat berufen und zum Großsiegelbewahrer ernannt. Er verließ die Niederlande und siedelte nach Spanien über. Er starb am 15. Dezember 1576 in Madrid.

Publizistisch ist Hopper zu Lebzeiten nicht hervorgetreten. Einige Denkschriften zur politischen Situation wie *Recueil et memorial des troubles des Pays Bas* erschienen erst posthum. Zur Kartographie ist er wohl als gebildeter Humanist gekommen. 1568 soll er nach SUFFRIDUS eine handgezeichnete Kriegskarte von Friesland geschaffen haben, die nicht erhalten ist. Ergebnis seiner historischen Forschungen war eine handgezeichnete historische Karte Frieslands zur Zeit von Kaiser Augustus. Sie ist auf unbekanntem Wege an Ortelius gelangt. Publiziert wurde sie erst 1579 als Inset zur Westfriesland-Karte des Sibrandus → Leo (Nr. 83), im *Catalogus Auctorum* wird Hopper mit diesem Werk gar erst seit der *Theatrum*-Ausgabe 1601 genannt.

Lit.:
- RAHLENBEEK, C.: Joachim Hopper. In: *Biographie Nationale de Belgique* 9, 1887, Sp. 466–468
- SUFFRIDUS, P.: *De scriptoribus Frisiae*. Köln 1593, S. 299.

Giulio IASOLINO

Giulio Iasolino (auch Azolino, Giasolino, Iazzolino u.ä., lat. Julius Jasolinus) entstammte einer vornehmen Familie aus Monteleone in Kalabrien; nach der Lage seines Heimatortes am Golfo di Sant'Eufemia bildete er sein gelegentlich geführtes Gelehrtencognomen *Hipponiatae Medicus*. Das Geburtsjahr ist nicht genau bekannt, es ist um 1537/1538 anzusetzen. Auch über seine Ausbildung liegen nur wenige Angaben vor. Er studierte Medizin in Messina bei dem dort wirkenden berühmten Arzt Filipp Ingrassia (1510–1580), wahrscheinlich ist auch eine fundierte Ausbildung in der Philosophie. Um 1563 wurde Iasolino in Neapel ansässig. Hier wurde er Arzt am Ospedale degli Incurabili, auch scheint er sich zunehmend einen Ruf als Prominentenarzt erworben zu haben. Zudem hatte er spätestens seit 1571 einen Lehrstuhl für Anatomie an der Universität Neapel.

In der Frühzeit seines Wirkens an der Universität fand Giulio Iasolino die Gelegenheit zur wissenschaftlichen Tätigkeit. Erste Schriften waren *Quaestiones anatomicae et osteologia parva* (Neapel 1573) und *De aqua in pericardio* (Neapel 1575). Das wissenschaftliche Hauptwerk war *De rimedi naturali che sono nell'Isola di Pithecusa, hoggi detta Ischia, libri due* (Neapel: Giuseppe Cacchi, 1588). Diese Beschreibung von Ischia und der dort möglichen Badekuren, ein wichtiger Meilenstein in der Geschichte der modernen Balneologie, wurde 1587 als Frucht von über 15 Jahren Arbeit abgeschlossen. Dem Buch ist eine Vogelschaukarte Ischias beigegeben:

INSVLA AENARIA HODIE ISCHIA

Titel oben mitten in der Kartenzeichnung. Oben links in Kartusche Widmung an Prinzessin Isabella Feltria della Rovere (33 Zeilen), datiert Neapel 1568. In zwei Rahmen unten links und rechts Legende mit insgesamt 167 Ziffern zu balneologischen Anmerkungen auf der Karte. Unten rechts die Signatur *Marius Cartarus F.*

Kupferstich, 36,5 × 52,5 cm

Exemplare u.a. in der Biblioteca Apostolica Vaticana, Rom und in der Biblioteca Nazionale, Florenz (vgl. auch TOOLEY, *Italian Atlases*, Nr. 320, Abb. bei BUCHNER).

Die Signatur verweist auf den Kartographen und Kupferstecher Mario Cartario, der um diese Zeit in Neapel tätig war und u.a. mit → Stigliola gearbeitet hat. Er dürfte der eigentliche kartographische Urheber dieses Blattes sein, Iasolino hat wohl nur die thematischen Details zur Balneologie beigetragen. Bereits 1590 wurde die Karte von Ortelius ohne größere kartographische Änderungen in das *Theatrum* übernommen (Nr. 120), weggelassen sind die medizinischen Hinweise. Auf dieser Ortelius-Version basierten etliche spätere Kopien, z.B. im Atlas von → Magini. Die *Rimedi naturali* wurden nochmals veröffentlicht in Neapel 1689 mit einer neugestochenen Karte.

Nach 1588 scheint sich Giulio Iasolino ganz seinem ärztlichen Beruf gewidmet zu haben, publizistisch ist er nicht mehr hervorgetreten. Er starb 1622 in Neapel.

Lit.:
- ALMAGIA, *Mon. Ital. Cart.*, S. 47
- ALMAGIA, R.: Studi storici di cartografia napoletana (Teil 2). In: *Archivio Storico per le Provincie Napoletane* 38, 1914, hier S. 321–327
- BUCHNER, P.: *Giulio Iasolino. Medico calabrese del cinquecento che dette nuova vita di bagni dell'Isola di Ischia.* Mailand 1958.

Anthony JENKINSON

Daten zur Jugend des um 1525 geborenen Anthony Jenkinson sind spärlich. Seit 1546 ist er belegt als englischer Handelsreisender im Mittelmeerraum, 1553 erhielt er von Sultan Suleiman II. einen Paß zum Handel in türkischen Häfen. Zurückgekehrt nach London, machte Jenkinson rasch Karriere. 1555 wurde er Mitglied der Mercer's Company, aus der später die Muscovy Company entstand. 1557 führte er in ihrem Auftrag eine englische Gesandtschaft nach Moskau an den Hof von Zar Iwan dem Schrecklichen. Mit seiner Erlaubnis machte Jenkinson anschließend eine zweijährige Reise durch den gesamten Süden des Russischen Reiches, von der er erst 1560 nach London zurückkehrte. Neben einer weiteren Öffnung des Handels war die bedeutendste Frucht dieser Reise Jenkinsons eine typenbildende Rußland-Karte, die 1562 in London von dem Verleger Clement Adams publiziert wurde:

NOVA ABSOLVTAQVE RVSSIAE, / MOSCOVIAE, et TARTARIAE / descriptio Authore Antonio Jenkinsono / Anglo, Clemente Adamo edita & / a Nicolao Reinoldo Londinensi aeri / insculpta Anno Salutis 1562.

Titel oben links in Kartusche. Unten links in Kartusche Widmung der Karte durch Clement Adams an Henry Sydney, den Gouverneur von Wales (20 Zeilen)

Kupferstich auf 4 Bll., 2 Reihen zu je 2 Bll., Gesamtformat 80 × 101,5 cm

Das einzige bekannte Exemplar wurde erst kürzlich von der Biblioteka Universytecka, Breslau erworben.

Die Karte ist sicherlich nicht das alleinige Werk von Jenkinson. Er war der Kompilator, von ihm stammten auch die meisten Daten betreffend Südrußland. Die Darstellung der nördlichen Regionen hingegen geht zurück auf Kartenskizzen von William Borough (1536–1599), der 1553 an dem Versuch von Richard Chancellor († 1556) teilgenommen hatte, die Nordostpassage zu bezwingen. Der Kupferstecher Nicholas Reynolds ist später belegt u.a. als Mitarbeiter am England-Kartenwerk von Christopher → Saxton. Diese Jenkinson-Karte prägte die Darstellung Rußlands in der europäischen Kartographie während der nächsten 50 Jahre entscheidend. Auch Ortelius übernahm sie für das *Theatrum* ohne wesentliche inhaltliche Änderungen (Nr. 46).

In den Jahren 1561–1563, 1565–1566 und 1571–1572 machte Anthony Jenkinson noch drei weitere Reisen nach Rußland und bis zur persischen Grenze. Danach lebte er in London als Kaufmann und Diplomat in Handelsangelegenheiten, auch war er weiterhin für die Muscovy Company als Gutachter in Problemen um die Erkundung von Handelsrouten tätig. Um 1600 siedelte er auf seinen Alterssitz nach Ashton in Northampshire über, wo er im Februar 1611 starb.

Lit.:
- BAGROW, *Catalogus I*, S. 120–121
- BAGROW, *Russia*, S. 98 ff.
- KEUNING, J.: Jenkinson's map of Russia. In: *Imago Mundi* 13, 1956, S. 172–175
- MORGAN, E. D. und Ch. H. COOTE (Hrsg.): *Early voyages and travels to Russia by Anthony Jenkinson and other Englishmen* (= Works issued by the Hakluyt Society I, Bd 72–73). London 1886, Neudruck New York 1968
- SAGER, P.: Zu Anthony Jenkinsons Karte von Russia (1562). In: *Nordost-Archiv* Heft 32, 1974, S. 1–7.

Hingewiesen sei weiterhin auf einen Beitrag von Krystyna SZYKULA (Breslau) über die wiederaufgefundene Originalausgabe, der für einen der nächsten Bände von *Imago Mundi* vorgesehen ist.

Cornelis de JODE

Nach dem Tode von Gerard de Jode, des großen Konkurrenten von Abraham Ortelius, im Jahre 1591 wurde dessen Verlag weitergeführt von seiner Witwe und seinem Sohn Cornelis. Dieser wurde 1568 in Antwerpen geboren. Sein Studium der Mathematik an der Universität Douai ist nicht sicher belegt, 1594 veröffentlichte er allerdings eine Arbeit *De quadrante geometrico*. Recht wahrscheinlich hingegen ist eine Ausbildung als Kupferstecher, 1595 wurde Cornelis de Jode in die Antwerpener St. Lukas-Gilde aufgenommen. Reisen führten ihn nach Nordeuropa, Spanien, Italien und mehrmals zur Frankfurter Buchmesse. Sein eigenes Werk als Verleger und Kartenmacher war gering, er starb bereits am 17. Oktober 1600 in Antwerpen.

Das bedeutendste Werk von Cornelis de Jode war die Publikation einer zweiten Ausgabe des de Jode-Atlas *Speculum Orbis Terrae* im Jahre 1593 mit einer Reihe neuer Karten. Die Platten wurden nach seinem Tode von Joan Baptist Vrients erworben. Dies geschah wohl alleine, um eine Konkurrenz für das inzwischen ebenfalls recht überholte *Theatrum* auszuschalten. Als Ganzes ist das *Speculum* nie mehr publiziert worden, lediglich von einigen Platten gibt es spätere Druckzustände.

Eine eigene Arbeit von Cornelis de Jode war die im *Catalogus Auctorum* genannte Frankreich-Karte von 1592:

GALLIA / SEV FRANCIA OCCIDĒ- / TALIS, VT OLIM IN BEL- / GICĀ, CELTICAM, NAR- / BONENSEM LVGDV- / NENSEM ET AQVITA- / NICAM, DEVISA

Titel oben rechts in Kartusche, darunter in weiterer Kartusche Widmung an den Bischof von Würzburg mit Signatur und Datierung: *Amplissimo / Dño Principi illustrissimo IVLIO D. G. / Episcopo Wirceburg. / Franciae orientalis / Duci &c a Cornelio de /Iudaeis Antverp. quam / humiliter dedicata Ao. Dni. M.D.LXXXXII.* Unten links die Adresse: *Antverpiae / Excudebat Vidua Gerardi de Iode.*

Kupferstich auf 9 Bll., 3 Reihen zu je 3 Bll., Gesamtformat 107 x 138 cm

Exemplare: Bibliothèque Nationale, Paris; Zentralbibliothek der Deutschen Klassik, Weimar.

Siehe Abb. 41

In das *Theatrum* ist diese Karte nicht eingegangen. Ortelius hat wohl festgestellt, daß Cornelis de Jode hier vollständig mit fremdem Material gearbeitet hat. Die vorliegende Wandkarte ist im wesentlichen eine Kompilation auf der Basis der 1585 erschienenen Regionalkarten in den *Galliae tabulae geographicae* von Gerard →Mercator. Man sollte aber vorsichtig sein, sie als ein simples Plagiat zu werten. Sehr gut denkbar ist, daß die Edition der vorliegenden Karte mit dem Wissen Mercators geschehen ist. Ein wichtiges Argument stellt hier ein Stilvergleich dar. De Jodes Frankreich-Wandkarte wurde mit einiger Sicherheit von dem gleichen Kupferstecher gestochen wie die große Germania-Wandkarte Rumold →Mercators und einige der späten Karten des Mercator-Atlas. Die genauen Verbindungen hier bedürfen noch weiterer Forschung.

Lit.:
- KOEMAN, *Atlantes Neerlandici* II, S. 205–212
- ORTROY, F. van: *L'oeuvre cartographique de Gerard et de Corneille de Jode.* Antwerpen 1914, Neudruck Amsterdam 1963.

Jean JOLIVET

Die Erforschung der Biographie von Jean Jolivet (Joannes Jolivetus) steht noch aus, exakte Daten fehlen fast völlig. Er stammte wahrscheinlich aus

Bellac (nördlich von Limoges) und wirkte um die Mitte des 16. Jahrhunderts als Priester in Bourges. Er führte den Titel eines „Géographe du Roi" im Dienst von König Franz I. (reg. 1515–1547). Ungesichert ist die Annahme, daß er ein Schüler von Guillaume → Postel war. Als Kartograph trat *M. Ioh. Iolivet Pbre* erstmals in Erscheinung mit einer titellosen Karte des Berry, die 1545 in Bourges erschien (Holzschnitt auf 6 Bll., Gesamtformat 85 x 88 cm; das einzige, 1907 beschriebene Exemplar in der Bibliothèque de la Sorbonne, Paris ist verschollen; Abb. bei VACHER). Ebenfalls von 1545 datiert eine *Carte generalle du Pays de Normandie par M. Ian Iolivet* (Handzeichnung, 92 x 137 cm; Bibliothèque Nationale, Paris; Abb. bei PARQUIER). Nach den Forschungen von MARCEL (1902) ist Jolivet auch als der Urheber einer undatierten Karte *Description de la haulte er basse Picardye* anzusehen, die von dem Pariser Verleger Olivier Truschet publiziert wurde (Holzschnitt, 39 x 53 cm; einziges Exemplar in der Bibliothèque Nationale, Paris).

Die große Summe von Jolivets Arbeit in der französischen Regionalkartographie war eine Karte von ganz Frankreich, eine der wichtigsten und am meisten kopierten Länderkarten Westeuropas in der zweiten Hälfte des 16. Jahrhunderts. Die Originalausgabe erschien 1560 in Paris:

> *Nouuelle description des Gaules, auec les confins Dalemaigne et Italye.*
>
> Holzgeschnittener Titel über dem oberen Kartenrand. Im seitlichen und oberen Kartenrahmen steht der Text: *LA TERRE ET LE CONTENV DICELLE / APPARTIENT A LETERNEL AVSSY LE MONDE ET / CEVLX QVI Y HABITENT. PSAL. 24.* Im unteren Kartenrand: *IOANNES IOLIVET INVENTOR. 1560.* Oben rechts in Kartusche holzgeschnittener Text mit Geleitwort *Aux lecteurs Salut* (25 Zeilen). Unten rechts in Kartusche *Avertissement* der Pariser Drucker Richard Breton und Olivier Truschet mit Datierung 1560 (13 Zeilen)
>
> Holzschnitt auf 4 Bll., 2 Reihen zu je 2 Bll., Gesamtformat 56,5 x 85 cm.

Von diesen originalen Druckstöcken sind mehrere, zum Teil bisher nicht durch ein Exemplar nachgewiesene Auflagen gedruckt worden:

1. Erstausgabe 1560, wie oben beschrieben; das einzige bekannte Exemplar ging 1945 in der Stadtbibliothek Breslau verloren.
2. Nicht bekannt ist ein Exemplar einer vermuteten Ausgabe von 1565.
3. Die älteste derzeit vorhandene Ausgabe wurde 1570 gedruckt (einziges Exemplar in der Bibliothèque Nationale, Paris). Der holzgeschnittene Titel über dem oberen Kartenrand ist ersetzt durch einen typengedruckten Titel: *Vraie description des Gaules, auec les confins d'Allemaigne & Italye*. Das Datum im unteren Rand ist auf *1570* geändert, in der Kartusche unten rechts ist dem originalen *Avertissement* in Typendruck beigefügt die Adresse ... (A Paris par) / *Marc du Chesne, rue Fremental / a l'Estoile d'or / 1570*. (Faksimile bei POGNON).
4. Eine weitere Auflage zwischen 1570 und 1578 wird vermutet.
5. Die Karte hat nun wieder den holzgeschnittenen Kopftitel, wie unter 1) beschrieben. Das Datum im unteren Rand wurde auf *1578* geändert, einige Ortsnamen sind in Typendruck hinzugefügt. Eine Drucker- oder Verlegeradresse fehlt. Das einzige bekannte Exemplar dieser Ausgabe ist in den Archives Nationales, Paris (Abb. bei DAINVILLE).

Die Frankreich-Karte von Jean Jolivet wurde sehr oft kopiert bis weit ins 17. Jahrhundert hinein. Sie war auch die Grundlage für die selbst typenbildenden Karten von → Plancius und → Postel. Auch das *Theatrum* enthält bereits seit der Erstausgabe 1570 eine Frankreich-Karte nach Jolivet (Nr. 9). Ortelius hat die Vorlage sehr genau kopiert, einschließlich des nun ins Lateinische übersetzten Geleitwortes *Candido lectori S. D.* Im Osten ist der Blattschnitt leicht verkürzt, die Eintragungen Jolivets östlich des Rheins und Venedig sind weggelassen. Diese Kopie nach Jolivet ist in fast allen *Theatrum*-Ausgaben enthalten. Eine von Ortelius veranlaßte Kopie der Frankreich-Karte von Postel ist aus unbekannten Gründen nicht in den Auflagendruck des *Theatrum* übernommen worden. Erst Vrients ersetzte diese alte Karte durch einen Nachstich nach Plancius. Die Kupferplatte der *Theatrum*-Karte nach Jolivet blieb allerdings in Gebrauch. 1627 stellte der Drucker Manassez Le Preaulx in Rouen Abzüge davon mit eigener Adresse her (Exemplar in der Bibliothèque Royale, Brüssel; Abb. bei MEURER).

Lit.:
- BAGROW, *Catalogus I*, S. 122–123
- DAINVILLE, F. de: Jean Jolivet's „Description des Gaules". In: *Imago Mundi* 18, 1964, S. 44–52
- MARCEL, G.: Carte de la Normandie par Jean Jolivet, 1545. In: *Comptes rendues des sciences de la Société de Géographie* 2, 1897, S. 390–391

- MARCEL, G.: Une carte de Picardie inconnue et le géographe Jean Jolivet. In: *Bulletin de Géographie Historique et Descriptive* 17, 1902, S. 176–183
- MEURER, P. H.: Ortelius' map of France – an unrecorded 1627 reissue. In: *The Map Collector* 48, 1989, S. 11–12
- PARQUIER, E.: Note sur la carte générale du Pays de Normandie. In: *Société Normande de Géographie*, Bulletin de l'année 1900, tom. 22, S. 141–144
- POGNON, E. (Hrsg.): *Carte de France de Jolivet*. Paris 1974
- VACHER, A.: La carte du Berry par Jean Jolivet (1545). In: *Bulletin de Géographie Historique et Descriptive* 22, 1907, S. 258–267.

Mark JORDEN

Mark Jorden (Marcus Jordanus) wurde 1521 in Krempe (südlich von Itzehoe) im damals dänischen Herzogtum Holstein geboren. Nach einer ersten Schulausbildung an unbekanntem Ort wurde er 1545 in die Artistenfakultät der Universität Wittenberg immatrikuliert. Dort kam er mit hoher Sicherheit in Verbindung mit Philipp Melanchton (→ Stella) und der von ihm neuorientierten, vom Geist der Reformation geprägten Geographie. Ganz in diesem Umfeld steht die erste bekannte kartographische Arbeit Jordens, eine um diese Zeit und vermutlich in Wittenberg erschienene, nach einer Vorlage in Sebastian → Münsters Kosmographie kopierte Palästina-Karte als Einblattdruck zur Begleitung der Bibellektüre (Holzschnitt, 27 x 38 cm; einziges bekanntes Exemplar in der Landesbibliothek, Coburg; Abb. bei MEURER). Bereits 1546 legte er in Wittenberg das Magisterexamen ab, und wenig später ist er dann wieder in seine Heimat zurückgekehrt.

1550 wurde Mark Jorden als Mathematikprofessor an die Universität Kopenhagen berufen. Verbunden mit diesem Amt waren Arbeiten, die ihn im Nachruhm als den „Vater der dänischen Kartographie" gelten lassen. Schon 1552 erschien in Kopenhagen bei dem Drucker Johannes Vinitor eine von Jorden gezeichnete Karte des Königreichs Dänemark, die im *Catalogus Auctorum* als *Daniae Regni Typus* genannt, ansonsten aber im *Theatrum* nicht verwendet wurde. Von diesem Druck ist bisher kein Exemplar bekannt geworden. Spuren sind aber vielleicht zu erkennen in einigen späteren Karten des mitteleuropäischen Raumes, etwa in der Deutschland-Karte von Christian → Sgrothen. Um 1553 erhielt Jorden dann offiziell von König Christian III. den Auftrag zu einer umfassenden Landesaufnahme Dänemarks. Diese Arbeiten, die ihn sicherlich mehrere Jahre in Anspruch genommen haben, wurden offiziell nie veröffentlicht und sind im Original ebenfalls verloren. Ihr erstes gedrucktes Resultat war eine Karte der Herzogtümer Schleswig und Holstein, die 1559 in Hamburg von dem Drucker Joachim Loew publiziert wurde:

Affschrifft uñ vor= / tekinge der beider Vörstendhö= /me, Sleswick, Holsten, / Stormarn uñ Dith= / merschen. / M. D. lix

Titel in Rahmen oben halbrechts auf der runden Karte, die von einem Ring mit einem Kalender über die Jahre 1558–1585 umgeben ist. Der Blattitel steht am oberen Rand dieses Druckes über der Karte: *Ein kunstlick Calendarium up alle thokumpstige Jare denstlick, Darinne alle Festdage, Der Sunnen gradt und Hulden tall etc. vortekent*. In den oberen Ecken und unter der Karte Erklärungen zum Gebrauch dieses Druckes. Der untere Text hat den Titel *M. Marcus Iordanus / Lectori* (5 Kolumnen), an seinem Ende die Adresse *Gedruckt tho Hamborch dorch Joachim / Louwen. Anno. M. D. lix*

Holzschnitt von 4 Stöcken mit allen Namen und Texten in Typendruck, Kartendurchmesser 42 cm, Blattformat ca. 73 x 62 cm

Das einzige bekannte Exemplar befindet sich in der Universiteitsbibliotheek, Leiden (Abb. bei NØRLUND, Tafel 16, Vollfaksimile bei REUMANN).

Ortelius hat diese typenbildende Karte erst 1579 in das *Theatrum* aufgenommen (Nr. 86 b). Der Inhalt blieb im wesentlichen unverändert. Durch geschickte Plazierung der Kartuschen erreicht die *Theatrum*-Fassung eine Umsetzung vom runden in einen rechteckigen Blattschnitt ohne Änderung in der Projektion.

Aus unbekannten Gründen ist Mark Jorden nach Abschluß der Vermessungsarbeiten nicht wieder auf seinen Lehrstuhl in Kopenhagen zurückgekehrt. Über seine weitere berufliche Laufbahn liegen nur wenige Informationen vor. Möglicherweise hat er einige Jahre in den Niederlanden gelebt. Konkret biographisch faßbar wird er erst wieder 1566, als er wieder in seiner Heimatstadt Krempe lebte. Hier wurde er 1568 Ratsherr und 1583 Bürgermeister, und hier erschienen 1580 und 1583 heute nur noch aus sekundären Quellen bekannte Neubearbeitungen der Karte Schleswig-

Holsteins. Überhaupt scheint das gesamte Material der Landesaufnahme Dänemarks in der Hand Jordens geblieben zu sein. Es ist auf Umwegen publiziert worden, und zwar durch die Vermittlung und Kontakte von Heinrich von → Rantzau. Insgesamt hat es von Jordens Dänemark-Karte drei handgezeichnete Versionen gegeben, die an drei unterschiedlichen, aber doch verbundenen Orten publiziert wurden:

1. Auf einer Zeichnung von Jorden beruht die Dänemark-Karte, die 1588 in Band IV der *Civitates Orbis Terrarum* von Georg Braun und Frans → Hogenberg, erschien und die im *Catalogus Auctorum* unter Rantzaus Namen aufgeführt ist.

2. Wie durch Korrespondenz belegt ist, schickte Rantzau 1585–1586 etliche Manuskriptkarten der dänischen Länder an Gerard → Mercator. Dieses Material wurde publiziert in der Deutschland-Karte von Rumold → Mercator und dann vollständig 1595 im *Atlantis pars altera*.

3. Laut eigener Aussage im *Catalogus Auctorum* hat Ortelius eine Jütland-Karte von der Hand Jordens besessen. Sie war die Vorlage für die seit 1595 im *Theatrum* enthaltene *Cimbricae Chersonesi nunc Iutiae Descriptio* (Nr. 130 b).

Ein direkter Kontakt zwischen Ortelius und Jorden ist nicht belegt, vielleicht führte hier ein Weg über Rantzau und Hogenberg oder Mercator.

Etwas mysteriös ist derzeit noch das Umfeld von Jordens Karte der Paulus-Reisen, die laut dem *Catalogus Auctorum* 1562 in Wittenberg bei Johannes Crato erschien. Dieses Thema hatte Jorden schon in seinen Kopenhagener Vorlesungen und dann später in einer Abhandlung *Hodoeporicon Divi Pauli Apostoli* (Wittenberg: Johannes Crato 1572) behandelt. In der Einleitung zu dieser Schrift spricht Jorden aber nur von seinem Plan, eine zugehörige Karte drucken zu lassen. Vielleicht ist diese Karte gar nicht erschienen, jedenfalls ist bislang kein Exemplar bekannt geworden. So enthält die Angabe im *Catalogus Auctorum*, die dort erst seit der Ausgabe 1574 erscheint, möglicherweise gleich zwei Fehler: einen Druckfehler 1562 statt 1572 und das Zitat einer geplanten Karte als bereits erschienen.

Im letzten Abschnitt seines Lebens hat sich Mark Jorden auch der Historiographie zugewandt. Er stellte Chroniken von Holstein und Krempe zusammen, die aber erst posthum veröffentlicht wurden. Er starb 1595 in Krempe.

Lit.:
– BAGROW, *Catalogus I*, S. 123–124
– LOHMEIER, D.: Marcus Jordanus. In: *Schleswig-Holsteinisches Biographisches Lexikon*. Neumünster 1976, S. 126–128
– MEURER, P. H.: Die Palästina-Karte Mark Jordens (vermutlich Wittenberg, um 1546). In: *Speculum Orbis* 3, 1987, S. 9–12
– NØRLUND, N. E.: *Danmarks Kortlaegning*. Bd I. Kopenhagen 1942, S. 24–30
– REUMANN, K.: *Karte des Marcus Jordanus über die Herzogtümer Schleswig und Holstein aus dem Jahre 1559* (Faksimile mit Beiheft). Kiel 1988
– WITT, R.: *Die Anfänge von Kartographie und Topographie Schleswig-Holsteins 1475–1652*. Heide in Holstein 1982, hier S. 46–49.

Stephan KELTENHOFER

Zu Stephan Keltenhofer und seiner Karte der Champagne, die laut dem *Catalogus Auctorum* in Antwerpen ohne Nennung des Autorennamens erschienen ist, ist die Forschung über den von BAGROW erreichten Stand gegenwärtig noch nicht hinausgekommen. Zum Einstieg in die Erforschung zur Biographie dieses Mannes fehlt derzeit noch jeder konkrete Anhaltspunkt. Auch der Nachweis der von Ortelius genannten Karte ist schwierig. Nur aus zeitgenössischen Sekundärquellen ist eine Karte der Champagne bekannt, die in Antwerpen von Hans van Liesveldt (tätig 1545–1564 bzw. 1573) publiziert wurde. Denkbar ist, daß von dem gleichen Druckstock eine Ausgabe von 1544 gedruckt wurde, die das Impressum des Antwerpener Musikdruckers Tilmann Susato trägt:

LA DESCRIPTION DE LA CONTE DE CHAMPAGNE

Titel über dem oberen Rand. Oben links in Rahmen das Geleitwort: *En ceste carte est descripte (selon l'art de geogra- / phie) la Conte de Champaigne ...*, am Ende die Adresse ... *Imprimes en Anvers, par Thielman / Susato, demourant aupres de la nouvelle Bourse / L'AN M.D.XLIIII Au mois de / Septembre*

Holzschnitt, 30 × 48,5 cm

Das einzige bekannte Exemplar befindet sich in der Bibliothek von Schloß Wolfegg/Württemberg (Beschreibung hier nach RUGE).

Weitgehend unzugänglich, ist die Bedeutung dieser Karte bisher noch nicht untersucht worden. In die Karten des *Theatrum* ist sie in jedem Falle aber nicht eingegangen.

Lit.:
- BAGROW, *Catalogus I*, S. 125
- CHANTRIOT, E.: *Les cartes anciennes de la Champagne.* Paris–Nancy 1906 (ohne diese Karte)
- DÉNUCÉ, *Kaartmakers II*, S. 38
- RUGE, *4. Reisebericht*, Nr. 87.

Petrus LAICKSTEEN

Daten zur Biographie des wohl aus den Niederlanden stammenden „Astronomus" Petrus Laicksteen (auch Laicstain u.ä.) sind bisher nicht bekannt. Das von ihm anläßlich eines Palästina-Aufenthaltes im Jahre 1556 gesammelte topographische Material wurde von Christian → Sgrothen verwendet für die unter dessen Namen bekannte Karte des Heiligen Landes und die zwei Jerusalem-Pläne. Über den Charakter der Beziehungen zwischen Laicksteen und Sgrothen sind ebenfalls derzeit keinerlei Aussagen möglich.

Lit.:
- BAGROW, *Catalogus I*, S. 125–126.

Ferdinand de LANNOY

Ferdinand de Lannoy entstammte einer angesehenen niederländischen, in spanisch-habsburgischen Diensten stehenden Adelsfamilie. Er wurde 1520 auf Schloß De Steen in Ockerzeel bei Brüssel geboren. Sein Vater, Charles de Lannoy (1488–1527), war 1521 Gouverneur von Tournai und ab 1522 spanischer Vizekönig von Neapel. Ferdinand de Lannoy hatte in Italien eine Ausbildung in den Militär- und Ingenieurwissenschaften erhalten und stand danach lange ebenfalls im Dienst von Kaiser Karl V., u. a. kämpfte er 1546–1547 im Schmalkaldischen Krieg in Deutschland. Um 1560 zog er sich auf die Güter seiner Familie in Burgund zurück. Kartographische bzw. geometrische Grundkenntnisse hatte er sicherlich schon während seiner Militärausbildung erworben. Im Ruhestand lebend, hat er sich dann erneut diesen Disziplinen zugewandt. 1563 schrieb er an den Kardinal Antoine Perrenot de Granvella, der sein Schwager war und schon Gerard →Mercator gefördert hatte, über eine von ihm selbst gezeichnete Karte der Grafschaft Burgund. Granvella empfahl ihn daraufhin König Philipp II. als einen „grand dessinateur et un parfait géometre". 1565 wurde Lannoy Gouverneur von Gray in der Franche-Comté. 1566 stellte Granvella für ihn den Kontakt zu dem Kupferstecher und Verleger Hieronymus Cock her mit der Absicht, die Burgund-Karte Lannoys zu publizieren. Bereits im Herbst dieses Jahres waren die Kupferplatten für diese vermutlich mehrblättrige Karte fertig gestochen. Ihre Veröffentlichung wurde jedoch im letzten Augenblick gestoppt, vermutlich auf Intervention von Herzog Alba. Der *Catalogus Auctorum* nennt Lannoys Karte der Grafschaft Burgund bereits seit der Editio princeps, aber immer mit dem Vermerk *sed nondum edita*. Von weiteren kartographischen Arbeit Ferdinand de Lannoys ist nichts bekannt. 1570 wurde er Gouverneur des Artois. Im Alter zog er sich auf sein Schloß Vizenay in Burgund zurück, wo er am 14. Oktober 1579 starb.

Erstmals veröffentlicht wurde Lannoys Karte der Grafschaft Burgund 1579 im *Theatrum* (Nr. 78), wo sie die ältere Darstellung Burgunds nach Gilles →Boileau de Bouillon ablöste. Sie gehörte vielleicht auch zu dem vorher gesperrten Material spanischer Dienststellen, das nach der Pazifikation von Gent 1576 für kurze Zeit zur Veröffentlichung frei war. Unbekannt ist, was genau Ortelius hier als Vorlage zur Verfügung gestanden hat. Es dürfte sich wohl um eine Handzeichnung gehandelt haben, ein Exemplar der bei Cock gestochenen Version ist nie aufgefunden worden und wird auch in keiner zeitgenössischen Quelle erwähnt. Die gesüdete Folio-Version von 1579 ist in allen *Theatrum*-Ausgaben bis um 1598 enthalten. Sie wurde abgelöst durch einen verkleinerten, geosteten Nachstich, der auf 1597 datiert ist (Nr. 142b).

Lit.:
- BAGROW, *Catalogus I*, S. 126–127
- DÉNUCÉ, *Kaartmakers I*, S. 43–44
- ROLAND, F.: *Les cartes anciennes de la Franche-Comté.* Bd 1. Besancon 1913, S. 19–34
- WAUTERS, A.: Ferdinand de Lannoy. In: *Biographie Nationale de Belgique* 11, 1891, Sp. 307–308.

Lazarus Secretarius

Biographisch ist der Mann, der als Lazarus Secretarius (Lázár Deák) einen hervorragenden Platz in der älteren Kartengeschichte Ungarns einnimmt, recht schwer zu fassen. Unsicher ist, ob er mit jenem *Lazarus Rosetus Capellanus Archiepiscopi Thomae* identisch ist, der für 1510 als Kanoniker in Esztergom belegt ist. Gesicherter scheint eine Identität mit dem 1512 an der Universität Wien immatrikulierten *Lazarus de Stuelweissenburg* zu sein, als Herkunftort wäre somit Stuhlweissenburg (Székesfehérvár) in Ungarn anzunehmen. In Wien war er wohl ein Schüler von Georg → Tannstetter, an dessen Kalenderreform er 1514 mitgearbeitet hat. Später wurde er Sekretär des ungarischen Kirchenführers und Staatsmannes Tamás Bakócz (1442–1521). Über seinen weiteren Lebensweg ist nichts bekannt.

1528 wurde die Ungarn-Karte publiziert, die mit dem Namen von Lazarus Secretarius verbunden ist:

Tabula Hungarie / ad quatuor latera per / Lazarum quondam Thomae / Strigonień Cardin. Secretariū virū / exptu: congesta, a Georgio Tanstetter / Collimitio revisa auctiorq: reddita, at-/ que iamprimū a Jo. Cuspiniano edita / Serenissimo Hungarie et Bohemiae / Regi Ferdinando principi et infanti / Hispaniarum, Archiduci Austriae etc. / sacra, auspicio maiestatis suae. ob reip. / Christiane usum, opera Petri Apiani / de Leysnigk Mathematici Ingol- /stadiani invulgata Anno / Dñi 1528

Titel und Widmung unten rechts in Kartusche. Unten links der Privilegvermerk *Cum Caes. Maiest. / gratia et privilegio / Doctori Collimi- / tio concesso*, darunter die Adresse *Ingolstadii in Academia / Apiana Mense Maio*. Unter der Karte Kurzbeschreibung von Ungarn in Latein und Deutsch (4 Kolumnen)

Holzschnitt von 4 Blöcken mit allen Namen und Texten in Typendruck, 2 Reihen zu je 2 Bll., Gesamtformat einschließlich des Textes unten 78,5 × 55 cm

Das einzige bekannte Exemplar ist in der Nationalbibliothek Széchényi, Budapest (Faksimile bei STEGENA, Abb. auch bei SZATHMARY, Nr. 25).

Die Anteile der auf diesem Druck genannten Kartenmacher aus der Wiener Humanistenschule sind im einzelnen schwer zu bestimmen. Wahrscheinlich verteilen sie sich wie folgt:

- Die Aufnahmearbeiten wurden etwa ab 1512 durchgeführt von Lazarus Secretarius.
- Vielleicht nach Lazarus' Tod wurde das Material kartographisch eingerichtet und ergänzt (Schlacht bei Mohács 1526) durch Georg Tannstetter.
- Als Herausgeber signiert Johannes → Cuspinianus.
- Gedruckt und verlegt wurde die Karte 1528 in Ingolstadt bei Peter → Apian; der Holzschneider ist wohl in Nürnberg im Kreis der Dürer-Schüler zu suchen.

Die Publikation des Materials dürfte angeregt worden sein durch Erzherzog Ferdinand (1503–1564) anläßlich seiner Krönung zum König von Ungarn 1526. Eine zweite, bisher nicht nachgewiesene Auflage soll 1529 erschienen sein.

Der Einfluß dieser Lazarus-Karte auf die Darstellung Ungarns in der Kartographie der Folgezeit war hoch, auf ihr beruht u.a. die Ungarn-Karte von → Sambucus. Für das *Theatrum* hatte sie keine Bedeutung. In der Editio princeps nennt der *Catalogus Auctorum* die Karte allein unter dem Namen von Cuspinianus, zitiert nach ihrer Anführung auf der Ungarn-Karte von Wolfgang → Lazius. Erst in der Ausgabe 1570B erscheinen auch die Namen von Lazarus Secretarius (mit den Erscheinungsdaten Ingolstadt: Peter Apian, 1528) und Tannstetter, Ortelius hat die Originalausgabe also wohl gekannt.

Lit.:
- BENDEFY, L.: Wer war der Autor der ältesten Ungarnkarte? In: *Mitteilungen der Österreichischen Geographischen Gesellschaft* 117, 1975, S. 424–426
- BERNLEITHNER, E.: Der Autor der ältesten Ungarnkarte und seine Mitarbeiter. In: *Mitteilungen der Österreichischen Geographischen Gesellschaft* 116, 1974, S. 178–183
- IRMEDI-MOLNAR, L.: The earliest known map of Hungary. In: *Imago Mundi* 18, 1964, S. 53–59
- STEGENA, L. (Hrsg.): *Lazarus Secretarius. The first Hungarian mapmaker and his work*. Budapest 1982
- SZATHMARY, *Descriptio Hungariae*, Nr. 25 ff.

Wolfgang Lazius

Wolfgang Lazius (Wolfgang Latz), der „Vater der österreichischen Kartographie", wurde am 31. Oktober 1514 in Wien geboren, sein aus Stuttgart stammender Vater war Medizinprofessor an der dortigen Universität. 1528 wurde Wolfgang Lazius an der Artistenfakultät der Wiener Universität immatrikuliert. Nach dem Magisterexamen begann er 1532 ebenfalls in Wien ein Medizinstudium, das er wegen etlicher Reisen mehrfach unterbrach und schließlich 1538 mit der Promotion an der Universität Ingolstadt abschloß; dort ist er sicherlich auch mit Peter →Apian in Verbindung gekommen. Nach der Rückkehr nach Österreich wirkte Lazius zunächst als Arzt in der Wiener Neustadt, ehe er 1541 als Professor für Medizin an die Wiener Universität berufen wurde, deren Rektor er 1546 und 1560 war. Auch wurde er Leibarzt von Erzherzog Ferdinand, der ihn bereits 1546 in den erblichen Adelsstand erhob. Neben dieser hauptberuflichen Tätigkeit in der Medizin widmete er sich umfangreichen historischen und geographischen Arbeiten, die damit verbundenen Reisen führten ihn durch den gesamten Alpenraum. Nachdem Ferdinand I. 1556 die Kaiserwürde erlangt hatte, ernannte er Lazius zum Hofhistoriographen und Leiter seiner Kunst- und Büchersammlungen. Als wichtigste historiographische Werke sind zu nennen *Vienna Austriae. Rerum Viennensium commentarii libri IV* (Basel 1546), *Reipublicae Romanae ... libri XII* (Basel 1551), *De gentium aliquot migrationibus* (Basel 1557), *Commentariorum rerum Graecorum* (Wien 1558) und *Commentariorum vetustorum numismatum* (Wien 1558), das Hauptwerk *Commentarii rerum Austriacarum* blieb unvollendet. Lazius starb am 19. Juli 1565 in Wien.

Auch das kartographische Oeuvre von Wolfgang Lazius ist recht umfangreich. Handgezeichnet liegen vor eine Karte des Neusiedler Sees von 1541 und zwei Karten zu den Schauplätzen des Schmalkaldischen Krieges (alle Österreichische Nationalbibliothek, Wien). An kleineren bzw. als Einzelblätter erschienenen Karten sind zu nennen:

– eine Karte des Schauplatzes der Türkenkriege in Ungarn (Holzschnitt, 39 × 48 cm; Abb. u.a. bei SZATHMARY, Nr. 45), zu der ein Textblatt *Rei contra Turcos gestae anno M.D.LVI. brevis descriptio* (Basel 1557) gehört;
– zwei Kupferstichkarten von Griechenland (41 × 44 cm) und des Peloponnes (34 × 42 cm) als Beilage zu den *Commentariorum rerum Graecorum* von 1558;
– eine undatierte Karte des Peloponnes nach Strabo und Pausanias (Kupferstich, 57,5 × 46, 5 cm).

Seit lange vor 1545 hat Wolfgang Lazius an einer Kartierung der österreichischen Länder gearbeitet. Erläuterungen zu diesem Projekt gibt er in seiner *Vienna Austriae* von 1546. 1545 hat er eine zweiteilige Manuskriptkarte Österreichs angefertigt, die verloren ist; erhalten ist zu diesem Werk, das Erzherzog Ferdinand gewidmet war, nur der Kommentar *Interpretatio chorographiae utriusque Austriae* (Österreichische Nationalbibliothek, Wien). Auch die gedruckten Versionen der Österreich-Gesamtkarten von Lazius sind verschollen. Derzeit stellt sich die Überlieferungslage wie folgt dar:

– In einem Brief vom 30. September 1545 an den Humanisten Beatus Rhenanus (1485–1547) erwähnt Lazius eine von ihm geschaffene Karte *Austriae Styriaeque*, die in Nürnberg bei Johannes Petreius erschienen sei. Die gleiche Ausgabe wird auch im *Catalogus Auctorum* erwähnt, ein Exemplar ist bisher nicht aufgefunden worden.
– Ebenfalls 1545 ist auch in Wien eine Österreich-Karte von Lazius erschienen. Auch dieses Werk war lange verschollen. Erst Marcel DESTOMBES fand in der Bibliothèque Nationale in Paris drei Blätter dieser Karte. Die Rekonstruktion ergibt eine kupfergestochene Wandkarte in wahrscheinlich 8 Bll. (2 Reihen zu je 4 Bll.) in einem Format um 96 × 130 cm.
– Die Edition einer dritten, von Lazius handschriftlich hinterlassenen Österreich-Karte besorgte der aus Hallstatt gebürtige, in Straßburg tätige Mathematikprofessor Matthias Bernegger (1582–1640). Diese *Austriae Chorographia, Autore Wolfg. Lazio* (Kupferstich auf 3 Bll., Gesamtformat 47,5 × 102 cm) erschien 1620 in Straßburg bei Jakob van der Heyden.

Höchstwahrscheinlich hat die Wiener Kupferstich-Ausgabe von 1545 als Vorlage gedient für die Österreich-Karte des *Theatrum* (Nr. 27, mit Neustich Nr. 140). Das recht unübersichtliche Original ist von Ortelius stark generalisiert, aber auch in eine wesentlich bessere Zeichensprache übertragen worden.

1552 erhielt Wolfgang Lazius von Erzherzog Ferdinand den Auftrag, eine neue Ungarn-Karte zu schaffen als Ersatz für das veraltete Werk von →Lazarus Secretarius. Zusammen mit einem Begleittext *Des Khünigreichs Hungern sampt seinen eingeleibten Landen gründtliche unnd warhafftige chorographische Beschreibung* erschien sie 1556 im Wiener Verlag von Michael Zimmermann (tätig seit 1553, † 1565):

REGNI HVNGARIAE DESCRIPTIO VERA
Titel über dem oberen Kartenrand. Oben links in Kartusche Laudatio auf Autor und Werk durch Paulus Abstemius, den Bischof von Pécs (16 Zeilen), endend ... *Viennae Au-*

striae, Kal. / Februarii Anno M.D.LVI. Unten halbrechts in Kartusche Widmung an Ferdinand I. (nun als Kaiser) durch *Wolfgangus Lazius / Vien: Medicus et Historicus,* datiert *Viennae Austriae, Idibus Iulij* (insgesamt 23 Zeilen). Unten rechts von der Mitte Privilegvermerk (5 Zeilen), endend ... *excudebat hanc Chorographicam ta / bulam Michael Zimerman Viennae Au- / striae Anno M.D.LVI.*

Holzschnitt mit allen Namen und Texten in Typendruck, 10 Bll. in 2 Reihen zu je 5 Bll., Gesamtformat 84 × 131 cm. Zur Karte gehören vier weitere Blätter mit Erläuterungstext in Typendruck, die bei der Montage unten und seitlich angesetzt wurden

Das einzige bekannte Exemplar ist in der Öffentlichen Bibliothek der Universität, Basel (Faksimile bei OBERHUMMER-WIESER, Tafel 14–19; Abb. auch bei SZATHMARY, Nr. 44).

Diese Ungarn-Karte von Lazius war typenbildend bis weit ins 17. Jahrhundert, u.a. diente sie als Basis für die Karten von →Sambucus und →Zündt. Auch Ortelius hat sie ohne größere Änderungen für das *Theatrum* übernommen (Nr. 42).

Noch nicht ganz geklärt ist die frühe Editionsgeschichte von Wolfgang Lazius' wohl bedeutendstem kartographischem Werk, den *Typi Chorographici Provinciae Austriae.* Die Gesamtausgabe dieses ersten Österreich-Atlas erschien 1561 in Wien bei Michael Zimmermann. Neben historisch-geographischen Texten enthält der Band elf Karten, die von Lazius selbst radiert worden sind:

1. *R. AVSTRASIA AD RHENVM CV̄ EDELSASSIA ET DVCAT. ALEMANIA* (32 × 56 cm)
2. *REGNI FRANCOR. ORIENTALIS SIVE AVSTRASIAE AD DANVBIVM ALTERIV. DESCRIPTIO* (48 × 88 cm)
3. *MARCHIA ORIENTALIS* (32 × 38 cm)
4. *AVSTRIA SUPRA ANISVM* (44 × 31 cm)
5. *BOIORVM REGNI UNA CVM COMITATIBVS SVIS DESCRIPTIO* (50 × 55 cm)
6. *REGNI VETERIS SVEVORVM VNA CVM PAGIS DESCRIPTIO* (45 × 57 cm)
7. *RHETIAE ALPESTRIS IN QVA TIROLIS COM. DESCRIPTIO* (49 × 38 cm)
8. *CARINTHIAE DVCATVS CVM PALATINATV̄ GORICIA* (53 × 42 cm)
9. *DVCATVS STIRIAE MARCHIAE* (45 × 40 cm)
10. *DVCATVS CARNIOLAE ET HISTRIAE VNA CVM MARCHA WINDORVM* (36 × 46 cm)
11. *PRINCIPAT. GORICENS: CVM KARSTIO ET CHACZEOLA DESCRIPTIO* (32 × 41 cm)

Alle Karten haben einen ovalen Blattschnitt, die Titel stehen jeweils entlang des oberen Randes. Sie dürften jeweils bald nach der Fertigstellung, zum Teil wohl schon vor 1561, als Einzelblätter auf den Markt gebracht worden sein. Zu dem Zyklus in dieser Form gehört dann noch ein zwölftes Blatt *ARCH: AVSTRIAE INFRA ANISVM* (47,5 × 47,5 cm; einziges bekanntes Exemplar in der Österreichischen Nationalbibliothek, Wien; Abb. u.a. bei BANFI noch mit älterem Lagerort), das nicht in die *Typi Chorographici* aufgenommen worden ist.

Auch Ortelius hat die Gesamtausgabe anscheinend nicht gekannt. Im *Catalogus Auctorum* nennt er nur *singulas tabellas* von Tirol, Istrien, Kärnten und der Steiermark. Auf diese Einzelblätter wurde Ortelius hingewiesen durch Gerard Mercator in einem Brief vom 22. November 1570. Mercator bemerkte dazu, diese Lazius-Karten würden vertrieben in Wien durch den Buchhändler Johannes Maior. Dieser Name erscheint auch als der Name des Herausgebers des Originals auf der Tirol-Karte des *Theatrum* (Nr. 62a). Dieses Rätsel ist noch nicht gelöst. Exemplare der Einzelkarten oder der *Typi Chorographici* mit der Adresse von Maior sind bisher nicht bekannt geworden. Auch biographisch sind hier noch viele Fragen offen. Johannes Maior ist möglicherweise identisch mit dem aus Brüssel stammenden Jan Verweyen († 1606), der später in Wien als Maler und Goldschmied belegt ist.

Aus der Serie der *Typi Chorographici* hat Ortelius 1573 drei Karten für das *Theatrum* übernommen:

1. Die Karte *Rhetiae alpestris ... Tirolis Comitatus* (Nr. 62a) ist recht genau kopiert nach der Tirol-Karte von Lazius (oben Nr. 7).
2. Die *Goritii, Karstii ... Descriptio* (Nr. 62b) beruht im wesentlichen auf Lazius' Karte dieser Region (oben Nr. 11), lediglich im unteren Teil hat Ortelius einige Inseln und Details an der Südküste Istriens nach anderen Quellen hinzugefügt.
3. Die Karte des *Carinthiae Ducatus* (Nr. 67a) ist recht genau kopiert nach der Kärnten-Karte von Lazius (oben Nr. 8).

Alle diese Kopien bei Ortelius sind gegenüber den Originalen stilistisch überarbeitet. Die zum Teil sehr bildhaften und unübersichtlichen Darstellungen bei Lazius wurden für das *Theatrum* in eine klar lesbare Form gebracht. Wohl über diesen Umweg dürften sie ihre weite Verbreitung in der Kartographie der Folgezeit erreicht haben.

Lit.:
- BAGROW, *Catalogus I*, S. 127–133
- BANFI, F.: Maps of Wolfgang Lazius in the Tall Tree Library in Jenkintown. In: *Imago Mundi* 15, 1960, S. 52–65
- DESTOMBES, M.: Cartes, globes et instruments scientifiques allemands du XVIe siècle à la Bibliothèque Nationale de Paris. In: KOEMAN, C. (Hrsg.): *Land- und Seekarten im Mittelalter und in der frühen Neuzeit* (= Wolfenbütteler Forschungen 7). München 1980, S. 43–68 (hier bes. Nr. 26 mit Abb. 5–7); Wiederabdruck in DESTOMBES, *Contributions*, S. 529–552
- HESSELS, *Epistolae*, Nr. 32
- KINZL, H.: Das kartographische und historische Werk des Wolfgang Lazius über die österreichischen Lande des 16. Jahrhunderts. In: *Mitteilungen der Österreichischen Geographischen Gesellschaft* 116, 1974, S. 194–201
- KRATOCHWILL, M.: Wolfgang Lazius. In: *Neue Deutsche Biographie* 14, 1985, S. 14–15
- *Wolfgang Lazius, Austria, Vienna 1561*. Faksimileausgabe mit einer Einführung von E. BERNLEITHNER. Amsterdam 1972
- OBERHUMMER, E. und F. von WIESER: *Wolfgang Lazius' Karten von Österreich und Ungarn aus den Jahren 1545–1563*. Innsbruck 1906
- SZATHMARY, *Descriptio Hungariae*, S. 115 ff.

Sibrandus LEO

Der eigentliche Name des Kartenmachers Sibrandus ist nicht genau bekannt. Eine niederländische Form könnte Sibrandt de Leeuw gelautet haben, vielleicht ist „Leo" aber auch nur eine Abkürzung eines nach dem Herkunftsort gebildeten lateinischen Cognomens. Sibrandus Leo wurde 1530 in Leeuwarden geboren. Zunächst lebte er als Mönch im Kloster Lidlum, ab 1557 wirkte er als Priester in den friesischen Gemeinden Menaldum und Berlikum. Er starb 1588 in Groningen.

Zur Kartographie ist Sibrandus Leo wohl durch seine Tätigkeit als Historiograph gekommen. Er ist belegt als Autor zweier zu Lebzeiten ungedruckten Klosterchroniken *Vitae et res gestae abbatum in Lidlum* und *Vitae et res gestae abbatum Horti Divae Virginis in Mariengaard apud Frisios*. Er schickte eine handgezeichnete Karte von Westfriesland an Ortelius, die seit 1579 im *Theatrum* enthalten ist (Nr. 83). Ansonsten ist über die Beziehung zwischen Leo und Ortelius nichts bekannt.

Die Karte ist wichtig als erste gedruckte Spezialkarte von Westfriesland. Sie ist im Ganzen aber doch ungenauer als die ältere Friesland-Karte des Jacob van → Deventer. Allein schon wegen der Lebensdaten erscheint die in der älteren Literatur verbreitete, auf ein Zitat in den *Scriptoribus Frisiae* von Petrus Suffridus zurückgehende Annahme, Sibrandus Leo sei der eigentliche Autor der Friesland-Karte Deventers, als Irrtum.

Lit.:
- DÉNUCÉ, *Kaartmakers I*, S. 59
- FOCKEMA ANDREAE, S.J.: *By de heruitgave van de kaart van Friesland door Sibrandus Leo, 1579* (Erläuterung zum Faksimile). Leeuwarden 1966
- VREDENBERG-ALINK, J.J.: *De kaarten van Groningerland*. Uithuizen 1974.

Humphrey LHUYD

Humphrey Lhuyd (auch Humfred Lluyd u.ä., lat. Lhoydus und Fluddus) wurde 1527 in Denbigh/Wales geboren. Nach dem Magisterexamen an der Universität Oxford 1551 studierte er Medizin und war dann zunächst Hausarzt im Dienst einer Adelsfamilie. 1563 kehrte er in seine Heimatstadt zurück. Dort wirkte er weiterhin als Arzt, zeitweilig war er auch Parlamentsabgeordneter. Er starb am 31. August 1568 in Denbigh.

Neben seiner ärztlichen Tätigkeit hat sich Humphrey Lhuyd in großer Bandbreite mit Archäologie, Geographie und Astronomie beschäftigt. Publiziert wurde von ihm zu Lebzeiten allerdings nur ein *Almanack and kalender* (s.l.s.a.). Das wissenschaftliche Hauptwerk sollte eine unvollendet gebliebene Beschreibung Britanniens werden. An der Veröffentlichung wenigstens der fertigen Teile dieses Projektes hatte Abraham Ortelius den überragenden Anteil. Die Verbindung zwischen Lhuyd und Ortelius wurde vermutlich hergestellt durch den aus Denbigh stammenden, in Antwerpen ansässigen Kaufmann Richard Clough. Der erste sicher nachweisbare Kontakt ist *An Epistel of Humphrey Lhuyd to Abraham Ortelius ... wherein at large and learnldy he discourseth of the land Mona the ancient seat of the druids*. Dies ist eine Beschreibung von Anglesey in Form eines Briefes an Ortelius mit Datum vom 5. April 1568, sie ist in einigen Ausgaben des *Theatrum* abgedruckt. Kurz vor seinem Tode schickte Lhuyd mit Brief vom 3. August 1568 an Ortelius handgezeichnete Karten von England und Wales sowie *Fragmenta quaedam Britanicae delineata*. Den Todestag Lhuyds hat Ortelius auf dem Brief eigenhändig vermerkt. Der Text wurde recht bald, mit Widmung an Ortelius, gedruckt als *Commentarioli Britanicae descriptionis fragmentum* (Köln: Birckmann, 1570). Die Verlagswahl belegt eindeutig eine Teilhabe von Arnold Mylius an der schnellen Realisierung dieser Publikation. Eine englische Ausgabe *The Breviary of Britain* erschien 1573 in London.

Die beiden Kartenzeichnungen Lhuyds, ursprünglich wohl gedacht als Illustration einer fertigen *Descriptio Britaniae*, dienten als Vorlage für die *Theatrum*-Karten von England (Nr. 80) und Wales (Nr. 81). Das Datum der Fertigstellung dieser gedruckten Fassungen ist nicht ganz klar. Bereits in der Editio princeps von 1570 werden sie im *Catalogus Auctorum* zitiert mit ... *hoc nostro Theatro anno 1569 publicata*. In den Auflagendruck aber wurden sie erst 1573 übernommen in dem deutschen *Zusatz bei das Theatrum*. Noch 1570 erkundigten sich die Brüder Robert und Hugh Owen, die vermutlich den Nachlaß Lhuyds nach Antwerpen gebracht hatten, bei Ortelius nach dem Erscheinungstermin. Beide Karten sind wahrscheinlich kurz nach 1570 als Einblattdrucke außerhalb des *Theatrum* auf den Markt gebracht worden. Bereits 1572 schrieb der englische Humanist Daniel Rogers (ca. 1538–1590) an Ortelius mit dem Angebot, Ergänzungen zu beiden Karten Lhuyds zu liefern. Dies ist aber nie geschehen. Die Karte von Wales ist in allen weiteren *Theatrum*-Ausgaben enthalten. Die England-Karte wurde 1603 ersetzt durch eine Kopie nach Christopher → Saxton, sie blieb aber weiter im Corpus des *Theatrum* enthalten durch ihre Aufnahme in den *Parergon*-Teil.

Der eigentliche Anteil von Humphrey Lhuyd an diesen beiden Karten ist nicht sicher festzustellen. Im Grunde handelt es sich lediglich um korrigierte und emendierte Überarbeitungen von Ausschnitten der Wandkarte der Britischen Inseln Gerard → Mercators von 1564. Mitgearbeitet hat an beiden Karten Lhuyds möglicherweise der englische Kartograph Laurence Nowell. Vielleicht aber hat auch Ortelius selbst hier als Kartenredakteur eingegriffen. Die Brüder Owen stellten fest, daß sich die gedruckten Fassungen von den Handzeichnungen Lhuyds unterschieden.

Die gelegentlich in der Literatur vertretene Annahme, Humphrey Lhuyd sei der bisher noch unbekannte Mitarbeiter Mercators bei dessen Karte der Britischen Inseln gewesen, entbehrt jeder Grundlage und ist höchst unwahrscheinlich.

Lit.:
- BAGROW, *Catalogus I*, S. 136–137
- HESSELS, *Epistolae*, Nr. 7 und 42
- NORTH, F.J.: The map of Wales. In: *Archaeologia Cambrensis* 90, 1935, S. 1–69
- NORTH, F.J.: Humphrey Lluyd's maps of England and Wales. In: *Archaeologia Cambrensis* 92, 1937, S. 11–63 (auch Separatdruck Cardiff 1937)
- SHIRLEY, *British Isles*, S. 47 ff.

Pirro LIGORIO

Feste Daten über Jugend und Ausbildung von Pirro Ligorio (Pyrrhus Ligorius) sind nicht vorhanden. Er wurde etwa zwischen 1510 und 1515 in Neapel geboren; die in der älteren Literatur genannten Geburtsdaten 1493 und 1530 sind nicht belegt bzw. mit Sicherheit falsch. Seit 1542 lebte er in Rom, wo er zunächst als Freskenmaler arbeitete. Sehr bald aber wandte er sich der Architektur zu, die zu seinem Hauptberuf wurde. 1549 trat Ligorio in den Dienst des Kardinals und Mäzens Ippolito d'Este (1509–1579), in dessen Auftrag er die Pläne für Bau, Park und Wasserspiele der Villa d'Este bei Tivoli schuf. Unter Paul IV. (1555–1559) trat er in päpstliche Dienste. Das Casino Pius' IV. im Vatikan, das Grabmal Pauls IV. in Santa Maria sopra Minerva und der Palazzo Lancellotti in Rom gehen auf seine Entwürfe zurück. Auch wirkte er als Bauaufseher an San Pietro. Nach dem Tode Michelangelos 1564 wurde Ligorio aber entlassen. Zunächst arbeitete er wieder an der Villa d'Este, bevor er 1572 als Baumeister der Herzöge d'Este nach Ferrara ging. Dort besuchte ihn Abraham Ortelius, Ligorios Eintrag in das *Liber Amicorum* findet sich unter dem 30. Oktober 1577. 1580 zum Ehrenbürger der Stadt ernannt, starb Pirro Ligorio am 30. Oktober 1583 in Ferrara.

Nur zum Teil parallel mit seiner Tätigkeit als Architekt beschäftigte sich Pirro Ligorio auch umfassend mit der klassischen Archäologie. Handschriften und Zeichnungen von seiner Hand zu römischen Altertümern liegen zum Teil noch unediert über eine ganze Anzahl von Sammlungen verstreut. Bereits 1544 publizierte er eine Karte des antiken Italien. 1552–1553 folgten mehrere Pläne und Ansichten Roms als Einzelblätter und der Band *Del antichita di Roma* (Venedig 1553), auch einige Blätter in Lafreris *Speculum Romanae Magnificentiae* gehen wohl auf ihn zurück. Der Hausverleger Ligorios war Michele Tramezzino. Er publizierte auch alle Karten Ligorios, als Stecher war zumeist Sebastiano de Re aus Chioggia (Sebastianus a Regibus Clodiensis, tätig 1557–1570) beteiligt. Es handelt sich hier zumeist um Kopien nach fremden Vorlagen: Belgien 1558 nach →Boileau, Frankreich 1558 nach →Finé und Ungarn 1559 nach →Lazarus Secretarius. Von diesen Kopien hat Ortelius nur eine einzige in den *Catalogus Auctorum* aufgenommen, eine Griechenland-Karte von 1561 nach →Sophianus:

> Ohne eigentlichen Titel. Unten links Geleittext: *Vedrai divisi i termini di tut / ta la Grecia ...* (26 Zeilen). Darunter die Adresse und Signatur: *DI ROMA MDLXI / con le forme di Michel Tramezino, con priuilegio del Sommo / Pontefice et del Senato Veneto per anni diece. / Opera di Pirro Ligorio Napolitano / Sebastiano di re da Chioggia intagliava in rame.*
>
> Kupferstich, 47,5 × 68,5 cm
>
> Zum Exemplarnachweis vgl. TOOLEY, *Italian Atlases*, Nr. 283 (Abb. bei ZACHARAKIS, Nr. 1259 mit Pl. 239 und ALMAGIA 1956).

Vermutlich auf eigenen Landesaufnahmen, deren organisatorischer Hintergrund unbekannt ist, beruht die wohl wichtigste kartographische Arbeit Ligorios, die 1557 erstmals erschienene typenbildende Karte Süditaliens:

> *NOVA REGNI NEAPOLIT. DESCRIPT / usq. ad pharum, cum parte Romandiolae, tota Marca Anconitana, / Umbria, Roma et tota Campania. / Pyrrho Ligorio Neap. auctore.*
>
> Titel unten links. Darunter die Adresse *ROMA, M.D.LVII / Michaelis Tramezini formis / Cum Pont. Max. ac Veneto Senatus in proximum decennium privilegio*, darunter die Stechersignatur *Sebastianus a Regibus Clodiensis in aes incidebat.*
>
> Kupferstich, 43,5 × 67,5 cm
>
> Zum Exemplarnachweis vgl. TOOLEY, *Italian Atlases*, Nr. 403 (Abb. bei ALMAGIA 1956).

Diese westorientierte Karte wurde von Ortelius sehr getreu für das *Theatrum* übernommen (Nr. 37). Gegenüber dem Original ist der Blattschnitt allerdings im Norden um etwa ein Viertel verkürzt.

Auch die 1563 erstmals erschienene Friaul-Karte von Pirro Ligorio stellt gegenüber älteren Karten dieses Typus eine wesentliche Verbesserung dar:

> *LA NOVA DESCRIT- / tione di tutta la patria del Friuli / diligentissimamente esposta per M. / Pyrrho Ligorio Napolitano*
>
> Titel oben rechts in Kartusche, in deren unterem Teil Privilegvermerk, die Adresse *IN ROMA DEL M.D.LXIII / con le forme di M. Michele Tramezino*, und die Stechersignatur *Sebastiano di re da Chioggia intagliava / in rame.*
>
> Kupferstich, 40,5 × 66 cm
>
> Zum Exemplarnachweis vgl. TOOLEY, *Italian Atlases*, Nr. 230 (Abb. Bei ALMAGIA, *Mon. Ital. Cart.*, Tav. XXXIII).

Diese Ligorio-Karte erscheint erst seit 1592 im *Catalogus Auctorum*. Für das *Theatrum* kopiert wurde sie nicht. Ortelius hielt fest an der Friaul-Karte nach →Vavassore bzw. einer ihrer Kopien, die seit der Erstausgabe im *Theatrum* enthalten ist.

Lit.:
- ALMAGIA, *Mon. Cart. Vaticana II*, S. 45–50
- ALMAGIA, *Mon. Ital. Cart.*, S. 31
- ALMAGIA, R.: Studi storici di cartografia napoletana. In: *Archivio Storico per le Provincie Napoletane* 37/38, 1912/1913, Wiederabdruck in MAZZETTI, E. (Hrsg.): *Cartografia generale del Mezzogiorno e della Sicilia*. Bd 1, Rom 1962, S. 1–150
- ALMAGIA, R.: Pirro Ligorio cartografo. In: *Rendiconti delle sedute dell'Accademia Nazionale dei Lincei*, Classe di scienze morali, storiche e filologiche, Ser. VIII, vol. 11, Rom 1956, S. 49–61
- BAGROW, *Catalogus I*, S. 133–136
- BONACCI, G.: Note intorno a Pirro Ligorio e alla cartografia napoletana della seconda metà di secolo XVI. In: *Atti del V. Congresso Geografico Nazionale 1904*, Neapel 1906, S. 812–827
- CARUNCHIO, T.: L'imagine di Roma di Pirro Ligorio. Proposta metodologica per studio dell'opera antiquario Napoletano. In: *Richerche di Storia dell'Arte* 3, 1976, S. 25–42
- COFFIN, D.R.: Pirro Ligorio and decoration of the late sixteenth century at Ferrara. In: *The Art Bulletin* 37, 1955, S. 167–185
- COFFIN, D.R.: Pirro Ligorio on the nobility of the arts. In: *Journal of the Warburg and Courtauld Institutes* 27, 1964, S. 191–210
- MANDOWSKY, E. und Ch. MITCHELL: *Pirro Ligorio's roman antiquities*. London 1963
- MARINELLI, O.: I monti del Friuli nelle piu antiche carte geografiche stampata della regione. In: *Alto* 13, 1902, S. 43–46
- PORENA, F.: La piu antica carta regionale del Regno Napoletana. In: *Atti della Reale Accademia di Architettura, Lettere e Belli Arti di Napoli*, Nuova Serie, vol. 1, 1910, S. 129–142
- PURAYE, *Album Amicorum*, S. 96
- TINTO, A.: *Annali tipografici dei Tramezzino* (= Civilta veneziana 1). Venedig–Rom 1968, mit zahlreichen Nennungen.

Domenico MACANEO

Der eigentliche Geburtsname von Domenico Macaneo (Domenico da Macagno, Domenico Maccagni, lat. Dominicus Maccaneus bzw. Machaneus) war Domenico Bellio bzw. de Bellis. Seinen Gelehrtennamen bildete er nach seinem Geburtsort Macagno Inferiore am Lago Maggiore, wo sein zu einer vornehmen Mailänder Familie gehörender Vater Melchior Bellio zeitweilig lebte. Das Geburtsjahr von Domenico Macaneo ist nicht genau bekannt. Die in älterer Literatur genannten Daten 1438 und 1466 sind nicht belegbar, am wahrscheinlichsten ist ein Geburtsjahr um 1450–1455. Seine erste Ausbildung erhielt Macaneo im Privatunterricht bei dem Mailänder Humanisten Cola Montano (tätig 1466–1476). Danach trat er als Hauslehrer in den Dienst des Mailänder Adligen Caspare Visconti. In diesem Brotberuf fand er die Zeit für eine wissenschaftliche Tätigkeit im Sinne des klassischen italienischen Humanismus. Sein erstes gedrucktes Werk war die *Chorographya Verbani Lacus* (Mailand: Ulrich Scinzinzeler, 1490), eine Beschreibung seiner Heimatregion am Lago Maggiore. Seinen Gönner ehrte er mit der Eloge *Rithmi del magnifico Mesere Caspare Vesconte* (Mailand 1493). Etwas später trat Domenico Macaneo als Historiograph in den Dienst des herzoglichen Hofes von Savoyen in Turin. Publizieren konnte er noch die *Commentaria in Cornelii Nepotis viros illustres* (Turin 1508). Die meisten seiner Epigramme und Prosawerke in Latein und Italienisch blieben zu seinen Lebzeiten ungedruckt, darunter auch ein umfangreiches *Epitome historiae novem ducum Sabaudiae*. Mehrfach begleitete er Herzog Karl III. von Savoyen (reg. 1504–1536) auf Reisen an die Höfe von Frankreich, Spanien und Portugal sowie nach Rom und Venedig. Er starb 1530 in Turin.

Die *Chorographya Verbani Lacus* Macaneos zählt zu den wichtigsten landeskundlichen Arbeiten der italienischen Frührenaissance. Neuausgaben erschienen in Mailand 1690 und 1723 in Leiden als Teil von Gravius' *Thesaurus antiquitatum et historiarum Italiae*. Diese beiden späteren Drucke sind nicht illustriert, während die Originalausgabe von 1490 eine beigebundene Karte der Region um den Lago Maggiore und den Luganer See enthält:

> Ohne irgendwelche Titel oder andere Angaben
>
> Holzschnitt mit Orts- und Landschaftsnamen in Typendruck, Blattformat um 20 × 26 cm

Die einzigen mir bekannten Exemplare der *Chorographya Verbani Lacus* mit dieser Kartenbeilage sind in der Biblioteca Communale, Fermo und in der British Library, London.

Siehe Abb. 42

Laut Angabe im *Catalogus Auctorum* kannte Ortelius Autor und Karte nur aus dem Zitat (Bl. 398) in der *Descrittione di tutta Italia* von Leandro → Alberti. 400 Jahre nach Ortelius hat sich hier cartobibliographisch wenig geändert. Sicherlich bedingt durch ihre extreme Seltenheit, fehlt die Macaneo-Karte – soweit ich dies übersehe – in allen gängigen Verzeichnissen und Arbeiten zu den Inkunabelkarten. Ihre ausführliche Würdigung steht noch aus.

Lit.:
- BAGROW, *Catalogus I*, S. 62
- DE VIT, V.: *Il Lago Maggiore stresa e le Isole Borromee*. Hier Bd II/2, Prato 1880, S. 7–15
- FRIGERIO, P., MAZZA, S. und P. PISONI: *Verbani Lacus. Saggio di stratigrafia storico dal secolo XV al secolo XIX*. Intra 1974, hier S. XI–XIV.

Giovanni Antonio MAGINI

Als Sohn einer wohlhabenden Familie wurde Giovanni Antonio Magini – nach Jacobo → Gastaldi der zweite große italienische Regionalkartograph – am 14. Juni 1555 in Padua geboren. Nach einem Studium der Medizin, Mathematik, Astronomie und Philosophie in Bologna beschäftigte er sich zunächst als junger Privatgelehrter weiter mit Astronomie und Astrologie. Seit 1581 stand er mit Tycho Brahe in Verbindung, zu seinen weiteren Korrespondenzpartnern gehörten Galileo Galilei und Johannes Kepler. 1582 erschienen in Venedig die *Ephemerides coelestium motuum*, die erste von vielen Ephemeridentafeln Maginis. 1588 erhielt er eine Lebensstellung als Astronomieprofessor an der Universität Bologna. Auch war er über Jahre der astrologische Berater des Herzogs von Mantua. Weitere Schriften auf diesen Gebieten waren *De astrologia ratione* (Venedig 1607) und die *Tabulae primi mobili* (Venedig 1609).

Das zweite große Arbeitsgebiet Maginis waren Geographie und Kartographie. Spätestens seit 1593 bereitete er eine neue Ptolemäus-Ausgabe vor, die unter Mitarbeit des ebenfalls aus Padua stammenden Kupferstechers Girolamo Porro (ca. 1550 bis ca. 1604) vollendet wurde: *Geographiae universae* tum veteris tum novae (Venedig 1596, weitere Ausgaben mit diesen Platten bis 1621). Ein Raubdruck dieser Ausgabe erschien 1597 bei dem Kölner Verleger Peter Keschedt (weitere Ausgaben mit diesen Platten Köln 1608 und Arnhem 1617). Die für diese Magini-Ausgabe geschaffenen 36 „Tabulae Modernae" sind zum größten Teil kopiert nach Vorlagen aus dem *Theatrum* von Abraham Ortelius. Ein direkter Kontakt zwischen Magini und Ortelius ist seit 1597 belegt. In einem heute verlorenen Brief fragte Magini bei Ortelius an, ob er den Verleger des Kölner Raubdruckes kenne. Keschedts Namen teilte Ortelius Magini mit in einem Brief vom 4. November 1597.

Das große kartographische Projekt Giovanni Antonio Maginis war die Schaffung eines Satzes aktueller italienischer Regionalkarten mit dem Endziel eines Nationalatlas. Mit der Edition dieser meist undatierten Blätter hat Magini spätestens 1595 begonnen. 1597 besuchte ihn Jacob Cole in Bologna. Er teilte Ortelius mit, daß zu dieser Zeit bereits etwa 25 Blätter fertig waren. Als Kupferstecher arbeitete in diesem frühen Stadium für Magini der aus Flandern stammende Arnoldo di Arnoldi († 1602), der vielleicht die eigentliche Kontaktperson für Cole war. Über den Transport dieser frühen Magini-Karten nach Antwerpen, in der Zeit um den Tod von Abraham Ortelius, wissen wir wenig. Im *Catalogus Auctorum* findet sich Maginis Name seit 1601, genannt ist dort allerdings nur die Bologna-Karte. Es scheint, daß erst Joan Baptist Vrients durch Filippo →Pigafetta umfassender über diesen Zyklus informiert worden ist. Die von Pigafetta redigierte *Theatrum*-Ausgabe 1608 enthält insgesamt fünf neue Karten, die unmittelbar auf Vorlagen Maginis zurückzuführen sind.

Die *Theatrum*-Karte des Raumes Bologna (Nr. 154a) ist eine leicht überarbeitete Kopie nach einem Einblattdruck von 1595:

TERRITORIO / BOLOGNESE

Titel unten rechts in Kartusche. Links unten in Kartusche Widmung an Kardinal Sforza (18 Zeilen), signiert *Gio. Ant. Magino* und datiert März 1595

Kupferstich, 33 × 44,5 cm

Abb. bei ALMAGIA, *Mon. Ital. Cart.*, Tav. XLVI-1.

Magini ersetzte diese Bologna-Karte bereits 1599 durch eine Neufassung, die dann auch in seinem Italien-Atlas enthalten ist.

Die Genua-Karte des *Theatrum* (Nr. 155, siehe Abb. 43) ist eine Kompilation aus zwei Einzelblättern von 1597, die Magini später ebenfalls durch Neufassungen ersetzte:

a) *LIGVRIA / ouero / RIVIERA DI GENOVA / OCCIDENTALE*

Titel oben links in Kartusche. Unten rechts in Kartusche Widmung an Horatio Bracelli (insgesamt 12 Zeilen), datiert ... *Bologna, 15 Ottobre 1597* und signiert *Gio. Ant. Magini*

Kupferstich, 28 × 46,5 cm

Abb. bei ALMAGIA (1922) und ALMAGIA, *Mon. Ital. Cart.*, Tav. XLV-1 nach Exemplar im Privatbesitz.

b) *LIGVRIA / OVERO / RIVIERA / DI GENOVA / DI LEVANTE*

Titel unten rechts in Kartusche. Ohne weitere Signatur und Datierung

Kupferstich, 37 × 47 cm

Abb. bei ALMAGIA (1922) nach Exemplar der Biblioteca Nazionale, Rom.

Vrients hat die auf beiden Blättern gegebenen Informationen in recht stark generalisierter Form zu einer neuen Karte zusammengefaßt, die nun auf einem Blatt das ganze Staatsgebiet von Genua entlang der ligurischen Küste zeigt. Neu ist auch die Widmung an den Genueser Adligen Antoniotto Sivori, über dessen Beziehung zu Vrients bzw. Pigafetta ist nichts bekannt.

Die *Theatrum*-Karte des *Parmae et Placentiae* (sic!) *Ducatus* (Nr. 156) ist kopiert nach einer Einzelkarte Maginis, die um 1598–1600 erschienen ist. Ein Exemplar dieser Erstausgabe ist bisher nicht beschrieben. Bekannt ist nur die später umgestochene Fassung, wie sie im Italien-Atlas enthalten ist:

DVCATO DI / PARMA ET DI / PIACENZA

Titel oben links in Kartusche. In Kartusche unten links Widmung an den Herzog von Parma und Piacenza, signiert *Fabio di Gio. Ant. Magini*. An dieser Stelle hat der verschollene Erstzustand sicherlich eine von G.A. Magini selbst signierte und wohl auch datierte Widmung

Kupferstich, 34,5 × 46 cm.

Auffällig an der Vrients-Version ist der Schreibfehler *PLACENTIAE* statt *PIACENTIAE*. Dieser Fehler findet sich ähnlich bereits auf früheren niederländischen Karten von Parma–Piacenza, z.B.

auf einer Karte des de Jode-Atlas von 1578 als *PLAISANTIAE*.

Die Romagna-Karte des *Theatrum* (Nr. 158) ist die Kopie eines Einblattdruckes von 1597:

ROMAGNA / OLIM / FLAMINIA

Titel oben Mitte in Kartusche. Oben rechts in Kartusche Widmung an den Senat von Bologna (14 Zeilen), datiert ... *Bologna li 15 Aprile 1597* und signiert *Gio. Ant.° Magini*.

Kupferstich, 32 × 43 cm

Abb. bei ALMAGIA (1922) und ALMAGIA, *Mon. Ital. Cart.*, Tav. XLVI-2 nach Exemplar der Biblioteca Angelica, Rom.

Bereits 1598 schuf Magini eine neue Karte der Romagna, die dann auch später in den Atlas einging.

Die *Theatrum*-Karte von Urbino (Nr. 159) schließlich ist kopiert nach:

DVCATO DI / VRBINO

Titel oben links in Kartusche. Unten links in Kartusche Widmung an Federico Buonaventura (12 Zeilen), endend ... *Di Bologna li 20 Giueno 1596 / Gio Antonio Magini*

Kupferstich, 36 × 46 cm

Abb. bei ALMAGIA (1922) nach Exemplar aus Privatbesitz.

Auch diese Platte wurde später umgestochen und in dieser Form für den Druck des Atlas verwendet.

1608 erhielt Giovanni Antonio Magini Privilegien der päpstlichen Behörden und des Herzogs der Toskana zum Druck der lange vorbereiteten neuen kartographischen Darstellung ganz Italiens. Diese Privilegien nutzte er zunächst zur Edition einer großen Italien-Wandkarte (6 Bll., 111,5 × 89 cm, Exemplare in der Bibliothèque Nationale, Paris und im Istituto Geografico Militare, Florenz) bereits im Jahre 1608, gestochen von dem Engländer Benjamin Wright (1575–1613). Um diese Zeit bereits dürfte auch der Zyklus der insgesamt 61 Karten in Folio-Format komplett fertig gewesen sein. Die Vorbereitungen zur vollständigen Edition, mit kommentierendem Text, zogen sich jedoch hin. Einige Platten wurden neu- oder umgestochen, und es gab auch Schwierigkeiten bei der Suche nach einem geeigneten Drucker und Verleger. Über diesen Problemen starb Giovanni Antonio Magini am 4. Februar 1617 in Bologna. Sein Sohn Fabio Magini schließlich sorgte dafür, daß der Atlas *Italia di Gio. Ant. Magini* 1620 im Selbstverlag in Bologna publiziert werden konnte, den Druck besorgte Sebastiano Bonomi. Neuauflagen erschienen in Bologna bei Clemente Ferroni (1630 und ca. 1632) und Nicolo Tebaldini (1642).

Lit.:
- ALMAGIA, R.: *L'„Italia" di Giovanni Antonio Magini e la cartografia dell'Italia dei secoli XVI e XVII* (= Comitato Geografico Nazionale Italiano, Publ. Nr. 1). Neapel–Florenz 1922
- ALMAGIA, *Mon. Ital. Cart.*, S. 27 ff.
- FAVARO, A.: *Carteggio inedito di Ticone Brahe, Giovanni Keplero e di altri celebri astronomi e matematici dei secoli XVI e XVII con Giovanni Antonio Magini*. Bologna 1886
- HESSELS, *Epistolae*, Nr. 309–310
- *Giovanni Antonio Magini, Italia, Bologna 1620*. Facsimile with an introduction by R. ALMAGIA. Amsterdam 1974.

Olaus MAGNUS

Als Sohn des Magnus Petersson wurde Olaus Magnus (Olaf Magnusson, lat. mit Herkunftscognomen Olaus Magnus Gothus) 1490 in Linköping in Schweden geboren. Zeitlebens arbeitete er eng mit seinem Bruder, dem Historiker Hans Magnus (1487–1544), zusammen. Beide Brüder wurden nach Studien der Theologie auf mehreren europäischen Universitäten (ca. 1510–1517) zu katholischen Priestern geweiht. 1518–1519 machte Olaus Magnus seine erste große Reise durch Nordschweden und Norwegen im Rahmen einer päpstlichen Ablaßkollekte. Danach wirkte er einige Jahre als Priester und wurde Dompropst von Strängnäs. 1524 reiste er im Auftrag von König Gustav I. Wasa zum ersten Mal nach Rom, um die Bestätigung seines Bruders Hans Magnus als Erzbischof von Uppsala zu erwirken. Dort ist er auch mit Jakob →Ziegler zusammengetroffen. 1525–1527 reisten Olaus und Hans Magnus erneut als Diplomaten des schwedischen Königs, dieses Mal zum Abschluß von Handelsverträgen in deutsche Hansestädte und in die Niederlande. Als 1527 in Schweden die Reformation eingeführt wurde, kühlte das Verhältnis der Brüder Magnus zum schwedischen Hof rasch ab. Sie verließen ihre Heimat und wurden zunächst in Danzig ansässig. 1537 siedelten sie nach Italien über. Ab 1537 nahmen sie als offiziell anerkannte Vertreter Schwedens an den verschiedenen Teilkonzilien um das Tridentinum teil, ihre Unterstützung durch die päpstliche Kurie war insgesamt jedoch recht gering. Olaus Magnus lebte bis 1541 vorwiegend in Venedig, gefördert durch den dortigen Patriarchen Quirino. Nach dem Tode seines Bruders Hans Magnus wurde er 1544 zum Titularerzbischof von Uppsala ernannt. Sein wirtschaftliches Auskommen wurde gesichert durch die Bestellung zum Verwalter des Mutterhauses des Brigittinnen-Ordens in Rom. In dieser Funktion lebte er bis zu seinem Tode, er wurde begraben am 1. August 1557 in der römischen Kirche Santa Maria dell'Anima.

Schon während des Aufenthaltes in Danzig hatte Olaus Magnus damit begonnen, das auf seinen eigenen Reisen selbst sowie aus sekundären Quellen gesammelte Material zur Geographie Skandinaviens zu ordnen. Diese Arbeiten schloß er in Venedig ab, ihr Ergebnis war eine grundlegend neue Karte des nordeuropäischen Raumes von der Ostsee bis Island. Sie erschien erstmals 1539 in Venedig:

CARTA MARINA ET DESCRIPTIO SEPTENTRIONALIVM (T)ERRARVM AC MIRABILIVM RERVM IN EIS CONTENTARVM DILIGENTISSIME ELABORATA ANNO DNI 1539

Titel am oberen Rand, danach noch die Dankadresse *VENECIIS / LIBERALI / TATE EX.^{MI} / D. IERONIMI / QVIRINI: / PATRIARCHE / VENETIAI*. Unten links in Kartusche typengedruckter Text mit Privileg von Papst Paul III. vom 11. März 1539 und einem Geleitwort *Olaus Magnus Gothus benigno lettori salutem*, endend mit der Adresse *Venundatur in Apotheca Thome de Rubis in corona super ripa in ferri prope pontem rivi alti Venetiis* (insgesamt 72 Zeilen). Unten rechts Genealogie der skandinavischen Stämme, darüber weiteres Geleitwort *OLAVS GOT. BENIGNI LECTORI* (9 Zeilen). In der rechten unteren Ecke Wappen von Magnus mit dem Namen *OLAVS MAG / NVS GOTVS / LINCOPEN̄*.

Holzschnitt von 9 Stöcken, 3 Reihen zu je 3 Bll., Gesamtformat 125 × 170 cm

Die einzigen bekannten Exemplare sind in der Bayerischen Staatsbibliothek, München und in der Uppsala Universitätsbibliotek (Edition bei GAMBY, Abb. u.a. bei KNAUER und LYNAM).

Zur Karte erschien ein italienischer Erläuterungstext *Opera breve, laquale demonstra ... la charta over delle terre frigidissime di Settentrione* (Venedig: Giovanni Thomaso, 1539), gleichzeitig auch in deutscher Sprache als *Ain kurze Auslegung und Verklerung de neuen Mappen von den alten Goetten Reich und andern Nordlendern* (Venedig: Selbstverlag von Olaus Magnus?, 1539). Anschließend ging Olaus Magnus an die Bearbeitung und Edition zweier nachgelassener Manuskripte seines Bruders, der *Historia metropolitanae ecclesiae Uppsalensis* (Rom 1550) und der *Gothorum Sueonumque regibus ... opera* (Rom 1554). Den Abschluß seiner wissenschaftlichen Tätigkeit bildete seine eigene *Historia de gentibus septentrionalibus* (Rom 1555), die eine Vielzahl von Auflagen und Übersetzungen erlebte.

Die Nordeuropa-Karte des Olaus Magnus war in der Mitte des 16. Jahrhunderts typenbildend und wurde vor allem durch italienische Verleger mehrfach kopiert. Ortelius aber hatte zu diesem Werk ein eigenartiges Verhältnis. Er benutzte sie zur Kompilation seiner Europa-Karte (Nr. 5), aber erstaunlicherweise anscheinend nicht für seine ebenfalls kompilierte Karte der nordischen Länder (Nr. 45). Vgl. hierzu auch oben 5.3.1.

Lit.:
- BAGROW, *Catalogus II*, S. 41–45
- BUSCHBELL, C.G.W.: *Briefe von Johannes und Olaus Magnus, den letzten katholischen Erzbischöfen von Uppsala* (= Historiska handlingar 28,3). Stockholm 1932
- GAMBY, E.: *Olaus Magnus Carta Marina. Karta och beskrivning över de nordiska ländarna ... Karte und Beschreibung der nordischen Länder ... Venedig 1539* (Faksimile mit Übersetzung ins Schwedische und Deutsche). Uppsala 1964
- GRANLUND, J.: The Carta Marina of Olaus Magnus. In: *Imago Mundi* 8, 1952, S. 35–43
- KNAUER, E.R.: *Die Carta Marina des Olaus Magnus von 1539. Ein kartographisches Meisterwerk und seine Wirkung* (= Bamberger Schriften zur Renaissanceforschung 10). Göttingen 1981
- LYNAM, E.: *The Carta Marina of Olaus Magnus, Venice 1539 and Rome 1572* (= Publications of the Tall Tree Library, 12). Jenkintown 1949
- *Olaus Magnus, Historia de gentibus septentrionalibus, Romae 1555*. Facsimile with an introduction by J. GRANLUND. Kopenhagen 1972.

Aegidius MARTINI

Forschungen zu Leben und Werk des Antwerpener Juristen und Mathematikers Aegidius Martini (Gilles Martens o.ä.?) stehen noch aus. Die von ihm vielleicht in offiziellem Auftrag geschaffene Karte der niederländischen Provinz Limburg wurde erstmals veröffentlicht in der *Theatrum*-Ausgabe 1606 (Nr. 151, siehe Abb. 44). Danach wurde sie typenbildend für zahlreiche Kopien des 17. Jahrhunderts.

Lit.:
- KOEMAN, *Kartografie van Nederland*, S. 103.

Godfried MASCOP

Daten zur Biographie von Godfried Mascop (auch Maskopp, Maescop, Maschop u.ä.) sind relativ spärlich. Als Sohn einer wohlhabenden Familie wurde er um 1535–1540 in Emmerich am Niederrhein geboren. Über seine Ausbildung ist nichts bekannt, möglicherweise war er ein Schüler Gerard → Mercators in Duisburg oder des im nahen Kalkar tätigen Christian → Sgrothen. Mascop tritt recht plötzlich ins Licht der Kartengeschichte mit einer Westfalen-Wandkarte, die 1568 von Remigius Hogenberg, dem Bruder von Frans → Hogenberg, gestochen wurde:

REITERATA EPISCOPATVS / MONASTERIENSES GEOGRA- / PHICA DESCRIPTIO CVI / ADDITA EST ET OSNA- / BRVGENSIS PER GOD- / EFRIDV̄ MASCHOP / EMBRICENSEM / COSMOGRA- / PHVM

Titel oben Mitte in Rahmen, an dessen unterem Rand die Signatur *Remigius Hogenbergus Sculpsit*. Oben rechts in Rahmen Geleitgedicht von Henricus Uranius aus Rees am Niederrhein. Unten links in Rahmen Widmung an Johann von Hoya, Bischof von Münster-Osnabrück, signiert *Bernard. Mollerus* (7 Zeilen, danach 19 Distichen). Unten rechts in Kartusche Geleitwort *Godefridus Maschop Embri / censis ad lectorem*, endend *Vale 10 Kal: sep: Ao. 1568*

Kupferstich auf 9 Bll., 3 Reihen zu je 3 Bll., Gesamtformat 79,5 × 103 cm

Das einzige in der Literatur bekannte Exemplar ging 1945 in der Stadtbibliothek in Breslau verloren, Photos oder Abbildungen sind nicht bekannt (Beschreibung hier nach RUGE).

Diese Ausgabe wirft etliche Fragen auf. Der Titel spricht von ihr als einer *Reiterata ... descriptio*, d.h., es muß einen Vorläufer gegeben haben. Von einem solchen Werk ist jedoch nichts bekannt, und vor allem ist zweifelhaft, ob ein solcher Vorläufer von Mascop selbst geschaffen worden ist. Aus erhaltenen Begleitschreiben von Dedikationsexemplaren wissen wir, daß Mascop die vorliegende Karte am Jahresende 1568 überreicht hat. Unbekannt ist fernerhin, welchen Anteil der Unterzeichner der Widmung an der Edition dieser Karte hatte. Bernhard Moller (nachweisbar 1568–1607), Poet und Theologe, war der Beichtvater Johann von Hoyas.

Wie aber auch immer: Mascops Westfalen-Karte wurde seit der Editio princeps in das *Theatrum* aufgenommen (Nr. 24b); der *Catalogus Auctorum* nennt am Anfang das falsche, später korrigierte Erscheinungsdatum 1558. Wohl aus Gründen des Blattformats ist die Fassung von Ortelius genordet, das Original ist ostorientiert.

Seit 1572 ist Godfried Mascop nachweisbar als Landmesser und Instrumentenbauer im Dienste des Herzogs von Braunschweig-Wolfenbüttel. 1573 wurde er Professor am Pädagogium in Gandersheim. Beim Antritt dieser Tätigkeit wurde er auch verpflichtet, eine Karte des Herzogtums Braunschweig sowie ein nicht näher definiertes *Opus descriptionis Germaniae* zu beenden. Beide Werke sind heute spurlos verschwunden, vielleicht wurden sie aber auch nie vollendet. Nach nur kurzer Tätigkeit verließ Mascop Wolfenbüttel wieder und trat 1575 als „Geographus" in den Dienst des erzbischöflichen Stuhls in Mainz. In diesem Amt schuf er bereits 1575 einen handgezeichneten Plan der Stadt Mainz, es folgten etliche Einzelkarten. Von dem großen Projekt einer Landesaufnahme des Erzstifts Mainz wurde nur ein Atlas der Ämter Bingen, Olm und Algesheim mit 19 handgezeichneten Karten fertig; alle genannten Mainzer Arbeiten sind heute im Staatsarchiv, Würzburg. In Diensten von Kurmainz ist Mascop bis 1577 nachweisbar, danach verliert sich seine Spur.

Lit.:
- BAGROW, *Catalogus II*, S. 1
- MEURER, P.H.: Godfried Mascop. Ein deutscher Regionalkartograph des 16. Jahrhunderts. In: *Kartographische Nachrichten* 32, 1982, S. 184–192
- PITZ, E.: *Landeskulturtechnik, Markscheide- und Vermessungswesen im Herzogtum Braunschweig bis zum Ende des 18. Jahrhunderts* (= Veröffentlichungen der Niedersächsischen Archivverwaltung 23). Göttingen 1967, S. 12 ff.
- PRINZ, J.: Die ältesten Landkarten, Kataster- und Landesaufnahmen des Fürstentums Lüneburg. In: *Mitteilungen des Vereins für Geschichte und Landeskunde von Osnabrück* 63, 1948, S. 251–302
- RUGE, *5. Reisebericht*, Nr. 72.

Giubilio Mauro

Feste Daten zur Biographie von Giubilio Mauro (Jubilius Maurus) fehlen weitgehend. Er stammte aus Torri in der Sabina und war später als Arzt in Magliano Sabina tätig. Nachgewiesen ist er als Autor des Lehrbuches *Compendio della sanguia* (Rom 1581 und spätere Ausgaben).

Auch die Überlieferungsgeschichte der Mauro zugeschriebenen Karte ist unklar. 1592 schrieb Winghe an Ortelius über eine Karte der Sabina, die von einem Arzt aus Magliano gezeichnet worden sei. Ortelius selbst hat diese Karte nie gesehen. Seit 1601 ist sie im *Catalogus Auctorum* genannt nach ihrem Zitat in *De naturali vinorum historia* (Rom 1596, hier S. 273) des Arztes Andrea Bacci. Auch Bacci kannte die Karte vermutlich nur als Manuskript. In das *Theatrum* ist sie nicht eingegangen.

Die älteste publizistische Spur der von Giubilio Mauro gezeichneten Karte der Sabina findet sich wahrscheinlich in einem Einblattdruck, der 1617 in Rom von Giuseppe de Rossi verlegt und von Giovanni Maggi (Joannes Maggius, 1566–1618) gestochen wurde:

SABINA

Titel oben Mitte in Schriftband. Oben rechts in Kartusche Widmung und Geleitwort, signiert von *Gioseppe de Rossi* (insgesamt 14 Zeilen). Unten links in Rahmen die Signatur *IOANNES MAGGIVS DELINEAVIT ET INCIDIT 1617.*

Kupferstich, 39 × 53 cm

Exemplare sind in der Newberry Library, Chicago und in der Biblioteca Apostolica Vaticana, Rom (Abb. bei ALMAGIA, *Mon. Cart. Vaticana II*, Tav. XV und NOVACCO).

Maggi hat vielleicht in der Tat die Kupferstichvorlage auch gezeichnet. Die Annahme von Mauro als topographischem Urheber des Material wird gestützt durch den Text von Rossis Geleitwort, in dem ein *Sabinese Medico e Cosmografo* genannt ist.

Lit.:
- ALMAGIA, *Mon. Cart. Vaticana II*, S. 58–59
- HESSELS, *Epistolae*, Nr. 217
- NOVACCO, *Cartografia Rara*, Nr. 118
- RICCARDI, R.: La cartografia della Sabina dei secoli XVI, XVII e XVIII. In: *Bolletino della Società Geografica Italiana* 60, 1923, S. 222–238
- THIEME – BECKER 23, 1929, S. 555–556 (über Maggi).

Pedro de Medina

Pedro de Medina wurde um 1493 geboren entweder in Sevilla oder in der südlich davon gelegenen Stadt Medina Sidonia. Die Familie der Herzöge von Medina Sidonia war über Jahrzehnte hinweg sein Förderer. Zeitweilig stand er als Bibliothekar in ihren Diensten, zu seinem handschriftlichen Nachlaß gehörte das Manuskript einer *Chronica de los muy excelentes Senores Duques de Medina Sidonia*. Über die Ausbildung und frühen Lebensjahre von Pedro de Medina ist wenig bekannt. Er war Priester, ein Studium an der Universität von Sevilla ist nicht sicher belegbar. Auf irgendeinem Weg ist es aber zu einer recht intensiven Beschäftigung mit der Geographie und insbesondere mit der Navigation gekommen. 1538 erhielt er von Karl V. ein Privileg zum Zeichnen von Seekarten und zur Erarbeitung von Segelanweisungen vor allem für die Westindienfahrt. In Sevilla wirkte er auch als Ausbilder für Steuerleute an der Casa de la Contratación, wo er in wissenschaftlicher Gegnerschaft zu Diego →Gutiérrez stand. Er starb 1567 in Sevilla.

Die erste Publikation Pedro de Medinas war das *Libro de cosmografia* (Sevilla 1538), ein Lehrbuch in der Form von Fragen des Steuermannes und Antworten des Kosmographen. Epochalen Rang erreichte sein Navigationslehrbuch *Arte de navigar*, das erstmals 1545 in Valladolid erschien. Unter den zahlreichen späteren Ausgaben waren Übersetzungen u.a. ins Französische (Lyon 1553) von Nicolas de →Nicolay und Italienische (Venedig 1554) von Vincenzo →Palatino. Eine komprimierte Fassung erschien als *Regimiento de navegacion* (Sevilla 1552). Eine mehr theologisch-philosophisch ausgerichtete Summe der Weltsicht Medinas war *El libro de la verdad* (erstmals Sevilla 1554). Ungedruckt blieb eine *Suma de cosmografia*.

Das zweite große Arbeitsgebiet Pedro de Medinas war die historisch-geographische Landeskunde Spaniens. Hauptwerk war das *Libro de las grandezas y cosas memorables de Espana* (erster Druck Sevilla 1548), eine mit Karten und Veduten illustrierte Beschreibung der spanischen Provinzen. Spanien-Karten von der Hand Medinas hat es mehrere gegeben. *Libro de las grandezas* enthält in allen Ausgaben auf dem Titelblatt eine recht grobe Holzschnittkarte, deren einziges Ziel es ist, die Lage der verschiedenen Provinzen zu zeigen. Dann erwähnt der *Catalogus Auctorum* eine 1560 in Sevilla von Juan Gutiérrez gedruckte *Hispaniae Tabula* Medinas, die ausdrücklich als *valde rudem*, also als „recht grob", bezeichnet wird. Dies ließe daran denken, daß Ortelius hier eine der Fassungen auf dem Titelblatt des *Libro de las grandezas* gemeint hat. Von diesem Buch ist aber keine Ausgabe bekannt, die 1560 in Sevilla von Gutiérrez gedruckt worden ist. Mithin dürfte es in der Tat eine weitere, wahrscheinlich größerformatige Spanien-Karte Medinas gegeben haben. Vielleicht ist dies das gleiche Werk, das unter der Bezeichnung *Descripcion de toda Espana con parte de la carta de Africa en punto grande de M. Medina* in einem Inventar von 1572 genannt ist. Wie auch immer, ein Exemplar einer solchen Karte ist bisher nicht gefunden worden.

Lit.:
- GONZALES PALENCIA, A. (Hrsg.): *Obras de Pedro de Medina* (= Clasicos Espanoles I). Madrid 1946
- KOEMAN, C.: Enkele hoofstukken uit het leerboek in zeevaartskunde van Pedro de Medina, Valladolid 1545. In KOEMAN, C.: *Miscellanea Cartographica* (= H & S Studies in the History of Cartography and Scientific Instruments Bd 5). Utrecht 1988, S. 365–381
- LAMB, U.: *A Navigator's Universe. The Libro de Cosmografia of 1538 by Pedro de Medina*. Chicago–London 1972
- TORO BUIZA, L.: Notas biograficos de Pedro de Medina. In: *Revista de Estudios Hispanicos* 2, 1935, S. 31–35

Johannes MELLINGER

Johannes Mellinger (auch Melenger u.ä.) wurde um 1535–1540 in Halle geboren. Quellenmäßig erstmals sicher belegt ist er anläßlich seiner Immatrikulation an der Universität Wittenberg im Jahre 1555. 1567 wurde er Kantor und Konrektor in Weimar, 1569 dann Rektor des Gymnasiums in Jena. Gleichzeitig studierte er Medizin an der Jenaer Universität. Um 1577 ging er als Leibarzt an den Hof der Herzöge von Braunschweig-Lüneburg in Celle. In diesem Amt verblieb er bis zu seinem Tode am 12. Mai 1603.

Zeit seines Lebens hat sich Mellinger mit kartographischen Arbeiten beschäftigt. Sein erstes bekanntes Werk ist eine Thüringen-Karte, die 1568 in Weimar als Einblattdruck eines ungenannten Kupferstechers und Verlegers erschien:

THVRINGERLAND / sampt allen seinen stetten und vornehmen flecken, / schlössern, und klöstern. Zu ehren dem durch- / leuchtigen, hochgebornen fursten und herrn, / herrn IOHANN WILHELM, her- / tzog zu Sachsen, Landgraven inn Thuringen, / und Marggraven zu Meissen, etc. und dem / gantzen lande, verfertiget durch M. IO- / hann Mellinger Halens. Conrectorem Scho- / lae Vinariensis anno domini 1568

Titel und Widmung oben links in Kartusche. Am unteren Kartenrand lateinische Verse (4 Kolumnen zu je 2 Zeilen), signiert von dem Rektor des Weimarer Gymnasiums Johann Wolfius

Kupferstich, 24,5 × 32,5 cm

Exemplare: British Library, London; Universitätsbibliothek, Rostock (Abb. bei HANTZSCH, Tafel III).

Ortelius hat diese Karte in recht genauer Kopie 1573 in das *Theatrum* aufgenommen (Nr. 59a). Seine Fassung ist geostet, während das Original nordorientiert ist. Bemerkenswert zu dieser Karte ist ein Brief, den der sächsische Theologe und Philologe Hiob Magdeburg (1518–1595) nach Kenntnis des Nachstiches im *Theatrum* am 8. März 1574 an Ortelius schrieb und in dem er Mellinger des Plagiats bezichtigte. Dessen Karte sei zum größten Teil eine Kopie nach zwei Karten von Meissen und Thüringen, die er – Magdeburg – schon früher publiziert habe. Bei diesen Arbeiten Magdeburgs handelt es sich um zwei kleine (je 14 × 13,5 cm) und recht grobe Holzschnittkärtchen, die um 1562 entstanden sind (Abb. bei HANTZSCH, Tafel I/b und I/c). Sie haben jedoch keinesfalls als eine wesentliche Vorlage für die Karte Mellingers gedient, der Vorwurf Magdeburgs ist haltlos. Auch eine handgezeichnete Karte Meissen-Thüringens von Magdeburg aus dem Jahre 1566 kommt als Vorlage nicht in Frage.

Das gesamte spätere kartographische Werk Mellingers blieb von Abraham Ortelius weitgehend unberücksichtigt. Als Einblattdruck sowie als Beilage zur *Mannsfeldischen Chronica* des Cyriacus Spangenberg (Eisleben 1572) publizierte Mellinger die Karte *Mansfeldici Comitatus typus chorographicus, olim manu ... Tilemanni Stellae ... in charta delineatus* (Kupferstich, 35 × 46,5 cm; Exemplar z.B. in der Staatsbibliothek Preußischer Kulturbesitz, Berlin). Sie entspricht in hohem Maße der auf 1570 datierten, zuerst bei Frans → Hogenberg erschienenen Mansfeld-Karte von Tilemann → Stella. Hier gab es im übrigen eine Dreiecksverbindung. Mellinger war der Autor der handgezeichneten Ansichten von Halle und Hildesheim, die von Hogenberg in den *Civitates Orbis Terrarum* publiziert wurden. Bereits 1571 hatte Mellinger einen Vogelschauplan von Jena als Einblattdruck herausgebracht.

Auch am neuen Wirkungsort in Celle war Mellinger als Kartograph tätig. 1577 schuf er eine verschollene Karte des Raumes Hildesheim. Von 1584 ist ein Vermessungsinstrument erhalten. 1593 erschien an unbekanntem Ort als Einblattdruck die Karte *Lunaeburgensis Ducatus nova et accurata descriptio geographica* (Kupferstich, 33 × 38 cm; Exemplare: Universitätsbibliothek, Göttingen; Museum für das Fürstentum Lüneburg, Lüneburg). Diese typenbildende Karte ist Ortelius entgangen. Ein spätes Hauptwerk schließlich war Mellingers um 1600 fertiggestellter, heute nur noch in späteren Kopien erhaltener Manuskriptatlas mit 42 Ämterkarten des Herzogtums Braunschweig-Lüneburg.

Lit.:
- ARNHOLD, H.: Die Karten der Grafschaft Mansfeld. In: *Petermanns Geographische Mitteilungen* 120, 1976, S. 242–255
- BAGROW, *Catalogus II*, S. 1–3
- BARENSCHEER, F.: Karten der alten Ämter. Die Ämterkarte Dr. Johann Mellingers vor 375 Jahren. In: *Heimatkalender für Stadt und Kreis Uelzen* 1966, S. 20–24
- BOEHN, O. von: Dr. Johann Mellinger, ein Kartograph des 16. Jahrhunderts und seine Landtafel des Fürstentums Lüneburg. In: *Hannoversche Geschichtsblätter*, Neue Folge 2, 1933, S. 308–317
- DOLZ, W.: Die „Düringische und Meisnische Landtaffel" von Hiob Magdeburg aus dem Jahre 1566. In: *Sächsische Heimatblätter* 34, 1988, S. 12–16
- HANTZSCH, *Karten der sächsisch-thüringischen Länder*, S. 3
- HESSELS, *Epistolae*, Nr. 46
- ZINNER, *Astronomische Instrumente*, S. 443.

Didacus MENDEZIUS

Um Autor und Entstehung der seit 1584 im *Theatrum* enthaltenen Karte von Peru (Nr. 103a) sind die grundlegenden Fragen noch ungeklärt. Ausweislich der Angabe im *Catalogus Auctorum* handelt es sich hier um eine Originalveröffentlichung, deren handgezeichnete Vorlage auf heute nicht mehr nachvollziehbarem Wege an Ortelius gelangt ist. Auch der Autor ist in den kartenhistorischen Quellen und Referenzwerken anderwärts nicht nachweisbar. Bei Didacus Mendezius dürfte es sich um einen Spanier gehandelt haben, dessen eigentlicher Name vielleicht Diego Mendez bzw. Mendoza gelautet hat. Hier bleibt auf die künftige Grundlagenforschung zur Geschichte der spanischen Kartographie zu hoffen.

In der Literatur findet sich gelegentlich die Annahme, es handele sich hier um eine Verbalhornung des Namens von Diego Hurtado de Mendoza. 1503 in Granada geboren, war dieser Humanist und Diplomat 1539–1552 Botschafter Karls V. in Venedig und Rom. In jenen Jahren ist Mendoza mehrfach im Umfeld von Kartenmachern nachweisbar. Er stellte für → Gastaldi Material für dessen Spanien-Karte von 1544 zur Verfügung. 1543 finanzierte er eine Griechenland-Reise von Nicolaus → Sophianus, auch hatte er Verbindung zu Paolo → Giovio. Seit 1552 lebte er am spanischen Hof in der Funktion eines Flottenausrüsters. 1568 nach Granada verbannt, kehrte er erst kurz vor seinem Tod am 14. August 1575 wieder nach Madrid zurück. Im Prinzip wäre es natürlich möglich, daß Diego Hurtado de Mendoza nach ihm zugänglichen Originalquellen diese Karte Perus gezeichnet und dann zur Publikation nach Antwerpen gesandt hat. In seiner ganzen Biographie und in seinem übrigen, meist philologischen Werk gibt es hierfür aber keinen konkreten Anhaltspunkt.

Lit.:
GONZALEZ PALENCIA, A. und E. MELE: *Vida y obras de Don Diego Hurtado de Mendoza*. 3 Bde. Madrid 1941–1943.

Gerard MERCATOR

Mit Gerard Mercator, den er im *Catalogus Auctorum* mit dem Ehrentitel *nostri saeculi Ptolemaeus* belegt, war Abraham Ortelius fast ein Leben lang in Freundschaft und wissenschaftlicher Zusammenarbeit verbunden. Der eigentliche Name des „Ptolemäus seiner Zeit", unter dem er am 5. März 1512 in Rupelmonde (südwestlich von Antwerpen) geboren wurde, war Gerard Kremer (auch Cremer, de Kremere u.ä.). Seine frühe Jugend verbrachte er in der Heimat seines Vaters, eines aus Gangelt (nördlich von Aachen) stammenden Landwirts und Schuhmachers. Erst um 1517 siedelte die Familie endgültig nach Flandern über. Seine erste Ausbildung erhielt der junge Gerard Kremer auf den Lateinschulen in Rupelmonde und 's-Hertogenbosch; gefördert durch einen Onkel seines Vaters, den Priester Gisbert Kremer, scheint er ebenfalls für den geistlichen Stand bestimmt gewesen zu sein. 1530 wurde er in die Universität Löwen immatrikuliert, auch latinisierte er seinen Namen zu Mercator. Nach einem Grundstudium vor allem in den Fächern Philosophie und Altphilologie legte er 1532 das Magisterexamen ab. Über die nächsten Jahre im Leben Gerard Mercators ist wenig bekannt. Er war in Löwen mit höchster Wahrscheinlichkeit ein Schüler von Regnier →Gemma Frisius, an dessen zweitem Globenpaar von 1535–1537 er mitgearbeitet hat. Daneben war Mercator tätig als Geometer in Flandern sowie als Hersteller von Armillarsphären und anderen astronomischen Instrumenten. Ungeklärt ist, wo er eine Ausbildung als Kupferstecher erhalten hat. Auf diesem Gebiet brachte er es erstaunlich früh zur Meisterschaft, er hat alle seine Karten bis ins Alter selbst gestochen. Ein Standardwerk zu diesem Thema war seine Schrift *Literarum latinarum, quas italicas cursorias vocant, scribendarum ratione* (Löwen 1540 und spätere Ausgaben), die großen Einfluß hatte auf die Einführung der italienischen Kursive in die Kupferstichbeschriftung und vor allem in die Kartenschrift nördlich der Alpen.

1537 erschien an Mercators Hauptwohnsitz Löwen im Selbstverlag seine erste eigene Kartenveröffentlichung, eine auf Jakob →Ziegler und anderen Quellen beruhende Palästina-Karte:

Amplissima Terrae Sanctae descriptio / ad utriusque Testamenti intelligentiam.

Dieser Titel oben und unten in einem von separaten Platten gedruckten Zierrahmen, die eigentliche Karte ist ohne Titel. Unten links in Kartusche: *Gerardus Mercator Rupelmun- / danus faciebat anno 1537 cum / gratia et privilegio Caesareae / maiestatis ad triennium. Lovanij.* Unten Mitte in Kartusche Widmung an den kaiserlichen Rat Franciscus Craneveld (4 Zeilen). Unten rechts in Kartusche langes Geleitwort *Candido lectori S.* (19 Zeilen und 4 Kolumnen) mit Anleitung zum Gebrauch der Karte

Kupferstich auf 6 Bll., 2 Reihen zu je 3 Bll., Gesamtformat der Karte 53 × 110 cm; der dekorative Rand ist ca. 6 cm breit

Das einzige Exemplar dieser Originalausgabe befindet sich in der Bibliotheca Civica, Perugia (Faksimile bei ALMAGIA).

Dieses Exemplar in Perugia liegt vor in Form eines Portefolios mit 6 bzw. einschließlich der Bordüre 7 Blättern, zu denen als Bl. 8 ein gestochenes Frontispiz gehört mit dem Titel: *PALESTINA / vel / Terrae Sanctae / descriptio, per Ge: / rardum Mercato: / rem Cosmographum / Illustrissimi Ducis / Iuliae etc. / Lovanii* (dieses Frontispiz als Separatum auch in der Biblioteca Alessandrina, Rom). Es muß sich hier um eine spätere Ausgabe handeln mit einem zu der Zeit nicht mehr zutreffenden Editionsort Löwen, der Titel eines herzoglichen Kosmographen ist erst seit 1560 belegt (s.u.).

Später gelangten die Kupferplatten in den Besitz des Amsterdamer Verlegers Claes Janszoon Visscher (1587–1652), der etwa um 1620 (?) eine Neuausgabe veranstaltete ohne den Zierrand. Er fügte unten rechts seine Signatur *C.J. Visscher excudit* hinzu. Das einzige bekannte Exemplar dieser Ausgabe ist in der Bibliothèque Nationale, Paris (Abb. bei NEBENZAHL, Plate 24).

Die Karte wurde von Mercator geschaffen zur Begleitung der Bibellektüre. Um die Mitte des 16. Jahrhunderts war sie typenbildend für zahlreiche Kopien. Für das *Theatrum* wurde sie nicht verwendet, für seine Darstellung Palästinas griff Ortelius auf die Karten von →Stella und später von →Laicksteen und →Sgrothen zurück.

Der *Catalogus Auctorum* wie auch viele andere zeitgenössische Quellen kennen nicht die nächste kartographische Arbeit Mercators, die Weltkarte in doppelherzförmiger Projektion von 1538:

Ohne eigentlichen Kartentitel. Oben Mitte in Kartusche das Geleitwort: *Lectori S. / Quam hic vides orbis imaginē lector cādidē eā ut / posteriorē ita et emēdatiorem iis quae hactenus / circūferebantur esse America Sarmatiaq. ac / India testantur. Proposuimus atq. partitionē / orbis in gñe tantū, qua deinceps i particula- / ribus aliquot regionibus tatius tractabimus atq. / adeo i Europa id iā facimus, qua brevi non mi- / norē universali illa Pto- / lemei expectato. / Vale 1538.* Unten Mitte in Kartusche die Widmung: *Joanni Drosio / suo Gerardus Mercator Rupelmundan. dedicabat.*

Kupferstich, 35,5 × 54,5 cm

Exemplare sind in der New York Public Library und in der Bibliothek der American Geographical Society, Milwaukee (Abb. z.B. bei NORDENSKJÖLD, *Fascsimile-Atlas*, Plate XLIII).

In der Projektion folgt Mercator hier der Weltkarte des Oronce →Finé von 1531, inhaltlich stützt er sich im wesentlichen auf die Daten des Erdglobus von Gemma Frisius. Bemerkenswert ist, daß Mercator bereits hier das Erscheinen einer Europa-Karte in einem Format „größer als die ptolemäische Weltkarte" ankündigt. In der älteren Literatur wird hierin die Spur eines heute verlorenen Werkes gesehen. Nun wissen wir aber aus einem Brief Mercators von 1539 (DURME, Nr. 3), daß er bereits um diese Zeit seine große Europa-Wandkarte (s.u.) fast fertig hatte. Damit dürften sich weitere Spekulationen erübrigen.

Das zweite im *Catalogus Auctorum* genannte Werk Mercators ist eine um 1540 erschienene Flandern-Wandkarte. Obwohl sie noch 1569 in den Rechnungen Plantins erscheint und somit wohl auch wirtschaftlich ein Erfolg war, ist sie heute nur noch durch einen Probeabzug bekannt, dem ein Teil der Beschriftung fehlt:

VLANDEREN / *Exactissima* ...

Titelfragment oben Mitte in unfertiger Kartusche. Mitte links in runder Kartusche die Widmung: *Carolo V. Romanorum / Imperatori semper augu- / sto Gerardus Mercator / Rupemudanus devotissime / dedicabat.* Darunter in weiterer Kartusche Fragment eines Privilegvermerks. Unten halbrechts auf einem Holzbrett an einem Baumstumpf: *Gerardus Merca / tor Rupelmun / danus faciebat.*

Kupferstich auf 9 Bll., 3 Reihen zu je 3 Bll., Gesamtformat einschließlich Zierrand 95 × 123 cm

Das einzige bekannte Exemplar ist im Museum Plantin – Moretus, Antwerpen (Faksimile bei RAEMDONCK).

Siehe Abb. 45

Um die Entstehung dieser Karte gibt es etliche offene Fragen. In ihrer ganzen Komposition einschließlich der Dekorationselemente ähnelt sie sehr einer 1538 in Gent erschienenen Flandern-Karte (Holzschnitt auf 4 Bll., Gesamtformat 74 × 98 cm; einziges Exemplar im Germanischen Nationalmuseum, Nürnberg; Faksimile bei ORTROY) des Pieter van der Beke († 1567). Inhaltlich weicht diese Karte Mercators jedoch erheblich von dieser Vorlage ab. Es gibt die Theorie, daß sie möglicherweise auf einer Landesaufnahme Jacob van → Deventers beruht.

Eine leicht nach anderen Quellen überarbeitete Fassung dieser typenbildenden Karte findet sich seit der Erstausgabe im *Theatrum* (Nr. 17, vgl. auch oben 5.3.1). Eine neugestochene Version (Nr. 125) folgt dem Original wesentlich enger. Laut eigener, wahrscheinlich aber nicht zutreffender Angabe ist sie gezeichnet *Ad autographum Gerardi Mercatoris.* Neu ist hier die hinzugefügte Inset-Karte über das Aussehen der Scheldemündung um das Jahr 1304, deren Autor Ortelius selbst oder vielleicht Marc Laurin war.

Während der nächsten zehn Jahre hat Gerard Mercator nichts publiziert. Er war tätig als Geometer und Instrumentenbauer. 1541 erschien in Löwen sein Erdglobus, der zugehörige Himmelsglobus folgte erst 1551 (Edition bei DE SMET). Wissenschaftlich hat er sich in dieser Zeit vor allem mit Forschungen zum Erdmagnetismus beschäftigt. Unter heute nicht mehr sicher rekonstruierbaren Umständen wurde er 1544 in Löwen unter dem Verdacht der Häresie inhaftiert und erst nach Fürsprache seines Gönners, des Kardinals und späteren Statthalters in den Niederlanden Antoine Perrenot de Granvella (1517–1586), wieder freigelassen. Seit dieser Zeit dürfte sich Mercator mit dem Gedanken getragen haben, Flandern zu verlassen. Eine Gelegenheit schien sich hierzu zu bieten, als Herzog Wilhelm von Jülich-Kleve-Berg (reg. 1539–1592) die Errichtung einer Landesuniversität vorbereitete und man Mercator Hoffnungen machte, dort einen Lehrstuhl für Mathematik zu erhalten. So siedelte er 1552 nach Duisburg, dem Standort der geplanten Universität, über. Dort erschien 1554 die erste Ausgabe der lange vorbereiteten Europa-Wandkarte:

Ohne eigentlichen Kartentitel. Oben links in Kartusche langes Geleitwort *Benevolo lectori. / EVROPAM descriptur i primum curavimus* ... (64 Zeilen). Mitte links in Kartusche Widmung an Kardinal Granvella (8 Zeilen). In der linken unteren Ecke: *Absolutum et divulgatum est opus / Duysburgi anno Dni 1554, mense / Octobri, per Gerardum Mercatorē / Rupelmondanum.* Etliche weitere Texte sind über die ganze Karte verstreut, darunter unten Mitte Vermerke über Druckprivilegien des Kaisers und der Republik Venedig

Kupferstich auf 15 Bll., 3 Reihen zu je 5 Bll., Gesamtformat ca. 132 × 208 cm

Das einzige vollständige Exemplar dieser Erstausgabe befand sich in der Stadtbibliothek Breslau und ging 1945 verloren (Faksimile bei HEYER). Aus einem zerstückelten Exemplar stammen 9 Bll. im sog. „Mercator Atlas of Europe", einem 1967 aufgefundenen und 1979 versteigerten Sammelatlas (vgl. SCOTT-GOSS).

1572 gab Mercator eine zweite, überarbeitete Auflage dieser Karte heraus, hierfür waren Privilegien an ihn bereits 1569 und dann 1572 an Plantin erteilt worden. Die wichtigsten Änderungen gegenüber der ersten Auflage sind:

- Oben in der Mitte ist ein Titel hinzugestochen *EVROPAE DESCRIPTIO / emendata anno M.D.LXXII.*
- Die Darstellung von Skandinavien und Rußland bis zur Krim ist zum größten Teil neugestochen nach jüngeren Vorlagen.
- Unter Mercators Adresse in der linken unteren Ecke wurden zwei Zeilen hinzugefügt: ... / *Et iterum ibidem emendatum anno / Dñi 1572 mense martio.*

Exemplare dieser zweiten Auflage befinden sich in der Öffentlichen Bibliothek der Universität, Basel, in der Biblioteca Civica, Perugia und in der Zentralbibliothek der Deutschen Klassik, Weimar.

Diese Europa-Wandkarte Mercators war eine der großen kartographischen Leistungen ihrer Zeit, dazu auch ein großer publizistisch-wirtschaftlicher Erfolg. Sie ist eine kritische Kompilation nach zahlreichen, heute zum Teil nicht mehr vorhandenen Quellen; so gibt sie das wohl beste Bild von den bei Florian → Ungler erschienenen Osteuropa-Karten von Bernard Wapowski. Für das *Theatrum* diente sie als eine von mehreren Vorlagen für die Europa-Karte (Nr. 5, mit Neustich Nr. 110) sowie für die Karte der *Septentrionalium Regionum* (Nr. 45), vgl. dazu ausführlich oben 5.3.1.

Die Hoffnungen Gerard Mercators auf einen Lehrstuhl zerschlugen sich jedoch, da die Universitätsgründung in Duisburg nicht zustande kam. Er blieb in Duisburg ansässig, war aber in den nächsten anderthalb Jahrzehnten zu einem recht unsteten Leben mit vielen Reisen gezwungen. Die Verbindung zu Abraham Ortelius ist seit 1560 durch die gemeinsame Frankreichreise belegt. Beruflich wirkte Mercator als Lehrer am Duisburger Gymnasium, aus dieser Tätigkeit ging die Schrift *Breves in sphaeram* (Köln 1563) hervor. Weiterhin war er als Geometer tätig. Seit etwa 1560 bezeichnete er sich als „Mathematicus" und später „Cosmographus" im Dienste des Herzogs von Jülich-Kleve-Berg. Die Verleihung eines solchen Titels ist quellenmäßig nicht belegbar, und erstaunlicherweise hat er anscheinend auch nie einen offiziellen Auftrag zu einer Landesaufnahme des heimatlichen Territoriums erhalten. Mercators nächste größere Arbeit als Geometer war vielmehr eine Landesaufnahme des Herzogtums Lothringen, die er 1564 im Auftrag von Herzog Karl III. durchführte. Allem Wissen nach sind die Ergebnisse dieser Vermessung offiziell nie publiziert worden. Es ist aber mit hoher Sicherheit anzunehmen, daß die beiden Lothringen-Karten im späteren *Atlas* (siehe unten) auf diesen Unterlagen beruhen.

Ebenfalls 1564 erschien nach zwölfjähriger Pause im Duisburger Selbstverlag wieder eine Kartenpublikation Mercators, die Wandkarte der Britischen Inseln:

ANGLIAE SCOTIAE / & Hiberniae noua descriptio

Titel oben Mitte in Kartusche. In der linken unteren Ecke: *Absolutum & / evulgatum Duys- / burgi anno Do / mini 1564.* In einer Kartusche oben rechts steht eine Liste der *Miracula naturae*, in einer Kartusche unten rechts steht ein Geleitwort *Gerardus Mercator lectori salutem* (53 Zeilen)

Kupferstich auf 8 Bll., 2 Reihen zu je 4 Bll., Gesamtformat 88 × 128 cm

Das Exemplar der Stadtbibliothek Breslau wurde 1945 zerstört (danach Faksimile bei HEYER). Erhaltene Exemplare: Bibliothèque Nationale, Paris; Biblioteca Civica, Perugia; Biblioteca Alessandrina, Rom. Ein zerstückeltes Exemplar befindet sich ebenfalls im genannten „Mercator Atlas of Europe".

Im Geleitwort sagt Mercator, die Karte beruhe auf Unterlagen, die ihm ein Freund aus England zur Verfügung gestellt habe (*obtulit mihi ... amicus quidam singularis hanc Britannicarum insularum descriptionem*). In dem Versuch, diesen ungenannten Gewährsmann zu identifizieren, favorisiert die gegenwärtige Forschung den englischen Kartographen Lawrence Nowell († um 1570; vgl. BARBER). Die Frage ist aber noch nicht definitiv entschieden.

Diese Britannien-Wandkarte Mercators war für das *Theatrum* eine vielgenutzte Quelle:

- Die *Theatrum*-Karte der Britischen Inseln (Nr. 6) ist eine getreue Kopie, lediglich an der französischen Küste sind einige Orte nach anderen Quellen hinzugefügt.
- Als seit dem *Additamentum* von 1573 spezielle Karten von England und Wales nach Humphrey → Lhuyd zur Verfügung standen, ergänzte Ortelius diesen Zyklus durch Karten von Schottland (Nr. 54) und Wales (Nr. 57) als getreue Ausschnittkopien der Wandkarte Mercators.
- Die *Theatrum*-Karten Europas (Nr. 5, mit Neustich Nr. 110) und der Nordländer (Nr. 45) nehmen die Britannien betreffenden Teile ebenfalls aus dieser Quelle (vgl. oben 5.3.1).

– Schließlich beruht auch das topographische Grundgerüst der beiden Britannien-Karten des *Parergon* (Nr. 15P und 16P) auf Mercator.

1569 erschien in Duisburg Mercators große Weltkarte, deren Privilegsgebühren für die Niederlande von Plantin bezahlt wurden:

NOVA ET AVCTA ORBIS TERRAE DESCRIPTIO AD VSVM NA-/ vigantium emendate accomodata

Titel oben innerhalb des Randes. Zahlreiche Texte und Vermerke sind in Kartuschen über die ganze Karte verstreut, darunter oben links die Widmung an Herzog Wilhelm von Jülich-Kleve-Berg und in ovaler Kartusche unten halbrechts Privilegvermerk und die Adresse ... *Aeditum autem est opus / hoc Duysburgi an: D: 1569 / mense Augusto.*

Kupferstich auf 18 Bll., 3 Reihen zu je 6 Bll., Gesamtformat ca. 132 × 208 cm

Das Exemplar der Stadtbibliothek Breslau wurde 1945 zerstört (danach Faksimile bei HEYER). Erhaltene Exemplare: Öffentliche Bibliothek der Universität, Basel; Bibliothèque Nationale, Paris; Maritiem Museum ‚Prins Hendrik‘, Rotterdam (danach Faksimile bei HOFF, Abb. auch bei SHIRLEY, Plate 102).

Das Rotterdamer Exemplar besteht in Form eines Atlas mit eigenem Kupferstichtitelblatt *NOVA ET AVCTA / ORBIS TERRAE / DESCRIPTIO AD / VSVM NA- / vigantium emendate accomodata,* darunter Privileg und Adresse. Dieses Blatt ist gedruckt unter Verwendung von Kupferplatten der Karte.

Mercators Weltkarte in der nach ihm benannten Projektion zählt zu den epochalen Werken der gesamten Kartengeschichte. Sie ist eine Kompilation des gesamten kartographischen Wissens ihrer Zeit und gleichzeitig die Endsumme der langjährigen eigenen mathematisch-kartographischen Forschungen von Mercator selbst. Sie war typenbildend vom Weltbild her bis ins frühe 17. Jahrhundert, von der Projektion her praktisch bis zur Gegenwart. Auch für das *Theatrum* stellte sie die wahrscheinlich meistbenutzte Kartenquelle dar:

– Auf ihr beruht gänzlich das Weltbild der ersten *Theatrum*-Weltkarte (Nr. 1, mit Nachstich Add 112/II); diese Kopie selbst war die Hauptbasis für die neue, in Details nach →Plancius ergänzte *Theatrum*-Weltkarte (Nr. 113).

– Ein Ausschnitt war die Vorlage für die erste Amerika-Karte des *Theatrum* (Nr. 2, mit Neustich Add 112/I); diese wiederum war die Vorlage für die nach →Plancius emendierte zweite Fassung (Nr. 114).

– Ein Ausschnitt lieferte das Grundgerüst für die Karte der Westindischen Inseln (Nr. 73b; vgl. auch Anonymus →Kuba – Haiti).

– Eine getreue Ausschnittkopie ist fernerhin die Karte Hinterindiens (Nr. 48).

– Ein weiterer Ausschnitt schließlich bildete die Basis für die ebenfalls nach →Plancius emendierte Pazifik-Karte des *Theatrum* (Nr. 124)

– Im europäischen Raum bildete Mercators Weltkarte eine Hauptquelle für die Nordeuropa-Karte (Nr. 45), die von Ortelius im wesentlichen selbst und neu erarbeitet worden war (siehe oben 5.3.1).

Auch in die von Ortelius selbst geschaffene Europa-Karte (Nr. 5, mit Neustich Nr. 110) sind einzelne Informationen aus dieser Quelle eingegangen.

Spätestens seit etwa 1564 hat Gerard Mercator konkret an einer umfassenden Kosmographie gearbeitet, an einer vollständigen historisch-geographischen Beschreibung der ganzen Welt und ihrer Ordnung. Dieses Projekt, das er erstmals in seiner *Chronologia, hoc est temporum demonstratio exactissima ab initio mundi usque ad annum Domini MDLXVIII* (Köln 1568) beschrieb, sollte drei Sektionen umfassen: 1. ein Kartenwerk auf dem Wissensstand seiner Gegenwart, 2. eine Ptolemäus-Ausgabe als „Alte Geographie", 3. eine Serie historischer Karten. Der letztgenannte Teil des Vorhabens wurde nie realisiert. Die erste Ausgabe von Mercators Bearbeitung der *Tabulae geographicae Cl. Ptolemei* (Köln: Gottfried van Kempen, 1578) enthält nur den Karteil, erst die zweite Ausgabe (ebd. 1584) bringt auch den Text der *Geographia*. Den aktuellen Stand des geographischen Wissens seiner Zeit faßte Mercator schließlich in dem Werk zusammen, das einmal sein epochaler *Atlas* werden sollte. Die ersten drei Teile erschienen 1585 in Duisburg als Separata: *Galliae tabulae geographicae* mit 16 Karten, *Belgiae Inferioris geographicae tabulae* mit neun Karten, *Germaniae tabulae geographicae* mit 26 Karten.

Zwischen den Atlasprojekten von Mercator und Ortelius gab es vielfache Querverbindungen und Zusammenarbeit, die von der Planungsphase bis zur Publikation auf beiden Seiten zu verfolgen sind. Die ideengeschichtlichen Parallelen wurden bereits angesprochen (siehe 4.1). Konkret läßt sich die Kooperation an den folgenden Blättern nachweisen:

- Die auf 1584 datierte *Theatrum*-Karte von Nieder-Burgund (Nr. 96, mit Reduktion 142) ist sehr ähnlich der Karte *Burgundia Ducatus* im ein Jahr später erschienenen Frankreich-Teilband von Mercators Atlas (vgl. auch Anonymus → Burgundia Inferior).
- Die *Brandenburgensis Marchae Descriptio* (Nr. 118) ist eine genaue Kopie der in den *Germaniae tabulae geographicae* erschienenen Brandenburg-Karte nach den Daten von Elias → Camerarius.
- Die *Lotharingiae nova Descriptio* (Nr. 122) ist eine Kompilation aus den beiden Lothringen-Karten (*Lotharingiae Ducatus pars septentrionalis* und *Lotharingiae Ducatus pars meridionalis*) bei Mercator, vermutlich nach dessen eigenen Aufnahmen.
- Ortelius' Karte von Braunschweig und Lüneburg (Nr. 123a) ist eine Kompilation der Karten von Niedersachsen – Mecklenburg und Braunschweig-Magdeburg im Deutschlandteil des Mercator-Atlas.
- Als eine von mehreren Quellen für die *Theatrum*-Karte der Bretagne und Normandie (Nr. 127b) ist mit hoher Wahrscheinlichkeit Mercators Karte dieser Region in seinen *Galliae tabulae geographicae* auszumachen (vgl. auch Bertrand → d'Argentré).

Eben wegen der jahrzehntelangen Freundschaft zwischen beiden Kartographen darf vorausgesetzt werden, daß diese Übernahmen von Mercator authorisiert waren.

1589 konnte Gerard Mercator noch einen weiteren Teilband publizieren, die *Italiae, Sclavoniae et Graeciae tabulae geographicae* mit 22 Karten. Zu diesem Zeitpunkt aber war die Schaffenskraft des großen Kartographen am Beginn des Erlöschens. Bei seiner Arbeit in den letzten Jahren unterstützte ihn vor allem sein Sohn Rumold → Mercator, als Kupferstecher haben wahrscheinlich Frans → Hogenberg bzw. Mitglieder seiner Werkstatt für ihn gearbeitet. Ein schwerer Schicksalsschlag war der frühe Tod seines ältesten Sohnes Arnold Mercator (1537 – 1591), mit dem er über drei Jahrzehnte zusammengearbeitet hatte. Auch Arnolds Söhne Johannes → Mercator und Michael Mercator arbeiteten im Duisburger Familienunternehmen mit.

Der große Gerard Mercator starb am 2. Dezember 1594 in Duisburg. 1595 konnte Rumold Mercator einen weiteren Teilband *Atlantis pars altera* mit 34 Karten publizieren. Im gleichen Jahr erschien in Duisburg dann auch die Gesamtausgabe *Atlas, sive cosmographicae meditationes de fabrica mundi et fabrica figura*. Nachdem Rumold Mercator schon 1599 gestorben war, veranstalteten die Erben 1602 noch eine weitere Duisburger Ausgabe. 1604 aber wurde der gesamte Kupferplattenbestand des Hauses Mercator in Amsterdam versteigert. Die Platten für den *Atlas* erwarb Jodocus → Hondius, der ab 1606 in Amsterdam den *Gerardi Mercatoris Atlas* in zahlreichen Ausgaben weiterführte.

Interessante Forschungslücken und Desiderata zum Thema Mercator bleiben bestehen. Welche Überraschungen hier möglich sind, zeigte vor wenigen Jahren das Auftauchen einer Mercator-Karte, die in keiner einzigen älteren Quellen genannt ist:

HELVETIA. / Abrahamo Ortelio / Cosmographo Regio / solertiss: humaniss: candidiss: que / in perpetuae amicitiae memo: / riam a Gerardo Merca: / tore consecrata

Titel und Widmung oben links in Kartusche

Kupferstich, 35,5 × 47 cm

Das einzige bisher bekannte Exemplar befindet sich in der Universiteitsbibliotheek, Leiden (DE VRIES).

Dieses Ortelius gewidmete Blatt stellt den linken oberen Teil einer vierblättrigen Wandkarte der Schweiz dar, die weiteren drei Blätter bestehen in titellosen Karten (KOEMAN, Nr. Me 13, 14 und 15) in den *Galliae tabulae geographicae*. Ein solches montiertes Exemplar ist bislang nicht gefunden worden.

Eine große Unbekannte im Werk Gerard Mercators ist eine Amerika-Wandkarte in 15 Blättern, die seit 1569 in den Rechnungen von Plantin erscheint. Ein gestochenes Frontispiz *America sive Indiae Nova Gerardi Mercatori*, als Titel einer Mappe zur Aufnahme der Karte in Loseblattform, befindet sich in der Biblioteca Alessandrina in Rom. Ein Exemplar dieser Karte wurde bisher nicht aufgefunden. Die Annahme, daß es sich bei dieser Publikation nur um eine Teilausgabe der linken Hälfte der großen Weltkarte von 1569 gehandelt hat, ist wenig überzeugend.

Lit.:
Die Literatur zu Leben und Werk Gerard Mercators ist in ihrer Gesamtheit inzwischen unübersehbar. Die folgende Liste enthält nur die wichtigen Faksimile-Ausgaben, Übersichtswerke und die zu Spezialaspekten grundlegende Literatur.
- ALMAGIA, R.: *La carta della Palestina di Gerardo Mercatore (1537)* (= Fondo italiano per lo studio della Palestina, Nr. 1). Florenz 1927
- AUERBACH, B.: La carte de Lorraine sous le duc Charles III. In: *Revue de Géographie* 28, 1898, S. 321 – 333

- AVERDUNK, H. und J. MÜLLER-REINHARD: *Gerhard Mercator und die Geographen unter seinen Nachkommen* (= Petermanns Geographische Mitteilungen, Erg. Heft 182). Gotha 1914, Neudruck Amsterdam 1969
- BAGROW, *Catalogus II*, S. 3–17
- BARBER, P.: A Tudor mystery: Laurence Nowell's map of England and Ireland, In: *The Map Collector* 22, 1983, S. 16–21
- DÉNUCÉ, *Kaartmakers II*, S. 279–323
- DESTOMBES, M.: La grande carte de Flandre de Mercator et ses imitations jusqu'à Ortelius (1540–1570). In: *Annalen van de Oudheidkundige Kring van het Land van Waes* 75, 1972, S. 5–18; Wiederabdruck in DESTOMBES, *Contributions*, S. 413–426
- DESTOMBES, M.: Un nouvel exemplaire de la carte des Iles Britanniques de Gerard Mercator, Duisburg 1564. In: *Imago Mundi* 26, 1972, S. 31–40; Wiederabdruck in DESTOMBES, *Contributions*, S. 433–442
- DURME, M. van: *Correspondance mercatorienne*. Antwerpen 1959
- *Gerhard Mercator 1512–1594 zum 450. Geburtstag* (= Duisburger Forschungen 6). Duisburg 1962 (Sammelband mit Beiträgen von B. van't HOFF, R. KIRMSE, A. de SMET u.a.)
- HEYER, A.: *Drei Karten von Gerhard Mercator. Europa – Britische Inseln – Weltkarte*. Berlin 1891
- HOFF, B. van't: *Gerard Mercator's map of the world (1569) in the form of an atlas in the Maritiem Museum ‚Prins Hendrik' at Rotterdam*. Rotterdam – 's-Gravenhage 1961
- KOEMAN, *Atlantes Neerlandici II*, S. 281 ff.
- KRAMER, K.E.: *Mercator. Eine Biographie*. Duisburg 1980
- NEBENZAHL, *Maps of the Bible Lands*, S. 72–73
- ORTROY, F. van: *Carte de Flandre de 1538, publiée à Gand par Pierre van der Beke*. Gent 1897
- OSLEY, A.S.: *Mercator. A monograph on the lettering of maps*. London 1969
- RAEMDONCK, J. van: *La grande carte de Flandre dressée en 1540 par Gérard Mercator*. Antwerpen 1882
- SCOTT, P. und J. GOSS: Important Mercator ‚discovery' under the hammer. In: *The Map Collector* 6, 1979, S. 27–35
- SHIRLEY, *World Maps*, S. 137 ff.
- SMET, A. de: *Les sphères terrestre et céleste de Gérard Mercator 1541 et 1551*. Brüssel 1968
- VRIES, D. de: Een bijzonder kaartblad van Mercator. In: *Caert Thresoor* 3, 1984, S. 49.

Johannes MERCATOR

Als Sohn von Arnold (1537–1587), des ältesten Sohnes von Gerard → Mercator, wurde Johannes Mercator um 1562 wahrscheinlich in Duisburg geboren. Er war wohl vorgesehen, das Unternehmen von Vater und Großvater später einmal fortzuführen und dürfte eine entsprechende Ausbildung im Hause erhalten haben. Als Kupferstecher war er beteiligt an der Ptolemäus-Ausgabe 1578 und an den *Galliae tabulae geographicae*. Auch war er als Landmesser tätig. 1588–1592 arbeitete er in Hessen, um dort die von Arnold Mercator unvollendet hinterlassene Landesaufnahme von Niederhessen abzuschließen (Manuskript im Hessischen Staatsarchiv, Marburg). Aber auch Johannes Mercator starb schon in jungen Jahren, um 1595.

Laut dem *Catalogus Auctorum* wurde bereits 1591 die einzige gedruckte Arbeit des Johannes Mercator publiziert, eine zweiteilige Karte der Grafschaft Moers am Niederrhein:

> Links: *REGIONVM / Vrbium et flumi- / num que potentissimū. / Comitatum Mürs / ambiunt brevis descriptio*
>
> Titel oben links in Kartusche. Unten Mitte Inset mit Abbildung des *Castellum Middelaer*
>
> Kupferstich, 36 × 25 cm
>
> Rechts: *MVRS / Comitatus*
>
> Titel oben rechts in Kartusche. Unten links zwei Insets mit Plänen von *MVRS / Oppidum et / Arx* und *MODILIANA*. Unten rechts die Adresse *Duysburgi / Per Joh. Mercatorem / Illustriss.^{i} Ducis Cliven: / sis Duc.^{is} Geographum*.
>
> Kupferstich, 36 × 25 cm.

Beide Karten beruhen möglicherweise auf Landesaufnahmen, die handschriftlich von Arnold Mercator hinterlassen wurden. Die Doppelkarte wurde zunächst als Einzelblatt auf den Markt gebracht. Sie wurde nicht in die erste Gesamtausgabe des *Atlas* von 1595 übernommen, wohl um die von Gerard Mercator vorgegebene Form des Deutschland-Teiles nicht zu verändern. Die Kupferplatte gehörte aber zu dem Bestand, der 1604 an Jodocus → Hondius verkauft wurde. Er nahm die Doppelkarte dann ab 1606 in seine Ausgaben des Mercator-Atlas auf. Für das *Theatrum* hatte sie keinerlei Bedeutung.

Lit.:
- AVERDUNK (vgl. unter Gerard Mercator), S. 157–160
- KOEMAN, *Atlantes Neerlandici II*, S. 305
- KÖSTER, K.: Die Beziehungen der Geographenfamilie Mercator zu Hessen. In: *Hessisches Jahrbuch für Landesgeschichte* 1, 1951, S. 171–192.

Rumold MERCATOR

Rumold Mercator war der einzige der Söhne Gerard →Mercators, der seinen Vater überlebte. Er wurde um 1545–1550 in Löwen geboren. Seine erste Ausbildung erhielt er in Bremen bei seinem Schwager, dem Pädagogen Johannes Molanus († 1583). Das beabsichtigte Universitätsstudium hat er nicht aufgenommen. Statt dessen trat Rumold Mercator um 1569 als Lehrling und später Mitarbeiter in den Kölner Verlag Birckmann ein. Hier war er auch in den Firmenfilialen in London und – unter Arnold Mylius – in Antwerpen tätig. Um 1585 kehrte er endgültig nach Duisburg zurück, um allmählich die Geschäftsführung der väterlichen Unternehmens zu übernehmen. Auch war er auf kartographischen Gebiet tätig. 1587 schuf er die Doppelhemisphären-Weltkarte und etwas später eine Europa-Karte in Folioformat. Beide Karten beruhen inhaltlich auf den Wandkarten Gerard Mercators. Sie wurden 1595 auch in den *Atlantis pars altera* und danach in den *Atlas* übernommen, deren Endredaktion und Herausgabe ebenfalls in den Händen von Rumold Mercator lagen. Er starb am letzten Tag des 16. Jahrhunderts, am 31. Dezember 1599.

1590 erschien die bei Ortelius genannte Deutschland-Wandkarte Rumold Mercators:

GERMANIA / NON EA TANTVM QVAE RHENO, / VISTVLA, DANVBIO OCEANO-QVE / GERMANICO VETERIBVS CLAV-DE= / BATVR, SED TOTA ILLA CONTI= / NENS QVAE HODIE COMMVNITER / GERMANICA LINGVA VTITVR; CVM / FINITIMIS REGIONIBVS, DANIA, / POLONIA, HVNGARIA / & c.

Titel oben links in Kartusche, darunter in runder Kartusche Widmung an Landgraf Wilhelm IV. von Hessen (11 Zeilen), endend ... *a Rumoldo Mercatore / dedicata consecra-/ taque.* Unten rechts: *Absolutum / Et Evulgatum est opus hoc / Duysburgi Clivorum Typis / aeneis Anno Domini 1590 / mense Martio. / Cum gratia & Privilegio Caesareae M.tis ad decennium.*

Kupferstich auf 12 Bll., 4 Reihen zu je 3 Bll., Gesamtformat 122 × 141 cm

Das einzige bekannte Exemplar dieser Originalausgabe ist im Geographischen Institut der Universität, Göttingen (Faksimile bei MEURER).

Die Kupferplatten wurden 1604 mit dem übrigen Mercator-Nachlaß nach Amsterdam verkauft. Dort wurden sie später verwendet für weitere Ausgaben durch die Verlage Hondius und Visscher (vgl. den Nachweis der Ausgaben und Exemplare bei SCHILDER).

Inhaltlich beruht die Deutschland-Wandkarte Rumold Mercators im wesentlichen auf den Folio-Karten des *Atlas*. Sie selbst wiederum diente – vor allem in bezug auf den Blattschnitt – als Vorlage für zahlreiche Deutschland-Karten in der ersten Hälfte des 17. Jahrhunderts auch in kleineren Formaten. Für das *Theatrum* wurde sie aus schwer nachvollziehbaren Gründen nicht verwendet. Hier war noch bis 1603 die völlig überholte Karte nach →Sgrothen enthalten, die dann durch die ebenfalls ältere Karte von Frans →Hogenberg abgelöst wurde.

Lit.:
- AVERDUNK (vgl. unter Gerard Mercator), S. 152–157
- MEURER, P.H.: *Die Germania-Wandkarte des Rumold Mercator (Duisburg 1590)* (= Monumenta Cartographica Rhenaniae III). Bad Neustadt an der Saale 1985
- SCHILDER, G.: Niederländische Germania-Wandkarten des 16. und 17. Jahrhunderts. In: *Speculum Orbis* 2, 1986, S. 2–24
- SHIRLEY, *World Maps*, Nr. 157.

Laurent MICHAELIS

Laurent (Laurentius) Michaelis wurde um 1520–1525 in Bremen als Sohn des dortigen Stadtschreibers Martin Michaelis geboren. Dieser trat 1546 als Schreiber in den Dienst der friesischen Häuptlinge in Jever. Statt eines Gehaltes erhielt er die Einkünfte aus der nahen Pfarrei Hohenkirchen, wo er auch die geistlichen Pflichten zu erfüllen hatte. Laurent Michaelis war nach einem Studium der Rechtswissenschaften zunächst seit etwa 1549 an der kaiserlichen Kanzlei in Wien tätig. 1552 kehrte er in die Heimat zurück und trat als Notar in den Dienst des Hofes von Jever. Von seinem Vater übernahm er die Einkünfte aus der Pfarre Hohenkirchen, danach nannte er sich auch Laurent Michaelis von Hohenkirchen bzw. Hagenkirchen oder latinisiert zu Laurentius Michaelis Altedianus. Er starb 1584 in Jever an der Pest.

Die wohl recht geringen beruflichen Pflichten ließen Michaelis genügend Zeit für wissenschaftliche Arbeiten. Etwa um 1572 beendete er eine handschriftliche Reimchronik von Jever, der eine kleine Karte des Jeverlandes beigegeben ist (Landesbibliothek, Oldenburg). 1583 korrespondierte er mit Ortelius. Im Mai dieses Jahres berichtete er über eine Chronologie, an der er arbeitete. Weiterhin erwähnt er eine von ihm erarbeitete Karte von Ostfriesland, die im Druck sei. Ortelius möge versuchen, ein Exemplar zu beschaffen. Es handelt sich hier um das folgende, in Antwerpen von Gerard de Jode publizierte Blatt:

FRISIAE ORIENTALIS / nova et exacta descriptio / Autore Laurentio Michaelis / ab Hagen Karchen (sic!) *anno / 1579*

Titel oben rechts in Kartusche, gefolgt von der Adresse *Gerar. de Iode / excudebat*

Kupferstich, 36,5 × 49 cm.

Siehe Abb. 46

Das Datum 1579 bezieht sich möglicherweise nur auf die Fertigstellung der Handzeichnung. Vor allem die Bemerkung von Michaelis im Brief von 1583 läßt vermuten, daß der Druck etwas später erfolgt ist. Als erschienen wird sie genannt im *Catalogus Auctorum* seit der *Theatrum*-Ausgabe 1579B, die etwas später – auf etwa 1581 – zu datieren ist. Die Karte wurde von de Jode zunächst als Einzelblatt vertrieben, 1593 wurde sie in die zweite Ausgabe des *Speculum Orbis Terrae* aufgenommen. Für das *Theatrum* wurde sie nicht verwendet.

Seit der Ausgabe 1584 enthält das *Theatrum* eine Karte der Grafschaft Oldenburg (Nr. 101b), die signiert ist mit *Laurentius Michaelis describ.* Sie beruht auf einer Handzeichnung, die Michaelis 1583 an Ortelius gesandt hatte.

Lit.:
– BARTELS, P.: Laurentius Michaelis von Hohenkirchen und die ältesten Karten von Ostfriesland. In: *Deutsche Geographische Blätter* 10, 1887, S. 101–112, Wiederabdruck in *Acta Cartographica* 1, 1967, S. 15–26
– HESSELS, *Epistolae*, Nr. 130 und 132
– LÜBBING, H.: *Laurentius Michaelis und seine Karte der Grafschaft Oldenburg von 1584*. Oldenburg 1931.

Joist MOERS

Joist Moers (auch Justus Meurs u. ä.) stammte aus Korbach in Hessen, wo seine Vorfahren seit der Mitte des 15. Jahrhunderts als Landbesitzer und Gastwirte nachgewiesen sind. Sein Geburtsjahr ist nicht überliefert, auch über seine Ausbildung ist nichts bekannt. Seit etwa 1570 stand er als Landmesser im Dienst der Grafen von Waldeck und der Landgrafen von Hessen in Kassel, wo er im August 1625 starb.

Von Moers' Tätigkeit als Geometer sind zahlreiche handschriftliche Karten erhalten geblieben (Bibliographie bei SCHÄFER). Gedruckt wurde – soweit derzeit bekannt – lediglich sein Frühwerk, eine um 1572 aufgenommene Karte der Grafschaft Waldeck:

Wahrhaffte Abcontrafactur und eigentliche Beschreibung der löblichen Graffschafft Waldeck ...

Typengedruckter Titel mit Widmung an Graf und Gräfin von Waldeck über der Karte (insgesamt 3 Zeilen), in dem zum Teil zerstörten Text die Passage .... *ha*(t Jost Moers) *von Cörbach dasen iren Gnaden Landsch*(afft)*en abgerissen ...*

Holzschnitt auf 6 Bll., 2 Reihen zu je 3 Bll., Gesamtformat 81 × 96 cm

Das einzige bekannte Exemplar ist im Heimatmuseum in Korbach/Hessen.

Die Originalausgabe trägt keinerlei Hinweise zu Druckort und -jahr. Die Angaben Marburg und 1575 finden sich allein im *Catalogus Auctorum*. Denkbar ist, daß Ortelius diese Informationen von Mitgliedern der Familie Mercator erhalten hat, die um diese Zeit ebenfalls in Hessen als Landmesser tätig waren.

Moers' Waldeck-Karte wurde ohne größere Änderungen in das *Theatrum* übernommen (Nr. 87b). Auch der Mercator-Atlas enthält eine Waldeck-Karte nach Moers. Durch diese Kopien wurde sie typenbildend für zahlreiche Nachstiche bis zur Mitte des 18. Jahrhunderts.

Lit.:
– MEDDING, W.: Justus Moers Waldecker Holzschnittkarte von 1575 und die ältesten Karten Waldecks. In: *Hessische Heimat* 1/Heft 6, 1939, S. 1–9
– SCHÄFER, K.: Leben und Werk des Korbacher Kartographen Joist Moers, In: *Geschichtsblätter für Waldeck* 67, 1979, S. 123–177.

Franciscus MONACHUS

Franciscus Monachus ist der latinisierte Gelehrtenname des um 1490 in Mechelen geborenen Frans Smunck, eines Angehörigen des Minderbrüder-Ordens. 1505 oder 1510 wurde er an der Universität Löwen immatrikuliert, wo er anscheinend etwa zwei Jahrzehnte lang tätig war und zum Kreis um Regnier → Gemma Frisius gehörte. Franciscus Monachus trug die geographischen Daten zusammen für einen Erdglobus, den der Löwener Goldschmied Caspard van der Heyden (Caspar a Myrica) um 1529 geschaffen hat. Der Globus selbst ist heute verloren. Das von ihm gegebene Bild ist jedoch erhalten in zwei Holzschnitt-Planigloben in der von Monachus verfaßten Schrift *De situ orbis* (Antwerpen um 1526/1527, Neuausgaben Antwerpen um 1529 und 1565).

Kein Exemplar ist bis heute bekannt geworden von der Karte der *Regiones Septentrionales* von Monachus, die laut dem *Catalogus Auctorum* in Antwerpen bei Silvester van Parijs (tätig ca. 1528–1571) erschien. Alle Fragen zu diesem Werk sind noch offen, seine Spuren in nachfolgenden Skandinavien-Karten sind kaum eindeutig auszumachen.

In späteren Jahren scheint sich Franciscus Monachus von der wissenschaftlichen Arbeit weitgehend zurückgezogen zu haben. 1541 ist er belegt als Prediger in St. Truiden. Später lebte er im Minderbrüder-Konvent in seiner Heimatstadt Mechelen, wo er am 27. März 1565 starb.

Lit.:
- BAGROW, *Catalogus* I, S. 17–18
- DÉNUCÉ, *Kaartmakers* I, S. 19 und 57–58
- KROGT, P.C.J. van der: *Globi Neerlandici. De globeproduktie in de Nederlanden*. Utrecht 1989, S. 37–40
- SHIRLEY, *World Maps*, Nr. 54
- SMET, A. de: L'orfèvre et graveur Gaspard van der Heyden et la construction des globes à Louvain dans le premier tiers du XVIe siècle. In: *Der Globusfreund* 13, 1964, S. 38–39; Wiederabdruck in *Album Antoine de Smet*. Brüssel 1974, S. 171–184
- TROEYER, B. de: *Bio-bibliographia Franciscana Neerlandica Saeculi XVI. Pars I: Biographia*. Nieuwkoop 1969, hier S. 101–106.

Sebastian MÜNSTER

Sebastian Münster (Sebastianus Munsterus, auch mit Cognomen Ingelhemius, hebräisch mônster oder mûnsterûs) wurde am 20. Januar 1488 in Nieder-Ingelheim am Mittelrhein geboren als Sohn eines Weinbauern. Einer ersten Schulausbildung und dem Eintritt in den Franziskanerorden 1505 folgten Studien der Philosophie, Theologie und Hebraistik in Heidelberg, Löwen und ab 1509 im Kloster Ruffach im Elsaß bei dem Hebraisten Konrad Pellikan (1478–1556). Nach der Priesterweihe 1512 wirkte Münster zunächst als Lektor für hebräische Sprache an den Franziskanerschulen in Tübingen, Basel und Heidelberg. 1524 erhielt er den Lehrstuhl für Hebraistik an der Universität Heidelberg, 1529 folgte er einem Ruf an die Universität Basel. Wohl unmittelbar danach trat er aus dem Franziskanerorden aus und wandte sich der Reformation zu. Er heiratete die Witwe des Basler Druckers Adam Petri († 1527), 1535 erwarb er das Basler Bürgerrecht. 1542–1544 hatte er auch den Lehrstuhl für Alttestamentarische Theologie an der Universität Basel inne, 1547–1548 war er deren Rektor. Er starb am 26. Mai 1552 in Basel wahrscheinlich an der Pest.

Im „Hauptberuf" war Sebastian Münster zeitlebens Hebraist und Theologe. Seine geographischen und kartographischen Arbeiten, auf denen seine heutige wissenschaftliche Bedeutung vor allem beruht, waren durchaus in die Themen und Zielsetzungen dieser Disziplinen eingebunden. Münster war entscheidend beteiligt an der Formulierung der Gedanken einer „protestantischen Geographie". Ihr Ziel war – vereinfacht gesagt – die Erklärung des göttlichen Wirkens durch die Betrachtung der Natur. Damit auch der „gemeine Mann" die Bibel in diesem Sinne lesen und verstehen konnte, brauchte er lektürebegleitend einfache Karten über den Kosmos und sein Funktionieren, die Erde, die einzelnen Länder und schließlich Abbildungen kleinerer Regionen und einzelner Städte. Nicht zuletzt dieser Hintergrund trug entscheidend bei zur Popularisierung und Profanisierung des Kartenmachens im zweiten Drittel des 16. Jahrhunderts.

Münsters Interessen für Geographie und Kartographie lassen sich zurückverfolgen mindestens bis zu den Jahren in Tübingen 1515–1518. Ein erhaltenes Kollegienbuch (heute Bayerische Staatsbibliothek, München) aus seinen gleichzeitigen Studien an den Tübinger Universität bei dem Astronomen Johannes Stöffler (1452–1531) enthält neben Nachzeichnungen der Karten von Martin → Waldseemüller und der Ptolemäus-Ausgabe Ulm 1482 zwei kleine, vermutlich von ihm selbst entworfene Skizzen zu einer verbesserten Karte des Oberrheins. Vielleicht auf Anregung Stöfflers oder des Humanisten Beatus Rhenanus (1485–1547) aus Schlettstadt begann Münster um 1524 mit den Vorarbeiten zu einer vollständig neuerarbeiteten Kosmographie auf dem aktuellen Stand des geographischen Wissens seiner Zeit. Die Realisierung eines solch umfangreichen Unternehmens konnte nur in Stufen geschehen. Ein erster Schritt war die Publikation einer Deutschland-Karte, die 1525 in Oppenheim bei Jakob Köbel gedruckt wurde:

> Die südorientierte runde Karte (⌀ 23 cm) mit umgebendem Kalenderring steht im Zentrum eines Holzschnittes, der noch vier weitere astronomische Ringskalen und eine Sonnenuhr mit den Initialen *SM* und dem Datum *1525* enthält. An den beiden Rändern steht je eine Kolonne mit erläuterten Abbildungen von Sonnenfinsternissen.
>
> Über dem Holzschnitt steht ein Blattitel *Eyn New lustig vnd kurtzweilig Instrumēt der Sonnē, mit yngesetzter Landtafel Teutscher nation, gemacht vñ / gericht uff viel iare, durch Sebastianū münster von Ingelnheim, ...* (3 Zeilen). Darunter die von *Sebastianus Mönster* signierte Widmung an Graf Georg II. von Wertheim (13 Zeilen).
>
> Unter dem Holzschnitt 9 Kolumnen mit Koordinatentabellen, eine Anweisung zum Gebrauch der Karte (10 Zeilen) und ganz unten *Getrückt zu Oppenheim* und am rechten Rand das Druckersignet von Jakob Köbel.
>
> Holzschnitt mit allen Texten in Typendruck, Blattformat ca. 72 × 43,5 cm
>
> Das einzige nachweisbare Exemplar ist in der Öffentlichen Bibliothek der Universität, Basel (Faksimile bei DÜRST). Die in der älteren Literatur gelegentlich genannten Exemplare in der Stadtbibliothek, Nürnberg und nochmals in der Universitätsbibliothek, Basel sind derzeit unauffindbar.

Zu diesem Einblattdruck gehört eine von Münster verfaßte Erläuterungsschrift *Erklerung des newen Instruments der Sunnen* (Oppenheim: Jakob Köbel, 1528 und spätere Ausgaben); ältere Auflagen dieser Schrift sind bisher nicht bekannt geworden. Dieser Begleittext enthält neben einer kurzen Einführung zum Gebrauch der Karte eine erste Projektskizze der geplanten Kosmographie und einen Aufruf Münsters an die Gelehrtenwelt, ihm Informationen und vor allem Karten und Stadtansichten zu senden. Da insbesondere Regionalkarten weitgehend fehlten, fügte Münster eine kurze Beschreibung eines simplen Vermessungsverfahrens nach der Kreisschnittmethode bei, das auch dem weniger vorgebildeten Interessenten die grobe Aufnahme kleinerer Gebiete ermöglichen sollte. Für seine eigene Karte auf diesem Einblattdruck hat Münster die 1501 erschienene Landstraßenkarte Mitteleuropas des Nürnbergers Erhard Etzlaub († 1532) als Vorlage verwendet.

Ortelius nennt diese Deutschland-Karte Münsters zwar seit der *Theatrum*-Erstausgabe im *Catalogus Auctorum*, gekannt hat er sie höchstwahrscheinlich aber nicht. Er zitiert sie nur nach einem Nachfolger, der äußerlich zwar sehr ähnlichen, inhaltlich aber völlig unterschiedlichen Deutschland-Karte von Tilemann → Stella.

Die nächsten zwei Jahrzehnte im Leben Sebastian Münsters waren wissenschaftlich-publizistisch äußerst fruchtbar. Neben hebraistischen und theologischen Schriften erschienen zahlreiche kleinere Werke zu geographischen, mathematischen, astronomischen und kalenderwissenschaftlichen Themen. Genannt seien ein *Kalendarium hebraicum* (1527), eine *Horologographia* (1533), ein *Organum uranicum* (1536), *Mappa Europae* (1536), ein Einblattdruck mit einer Karte des Hegaus (1537) und eine Ausgabe der antiken Geographen C. Julius Solinus und Pomponius Mela (1538). 1530 publizierte Münster in Basel die Schrift *Germaniae atque aliarum regionum ... descriptio pro tabula Nicolai Cusae intelligenda excerpta* zur letzten Ausgabe der sogenannten „Eichstätter Karte" Mitteleuropas von Nicolaus → Cusanus. 1538 wirkte er mit an der Herausgabe der großen Karte der Schweiz von Gilg → Tschudi. Im gleichen Jahr erschien ein Einblattdruck mit einem Vogelschauplan Basels und einer Karte der Basler Region, die insgesamt die wohl beste kartographische Arbeit Münsters darstellen:

> *Die löblich vnd wyt berümpt Stat Basel mit umbligender Landschafft nach warer Geographischer art beschribn̄ durch Sebastianū Munster ani M.D.xxxviii*
>
> Typengedruckter Titel über dem Holzschnitt, der links eine Karte des Raumes Basel und rechts einen Vogelschauplan Basels zeigt. In einem Rahmen oben in der Mitte steht eine Widmung des Blattes durch Münster an den Rat der Stadt Basel (10 Zeilen)
>
> Holzschnitt von 3 Stöcken mit allen Texten und Namen in Typendruck, 3 Bll. nebeneinander, Gesamtformat 30 × 80,5 cm
>
> Das einzige bekannte Exemplar dieser Originalausgabe von 1538 befindet sich in einer Basler Privatsammlung (Abb. bei HIERONYMUS).
>
> Ein späteres Exemplar ohne Datum ist in der Öffentlichen Bibliothek der Universität Basel. Ab 1580 wurden die Holzstöcke auch verwendet zur Illustration von Christian Wurtisens *Baszler Chronick*, in solchen Exem-

plaren ist die Widmung Münsters ersetzt durch einen Text zur Anwendung bei der Lektüre dieser Chronik.

Die Holzstöcke wurden geschnitten – wie auch die Illustrationen in etlichen anderen Werken Münsters – von dem Basler Meister Conrad Schnitt (ca. 1490–1541).

Ein genauer Nachstich der linken Hälfte dieses Blattes, d.h. der Karte des Raumes Basel, findet sich seit 1573 im *Theatrum* (Nr. 61a). Diese Version ist wohl aus Gründen des Blattformats geostet, das Original ist nach Süden orientiert. Im *Catalogus Auctorum* ist diese Basel-Karte Münsters unter seinem Namen erst seit 1584 erwähnt.

Kurz vor 1540 publizierte Münster, vermutlich als Einblattdruck zur weiteren Werbung für seine Kosmographie, die Wallis-Karte von Johannes → Schalbetter. 1540 erschien dann als weitere Vorstufe zum großen Werk die Basler Ptolemäus-Ausgabe (weitere Auflagen 1542, 1545 und 1552) mit 21 von Münster redigierten „Tabulae Modernae". 1544 endlich erschien die erste Ausgabe der epochalen *Cosmographia* mit zunächst 24 Folio-Karten und zahlreichen weiteren kleineren Karten und vielen Stadtansichten im laufenden Text; alle Abbildungen bei Münster sind in Holz geschnitten. Das Werk erlebte bis 1628 mindestens 17 Auflagen in mehreren Sprachen. Sie wurden gedruckt in Basel von Münsters Stiefsohn Heinrich Petri (1508–1579) und dessen Nachfolgern. Bei den Karten handelt es sich zum Teil um Bearbeitungen Münsters nach gedruckten Vorlagen. Vor allem unter den kleinformatigen Textkarten aber befinden sich zahlreiche Originalarbeiten. Soweit erkennbar, ist von ihnen nur eine direkt in das *Theatrum* eingegangen, die Pommern-Karte von Petrus → Artopaeus.

Ein späterer Gegenzug war allerdings wesentlich intensiver. Karten des *Theatrum* waren die Vorlage für die meisten Blätter eines neuen Kartensatzes, mit dem die Ausgaben der Kosmographie ab 1588 illustriert sind. Auch diese Karten sind in Holz geschnitten. Der Kupferstich fand in Basel erst sehr spät Eingang in die Buchillustration und die Kartenherstellung.

Lit.:
- BAGROW, *Catalogus II*, S. 19–29
- BURMEISTER, K.H.: *Sebastian Münster. Versuch eines biographischen Gesamtbildes* (= Basler Beiträge zur Geschichtswissenschaft 91). Basel–Stuttgart 1963
- BURMEISTER, K.H.: *Sebastian Münster. Eine Bibliographie.* Wiesbaden 1964
- BURMEISTER, K.H.: *Neue Forschungen zu Sebastian Münster* (= Beiträge zur Ingelheimer Geschichte 21). Ingelheim 1971
- BÜTTNER, M. und K.H. BURMEISTER: Sebastian Münster (1488–1553). In BÜTTNER, M. (Hrsg.): *Wandlungen im geographischen Denken von Aristoteles bis Kant* (= Abhandlungen und Quellen zur Geschichte der Geographie und Kosmographie 1). Paderborn 1979, S. 111–128
- DÜRST, A.: *Sebastian Münsters Sonneninstrument und die Deutschlandkarte von 1525* (Begleittext zum Faksimile der Karte und der „Erklerung"). Hochdorf 1988
- HANTZSCH, V.: *Sebastian Münster. Leben, Werk, wissenschaftliche Bedeutung* (= Abhandlungen der Königlich-sächsischen Akademie der Wissenschaften, phil.-hist. Kl., Nr. 18/3). Leipzig 1898, Neudruck Nieuwkoop 1965
- HIERONYMUS, F.: Erläuterungstext zum Faksimile der Basel-Karte Münsters. Basel 1984
- HIERONYMUS, F.: Sebastian Münster, Conrad Schnitt und ihre Basel-Karte von 1538. In: *Speculum Orbis* 1, Heft 2, 1985, S. 3–38
- KNAPP, M.: *Zu Sebastian Münsters astronomischen Instrumenten.* Basel 1920
- MATTHEY, W.: Sebastian Münsters Deutschlandkarte von 1525 auf einem Messingastrolabium. In: *Jahresbericht des Germanischen Nationalmuseums* 96, 1951, S. 42–51
- *Sebastian Münster, Cosmographey, Basel 1550.* Faksimile mit einer Einführung von R. OEHME. Amsterdam 1968
- *Sebastian Münster* (Ausstellungskatalog). Ingelheim 1988
- *Claudius Ptolemaeus, Geographia (ed. S. Münster), Basel 1540.* Facsimile edition with a bibliographical note by R.A. SKELTON. Amsterdam 1966
- RULAND, H.L.: A survey of the double-page maps in the thirty-five editions of the Cosmographia Universalis 1544–1628 of Sebastian Münster and in his editions of Ptolemy's Geographia 1540–1552. In: *Imago Mundi* 16, 1962, S. 84–97
- WOLKENHAUER, A.: *Sebastian Münsters handschriftliches Kollegienbuch aus den Jahren 1515–1518 und seine Karten* (= Abhandlungen der Gesellschaft der Wissenschaften zu Göttingen, phil.-hist. Kl., Neue Folge 11/3). Berlin 1909.

Jost Murer

Jost Murer (auch Jos Maurer u.ä., lat. Josias Murerus) wurde 1530 in Zürich geboren. Im Hauptberuf war er Glasmaler und Holzschneider. Weiterhin ist er belegt als Dichter von Psalmen und Komödien, auch engagierte er sich in der Politik. Er starb am 16. Oktober 1580 in Winterthur.

Unter den Werken Murers sind seine topographischen Arbeiten am bekanntesten. 1566 war eine großmaßstäbliche (ca. 1:56 000) bildhafte Karte des Raumes Zürich fertig. Sie wurde von Murer selbst in Holz geschnitten. Ob sie auch schon 1566 erstmals gedruckt worden ist, kann nicht sicher gesagt werden. Die älteste bekannte Ausgabe erschien 1568 in Zürich im Verlag von Christoph Froschauer:

Eigendtliche und grundtli- / che verzeichnung aller Stetten, Graffschaff / ten, Herrschafften, Landen, Gerichten und gebieten / so einer Statt Zürych zugehörig sind.

Typengedruckter Titel oben halblinks in Kartusche. Unten links in Kartusche kurze Geschichte der Stadt Zürich (2 Kolumnen zu 16 bzw. 15 Zeilen), endend mit der Signatur *Dise Landtaffelen ist gerissen und in truck verfertiget / Durch Josen Murer Bürgern zu Zürych* sowie die Adresse *Getruckt zu Zürych in der Froschaw, by Christoffel Froschower, Im M.D.LXVIII. Jar.* Unten rechts in Kartusche Beschreibung *Von dem Zürychgöuw* (30 Zeilen). Im unteren Rand dieser Kartusche das Monogramm *M* (= Murer) und das Datum *1566*. Das Datum *1566* wiederholt im Kartenrand oben links

Holzschnitt mit allen Texten und Namen in Typendruck, 6 Bll. in 2 Reihen zu je 3 Bll., Kartenformat 84 × 105 cm, Format einschließlich eines von 10 separaten Blöcken gedruckten dekorativen Randes 104 × 125 cm

Das einzige bekannte Exemplar dieser Ausgabe befindet sich in der Öffentlichen Bibliothek der Universität, Basel.

Die originalen Holzstöcke blieben erhalten und befinden sich heute im Staatsarchiv Zürich. Sie dienten nach 1568 noch für eine ganze Anzahl weiterer Auflagen, zuletzt für die Ausgabe 1966 (Bibliographie bei DÜRST, *Zürcher Gebiet*).

Mit hoher Wahrscheinlichkeit hat Abraham Ortelius die Zürich-Karte Jost Murers nicht im Original gekannt. Sie erscheint erst seit 1595 im *Catalogus Auctorum*, und zwar mit dem Hinweis *testis mihi Jacobus Monavius*. Die Information über ihre Existenz stammte also aus einem heute verlorenen Brief des schlesischen Humanisten Jakob Monau (1546–1603), dessen Korrespondenz mit Abraham Ortelius von 1579 bis 1594 belegt ist. So wurde sie denn auch nicht in das *Theatrum* aufgenommen, überhaupt war ihr Echo im zeitgenössischen Kartenschaffen relativ gering.

Zu den weiteren topographischen Werken Jost Murers gehört ein Vogelschauplan der Stadt Zürich vom Jahre 1576. Zu nennen ist auch sein Sohn, der Holzschneider und Glasmaler Christoph Murer (1558–1614). Er publizierte 1582 eine Kupferstichkarte der Schweiz.

Lit.:
- DÜRST, A.: Das älteste bekannte Exemplar der Holzschnittkarte des Zürcher Gebiets 1566 von Jos Murer und deren spätere Auflagen. In: *Vermessung, Photogrammetrie, Kulturtechnik 73*, 1975, S. 8–12
- DÜRST, A.: *Jos Murers Planvedute der Stadt Zürich von 1576*. Langnau 1975
- HESSELS, *Epistolae*, Nr. 89, 106 und 242
- *Jost Murer, Karte des Kantons Zürich 1566* (Nachdruck von den originalen Druckstöcken). Zürich 1966
- *Jost Murer, Plan der Stadt Zürich 1576* (Nachdruck von den originalen Druckstöcken). Zürich 1966
- RACINE, A.J.: *Jos Murer. Ein Zürcher Dramatiker aus der zweiten Hälfte des 16. Jahrhunderts*. Zürich 1973.

NICOLAUS GERMANUS

„Donnus" (= Dominus) Nicolaus Germanus (ca. 1420?–ca. 1490?) ist eine recht schwer faßbare Persönlichkeit. Es handelt sich hier um einen deutschstämmigen Priester – vermutlich um einen Benediktinermönch – namens Nicolaus, der in der zweiten Hälfte des 15. Jahrhunderts in Italien lebte. Seine Herkunft aus der Diözese Breslau wie auch seine Verbindung zum Kloster Reichenbach bei Regensburg – einem Zentrum der kartographischen Grundlagenarbeit in jener Zeit – sind nicht definitiv belegbar. Möglich, aber ebenfalls nicht sicher nachweisbar ist eine Identität dieses Priesters mit einigen anderen Personen, die in zeitgenössischen Quellen genannt sind, wie dem Maler Nicolo Teotonichus (Padua, um 1450) oder dem Miniaturenmaler und -händler Nicolo Tedesco (Modena, 1452–1456). Auszuschließen ist in jedem Falle eine Identität mit den Florentiner Drucker Nicolo Todescho, der u.a. die Ptolemäus-Ausgabe Florenz 1482 druckte. Konkret faßbar wird der Kartenmacher Nicolaus Germanus erst seit den 1460er Jahren. Für den Herzog von Modena erstellte er Prognostica und Ephemeridentafeln über die Jahre 1466–1484. 1477 schuf er – noch vor Martin Behaim – für die päpstliche Bibliothek ein heute verlorenes Globenpaar, das zu seiner Zeit großes Aufsehen erregte. Verschollen ist auch eine ebenfalls für die päpstliche Bibliothek angefertigte Manuskript-Weltkarte.

Die Kartengeschichte kennt Nicolaus Germanus heute vor allem durch seine bahnbrechende Leistung auf dem Gebiet der Ptolemäus-Rezeption. Auf ihn geht die trapezförmige Projektion („Donis-Projektion") der Ptolemäus-Karten, wie sie in der Neuzeit tradiert sind, zurück. Die ihm zu eigener Hand zugeschriebenen oder direkt nach ihm kopierten, insgesamt etwa 20 Handschriften der *Geographia* von Ptolemäus lassen sich in drei „Rezensionen" unterteilen:

1. Version (1460–1466) nur mit dem originalen ptolemäischen Kartenkanon aus 27 „Tabulae Antiquae";
2. Version (1466–1468) mit 27 „Tabulae Antiquae" und drei „Tabulae Modernae" (Nordeuropa, Spanien, Frankreich);
3. Version (1468–1482) mit 27 „Tabulae Antiquae" und fünf „Tabulae Modernae" (Nordeuropa, Spanien, Frankreich, Italien, Palästina).

Auf einem Manuskript der 3. Version (heute in der Bibliothek von Schloß Wolfegg/Württemberg) beruhte die Ptolemäus-Ausgabe Ulm 1482, gedruckt von Lienhard Holl und in zweiter Auflage herausgebracht 1486 in Ulm von Johannes Reger.

Mit der im *Catalogus Auctorum* genannten Frankreich-Karte des Nicolaus Germanus ist sicherlich die „Tabula Moderna Galliae" im Ulmer Ptolemäus gemeint. Ortelius zitiert die Karte nach ihrer Anführung in Robert Ceneaus *Gallica historia*, wo die Ptolemäus-Ausgabe nach Nicolaus Germanus mehrfach genannt ist. Hier liegt wahrscheinlich auch der Ursprung des seltsamen Namens Nicolaus → Reger, von Ceneau falsch kontrahiert aus Nicolaus Germanus und Johannes Reger. Ortelius selbst hat die Ulmer Ptolemäus-Ausgabe wohl nicht gekannt und auch sonst keinerlei Zugang zur Person von Nicolaus Germanus gefunden. Im *Catalogus Auctorum* vermutet er sogar eine Identität mit Nicolaus → Cusanus.

Lit.:
- BABICZ, J.: Donnus Nicolaus Germanus – Probleme seiner Biographie und sein Platz in der Rezeption der ptolemäischen Geographie. In KOEMAN, C. (Hrsg.): *Land- und Seekarten im Mittelalter und in der frühen Neuzeit* (= Wolfenbütteler Forschungen 7). München 1980, S. 9–42
- BABICZ, J.: The celestial and terrestrial globes of the Vatican Library, dating from 1477, and their maker Donnus Nicolaus Germanus (ca. 1420–ca. 1490). In: *Der Globusfreund* 35–37, 1987, S. 155–166
- WAWRIK, F.: Nicolaus Germanus. In: *Lexikon zur Geschichte der Kartographie*, S. 522–523.

Nicolas de NICOLAY

Nicolas de Nicolay (Nicolay de Vivarais), Sieur d'Arfeuille, wurde 1517 in dem Dorf La Grave-en-Oisans in der Dauphiné als Sohn eines Landedelmanns geboren; nach seiner Heimat erscheint sein Name in der lateinischen Fassung auch mit Cognomen als *Nicolaus Nicolaius Delphinas*. Über seine Jugend ist relativ wenig bekannt, wahrscheinlich ist eine Ausbildung in Navigation und Kartenzeichnen vielleicht als Seemann. Erste Reisen führten ihn in den Mittelmeerraum, in die Niederlande, nach Nordeuropa und vielleicht sogar in die Neue Welt. Wohl auf dieser Basis entstand als erstes bekanntes Werk Nicolays die *Europa Marina*, die 1544 – laut dem *Catalogus Auctorum* in Antwerpen bei Jan Steelsius – gedruckt wurde:

NOVA ET EXQVISITA DESCRIPTIO NAVIGATIONVM AD PRAECIPVAS / MVNDI PARTES RECENS DELINEATA PER / NICOLAVM NICOLAI DELPHINAT. PICTOREM ET GEOGRAPHVM / EXCELLENTISSIMVM. ANNO. M.D.XLIIII.

Titel im Kartenrand auf allen vier Seiten

Kupferstich von 4 Platten, 2 Reihen zu je 2 Bll., Gesamtformat 63 × 93 cm

Exemplare: Bibliothèque Nationale, Paris; Herzog August Bibliothek, Wolfenbüttel.

Siehe Abb. 47

Dies ist eine Karte der europäischen Küsten ganz in der Art zeitgenössischer Manuskript-Portolane, unter weitgehendem Verzicht auf topographische Eintragungen im Inneren des Kontinents. Für das *Theatrum* wurde sie nicht benutzt.

1546–1547 hielt sich Nicolas de Nicolay erneut in Nordeuropa auf. Bei dieser Gelegenheit entstand das Manuskript *La navigation d'environs le Royaume d'Escosse* mit einer zugehörigen Karte (Staatsbibliothek Preußischer Kulturbesitz, Berlin), das er König Heinrich II. von Frankreich dedizierte; gedruckt wurde das Werk erst 1584 in Paris.

Für diese Arbeit wurde Nicolay zum „Cosmographe du Roi" ernannt. 1551–1552 war er Teilnehmer an einer französischen Gesandtschaft nach Konstantinopel, der hieraus entstandene Bericht wurde erst 1576 in Paris publiziert. Im Druck erschien in jenen Jahren nur *L'art de naviguer* (Paris 1553), eine französische Übersetzung des Navigationshandbuches von Pedro de →Medina mit einer von Nicolay neu entworfenen Amerika-Karte.

Etwa seit 1555 war Nicolas de Nicolay wieder auf Dauer in Frankreich ansässig. Zum großen Ziel für die zweite Hälfte seines Lebens wurde die Schaffung einer völlig neu erarbeiteten Frankreich-Karte, in deren Vorfeld er zunächst Landesaufnahmen einzelner Regionen durchführte. Erstes Ergebnis war eine Karte der westlichen Normandie, des Raumes Boulogne–Calais. Sie wurde 1558 in Paris von einem ungenannten Verleger publiziert:

NOVVELLE DESCRIPTION DV PAIS DE BOVLONNOIS, COMTE DE GVINES, TERRE D'OYE, ET VILLE DE CALAIS

Titel in Schriftfeld am oberen Kartenrand. Oben rechts in Kartusche Widmung an König Heinrich II., signiert *Vostre tres humble et tres obeissant / Serviteur, Subiect, et Geographe / N. de Nicolai, du / Daulphiné. / 1558.* (insgesamt 25 Zeilen). Mitte rechts in Kartusche Geleitwort *AV LECTEVR* (15 Zeilen), darunter in Kartusche *Extrait du Privileige* (17 Zeilen)

Kupferstich auf 4 Bll., 2 Reihen zu je 2 Bll., dazu ein von separaten Platten gedruckter Rand, Gesamtformat 94,5 × 79 cm

Das einzige bekannte Exemplar ist in der Bibliothèque Nationale, Paris.

Siehe Abb. 48

Eine reduzierte, ansonsten aber sehr getreue Kopie dieser Karte ist seit der Erstausgabe im *Theatrum* enthalten (Nr. 11a). Unbekannt ist, warum dieses Werk von Nicolay erst seit der Ausgabe 1601 im *Catalogus Auctorum* genannt ist.

Die weiteren Arbeiten an der neuen Landesaufnahme von Frankreich führte Nicolas de Nicolay seit 1560 durch mit Unterstützung von Katharina von Medici, der Witwe Heinrichs II. Ortelius war darüber recht gut unterrichtet, das Projekt wird seit der Editio princeps im *Catalogus Auctorum* genannt. 1567 vollendete Nicolai eine *Vraye et generale géographique description du Pais, Election et Duché de Berry, avec l'estendue, limites et confins du Diocèse et Archevesché de Bourges* mit sieben handgezeichneten Karten (Exemplare: Bibliothèque Nationale und Archives Nationales, Paris; ediert bei AUPETIT). Ungedruckt blieb auch eine Karte *Description géographique du Pais et Duché de Bourbonnois* von 1569 (Bibliothèque Municipale, Clermont-Ferrand; ediert bei VAYSSIÈRE) samt zugehöriger Beschreibung in Text (Manuskript in der Bibliothèque Mazarine, Paris). Nur der Textteil ist erhalten von einer Beschreibung von Stadt und Region Lyon von 1573. Aus unbekannten Gründen ist das Projekt einer neuen Frankreich-Karte ins Stocken geraten und schließlich ganz eingestellt worden. Nicolas de Nicolay zog sich ins Privatleben zurück. Während eines Aufenthaltes in Paris starb er am 25. Juni 1583.

Lit.:
- ADVIELLE, V. und A. VACHEZ (Hrsg.): *Description générale de la ville de Lyon et des anciennes provinces du Lyonnais et du Beaujolais.* Lyon 1881
- AUPETIT, A. (Hrsg.): *Nicolas de Nicolay, Description générale du Pais et Duché de Berry et Diocèse de Bourges.* Chateauroux 1883
- BAGROW, *Catalogus II*, S. 37–41
- BARROUX, R.: Nicolai d'Arfeuille, agent secret, géographe et dessinateur (1517–1583). In: *Revue d'Histoire Diplomatique* 51, 1937, S. 88–109
- HERVÉ, R.: L'oeuvre cartographique de Nicolas de Nicolay et d'Antoine de Laval (1544–1619). In: *Bulletin de la Section de Géographie du Comité des Travaux Historiques et Scientifiques*, Jg. 1955 (Paris 1956), S. 223–263
- VAYSSIÈRE, A. (Hrsg.): *Nicolay, Générale description du Bourbonnais.* Moulins 1889

Jörg NÖTTELEIN

Der Urheber der erst seit 1590 im *Theatrum* enthaltenen Karte des Raumes Nürnberg (Nr. 123b) ist weder auf dem Blatt selbst noch im *Catalogus Auctorum* genannt. Die Vorlage ist allerdings sicher nachzuweisen in einer Einzelkarte, die im Grunde bereits für die Editio princeps 1570 zur Verfügung gestanden hätte:

Karte des Raumes Nürnberg ohne Titel. Unten in der Mitte die Datierung *1559* und die Initialen *H.W.*

Holzschnitt von 4 Blöcken, 2 Reihen zu je 2 Bll., Gesamtformat 70 × 71 cm

Exemplare: Bayerische Staatsbibliothek, München; Germanisches Nationalmuseum, Nürnberg; Bibliothèque Nationale, Paris.

Siehe Abb. 49

Dieses Original, geschnitten von dem Nürnberger Meister Hans Weigel (tätig 1555–1577), wurde von Ortelius sehr genau kopiert. Lediglich die Straßeneintragungen sind weggelassen.

Der auch in dieser Originalausgabe ungenannte Autor dieser Karte war der um 1525 in Nürnberg geborene Jörg Nöttelein. Er war wohl ein Schüler seines Vaters Niklas (1497–1562), der als Topograph und Schreiber im Dienst der Reichsstadt Nürnberg stand. Jörg Nöttelein scheint ein recht bewegtes Berufsleben gehabt zu haben. Er arbeitete zunächst in der städtischen Verwaltung, seit 1549 ist er als Organist an mehreren Nürnberger Kirchen belegt, auch war er der Autor eines astrologischen Prognosticons für Nürnberg auf das Jahr 1551. Seit etwa 1550 war auch er dann vor allem als Topograph tätig, von seinen Landesaufnahmen und Vermessungen in Stadt und Territorium Nürnberg sind bis heute etliche Manuskriptkarten erhalten geblieben. Sein Hauptwerk war die „Große Wald- und Fraißkarte" des Nürnberger Gebietes. Ihre Datierung ist nicht ganz sicher. Es gibt eine handgezeichnete Vorstufe von etwa 1556 (Stadtbibliothek, Nürnberg), auf welcher das vorliegende Blatt beruht. Die eigentliche Endfassung stellt wohl eine Bearbeitung dar, die um 1563 als ebenfalls titelloser und unsignierter Kupferstich erschien (4 Bll. in 2 Reihen zu je 2 Bll., Gesamtformat ca. 90 × 90 cm; Exemplare: Stadtarchiv, Nürnberg; Universitätsbibliothek, Würzburg u.a.). Jörg Nöttelein starb am 21. Mai 1567 in Nürnberg.

Lit.:
- *Cartographia Bavariae*, S. 58–60
- SATZINGER, W.: *Entwicklung, Stand und Möglichkeiten der Stadtkartographie, dargestellt vorwiegend an Beispielen aus Nürnberg* (= Deutsche Geodätische Kommission bei der Bayerischen Akademie der Wissenschaften, Reihe C, Nr. 71). München 1964
- SCHNELBÖGL, F.: Zur Geschichte der Nürnberger Kartographie II: Jörg Nöttelein. In: *Mitteilungen des Vereins für Geschichte der Stadt Nürnberg* 50, 1960, S. 286–298
- TIGGESBÄUMKER, G.: *Die Reichsstadt Nürnberg und ihr Landgericht im Spiegel alter Karten und Ansichten* (= Stadtbibliothek Nürnberg, Ausstellungskatalog 97). Nürnberg 1986.

Hermagoras Kraft von OBERNBERG

Die Angabe zu dem Kartenmacher *Hermagoras Craft ab Obernburg* bzw. *Obemburg* zitiert der *Catalogus Auctorum* nach Gesners *Appendix Bibliothecae*, wo es zu ihm heißt (S. 50) ... *edidit tabulam geographicam peregrinationis Pauli Apostoli, quae impressa est Zagrebiae anno 1527.* Ein Exemplar dieser Karte ist bisher nicht gefunden worden. Auch ist es noch nicht gelungen, diesen Autor anderwärtig biographisch nachzuweisen. Entgegen der älteren Literatur möchte ich annehmen, daß Craft bzw. Kraft nicht der Familienname, sondern nur ein zweiter Vorname war. *Ab Obernburg* ist vielleicht ein Schreibfehler an Stelle der richtigen Form *ab Obernberg*. Es würde sich dann handeln um ein Mitglied der alten österreichischen Adelsfamilie von Obernberg. Hier bleiben weitere Forschungen abzuwarten.

Macé OGIER

Das derzeitige Wissen über Macé Ogier (Matthaeus Ogerius) geht kaum über das hinaus, was bereits in der Bibliographie von LA CROIX DU MAINE notiert ist. Genaue Lebensdaten sind nicht bekannt. Ogier stammte aus der Grafschaft Le Mans und wirkte in der Stadt Le Mans als Priester sowie als Leiter des dortigen „Maison des Ardents", des städtischen Waisenhauses.

Die von Macé Ogier erarbeitete *Carte ou description generale de tout le Pays et Comté du Maine* erschien in Kupferstich, die Platte war gestochen in Paris von Jacques Androuet du Cerceau. Die erste Ausgabe wurde 1539 gedruckt in Le Mans von Mathieu Vaucelles und Alexandre Chouen, eine zweite Auflage 1565 druckte Vaucelles allein. Ein erläuternder Text zur Karte wurde 1558 oder 1559 in Le Mans von Jérome Olivier gedruckt und von Louis Gaingnot verlegt. Laut LA CROIX DU MAINE erschien dieses Buch posthum nach einem Manuskript aus dem Nachlaß von Ogier, das Todesdatum ist also vor 1558 anzusetzen.

Von den beiden Originalausgaben dieser typenbildenden Karten der Maine ist bisher kein Exemplar gefunden worden. Ortelius nennt zwar die Erstausgabe von 1539, sie ist ihm anscheinend aber erst sehr spät bekannt geworden. Im *Catalogus Auctorum* erscheint Ogier erst 1592, die Karte wurde erst seit der Ausgabe 1595 für das *Theatrum* kopiert (Nr. 127a).

Lit.:
- LA CROIX DU MAINE, F.: *Le premier volume de la bibliothèque du Sieur de La Croix du Maine*. Paris 1584, S. 417.

Fernando OJEA

Fernando Ojea (Ferdinandus Ogea, auch Oxea) wurde 1568 in Orense in Galizien/Spanien geboren. Schon in jungen Jahren ging er nach Amerika, 1581 trat er in Mexiko in den Dominikanerorden ein. 1601 kehrte er für einige Jahre nach Spanien zurück. In dieser Zeit publizierte er einige kleinere theologische Schriften, z.B. *La venida de Christo* (Medina del Campo 1602). Weiterhin sammelte er das Material für eine *Descripcion del Reino de Galicia* und eine *Historia del Apostol Santiago y del Reino de Galicia*, beide Werke blieben aber zu seinen Lebzeiten ungedruckt. Im Rahmen dieser Arbeiten dürfte auch eine – höchstwahrscheinlich handgezeichnete – Karte von Galizien entstanden sein, die auf unbekanntem Wege an Vrients gelangte und ab 1603 im *Theatrum* publiziert wurde (Nr. 145; siehe Abb. 50). 1603 reiste Fernando Ojea erneut nach Mexiko, erst 1614 kehrte er endgültig wieder nach Spanien zurück. Hier erlebte er noch den Druck seiner *Historia del glorioso Apostol Sant Iago* (Madrid 1615), kurz vor seinem Tode im August 1615.

Lit.:
- ALONSO, B.F.: *Orensanos ilustres*. Orense 1916, S. 69–70
- *Cartografia de Galicia 1522–1900* (Ausstellungskatalog des Instituto Geográfico Nacional). Madrid 1988
- PARDO VILLAR, A.: Dominicos Orensanos ilustres. El Maestro Fr. Fernando Ojea. In: *Boletin de la Comision Provincial de monumentos historicos y artisticos*, Bd. XI, Nr. 227, Orense 1936, S. 31–38.

Zu großem Dank verpflichtet bin ich den Mitarbeitern des Archivo Historico in Orense für die Mitteilung und Beschaffung dieser Spezialliteratur.

Cesare ORLANDI

Das Problem um die Vorlage der seit 1573 im *Theatrum* enthaltenen Siena-Karte (Nr. 65a) ist etwas kompliziert. Es besteht eine recht große Ähnlichkeit mit einem undatierten Einblattdruck des römischen Verlegers Claudio Duchetti:

SENAE ET ADIA / CENTIVM / LOCORVM / DESCRIPTIO

Titel oben rechts in Rahmen, an dessen unterem Rand die Adresse *Claudij ducheti formis*

Kupferstich, 42,5 × 28,5 cm

Zum Exemplarnachweis vgl. TOOLEY, *Italian Atlases*, Nr. 522 (Abb. bei ALMAGIA, *Mon. Ital. Cart.*, Tav. XXXVI-1).

Im Vergleich zu dieser Karte ist die *Theatrum*-Fassung aber inhaltsreicher. Sie enthält zusätzlich Berge, Grenzen sowie einige weitere topographische Namen wie *PRILIS LACVS*. Ortelius hat also gearbeitet entweder nach einer Handzeichnung oder nach einer handschriftlich überarbeiteten und ergänzten Fassung der Karte bei Duchetti. Diese unmittelbare Vorlage war ihm 1572 zugesandt worden von Cesare Orlandi mit dem nicht ganz eindeutigen Vermerk, sie sei ... *superioribus annis hic Romae ... delineata*. Hieraus ist nicht sicher zu schließen, ob der Druck der Duchetti-Karte vor 1572 anzusetzen ist oder ob eben nur die Vorlage schon etwas früher entstanden ist. Orlandi fügte der Sendung an Ortelius auch einen von ihm selbst verfaßten Text *De origine et episcopatu civitatis Senae in Etruria* bei. Im Rückentext zur Siena-Karte im *Theatrum* sagt Ortelius ausdrücklich, er habe sowohl die Karte als auch den Text Orlandis benutzt.

Cesare Orlandi entstammte einem stadtadligen Geschlecht in Siena, wo er 1527 geboren wurde. Nach einem Studium der Rechtswissenschaften war er als Jurist tätig in Siena und zeitweilig am päpstlichen Hof in Rom. Daneben beschäftigte er sich mit der Geschichte seiner Heimatstadt, die Summe dieser Forschungen war sein Buch *De urbis Senae eiusque episcopatus antiquitate* (Siena 1575). Ob er auch der Autor der in verschiedenen Fassungen bei Ortelius und Duchetti publizierten Karte des Raumes Siena war, ist nach dem gegenwärtigen Forschungsstand nicht zu sagen. Jahr und Ort von Orlandis Tod sind unbekannt.

Orlandi legte seiner Sendung an Ortelius 1572 weiterhin bei eine Karte der Marca Anconitana, die aber für das *Theatrum* nicht verwendet worden ist (Anonymus → Marca Anconitana).

Lit.:
- ALMAGIA, *Mon. Ital. Cart.*, S. 31
- HESSELS, *Epistolae*, Nr. 39 und 49.

Für Forschungshilfe und einige Daten zu Orlandi sei herzlich gedankt Frau Dr. Sonia ADORNI FINESCHI (Archivio di Stato, Siena).

Vincenzo PALETINO

Vincenzo Paletino (Fra Vincenzo Palatino de Curzola) hat seinen Gelehrtennamen Vincentius Corsulensis gebildet nach seiner Herkunft von der dalmatinischen Insel Korcula. Seine genauen Lebensdaten sind unbekannt. Er war Mitglied des Dominikanerordens und hat um 1530–1540 etwa 10 Jahre als Missionar in Mittelamerika verbracht. Nach der Rückkehr nach Europa hat er lange Jahre als Geistlicher in Spanien gewirkt. Während dieser Zeit hat er umfassend die ganze Iberische Halbinsel bereist und Daten für eine neue Spanien-Karte gesammelt. Eine Handzeichnung dieser Karte hat er auf dem Konzil von Trient vier spanischen Bischöfen zur Begutachtung vorgelegt. Nachdem deren Urteil am 6. Oktober 1550 positiv ausgefallen war, erhielt Paletino für diese Karte am 9. Dezember 1550 ein Druckprivileg über 12 Jahre durch den Senat der Republik Venedig. Knapp vier Monate später ist sie dann bereits erschienen:

> Ohne eigentlichen Kartentitel. Unten rechts in Rahmen Geleitwort in Typendruck (25 Zeilen), darunter der Privilegvermerk und die Datierung *Venetiis 15. Aprilis 1551*. Über diesem Geleitwort die Widmung (2 Zeilen) an Francisco de Navarra, Bischof von Bajadoz/Spanien, signiert ... *Frater Vincentius Corsulensis*.
>
> Holzschnitt von 6 Stöcken, 3 Reihen zu je 2 Bll., Gesamtformat 96 × 93 cm
>
> Das einzige bekannte Exemplar dieser Editio princeps befindet sich in Privatbesitz (Abb. bei SCHILDER Nr. 68).

Bei dieser Erstausgabe ist der Drucker nicht genannt. Es kann jedoch als sicher angenommen werden, daß bereits sie in Venedig von Matteo Pagano publiziert worden ist. Er brachte jedenfalls eine Zweitauflage 1558 heraus. Aus unbekannten Gründen enthält sie den Namen Paletinos als Autor nicht mehr. Herausgeber war der in Italien lebende niederländische Gelehrte Nicolaus Stopius (vgl. auch → Camocio), im Hauptberuf tätig als Agent des Hauses Fugger in Venedig:

> Der gesamte typengedruckte Text im Rahmen unten rechts ist erneuert. Dort steht nun unter dem Titel *HISPANIAE BREVIS DESCRIPTIO*, ein Geleitwort *AD CHOROGRAPHIAE STVDIOSVS N.S.* (= Nicolaus Stopius) sowie ein Gedicht *AD CANDIDVM LECTOREM N. Stopius* (insgesamt 37 Druckzeilen). Am unteren Rand dieses Rahmens der Privilegvermerk mit Datierung *M.D.LVIII Mense Januarii*. In einer hinzugefügten Windrose unten links steht das Signet Paganos.
>
> Ein Kuriosum ist, daß sämtliche Rhumbenlinien aus dem Holzstock herausgeschnitten sind.
>
> Das einzige bekannte Exemplar dieser Ausgabe befindet sich in der Bibliothèque de la Sorbonne, Paris (Abb. bei SCHILDER Nr. 74).

Im *Catalogus Auctorum* kennt Ortelius sowohl den Autor als auch den Verleger, allerdings nicht das Erscheinungsdatum. Dies läßt daran denken, daß er eine weitere, bisher nicht bibliographierte Ausgabe dieser Karte gekannt hat. Für das *Theatrum* wurde sie nicht verwendet.

Über den späteren Lebensweg von Vincenzo Paletino ist wenig bekannt. Er war der Herausgeber von *L'arte de navegar* (Venedig 1554), einer italienischen Übersetzung des Handbuches von Pedro de → Medina. 1560 ist er nachweisbar als Lehrer der Mathematik und Kosmographie in Vicenza. 1564 erhielt er vom Senat Venedigs das Druckprivileg für ein Buch *De iure belli adversus infidelis Occidentalis Indiae*. Bald danach dürfte er, wahrscheinlich in Italien, gestorben sein.

Lit.:
- ALMAGIA, R.: The first „modern" map of Spain. In: *Imago Mundi* 5, 1948, S. 27–31
- GALLO, R.: Fra Vincenzo Paletino da Curzola e la sue carta della Spagna. In: *Rendiconti dell'Accademia Nazionale dei Lincei, Classe di science morali*, vol. 2/1947, S. 259–267
- SCHILDER, *Monumenta II*, S. 90–102.

Gellio PARENZI

Seit 1601 nur im *Catalogus Auctorum* genannt, sonst aber nicht weiter für das *Theatrum* verwendet wurde eine 1597 in Rom als Einblattdruck erschienene Karte des Raumes Spoleto:

> *LA PIANTA DI TVTTO IL TERRITORIO DOMINIO E DESTRETTO DELLA CITTÀ DI SPOLETO ET LOCHI CHE / LI CONFINANO. / fatta con giusta osservanza da loco a loco dal Cap.^{no} Gellio Parentio de Spoleto*.
>
> Titel am oberen Kartenrand. Links und rechts in Rahmen zwei Tabellen. Unten rechts in

Rahmen Beschreibung *SPOLETI Citta antichissa.*ᵃ ... (10 Zeilen), signiert *Iacomo Filippo Leoncilli*. In der rechten unteren Ecke die Stechersignatur *Io. Turpinus excud. Rom. 1597*

Kupferstich, 32,5 × 35,5 cm

Abb. bei ALMAGIA, *Mon. Ital. Cart.*, Tav. L-2 nach Exemplar aus Privatbesitz.

In einer zweiten Auflage steht unten halbrechts eine vierzeilige Widmung, signiert *Pompilio Totti Libraro D.D.D.1630*. Turpins Signatur ist ersetzt durch *In Roma con licentia d'superioro*. Ein Exemplar ist in der Biblioteca Apostolica Vaticana, Rom (Abb. bei ALMAGIA. *Mon. Cart. Vaticana II*, Tav. XIX).

Der aus Frankreich stammende Jean Turpin (Joannes Turpinus) ist zwischen 1597 und 1626 als Kupferstecher und Graphikhändler in Rom nachweisbar.

Biographische Daten über den Autor Gellio Parenzi sind kaum vorhanden. Für 1572 ist er belegt als Offizier in der Armee Venedigs, später stand er in florentinischen Diensten. Für 1584 nennt ihn eine Quelle als Bürgermeister der Stadt Giano bei Spoleto.

Lit.:
– ALMAGIA, *Mon. Cart. Vaticana II*, S. 67
– ALMAGIA, *Mon. Ital. Cart.*, S. 45
– THIEME – BECKER 33, 1939, S. 498 (über Turpin)

Für eine Korrespondenz über Parenzi sei gedankt Herrn Prof. Romano CORDELLA (Academia Spoletina, Spoleto).

Prospero PARISIO

Detaillierte Forschungen zur Biographie von Prospero Parisio (Prosperus Parisius) stehen noch aus. Er stammte aus Cosenza in Kalabrien und hat in Rom Philosophie, Mathematik und Rechtswissenschaften studiert. 1571 nahm er an der Schlacht von Curzolari gegen die Türken teil. Später war er Gouverneur verschiedener Städte im Kirchenstaat und im Königreich Neapel. Wissenschaftlich gearbeitet hat er vor allem als Archäologe und Numismatiker, seine Abhandlung *Rariora Magnae Graeciae numismata* (Rom 1592 und spätere Ausgaben) ist ein Standardwerk. Parisios Grabmal – ohne Angabe des Sterbedatums – befindet sich in Rom in der Kirche Santa Maria degli Angeli.

Die Kartengeschichte kennt Prospero Parisio als Autor zweier Karten Süditaliens, die beide in Rom von Natale →Bonifacio gestochen und als Einblattdrucke publiziert wurden. 1589 erschien die Kalabrien-Karte, über die Winghe noch im gleichen Jahr an Ortelius berichtete:

CALABRIA

Titel oben Mitte in Kartusche. Unten Mitte in Rahmen die Signatur: *Natalis Bonifacius Sibenicē. / Incidebat Romae 1589*. Die Karte ist umgeben von einem dekorativen Rand, der von einer gesonderten Platte gedruckt ist. Er enthält Münzabbildungen und lange Texte, darunter auch eine Widmung mit der Signatur Parisios als Autor

Kupferstich, Kartenformat 36,5 × 40,5 cm, Format einschließlich des dekorativen Randes 55,5 × 82 cm

Das einzige bekannte Exemplar dieser Erstausgabe mit Rand ist in der Biblioteca Angelica, Rom (Abb. bei ALMAGIA 1921).

Eine zweite Auflage erschien 1592, mit dem Datum in Bonifacios Adresse geändert. Ein Exemplar ist in der British Library, London (Abb. bei ALMAGIA, *Mon. Ital. Cart.*, Tav. LII-1).

Eine Kopie dieser Karte ist seit 1595 im *Theatrum* enthalten (Nr. 133b). Gegenüber dem Original ist die Fassung von Ortelius um etwa 90° nach Westen in eine Nordorientierung gedreht. Leicht verändert sind die Umrisse der Küste von Nord-Sizilien.

Einen etwas größeren Blattschnitt zeigt Parisios 1591 erschienene Karte des Königreichs Neapel:

REGNO DI NAPOLI

Titel Mitte rechts in Schriftband. Unten links die Adresse *Natale Boni.° Fece. Con Licentia di Superiori. In Roma 1591*. Am oberen Rand 12 Wappenmedaillons sowie in einem Medaillon in der Mitte der Text *S.P.Q. / NEAPOLITANVS* ... (7 Zeilen). Die Karte ist umgeben von einem dekorativen Rand, der von einer gesonderten Platte gedruckt ist. Er enthält Münzabbildungen und Texte, darunter links außen eine Widmung an Alberico Cybo, datiert vom 13. Dezember 1591 in Rom und signiert von Prospero Parisio

Kupferstich, Kartenformat 36 × 53,5 cm, Format einschließlich des dekorativen Randes 56,5 × 82 cm

Exemplare: Newberry Library, Chicago und Società Napoletana di Storia Patria (Abb. bei ALMAGIA, *Mon. Ital. Cart.*, Tav. LII-2 und NOVACCO).

Ein Nachstich dieser Karte (30 × 45,5 cm) findet sich in Parisios *Rariora Magnae Graeciae numismata* von 1592; hier fehlt die Signatur Bonifacios, der Text im Medaillon oben in der Mitte lautet einfach *SPQ / NEAPOLITA- / NVS*, zudem hat diese Fassung einen Kopftitel über dem oberen Rand *MAGNA GRAECIA ET ITALIAE PARS* zusätzlich zum Titel *REGNO DI NAPOLI*. Diese Karte Parisios wurde für das *Theatrum* nicht übernommen, auch in späteren Auflagen hielt Ortelius an der Neapel-Karte nach Pirro → Ligorio fest.

Lit.:
- ACCATTATIS, L.: *Le biografie degli uomini illustri delle Calabrie*. Bd 2, Cosenza 1870, S. 370
- ALMAGIA, R.: Studi storici di cartografia napoletana. In: *Archivo Storico per le Province Napoletane* 37/38, 1912/1913. Wiederabdruck in MAZZETTI, E. (Hrsg.): *Cartografia generale del Mezzogiorno e della Sicilia*. Bd 1, Rom 1962, S. 1–150
- ALMAGIA, R.: La più antica carta geografica speciale della Calabria. In: *Rivista Critica di Cultura Calabrese* 1, 1921, S. 311–319
- ALMAGIA, *Mon. Ital. Cart.*, S. 46–47
- HESSELS, *Epistolae*, Nr. 170
- NOVACCO, *Cartografia Rara*, Nr. 70.

Für Forschungshilfe zum Thema sei gedankt Herrn Dr. Giacinto PISANI (Biblioteca Civica, Cosenza).

Filippo PIGAFETTA

Filippo Pigafetta (Philippus Phlegapheta) wurde geboren Ende 1533 oder Anfang 1534 in Vicenza als illegitimer Sohn eines Adligen. Ein weitläufiger Vorfahre war Antonio Pigafetta (um 1480–ca. 1534), der als Teilnehmer ein Tagebuch über die Weltumseglung Magellans 1519–1522 schrieb. Schon in jungen Jahren wurde Filippo Pigafetta Soldat, von 1556 bis in die frühen 1570er Jahre stand er in Diensten verschiedener italienischer Staaten gegen Frankreich und das Osmanische Reich. Daneben aber hat er, vielleicht im Selbststudium, eine recht umfassende Bildung erworben. 1573 erschien in Venedig seine erste Veröffentlichung, eine italienische Übersetzung einer lateinischen Rede des Kardinals Bessarion mit einem Aufruf zum Krieg gegen die Türken. Von 1574 bis 1577 machte Pigafetta eine Reise nach Konstantinopel, Kreta und Kairo. 1581–1583 folgte eine Reise nach Frankreich, England, Portugal, Spanien und wieder nach Paris, 1587 eine erneute Reise in die Levante und nach Jerusalem. 1590 war er Zeuge der Belagerung von Paris, darüber berichtete er in der mit einer Karte illustrierten Schrift *Relazione dell'assedio di Parigi* (Bologna 1591). Frühere Zwischenaufenthalte in der Heimat hatte er bereits für die Edition weiterer kleinerer Schriften vorwiegend zum Militärwesen genutzt.

1588–1589 lebte Filippo Pigafetta in Rom. Dort kam er in Kontakt mit dem portugiesischen Reisenden Duarte Lopez, der von 1578 bis 1584 das Kongo-Gebiet erkundet hatte und mit Botschaften dortiger Herrscher an Philipp II. und den Papst zurückgekehrt war. Unter im Detail nicht bekannten Umständen hat Lopez in Rom sein über Afrika gesammeltes Material Pigafetta übergeben, der es dann redigiert publizierte als *Relatione del reame del Congo et delle circonvicine contrade, tratta dalli scritti et ragionamenti di Odoardo Lopez* (Rom: Bartolomeo Grassi, 1591). Dieses grundlegende und oft übersetzte Werk ist illustriert mit zwei Karten, die von Natale → Bonifacio gestochen wurden:

- *TAVOLA DEL' REGNO DI CONGO*

  Titel oben Mitte in Schriftband. Unten links in Kartusche Widmung an Bischof Antonio Migliori (28 Zeilen), signiert von Pigafetta und datiert Rom 1591

  Kupferstich, 42,5 × 50 cm

  Abb. bei CORTESAO III, Nr. 386A.

- Titellose Karte von Afrika ohne den westlichen Teil. Oben links in Kartusche eine Eloge auf Papst Sixtus V. (34 Zeilen), signiert von Pigafetta, am unteren Rand dieser Kartusche die Stechersignatur *Natalis Bonifacius Incidebat*. In Kartusche unten rechts Widmung an Bischof Antonio Migliori (12 Zeilen), signiert von Pigafetta und datiert vom 25. April 1590 in Rom

  Kupferstich auf 2 Bll. übereinander, Gesamtformat 63 × 43,5 cm

  Abb. bei CORTESAO III, Nr. 386B.

Beide Karten werden von Ortelius seit 1592 im *Catalogus Auctorum* genannt. Die Kongo-Karte wurde kopiert als Inset zu der von Ortelius selbst geschaffenen Karte der *Fessae et Marocchi Regna* (Nr. 135).

Wahrscheinlich über Philipp Winghe hat Abraham Ortelius in einem heute verlorenen Brief mit

Filippo Pigafetta Kontakt aufgenommen. Dieser antwortete Ortelius am 30. Juli 1591. Zunächst berichtete er, daß das *Theatrum* in Rom so gut wie gar nicht zu kaufen sei. Weiterhin erklärte sich Pigafetta gerne bereit, dem Aufruf von Ortelius zu folgen und neues Material zum *Theatrum* beizutragen. Konkret schlug er vor, eine von ihm selbst gezeichnete Karte des Raumes Vicenza zu veröffentlichen. Weiterhin könne er noch zusätzliches Material über den Kongo liefern. Endlich regte er an, das *Theatrum* auch in italienischer Sprache herauszubringen. Die von Pigafetta gezeichnete Vicenza-Karte hatte Ortelius 1592 in Händen. Ihre Veröffentlichung wie auch die Idee einer italienischen Übersetzung wurden aber zunächst nicht realisiert. 1595–1596 stand Pigafetta erneut im Kriegsdienst in Ungarn. Danach aber hat er seine aktive Laufbahn als Soldat beendet. In den folgenden Jahren lebte er vorwiegend in Florenz und Rom. Er erfaßte zahlreiche Schriften zu geographischen, historischen, militärischen und auch philologischen Themen, die in der überwiegenden Mehrzahl aber ungedruckt blieben. Auch nach dem Tode von Ortelius hat Pigafetta weiter für das *Theatrum* gearbeitet. Im Laufe der Jahre hat er die italienische Übersetzung abgeschlossen. Die Vicenza-Karte wurde vielleicht neugezeichnet, auch schrieb er den zu dieser Karte gehörenden Text. Am 6. August 1602 schickte ihm Giovanni → Bonifacio eine für das *Theatrum* bestimmte handgezeichnete Karte des Raumes Rovigo.

Filippo Pigafetta starb am 26. Oktober 1604 in Vicenza. Unmittelbar nach seinem Tode sind die von ihm gesammelten bzw. selbst geschaffenen Beiträge an Joan Baptist Vrients gelangt. Sein Text war die Grundlage für die 1608 gedruckte Ausgabe *Teatro del Mondo di Abrahamo Ortelio*. Darin erschienen auch die von Pigafetta gezeichnete Karte des *Territorium Vicentini* (Nr. 154b) und Bonifacios *Rhodiganae ... Descriptio* als Inset zur Karte der Romagna (Nr. 158) nach → Magini. Denkbar ist, daß auch die gedruckten Vorlagen zu den *Theatrum*-Karten nach → Aleotti und → Magini (Nr. 154–159) erst mit den Unterlagen Pigafettas nach Antwerpen gelangten.

Lit.:
- BERTOLINI, G.L.: Sull'edizione italiana dell'Ortelio. In: *Scritti di geografia e di storia della geografia ... in onore di Giuseppe della Vedova*. Florenz 1908, S. 293–305
- CORTESAO-TEIXEIRA DA MOTA, *Port. Mon. Cart. III*, S. 103–108
- DA SCHIO, A. und F. BARBIERI: *Filippo Pigafetta. La descrizzione del territorio e del contado di Vicenza (1602–1603)*. Vicenza 1974
- HESSELS, *Epistolae*, Nr. 200
- HUTCHINSON, M. (Hrsg.): *A report of the Kingdom of Congo ... drawn out of the writings and discourses of the Portuguese Duarte Lopez by Filippo Pigafetta in Rome 1591*. London 1881, Neudruck London 1970
- RANDLES, W.G.L.: South-east Africa as shown on selected printed maps of the sixteenth century. In: *Imago Mundi* 13, 1956, S. 69–88.

Giovanni PINANDELLO

Giovanni Pinandello wurde um 1560 als Sohn einer wohlhabenden Familie in Treviso (nördlich von Venedig) geboren. Über seine Ausbildung und die genaue Berufstätigkeit ist relativ wenig bekannt. Er war studierter Jurist, führte aber im wesentlichen das Leben eines unabhängigen Privatgelehrten und Dichters. Er starb am 24. November 1632 in Treviso.

Auch die Publikationsgeschichte der von Pinandello geschaffenen Karte des Raumes Treviso ist in großen Teilen noch unklar. Nach dem derzeitigen Forschungsstand stellt sich die Überlieferungslage wie folgt dar:

- Eine handgezeichnete Version noch ungeklärter Zeitstellung befindet sich in der Biblioteca Communale in Treviso, als Beiband zu einer *Theatrum*-Ausgabe 1579.
- Ältere Quellen nennen eine Originalausgabe von 1583, die aber bisher nicht durch ein Exemplar verifiziert ist.
- Ungeklärt ist endlich auch die Stellung einer Fassung (Kupferstich auf 4 Bll., 80 × 107,5 cm) des venezianischen Verlegers Stefano Mozzi Scolari (tätig 1598–1650), der in der Kartengeschichte mehrfach belegt ist durch die Neuverwendung älterer Kupferplatten.

Wie auch immer: Die älteste gesicherte Ausgabe ist derzeit der *Tarvisini Agri Typus* (Nr. 131b), publiziert im *Theatrum* seit 1595.

Die Treviso-Karte Pinandellos wird angesprochen von Filippo → Pigafetta in seinem Brief an Ortelius von 1591. Es ist hier aber nicht ausdrücklich gesagt, daß gleichzeitig auch ein handgezeichnetes oder gedrucktes Exemplar beigefügt war. 1595 schickte Winghe an Ortelius eine von Pinandello gezeichnete, heute verlorene Ansicht Trevisos mit dem Vorschlag, sie entweder in die für das *Theatrum* vorgesehene Karte zu inserieren oder sie an Georg Braun (Frans → Hogenberg) zu schicken zur Publikation in den *Civitates Orbis Terrarum*.

In beiden Werken ist eine Publikation der Ansicht jedoch unterblieben.

Lit.:
- ALMAGIA, *Mon. Ital. Cart.*, S. 39–40
- HESSELS, *Epistolae*, Nr. 200 und 217
- MARINELLI, *Saggio*, Nr. 668
- NETTO, G.: *L'area lagunare settentrionale nella piu antica carta della Marca Trevigiana* (= Convegno di Studi „Laguna, fiumi, lidi – cinque secoli di gestione della acque nelle Venezie", Memorie I/8). Venedig 1983.

Petrus PLANCIUS

Petrus Plancius (Pieter Platevoet) wurde 1552 in dem kleinen Ort Dranoutre in West-Flandern geboren. Über seine Jugend und Ausbildung ist wenig bekannt. Er studierte Theologie und daneben Geschichte und Philologie sowie vermutlich auch Astronomie und Mathematik an deutschen und englischen Universitäten. Ein gelegentlich in der Literatur behauptetes frühes Leben als katholischer Mönch ist nicht belegbar. Biographisch konkret faßbar wird Plancius erst wieder mit dem Jahr 1577, als er als reformierter Prediger in Mechelen und danach in Löwen und Brüssel tätig war. Wegen der Verfolgung durch die katholisch-spanische Obrigkeit verließ er 1583 die südlichen Niederlande. Er ging zunächst nach Bergen-op-Zoom und 1585 dann nach Amsterdam, wo er bis zu seinem Tode am 15. Mai 1622 ansässig blieb.

Auch in Amsterdam wirkte Petrus Plancius als Prediger. Gleichzeitig aber wurde er – auf welcher Basis auch immer – zu einer der Zentralgestalten der in jener Zeit rasch aufblühenden Amsterdamer Kartenmacherschule. 1589 arbeitete er mit an einem Himmelsglobus des Jacob Floris van Langren (vor 1525–1610). 1590 schuf er fünf Karten zur Illustration einer Amsterdamer Bibelausgabe. 1592 erschienen dann die beiden Karten, die im *Catalogus Auctorum* genannt sind. Sie tragen beide die Stechersignatur von Mitgliedern der um diese Zeit in Haarlem ansässigen Familie van Deutecum. Verlegt wurden sie aber in Antwerpen bei Joan Baptist Vrients.

Die Frankreich-Karte von Plancius ist eine im Blattschnitt erweiterte, sonst aber getreue Kopie nach der Karte von Guillaume → Postel:

GALLIA

Titel oben rechts in Kartusche als Teil einer größeren Dekoration mit dem französischen Wappen. Im unteren Teil dieser Dekoration ein weiteres Schriftfeld mit dem Text: *Geographica Galliae descriptio, de integro / plurimis in locis emendata, ac Regionum / limitibus distincta, auctore Petro Plancio* (es folgen 6 weitere Zeilen). Am unteren Rand dieses Feldes die Signatur *Baptista a Due- / tecum Fecit / a.º 1592* und die Adresse *Ioannes Baptista Vrients excudit*.

Kupferstich, 38,5 × 59,5 cm

Zum Exemplarnachweis vgl. SCHILDER (S. 124 mit Abb. Nr. 102).

In den allerersten Jahren des 17. Jahrhunderts ließ Vrients eine fast perfekte Kopie dieser Ausgabe von 1592 stechen. Ihr fehlt die Deutecum-Signatur, die Adresse lautet nun *Ioannes Bapt: / ista Vrints / excudit*. Diese neue Fassung ist seit 1606 im *Theatrum* enthalten (Nr. 150).

Das kartographische Hauptwerk von Plancius war seine große Weltkarte von 1592:

NOVA ET EXACTA TERRARVM OR / BIS TABVLA GEOGRAPHICA AC HYDROGRAPHICA

Titel in großem Schriftfeld über der Karte, aber noch innerhalb des dekorativen Rahmens. Im rechten Teil dieses Feldes: *ANTVERPIAE, APVD IOAN / NEM BAPTISTAM VRIENT*. Unten links doppelte dekorative Kartusche mit oben einer Widmung (6 Zeilen) an Erzherzog Albert von Österreich, unten mit der Signatur der Widmung *Johannes / Baptista Vrient / Antverpiense / Dedicabat / A.º 1592*. In einer Kartusche unter der Spitze Südamerikas steht die Stechersignatur *Johannes a Dotecom uni cum / filio Baptista a Dotecom / fecerunt*.

Kupferstich auf 18 Bll., 3 Reihen zu je 6 Bll., Gesamtformat 146 × 233 cm

Das einzige bekannte Exemplar befindet sich im Colegio del Corpus Cristi, Valencia (Faksimile bei WIEDER, Tafel 27–36; Abb. auch bei SHIRLEY, Plate 148).

Die Verhältnisse um die Publikation dieser Karte sind etwas verwirrend. Plancius widmete sie im November 1591 den Generalstaaten der nördlichen Niederlande und legte sie ihnen vor am 15. April 1592, wofür er zwei Tage später ein Geschenk von 300 Gulden erhielt. Das Druckprivileg für die Karte wurde durch die Generalstaaten an den Amsterdamer Verleger Cornelis Claesz erteilt. Nun ist eine Zusammenarbeit zwischen Claesz und Vrients mehrfach belegt. Bei dem Exemplar in Valencia handelt es sich um eine modifizierte Ausgabe, bestimmt zum Vertrieb in dem spanisch-habsburgischen Einflußgebiet. Die Adresse von Vrients rechts vom Titel steht auf einem aufgeklebten Zettel, der Kupferstich selbst hat hier die Autorenbezeichnung *Auctore Petro Plancio*. Auch unter der Widmung durch Vrients an Erzherzog Albert dürfte ein anderer Text stehen.

Es gibt zwei Gründe, die als Erklärung für die Kaschierung von Plancius' Namen auf dieser Vrients-Ausgabe dienen können. Einmal dürfte der Vertrieb einer Karte, die von einem geflohenen reformierten Theologen gezeichnet worden war, in der spanischen Einflußsphäre generell schwierig gewesen sein. Weiterhin aber enthält sie Informationen, die möglicherweise spanischer Geheimhaltung unterlagen. Die Weltkarte von Plancius beruht in großen Teilen auf der Weltkarte von Gerard → Mercator von 1569, sie zeigt aber einige Korrekturen, von denen hier zwei herausgestellt seien: eine wesentlich verbesserte Darstellung der Westküste Südamerikas (ohne den markanten Buckel bei Mercator) und eine recht detaillierte Wiedergabe der Salomonen und der Nordküste Neu-Guineas. Diese und andere neue Informationen stammen aus einer Folge von 25 Manuskriptkarten des portugiesischen (und damit seit 1580 Spanien untertanen) Kartographen Bartolomeo de Lasso (tätig 1564–1590), die Plancius in Amsterdam zur Verfügung hatte.

Wie aber auch immer: Dieses oder sehr ähnliches Material war bereits einige Jahre früher schon Ortelius zugänglich. Die verbesserte Darstellung Südamerikas und der Region um Neu-Guinea und die Salomonen findet sich bereits auf drei *Theatrum*-Karten, die früher erschienen sind als die Weltkarte von Plancius (siehe Abb. 51–52):

– auf der neuen Weltkarte von 1587 (Nr. 113);
– auf der neuen Amerika-Karte von 1587 (Nr. 114);
– auf der Pazifik-Karte von 1589 (Nr. 124).

Hier müssen Fragen offen bleiben. In einer Arbeitshypothese ist zu vermuten, daß die von Lasso geschaffenen Karten zunächst nach Antwerpen u.a. zu Ortelius gelangt sind und erst dann – vielleicht über Vrients – nach Amsterdam zu Plancius.

Noch über 20 Jahre lang blieb Petrus Plancius in Amsterdam in der Kartographie tätig. Ab 1592 publizierte er eine Serie überarbeiteter Karten aller Küsten der damals bekannten Welt. Auch wirkte er mit an der Edition des *Itinerario* (Franeker 1596) von Jan Huygen van Linschoten (1563–1601), einer illustrierten Beschreibung Ostindiens. Plancius war eine der treibenden Kräfte bei der Erschließung des Ostindienhandels für Amsterdamer bzw. nordniederländische Kaufleute, vor allem bei der Suche nach einer Nordostpassage (vgl. Willem → Barentsz). Nicht von ungefähr wurde er der erste bestallte Kartenmacher der 1602 gegründeten Niederländischen Ostindischen Kompanie, für deren Steuerleute er Instruktionen erarbeitete. Auch war er weiterhin tätig als Mitarbeiter an Weltkarten und Globen, die in den folgenden Jahren von Amsterdamer Verlagen publiziert wurden.

Lit.:
– KEUNING, J.: *Petrus Plancius, Theoloog en Geograaf 1552–1622*. Amsterdam 1946
– SCHILDER, *Monumenta II*, S. 123–127
– SHIRLEY, *World Maps*, S. 199 ff.
– *De VOC in de kaart gekeken. Cartografie en navigatie van de Verenigde Oostindische Compagnie 1602–1799* (Ausstellungskatalog), 's-Gravenhage 1988
– WIEDER, F.C.: *Monumenta Cartographica*. Bd II. Leiden 1927, S. 27–36.

Andrzej POGRABKA

Andrzej Pograbka (Andreas Pograbius) wurde um 1535/1540 in Pilzno in Kleinpolen geboren. 1556 wurde er an der Universität Krakau immatrikuliert, wo er 1566 zum Dr. phil. promoviert wurde. 1568 ging er zum Medizinstudium nach Padua, das er 1571 mit der Promotion abschloß. Nach kurzen Aufenthalten in Bologna und Venedig kehrte Pograbka 1572 nach Polen zurück. Wissenschaftlich und publizistisch war er danach anscheinend nicht mehr tätig. Er wirkte als Arzt und starb vermutlich 1602 in Opole Lubelskie (westlich von Lublin).

Während seiner Studienzeit in Italien sah Pograbka, daß in Venedig – vermutlich von → Gastaldi – völlig veraltete Karten von Polen publiziert wurden. So sah er sich laut eigener Aussage im Geleitwort veranlaßt, eine bessere Karte zu schaffen. Hierbei unterstützte ihn sein Freund und Landsmann Mikolaj Tomicki (Nicolaus Tomicius), der Sohn des Kastellans von Gnesen, der 1568 ebenfalls in Padua nachweisbar ist. Die Tomicki gewidmete Polen-Karte Pograbkas wurde 1569 in Padua gezeichnet und 1570 in Venedig von Nicolo Nelli (tätig 1565–1570) gestochen:

Partis / SARMATIAE EVROPEAE / QVAE SIGISMVNDO / AVGVSTO REGI POLO= / NIAE POTENTISSIMO / subiacet / NOVA DESCRIPTIO

Titel oben links in Kartusche. Unten links in Kartusche Geleitwort von *ANDREAS POGRABIUS PILSNENSIS* mit Widmung an Tomicki (insgesamt 24 Zeilen), endend ... *Patavii Calendis Augusti Anno a Christo nato / 1569.* Im unteren Rand dieser Kartusche die Signatur *Venetiis Nicolaus / Nelli aeneis for / mis anno dni. 1570.*

Kupferstich von 2 Platten, Gesamtformat 47 × 69 cm

Exemplare: Öffentliche Bibliothek der Universität, Basel; Universitätsbibliothek, Helsinki; Bibliothèque Nationale, Paris; Biblioteca Apostolica Vaticana, Rom (Abb. bei BUCZEK, Fig. 22).

Die Polen-Karte Pograbkas nahm Ortelius bereits in der letzten *Theatrum*-Ausgabe des Jahres 1570 in den *Catalogus Auctorum* auf. Dann wurde er nochmals 1579 in einem Brief des polnischen Diplomaten Nicolaus Secovius (Mikolaj Sekowski) darauf aufmerksam gemacht. Direkt kopiert wurde sie von Ortelius überhaupt nicht. Er hat wohl richtig erkannt, daß sie nicht besser war als die von ihm bereits 1570 in das *Theatrum* übernommene Polen-Karte (Nr. 44) nach Wacław → Grodecki. Erst 1595 wurde für das *Theatrum* eine neue Polen-Karte geschaffen (Nr. Add. 135/IV). Sie beruht zum überwiegenden Teil auf der ersten Karte von 1570. Lediglich am rechten Rand sind etliche Orte nach Pograbka hinzugefügt.

Lit.:
- BUCZEK, *Polish Cartography*, S. 44–48
- HAIJDUKIEWICZ, L.: Andrzej Pograbka. In: *Polski Słownik Biograficzny* 27/2, 1982, S. 220–221
- HESSELS, *Epistolae*, Nr. 91.

Stanislaw POREBSKI

Der Kartograph *Sta. Por.* ist seit der zweiten Ausgabe 1570 im *Catalogus Auctorum* genannt, seine Karte der südpolnischen Herzogtümer Oswiecim und Zator wurde 1573 in genauer Kopie in das *Theatrum* übernommen (Nr. 68c). Hinter diesem auf Karten nie aufgelösten Sigel verbirgt sich Stanislaw Porebski. Er wurde um 1539 in Wielka Poreba bei Krakau geboren. Sein Vater Balthasar war Grundbesitzer und 1550–1563 Podstarost (stellvertretender Landrat) der Region; neben anderen Dörfern besaß er auch Grodziec, woher die Familie von Wacław → Grodecki stammte. Stanislaw Porebski studierte seit 1559 an der Universität Padua. Dem von der Familie gewünschten Studienfach Jura gewann er aber wenig ab. Statt dessen entwickelte er eine Liebe zur Altphilologie und insbesondere zum Cicero-Studium, er hatte großen Anteil an der berühmten Ausgabe *Fragmentorum Ciceronis libri IV* (Venedig 1565) seines Landsmannes Andrzej Patrycy Nidecki (1522–1587). Seit 1562 lebte Porebski wieder in Krakau. Er versuchte sich zunächst als Dichter, seine epischen Werke blieben aber ungedruckt. Während dieser Zeit hat er – vielleicht unter Mitarbeit von Grodecki – eine Karte von Oswiecim und Zator geschaffen. Sie ist Sigismund Myszkowski gewidmet, der am 22. September 1563 Starost der Region wurde. Die Karte wurde vermutlich von Porebski selbst nach Venedig gebracht und dort noch im gleichen Jahr in Venedig bei Bertelli gedruckt:

DVCATVS OSWIECZIMEN̄. ET ZATORIENSIS DESCRIPTIO

Titel über dem oberen Rand. Oben links Widmung an Sigismund Myszkowski (4 Zeilen), darunter die Adresse *In. Venᵃ. Alla libraria del / S. Marco 1563.* Unten links bei der Maßstabsangabe die Signatur *STA. POR. / PINXIT*

Kupferstich, 24,5 × 32,5 cm

Exemplare sind u.a. in der British Library, London, und in der Bibliothèque Nationale, Paris (vgl. TOOLEY, *Italian Atlases*, Nr. 427).

Ein Exemplar einer zweiten Ausgabe mit Datum 1565 ist in der Kongelige Bibliotek, Kopenhagen (TOOLEY, *Italian Atlases*, Nr. 428)

Siehe Abb. 53

Nachdem sich Pläne eines Studiums in Wien zerschlagen hatten, kehrte Stanislaw Porebski 1564 wieder nach Polen zurück und arbeitete zunächst in der königlichen Kanzlei in Krakau. 1571 erbte er nach dem Tode seines Vaters die Güter der Familie. 1577 übernahm auch er das Amt eines Podstarost. Er starb 1581 (vor dem 21. November) vermutlich in Wielka Poreba.

Lit.:
- ALEXANDROWICZ, S. und H. KOWALESKA: Stanislaw Porebski. In: *Polski Słownik Biograficzny* 27/4, 1983, S. 663–666

- BUCZEK, *Polish Cartography*, S. 40
- PIETKIEWICZ, S.: *Studia nad dokladnoscia dawnych map polskich. Trzy mapy z XVI i XVII wieku* (= Studia i materialy z dziejow nauki polskiej, Ser.C, Nr. 24). Warschau 1980, S. 63–78.

Johannes PORTANTIUS

Biographisch ist Johannes Portantius, Autor einer handgezeichneten und erstmals 1573 im *Theatrum* publizierten Karte von Livland (Nr. 68b), schwer faßbar. Er ist möglicherweise identisch mit dem aus Gent stammenden, später in Antwerpen ansässigen Humanisten Jean Portant. Seine genauen Lebensdaten sind nicht bekannt. Publizistisch ist er nachgewiesen durch eine Schrift über eine Kometenbeobachtung 1577 *Beschryvinge der nieuwen cometen* (Antwerpen 1577; Ex. in der Universiteitsbibliotheek, Leiden) bzw. in deutscher Parallelausgabe *Kurze Erklerung von den eigenschafften dez grossen im 1577. jars erschienen und noch brinnenden Cometen samt seiner bedeutung* (Nürnberg 1577; Ex. in der British Library, London). Es kann vorausgesetzt werden, daß Jean Portant mit Ortelius persönlich bekannt war. Später ist er wegen einiger Spottverse auf die spanische Regierung inhaftiert worden. Nach einer Quelle wurde er anschließend freigelassen, nach einer anderen hingerichtet.

Eben wegen des Mangels an festen biographischen Daten ist nicht zu sagen, wie dieser Jean Portant bzw. ein anderer Johannes Portantius zur Beschäftigung mit der Geographie Livlands gekommen ist. Eine Analyse der Karte im *Theatrum* läßt vermuten, daß ihre Hauptquelle Informationen von Küstenschiffern war. Vielleicht gab es aber auch irgendeine Beziehung zu den heute verlorenen Livland-Karten von Marcus → Ambrosius und Caspar → Henneberger.

Lit.:
- ARBUSOW, L.: Vorläufige Übersicht über die Kartographie Alt-Livlands bis 1595. In: *Sitzungsberichte der Gesellschaft für Geschichte und Altertumskunde zu Riga. Vorträge 1934*. Riga 1935, S. 33–119
- BERGMANS, P.: Jean Portant. In: *Biographie Nationale de Belgique* 18, 1905, Sp. 68–69
- JÄGER, E.: Versuch einer Periodisierung der Kartographiegeschichte des Baltikums (1539–1844). In: *Kartographiehistorisches Colloquium Wien 1986. Vorträge und Berichte*. Berlin 1987, S. 91–106.

Guillaume POSTEL

Guillaume Postel (Guilielmus Postellus) ist eine der schillerndsten Gestalten der französischen Renaissance. Er wurde geboren am 25. März 1510 in dem Weiler Dolerie bei Barenton in der Normandie. Nach einer Selbstausbildung und einer kurzen Tätigkeit als Dorfschulmeister ermöglichten ihm wohlhabende Gönner ab ca. 1530 ein Studium der lateinischen, griechischen und orientalischen Sprachen in Paris. 1535 begleitete er den französischen Gesandten Jean de la Foret auf einer Reise nach Konstantinopel. Postel nutzte diese Gelegenheit zum Kennenlernen der Levante, dem weiteren Sprachenstudium und dem Sammeln orientalischer Manuskripte. Nach der Rückkehr publizierte er *De originibus seu de hebraicae linguae et gentis antiquitate* (Paris 1538), ein Standardwerk der Orientalistik vor allem wegen der beigefügten Alphabet-Tafeln. 1539 wurde er als Professor für Mathematik und orientalische Sprachen an das Collège de France in Paris berufen. Etwa um diese Zeit begann der Abschnitt im Wirken Postels, der ihn zeitlebens immer wieder in Schwierigkeiten bringen und sein Bild in der Nachwelt etwas unscharf erscheinen lassen sollte. Er entwickelte eine Philosophie und ein Bild von einer Welt unter christlicher, insbesondere französischer Führung, das aber zunehmend von einem manchmal wirren Spiritismus und einer visionären Mystik geprägt war. 1543 reiste er nach Rom und von dort nach Venedig, wo er bis 1549 blieb. Postel war möglicherweise der Autor einer großen Kairo-Vedute samt zugehöriger *Descriptio Alcahirae*, die 1549 in Venedig von Matteo Pagano gedruckt wurde und die gelegentlich auch Zuan Domenico → Zorzi zugeschrieben wird. 1549 brach er zu einer erneuten Orient-Reise auf, während der er weitere Handschriften sammelte. 1551 war er wieder in Venedig. Hier kam er dann mit Giovanni Battista Ramusio und wahrscheinlich auch mit Jacobo → Gastaldi zusammen; Gastaldis Asien-Karten beruhen zum Teil auf einem arabischen Manuskript, das von Postel an Ramusio zum Druck übergeben worden war. 1552 auf seinen Pariser Lehrstuhl zurückgekehrt, vollendete er sein mystisch-spiritistisches Hauptwerk *Les très merveilleuses victoires des femmes du nouveau monde* (Paris 1553), das seine Karriere als ernstgenommener Wissenschafter in Frankreich endgültig beendete. Es folgten unruhige Jahre mit Aufenthalten in Italien und Deutschland, in denen er vom Verkauf seiner orientalischen Manuskripte und dem Verfassen zahlreicher Kleinschriften zu seiner Weltanschauung lebte. Erst 1562 kehrte er nach Frankreich zurück. 1564 zog er sich in das Kloster St. Martin de Champs bei Paris zurück, wo er am 6. September 1581 starb.

Neben der Orientalistik und der im konkreten Fall oft schwer abzugrenzenden Geophilosophie waren Geographie und Kartographie der dritte große Teil im Lebenswerk von Guillaume Postel. Von seinen Büchern seien genannt *Syriae descriptio* (Paris 1540), *De universitate liber* (Paris 1552), *Description et carte de la Terre Sainte* (Paris 1553, mit 5 Karten), zwei Himmelskarten (Paris 1553) und *Cosmographiae disciplinae compendium* (Basel 1561). Seine beiden im *Catalogus Auctorum* genannten kartographischen Hauptwerke schuf er erst, nachdem er wieder in St. Martin de Champs einen Halt gefunden hatte. Seit 1567 ist eine Korrespondenz von Postel mit Ortelius belegt, als er Ortelius u.a. über die Quellen der Asien-Karten Gastaldis informierte.

Seit 1573 nennt der *Catalogus Auctorum* die Frankreich-Karte, zunächst mit dem Datum 1571, später dann mit 1572. Ein Exemplar mit einem solchen Druckdatum ist nicht bekannt. Die Karte liegt nur vor mit einer auf den Oktober 1570 in Paris datierten Widmung, Druckort (wohl Paris) und Verleger sind nicht genannt:

LA VRAYE ET ENTIERE DESCRIPTION DV ROYAVLME DE FRANCE, ET SES / confins, auec l'addresse des chemins & distances aux Villes inscriptes es (sic!) *Prouinces d'iceluy*

Typengedruckter Titel über dem oberen Kartenrand. Oben rechts in Kartusche Widmung an König Karl IX. von Frankreich, endend ... *De Paris, ce dernier iour de / Octobre 1570. / Guillaume Postel, Cosmographe / Auec priuilege du Roy* (insgesamt 33 Zeilen)

Holzschnitt von 2 Blöcken mit allen Texten und Namen in Typendruck, 2 Bll. nebeneinander, Gesamtformat 50 × 67 cm

Das einzige bekannte Exemplar ist in der Bibliothèque Nationale, Paris.

Siehe Abb. 54

Dies ist eine in vielen Details verbesserte Überarbeitung der Frankreich-Karte von Jean →Jolivet, der in Paris möglicherweise Postels Schüler gewesen ist. Die Karte Postels war unter anderem die Vorlage für die Frankreich-Karte des Petrus →Plancius von 1592, deren Kopie wiederum 1606 von Vrients in das *Theatrum* aufgenommen wurde. Fast unbekannt ist jedoch, daß bereits Ortelius eine reduzierte, aber sehr getreue Kopie der Karte von Postel ediert hat (Nr. Add 135/III):

GALLIA

Titel oben rechts in Kartusche. Unten rechts der Vermerk: *Guilielmus Postellus / describebat. / Abrah. Ortelius excudebat, /cum privilegio.*

Kupferstich, 34,5 × 50 cm

Siehe Abb. 55

Diese Ortelius-Karte fehlt in den meisten Bibliographien zum *Theatrum* und auch in der Postel-Literatur. Lediglich DÉNUCÉ beschreibt ein Exemplar der niederländischen *Theatrum*-Ausgabe von 1598, welches diese Karte enthält. Dies ist aber die große Ausnahme. In der Regel enthalten auch die späteren *Theatrum*-Ausgaben dieser Zeit noch die Frankreich-Karte nach Jolivet. Ortelius scheint diese *Gallia* nach Postel als Einblattdruck herausgebracht und aus unbekannten Gründen nicht in den Auflagendruck des *Theatrum* übernommen zu haben. Die Karte kommt in der Regel ohne Rükkentext vor.

In seinem letzten erhaltenen Brief informierte Postel Ortelius 1579 über das Erscheinen seiner Weltkarte, die noch im gleichen Jahr in den *Catalogus Auctorum* aufgenommen wurde. Die Erstausgabe wurde 1578 in Paris bei Jérome de Gourmont II (ca. 1530–1598) gedruckt. Sie ist ebenso verschollen wie eine Ausgabe des Pariser Druckers Denis de Mathonière von 1589. Das älteste derzeit bekannte Exemplar stammt aus einer dritten Auflage durch den Pariser Drucker Nicolas de Mathonière von 1621:

POLO ADAPTA NOVA CHARTA VNIVERSI AVTH. GVIL.º POSTELLO

Titel in Schriftband im oberen Zierrand. Mitte links Widmung an König Louis XIII. von Frankreich, signiert ... *NICOLAS / DE MATHONIERE* (23 Zeilen). In Kartusche unten halblinks nochmals eine Widmung an Ludwig XIII. (8 Zeilen). Mitte rechts Geleitwort *GVILLAVME POSTEL, / a l'Academie de Paris, Salut* (23 Zeilen) mit Erklärung der Kartenprojektion. Unten Mitte im Kartenrand Kartusche mit der Adresse *A PARIS / Chez NICOLAS DE MATHONIERE, rue / Montorgueil, à la Dalm, 1621.*

Holzschnitt auf 4 Bll. mit allen Texten in Typendruck, 2 Reihen zu je 2 Bll., Gesamtformat 92 × 120 cm. Mit Drehpunkt im Zentrum ist aufmontiert ein Zeiger mit Meilen- und Gradskalen

Das einzige bekannte Exemplar dieser Ausgabe ist beim Service Historique de la Marine, Paris (Abb. bei SCHILDER, Nr. 28 und SHIRLEY, Plate 122).

Eine spätere Auflage mit der Adresse *A LYON / Chez CLAVDE / SAVARY, en rue Merciere, à la / Toizon d'or. 1644* ist in der Kartensammlung des Ministerio das Relaçoes Exteriores, Rio de Janeiro.

Dies ist eine Weltkarte in polständiger Azimutalprojektion. Das Weltbild ist kompiliert u.a. nach der großen Weltkarte von Ortelius und der Asien-Karte von Gastaldi bzw. ebenfalls Ortelius (vgl. oben 3.3) sowie nach Daten aus früheren Schriften von Postel. Sie hat einige, vor allem in Flandern erschienene Weltkarten vom Ende des 16. Jahrhunderts beeinflußt. Für das *Theatrum* wurde sie nicht verwendet.

Lit.:
- BOUWSMA, W.: *Concordia Mundi. The career and thought of Guillaume Postel 1510–1581*. Cambridge/Mass. 1957
- DÉNUCÉ, *Kaartmakers II*, S. 56–59 und 128
- DESTOMBES, M.: Guillaume Postel cartographe. In: *Guillaume Postel* (s.u.), S. 361–371, Wiederabdruck in DESTOMBES, *Contributions*, S. 552–568
- HESSELS, *Epistolae*, Nr. 19, 20 und 81
- KUNTZ, M.L.: *Guillaume Postel. Prophet of the restitution of all things. His life and thought*. Den Haag 1981
- *Guillaume Postel 1581–1981. Actes du Colloque International d'Avrances, 5–9 Septembre 1981*. Paris 1985
- SECRET, F.: *Notes sur Guillaume Postel* (= Bibliothèque d'humanisme et renaissance 22). Genf 1961
- SECRET, F.: *Bibliographie des manuscrits de Guillaume Postel*. Genf 1970
- SCHILDER, *Monumenta II*, S. 51–53
- SHIRLEY, *World Maps*, S. 166 ff.

Johannes PUTSCH

Als Sproß eines aus Schwaben stammenden niederadligen Geschlechtes wurde Johannes Putsch (Johannes Bucius Aenicola) 1516 in Innsbruck geboren. Nach einer Schulausbildung in seiner Heimatstadt ging er 1530 zum Studium der Philologie und Mathematik nach Italien. Anschließend trat er als Geheimschreiber in den Dienst von Erzherzog Ferdinand von Österreich. In dieser Zeit hat er auch lateinische Gedichte geschrieben, die aber nicht publiziert wurden. Während er seinen Herrn auf einem Ungarn-Feldzug begleitete, ereilte ihn ein früher Tod am 19. Januar 1542 in Esztergom.

In die Geschichte der Kartographie eingegangen ist Johannes Putsch durch eine 1537 erschienene westorientierte Karte Europas in Gestalt einer Königin. Diesem Druck liegt wohl eine didaktische Absicht zugrunde, die bildhafte Darstellung soll das Merken der Lage der einzelnen Länder erleichtern. Ausweislich des *Catalogus Auctorum* erschien diese unfirmierte Karte – wieso auch immer – in Paris bei dem calvinistischen Drucker Christian Wechel:

Ohne eigentlichen Titel. Oben links die Widmung *AD INVICTISSIMVM / Ferdinandum Romanorum, Hungariae, et / Bohemiae Regem, Archiducem Au- / striae, Cum Tyrolis Ioannes / Bucius Aenicola / dedicat. / M.D.XXXVII*

Holzschnitt auf 2 Bll. übereinander, Gesamtformat 63 × 42 cm

Das einzige bekannte Exemplar ist im Tiroler Landesmuseum Ferdinandeum, Innsbruck.

Siehe Abb. 56

Ortelius hat diese Karte für das *Theatrum* ansonsten nicht verwendet. Sie wurde allerdings typenbildend für eine ganze Gruppe von *Europa Regina*-Karten, die bis zum Ende des 16. Jahrhunderts erschienen, z.B. in der Kosmographie Sebastian →Münsters.

Lit.:
- BAGROW, *Catalogus II*, S. 46–47
- WODITSCHKA, M.: Johannes Putsch (1516–1542). In: *Amtsblatt der Landeshauptstadt Innsbruck* Jg. 37, Nr. 7 (Juli 1974), S. 16.

Zur Druckerdynastie Wechel siehe auch EVANS, J.W.: *The Wechel presses: Humanism and Calvinism in Central Europe 1572–1627*. Oxford 1975.

Christoph PYRAMIUS

Feste Daten zur Biographie von Christoph Kegel (Khegel), der seinen Namen später zu Pyramius (auch Piramius) latinisierte, sind sehr spärlich und teilweise unklar. Er entstammte einer wohlhabenden Familie aus Villach in Kärnten. Wohl zeit seines Lebens stand er – wie mehrere seiner Verwandten auch – im Dienste Kaiser Karls V. Wegen besonderer Verdienste bei der Einnahme von Tunis wurde er 1536 Kaiserlicher Hofdiener. 1547 heiratete sein Sohn Hieronymus Pyramius Barbara Blomberg, die bürgerliche Geliebte Karls V. und Mutter von Juan d'Austria. Um diese Zeit wurde Christoph Pyramius zum Kaiserlichen Geheimsekretär ernannt. In dieser Funktion nennt ihn eine kaiserliche Verfügung von 1549, die letzte derzeit bekannte biographische Quelle; etwas verwirrend ist, daß er hier als Angehöriger des geistlichen Standes *(Clericus Aquileiensis dioecesis)* bezeichnet wird.

Christoph Pyramius unterzeichnet die Widmung einer Germania-Wandkarte an Maria von Ungarn, die Schwester Karls V. Die Karte erschien ohne Angabe von Verlag und Stecher, „fertiggestellt" wurde sie 1547 in Brüssel:

GERMANIA

Titel oben links in Schriftband. Unten links in Kartusche Widmungstext (insgesamt 23 Zeilen), signiert ... *Christophorus Pyramius Germanus Secretarius Caes.* ... . Unten Mitte in Kartusche: *OPUS ABSOLUVTUM BRV / xellis Anno Mill. Quingentes? Quadrogesimo septimo / Cum gratia et privilegio Caesareae Maiestat. ad triennium.* Unten rechts in Kartusche ein unsigniertes Geleitwort *Benigno Lectori* (11 Zeilen)

Kupferstich auf 12 Bll., 4 Reihen zu je 3 Bll., Gesamtformat 127 × 143 cm

Das einzige bekannte Exemplar befindet sich in der Herzog August Bibliothek, Wolfenbüttel (Faksimile bei HERRMANN, 1940, Tafel 13 – 14).

Über die Entstehungsumstände der Karte sowie über die kartographischen Qualifikationen von Pyramius sind keine Aussagen möglich. Insgesamt ist die Qualität der Karte in jeder Hinsicht recht dürftig. Ihre Resonanz im zeitgenössischen Kartenmachen war gering, und auch im *Theatrum* fand sie keinerlei Verwendung.

Lit.:
- BAGROW, *Catalogus II*, S. 47
- HERRMANN, A.: *Die ältesten Karten von Deutschland bis Gerhard Mercator.* Leipzig 1940, S. 16–17
- HERRMANN, A.: Die „Germania" des Christophorus Pyramius (1547), die älteste Wandkarte von Deutschland. In: *Forschungen und Fortschritte* 18, 1942, S. 252–253.

Heinrich von RANTZAU

Heinrich Graf von Rantzau (Henricus Ranzovius) entstammte einem Adelsgeschlecht, das seit dem frühen 13. Jahrhundert in Schleswig und Holstein nachweisbar ist. Er wurde geboren am 11. März 1526 auf Burg Steinburg bei Itzehoe. 1538 begann er an der Universität Wittenberg ein Studium der Rechts- und Staatswissenschaften. Seit etwa 1548 lebte er einige Jahre am Hofe Kaiser Karls V., bevor er in den Dienst von König Christian III. von Dänemark trat. 1556 wurde Rantzau Statthalter der dänischen Teile von Schleswig und Holstein. Er war eine der treibenden Kräfte bei der Eroberung Dithmarschens durch dänische Truppen 1559, die der Anlaß für die Anfertigung der Karte dieser Region von Peter →Boeckel war; unbewiesen ist die Annahme, daß die Karte direkt von Rantzau selbst angeregt wurde. Diesen Feldzug beschrieb Rantzau später unter dem Pseudonym Cilicius Cimber in der Schrift *Kurtze Verzeychnis des Kriegs ... wider die Dietmarsen geführt* (Straßburg 1569), eine lateinische Ausgabe erschien als *Belli Dithmarsici ... vera descriptio* (Basel 1570). Im Amte eines dänischen Statthalters Schleswigs und Holsteins verblieb er bis wenige Monate vor seinem Tode. Er starb am 31. Dezember 1598 auf Schloß Breitenburg bei Itzehoe.

Die Bedeutung Heinrich von Rantzaus als Staatsmann wird bei weitem übertroffen von seinem Wirken als Gelehrter und Mäzen. Durch Arbeiten, die er für seine Schlösser in Auftrag gab, wurde er zum Wegbereiter der Renaissance-Architektur in Schleswig und Holstein. Auf Schloß Breitenburg trug er eine große Bibliothek zusammen. Er war einer der Förderer des Astronomen Tycho Brahe (1546–1601). Endlich hat er sich auch selbst als Historiograph betätigt. Genannt sei eine umfassende Beschreibung Jütlands, die zu seinen Lebzeiten nur in einem kurzen Auszug als *Libellus de origine, nomine, fortitudine rebus gestis fidelitate Cimbrorum* ... (s.l. 1594) erschien; vollständig gedruckt wurde das nachgelassene Manuskript der *Cimbricae Chersonesi ... descriptio* erst 1739.

In der Geschichte der Kartographie ist Heinrich von Rantzau zu nennen vor allem als Vermittler von Materialien. 1585–1586 korrespondierte er mit Gerard →Mercator, dem er einen Satz Manuskriptkarten dänischer Gebiete übersandte. Ihre Informationen wurden erstmals 1590 verarbeitet in der Germania-Wandkarte Rumold →Mercators, danach dienten sie auch als Grundlage für die Teilkarten Dänemarks im 1595 erschienenen *Atlantis* pars altera. Ebenso wichtig war der Beitrag Rantzaus für die *Civitates Orbis Terrarum* von Georg Braun und Frans → Hogenberg. Mit Braun korrespondierte er von 1583 bis kurz vor seinem Tode, Hogenberg beschaffte er einige Aufträge des dänischen Hofes. Rantzau vermittelte die Vorlagen für fast alle Ansichten von Städten in Schleswig, Holstein und Dänemark, die einen Großteil des 1588 erschienenen Bandes IV der *Civitates* ausmachen. Am gleichen Ort erschien auch die bei Ortelius im *Catalogus Auctorum* unter dem Namen Rantzaus genannte Karte von Dänemark:

> Ohne eigentlichen Titel. Oben rechts in Kartusche: *HENRICVS RANZOVIVS, FRIDERICHI II. Daniae Regis / intimus consiliarius, tam utriusque Ducatus Slesuicensis / et Holsatiae, quam Dithmarsorum Gubernator & c. Frudi- / tor. singulare praesidiū, Sic patriam opusq. nostrū exornabat.* Unten rechts in Kartusche eine Kurzbeschreibung *Danorum Marca* ... (10 Zeilen), endend *... Ducatus sunt, qui Generosi ac Nobilis uiri HENRICI RANZOVII, boni artib. / et Marte Illustris gubernatione, Regi Daniae foeliter parent.* In einer Kartusche links in der Mitte nochmals: *RANZOVIANAE / DOMVI / NVNCVPATV̄*
>
> Kupferstich, 38 × 46 cm

Trotz der Vertrautheit Heinrich von Rantzaus mit der Geographie Dänemarks kommt er als Autor dieser Karte wie auch des an Mercator übergebenen Materials nicht in Betracht. Der eigentliche kartographische Urheber war mit höchster Wahrscheinlichkeit Mark → Jorden. Dies wird vor allem belegt durch die hohe Übereinstimmung der Karten bei Mercator und Hogenberg mit der seit 1595 im *Theatrum* enthaltenen Jütland-Karte (Nr. 130b), die laut Aussage von Ortelius auf einer Handzeichnung Jordens beruht. Ein unmittelbarer Kontakt zwischen Ortelius und Rantzau ist denkbar, durch erhaltene Korrespondenz aber bisher nicht belegt.

Lit.:
- BERTHEAU, F.: Heinrich Rantzau als Geschichtsschreiber. In: *Zeitschrift der Gesellschaft für schleswig-holsteinische Geschichte* 21, 1891, S. 307–364
- DURME, M. van: *Correspondance mercatorienne*. Antwerpen 1959, Nr. 176, 179, 182 und 190
- HAUPT, R.: Heinrich Rantzau und die Künste. In: *Zeitschrift der Gesellschaft für schleswig-holsteinische Geschichte* 56, 1926, S. 1–66
- KLOSE, O. und L. MARTIUS: *Ortsansichten und Stadtpläne der Herzogtümer Schleswig, Holstein und Lauenburg.* 2 Bde (= Studien zur schleswig-holsteinischen Kunstgeschichte 7–8). Neumünster 1962 (mit zahlreichen Nennungen, vor allem zur Beziehung zu Braun und Hogenberg).

Siehe weiter auch die Literatur zu Mark Jorden.

Nicolaus REGER

Der Eintrag zu Nicolaus Reger und den von ihm herausgegebenen Ptolemäus-Karten ist im *Catalogus Auctorum* fast wörtlich zitiert nach der *Gallica historia* Ceneaus. Dort heißt es auf Bl. 177r im Zusammenhang mit der Diskussion von antiken Toponymen in der Bretagne bei Ptolemäus: *Authorem habeo Nicolaum Reger, qui nobis suo marte editas Ptolemaei tabulas gemino schemate, veteri scilicet ac recentiori reddidit.*

Bei dieser Notiz steht die kartenhistorische Forschung vor einem Rätsel. Der Name Nicolaus Reger taucht in Zusammenhang mit der Ptolemäus-Rezeption wie überhaupt in der älteren Kartographie anderwärtig nicht auf. Die im Prinzip einzige Lösungsmöglichkeit ist die Annahme, daß Ceneau hier eine Verwechslung unterlaufen ist und er in Wirklichkeit Johannes Reger meint. Biographische Daten zu diesem Mann sind spärlich. Er hat wahrscheinlich die Universität Ingolstadt besucht, ohne aber ein Studium abzuschließen. Von 1482 bis 1486 ist er in Augsburg als Drucker nachweisbar. Johannes Reger übernahm die Holzstöcke der in Ulm erstmals 1482 von Lienhart Holl gedruckten Ptolemäus-Ausgabe, nach der Bearbeitung von → Nicolaus Germanus mit fünf „Tabulae Modernae". Der Name „Nicolaus Reger" wäre also zu deuten als eine irrtümliche Kontraktion von „Nicolaus" Germanus und Johannes „Reger". Mit Holls Holzstöcken druckte Johannes Reger 1486 die zweite Ulmer Ptolemäus-Ausgabe. Sein eigener Beitrag hierzu war zunächst ein *Registrum alphabeticum*, ein weit über ein einfaches Ptolemäus-Register hinausgehendes geographisches Lexikon. Vielleicht war Reger selbst auch der Autor eines *Tractatus de locis ac mirabilibus mundi*, der ebenfalls dieser Ausgabe Ulm 1486 beigefügt ist. *Registrum* und *Tractatus* wurden mehrfach in späteren Ptolemäus-Ausgaben an anderen Orten übernommen.

Lit.:
- AMELUNG, P.: *Der Frühdruck im deutschen Südwesten 1473–1500*. Bd I. Stuttgart 1979, S. 305–322
- CAMPBELL, *Earliest Printed Maps*, S. 135–138
- *Claudius Ptolemaeus, Cosmographia, Ulm 1482.* Facsimile edition with a bibliographical note by R.A. SKELTON. Amsterdam 1963.

Wolfgang REGERWYL

Vorlage für die seit 1579 im *Theatrum* enthaltene Fulda-Karte (Nr. 87a) war ein Einblattdruck von 1574. Autor dieser ersten Karte des Raumes Fulda war Wolfgang Regerwyl (auch Reckwill, Regrwill u.ä.). Weitere Informationen über sein Leben und Werk fehlen bisher, und die Karte war nur durch ihre Kopie bei Ortelius bekannt. Nun ist aber jüngst ein Exemplar der Originalausgabe aufgefunden worden. Hier bleibt das Erscheinen einer anstehenden Publikation abzuwarten.

Joannes REGNARDUS

Der Name von *Joannes Regnardus Forestius*, Autor einer handgezeichneten Karte der Landschaft Forez an der oberen Loire, wurde dem *Catalogus Auctorum* erst in der Moretus-Ausgabe von 1601 hinzugefügt. Die Information dürfte wohl noch aus dem Nachlaß von Abraham Ortelius stammen. Über den Weg, wie sie an Ortelius gelangt ist, fehlen in den relevanten Sekundärquellen alle Hinweise. Auch über diese Karte selbst sind im Prinzip kaum Aussagen möglich. Ein Joannes Regnardus Forestius ist in der französischen Kartographiegeschichte des späten 16. Jahrhunderts biographisch bisher nicht nachgewiesen. Der eigentliche Name dürfte Jean Regnard gewesen sein, das Cognomen bezieht sich auf eine Herkunft aus dem Forez.

Denkbar ist, daß ein Zusammenhang besteht mit einer Karte, die 1596 in Lyon gedruckt wurde:

LYONNOIS FOREST ET BEAVIOLOIS

Titel entlang des oberen Randes. Unten links in Kartusche Widmung an den französischen König Heinrich IV., signiert ... *Par vostre Maieste Le / tres humble et tres obeissant suiect / et Seruiteur Ph. le Beau* (insgesamt 12 Zeilen). Rechts daneben: *Fait a Lyon Auec Priuilege du Roy. 1596*

Kupferstich, 39,5 × 54,5 cm

Das einzige bekannte Exemplar ist in den Archives Nationales, Paris.

Siehe Abb. 57

Philippe Le Beau war Mathematiker, weitere Daten zu seiner Biographie sind noch unbekannt.

Wie aber auch immer: Weder diese gedruckte Karte noch die seinerzeit vorhandene Handzeichnung des Jean Regnard wurden für das *Theatrum* verwendet.

Lit.:
– DAINVILLE, F. de: Deux cartes inconnues du Lyonnais, Forez et Beaujolais. In: *Cahiers de Histoire* Jg. 1964, S. 121–135.

Erhard REICH

Daten zur Biographie von Erhard Reich (Reych) sind spärlich. Er stammte aus Tirol und lebte spätestens seit 1524 als bischöflicher Baumeister in Eichstätt. Für 1539 ist er belegt durch Arbeiten am Schloß in Neumarkt/Oberpfalz, wo er nach eigenen Aussagen das Bürgerrecht erlangt hat. In der deutschen Kartographiegeschichte ist Reich zu nennen als Autor der ersten Spezialkarte der Oberpfalz, die 1540 in Nürnberg bei Christoph → Zell gedruckt wurde:

Die pfaltz in Baeyrn in grundt gelegt sambt Iren anstossenden Lendern

Typengedruckter Titel über der Karte, auf beiden Seiten je drei Wappen. Unter der Karte typengedruckter Text in zwei Kolumnen. Links (6 Zeilen): *Ein kurtzer wegrif oder verzaichnuss der pfaltz Furstenthum zu Bayern ...*, endend ... *durch mich Erhardt Reich stainmetzen aus der Graffschaft Tiroll der Zeyt burger zum Neuen- / marckt gemacht worden als man zalt 1540*. Rechts (5 Zeilen): *In diser verzaichnus ligt ein Perg genant der Viechtel perg ...*, endend *Gedruck zu Nürnberg durch Christoff Zell beim Rosenbad.*

Holzschnitt mit allen Namen und Texten in Typendruck, Gesamtformat einschließlich Titel, Text und Wappen ca. 41,5 × 57,5 cm

Das beschriebene Exemplar ist im Germanischen Nationalmuseum, Nürnberg. Andere Exemplare mit leicht abweichenden Texten: Stadtbibliothek, Nürnberg; Stadtmuseum, Regensburg (Abb. in *Cartographia Bavariae*, Nr. 29).

Diese Vorlage wurde für das *Theatrum* ohne wesentliche Änderungen übernommen. In der ersten Fassung der *Palatinatus Bavariae Descriptio* von 1570 (Nr. 30a) steht der Titel am oberen Rand, in dem Nachstich seit der Ausgabe 1584 (Nr. 94a) steht er unter der Karte.

Lit.:
- BAGROW, *Catalogus II*, S. 48
- *Cartographia Bavariae*, S. 52
- ROMSTÖCK, K.: *Die Neumarkter Residenz und ihre Regenten*. Neumarkt 1980
- THIEME–BECKER 28, 1934, S. 97.

René d'ANJOU

René d'Anjou (Renatus Andegavensis, „le bon Roi René") war eine der großen Gestalten im kulturellen Leben Westeuropas im Spätmittelalter. Er wurde geboren am 16. Januar 1409 in Angers als zweiter Sohn von Louis II. (1377–1417), des Herzogs von Anjou, Grafen der Provence und Königs von Sizilien. 1420 heiratete er Isabella, 1431 die Thronerbin von Lothringen. Nach dem Tode seines Bruders Louis III. 1434 trat er selbst das väterliche Erbe in Anjou, der Provence und Neapel an, nach dem Tode seiner Frau 1453 wurde er auch Regent in Lothringen. René II. war einer der größten und anregendsten Mäzene seiner Zeit. Seine Residenzen in Angers und Saumur, vor allem aber in Aix-en-Provence und Tarascon wurden zu kosmopolitischen Zentren für Künstler und Gelehrte an der zeitlichen Nahtstelle zwischen Gotik und früher Renaissance. Nach dem Tode Isabellas zog er sich mehr und mehr aus dem politischen Leben zurück und beteiligte sich aktiv an dieser fruchtbaren Szene. Er betätigte sich als Maler und Schriftsteller, zu seinen großen Werken zählen ein Turnierbuch und vor allem das berühmte *Livre du Coeur d'Amour*. Er starb am 10. Juli 1480 in Aix-en-Provence.

Von den wissenschaftlichen Arbeiten Renés d'Anjou ist wenig bekannt. Über die im *Catalogus Auctorum* genannten Karten der Provence und des Anjou sind keinerlei Aussagen möglich, da sie ohne Spur verloren sind. Ortelius zitiert nach der *Bibliothèque* von LA CROIX DU MAINE, der zu René d'Anjou sagt: *Il a fait une description du Pays et Conté de Provence. Il a escrit la Carte & Description d'Anjou.*

Lit.:
- COULET, N., PLANCHE, A. und F. ROBIN: *Le Roi René: le prince, le mécène, l'écrivain, le mythe*. Aix-en-Provence 1982 (mit der gesamten älteren Literatur)
- LA CROIX DU MAINE, F.: *Le premier volume de la bibliothèque du Sieur de La Croix du Maine*. Paris 1584, S. 431
- QUATREBARBES, T. (Hrsg.): *Oeuvres complètes du Roi René*. 2 Bde. Angers 1844–1846
- SMITAL, O. und E. WINKLER (Hrsg.): *Herzog René von Anjou, Buch von liebentbrannten Herzen*. Wien 1926.

Pierre ROGIER

Leben und Werk von Pierre Rogier (Petrus Rogierus), Sieur de Migné, sind noch weitgehend unerforscht. Er entstammte einer vornehmen Familie in Poitiers, die mehrere Bürgermeister hervorbrachte. Er selbst war studierter Jurist und später tätig als Königlicher Rat, als Sénéchal in Mille und ab 1575 in der Provinzialverwaltung in Poitiers. Dort wurde er am 5. Juli 1587 begraben.

Die seit 1579 im *Theatrum* kopierte Poitou-Karte Rogiers (Nr. 75) erschien laut dem *Catalogus Auctorum* in Paris bei François Desprez. Ein Exemplar dieser Originalausgabe ist bisher nicht gefunden worden. Publizistisch ist Rogier weiterhin belegt durch G. Le Liepvre (Hrsg.), *Orationes tres habitae in Collegio Coenomano, a tribus nobilis adolescentibus ... Petro Rogerio ...* (Paris 1577). Danach wäre ein Geburtsjahr etwa um 1550–1555 anzunehmen. Eine von Rogier verfaßte Schrift *La vraie et entière description du Pays de Poictou, Rochelois et Marennes* (Paris 1589) ist nur durch sekundäre Quellen und bisher nicht durch ein Exemplar nachweisbar.

Lit.:
- BABINET, C.: Le présidial de Poitiers, son personel de 1551 à 1790. In: *Mémoires de la Société des Antiquaires de l'Ouest*, 2e sér., vol. 25, 1901, hier S. 150
- DEHERGNE, J.: Les cartes continentales du Poitou antérieures au XIXe siècle. In: *Bulletin de la Société des Antiquaires de l'Ouest*, 2e trim. 1958, S. 459–501.

Für Forschungshilfe sei hier M. Jean-Marc ROGER (Archives Départementales de la Vienne, Poitiers) gedankt.

Sebastian von ROTENHAN

Sebastian Freiherr von Rotenhan wurde am 13. oder 14. Januar 1478 in Rentweinsdorf/Franken geboren, sein Vater stand als Amtsmann im Dienst der Bischöfe von Bamberg. Vermutlich bereits

1486 war er in Erfurt Schüler des ebenfalls aus Franken stammenden Humanisten Konrad Celtis (1459–1508). 1493 wurde Rotenhan an der Universität Erfurt immatrikuliert. 1493 folgte er Celtis nach Ingolstadt und 1497 nach Wien. 1499 ging er zum Abschluß seiner Studien nach Italien, 1504 wurde er in Siena zum Doktor beider Rechte promoviert. Nach der Rückkehr nach Deutschland wurde Rotenhan 1506 Assessor am Reichskammergericht in Speyer. 1512–1514 ließ er sich beurlauben und machte eine Reise durch große Teile Europas und nach Jerusalem. 1521 trat er als Oberhofmeister in den Dienst des Fürstbischofs von Würzburg, 1530 wurde er zum Kaiserlichen Rat ernannt. Er starb Ende Juni 1532 auf dem Familiensitz in Rentweinsdorf.

Zur Beschäftigung mit der Geographie ist Sebastian von Rotenhan bereits durch seinen Lehrer Celtis angeregt worden. Publizistisch trat er auf diesem Gebiet zum erstenmal hervor mit einer Arbeit über geographische Namen in Deutschland *Prisci aliquot Germaniae ac vicinorum populi ...* (Worms? ca. 1521). Zu eigener kartographischer Tätigkeit fand er den Anstoß vielleicht durch den Aufruf Sebastian →Münsters von 1528, in dem dieser die Humanistenkollegen seiner Zeit um die Anfertigung von Regionalkarten bat. Wohl unmittelbar danach hat Rotenhan mit der Erarbeitung einer Franken-Karte begonnen. Ihr Manuskript kam – vielleicht schon kurz vor seinem Tode – nach Ingolstadt an Peter →Apian, der die Karte in Holz schneiden ließ (von Hans Brosamer?, um 1500–nach 1554) und 1533 publizierte:

Das Francken Landt – Chorographi (sic!) *Franciae Oriē.*

Titel in großem Schriftfeld über dem oberen Kartenrand. Unter der Karte drei Kartuschen mit Legende, Maßstab, Privilegvermerk und Widmungsgedicht (Mitte) sowie einem Geleitwort von Peter Apian (zu beiden Seiten), datiert vom 4. Januar 1533 in Ingolstadt

Holzschnitt auf 4 Bll. mit Texten und Namen in Typendruck, 2 Reihen zu je 2 Bll., Gesamtformat ca. 59 × 57 cm

Exemplare: Harvard University Library, Cambridge/Mass.; Universitätsbibliothek, Erfurt; Bibliothèque Nationale, Paris.

Mit den originalen Holzstöcken veranstaltete der Kleinverleger Peter König in München um 1620 eine Neuauflage; das einzige bekannte Exemplar ist in der Universitätsbibliothek, Würzburg (Abb. bei BROD, 1963).

Alle bis ins späte 17. Jahrhundert erschienenen Karten Frankens gehören zu diesem von Rotenhan geschaffenen Typus. Auch im *Theatrum* ist seit der Erstausgabe eine getreue Kopie enthalten (Nr. 24a). Aus Gründen des Blattformats ist sie nach Osten orientiert, das Original ist gesüdet.

Lit.:
- BAGROW, *Catalogus II,* S. 48–49
- BROD, W.M.: Frankens älteste Landkarte – Ein Werk Sebastian von Rotenhans. In: *Mainfränkisches Jahrbuch für Geschichte und Kunst* 11, 1959, S. 121–154
- BROD, W.M.: Sebastian von Rotenhans Geographiebuch. In: *Mainfränkisches Jahrbuch für Geschichte und Kunst* 12, 1960, S. 69–78
- BROD, W.M.: Opera geographica Sebastiani a Rotenhan. In: *Berichte zur deutschen Landeskunde* 28, 1962, S. 95–122
- BROD, W.M.: Die Frankenland-Karte des Münchener „Kunstführers" Peter König, um 1620. In: *Mainfränkisches Jahrbuch für Geschichte und Kunst* 15, 1963, S. 202–207
- BROD, W.M.: Sebastian von Rotenhan, the founder of Franconian cartography, and a contemporary of Nicholas Copernicus. In: *Imago Mundi* 27, 1975, S. 9–12
- HÖHN, A.: *Franken im Bild alter Karten.* Würzburg 1986, S. 44 ff.
- MAIERHÖFER, I.: Sebastian von Rotenhan. In: *Fränkische Lebensbilder* 1, 1967, S. 113–140.

Paolo ROVER

Leben und Werk von Paolo Rover (Paulus Roverius) bedürfen noch grundlegender Erforschung. Die genauen Lebensdaten sind nicht bekannt. Er wurde um 1550 in Treviso geboren und war Priester, Rechtsgelehrter und Mathematiker. In die Wissenschaftsgeschichte eingegangen ist er als Autor einer Karte des Großraumes Treviso, die in Venedig von Giacomo Franco (Anonymus →Zypern) gestochen wurde:

La descrittione del territorio Triuigiano, / con li suoi confini fatta l anno 1591. / Al Molto Mag.^{to} & ecc.^{mo} Sig.^{r} Giouanni Bonifacio Sig.^{r} Oss.^{mo} / Paolo Rover

Titel und Widmung oben halbrechts in Rahmen. Unten links die Stechersignatur *Franco f.*

Kupferstich, 30 × 25 cm

Die Karte ist in den meisten Exemplaren der nicht seltenen *Historia Trivigiana* enthalten (Abb. bei NOVACCO).

Die Karte erschien als Beilage zu der venezianischen Ausgabe 1591 der *Historia Trivigiana* von Giovanni →Bonifacio.

Inhaltlich ist die typenbildende Karte von Paolo Rover – sie wurde kopiert von →Magini und anderen – eine überarbeitete und verbesserte Fassung der knapp zehn Jahre älteren Karte von Giovanni →Pinandello, die von Ortelius für das *Theatrum* übernommen wurde.

Lit.:
– ALMAGIA, *Mon. Ital. Cart.*, S. 39
– BERTOLINI, G.L.: Note alla carta del Territorio Trevigiano nell'Atlante Magini. In: *Bolletino della Societa Geografica Italiana* 43, 1906, S. 569–578
– BOZZOLATO, G.: *Saggio di iconografia trevigiana* (Ausstellungskatalog). Treviso 1976, S. 14
– MARINELLI, *Saggio*, S. 124 ff.
– NOVACCO, *Cartografia Rara*, Nr. 136.

Für Angaben zur knappen Biographie habe ich zu danken Herrn Prof. Lucio PUTTIN (Biblioteca Communale, Treviso). Hinweise auf entlegene Literatur verdanke ich Herrn Prof. Luciano LAGO (Università degli Studi, Triest).

Johannes SAMBUCUS

Johannes Sambucus (János Zsámboky, auch Sámboky u.ä.) wurde Ende Juli 1531 in Tyrnau (Nagyszombat) in Ungarn geboren; die gelegentlich behauptete Abkunft von französischen Vorfahren trifft nicht zu, der Familienname ist abgeleitet von dem Dorf Zamboc bei Budapest. 1543 verließ er seine Heimat und ging zunächst zum Studium nach Wien. Ab 1545 studierte er in Wittenberg und an weiteren deutschen Universitäten. 1551/1552 studierte er an Kollegien in Paris und Dôle/Burgund. Anschließend reiste er über Wien nach Italien, wo er bis 1555 in Padua Medizin studierte. Von 1558 bis 1562 lebte Sambucus wieder in Paris, danach in Brügge und Antwerpen. 1564 endlich fand sein Wanderleben ein Ende durch eine Berufung als Professor an die Universität Wien. Auch ernannte ihn Kaiser Ferdinand I. zum Hofarzt und kaiserlichen Historiographen. Er starb in Wien am 13. Juni 1584.

Ein Leben, das nahezu das Idealbild des klassischen Humanisten verkörperte, gab Sambucus die Gelegenheit zu einem umfangreichen publizistischen Oeuvre. Einigen frühen Kleinschriften (seit 1552) folgte später eine stattliche Zahl philologischer Werke, darunter einige wichtige Editionen griechischer und lateinischer Autoren. Wohl die gemeinsamen Interessen für Altphilologie, vor allem für Münzen und Antiquitäten, haben um 1563–1564 – vielleicht im Kreis von Goltzius und Laurin – Johannes Sambucus und Abraham Ortelius zusammengeführt. Hieraus entstand eine lebenslange, auch für das *Theatrum* sehr fruchtbare Freundschaft; 1573 widmete Ortelius sein Buch *Deorum dearumque capita* Sambucus. 1564 war in Antwerpen Sambucus' Schrift *Ars poetica Horatii* erschienen, weitere Antwerpener Drucke folgten noch bis 1575.

Der Weg, auf dem Johannes Sambucus zur Kartographie fand, ist heute nicht in allen Details nachvollziehbar. Auch auf diesem Gebiet war er weniger Schöpfer von Originalem als vielmehr bearbeitender Neuherausgeber älterer Werke. Sein kartographischer Erstling war eine 1566 in Wien erschienene Siebenbürgen-Karte:

TRANSILVANIA / Siebenbürgen

Titel oben Mitte in der Kartenzeichnung. Unten links in Rahmen die Widmung: *Maximilii II J. Sambucus / Transilvaniam seu pannodaciam emendatiorem et / Veris auctam finibus, secus quam doctiss. Honterus / fecerat T.M.Z. uti caetera offero eiusdemq. / me s. clementiae subiestissime Comendo Viennae 1566*

Kupferstich auf 2 Bll. nebeneinander, Gesamtformat 41 × 58 cm

Exemplare: Nationalbibliothek Széchenyi, Budapest; Studienbibliothek, Dillingen; Österreichische Nationalbibliothek, Wien (Abb. bei SZATHMARY, Nr. 67).

Dies ist eine emendierte Bearbeitung der Siebenbürgen-Karte von Johannes →Honter. Diese Sambucus-Fassung wurde typenbildend bis ins 18. Jahrhundert. Auch Ortelius hat sie ohne größere Änderungen für das *Theatrum* übernommen (Nr. 43, mit Neustich Nr. Add 93/III).

Ebenfalls 1566 gab Sambucus in Wien seine erste Ungarn-Karte heraus:

VNGARIAE / TANST. DESCRIPTIO / NVNC CORRECTA, ET / AVCTA MAXIMIL. II. / AVG. OPT.PR.PP.DICATA / PER J. SAMB. / M.D.LXVI. / FACIEBAT. / DH.

Titel und Widmung oben links in Kartusche zusammen mit der Kupferstechersignatur *DH*

(= Donat Hübschmann, 1540–1583). Unten rechts in Kartusche Geleitwort *LECTORI* (14 Zeilen), datiert ... *Idib. Sept.*

Kupferstich auf 2 Bll. übereinander, Gesamtformat 66,5 × 53 cm

Exemplare: Nationalbibliothek Széchény, Budapest; Studienbibliothek, Dillingen; Universiteitsbibliotheek, Leiden; Bayerische Staatsbibliothek, München (Abb. bei SZATHMARY, Nr. 66).

Dies ist eine nur unwesentlich bearbeitete Neufassung der von →Tannstetter edierten Ungarn-Karte des →Lazarus Secretarius von 1528. Dieses Werk scheint auch Sambucus selbst nicht befriedigt zu haben, denn schon 1571 gab er in Wien eine neue Ungarn-Karte heraus:

VNGARIAE LOCA PRAECIPVA RECENS EMENDATA ATQ. EDITA PER IOAN. SAMBVCVM MDLXXI VIENNAE

Kopftitel in Rahmen über dem oberen Kartenrand. Unten rechts in Kartusche Widmung an Erzherzog Karl, den Bruder von Maximilian II., datiert ... *Vienae, Kal. Sept. / 1571* (12 Zeilen)

Kupferstich auf 2 Bll. nebeneinander, Gesamtformat 30 × 45 cm

Das einzige bekannte Exemplar ist in der Österreichischen Nationalbibliothek, Wien (Abb. bei SZATHMARY, Nr. 75).

Auf der Basis der großen Karte von Wolfgang →Lazius hat Sambucus hier mit Informationen nach anderen Quellen eine doch innovative Ungarn-Karte geschaffen. Ihre recht genaue Kopie ist seit 1579 in das *Theatrum* aufgenommen (Nr. 91). Bemerkenswert ist jedoch, daß die folgenden *Theatrum*-Ausgaben auch weiterhin die Kopie nach Lazius (Nr. 27) und damit zwei Ungarn-Karten enthalten. Ein direkter Grund hierfür ist nicht ersichtlich.

Bereits im ersten *Additamentum* von 1573 veröffentlichte Ortelius zwei Karten, die auf heute verlorenen Handzeichnungen beruhen, die Sambucus nach Antwerpen gesandt hatte. Die Friaul-Karte (Nr. 63) dürfte von Sambucus selbst gezeichnet worden sein auf der Basis eines älteren, vermutlich italienischen Kupferstichs unter Hinzufügung weiterer Details aus eigener Landeskenntnis oder anderen Quellen. Die Illyrien-Karte des *Theatrum* (Nr. 71) beruht laut eigener Aussage von Sambucus auf Vorarbeiten von Augustin →Hirschvogel. Die genaueren Details dieses Material- und Informationsflusses sind unbekannt.

Im Dankschreiben für die Übersendung des Belegexemplars des *Additamentum* vom 2. September 1573 spricht Sambucus von einer Polen-Karte, die er vorbereite und die er nach Fertigstellung an Ortelius senden werde. Von diesem Werk ist ebenso wie von einer noch späteren Ungarn-Karte keine Spur erhalten, beide Karten dürften nicht vollendet worden sein. Publiziert wurden sie mit hoher Sicherheit nicht.

Lit.:
– BACH, E.: *Un humaniste hongrois en France. Jean Sambucus et ses relations littéraires (1551–1584)* (= Etudes françaises publiées par l'Institut Français de l'Université de Szeged 5). Szeged 1932
– BAGROW, *Catalogus II*, S. 49–52
– GERSTINGER, H.: Johannes Sambucus als Handschriftensammler. In: *Festschrift der Nationalbibliothek in Wien*. Wien 1926, S. 251–400
– GROF, L.L.: Ortelius maps of Hungary. In: *The Map Collector* 6, 1979, S. 3–11
– HESSELS, *Epistolae*, Nr. 13, 14 und 44
– HOCHE, R.: Johannes Sambucus. In: *Allgemeine Deutsche Biographie* 30, 1890, S. 307–308
– SZATHMARY, *Descriptio Hungariae*, S. 155 ff.

Livio SANUTO

Als Sohn einer Patrizierfamilie wurde Livio Sanuto 1520 in Venedig geboren. Nach einer ersten Schulausbildung in seiner Heimatstadt soll er an einer deutschen Universität studiert haben, Ort und Zeit dieses Aufenthalts sind aber bisher nicht quellenmäßig belegbar. Danach war er in Venedig tätig als Kartograph und Instrumentenbauer. Er arbeitete eng mit seinem Bruder Giulio Sanuto (tätig 1540–1580), einem Kupferstecher, zusammen. Giulio stach die Karten zur Ptolemäus-Ausgabe Venedig 1561 von Girolamo Ruscelli (ca. 1504–1566), an der möglicherweise auch Livio Sanuto mitgearbeitet hat. In dieser Ruscelli-Ausgabe findet sich der Hinweis, daß die Gebrüder Sanuto bereits zu dieser Zeit an einem großen Erdglobus gearbeitet haben. Dieses Werk, mit einem Durchmesser von 68,5 cm der größte bekannte gedruckte Globus des 16. Jahrhunderts, erschien um 1570. Ein Segmentsatz ist in einer amerikanischen Privatsammlung (Faksimile bei WOODWARD), ein zweites Exemplar fand Günter SCHILDER in der Universitätsbibliothek Erlangen.

Livio Sanuto starb 1576 in Venedig. Sein wissenschaftliches Hauptwerk *Geografia dell'Africa* (Venedig: Damiano Zenaro, 1588) wurde erst nach seinem Tode publiziert. Es ist eine umfassende Landeskunde Afrikas in zwölf Büchern, geschaffen auf der Basis aller erreichbaren primären und sekundären Quellen. Beigegeben ist diesem Werk ein Satz von 12 Karten, die von Giulio Sanuto gestochen wurden; das Titelblatt stach Giacomo Franco (Anonymus → Zypern). Das einheitliche Kartenformat liegt um 40 × 51 cm. Spezielle Kartentitel fehlen, die Blätter sind über dem oberen Rand durchgezählt: *AFRICAE TABVLA I (– XII)*. Von diesen waren die *AFRICAE TABULA II* (siehe Abb. 58) und die *AFRICAE TABVLA III* Hauptquellen für die von Ortelius selbst kompilierte (vgl. 5.3.1) und seit 1595 im *Theatrum* enthaltene Karte der *Fessae et Marocchi Regna* (Nr. 135).

Lit.:
- ALMAGIA, R.: Il globo di Livio Sanuto. In: *La Bibliofilia* 48, 1946, S. 22–28
- *Livio Sanuto, Geografia dell'Africa, Venice 1588*. Facsimile with a bibliographical note by R.A. SKELTON. Amsterdam 1965
- WOODWARD, D.: *The Holzheimer Venetian Globe Gores of the Sixteenth Century*. Madison 1987.

Ich danke Herrn Prof. Dr. Günter SCHILDER (Utrecht) herzlich für den Hinweis auf das Exemplar des Sanuto-Globus in Erlangen.

Adelbert SAURACHER

Forschungen zur Biographie von Adelbert Sauracher fehlen noch völlig. Er war Goldschmied in Basel und zeitweilig Mitglied des großen Rates seiner Heimatstadt. In der Geschichte der Kartographie ist er sicher belegt als Mitherausgeber der Bern-Karte des Thomas → Schoepf von 1578. Von der im *Catalogus Auctorum* genannten, 1584 in Basel erschienenen Schweiz-Karte Sauraches ist bisher kein Exemplar bekannt geworden.

Christopher SAXTON

Christopher Saxton, der bedeutendste englische Regionalkartograph des 16. und 17. Jahrhunderts, wurde zwischen 1542 und 1544 vermutlich in Dewsbury (südlich von Leeds) in der Grafschaft Yorkshire geboren. Schon in seiner Jugend siedelte die Familie ins nahegelegene Dunningley bei West Ardsley über. Über Saxtons Ausbildung ist wenig bekannt. Ein gelegentlich behauptetes Studium in Cambridge ist nicht belegbar. Wahrscheinlicher ist, daß Saxton ein Schüler des Kartographen John Rudd (ca. 1498–1579) war, der seit 1554 als Vikar in Dewsbury lebte; Rudd ist im übrigen ein weiterer Kandidat bei der Identifizierung des anonymen Mitarbeiters an Gerard → Mercators Karte der Britischen Inseln. Vielleicht auf Vorarbeiten des alternden John Rudd beruhte auch das große Projekt, mit dem Christopher Saxton spätestens um 1574 begann: eine von dem Höfling Thomas Seckford (1515–1587) geförderte Landesaufnahme von England und Wales. Das Ergebnis war eine Serie mit einer Übersichtskarte und 34 Grafschaftskarten in Maßstäben zwischen 1:150 000 und 1:300 000, ihr durchschnittliches Format liegt bei 38 × 50 cm. Am Stich der Kupferplatten waren neben Engländern (Augustine Ryther, Francis Scatter, Nicholas Reynolds) auch Niederländer beteiligt: Cornelis de Hooghe, Lenaert Terwoort und Frans → Hogenbergs Bruder Remigius. Die Grafschaftskarten tragen Daten zwischen 1574 und 1578. Sie sind dekoriert mit den Wappen von Seckford sowie der Königin Elisabeth I., die 1577 für die ganze Serie ein Privileg erteilte. Wahrscheinlich wurden die Grafschaftskarten zunächst als Einzelblätter publiziert. Der Zyklus wurde abgeschlossen 1579 mit der Übersichtskarte. Im gleichen Jahr erschien diese Kartenserie in Form eines Atlas ohne Titel, aber mit gedrucktem Inhaltsverzeichnis bei einem ungenannten Verleger vermutlich in London.

Christopher Saxtons „Atlas of England and Wales" war der große Meilenstein in der englischen Regionalkartographie. Die originalen Kupferplatten wurden – wenngleich vielfach verändert und aufgestochen – bis ins spätere 18. Jahrhundert verwendet für Neuausgaben durch verschiedene Londoner Verleger (William Web 1645, Philipp Lea ca. 1689 und ca. 1693, George Willdey ca. 1736, Thomas Jeffrys ca. 1749, Cluer Dicey ca. 1770). Die einzelnen Karten wurden vielfach kopiert, z.B. in den Atlanten der Amsterdamer Verlage Blaeu und Janssonius. Auch Ortelius kannte den vollständigen Zyklus und führte ihn seit 1584 im *Catalogus Auctorum* auf mit dem Erscheinungsjahr 1580. Zu Ortelius' Lebzeiten allerdings fanden die Karten Saxtons keinerlei Eingang in das *Theatrum*. Erst Joan Baptist Vrients nahm eine neue *Anglia Regnum* (Nr. 143) in das *Theatrum* auf. Es ist – wie auch die Bemerkung *Christo- / phorus / Saxton / descri / bebat / 1579* in der Kartusche rechts in der Mitte sagt – eine genaue Kopie nach der Übersichtskarte aus dem „Atlas of England and Wales":

ANGLIA / hominū numero, rerumque ferè / omniū copiis abundans, sub mi= / tissimo Elizabethae, serenissimae / et doctissimae Regina, imperio / placidissima pace annos iam / viginti florentissima

Titel oben rechts in Kartusche, im unteren Teil von deren Dekoration die Datierung *An.° Dni / 1579*. In der Dekoration der Maßstabsskalen unten links die Signaturen *Christophorus Saxton descripsit* und *Augustines Ryther Anglus / Sculpsit An.° Dni 1579*. Oben links in Kartusche ein *INDEX OMNIVM COMITTATVVM*.

Kupferstich, 38 × 49,5 cm.

Die England-Karte nach Saxton ist nur in der *Theatrum*-Ausgabe von 1603 enthalten. Bereits 1606 wurde sie abgelöst durch eine Kopie nach der Vorlage des Anonymus → Britische Inseln. Die alte England-Karte nach → Lhuyd wurde weiterverwendet im *Parergon*.

Unmittelbar nach 1579 ging Christopher Saxton daran, die Daten der Grafschaftskarten auch für größerformatige Übersichtskarten zu bearbeiten. Von einer Wandkarte der walisischen Grafschaften ist nur ein Probedruck bekannt (National Library of Wales, Aberysthwyth, vgl. OWEN). Aus einem ersten, aus unbekannten Gründen wahrscheinlich unvollendeten Versuch, eine Wandkarte Englands zu schaffen, stammt vermutlich eine heute noch erhaltene Kupferplatte (vgl. CAMPBELL). Die Publikation der auch im *Catalogus Auctorum* genannten England-Wandkarte wurde erst 1583 realisiert:

Ohne eigentlichen Titel. Am linken Rand zwei Kartuschen mit Texten *FLORENTISSIMVM ANGLIAE / imperium ...* (78 Zeilen) und *SVPEREST SITV REGIONIS ...* (53 Zeilen). Oben rechts in Kartusche ein Text *BRITANNIA INSVLARVM IN OCEANO MAXIMA A CAIO ...* (21 Zeilen), an dessen Ende die Datierung *An.Dni / 1583*. Unten links in der Dekoration der Maßstabsskala die Signatur *CHRISTOPHORVS SAXTON DESCRIPSIT*

Kupferstich von 20 Platten, 5 Reihen zu je 4 Bll., Gesamtformat 140 × 173 cm

Das einzige Exemplar der Erstausgabe ist in der Birmingham Public Library. Ein späteres Exemplar von ca. 1650 ist in der British Library, London (Faksimile bei SKELTON).

Verlagsort (wohl London) und Verleger dieser Editio princeps sind nicht genannt. Spätere Ausgaben von den originalen Platten erschienen bei Londoner Verlegern noch bis 1763. Saxtons Wandkarte war auch die Vorlage für die englischen Regionalkarten im Atlas Mercators. Im *Theatrum* fand sie keine Verwendung.

Nach 1580 war Christopher Saxton in Yorkshire als Geometer tätig. Inzwischen sind an die 60 handgezeichnete Karten und Pläne von ihm bekannt. Er starb 1610 oder 1611, vermutlich in Dunningley. Auch sein Sohn Robert Saxton (ca. 1585–1626) arbeitete als Geometer.

Lit.:
- CAMPBELL, T.: A false start on Christopher Saxton's wall-map of 1583. In: *The Map Collector* 8, 1979, S. 27–29
- EVANS, I.M. und H. LAWRENCE: *Christopher Saxton. Elisabethan map-maker*. Wakefield–London 1979
- HARLEY, J.B.: Christopher Saxton and the first atlas of England and Wales. In: *The Map Collector* 8, 1979, S. 2–11
- LAWRENCE, H.: New Saxton discoveries. In: *The Map Collector* 17, 1981, S. 30–31
- MARCOMBE, D.: Saxton's apprenticeship: John Rudd, a Yorkshire cartographer. In: *The Yorkshire Archeological Journal* 50, 1978, S. 171–175
- OWEN, D.H.: Saxton's proof map of Wales. In: *The Map Collector* 38, 1987, S. 24–25
- SHIRLEY, *British Isles*, Nr. 128, 137 und 258
- SKELTON, R.A.: *Saxton's survey of England and Wales* (= Imago Mundi, Supplementum VI). Amsterdam 1974
- TYACKE, S. und J. HUDDY: *Christopher Saxton and Tudor map-making* (= British Library Series No. 2). London 1980.

Johannes SCHALBETTER

Die im *Catalogus Auctorum* genannte *Vallesiae provinciae tabellula* wurde von Sebastian → Münster herausgegeben. Sie besteht aus zwei einzelnen Holzschnitten im Format von je 25,5 × 34 cm, die seitlich zusammengesetzt eine Karte des Wallis im Format 25,5 × 68 cm ergeben. Die älteste bekannte Ausgabe dieser Karte ist ein undatierter Basler Druck auf zwei Blättern ohne Rückentext. Er erschien möglicherweise als eine Art Werbeblatt für die Kosmographie, etwa um 1544. In dieser Erstausgabe tragen die beiden Blätter unten außerhalb des Kartenrandes eine typengedruckte Zeile:

WIE VOLCKRICH WALLISER LANDT IST VND WOL ERBUOWEN MIT FLECKEN UND SCHLOESSREN: WIE FRUCHTBAR AN WEIN VND KORN: WIE SELIG AN HEILSAMMEN – BAEDERN: WIE WUONDERBARLICH AN SELTZAMEN THIEREN: WIE REICH AN METALLEN, IST ALLES BESCHRIBEN IM BUOCH DER TEUTSCHEN COSMOGRAPHEI

Beide Teilkarten zeigen jeweils oben in der Mitte eine Kartusche. In diesem Separatdruck enthalten sie den fortlaufenden typengedruckten Text:

Dem hochwyrdigen in got vatter und herren h. Hadrian von Riedmat., Bischof zuo Sitten und Graue der Landschaft Wallis, meinem gnaedigen herren wunsch ich Sebastianus Munsterus von Got alles guots. – Wie wol, Gnediger herr, Walliser Land, eweren gnaden underworffen, ist vor ettlich iaren durch Iohannem Schalbetter loblicher gedechtnus / artlich beschriben und mir durch ein guoten fründt zuo gestelt, bin ich doch in eim zweifel gestanden, ob es E.G. ein gefallen würd sin wo ich es durch den truck an tag kommen liess, biss herr Iohan Kalbermatter mich bericht von E.G. freihem gemuet zuo allen lüstigen künsten und geneigtem willen gegen menglich studiosen, und mich also bewegt zuo E.G. eeren Wallis zu brysen in aller weldt.

Das einzige bekannte Exemplar dieses frühen Separatdruckes befindet sich in der Öffentlichen Bibliothek der Universität, Basel (GATTLEN, 1953). Wenig später erschienen die beiden Teile der Karte dann getrennt in den geographischen Werken Münsters, und zwar:

1. in Sebastian Münsters Ptolemäus-Edition ab der dritten Ausgabe 1545. Hier tragen die Blätter die typengedruckten lateinischen Kopftitel *VALESIAE CHARTA PRIOR ET VI. NOVA TABULA* bzw. *VALESIAE ALTERA ET VII. NOVA TABULA*, in den beiden Kartuschen steht jeweils ein lateinischer Text.
2. 1545 wurden die Holzstöcke auch für die zweite deutsche Ausgabe der Kosmographie verwendet. Die typengedruckten Kopftitel lauten hier *WALLISER LANDTS ERSTE TAFEL* bzw. *WALLISSER LANDTS ANDERE TAFEL*, die Kartuschen tragen einen deutschen Text.

Ab der Ausgabe 1550 enthält Münsters Kosmographie eine neue Karte des Wallis, aber auf der Datenbasis der Erstfassung. Die neue Version ist nun nur noch von einem Holzstock gedruckt und hat ein Format von 16 × 26,5 cm.

In der älteren Literatur wird als Urheber der Karte Johannes Kalbermatter (ca. 1495–1551) angesehen, der Landvogt des Bischofs Adrian Riedmatten von Sitten. Er hatte Münster Material geliefert für die Beschreibung des Wallis. Mit dem oben beschriebenen separaten Frühdruck ist jedoch gesichert, daß Kalbermatter zu trennen ist von dem ansonsten kaum bekannten Kartenautor Johannes Schalbetter. In der Gegend um Sitten sind mehrere Personen dieses Namens – meist Priester – für jene Zeit nachgewiesen, ohne daß aber eine von ihnen zwingend mit kartographischen Arbeiten in Verbindung zu bringen wäre. Die Feststellung der Originalzeichnung ist etwa um das Jahr 1535 zu datieren.

Es ist unbekannt, weshalb Ortelius diese Karte nicht in das *Theatrum* übernommen hat. Recht große Verbreitung erreichte sie durch den Nachstich *VALESIAE PROVINCIAE MONTANAE ... chorographia, Auctore Ioanne Schalbeter* (Kupferstich, 12 × 48 cm) für die erste Ausgabe 1578 des Atlas von Gerard de Jode. Möglicherweise hat Ortelius die Wallis-Karte Schalbeters erst nach dieser Fassung seit der Ausgabe 1595 für den *Catalogus Auctorum* bibliographiert.

Lit.:
– GATTLEN, A.: Zur Geschichte der ältesten Walliserkarte. In: *Vallesia* 8, 1953, S. 101–120
– GATTLEN, A.: Die Beschreibung des Landes Wallis in der Kosmographie Sebastian Münsters. In: *Vallesia* 10, 1955, S. 97–152.

Jan van SCHILLE

Jan van Schille (auch Schilde, Scylle u.ä., lat. Joannes Scillius und a Scilde) wurde um 1510 in Vlissingen/Seeland geboren. Seine Ausbildung erhielt er in einer Malerwerkstatt in Antwerpen, 1532 wurde er dort in die St. Lukas-Gilde aufgenommen und 1533 freier Meister. Die Malerei scheint zeitlebens sein Hauptberuf gewesen zu sein, von seinem künstlerischen Werk ist allerdings kaum etwas erhalten. Daneben hat sich Jan van Schille – eine Namensgleichheit mit einer anderen Person ausgeschlossen – auch in verwandten Metiers versucht. 1567 geriet er in Verdacht, „ketzerische Blätter" in Antwerpen vertrieben zu haben. 1573 veröffentlichte er im Verlag von Gerard de Jode die *Form und weis zu bauen ... von Hans van Schille, ingenieur und geograph, inventor*. Dies ist ein Tafelwerk mit 14 Kupferstichen, die – zum Teil nach fremden Vorlagen – verschiedene Arten und Details des Festungsbaues zeigen; eine französische Ausgabe *Manière de bien bastir* erschien 1580. Für 1576 ist er belegt als Berater bei der Befestigung Antwerpens, um diese Zeit führte er den Titel eines Königlichen Ingenieurs. Er starb im April 1586 in Antwerpen.

Ortelius hat Jan van Schille sehr gut gekannt. In seinem *Itinerarium per nonnullas Galliae Belgicae partes* (s.o. 3.2) berichtet Ortelius über die Reise, die er mit Jean Vivien und Jérome Scholiers 1575 unter Führung von Schille unternommen hat, um römische und keltische Altertümer in Lothringen und im Moselraum zu besichtigen. Erstaunlich ist allerdings, daß die Angaben des *Theatrum* zum kartographischen Werk des Jan van Schille insgesamt recht dürftig und lückenhaft sind. Der Grund könnte liegen in der engen Zusammenarbeit Schilles mit dem Konkurrenzunternehmen von Gerard de Jode. Sein Arbeitsgebiet als Landvermesser lag vor allem an der oberen Mosel und oberen Maas. Hier gibt es insgesamt vier Regionalkarten, die mit seinem Namen verbunden sind.

Am 26. April 1573 erhielt Schille von Herzog Karl III. den Auftrag zu einer erneuten Vermessung Lothringens. Die Karte war als Handzeichnung 1574 fertig, seit 1579 ist sie bei Ortelius im *Catalogus Auctorum* genannt. Allem heutigen Wissen nach ist sie nie gedruckt worden und hat überhaupt keinerlei erkennbare Spuren im zeitgenössischen Kartenmachen hinterlassen. Wie auch Ortelius, so stützten sich alle anderen Hersteller von Lothringen-Karten des späten 16. und frühen 17. Jahrhunderts auf das Werk von Gerard → Mercator, dem Vorgänger Schilles in Landesvermessung Lothringens.

Daß Schille eine Karte Luxemburgs geschaffen hat, wissen wir definitiv nur aus der Angabe im *Catalogus Auctorum*. Seine Handzeichnung dürfte mit hoher Wahrscheinlichkeit die Vorlage gewesen sein für die Luxemburg-Karte, die 1578 im *Speculum Orbis Terrarum* von Gerard de Jode erschien:

LVTZEN / BVRG / Montuosißimi ac saltuisißi- / mi ducatus Neustria seu / Westerichiae prouinciae typus elegans et verus nec / vnaquā antehac visus

Titel unten links in Kartusche. Recht daneben *Cum priuilegio*, sonst ohne alle weiteren Signaturen

Kupferstich, 37,5 × 45,5 cm.

Sie wurde für das *Theatrum* nicht verwendet, Ortelius hatte hier das eigene Privileg für die Luxemburg-Karte von Jacques de → Surhon.

Ebenfalls in de Jodes *Speculum Orbis Terrarum* erschien 1578 eine Karte des Bistums Trier, die auf einer zu unbekannter Zeit – wohl um 1575 – entstandenen Handzeichnung Schilles beruht:

TREVIREN / SIS / EPISCOPATVS / EXACTISSIMO / DECRIPTIO (sic!) / *PER IOHANNEM / A SCILDE.*

Titel unten rechts in Kartusche. Linke daneben die Stechersignatur *Ioannes a Doetinchum fecit*.

Kupferstich, 32,5 × 24 cm.

Ortelius hat diese Karte nicht verwendet. Aus unbekannten Gründen erscheint sie auch erst seit 1601 im *Catalogus Auctorum*.

Schließlich hat Jan van Schille wohl etwa zur selben Zeit eine Landesaufnahme des Bistums Lüttich durchgeführt. Eine Version dieser Karte mit dem Titel *EPISCOPATVS LEODIENSIS PROVINCIA, AVTHORE IOHANNE A SCHILDE* (Kupferstich, 33,5 × 24,5 cm) erschien 1578 im *Speculum Orbis Terrarum* von Gerard de Jode. Die eigentliche Originalausgabe aber scheint mir das folgende Blatt zu sein, das zunächst als Einzelkarte erschien und dann 1593 in die zweite Auflage des de Jode-Atlas aufgenommen wurde:

EPISCOPATVS LEODIENSIS IN SE CONTINENS DVCATVM BOVILLONENSEM MARCHIONATVM / FRANCIMONTENSEM ET COMITATVM BORCHLONENSEM ET HASBANIAE CVM ALIQVOT BARONATIBq.

Titel im Schriftfeld entlang des oberen Kartenrandes. Unten halblinks die Signatur *Iohan. a Schilde Auth.*

Kupferstich, 31,5 × 50,5 cm.

Siehe Abb. 59.

Bemerkenswert an diesem Druck ist ein eklatanter Irrtum des Stechers. Bezogen auf Westen und Osten, ist die Karte spiegelverkehrt gestochen; die generelle Fließrichtung der Maas verläuft fälschlich von Südosten nach Nordwesten. Die Lüttich-Karte des *Theatrum* von 1584 (Nr. 100, mit Neustich Nr. Add 141/I), die keine Autorenangabe trägt, ähnelt dieser de Jode-Karte vor allem im Blattschnitt, hat sie aber ersichtlich nicht als Vorlage benutzt. Die *Theatrum*-Version vermeidet den Kardinalfehler in der Orientierung, auch ist sie etwas inhaltsreicher. Definitiv zu klären ist das Vorlagenproblem hier nicht. Denkbar ist, daß Ortelius eine handgezeichnete Fassung der Lüttich-Karte von Schille benutzt hat. Diese Vorlage könnte er eventuell selbst nach anderen Karten niederländischer Regionen – vor allem in den Randbereichen – ergänzt haben. Dies würde auch das Fehlen einer konkreten Autorenangabe mit Hinweis auf Schille erklären. Im Schille-Eintrag des *Catalogus Auctorum* fehlt allerdings jeglicher Hinweis auf die Lüttich-Karte.

Lit.:
- DÉNUCÉ, *Kaartmakers I*, S. 207–209
- DONNET, F.: Jan van Schille. In: *Biographie Nationale de Belgique* 21, 1913, Sp. 716–718
- HELLWIG, F.: Zur älteren Kartographie der Saargegend. In: *Jahrbuch für westdeutsche Landesgeschichte* 3, 1977, S. 193–228
- VEKENE, E. van der: *Les cartes géographiques du Duché de Luxembourg, éditées aux XVIe, XVIIe et XVIIIe siècles.* Luxemburg 1980, S. 2–3.

Thomas SCHOEPF

Thomas Schoepf (auch Schepf, lat. Scepsius, Schepfius, Schöpfius u.a.) wurde 1520 in Breisach geboren. 1542 wurde er in die Artistenfakultät der Universität Basel immatrikuliert, wo er 1543 Baccalaureus wurde. Nur kurz war ein Studienaufenthalt 1544 in Wittenberg, noch im gleichen Jahr begann Schoepf eine Tätigkeit als Schulmeister an St. Peter in Basel. 1547 immatrikulierte er sich erneut in Basel. 1552–1553 studierte er Medizin in Montpellier, 1553 promovierte er in Valence zum Doktor der Medizin. 1554 wurde er Stadtarzt in Colmar, das gleiche Amt übernahm er 1565 in Bern. Dort lebte er bis zu seinem Tode während der Pestepidemie des Jahres 1577.

Auf der Basis eigener Landesaufnahmen schuf Thomas Schoepf eine Karte des Raumes Basel. Bei seinem Tode lag sie nur als Manuskript vor. Der Berner Maler Martin Krumm (1540–1578) und der aus Deventer stammende Kupferstecher Johannes Martin (Lebensdaten unbekannt) machten das Werk publikationsfähig. Unter nicht genauer zu spezifizierender Mitarbeit von Adelbert → Sauracher wurde die Karte dann 1578 in Straßburg bei Bernard Jobin gedruckt:

INCLITAE BERNATVM VRBIS, CVM / OMNI DITIONIS SVAE AGRO ET PROVIN- CIIS / DELINEATIO CHOROGRAPHICA SECVN- / DVM CVIVSQVE LOCI IVSTIOREM / LONGITVDINEM ET LATITVDI- / NEM COELI, AVTHORE / THOMAE SCHEPFIO / BRIS. DOCTORE / MEDICO

Titel oben links in Kartusche. Unten rechts in Kartusche Druckeradresse mit Angabe aller Mitarbeiter: *Bernae Nuitorum, pingebat et / ex aesis typis aeneis exsculpebant Marti- / nus Krumm Bernensis et Johannes Mar- / tin Daventriensis ambo pictores. Adiuva- / te Adelbergo Sauracker Cive Basiliens. / Excudebatur vero cura Bernhardi / Jobini. Gratio Privilegi- / oque Caesareo Anno 1578.*

Kupferstich von 18 Platten, 3 Reihen zu je 6 Bll., Gesamtformat 138 × 195 cm

Exemplare: Burgerbibliothek, Bern; Stadt- und Universitätsbibliothek, Bern; Zentralbibliothek, Zürich (Faksimile bei GROSJEAN).

Eine Neuausgabe mit den alten Kupferplatten veranstaltete der Berner Drucker Albrecht Mayer 1672 (Exemplare: Stadt- und Universitätsbibliothek, Bern; Eidgenössische Landestopographie, Bern; Zentralbibliothek, Zürich).

Zur Karte erschien ein Begleittext *Inclytae Bernatum Urbis* (Straßburg: B. Jobin, 1578).

Das Echo dieser Berner Karte Schoepfs außerhalb der Schweiz war gering. Aus unbekannten Gründen wurde sie weder für das *Theatrum* noch für andere spätere niederländische Atlanten kopiert. Ihre topographischen Informationen gingen allerdings ein in etliche spätere Generalkarten der Schweiz, etwa die im Atlas Mercators.

Lit.:
- GROSJEAN, G. (Hrsg.): *Thomas Schoepf, Inclitae Bernatae Urbis Chorographia* (Faksimile von neuen Kupferplatten mit Kommentar). Dietikon–Zürich 1970
- WACKERNAGEL, H.G.: *Die Matrikel der Universität Basel.* Bd 1, Basel 1951, S. 27 (mit weiterer biographischer Spezialliteratur).

Bartholomäus SCULTETUS

Bartholomäus Scholz, der seinen Namen in seinen Publikationen nur in der latinisierten Form Bartholomäus Scultetus verwendete, wurde am 13. Mai 1540 in Görlitz als Sohn eines Landwirts geboren. Nach einer Ausbildung auf dem Gymnasium in seiner Heimatstadt studierte er seit 1557 und dann wieder seit 1562 in Wittenberg, wo er 1564 Magister wurde. Von 1559 bis 1562 studierte er in Leipzig bei dem Mathematiker Johannes Humelius (Johann Hommel, 1518–1562), einer seiner Kommilitonen dort war Tycho Brahe. Humelius hatte um 1557 von Kurfürst August den Auftrag erhalten, eine Landesvermessung der sächsischen Länder durchzuführen. Nach seinem Tode scheint Scultetus dieses Projekt weitergeführt zu haben, auch folgte er für kurze Zeit seinem Lehrer auf dem Leipziger Lehrstuhl.

Erstes und wohl auch einziges Resultat dieser Landesvermessung durch Scultetus war eine Karte der Landesteile Meissen und Lausitz, die im März 1568 fertig war. Der Kurfürst zahlte für dieses Werk an Scultetus 20 Gulden, hatte aber Bedenken gegen eine Veröffentlichung. Um diese Zeit war Scultetus bereits wieder nach Görlitz zurückgekehrt. Dort hat er die Karte von Meissen und Lausitz dann – vermutlich auf eigene Rechnung und Verantwortung – ab 1569 doch publiziert. Es ist ein Holzschnitt im Format von etwa 29,5 × 39 cm. Der wahrscheinlich von Georg Scharffenberg aus Görlitz geschnittene Holzstock ist heute noch erhalten in den Städtischen Kunstsammlungen in Görlitz. Er ist bis in jüngere Zeit für zahlreiche Auflagen verwendet worden, deren Bibliographie noch nicht abgeschlossen ist. Sie unterscheiden sich durch zugefügte Kartentitel, Adressen etc. in Typendruck. Der Holzstock selbst mit dem geschnittenen Datum *Menso Martio 1568* über dem Maßstab – bezogen auf die Fertigstellung der Karte – blieb unverändert. Mir sind die folgenden Ausgaben bekannt geworden:

a) *Tabula chorographica Misniae & Lusatiae regionum. Landtaffel der Marggraffthumer Meissen und Lausitz ... Aussgangen und gedruckt zu Gorlitz M.D.LXIX. Im Maio.*
Typengedruckter Titel über der Karte. Oben links in Rahmen Widmung an Kurfürst August (17 Zeilen), endend ... *Durch ... M. Bartholomaeum Scultetum Gorl. / der Geometrischen Künsten liebhaber.* Unten links in Rahmen ein *Epigr. in Tab. Misniae* des Görlitzer Poeten Christoph Manlius.
Das einzige bekannte Exemplar dieser Erstausgabe befand sich in der Stadtbibliothek, Breslau, es ging 1945 verloren.

b) Der typengedruckte Kopftitel lautet nun: *Landtaffel der Marggraffthümer Meissen und Lausitz.* *Gedruckt zu Gorlitz / durch Ambrosium Fritsch. Anno / 1574.*
Exemplar in der Stadtbibliothek, Leipzig.

c) Ohne Kopftitel. Die Widmung an Kurfürst August oben links ist ersetzt durch ein Brustbild des Scultetus mit der Umschrift *BARTHOLOMAEVS SCVLTETVS / Gorl. An. M.D.LXX.VII* ...
Exemplar in der Stadtbibliothek, Leipzig.

d) Der typengedruckte Kopftitel lautet nun einfach: *Landtaffel der Marggraffthümer Meissen und Lausitz.* Die Adresse steht nun unter der Karte: *Gedruckt zu Gorlitz, durch Ambrosium Fritsch 1581.*
Exemplar im Kupferstichkabinett, Dresden.

e) Ohne Kopftitel. Im Rahmen oben links ist das Scultetus-Porträt ersetzt durch einen typengedruckten Kartentitel *Tabula / MISNIAE / LUSATIAEQ.* Das Epigramm unten links ist ersetzt durch das Wappen Thüringens.
Exemplar in der Stadtbibliothek, Leipzig.

f) Ohne Kopftitel. Im Rahmen oben links lautet der Titel nun *Tabula / MISNIAE / LUSATIAEQ / descripta / a M. BARTHOLOMAEO/ SCVLTETO / GORL.* Im Rahmen unten links nun eine typengedruckte Widmung, signiert durch den Drucker Nikolaus Zipser in Bautzen und datiert 1639.
Exemplar in der Sammlung Klaus Stopp, Mainz.

g) Abzug unbekannter Zeitstellung ohne alle Texte (Abb. ohne Angabe des Lagerortes bei HANTZSCH, Tafel II); siehe Abb. 60.

Abraham Ortelius hat diese Karte seit 1573 in das *Theatrum* aufgenommen (Nr. 59b). Sie nimmt nur ein halbes Blatt ein, wohl weil Meissen und Lausitz bereits auf der größeren Sachsen-Karte nach →Criginger dargestellt waren. Aus Gründen des Blattformats wurde die genordete Vorlage im *Theatrum* in eine Ostorientierung gedreht. Wie im Falle der Karte von →Mellinger, so äußerte sich Hiob Magdeburg 1574 auch zu dieser Scultetus-Karte recht negativ.

Seit 1567 wirkte Bartholomäus Scultetus als Lehrer am Gymnasium in Görlitz. Seit 1572 war er Mitglied des Stadtrates, insgesamt bekleidete er sechsmal das Amt des Bürgermeisters. Daneben war er publizistisch tätig vor allem auf mathematisch-astronomischem Gebiet. 1567 gab er in Görlitz eine Schrift über *Phaenomena novi luni ecliptici* heraus. Es folgte das Buch *Gnomonice de solariis, sive doctrina practica tertiae pars astronomiae* (Görlitz: Ambrosius Fritsch, 1572), eine Einführung in Bau und Berechnung von Sonnenuhren. Publizistisch aktiv war er auch als Kalendermacher, hier sind Ausgaben nachweisbar von 1568 bis 1599. Aber auch auf kartographischem Gebiet war Scultetus in späteren Jahren noch tätig. 1577 besuchte ihn in Görlitz eine russische Gesandtschaft und verhandelte mit ihm über die Anfertigung einer Rußland-Karte. Dieses Projekt blieb aber – allem heutigen Wissen nach – unrealisiert. 1581 beauftragten die Landstände der Oberlausitz Scultetus, eine neue Karte der Region zu schaffen mit einer zugehörigen „Chronologie", d.h. in diesem Falle einem Ortsnamenverzeichnis. Diese Liste hat existiert, ist aber verschollen. Die Karte wurde 1593 fertig. Auch ihr Holzstock (36,5 × 51,5 cm) ist erhalten in den Städtischen Kunstsammlungen in Görlitz, es sind mehrere ältere und jüngere Auflagen bekannt (Abb. bei HANTZSCH, Tafel XVI).

Nach einem wissenschaftlich erfüllten Leben starb Bartholomäus Scultetus am 21. Juni 1614 in Görlitz.

Lit.:
- BAGROW, *Catalogus II*, S. 52–55
- HANTZSCH, *Karten der sächsisch-thüringischen Länder*, Nr. II und XVI
- KOCH, E.: Moskowiter in der Oberlausitz und M. Bartholomäus Scultetus. In: *Neues Lausitzisches Magazin* 83, 1907, S. 1–90; 84, 1908, S. 41–109; 85, 1909, S. 255–290; 86, 1910, S. 1–80
- KOCH, E.: Scultetica. In: *Neues Lausitzisches Magazin* 92, 1916, S. 20–58
- KROKER, E.: Bartholomäus Scultetus und seine Karte von Sachsen (1568). In: *Neues Archiv für Sächsische Geschichte und Altertumskunde* 41, 1921, S. 270–277
- REUTHER, M.: Der Görlitzer Bürgermeister, Mathematiker, Astronom und Kartograph Bartholomäus Scultetus (1540–1614) und seine Zeit. In: *Wissenschaftliche Zeitschrift der Technischen Hochschule Dresden* 5, 1955/1956, S. 1133–1161
- REUTHER, M.: Bartholomäus Scultetus (1540–1614), der Schöpfer der ersten deutschen Sprachgrenzenkarte. In: *Petermanns Geographische Mitteilungen* 101, 1957, S. 61–65
- ZINNER, *Astronomische Instrumente*, S. 532–533
- ZINNER, *Astronomische Literatur*, mit zahlreichen Nennungen.

Fernando Alvarez SECCO

Die genauen Lebensdaten des portugiesischen Kartographen Fernando Alvarez Secco (Fernando Alvares Seco, lat. Ferdinandus Alvares Seccus) sind nicht bekannt. Er war möglicherweise der Autor einer schon kurz nach 1550 durchgeführten Landesaufnahme Spaniens und Portugals, die heute verloren ist. In weiten Teilen eine Kopie dieser Arbeiten ist wahrscheinlich ein Manuskriptatlas von Spanien und Portugal in 21 Blättern, der auf 1580–1585 datiert ist (Biblioteca de El Escorial). Das einzige gesicherte Werk Seccos ist eine Karte von Portugal, die von Sebastiano de Re (Pirro → Ligorio) gestochen und 1561 in Rom von Achilles Statius (weitere Daten unbekannt) im Verlag von Michele Tramezzino herausgegeben wurde:

> Ohne eigentlichen Titel. Oben rechts eine Widmung an Kardinal Guido Sforza durch Achilles Statius (insgesamt 11 Zeilen), deren Text beginnt: *LVSITANIAM GVIDO SFORTIA VERNANDI ALVARI SECCO INDVSTRIA DESCRIPTAM ...*, endend mit der Datierung *ROMAE XIII. KAL. IVN. MDLXI.* Unten halblinks die Adresse *Michaelis Tramezini formis Cum Summi Pontifici / ac Veneti Senatus Privilegio* und die Stechersignatur *Sebastianus a Regibus Clodiensis in aere incidebat*.

> Kupferstich auf 2 Bll. nebeneinander, Gesamtformat 37,5 × 68 cm

> Zum Exemplarnachweis vgl. TOOLEY, *Italian Atlases*, Nr. 456.

> Siehe Abb. 61

Diese Karte von Secco war typenbildend für die Darstellung Portugals bis weit ins 17. Jahrhundert. Auch Ortelius hat sie ohne wesentliche Änderungen für das *Theatrum* kopiert (Nr. 8). Einen wichtigen Nachstich brachte Gerard de Jode 1563 in größerem Format heraus (4 Bll., 59,5 × 95 cm; Exemplar in der Herzog August Bibliothek, Wolfenbüttel). Er nennt – wie auch der *Catalogus Auctorum* – als Erscheinungsdatum der Originalausgabe bei Tramezzino das Jahr 1560. Ein solches Exemplar ist jedoch bisher nicht bekannt geworden.

Lit.:
- BAGROW, *Catalogus II*, S. 56
- CORTESAO-TEIXEIRA DA MOTA, *Port. Mon. Cart. III*, S. 79–86
- REPARAZ-RUIZ, G. de: The topographical maps of Portugal and Spain in the 16th century. In: *Imago Mundi* 7, 1950, S. 75–82.

Marcus SECZNAGEL

Als Sohn eines landesfürstlichen Beamten wurde Marcus Secznagel (Marx Setznagel, auch Sceznagri u.ä.) um 1520–1525 in Salzburg geboren. 1542 begann er an der Universität Ingolstadt – dem Wirkungsort von Peter →Apian – ein Studium der Rechtswissenschaften, das er aber nicht abschloß. Seine spätere berufliche Tätigkeit ist schwer zu beschreiben. Seit 1553 ist er in Salzburg nachweisbar als erzbischöflicher Schreiber und Prozeßvertreter, aber auch als Rechtsbeistand generell sowie als Mitglied des Stadtrates; seine Berufsbezeichnung lautet immer nur *iurium studiosus*. Er starb am 21. August 1580.

Über die Umstände, unter denen Marcus Secznagel eine Karte des Erzstiftes Salzburg schuf, ist bisher nichts bekannt. Im Grunde ist die Nennung im *Catalogus Auctorum* sowie auf dem Nachstich im *Theatrum* der bisher einzige sichere Hinweis auf die Autorenschaft Secznagels. In hohen Maße an diesem Werk beteiligt war wahrscheinlich der Salzburger Schreiber und Kalligraph Christoph Jordan († 1602). Die Originalausgabe der Karte wurde gedruckt auf der Presse von Hans Baumann, des ersten Salzburger Druckers, wahrscheinlich um 1554. Von dieser Erstausgabe ist bisher kein Exemplar gefunden worden. Bekannt sind lediglich Exemplare von drei späteren Ausgaben unter Verwendung der originalen Druckstöcke, wobei der Stock 1 (= oberer linker Teil) neu geschnitten worden ist:

Das Landt und Ertzstifft Saltzburg mit den anstossenden Coherentzn
Kopftitel über dem oberen Wappenrand. Oben rechts in Kartusche Geleitvers (8 Zeilen), darin die Zeile ... *Cum Marcus ergo fecerit ho opus* ... . Links in der Mitte in Rahmen Anweisungen zum Gebrauch der Karte in Reimform (32 Zeilen). Am unteren Rand dieses Rahmens das Sigel Jordans und die Holzschneiderinitialen *SF* (= Sebastian Hausmann?)

Holzschnitt von 4 Stöcken, 2 Reihen zu je 2 Bll., Gesamtformat 82 × 61,5 cm

Die älteste bekannte Ausgabe befindet sich im Landesarchiv, Salzburg. Sie trägt in einer Kartusche unten rechts die typengedruckte Adresse: *Gedruckt zu Saltzburg durch Christoph / Katzenberger, Hoff- und Academischen / Buchdrucker. In Verlegung Philipp / Heuß Burgern und Buchführern allda. / 1640* (Edition bei ZAISBERGER).

Beim Exemplar der Bayerischen Staatsbibliothek, München lautet der typengedruckte Text in der Kartusche unten rechts einfach *Getruckt im Jahr / 1650*. Ein Exemplar mit dem Datum *1654* statt 1650 ist im Besitz der Niedersächsischen Staats- und Universitätsbibliothek, Göttingen.

Siehe Abb. 62

Die verschollene Erstausgabe, die vielleicht auch den Namen von Marcus Secznagel als Autor enthielt, war die Vorlage für beide Salzburg-Karten des *Theatrum*. Die erste Fassung von 1570 (Nr. 28), eine der schönsten *Theatrum*-Karten überhaupt, ist aus Gründen des Blattformates nach Westen orientiert, das Original ist gesüdet. Den Platz, der durch Weglassen dekorativer Elemente und der Anleitung zum Kartengebrauch entstand, hat Ortelius gefüllt mit einer Vogelschauansicht Salzburgs. Diese wiederum ist kopiert nach einem Einblattdruck der Offizin Baumann von 1553, der heute nur noch in zwei kleinen Fragmenten bekannt ist. Diese Fassung von 1570 war die direkte Vorlage für den Neustich von 1595 (Nr. Add 135/V), die Ansicht ist hier weggelassen und durch eine große Titelkartusche ersetzt.

Lit.:
– BAGROW, *Catalogus II*, S. 56–57
– ZAISBERGER, F.: *Das Landt vnd Ertzstifft Saltzburg. Die erste gedruckte Landkarte Salzburgs* (= Schriftenreihe des Salzburger Landesarchivs Nr. 5). Salzburg 1988.

David SELTZLIN

David Seltzlin (auch Selzlin, Seltzl u.ä.) wurde zwischen 1536 und 1540 in Ulm geboren. Über seine Jugend und Ausbildung ist wenig bekannt. 1567–1570 ist er in Ulm als deutscher Schulmeister nachweisbar. Von dort ging er als Lehrer nach Biberach, wo er 1587 wegen Vernachlässigung der Dienstpflichten entlassen wurde. Anschließend gibt es eine Lücke in der Biographie. Seit etwa 1598 lebte er als „Modist" sowie als Rechen- und Schulmeister wieder in Ulm, wo er um 1609 starb.

In der Geschichte der deutschen Kartographie ist David Seltzlin wichtig durch sein Projekt, eine Folge von Karten aller zehn Kreise des Heiligen Römischen Reiches herauszubringen. Dieses Unternehmen, das in die Nähe eines ersten deutschen Nationalatlas gekommen wäre, konnte jedoch nur in einer Anfangsstufe mit zwei Karten realisiert werden. Ihr gemeinsames Kennzeichen sind die in den Ecken der Karten eingetragenen dreiecksförmigen Tabellen mit Entfernungen. Beide Blätter stehen noch sehr in einer zu dieser Zeit doch allmählich veraltenden deutschen Tradition. Sie sind südorientiert und tragen als Einrichtungs- und Orientierungshilfe einen aufgedruckten Sonnenkompaß.

Die Edition seines Kreiskarten-Zyklus begann Seltzlin mit einer Karte des Schwäbischen Reichskreises. Laut Angabe des *Catalogus Auctorum* erschien sie erstmals 1572. Von dieser Editio princeps ist bisher kein Exemplar gefunden worden. Erhalten sind nur spätere Ausgaben von 1575 und 1579:

Das Haeilligen Roemischen Reichs Schwaebische Krais samut (sic!, für *sampt*) *seinen Umb und Inligen- / den Landen, Herrschaff- / ten und Grentzdenden / Anstoessen*

Titel über dem oberen Rand (mit Fortsetzung oben rechts). Unten Mitte in Rahmen das Datum *M.D.LXXV*. Dem Kartendruck ist auf beiden Seiten angeklebt ein Widmungsgedicht an Herzog Ludwig von Württemberg, endend mit der Zeile *Wünsch ich David Seltzlin hiermit*. Darunter die Adresse *Gedruckt zu Vlm, durch Jo- / han Antoni Vlhart*.

Holzschnitt von 6 Blöcken mit allen Texten und Namen in Typendruck, 3 Reihen zu je 2 Bll., Kartenformat ca. 52 × 57,5 cm

Das einzige bekannte Exemplar dieser Ausgabe ist in der Öffentlichen Bibliothek der Universität, Basel.

Bei einer späteren Auflage lautet die Datierung unten in der Mitte *1579*, die Adresse Ulhards fehlt. Exemplare: Staats- und Stadtbibliothek, Augsburg; Geographisches Institut der Universität, Göttingen; Bayerische Staatsbibliothek, München; Hauptstaatsarchiv, Stuttgart (Faksimile bei HAEMMERLE).

Von einer in den älteren Quellen genannten Ausgabe 1591 ist bisher kein Exemplar bekannt geworden.

Siehe Abb. 63

Unmittelbar nach Erscheinen der Erstausgabe wurde diese Karte von Ortelius kopiert und seit 1573 in das *Theatrum* aufgenommen (Nr. 61b). Die einzige größere Änderung ist eine Drehung in eine Nordorientierung.

Fortgesetzt wurde das Projekt der Reichskreiskarten von David Seltzlin 1576 mit einer nur im *Catalogus Auctorum* genannten, ansonsten im *Theatrum* aber nicht verwendeten Karte des Fränkischen Kreises:

Daes Haillige Roemische Reichs Fraenckische Krais

Titel über dem oberen Rand. Unten links die Datierung *1.5.7.6*. Dem Kartendruck ist zu beiden Seiten ein Text angeklebt: links Widmung an Julius Echter von Mespelbrunn, Bischof von Würzburg, durch ... *Dauidt Seltzel / Burger zu Vlm / an der Zeit Rechenmeister / inn Biberach*; rechts von Seltzlin verfaßte Beschreibung Frankens in Reimform.

Holzschnitt von 4 Blöcken mit allen Texten und Namen in Typendruck, 2 Reihen zu je 2 Bll., Kartenformat ca. 38,5 × 51,5 cm

Exemplare: Öffentliche Bibliothek der Universität, Basel; Germanisches Nationalmuseum, Nürnberg (ohne seitlichen Text, Abb. bei BROD).

Diese Franken-Karte erreichte in keiner Weise die Bedeutung der Schwaben-Karte, da sie gegenüber der älteren Karte von Sebastian von → Rotenhan kaum Verbesserungen aufweist.

Beide Karten wurden möglicherweise von Seltzlin selbst in Holz geschnitten. Er war vielleicht auch der Holzschneider der beiden Karten des Bodenseegebietes und des Schwarzwaldes, die um 1578 von Johann Georg Schinbain (= Tibianus, um 1541– um 1611) herausgegeben wurden. Er war in Biberach zur Zeit, als Seltzlin dort an der deutschen Schule tätig war, als lateinischer Schulmeister angestellt.

Lit.:
– BROD, W.M.: Die älteste Landkarte des fränkischen Reichskreises – Ein Werk des Ulmer Rechenmeisters David Seltzlin, 1576. In: *Mainfränkisches Jahrbuch für Geschichte und Kunst* 14, 1962, S. 217–236
– HAEMMERLE, A.: *David Seltzlin – Circulus Suevicus – Der Schwäbische Kreis 1579*. München 1938
– OEHME, R.: *Joannes Georgius Tibianus. Ein Beitrag zur Kartographie und Landesbeschreibung Südwestdeutschlands* (= Forschungen zur deutschen Landeskunde 91). Remagen 1956
– OEHME, R.: *Die Geschichte der Kartographie des deutschen Südwestens*. Konstanz–Stuttgart 1961, S. 30 ff.

Giovanni Giorgio Settala

Spezielle Forschungen über Giovanni Giorgio Settala (Joannes Georgius Septala) stehen noch aus, und Daten zu seiner Biographie sind spärlich. Er wurde etwa um 1490 in Mailand geboren. Um 1545 siedelte er nach Spanien über, wo er am Hofe Kaiser Karls V. als Gelehrter lebte und – vermutlich nach 1560 – an unbekanntem Ort gestorben ist. Die einzige derzeit bekannte sichere Spur seines Wirkens ist eine Karte des Herzogtums Mailand, die 1560 in Antwerpen von Hieronymus Cock gedruckt wurde:

ELABORATISSIMA MEDIOLANENSIS DVCATVS VICINORVMQ. LOCORVM TOPOGRAPHIA

Haupttitel im oberen Kartenrand. Im unteren Rand zweiter Titel in Niederländisch: *Beschryvinghe des Hertochdoms van Milanen en der omliggenden Landen seer vlytich en volcomelick ghemackt.*, danach die Adresse *HIERONYMVS COCK EXCVDEBAT AN.º 1560*. Unten Mitte in Kartusche Widmung an Antoine Perrenot de Granvella (Gerard → Mercator) durch *IOANNES GEORGIVS SEPTALA adolescen. Mediolanensis* (9 Zeilen)

Kupferstich auf 2 Bll. übereinander, Gesamtformat 78 × 50 cm

Das einzige bekannte Exemplar ist in der British Library, London (Abb. bei ALMAGIA, *Mon. Ital. Cart.*, Tav. XXX).

Diese genordete Karte wurde typenbildend für die Darstellung Mailands bis ins späte 17. Jahrhundert. Auch Ortelius hat sie ohne wesentliche inhaltliche Änderungen bereits in die Erstausgabe des *Theatrum* übernommen (Nr. 33). Aus Gründen des Blattformats ist diese Fassung nach Westen orientiert.

Ältere Quellen nennen als erste kartographische Arbeit Settalas eine Karte von Spanien. Eine solche Karte, mit dem Namen von Settala als Autor, ist bisher nicht bekannt geworden. Es stellt sich aber die Frage, ob dieses Werk wirklich völlig verschollen ist. Hier steht im Raume eine 1553 von Hieronymus Cock gedruckte Karte Spaniens, die erst kürzlich von SCHILDER wiederentdeckt wurde:

NOVA DESCRIPTIO HISPANIAE

Titel oben links in Schriftband. Unten rechts leeres Schriftfeld, darüber das Wappen von Kaiser Karl V. Links daneben auf einer Schrifttafel die Adresse *HIERONYMVS / COCK PICTOR / ANTVERPIAN.º / EXCVDEBAT. / CVM CAESARIAE / MAIESTATIS / GRATIA ET / PRIVILEGIO / PER ANNOS / SEX. 1553*

Kupferstich auf 4 Bll., 2 Reihen zu je 2 Bll., Gesamtformat 77 × 95 cm

Das einzige beschriebene Exemplar ist in der Zentralbibliothek der Deutschen Klassik, Weimar (Abb. bei SCHILDER, Nr. 70).

Ein Exemplar einer zweite Ausgabe Paris 1601 bei Paul de la Houve, ebenfalls ohne einen Text in dem Schriftfeld unten rechts mit einer eventuellen Autorenangabe, ist in der Bibliothèque Nationale, Paris (Abb. bei SCHILDER, Nr. 73).

In einer vorläufigen Hypothese sei vermutet, daß es sich hier um die in älteren Quellen genannte Karte von Giovanni Giorgio Settala handelt. Argumente hierfür sind die Widmung an Karl V. und der Druck durch Hieronymus Cock. Eigenständigen Wert besitzt diese Karte allerdings so gut wie nicht. Sie ist kaum mehr als ein Nachstich der Spanien-Karte von Vincenzo → Paletino. Die Fassung bei Cock diente selbst als unmittelbare Vorlage für die unter dem Namen von Thomas → Geminus beschriebene Spanien-Karte.

Lit.:
- ALMAGIA, *Mon. Ital. Cart.*, S. 28
- BAGROW, *Catalogus II*, S. 57–58
- SCHILDER, *Monumenta II*, S. 94–97.

Christian Sgrothen

Gemessen an seiner Bedeutung sind feste Daten zur Biographie von Christian Sgrothen (s'Grooten, Sgrooten, Schrot, Sgrothenus und weitere Varianten) relativ spärlich. Er wurde um 1520–1525 in Sonsbeck am Niederrhein als Sohn des dortigen Stadtschreibers geboren. Quellenmäßig ist er erstmals belegt, als er 1548 im nahen Kalkar das Bürgerrecht und 1553 ein Haus erwarb. Über seine Ausbildung ist nichts bekannt. Die künstlerische Gestaltung seiner Karten läßt vermuten, daß er bei einem Meister der damals blühenden Malerschule in Kalkar gelernt hat. Vielleicht hat er auch in Kalkar die Lateinschule besucht, er beherrschte die Sprache zumindest rudimentär. In Kalkar hat Sgrothen zeitlebens seinen Wohnsitz gehabt, so war er

1573 im Auftrag der Stadt als Geometer tätig. Die meiste Zeit aber war er auf Reisen. Seit 1557 stand er offiziell als Kartograph im königlich-spanischen Dienst. 1558–1560 arbeitete er an einer Karte des Niederrheins. 1560 schuf er in Antwerpen eine Kanalkarte und 1566 einen Stadtplan von Amsterdam, beide sind heute verschollen.

Um diese Zeit begann Christian Sgrothen auch, seine Arbeiten in den Druck zu geben. Sein Erstling hier war die Publikation der Ergebnisse der Landesaufnahmen am Niederrhein. Nur aus dem *Catalogus Auctorum* des Ortelius bekannt ist eine ansonsten verschollene Karte, welche *Gelriam cum Cliviam vicinasque regiones* zeigte. Sie erschien in Antwerpen bei Bernard van der Putte und wird seit 1567 in den Rechnungen Plantins genannt. Für eine zweite Karte des Niederrheins erhielt Hieronymus Cock 1564 ein Druckprivileg. Da dieses Werk aber nicht die Zustimmung der Behörden fand, mußte Sgrothen noch Änderungen einbringen. So konnte diese Karte bei Cock wahrscheinlich erst 1567 erscheinen. Auch die Originalausgabe dieser Karte ist bisher nicht aufgefunden worden. Mit höchster Wahrscheinlichkeit ist von diesen Platten Cocks eine Neuauflage gedruckt, die der aus den Niederlanden stammende Drucker und Verleger Paul de la Houve (ca. 1575 – ca. 1645) 1601 in Paris veranstaltete:

NOVA CELEBERRIMI DVCATVS GELDRIAE COMITATVSQVE ZVTPHANIAE ET FINITIMARVM LOCORVM / POST ALIORVM OMNIVM EDITIONES, LONGE ABSOLVTISSIMA DESCRIPTIO. Per Christianum Sgrothenum Zonsbeckensem Reg. Ma.^{tis} Geographum

Titel in Schriftfeld am oberen Rand. Oben links in Kartusche Geleitwort *En tibi Candide lector* ... (11 Zeilen). Unten links in Kartusche Widmung an Graf Charles de Brimeu (12 Zeilen). Unten rechts in Kartusche Anweisung zum Gebrauch der Karte (9 Zeilen), darunter die Adresse *Au Palais a Paris / Paul.^{es} de la Houve excud. 1601*

Kupferstich, 6 Bll. in 3 Reihen zu je 2 Bll., Gesamtformat 82 × 77 cm

Das einzige bekannte Exemplar ist in der Bibliothèque Nationale, Paris.

Siehe Abb. 64

Diese typenbildende Karte des linken Niederrheins war die Vorlage für die *Gelriae, Cliviae ... Descriptio* (Nr. 15), die seit 1570 im *Theatrum* enthalten ist. Statt der Nordorientierung des Originals hat Ortelius wohl aus Gründen des Blattformats eine Ostorientierung gewählt. Auch geht die *Theatrum*-Version im Süden geringfügig weiter als das Original. In der Zuidersee sind einige Inseln hinzugefügt. Diese Ergänzungen konnten problemlos aus mehreren anderen Karten der Zeit entnommen werden. Denkbar ist allerdings auch, daß Ortelius die bei Bernard van der Putte erschienene Version benutzt hat.

Ebenfalls bei Hieronymus Cock in Antwerpen erschien 1565 die Germania-Karte Sgrothens, eine Kompilation aus zahlreichen gedruckten und ungedruckten Quellen:

NOVA TOTIVS GERMANIAE, CLARISSIMAE ET DVLCISSIMAE NOSTRAE PATRIAE DESCRIPTIO PER CHRISTINVM SGROTHENVM ZONSBECKN. REG. MA.^{tis} HISPAN. GEOGRA ...
Neuwe unnd Grünndtliche Beschreibünnge der Weitberüembter Teutscher ...

Anmontiert über bzw. unter der Karte Titel in Latein und Deutsch (zum Teil zerstört), an beiden Seiten anmontiert eine Liste der deutschen Kaiser bis auf Maximilian II. Unten links in großer Kartusche eine von Cock signierte Widmung an den brabantischen Staatsrat Viglius ab Aytta (→ Hopper), darunter eine Anweisung zum Gebrauch der Karte (50 Zeilen). Unten rechts in Kartusche wahrscheinlich Privilegvermerk und Adresse Cocks.

Kupferstich auf 9 Bll., 3 Reihen zu je 3 Bll., Gesamtformat der Karte ca. 119 × 136 cm

Das einzige, stark beschädigte Exemplar befindet sich im Geographischen Institut der Universität, Innsbruck (Abb. bei HERRMANN, Tafel 16).

Die Zentralbibliothek der Deutschen Klassik, Weimar besitzt ein Exemplar einer zweiten Auflage. Die beiden Titel und die seitlichen Kaiserlisten fehlen, in der Widmung ist der Name Cocks getilgt. Die Adresse in der Kartusche unten rechts lautet nun *Au Palais a Paris / Paul.^{es} de la Houve excud. / 1601* (Abb. bei SCHILDER, *Wandkarten*, Abb. 1).

Diese Wandkarte war die Vorlage für die *Germania* (Nr. 13) des *Theatrum*. Die Fassung von Ortelius ist gegenüber dem Original außerordentlich stark generalisiert. Sie selbst wurde typenbildend für zahlreiche spätere Nachstiche.

Kurz vor 1570 fand Christian Sgrothen ein für ihn völlig neues Arbeitsgebiet durch den Kontakt mit Petrus →Laicksteen. Ihre erste gemeinsame Arbeit war eine 1570 bei Hieronymus Cock erschienene Palästina-Karte:

Noua descriptio amplissimae Sanctae Terrae, quam / M. Petrus Laicksteen Astronomus perambulat ac visitavit An.º redētionis 1536, per Christianum Sgrothenum Reg. Ma.ᵗⁱˢ Hispan. etc. / Geographum collecta a.º 1570.

Titel oben Mitte in Schriftband. Oben links in Kartusche eine Insetkarte des Auszuges aus Ägypten sowie ein Geleitwort *Candido lectori* (21 Zeilen). Oben rechts in Kartusche Widmung an den Lütticher Bischof Gerard van Groesbeeck, signiert von *HIERONYMVS COCVS / PICTOR*. Unten links in Kartusche Geleitwort *M. Petrus Laicksteen Astronomus / Lectori* (25 Zeilen). In der unteren linken Ecke die Stechersignaturen *Joannes a Duetecum / Lucas a Duetecum Fecerunt*, daneben unter dem Maßstab das Druckprivileg von Cock, datiert *Bruxellae, IX die / Junii 1570*. Unten halbrechts in Rahmen die Adresse *Imprimé en Anvers pres / du Pand des tapissiers, à / l'enseigne des quatre vents, / En la masion de Jeronymus Cocq*. In einer großen Kartusche in der rechten unteren Ecke eine geographische Beschreibung (41 Zeilen)

Kupferstich auf 9 Bll., 3 Reihen zu je 3 Bll., Gesamtformat 103 × 108 cm

Das Exemplar der Stadtbibliothek Breslau ging 1945 verloren. Das einzige heute bekannte Exemplar dieser Erstausgabe ist in der British Library, London.

Vielleicht gab es auch hier eine bisher nicht nachgewiesene Auflage mit der Adresse von Paul de la Houve. Bekannt ist nur eine Neuauflage mit den originalen Platten durch den Pariser Verleger Nicolas Berey (1606–1665) von 1646 (2 Ex. in der Bibliothèque Nationale, Paris).

Siehe Abb. 65

Eine geostete, ansonsten aber recht genaue Kopie dieser genordeten Karte von Sgrothen–Laicksteen ist seit 1584 im *Theatrum* enthalten (Nr. 106), wo sie die überaltete Palästina-Karte nach Tilemann →Stella ablöste.

Ebenfalls nach Informationen von Laicksteen schuf Sgrothen einen heute verschollenen, nur durch spätere Kopien bekannten Plan des alten und neuen Jerusalem. Dieser Plan wurde erstmals publiziert von dem Kalkarer Bürger Vinzenz Houdaen, der sich kurzzeitig als Verleger betätigte. Bei Houdaen erschien 1572 auch Sgrothens Karte der *Peregrinatio Filiorum Dei* (i.e. eine Karte des Mittelmeerraumes), von der nicht bekannt ist, ob auch sie letztlich auf Unterlagen Laicksteens zurückgeht:

PEREGRINATIO FILIORV̄ DEI

Titel im oberen Zierrand. Oben links in Kartusche wiederum Widmung an Viglius ab Aytta, signiert ... *Christianus Sgrothenus Reg. Ma.ᵗⁱˢ / Geographus / S.D*. Unten links in Kartusche 3 Kolumnen Erläuterungstext, daneben Privileg und die Adresse *CALCARIAE CLIVIORVM / Vincentius ab Houdaen excudebat*. Unten halbrechts in der Maßstabskartusche die Datierung *Anno 1572*. Unten rechts die Stechersignatur *Ioannes a Deutecum / Lucas a Deutecum / Fecerunt*

Kupferstich auf 8 Bll., 2 Reihen zu je 4 Bll., Gesamtformat 97,5 × 167,5 cm

Das einzige bekannte Exemplar ist in der Öffentlichen Bibliothek der Universität, Basel.

Für das *Theatrum* wurde diese Karte nicht verwendet.

In all diesen Jahren hat Christian Sgrothen noch weitere handgezeichnete Karten geschaffen, die zum Teil in den Atlanten von Ortelius und de Jode publiziert wurden:

– Schon 1565 wurde Sgrothen von den Behörden in Brüssel bezahlt für eine Karte des *Pays de Westphalen*. Es ist wohl das Werk, das im *Catalogus Auctorum* genannt ist mit *Westphalia quoque, in hoc Theatro*. Dies heißt im Sprachgebrauch des *Theatrum*, daß die seit 1579 im Ortelius-Atlas enthaltene Westfalen-Karte (Nr. 85) nach dieser handgezeichneten Vorlage kopiert ist.

– Seit 1572 nennt der *Catalogus Auctorum* eine *Tabula manu descriptam Ducatus Lutzenburgensis* von Sgrothen. Spuren dieser Karte lassen sich nicht ausmachen.

– Seit 1574 nennt der *Catalogus Auctorum* eine Donau-Karte Sgrothens. Es handelt sich hier um die später (seit 1578) im Atlas von de Jode auf zwei Blättern publizierte Karte, von der es auch montierte und wahrscheinlich früher anzusetzende Exemplare gibt:

NOVA EXACTISSIMAQVE DESCRIPTIO DANVBII, / qui alias Ister cognominatur ... Per

Christianum Sgrothenū Reg. Ma.^{tis} Geogrph. (sic!)

Titel (7 Zeilen) oben halblinks (= in der Mitte des linken Blattes) in Kartusche. Unten rechts die Adresse *Gerardus de Iode / Excudebat*. Beide Blätter tragen die Stechersignatur von Joannes und Lucas van Deutecum

Kupferstich, 2 Bll. nebeneinander, Gesamtformat 33,5 × 96,5 cm

Ein zusammengesetztes Exemplar mit einem unten anmontierten typengedruckten Erläuterungstext in Latein besitzt die Niedersächsische Staats- und Universitätsbibliothek, Göttingen.

Aus unbekannten Gründen ist eine Donau-Karte nie in das *Theatrum* aufgenommen worden.

— 1578 erschien im Atlas von Gerard de Jode eine Karte des ganzen norddeutschen Raumes, die Sgrothen als Verfasser nennt:

SAXONVM REGIONIS QVATENVS GENTIS IMPERIVM NOMENQVE / olim patebat, recens germanaq. delineatio, Christiano Schrotenio authore

Titel in Schriftfeld über der Karte. Rechts daneben die Adresse *Gerardus de Iode excudebat*. Unten links die Stechersignatur *Ioannes à Deutecū f.*

Kupferstich, 33 × 45 cm

Bei dieser Karte, die nicht im *Catalogus Auctorum* genannt ist, handelt es sich nicht um die Publikation einer Manuskriptvorlage, sondern um eine Ausschnittkopie aus der oben genannten Germania-Karte Sgrothens.

Seit etwa 1568 arbeitete Christian Sgrothen im Auftrag von Herzog Alba an einem umfassenden Manuskriptatlas des gesamten damaligen Deutschen Reiches. Eine erste Fassung mit 38 großformatigen Karten wurde 1573 an den Auftraggeber übergeben, sie befindet sich heute in der Bibliothèque Royale in Brüssel. Da aber zahlreiche Details dieses Werkes bemängelt wurden, ging Sgrothen an eine Neubearbeitung. Dieser Manuskriptatlas mit ebenfalls 38 Karten wurde erst 1592 fertig, er ist heute in der Biblioteca Nacional in Madrid; ein Inhaltsverzeichnis beider Fassungen gibt BAGROW. Schwer einzuordnen sind drei von Sgrothen gezeichnete Karten des Gebietes an der mittleren Donau, die sich heute in der Bibliothèque Nationale in Paris befinden (Abb. bei DESTOMBES, Tafel 1–3). Eine ausführliche Analyse der Manuskriptkarten Sgrothens steht überhaupt noch aus. Sie sind eine Summe des geographischen Wissens ihrer Zeit, ihre Quellen waren gedrucktes und ungedrucktes Material gleichermaßen. Von der künstlerischen Gestaltung her zählt vor allem der Atlas in Madrid zum Schönsten, was die Kartographie des ausgehenden 16. Jahrhunderts hervorgebracht hat.

Über die letzten Jahre von Christian Sgrothen ist wenig bekannt. Noch 1603 erhielt er eine weitere Abschlagszahlung auf das ihm zustehende Honorar. Am 4. Februar 1609 erhielten seine Witwe und sein Sohn die Restsumme. Sgrothen starb also vermutlich 1608 und wohl in Kalkar.

Lit.:
- BAGROW, *Catalogus II*, S. 58–69
- DÉNUCÉ, *Kaartmakers I*, S. 118–134
- DESTOMBES, M.: Cartes, globes et instruments scientiques allemands du XVIe siècle à la Bibliothèque Nationale de Paris. In KOEMAN, C. (Hrsg.): *Land- und Seekarten im Mittelalter und in der frühen Neuzeit* (= Wolfenbütteler Forschungen 7). München 1980, S. 43–68
- FOCKEMA ANDREAE, S.J. und B. van't HOFF: *Christiaan Sgrothen's kaarten van de Nederlanden*. Leiden 1961
- HOFF, B. van't: *Christian Sgroten's kaart van 1564 (1601) van Gelderland*. Assen 1957
- KIRMSE, R.: Christian Sgrothen aus Sonsbeck. Seiner Hispanischen Majestät Geograph. In: *Heimatkalender Kreis Moers* 1967, S. 17–42
- KIRMSE, R.: Christian Sgrothen, seine Herkunft und seine Familie. In: *Heimatkalender Kreis Moers* 1971, S. 118–129
- MORTENSEN, H. und A. LANG: *Die Karten der deutschen Länder im Brüsseler Atlas des Christian s'Grooten (1573)* (= Abhandlungen der Akademie der Wissenschaften in Göttingen, phil.-hist. Klasse, III. Folge, Nr. 44). Göttingen 1959
- NEBENZAHL, *Maps of the Bible Lands*, S. 82–83
- SCHILDER, *Monumenta I*, S. 4–5
- SCHILDER, G.: Niederländische „Germania"-Wandkarten des 16. und 17. Jahrhunderts. In: *Speculum Orbis* 2, 1986, S. 2–24.

Bernardo SILVANO

Feste Daten zur Biographie des Bernardo Silvano (Bernardus Sylvanus Eboliensis) sind so gut wie nicht vorhanden. Er stammte aus Eboli und hat den größten Teil seines Lebens wahrscheinlich in Neapel verbracht. Er war möglicherweise Mönch, er sprach Latein und Griechisch, hatte aber auch

Kenntnisse über Seefahrt bzw. Seekartographie. Gefördert von dem neapolinatischen Adligen Andrea Matteo Acquaviva, bereitete Silvano etwa seit 1490 eine Neubearbeitung der *Geographia* des Ptolemäus vor. Eine ungeklärte Frage ist, ob an diesem Projekt auch der ebenfalls zu dieser Zeit in Neapel mit den ptolemäischen Karten arbeitende Antonio de → Ferraris einen Anteil hatte. Die von Silvano redigierte Ptolemäus-Ausgabe wurde 1511 in Venedig von Giacomo Penzio de Leuche gedruckt. Sie enthält die 27 ptolemäischen Karten in der Bearbeitung von Silvano. Er hat Koordinaten korrigiert und einige Örtlichkeiten nach anderen antiken Autoren, aber auch nach jüngeren Quellen hinzugefügt. Bemerkenswert ist die einzige dieser Ausgabe beigegebene „Tabula Moderna", die erste Weltkarte in herzförmiger Projektion (Holzschnitt von 2 Stöcken, 41,5 × 56,5 cm, Namen in rotem und schwarzem Typendruck). In ihrem geographischen Inhalt steht sie allerdings hinter anderen Weltkarten der Zeit zurück.

Wie die relativ ausführlichen Angaben im *Catalogus Auctorum* zeigen, hat Ortelius diese Ptolemäus-Ausgabe gekannt und auch die Absichten von Silvano studiert. Weiteren Eingang in das *Theatrum* fand das Werk aber nicht.

Lit.:
- *Claudius Ptolemäus, Geographia, Venice 1511.* Facsimile edition with an introduction by R.A. SKELTON. Amsterdam 1969
- GUGLIELMI-ZAZO, G.: Bernardo Silvano e la sua edizione della Geografia di Tolomeo. In: *Rivista Geografica Italiana* 32, 1925, S. 37–56, 207–216 und 33, 1926, S. 25–52
- SHIRLEY, *World Maps,* S. 35
- WOODWARD, D.: *Introductory notes to the facsimile of Sylvanus' world map.* Chicago 1983

Nicolaus SOPHIANUS

Nicolaus Sophianus (Nicolo Sofiano) nannte sich mit seinem Gelehrten-Cognomen auch Cercyraeus nach seiner Heimat Korfu, wo er um 1500 geboren wurde. Seit 1515 lebte er in Rom, wo er eine Schulausbildung am Gymnasium Mediceum – der päpstlichen Schule für griechische Schüler – erhielt. 1521 trat er als Bibliothekar in den Dienst des Kardinals Nicolo Ridolfi. Seit etwa 1533 hat Nicolaus Sophianus zumindest zeitweilig in Venedig gelebt. Gefördert von Mäzenen, sammelte und übersetzte er griechische Handschriften. Einige griechische Klassikerausgaben publizierte er in Venedig in einer eigenen Druckerei. Für 1542 ist er wieder in Rom belegt, er war beteiligt am Druck eines Homer-Kommentars durch die neu eingerichtete päpstliche Druckerei für griechische Texte. Letztmalig konkret belegt ist Sophianus für das Frühjahr 1543, als er im Auftrag von Diego Hurtado de Mendoza (→ Mendezius) zum Kloster Athos reiste, um weitere griechische Handschriften zu erwerben. Um 1544 erschien eine griechische Schrift von Sophianus über das Astrolabium (Exemplar in der British Library, London). Danach verliert sich seine Biographie im Dunkeln.

Durch eine etwas unsichere Überlieferungslage ist auch die Editionsgeschichte der typenbildenden Griechenland-Karte, die von Nicolaus Sophianus auf der Basis eigener Landeskenntnis geschaffen wurde, in wichtigen Teilen ungeklärt. Wie unten beschrieben, gibt es eine Widmung der Karte mit der Datierung 1540. Unsicher ist, ob diese Widmung auf die Fertigstellung der Handzeichnung zu beziehen ist oder ob es in der Tat bereits eine Edition in diesem Jahr gegeben hat. Eine solche ist nicht auszuschließen nach Autopsie der Exemplare einer auch im *Catalogus Auctorum* genannten Ausgabe, die bei einem ungenannten römischen Verleger erschien:

TOTIVS GRAECIAE DESCRIPTIO

Titel im unteren Rand. Unten links in Kartusche zweispaltiges Geleitwort *N. Sophianus Studiosis S.,* enthaltend die Datierung *Romae in templo Boni Eventus / MDLII*

Kupferstich von 4 Platten, 2 Reihen zu je 2 Bll., Gesamtformat 73,5 × 100 cm

Exemplare: British Library, London; Bibliothèque Nationale, Paris (TOOLEY, *Italian Atlases,* Nr. 278; Abb. bei ZACHARAKIS, Pl. 456).

Diese Ausgabe von 1552 zeigt klare Spuren von Rasuren auf den Kupferplatten. Es ist also nicht unwahrscheinlich, daß es hier eine ältere Ausgabe – eventuell mit einem Datum 1540 – gegeben hat. Ein solches Exemplar ist bisher nicht aufgefunden worden.

Das Datum 1540 findet sich auf der ebenfalls im *Catalogus Auctorum* erwähnten Basler Ausgabe der Griechenland-Karte des Nicolaus Sophianus. Die Editio princeps wurde 1545 gedruckt von Johannes Oporinus:

DESCRIPTIO NOVA TOTIVS GRAECIAE PER NICOLAVM SOPHIANVM

Titel im oberen Kartenrahmen. Auf dem Segel eines Schiffes unten in der Mitte die Signatur *CHS 1544*, eine weitere Signatur *1544 C. vive vt post vivas. H.* findet sich in der Maßstabskartusche unten rechts. In einer doppelten Kartusche unten links in Typendruck eine Widmung an Cosimo I. Medici (signiert von Oporinus, ohne Datum) und ein Geleitwort von Sophianus mit der Datierung *Romae, in templo Boni Eventus, 1540, Mense Maio.*

Holzschnitt von 8 Blöcken mit allen Namen und Texten in Typendruck, 2 Reihen zu je 4 Bll., Gesamtformat 77 × 111 cm

Das einzige bekannte Exemplar dieser Erstausgabe ist in der Athener Nationalbibliothek (von mir nicht gesehen, Beschreibung nach HIERONYMUS).

In einer zweiten Auflage von 1601 trägt die doppelte Kartusche unten links die Widmung des Basler Druckers Johann Schröter an den Kaufmann und Mäzen Andreas Ryff, sie ist datiert *M.DC.I.Kal.Ian.* Am äußeren Rand ist ein Lesegitter hinzugefügt, das bezogen ist auf ein zugehöriges Blatt mit den *Nomina antiqua et recentia urbium Graeciae descriptionis a N. Sophiano editae.* Das einzige bekannte Exemplar dieser Ausgabe ist in der Öffentlichen Bibliothek der Universität, Basel.

Die Forschung ist sich noch nicht ganz einig, wie die Signaturen dieser Basler Ausgabe aufzulösen sind. Nach der kunstgeschichtlichen Literatur waren drei Leute an der Herstellung der Druckstöcke beteiligt:

- Zwei Helmziermänner in der Dekoration im unteren Rand sind zu lesen als das Signet des Zeichners und Holzschneiders Heinrich Vogtherr des Älteren (Johannes → Honter).
- *CHS* wird gelesen als die Initialen des Holzschneiders Christoph Schweicker.
- Die Initialen *C ... H* werden interpretiert als Hinweis auf eine Mitarbeit des Straßburger Mathematikprofessors Christian Herlin († 1562); vgl. auch die Karte von Wolfgang → Wissenburg.

Editor der Basler Ausgabe war der Straßburger Humanist Nikolaus Gerbel (1485–1560), ein Schüler von Johannes → Cuspinianus. Er verfaßte dazu eine Erläuterungsschrift *In descriptionem Graeciae Sophiani praefatio* (Basel: J. Oporinus, 1545). Dieser Druck enthält 21 von Gerbel entworfene Phantasie-Ansichten griechischer Städte. Oporinus war hiermit nicht zufrieden, und noch im Jahre 1545 bestellte er sieben bessere Ansichten. Diese sind in einer zweiten Ausgabe von Gerbels Text, der 1550 bei Oporinus unter dem Titel *Pro declaratione picturae sive descriptionis Graeciae Sophiani libri septem* erschien, allerdings nicht enthalten. Sie waren möglicherweise – zusammen mit einigen der älteren Ansichten von 1545 – dazu bestimmt, als Randansichten an die Karte montiert zu werden. Ein solches Exemplar ist bisher nicht bekannt. Überhaupt ist die weitere Forschung zur Sophianus-Karte und ihren einzelnen Ausgaben ein dringendes Desideratum.

Abraham Ortelius hat die Griechenland-Karte von Nicolaus Sophianus als topographische Basis für die Griechenland-Karte des *Parergon* (Nr. 3P) verwendet. In das *Theatrum* wurde sie nicht aufgenommen, hier stand die jüngere Vorlage von → Gastaldi zur Verfügung.

Lit.:
- BAGROW, *Catalogus II*, S. 69–72
- HIERONYMUS, F.: *Oberrheinische Buchillustration 2: Basler Buchillustration 1500–1545.* Basel 1984, S. 541–547
- TINTO, A.: Nuovo contributo alla storia della tipografia greca a Roma nel secolo XVI: Nicolo Sofiano. In: *Gutenberg-Jahrbuch* 1965, S. 171–175
- ZACHARAKIS, *Maps of Greece*, mit zahlreichen Nennungen.

Christoforo SORTE

Christoforo Sorte wurde 1506 oder 1510 in Verona geboren. Bis um 1540 lebte er in Mantua als Schüler und später Mitarbeiter des Malers Giulio Romano († 1546). Nach einem Zwischenaufenthalt in Trient wurde er wieder in seiner Heimatstadt ansässig. Dort war er tätig als Maler, später auch als Wasserbautechniker sowie in zunehmendem Maße als Kartograph. Das Kartenzeichnen hat er vielleicht bei dem Tiroler Kartographen Paul Dax (1503–1561) gelernt, der etwa zur gleichen Zeit in Trient arbeitete. 1565 schuf Sorte für Kaiser Ferdinand I. eine – heute verschollene – Karte Tirols. Bereits seit 1556 hatte er mehrfach für die Regierung Venedigs gearbeitet. Erst 1578 aber verließ er Verona, nachdem er zum Leiter der Restaurierungsarbeiten am 1564 teilweise durch Feuer zerstörten Palazzo Ducale in Venedig berufen worden war. Auch in Venedig war er als Kartenmacher und Ingenieur tätig. 1587 arbeitete er am Bau der

Rialto-Brücke mit. Ein spätes Zeugnis seiner Ausbildung als Maler war das Buch *Osservazini nella pittura* (erstmals Venedig 1580). Quellenmäßig belegt ist Sorte zum letzten Mal für 1594, bald darauf dürfte er im hohen Alter gestorben sein.

Von den kartographischen Arbeiten Christoforo Sortes ist umfangreiches handgezeichnetes Material erhalten geblieben. Als sein Hauptwerk ist zu nennen eine der Spitzenleistungen der italienischen Originalkartographie des späten 16. Jahrhunderts: eine Serie von fünf handgemalten großmaßstäblichen Karten venezianischer Gebiete. 1578 hatte Sorte zunächst den Auftrag zu einer großen Karte des gesamten venezianischen Herrschaftsgebietes erhalten. 1585 wurde das Unternehmen neu konzipiert. Bis 1594 entstanden dann fünf Regionalkarten, die auf umfassenden und sehr exakten Vermessungsarbeiten beruhen:

1. Raum Bergamo, 1586, 340 × 168 cm (heute in einer Privatsammlung in Venedig);
2. Friaul, 1590, 340 × 169 cm (Österreichisches Kriegsarchiv, Wien);
3. Raum Brescia, 1591, 340 × 169 cm (Privatsammlung Venedig);
4. Raum Verona – Vicenza, 1591, 294 × 165 cm (Museo Correr, Venedig);
5. Raum Padua – Treviso, 1594, 195 × 160 cm (Österreichisches Kriegsarchiv, Wien).

Zusammen mit einer bisher nicht wiedergefundenen Übersichtskarte des gesamten Staatsgebietes waren diese gemalten Karten wohl bestimmt als Wanddekoration für den Palazzo Ducale.

Gedruckt wurde anscheinend nur eine einzige Karte Sortes, eine wahrscheinlich schon 1554 als – heute ebenfalls verschollene – Handzeichnung fertiggestellte Landesaufnahme des Raumes Brescia-Brixen. Sie erschien 1560 ohne Angabe von Ort, Verleger und Stecher:

Brixiani agri descriptio in plano cum vicinorum / agrorum part. Adascritta scalae Symmentriam / Christophorus Sortes Chorographus / Veronensis fecit / M D LX

Titel und Signatur unten rechts in Kartusche

Kupferstich, 69 × 41 cm

Das einzige beschriebene Exemplar ist in der Biblioteca Marciana, Venedig (Abb. bei ALMAGIA, *Mon. Ital. Cart.*, Tav. XL-1).

Diese Vorlage wurde für das *Theatrum* recht genau kopiert (Nr. 119), lediglich die Nordorientierung des Originals wurde aus Formatgründen in eine Ostorientierung gedreht. Aus unbekannten Gründen enthält weder die *Theatrum*-Karte selbst noch der *Catalogus Auctorum* einen Hinweis auf Sorte als Autor. Denkbar ist, daß Ortelius einen bisher noch unbibliographierten italienischen Nachstich als unmittelbare Vorlage verwendet hat.

Lit.:
– ALMAGIA, *Mon. Ital. Cart.*, S. 37
– ALMAGIA, R.: Christoforo Sorte, il primo grande cartografo e topografo della Repubblica di Venezia. In: *Petermanns Geographische Mitteilungen*, Erg. Heft 264, Gotha 1957, S. 7 – 12
– SCHULZ, J.: Christoforo Sorte and the Ducal Palace of Venice: In: *Mitteilungen des Kunsthistorischen Instituts Florenz* 10, 1962, S. 193 – 208
– SCHULZ, J.: New maps and landscape drawings by Christoforo Sorte. In: *Mitteilungen des Kunsthistorischen Instituts Florenz* 20, 1976, S. 107 – 126.

Daniel SPECKLIN

Als Sohn eines Seidenstickers und Formschneiders wurde Daniel Specklin (auch Speckel, Speckle u.ä.) 1536 in Straßburg geboren. Dem Handwerk seines Vaters scheint er sich – falls überhaupt – nur kurze Zeit zugewandt zu haben. Seit 1552 machte er eine Lehre im Festungsbau, zunächst in Komorn/Ungarn, danach in Wien, wo er bereits 1555 zum Unterbaumeister aufstieg. Es folgten Lehr- und Wanderjahre in Ungarn, Polen, Skandinavien und den Niederlanden, 1560 arbeitete er an der Befestigung von Antwerpen mit. Nach einem erneuten Aufenthalt in Wien 1561–1563 war Specklin seit Anfang 1564 wieder in seiner Heimatstadt. Die Veröffentlichung eines von ihm aufgenommenen Stadtplanes wurde vom Straßburger Rat untersagt. Überhaupt hatte Specklin Schwierigkeiten, in Straßburg wieder Fuß zu fassen. Er machte von hier aus etliche Reisen, um weiter im Festungsbau arbeiten zu können. 1567 war er in Düsseldorf, 1569 in Regensburg und 1569 wieder in Wien, wo er als Rüstmeister und Aufseher der Kunstkammer im Dienst von Erzherzog Ferdinand stand.

1571 beauftragte die vorderösterreichische Landesregierung den Straßburger Rat, einen „maler" zu suchen für die Erstellung einer Karte des Elsaß. Den Auftrag erhielt zunächst der Straßburger Mathematikprofessor Conrad Dasypodus (1531–1601), der Erbauer der Münsteruhr. Weil dieser aber zu hohe Gehaltsforderungen stellte, wurde 1573 Daniel Specklin mit der Durchführung der Landesaufnahme beauftragt. Sie wurde 1576 abgeschlossen und als Einzelkarte veröffentlicht:

> Ohne eigentlichen Titel. Oben rechts in Kartusche ein Geleitwort *Elsaß Ist der vier prouintzen eine / ...., endend ... / Gestellt durch Daniel Speckel von Strasburg Jar Christ 1576. / Mit Röm:Key:May: freyheit auf 10 Jar.* (insgesamt 18 Zeilen)
>
> Kupferstich auf 3 Bll. nebeneinander, Gesamtformat 38 × 114,5 cm
>
> Die Kupferplatten blieben bis zu ihrer Zerstörung 1870 in der Stadtbibliothek in Straßburg erhalten. Sie wurden bis ins 18. Jahrhundert für Neuabzüge verwendet, spätere Exemplare sind erkennbar an einem Riß in der linken Platte (Faksimile bei GRENACHER).

Nach einer Angabe von Matthias QUAD wurde die Karte in Köln bei Frans →Hogenberg gestochen. Die Verbindung zwischen Specklin und Hogenberg war eng, ohne daß hier aber genaue Einzelheiten bekannt sind. 1578 widmete Hogenberg seine Folio-Karte der Niederlande Specklin.

Die Elsaß-Karte Specklins wurde typenbildend bis ins 18. Jahrhundert, vor allem durch die leicht modifizierte Fassung auf zwei Blättern im Atlas von Gerard →Mercator. Ortelius hat sie verwendet für eine sehr genaue Ausschnittkopie, die den Großraum Straßburg zeigt (Nr. 94 b).

1576 trat Daniel Specklin als Stadtbaumeister offiziell in Straßburger Dienste. Daneben arbeitete er weiter als Berater im Festungsbau, z.B. 1576 in Ingolstadt, 1579 in Hanau, 1583 in Bonn und 1588 in Basel. Mit der Kartographie ist er später kaum noch in Berührung gekommen. 1584 besuchte ihn Tilemann →Stella in Straßburg bei der weiteren Materialsammlung für sein Deutschland-Kartenwerk. 1587 publizierte er eine Ansicht Straßburgs und eine Ansicht des Münsters. Sie waren gestochen von Matthäus Greutter (ca. 1566–1638), der wenig später seine Heimat verließ und in Rom eine Stecherwerkstatt gründete. 1589 erschien im Straßburger Verlag von Bernard Jobin das epochale Hauptwerk Specklins, das Lehrbuch *Architectura von Vestungen* mit 23 Festungsplänen, das bis ins frühe 18. Jahrhundert Neuauflagen erlebte. Zahlreiche handgezeichnete Architekturpläne sind über verschiedene Sammlungen verstreut. Daniel Specklin starb im Dezember 1589 in Straßburg.

Lit.:
- GRENACHER, F.: Vor vierhundert Jahren schuf Daniel Specklin seine Elsaßkarte. Bemerkungen zur Faksimile-Ausgabe. In: *Regio Basiliensis* 14, 1973, S. 7–20
- KABZA, A.: *Handschriftliche Pläne von Daniel Specklin als Beiträge zur Baugeschichte rheinischer und niederländischer Festungen, nebst einer Studie zur Biographie Specklins*. Bonn 1911
- MAYER, K.E.: *Die Lebensgeschichte des Straßburger Stadt- und Festungsbaumeisters Daniel Specklin*. Stuttgart 1928
- PETER, R.: Daniel Specklin (1536–1589) et l'art des fortifications. In RAPP, F. und G. LIVET (Hrsg.): *Grandes Figures de l'Humanisme Alsacien* (= Publications de la Société Savante d'Alsace et des Regions de l'Est 14). Straßburg 1978, S. 203–219
- QUAD, M.: *Teutscher Nation Herligkeitt*. Köln 1609, S. 123
- SCHOTT, K.: Die Entwicklung der Kartographie des Elsasses. Von ihren Anfängen bis zur Cassinischen Karte. In: *Mitteilungen der Gesellschaft für Erdkunde und Kolonialwesen für das Jahr 1913* (i.e. Heft 4), Straßburg 1914, S. 105–172
- *Daniel Specklin, Architectura von Vestungen, Straßburg 1589* (Faksimile-Ausgabe). Unterschneidheim 1971.

Tilemann STELLA

Tilemann Stoll (auch Stolz u.ä.), der seinen Namen später zu Tilemann(us) Stella (auch mit Herkunftscognomen Sigensis) latinisierte, wurde am 25. April 1525 in Siegen geboren. Nach dem Besuch der Lateinschule in seiner Heimatstadt wurde er 1542 in Wittenberg immatrikuliert. 1544 studierte er ein Semester an der Universität Marburg, wo er wahrscheinlich Vorlesungen bei Johannes →Dryander hörte. Danach ging er wieder nach Wittenberg. Hier gehörte er zum engsten Schülerkreis von Philipp Melanchthon (1497–1560), der in Wittenberg eine neue Geographie im Verständnis der Reformation lehrte, die vor allem auf das Verstehen der Bibel bezogen war. Mit Wittenberg blieb Stella zeitlebens eng verbunden, auch nachdem er die Stadt verlassen hatte. 1552 fand er in Herzog Johann Albrecht von Mecklenburg (reg. 1547–1576) einen Mäzen und siedelte nach Rostock über. Seine erste Arbeit dort war eine handgezeichnete Karte von Mecklenburg, die bereits 1552 fertig war. Die Originalfassung ist nicht erhalten, eine 1623 angefertigte Kopie ist seit 1945 verschollen. 1553 schuf Stella für den Herzog einen heute ebenfalls verlorenen großen handgezeichneten Himmelsglobus; eine reduzierte Version (⌀ 27,5 cm) wurde auch gedruckt (einziges bekanntes Exemplar in der Stadtbibliothek in Weissenburg/Bayern).

Durch die Förderung durch Herzog Johann Albrecht hatte Tilemann Stella auch die Möglichkeit, an seinem wissenschaftlichen Lebensziel zu arbeiten, das wie kaum ein anderes Vorhaben in der deutschen Kartographiegeschichte dem Ideal des wissenschaftlich-kartographischen Arbeitens im Sinne der Reformation entspricht. Dies war eine Kartenserie aus fünf Werken: einer Palästina-Karte, einer Karte der Route des Exodus, einer Karte der Paulus-Reisen, einer Europa-Karte und einer Deutschland-Karte. Dieses große Ziel konnte Stella nur zum Teil realisieren, und noch weniger ist davon erhalten.

Eine Palästina-Karte Stellas erschien 1552 – wahrscheinlich auf eigene Kosten – in Wittenberg im Verlag von Johannes Crato mit einem Erläuterungstext von Melanchthon. Obwohl von diesem Werk 600 Exemplare gedruckt worden sind, ist davon bisher keines wiedergefunden worden. Bekannt ist diese Karte nur durch ihren Nachstich im *Theatrum* (Nr. 5, mit Neustich Nr. 93), auch de Jode hat sie für seinen Atlas kopiert. Seit 1584 enthält das *Theatrum* als Palästina-Karte eine Kopie nach der jüngeren Vorlage von → Laicksteen und → Sgrothen. Für das *Parergon* hielt Ortelius aber noch 1590 an dem von Stella gegebenen Bild fest (Nr. 22P).

Diese verschollene Palästina-Karte ähnelt im topographischen Bild wahrscheinlich stark der Karte der Route des Exodus, die Stella 1557 bei Crato in Wittenberg publizierte:

ITINERA IS= / RAELITARVM EX / AEGYPTO LOCA ET / INSIGNIA MIRACVLA DI= / VERSORVM LOCORVM ET / PATEFACTIONVM DIVINARVM / DESCRIPTA A TILEMANNO STELLA SI= / GENSI VT LECTIO LIBRORVM PRO= / PHETICORVM SIT ILLVSTRIOR

Titel oben Mitte in Kartusche. Oben links in Kartusche typengedrucktes Geleitwort *DE PRAECIPVIS HVIVS TABVLAE REGIONIBVS / ET LOCIS COMMENTARIVS BREVIS* (5 Kolumnen), am Ende die Adresse *VVITTEBERGAE / EXCVDEBAT IOHANNES / CRATO, / ANNO M.D.LVII.* Unten rechts in Kartusche typengedruckte Widmung an Kurfürst August von Sachsen, endend ... *VVittebergae Calendis Novembris Anno 1557* (43 Zeilen)

Holzschnitt von 9 Blöcken, 3 Reihen zu je 3 Bll., Gesamtformat 86 × 101 cm

Das einzige bekannte Exemplar dieser Erstausgabe ist in der Öffentlichen Bibliothek der Universität, Basel.

Siehe Abb. 66

Bei einem weiteren Exemplar in der Bibliothèque Nationale, Paris endet das Geleitwort oben links mit der Adresse *ANTVERPIAE / EXCVDEBAT BERNARDVS / PVTEANVS, / ANNO M.D.LIX.* Die Widmung an August von Sachsen ist ersetzt durch ein niederländisches Geleitwort *Aenden Lesere* (Abb. bei NEBENZAHL, Plate 20).

Dieses zweite Exemplar macht die Frage um die Publikationsumstände dieser Karte – und auch der Palästina-Karte – doch wieder offener. Im Grunde gab es um diese Zeit in Wittenberg keinen Holzschneider, der zu einem solchen Werk fähig gewesen wäre. So steht die Hypothese im Raum, daß die Stöcke in Antwerpen geschnitten worden sind. Es hätte also eine verlegerisch-organisatorische Zusammenarbeit zwischen Crato und van der Putte gegeben, in der beide Firmen die Karte in jeweils eigenen Versionen vertrieben hätten. Wie auch immer: Für das *Theatrum* wurde die Karte der Exodus-Route nicht verwendet.

Von Stellas Karten der Paulus-Reisen und Europas gibt es in den kartenhistorischen Quellen heute keine weiteren Spuren. Wahrscheinlich sind sie nicht vollendet worden, mit einiger Sicherheit nie erschienen.

Der nächste und umfassendste Abschnitt im kartographischen Werk Stellas bestand in der Erarbeitung einer Landesaufnahme von ganz Deutschland. Der erste Schritt war die Publikation eines Einblattdruckes im Jahre 1560:

Die gemeine Landtaffel des / Deudschen Landes, Etwan durch Herrn Se= / bastian Munsterum geordnet, nun aber vernewert und gebessert / Durch Tilemannum Stellam von Siegen.

Typengedruckter Titel in Rahmen oben in der Mitte dieses Einblattdruckes. Die runde, südorientierte Karte steht in der Mitte innerhalb eines Kalenderringes. In den vier Ecken stehen ebenfalls runde astronomische Rechenscheiben. Unten in der Mitte in Kartusche typengedruckte Widmung an Herzog Johann Albrecht von Mecklenburg, datiert *1560*

Holzschnitt mit Typendruck, 2 Bll. übereinander, Gesamtformat 53 × 36 cm

Exemplare: Germanisches Nationalmuseum, Nürnberg; Siegerland-Museum, Siegen.

Die in der älteren Literatur genannten Exemplare in Berlin, Dresden und Zerbst sind seit 1945 verschollen bzw. verloren.

Siehe Abb. 67

In seiner ganzen Anlage folgt dieses Blatt – wie Stella im Titel selbst auch sagt – der Deutschland-Karte Sebastian → Münsters von 1525. Der *Catalogus Auctorum* nennt diese Karte Stellas dann auch unter dem Eintrag zu Münster; Exemplare mit dem hier gegebenen Datum 1567 sind allerdings bisher nicht bekannt. Im *Theatrum* weiter verwendet wurde die Karte nicht.

Der topographische Inhalt dieser Karte ist völlig neu erarbeitet. Zu ihrer Erläuterung erschien – wie bei Münster – eine Schrift *Kurtzer und klarer Bericht vom Gebrauch und Nutz der newen Landtafeln sampt iren zugeordneten Scheiben* (Wittenberg: J. Crato 1560); etliche weitere Auflagen erschienen bei anderen Verlegern, so bei Peter Zeitz, den der *Catalogus Auctorum* als Drucker der Deutschland-Karte nennt. Auch Stellas nächster Schritt folgte dem Vorbild Münsters. Er verfaßte eine Vorhaben und Methoden erklärende Schrift *Methodus quae in chorographica et historica totius Germaniae descriptione observabitur* (Rostock: Jacobus Transylvanus, 1566; einziges heute bekanntes Exemplar in der Universitätsbibliothek, Halle). 1560 und dann wieder 1569 erhielt Stella für sein großes Deutschland-Projekt ein kaiserliches Privileg für den Druck, der insgesamt 100 Blätter umfassen sollte. Dieses Privileg hat er nie ausgenutzt, denn das Kartierungsunternehmen, das einer der großen Meilensteine in der Geschichte der deutschen Kartographie gewesen wäre, blieb unvollendet.

Im Rahmen der Arbeiten an dem Deutschland-Kartenwerk war Stella in vielen Gegenden als Regionalkartograph tätig. So war er 1561 in Luxemburg, die dort geschaffene und im *Catalogus Auctorum* genannte Landesaufnahme ist heute verloren. 1564 führte er eine Landesaufnahme in den pfälzischen Ämtern Zweibrücken und Kirkel durch im Maßstab von etwa 1:25 000 (zehn handschriftliche Karten heute im Kriegsarchiv in Stockholm, Edition bei OEHME – ZÖGNER). In Mecklenburg war er mehrfach mit Kartierungs- und Planungsarbeiten zu einer Kanalverbindung zwischen Elbe und Ostsee beschäftigt.

Auf unbekannten Wegen – durch eine frühe Verbindung aus Wittenberger Zeiten mit Antwerpen? – ist Tilemann Stella kurz vor 1570 mit dem Atlasprojekt von Abraham Ortelius in Kontakt gekommen. Als Originalarbeit trug er zum *Theatrum* bei eine Karte der sächsischen Grafschaft Mansfeld, deren Publikationsgeschichte etwas unklar ist. Die früheste Fassung ist ein Einblattdruck von 1570:

MANSFELDIAE / SAXONIAE TOTIVS, / NOBILISSIMAE, NOVA / ET EXACTA CHORO= / GRAPHICA DE= / SCRIPTIO

Titel oben rechts in ovaler Kartusche, in deren Rand die Datierung *1570*. Unten links die Signatur *Franc. / Hogenb. / ex vero / sculpsit*.

Kupferstich, 36,5 × 43 cm

Exemplare: Staatsbibliothek Preußischer Kulturbesitz, Berlin; Bibliothèque Royale, Brüssel.

Siehe Abb. 68

Dies ist mit hoher Sicherheit die von Stella selbst betreute Originalausgabe. Für die etwa gleichzeitig erschienene, inhaltlich überaus ähnliche Mansfeld-Karte von Johannes → Mellinger hatte er dem Autor vermutlich seine Aufzeichnungen überlassen. Nicht sicher zu sagen ist, ob diese Editio princeps in Antwerpen erschien oder in Köln als Einblattdruck im eigenen Verlag → Hogenbergs. Wie aber auch immer: Kurze Zeit später war die Platte in Antwerpen. Der Titel wurde neu gestochen, der Text in einem rechteckigen Rahmen oben rechts lautet nun: *MANSFEL= / DIAE COMI- / TATVS DE- / SCRIPTIO. / auctore / Tilemanno Stella Sig.* Die Stechersignatur unten links ist geändert in *Franc: Hogenb: sculpsit*. In dieser Form wurde die Platte dann ab 1573 für das *Theatrum* verwendet (Nr. 58).

Bis an sein Lebensende hat Tilemann Stella an dem Projekt des Deutschland-Kartenwerkes gearbeitet, auch nachdem er 1582 von Mecklenburg nach Zweibrücken übergesiedelt und in pfälzische Dienste getreten war. 1584 war er in Straßburg, um weiteres Material zu sammeln; dort traf er mit Daniel → Specklin zusammen. Während einer Reise nach Mecklenburg starb er am 18. Februar 1589 in Wittenburg an der Elbe.

Die *absolutissima totius Germaniae descriptio* wird seit 1584 im *Catalogus Auctorum* im Eintrag zu Stella erwähnt. Seit der Ausgabe 1595 sagt Ortelius an gleicher Stelle, er wisse nicht, ob Stellas Sohn diese Arbeiten seines Vaters fortsetzen wolle. Es handelt sich hier wohl um Christoph Tilemann Stella, der 1589 in Zweibrücken als „Mathematicus" zum Nachfolger seines Vaters ernannt wurde und noch für 1605 als Geometer am Mittelrhein belegt ist. 1596 schrieb Georg von Werdenfels aus Augsburg an Ortelius, er werde sich – wohl auf dessen Bitte hin – in Rostock erkundigen, ob noch weitere Karten des verstorbenen Tilemann Stella publiziert werden sollten. In dieser Hinsicht ist aber nichts mehr geschehen. Das Werk Stellas blieb unvollendet, die von ihm gesammelten Unterlagen wurden 1677 beim Brand des Schlosses in Zweibrücken vernichtet.

Lit.:
- ARNHOLD, H.: Die Karten der Grafschaft Mansfeld. In: *Petermanns Geographische Mitteilungen* 120, 1976, S. 242–255
- BAGROW, *Catalogus II*, S. 72–77
- ERNST, G.: Das Privilegium des Kaisers Maximilian II für Tilmann Stella von Siegen. In: *Die Heimat* 6, Dortmund 1924, S. 234–235
- ERNST, G.: Tilm. Stella's Karte von Deutschland 1560. In: *Siegerland* 10, 1928, S. 5–8
- FAUSER, A.: Ein Tilmann Stella-Himmelsglobus in Weissenburg in Bayern. In: *Der Globusfreund* 21–23, 1973, S. 150–155
- HESSELS, *Epistolae*, Nr. 291
- NEBENZAHL, *Maps of the Bible Lands*, S. 76–77
- OEHME, R. und L. ZÖGNER: *Tilemann Stella. Landesaufnahme der Ämter Zweibrücken und Kirkel des Herzogtums Pfalz-Zweibrücken (1564)* (= Quellen zur Geschichte der deutschen Kartographie VI). Koblenz–Lüneburg 1989
- PAPAY, G.: Aufnahmemethodik und Kartierungsgenauigkeit der ersten Karte Mecklenburgs von Tilemann Stella (1525–1589) aus dem Jahre 1552 und sein Plan zur Kartierung der deutschen Länder. In: *Petermanns Geographische Mitteilungen* 132, 1988, S. 209–216.

Gerhard STEMPEL

Gerhard Stempel (Gerrit Stempels, lat. Gerardus Stempelius bzw. Stampelius) wurde um 1546 in Gouda in den Niederlanden geboren, Mitglieder seiner Familie sind dort seit der Mitte des 15. Jahrhunderts als Ratsherrn und Schöffen belegt. In den Religionsunruhen verließ er als Katholik seine Heimat. 1579 wurde er in die theologische Fakultät der Universität Köln immatrikuliert. Seit 1588 ist Stempel nachweisbar als Kanoniker am Stift St. Georg in Köln. Er starb vermutlich am 16. März 1619 in Köln.

In den ersten Jahren nach seinem Studium war Gerhard Stempel recht fruchtbar als Kartograph tätig. Obwohl er sich mehrfach als *Cosmographus* und *Mathematicus* bezeichnete, war er in diesem Metier wahrscheinlich Autodidakt. Sein Arbeitsgebiet fand er im Rahmen der Feldzüge kaiserlicher Truppen ab 1583 im Rheinland gegen den zur Reformation übergetretenen Kölner Erzbischof Gebhard Truchseß von Waldburg. Es entstanden gedruckte Pläne der Festungen Neuss (1585), Bonn (1588) und Wachtendonk (1588). Handschriftlich blieb eine Karte der brabantischen Herrschaft Bachem bei Köln. Als Parallelstück dazu entstand die im *Catalogus Auctorum* genannte, für das *Theatrum* aber sonst nicht verwendete Karte der Herrschaft Kerpen-Lommersum westlich von Köln, ebenfalls eine brabantische Exklave im Territorium Kurkölns:

GEOGRAPHICA DESCRIPTIO TERRITORII ET DOMINII KERPENSIS ET LOMMERSCHVM DVCATVS BRABANTIAE, per Gerardum / Stempelium Goudanum Ca.cū S. / Georgi Colon. 1587

Titel und Signatur entlang des oberen Kartenrandes

Kupferstich 20,5 × 28 cm.

Die Karte wurde, wie alle anderen Arbeiten Stempels auch, in Köln von der Werkstatt des Frans →Hogenberg gestochen. Sie erschien als Einzelblatt, aber auch in dem Atlas der Niederlande *Itinerarium Belgicum* (Köln 1587). Autor dieses anonymen Werkes war Georg Braun (→Hogenberg), der Dechant des Kölner St. Georg-Stiftes.

In den ersten Jahren seines Kanonikats scheint Stempel seine Tätigkeit als Kartenmacher eingestellt zu haben. Erst für 1598 ist er wieder belegt als Autor einer handschriftlichen Karte des Maaslaufes zwischen Lüttich und Maastricht. Zusammen mit einem ansonsten unbekannten Adrian Zelst schuf er ein Papier-Astrolab mit einer zugehörigen Beschreibung *Utriusque astrolabii tam particularis quam universalis fabrica et usus* (Lüttich 1602 und spätere Ausgaben).

Lit.:
- MEURER, *Atlantes Colonienses*, S. 36–41 und S. 84–89
- MEURER, P.H.: Gerhard Stempel, Georg Braun en het ‚Itinerarium Belgicum' (Keulen 1587). In: *Caert Thresoor* 3, 1984, S. 3–8
- ZINNER, *Astronomische Instrumente*, S. 541.

Nicola Antonio STIGLIOLA

Der im ganzen Umfang seiner Bedeutung bis heute wahrscheinlich noch verkannte Nicola Antonio Stigliola (auch Col'Antonio Stilliola, Collantonia

Stelliola u.ä.) war ein typischer Universalgelehrter der italienischen Spätrenaissance. Er wurde 1547 in Nola bei Neapel geboren. Die erste Spur seines wissenschaftlichen Wirkens ist eine Disputation über Gifte und Gegengifte an der medizinischen Fakultät der Universität Padua (*Theriace et mithridatia libellus*, gedruckt Neapel 1577). Sein Leben verbrachte Stigliola weitgehend am aragonesischen Hof in Neapel. Als freier Gelehrter beschäftigte er sich mit Medizin, Mathematik, Topographie, Zivil- und Militärarchitektur. Zusammen mit seinem Bruder Modesto, der ebenfalls als Ingenieur tätig war, richtete er in Neapel eine Druckerei ein, die zahlreiche Bücher verschiedenster Fachrichtungen herstellte. Stigliolas Neigung zur kopernikanischen Lehre ließ ihn unter dem Verdacht der Häresie 1597 zeitweilig am Hof in Ungnade fallen. Durch diese Beschäftigung mit Astronomie und Optik kam er mit Galilei in Verbindung. Stigliolas eigener Beitrag zu dieser Thematik war ein Buch *Il telescopo* (Neapel 1616), die geplante Einrichtung eines Observatoriums in Neapel wurde nicht verwirklicht. Unvollendet blieb auch Stigliolas Lebenswerk, eine allumfassende *Encyclopedia Pythagorea*. Er starb 1623 in Neapel.

In der Geschichte der italienischen Kartographie von großer Bedeutung ist Nicola Antonio Stigliola als der eigentliche Urheber der ersten größermaßstäblichen Landesaufnahme Neapels. An diesem Projekt arbeitete er seit 1582 in offiziellem Auftrag. 1588 berichtete er darüber – im Anschluß an einen früheren, heute verlorenen Brief – an Ortelius. Darin gibt er an, daß das Neapel-Kartenwerk auch publiziert werden sollte. Allem gegenwärtigen Wissen nach ist dies aber nicht geschehen, und das Werk blieb ohne Bedeutung für das *Theatrum*. 1597 wurde Stigliola – wohl wegen der Anklage der Häresie – die Verantwortung für die zu dieser Zeit wohl fertige Landesaufnahme entzogen; darüber berichtet Jacob Cole im gleichen Jahr an Ortelius. Etwa zehn Jahre später ging das von Stigliola zusammengestellte Material an den seit 1586 in Neapel tätigen Stecher Mario Cartaro (1563–1613) aus Rom, der u.a. auch die Karten von → Danti und → Iasolino gestochen hat. Er beantragte 1607 von der Regierung in Neapel einen Zuschuß von 200 Dukaten, um das Kartenwerk stechen zu lassen. Für 1611 liegt eine Notiz vor, daß Cartaro die Landesaufnahme in 20 großformatigen Blättern dem spanischen Vizekönig in Neapel widmen wollte. Von diesem Druck ist bisher kein Exemplar bekannt geworden, und es ist fraglich, ob er überhaupt realisiert worden ist. Erhalten sind lediglich mehrere handschriftliche Fassungen. Die vermutlich älteste, vielleicht noch direkt auf Stigliola zurückgehende Version fand VALERIO in einer römischen Privatsammlung. Von 1613 gibt es ein Manuskript, das von Mario Cartaro signiert ist (Biblioteca Nazionale, Neapel). Weitere Fassungen sind in der Biblioteca Apostolica Vaticana, in der Biblioteca Nazionale in Bari und in der Bibliothèque Nationale, Paris. Wahrscheinlich nur auf dem Weg dieser handschriftlichen Überlieferung fand die Landesaufnahme Neapels von Stigliola Eingang in den Atlas von → Magini und dadurch in zahlreiche weitere gedruckte Karten des 17. Jahrhunderts.

Lit.:
- ALMAGIA, *Mon. Ital. Cart.*, S. 47–48
- FASTIDIO, D.: Mario Cartaro e l'Atlante del Regno di Napoli. In: *Napoli Nobilissima* 13, 1904, S. 191 ff.
- HESSELS, *Epistolae*, Nr. 157 und 309
- MANZI, P.: Un grande nolano obliato: Nicola Antonio Stigliola. In: *Archivio Storico per le Province Napoletane* 11, 1973, S. 287–312
- VALERIO, V.: The Neapolitan Saxton and his survey of the Kingdom of Naples. In: *The Map Collector* 18, 1982, S. 14–17.

Maciej STRUBICZ

Maciej Strubicz (Matthias Strubitz) wurde um 1520–1530 in Schlesien (im Raum Neisse?) geboren. Daten zu seiner Jugend und Ausbildung fehlen, in jungen Jahren stand er in unbekannter Funktion im Dienst mehrerer polnischer Adliger. Seit 1559 war er für den polnischen König tätig. 1559–1561 schuf Strubicz eine polnische Übersetzung eines Werkes des preußischen Herzogs Albrecht über die Kriegskunde. Zwischen 1560 und 1562 ist er belegt als Grenzoffizier, 1563 wurde er geadelt. Seit 1567 lebte er in Livland, das kurz zuvor unter polnische Hoheit gekommen war. Er wurde Sekretär der Landesverwaltung in Kokenhausen und erhielt das nahegelegene Dorf Abel als Lehen und Wohnsitz. In den 1570er Jahren hat sich Strubicz sehr intensiv mit der Landeskunde dieser Region beschäftigt. 1577 beendete er eine geographische Beschreibung Livlands, die aber erst 1727 gedruckt wurde. Für 1579 sind Arbeiten an einer Karte Litauens belegt. Unmittelbarer Anlaß hierfür dürfte der Krieg um Livland 1577–1581 zwischen Polen und Rußland gewesen sein. Diese Arbeiten sind im Original verloren. Das Material bzw. Teile davon sind auf noch unbekanntem

Wege nach Köln an die Werkstatt von Frans →Hogenberg gelangt. Er stach die im *Catalogus Auctorum* genannte Karte von Strubicz, die als Beilage zu dem Buch *Polonia sive de origine et rebus gestis Polonorum* (Köln: Birckmann, 1589) von Martin Kromer (vgl. auch Wacław →Grodecki) erschien:

MAGNI DVCATVS / LITHVANIAE / LIVONIAE ET / MOSCOVIAE / DESCRIPTIO

Titel unten links in Kartusche. Rechts daneben: *Matthias Strubicz / Nobilis Polonus / describebat.*

Kupferstich, 32,5 × 39 cm.

Siehe Abb. 69

Die Karte zeigt vor allem Livland, dazu Teile von Litauen und Rußland. Für das *Theatrum* wurde sie nicht verwendet, eine Karte Livlands nach Johannes →Portantius hatte Ortelius im *Theatrum* als Originalveröffentlichung gebracht.

In den letzten Jahren seines Lebens stand Maciej Strubicz in den Diensten von Mikolaj Krystof Radziwiłł (1549–1616), Marschall des polnischen Königs in Litauen. Dieser ist in der Kartographiegeschichte bekannt als Initiator der sehr einflußreichen sogenannten „Radziwill-Karte" von Litauen, erarbeitet von dem Kartographen Tomasz Makowski (1575–1630?) und erstmals 1613 publiziert in Amsterdam von Hessel Gerritsz (1580/81–1632). Es ist nicht unwahrscheinlich, daß diese Karte zumindest in Teilen auf den Vorarbeiten von Strubicz beruht. Maciej Strubicz starb 1599 an unbekanntem Ort.

Lit.:
- ALEXANDROWICZ, S.: *Rozwoj kartografii Wielkiego Ksiestwa Litewskiego od XV do polowy XVIII wieku.* Posen 1989
- BUCZEK, *Polish Cartography,* S. 49 ff.

Johannes STUMPF

Johannes Stumpf (lat. Stumpfius bzw. Stufius) wurde am 23. April 1500 geboren in Bruchsal am Oberrhein als Sohn des dortigen Bürgermeisters. Eine erste Ausbildung erhielt er auf Schulen in Landau, Frankfurt am Main und Straßburg, danach studierte er ab 1517 an der Universität Heidelberg Theologie. Nach der Priesterweihe wurde er 1522 katholischer Pfarrer in Bubikon bei Zürich. Hier machte er die Bekanntschaft des Reformators Ulrich Zwingli (→ Tschudi) und trat mit seiner ganzen Gemeinde zum neuen Glauben über. 1529 heiratete Stumpf die Tochter des Zürcher Historikers Heinrich Brennwald (1478–1551). Wohl erst durch ihn kam er zur Beschäftigung mit der Geographie und Historiographie. Gestützt auf Vorarbeiten Brennwalds, ging Stumpf an die weitere Materialsammlung zu einer historisch-geographischen Beschreibung der Schweiz. Erste publizistische Frucht war ein Einblattdruck von 1538 mit einem Lobgedicht auf die Schweiz und einer kleinen Übersichtskarte in Holzschnitt nach Gilg → Tschudi (Unikum in der Zentralbibliothek, Zürich). 1545 konnte Stumpf das Manuskript seines großen Werkes abschließen (erhalten ebenfalls in der Zentralbibliothek, Zürich). Es erschien erstmals 1547 bzw. 1548 in Zürich bei Christoph Froschauer als *Gemeiner loblicher Eydgenossenschaft Stetten, Landen und Volckeren chronikwirdiger Thaaten und Beschreibung* in drei Bänden (Neuauflagen 1586 und 1606). Von 1543 bis 1561 wirkte Stumpf als Pfarrer in Stammheim im Kanton Zürich. 1562 zog er sich nach Zürich zurück, wo ihm wegen seiner Leistung als Historiograph bereits 1548 das Bürgerrecht verliehen worden war. Dort starb er 1577 oder 1578.

Insgesamt enthält die „Schweizer Chronik" Stumpfs etwa 3900 Abbildungen, die in der Mehrzahl von Heinrich Vogtherr dem Älteren (Johannes → Honter) in Holz geschnitten worden sind. Neben Porträts, Wappen und Stadtansichten sind darunter auch 23 Landkarten. Zehn von ihnen wurden von den Holzstöcken gedruckt, die von Vogtherr geschnitten worden waren für Froschauers Zürcher Ausgaben der *Rudimenta cosmographica* des Johannes Honter. Die übrigen 13 Karten beruhen auf eigenen Entwürfen Stumpfs, Quellen waren neben eigenen Beobachtungen die Schweiz-Karte Tschudis und die Kosmographie von Sebastian → Münster. Von fünf dieser Karten sind die Druckstöcke erhalten, sie befinden sich heute im Ritterhaus in Bubikon.

Bei dem im *Catalogus Auctorum* genannten Werk Stumpfs handelt es sich um eine Separatausgabe von zwölf dieser neuen Karten, ohne die anderen und den Text der „Schweizer Chronik". Sie erschien erstmals 1548 in Zürich bei Christoph Froschauer als *Landtaflen. Darinn findst du, lieber Läser, schöner recht und wolgemachter Landtaflen XII, namlich ein allgemeine Europae, demnach etlich besondere als deß Tütschen Lands, Franckreychs und der allgemeinen Eydgnöschafft Landschafften abgeteilte Taflen als deß Turgöws, Zürychgöws, Argöws ...* (Edition bei DÜRST). Weitere Auflagen dieser Fassung in Form eines Atlas, der im Prinzip als der erste Nationalatlas der Kartengeschichte gilt, erschienen 1556, 1562 und 1574. Bei dieser Serie handelt es sich um zwölf Holzschnittkarten mit Kopftiteln, kurzen Erläuterungstexten in Kartuschen und aller übrigen Beschriftung in Typendruck. In der Erstausgabe 1548 lauten die Kopftitel:

 I. Europa / Das dritteil der wält (27,5 × 39 cm)
 II. Germania / Tütschland (28 × 39 cm)
 III. Gallia / Franckrych (28 × 38 cm)
 IV. Die gantz Eydgnöschafft (30 × 42 cm)
 V. Das Turgow (29 × 19 cm)
 VI. Das Zürychgow (29 × 19 cm)
 VII. Das Ergow (29,5 × 18,5 cm)
 VIII. Das Wiflispurgergow (28,5 × 19 cm)
 IX. Die Lepontier (28,5 × 18,5 cm)
 X. Rhetia / Die Pündt (29 × 19 cm)
 XI. Wallis (16,5 × 29,5 cm)
 XII. Die Rauracer / Basler gelegenheit (18 × 29,5 cm).

Als dreizehnte Originalkarte Stumpfs enthält die „Schweizer Chronik" eine Karte der Schweiz zur Römerzeit (28,5 × 41,5 cm), sie wurde in die vorliegende Atlas-Ausgabe nicht aufgenommen.

Für das *Theatrum* wurde keine einzige der Karten Stumpfs verwendet. Ein Grund mag gewesen sein, daß Ortelius ihre Abhängigkeit von Tschudi und Münster erkannt hat. Weiterhin aber sind die Teilkarten der Schweizer Gebiete doch relativ grob und inhaltsarm, somit erschienen sie vielleicht auch für eine Umsetzung in Kupferstich in größeres *Theatrum*-Format weniger geeignet.

Lit.:
- BAGROW, *Catalogus II*, S. 77–80
- MÜLLER, H.: *Der Geschichtsschreiber Johann Stumpf. Eine Untersuchung über sein Weltbild* (= Schweizer Studien zur Geschichtswissenschaft, Neue Folge, Bd 8). Zürich 1945
- OEHME, R.: Die Ausgaben der zwölf Landtafeln des Johannes Stumpf. In: *Zentralblatt für Bibliothekswesen* 54, 1937, S. 380–387
- *Johannes Stumpfs Schweizer- und Reformationschronik*. Hrsg. von E. GAGLIARDI, H. MÜLLER und F. BUSSER. 2 Tle (= Quellen zur Schweizer Geschichte, Neue Folge, Bd 1, Nr. 5–6). Basel 1952–1955
- *Die Landkarten des Johannes Stumpf*. Faksimile mit einem Begleittext von A. DÜRST. Langnau 1975.

Jacques de SURHON

Jacques de Surhon (auch Surchon, lat. Jacobus Surhonius) und seinem Sohn Jean de → Surhon kommt in der Geschichte der niederländischen Provinzialkartographie als Praktiker eine Bedeutung zu, die durchaus mit der Jacob van → Deventers und des jungen Gerard → Mercator vergleichbar ist. Feste Daten zu seiner Biographie sind spärlich. Geboren wurde Jacques de Surhon gegen Ende des 15. Jahrhunderts in Mons, wo er zeitlebens ansässig blieb; nach seiner Heimatstadt bildete er sein Cognomen Montanus. Im Hauptberuf und wohl auch von der Ausbildung her war er Goldschmied, zeitweilig arbeitete er auch als Münzgraveur für die Grafen von Hennegau. Weiterhin bezeichnen ihn zeitgenössische Quellen als „cartiste", was wohl generell als „Kartenmacher" zu übersetzen ist. Im offiziellen Auftrag der Regierung in Brüssel arbeitete er gemeinsam mit seinem Sohn Jean an der Erstellung genauer Karten der südlichen Provinzen der damals spanisch-habsburgischen Niederlande. Wahrscheinlich für diese Arbeiten erhielt er spätestens seit 1555 eine Pension. Jacques de Surhon starb im Juni oder Juli 1557 in Mons.

Im Gegensatz zu den Arbeiten Jacob van Deventers in den nördlichen Provinzen der Niederlande unterlagen die Karten der Surhons einer wesentlich größeren Geheimhaltung. Bis auf eine Ausnahme blieben sie über Jahrzehnte unveröffentlicht. Der Grund hierfür waren wohl wechselnde politische Umstände. Die Surhons kartierten eben die südlichen Provinzen und damit die Grenzregion zu Frankreich, dem großen Gegner vor allem Kaiser Karls V. Später haben dann zusätzlich die Ereignisse des Unabhängigkeitskampfes der Nordprovinzen eine Rolle gespielt. Erst 1579, zur Zeit der kurzen Unabhängigkeit Antwerpens von der spanischen Krone, gelang es Ortelius unter im Detail unbekannten Umständen, sich die Kartenmanuskripte der Surhons zu beschaffen und zu publizieren.

Insgesamt wissen wir von drei Karten, die Jacques de Surhon geschaffen hat bzw. die allein unter seinem Namen erschienen sind:

1. Das Manuskript einer Hennegau-Karte wurde 1548 abgeschlossen. Ihre Erstveröffentlichung erfolgte 1579 im *Theatrum* (Nr. 81, mit Neustich Nr. 111).

2. Auf Befehl Karls V. vom 15. März 1551 begann Jacques de Surhon gegen ein Honorar von 500 Livres mit der Arbeit an einer Karte des Herzogtums Luxemburg. Auch sie erschien erstmals 1579 im *Theatrum* (Nr. 79).

3. Ziemlich verwirrend stellt sich im *Theatrum* die Frage um die Autorenschaft an einer Karte der Grafschaft Artois dar, für deren Fertigstellung Jacques de Surhon 1554 eine Summe von 36 Livres ausgezahlt erhielt:

- 1579 wird die Artois-Karte im *Catalogus Auctorum* als Werk von Jean de Surhon genannt, auch die publizierte Fassung (Nr. 82) nennt Jean als Autor.
- Seit der *Theatrum*-Ausgabe 1587 wird mit Privileg aus diesem Jahr eine neue Platte verwendet (Nr. 115); inhaltlich ist die Karte kaum verändert, beigefügt ist eine Widmung an Christophe de Assonleville. Diese neue Fassung nennt – wie seit 1587 auch der *Catalogus Auctorum* – Jacques de Surhon als Autor.
- Seit 1595 wird im *Theatrum* für die Darstellung des Artois dann wieder die alte Platte von Nr. 82 verwendet; hier wurde hinzugefügt die Widmung aus Nr. 115, aber ohne Datierung. Die alte Autorenbezeichnung Jean de Surhon bleibt erhalten, der *Catalogus Auctorum* führt die Artois-Karte aber weiter unter dem Vater Jacques.

Da Jacques de Surhon quellenmäßig eindeutig als der Haupturheber belegt ist, ist die Zuschreibung an ihn problemlos.

Eben durch ihre Aufnahme in das *Theatrum* erreichten die Surhon-Karten eine erstmalige und gleichzeitig weite Verbreitung. Sie wurden typenbildend bis ins 17. Jahrhundert.

Lit.:
- DÉNUCÉ, *Kaartmakers I*, S. 28–45
- DÉNUCÉ, J.: Jean et Jacques Surhon, cartographes montois, d'après les archives plantiniennes. In: *Annales du Cercle Archéologique du Mons* 42, 1914, S. 259–279
- VÉKENE, E. van der: *Les cartes géographiques du Duché de Luxembourg*. Luxemburg 1980, S. 6 ff.

Für Information und wissenschaftliche Hilfe zur Surhon-Forschung bin ich sehr zu Dank verpflichtet Herrn Prof. Maurice ARNOULD (Mons). Siehe weiter auch die Lit. zu Jean de Surhon.

Jean de SURHON

Von Jean de Surhon (Joannes Surhonius) sind weder Geburts- noch Sterbejahr bekannt. Er war der Sohn und enge Mitarbeiter von Jacques de → Surhon. Auffällig ist, daß die kartographische Tätigkeit Jeans mit dem Tode seines Vaters 1557 ebenfalls aufhörte. Vielleicht war Jacques de Surhon in der Tat in diesem Team die treibend-fähige Kraft. Andererseits aber war die erste Kartierung der südniederländischen Provinzen um 1557 abgeschlossen. Möglicherweise trat Jean de Surhon anschließend in anderer Funktion in den Dienst der Behörden in Brüssel. Für 1558 ist er belegt als Begleiter des Grafen de Hornes in geheimer Mission nach England.

Unter dem Namen von Jean de Surhon sind heute drei Karten südniederländischer Provinzen bekannt:

1. 1555 erhielt er 130 Livres für eine Karte der Grafschaft Namur. Sie blieb lange vertrauliches Manuskript und wurde erst 1579 im *Theatrum* publiziert (Nr. 80).
2. Am 11. und 22. Dezember 1557 erhielt Jean de Surhon ein königliches Privileg zum Druck von Karten des Vermandois und der Picardie. Die Karte des Vermandois wurde 1558 in Antwerpen publiziert wahrscheinlich bei Arnold Nicolai, unter dessen Namen sie ab 1559 mehrfach in den Rechnungen Plantins genannt ist. Ein gesichertes Exemplar dieser Originalausgabe, mit Angabe von Jahr und Verleger, ist in der Literatur nicht beschrieben. Zumindest in ihrer großen Nähe aber steht der folgende, bisher ebenfalls noch nicht bibliographierte Kartendruck, der ohne Angabe von Druckort-, -jahr und Verleger erschien, bei dem es sich aber mit hoher Sicherheit um eine Antwerpener Arbeit dieser Zeit handelt:

VEROMAN / DVORVM ET / EORVM CON= / FINIVM EXAC / TISS. DESCR. / Auct. / Joannes Surhonio / Hannoṽese

Kupferstich, ca. 52,5 × 38 cm

Das einzige bekannte Exemplar ist in einem Sammelatlas in der Bibliothèque Royale, Brüssel.

Siehe Abb. 70

Nur mit dieser Vermandois-Karte ist Jean de Surhon seit der Editio princeps im *Catalogus Auctorum* genannt. Ebenfalls seit 1570 enthält das *Theatrum* eine Karte des Vermandois (Nr. 11b), die nach dem beschriebenen Druck kopiert sein könnte. Sie ist wie dieses vermutliche Original südorientiert. Seit 1598 wurde im *Theatrum* ein Neustich verwendet (Nr. 139b), dieser ist genordet.

3. Die ebenfalls im Privileg von 1557 genannte Karte der Picardie ist wahrscheinlich zunächst doch nicht veröffentlicht worden. Zumindest fehlt sie in den Rechnungen Plantins und allen weiteren zeitgenössischen Quellen. Die älteste bekannte Fassung ist die seit 1579 im *Theatrum* enthaltene Picardie-Karte (Nr. 77).

Die Jean de Surhon in einigen Ausgaben zugeschriebene Karte des Artois ist, wie oben dargelegt, ein Werk von Jacques de Surhon.

Lit.:
- BAGROW, *Calatogus II*, S. 80–81
- ROCART, E.: Les cartographes du XVIe siècle. 1: Jean de Surhon. In: *Bulletin de la Société Royale Belge de Géographie* 42, 1928, S. 122–229.

Sehr herzlich sei Mme Lisette DANCKAERT (Bibliothèque Royale, Brüssel) gedankt, die mich auf die genannte Karte des Vermandois aufmerksam machte. Siehe weiterhin auch die Lit. zu Jacques de Surhon.

Gabriel SYMÉONI

Gabriel Syméoni (ital. Gabriele Siméoni, lat. Symeonus und Symeoneus, franz. auch Syméon) wurde am 25. Juli 1509 in Florenz als Sohn einer verarmten Adelsfamilie geboren. Die Überlieferungslage zu seiner Biographie weist zahlreiche Lücken und Unsicherheiten auf. Syméoni war zeitlebens ein wandernder, von Mäzenen abhängiger Poet und Gelegenheitsschriftsteller. 1528 war er als Sekretär einer florentinischen Gesandtschaft erstmals in Frankreich, für 1538 ist er auf einer Englandreise nachweisbar. Danach lebte er in Italien in Florenz, Rom, Venedig und Turin. Für 1549 ist er in Troyes in Frankreich belegt, ehe er dann 1552 einen Gönner im Bischof von Clermont-Ferrand fand. Fortan lebte er im Literatenmilieu in Lyon und am französischen Hof. Er starb vermutlich 1570 in Clermont-Ferrand.

Die erste bekannte Veröffentlichung des Dichters Gabriel Syméoni waren die *Rime toscane* (Venedig 1538). Es folgten einige politische Kleinschriften wie die *Commentarii alla teetrarchia di Vinegia, di Milano, di Mantova e di Ferrara* (Venedig 1546) und der *Discorso sopra castrametatione e disciplina* (Lyon 1555). Nach seiner Übersiedlung nach Clermont-Ferrand wandte sich Syméoni archäologischen, historischen und geographischen Arbeiten zu, inbesondere zum Gebiet der Auvergne. Sein Hauptwerk hier war *Le sententiose imprese e dialogo con la verificatione del sita di Gergovia, la geografia d'Overnia ...* (Lyon: Guillaume Roville, 1650), ein Sammelband mit Notizen zu historischen, numismatischen, epigraphischen, geographischen und religiösen Themen. Der Hauptteil dieses Werkes erschien auch als Separatdruck *Dialogo pio e speculativo con diverse sentenze* (Lyon: G. Roville, 1560) bzw. in französischer Übersetzung *Description de la Limaigne d'Auvergne en forme de dialogue* (Lyon: G. Roville, 1561). Alle drei Ausgaben enthalten eine Karte der Limagne und Auvergne, von der aber nicht sicher ist, ob sie wirklich auf eine eigene Landesvermessung durch Syméoni zurückgeht:

Ovale Karte ohne eigentlichen Titel. Bei der italienischen Ausgabe steht auf dem gleichen Blatt über der Karte in Typendruck ein Titel *LA LIMAGNA D'OVERNIA* mit einer Widmung (in Latein) an Katharina von Medici, signiert *GABRIEL SYMEONEVS FLORENTINVS* und datiert *M.D.LX*. Die französische Ausgabe trägt einen typengedruckten Kopftitel *CARTE DE LA LIMAIGNE / D'AVVERGNE*, unter der Karte steht eine unsignierte kurze Landesbeschreibung in Französisch

Holzschnitt, Kartenformat 24 × 26,5 cm.

Siehe Abb. 71

Diese Karte ist für das *Theatrum* inhaltlich sehr genau kopiert worden (Nr. 10b). Das Original ist gewestet, während Ortelius eine Nordorientierung gewählt hat.

Lit.:
- BAGROW, *Catalogus II*, S. 83–84
- RENUCCI, T.: *Un aventurier des lettres au XVIe siècle. Gabriel Symeoni Florentin 1509–1570?*. Paris 1943
- RENUCCI, T. (Hrsg.): *Gabriele Simeoni, Description de la Limagne d'Auvergne*. Paris 1943.

Etienne TABOUROT

Daten zu Leben und Werk des im *Catalogus Auctorum* genannten *Stephanus Tabourotius* fehlen im Prinzip völlig. Wenig wahrscheinlich ist die von RICHARD angenommene Identität mit dem gleichnamigen Advokaten, Dichter und Tanzmeister Etienne Tabourot des Accordes (1547–1590) aus Dijon. BANFI hält den Kartographen Etienne Tabourot für einen Onkel dieses Dichters und gleichzeitig – ohne aber einen konkreten Beweis zu liefern – für identisch mit jenem Stefano Franchese, der 1561–1562 an den Wandkarten in der Bella Loggia des Vatikan beteiligt war (vgl. auch → Danti).

Der *Catalogus Auctorum* bezeichnet die von Etienne Tabourot geschaffene Karte des Herzogtums Burgund ausdrücklich als unpubliziert, und zwar bis zur letzten Ausgabe. So ist es fraglich, ob Tabourot jener Anonymus → Burgundia Inferior war, der die vermutlich handschriftliche Vorlage für die *Theatrum*-Karte des *Burgundiae Ducatus* (Nr. 96 und 142a) lieferte.

Lit.:
- BANFI, F.: The Cosmographic Loggia in the Vatican Palace. In: *Imago Mundi* 9, 1952, S. 23–34.
- BANFI, F.: The cartographer Etienne Tabourot. In: *Imago Mundi* 11, 1954, S. 34–36
- MOUREAU, F. und SIMONIN, M. (Hrsg.): *Tabourot, Seigneur des Accordes, un Bourguignon poète de la fin de la Renaissance.* Dijon 1990
- RICHARD, J.: Un géographe bourguignon: Etienne Tabourot. In: *Annales de Bourgogne* 28, 1956, S. 129–131.

Georg TANNSTETTER

Georg Tannstetter (Georgius Collimitus, nach der Lage des Geburtsortes auch mit dem Cognomen Lycoripensis) wurde 1482 in Rain am Lech/Bayern geboren. Nach einem Mathematikstudium 1496–1502 in Ingolstadt folgte er seinem Lehrer Johannes Stabius († 1522) nach Wien, wo er 1503 Professor für Mathematik und Astronomie wurde. An der Universität Wien wurde Tannstetter zum Mitbegründer und zu einer Zentralfigur der sog. zweiten Wiener mathematischen Schule, die wichtige Arbeit in der astronomischen und auch kartographischen Grundlagenforschung leistete. Seit 1514 gab er zahlreiche Schriften zur Astronomie, Mathematik und Kartographie heraus, darunter Kalender und Almanache sowie Arbeiten seiner Vorgänger auf dem Wiener Lehrstuhl Georg Peuerbach (1423–1461) und Johannes Regiomontanus (1436–1476). Ab 1514 arbeitete Tannstetter mit an einer vom 5. Lateran-Konzil geforderten Kalenderreform. Schließlich war er in Wien auch als Arzt tätig, bereits 1510 war er von Kaiser Maximilian I. zum Hofarzt ernannt worden. Er starb am 26. März 1535 in Wien.

Wichtig war Georg Tannstetter nicht zuletzt als akademischer Lehrer, zu seinen Schülern gehörten u.a. die Kartographen Peter → Apian, → Lazarus Secretarius und Jakob → Ziegler. Sein eigenes kartographisches Werk ist nur im Umriß faßbar. 1522 schuf er eine nicht erhaltene Karte über den Schauplatz der Türkenkriege in Südosteuropa. Weiterhin hat er das von Lazarus Secretarius gesammelte Material bearbeitet zum Druck von dessen 1528 erschienener Ungarn-Karte.

Lit.:
- GRIMM, H.: Georgius Collimitus. In: *Neue Deutsche Biographie* 3, 1957, S. 322–323
- GRÖSSING, H.: *Humanistische Naturwissenschaft. Zur Geschichte der Wiener mathematischen Schulen des 15. und 16. Jahrhunderts* (= Saecula Spiritalia 8). Baden-Baden 1983, bes. S. 181 ff.
- STUHLHOFER, F.: Georg Tannstetter (Collimitus). Astronom, Astrologe und Leibarzt bei Maximilian I. und Ferdinand I. In: *Jahrbuch des Vereins für Geschichte der Stadt Wien* 7, 1981, S. 7–49
- SZATHMARY, *Descriptio Hungariae*, Nr. 20
- ZINNER, *Astronomische Literatur*, mit zahlreichen Nennungen.

Luis TEIXEIRA

Mitglieder der Familie Teixeira waren in Portugal über mehrere Generationen als Kartographen tätig. Von Pero Fernandez Teixeira sind zwei Portolankarten des Atlantiks von 1525–1528 bekannt. Sein Sohn Luis Teixeira (Ludovicus Tercera) ist erstmals belegbar mit dem 18. April 1564, an diesem Tage wurde er von dem königlichen Oberkartographen Pedro Nunez (1492–1577) examiniert. 1569 erhielt er ein Patent, um Karten und Navigationsinstrumente zum Gebrauch in der königlichen Flotte anzufertigen. Insgesamt sind von der Hand Luis Teixeiras ca. 15 Karten bekannt, zum größten Teil sind sie bibliographiert bei CORTESAO-TEIXEIRA DA MOTA. Eine ganze Reihe von diesen Werken dürfte auf eigenen Aufnahmen beruhen. Um 1575 war Luis Teixeira in Brasilien, Pionierarbeit leistete er bei der Kartierung der Azoren. Unsicher ist, ob er mit jenem Luis Teixeira identisch ist, der 1613 einen Auftrag zur erneuten Kartierung der afrikanischen Westküste erhielt. Das Sterbejahr ist wie das Geburtsdatum unbekannt. Seine Söhne Pedro († 1662) und Joao I (um 1575–um 1660) Teixeira Albernaz zählen zu den wichtigsten portugiesischen Kartenmachern des frühen 17. Jahrhunderts. Die Familientradition wurde noch fortgeführt durch Joao II und dessen Sohn Miguel Albernaz.

Luis Teixeira hatte intensive Beziehungen zu den Kartenmachern in den Niederlanden, u.a. zu Jodocus → Hondius, Lucas Jansz. → Waghenaer und Joannes van Deutecum. Mit Ortelius stand er seit 1582 in Kontakt. Ihre erste gemeinsame Arbeit war eine Karte der Azoren-Hauptinsel Terceira. Sie erschien 1582 als Einblattdruck und wurde aus unbekannten Gründen nicht in das *Theatrum* übernommen:

TERÇERA
Titel oben Mitte in Kartusche. Unten in der Mitte: *1582 / A. Ortelius cum Privilegio*

Kupferstich, 22 × 28,5 cm

Ein Exemplar befindet sich in der Bibliothèque Nationale, Paris (Abb. bei CORTESAO-TEIXEIRA DA MOTA IV, Nr. 366B).

Die seit 1584 im *Theatrum* enthaltene Karte der *Acores Insulae* (Nr. 95) zeigt die gesamte Inselgruppe. Das Manuskript dürfte von Teixeira selbst an Ortelius geschickt worden sein, die zugehörige Korrespondenz ist nicht erhalten. Hier bestehen große Ähnlichkeiten mit einem handgezeichneten Atlas Teixeiras der Azorengruppe, der sich heute in der Biblioteca Nazionale in Florenz befindet.

Mit Brief vom 2. Februar 1592 übersandte Teixeira an Ortelius *dos piesas de las descripciones de la China y del Japan*, um welche dieser ihn in einem früheren, nicht erhaltenen Schreiben gebeten hatte; gleichzeitig versprach er eine Karte Brasiliens. Von diesem Material wurde nur die Karte Japans seit 1595 für das *Theatrum* verwendet (Nr. 134). Unbekannt ist, woher Teixeira seine Informationen hatte. Anzunehmen ist eine Bearbeitung von Unterlagen, die von Jesuitenmissionaren gesammelt wurden.

Insbesondere zur Chronologie etwas verwirrend ist im gegebenen Zusammenhang ein Hinweis, der sich derzeit nur in der japanischen Fachliteratur finden. Laut AKIOKA und danach UNNO wurde eine Japan-Karte des später fundamentalen Teixeira-Typs bereits 1588 veröffentlicht in einem *Miroir du Monde* des Iac Blydeuen. Es ist mir aber nicht gelungen, den Lagerort des von AKIOKA beschriebenen Exemplars ausfindig zu machen wie überhaupt dieses Werk anderwärtig zu verifizieren.

Lit.:
- AKIOKA, T.: *Nihon Chizu Shi* (Geschichte der Karten Japans). Tokio 1955
- CARACI, G.: Messa a punto sul cartografo portoghese Luis Teixeira. In: *La Bibiofilia* 38, 1936, S. 1–20
- CORTESAO-TEIXEIRA DA MOTA, *Port. Mon. Cart. IV*, S. 79–91
- HESSELS, *Epistolae*, Nr. 210
- UNNO, K.: Japan. In: *Lexikon zur Geschichte der Kartographie*, S. 357–361.

Jean du TEMPS

Die *Theatrum*-Karte des Blésois (Nr. 138a) ist eine sehr genaue Kopie nach einer Vorlage, die 1594 im *Théatre François* Bouguereaus publiziert wurde:

DESCRIPTION DV PAIS BLAISOIS

Titel in Rahmen entlang des oberen Kartenrandes. Oben links und rechts zwei Kartuschen mit Erläuterungen zur mathematischen Konstruktion der Karte. Unten links in Rahmen Angabe zum Meilenumfang der Erde, darüber in Kreis die Stechersignatur *G.T.fe.* (= Gabriel Tavernier fecit). Links daneben *Avec Privilege du Roi 1591*. Unten rechts in Kartusche die Autorenangabe *IOANNES Temporarius / faciebat Blesis Anno / Messiae nati 1592, Epoche / Christianae 1590, Mundi 5610*. Darunter die Adresse Bouguereaus

Kupferstich, 48 × 35 cm

Autor dieser Karte war Jean du Temps II (Ioannes Temporarius), geboren 1555 in Blois als Sohn des Advokaten, Historiographen und Dichters Jean du Temps I. Leben und Werk der Mitglieder dieser Familie sind noch weitgehend unerforscht. Jean du Temps II war über 50 Jahre in Blois ebenfalls als Advokat tätig. Daneben besaß er auch Kenntnisse in der Astrologie und Mathematik. Ebenfalls tätig auf diesen Gebieten war sein Bruder Adam du Temps, der als Festungsingenieur in königlichen Diensten stand. Eine gemeinsame Publikation der beiden Brüder war die Edition der von ihrem Vater nachgelassenen *Chronologicarum demonstrationum libri tres* (Erstausgabe Frankfurt am Main, 1596; weitere Ausgabe La Rochelle 1600). Denkbar ist, daß Adam du Temps auch an der Karte des Blésois mitgearbeitet hat. Die Todesdaten aller genannten Mitglieder der Familie du Temps sind bisher nicht bekannt.

Lit.:
- BERNIER, J.: *L'histoire de Blois*. Paris 1682, S. 463–467.

Für Forschungshilfe sei hier gedankt Mme. Thérèse BUREL (Archives Départementales de Loir-et-Cher, Blois).

André THEVET

André Thevet stammte aus Angoulême und war der Sohn eines Barbiers. Das Geburtsjahr war höchstwahrscheinlich 1516, die in der älteren Literatur genannten Daten 1502 und 1504 sind in jedem Fall unzutreffend. Bereits im Alter von zehn Jahren, also etwa um 1526, trat er in Angoulême in den Franziskanerorden ein. Über seine Ausbildung zum Geographen ist wenig bekannt, Studien in Poitiers und Paris sind nicht sicher belegbar. Überhaupt ist das Berufsbild Thevets im früheren Teil seines Leben etwas schwer zu fassen, der Seelsorge oder überhaupt einem theologischen Amt scheint er sich kaum gewidmet zu haben. Für 1537 ist sein erster Italien-Aufenthalt belegt, wahrscheinlich hat er um diese Zeit auch die Iberische Halbinsel bereist. Von 1549 bis 1552 machte Thevet eine große Reise durch Griechenland, die Türkei, Palästina und Ägypten. Hieraus entstand nach der Rückkehr nach Frankreich seine erste geographische Publikation, die *Cosmographie du Levant* (Lyon 1554, unter späteren Ausgaben auch Antwerpen 1556). 1555–1556 nahm Thevet teil an der französischen Brasilien-Expedition unter Admiral Nicolas Durand de Villegagnon. Frucht dieser Reise war das Werk *Les singularitez de la France Antarctique* (Paris 1557, auch Antwerpen 1558). Anschließend blieb André Thevet in Paris ansässig. Aus letztlich nicht geklärten Gründen trat er 1558 aus dem Franziskanerorden aus, dies geschah aber offiziell mit päpstlicher Dispens. 1560 wurde er von König Franz II. zum „Cosmographe du Roi" ernannt. Zum Lebensunterhalt scheint dieses Amt allein aber nicht ausgereicht zu haben. In den folgenden Jahren ist er auch belegt als Verwalter des Hôpital de Saint Jacques du Haut und als Prinzipal des Collège de Chenac. Im Alter konnte er noch die grundlegende *Cosmographie universelle* (Paris 1575, mit vier Erdteilkarten nach Gerard Mercator) und *Les vrais pourtraits et vies des hommes illustres* (Paris 1584) publizieren. Thevet starb am 23. November 1590 in Paris.

Soweit es sich beim gedruckten kartographischen Werk André Thevets um außerhalb seiner Bücher erschienene Arbeiten handelt, ist davon bisher keine einzige Karte durch ein vorhandenes Exemplar belegt. Dies gilt zunächst für beide bei Ortelius genannten Werke:

1. In den frühen *Theatrum*-Ausgaben seit 1570 ist im *Catalogus Auctorum* Thevets Frankreich-Karte aufgeführt mit dem Vermerk *nondum edita*. Erst seit der Ausgabe 1592 wird gesagt, sie sei 1578 in Paris erschienen. Ein Exemplar dieser Karte ist bisher nicht bekannt geworden. Verschollen ist auch ein Nachstich von Gerard de Jode, der seit 1579 in den Rechnungen Plantins erscheint.

2. Erst ab 1592 nennt der *Catalogus Auctorum* eine Weltkarte Thevets *sub lilii forma*. Laut eigener Aussage von Thevet in seinen *Pourtraits et vies* hatte er sie bereits 1583 König Heinrich III. übergeben. Auch diese Karte ist verschollen. Es handelte sich hier vielleicht um eine Weltkarte in einer Projektion, welche die Erdoberfläche in drei nur im Pol zusammenstoßende Sektionen darstellte. Ihr Vorbild wäre dann eine Weltkarte aus dem um 1555 entstandenen Manuskriptatlas *Cosmographie universelle* des Kartographen Guillaume Le Testu (ca. 1512–1572). Thevet hat sie mit einiger Sicherheit gekannt, Le Testu hatte als Steuermann an der Brasilien-Reise von 1555–1556 teilgenommen.

In anderen Sekundärquellen werden als weitere Werke Thevets genannt Karten von Spanien und der Schweiz sowie ein Erdglobus, sie sind sämtlich ebenfalls verschollen.

Wie die Nennung der noch ungedruckten Frankreich-Karte belegt, war Abraham Ortelius über die Arbeiten von Thevet schon recht früh sehr gut informiert. Ihre Verbindung ist definitiv aber erst belegt durch einen Brief von 1585 an Ortelius, in dem Thevet über das letzte große Projekt seines Lebens berichtet: ein Insularium mit 350 Kupfertafeln. 1590 schrieb Philipp Winghe an Ortelius, bei seinem Besuch fünf Jahre zuvor in Paris habe er dieses Werk gesehen. 1589 schließlich wird das Insularium im Testament Thevets erneut als noch unvollendet genannt. Sein langjähriger Freund, der Kartograph François de la → Guillotière, sollte für die Herausgabe sorgen. Dieser starb jedoch ebenfalls schon vor 1595, und das Insularium Thevets ist nie publiziert worden. Das Manuskript mit 266 zum Teil schon gestochenen Inselkarten liegt in der Bibliothèque Nationale in Paris (Beschreibung bei LESTRINGANT–PASTOUREAU).

Lit.:
- ADHEMAR, J.: *Frère André Thevet, grand voyageur et cosmographe des Rois de France au XVIe siècle.* Paris 1947
- BAGROW, *Catalogus II,* S. 83–87
- DESTOMBES, M.: André Thevet, 1504–1592, et sa contribution à la cartographie. In: *Proceedings of the Royal Society of Edinburgh 72,* 1972, S. 123–131; Wiederabdruck in DESTOMBES, *Contributions,* S. 401–412
- HESSELS, *Epistolae,* Nr. 143 und 185
- LESTRINGANT, F.: *André Thevet.* In PASTOUREAU, M.: *Les atlas français XVIe–XVIIe siècles.* Paris 1984, S. 481–495
- LESTRINGANT, F.: *Le Huguenot et le Sauvage. La controverse coloniale en France au temps des guerres de religion.* Paris 1990
- LESTRINGANT, F.: *André Thevet, cosmographe des derniers Valois.* Genf 1990

— *André Thevet, La Cosmographie du Levant*. Edition critique par F. LESTRINGANT. Paris 1985.

Für sehr kollegiale Hilfe zum Thema Thevet bin ich M. Frank LESTRINGANT (Mulhouse–Paris) zu großem Dank verpflichtet.

Leonhard THURNEISSER

Der vielseitige Gelehrte und Unternehmer Leonhard Thurneisser (auch Thurneysser, Thurnysser und Thurneisser zum Thurn) war eine recht schillernde Gestalt im deutschen Späthumanismus. Er wurde am 5. August 1531 in Basel geboren als Sohn eines Goldschmieds und lernte zunächst das Handwerk seines Vaters. Aus wirtschaftlichen Gründen in Mißkredit geraten, verließ er 1547 Basel und machte Reisen nach Frankreich und England. 1555 in die Heimat zurückgekehrt, mußte er Basel 1559 erneut verlassen. Er ging nach Tirol und trat als Metallurg und Bergwerks- und Hütteninspektor in den Dienst von Erzherzog Ferdinand II. von Österreich. Dieser ermöglichte ihm weitere Reisen nach West- und Südeuropa und den Vorderen Orient. Vermutlich erst während dieser Zeit hat sich Thurneisser — wahrscheinlich im Selbststudium — umfangreiche Kenntnisse in Medizin, Pharmazie und Astrologie angeeignet. 1565 nach Tirol zurückgekehrt, war er für den Erzherzog wieder als Metallurg, aber auch als Apotheker tätig. 1569 reiste er nach Münster und diente dem dortigen Bischof Johann von Hoya als Apotheker und wohl auch als Leibarzt. 1571 siedelte Thurneisser nach Berlin über und trat als Leibarzt in den Dienst von Kurfürst Georg von Brandenburg. An seinem neuen Wohnort gründete er mehrere Unternehmen, z.B. eine Salpetersiederei, ein chemisches Laboratorium und einen Arzneimittelhandel. 1572 richtete er zudem im Grauen Kloster in Berlin eine Druckerei ein, in der die meisten seiner zahlreichen Werke zu metallurgischen, medizinischen, pharmazeutischen und astrologischen Themen hergestellt wurden. Bereits 1577 aber verkaufte er seinen gesamten Berliner Besitz wieder. Den Rest seines Lebens verbrachte Thurneisser als Privatier in Berlin, Basel und auf Reisen. Er starb am 8. Juli 1596 in Köln.

Die Nennung im *Catalogus Auctorum* seit 1579 ist der einzige greifbare Hinweis auf eine Brandenburg-Karte von der Hand des Leonhard Thurneisser. Ortelius selbst bezeichnet sie als „noch nicht erschienen", und aller Wahrscheinlichkeit nach ist sie auch nie gedruckt worden. Jedenfalls findet sich im zeitgenössischen Kartenschaffen keine Spur einer solchen Karte, das bis zur Mitte des 17. Jahrhunderts maßgebende und oft kopierte Kartenbild Brandenburgs schuf Gerard → Mercator nach → Camerarius. Bei der Sorgfalt von Abraham Ortelius ist jedoch anzunehmen, daß eine Brandenburg-Karte Thurneissers als Handzeichnung existiert hat oder zumindest vorbereitet wurde. Eine direkte Verbindung zwischen Ortelius und Thurneisser ist nach den vorhandenen Quellen nicht belegbar, der wahrscheinliche Informationsfluß ist aber zu rekonstruieren. Während seines Aufenthaltes in Münster ist Thurneisser in Verbindung gekommen mit Remigius Hogenberg, dem Stecher der Westfalen-Karten von → Mascop und Bruder von Frans → Hogenberg. Remigius Hogenberg stach 1570 eine große Ansicht von Münster nach einer Vorlage des Malers Hermann tom Ring (1521–1597), die eine Widmung an Thurneisser trägt. Wohl über die Hogenbergs sind die Angaben über die Brandenburg-Karte dann an Ortelius gelangt.

Lit.:
— BENZING, *Buchdrucker*, S. 49–50
— BOERLIN, P.A.: *Leonhard Thurneysser als Auftraggeber. Kunst im Dienste der Selbstdarstellung zwischen Humanismus und Barock*, Basel–Stuttgart 1976
— KIRCHHOFF, K.-H. und P. PIPER: *Münster 1570. Der Kupferstich des Remigius Hogenberg nach einer Zeichnung des Hermann tom Ring*. Münster 1980
— MOEHSEN, J.C.W.: Leben Leonhard Thurneissers zum Thurn, Churfürstl. Brandenburgischen Leibarztes. In: *Beiträge zur Geschichte der Wissenschaften und Künste in der Mark Brandenburg*. Berlin–Leipzig 1783 (Neudruck München 1976), S. 1–198
— MORYS, P.: *Medizin und Pharmazie in der Kosmologie Leonhard Thurneissers zum Thurn (1531–1596)*. Husum 1982.

Gilg TSCHUDI

Der Schweizer Historiker, Geograph und Staatsmann Gilg Tschudi (auch Schudi u.ä., lat. Aegidius Tschudi bzw. Tschudius) wurde 1505 in Glarus geboren. Sein erster Lehrer war der Reformator Ulrich Zwingli (1484–1531), der in jungen Jahren (1506–1516) als katholischer Pfarrer in Glarus wirkte. Seit 1516 studierte Tschudi an der Universität Basel bei Heinrich Glarean (1488–1563), er machte jedoch keinen akademischen Abschluß. Wirtschaftliche Unabhängigkeit durch ein wohlhabendes Elternhaus ermöglichte ihm das freie Leben eines Humanisten klassischer Prägung. 1524 bereiste Tschudi die ganze Schweiz mit dem Ziel einer Landesaufnahme. Ergebnis war eine Karte, deren erste handschriftliche Fassung wahrscheinlich schon um 1528 fertig war. Erst 1538 wurde sie erstmals gedruckt, als wissenschaftlich-kartographischer Herausgeber und vielleicht auch Mitarbeiter fungierte Sebastian → Münster. Von dieser Editio princeps, die in Basel von Johann Bebel gedruckt wurde, ist kein Exemplar bekannt. Sicher nachgewiesen ist sie durch eine zugehörige, in zwei Sprachen erschienene Begleitschrift *Die uralt warhafftig Alpisch Rhetia* bzw. in lateinischer Ausgabe *De prisca ac vera Alpina Rhaetia ... descriptio* (beide Basel: Michael Isingrin, 1538). Die älteste erhaltene Ausgabe der originalen Schweiz-Karte Tschudis wurde 1560 in Basel bei den Erben Isingrins († 1557) gedruckt:

NOVA RHAETIAE ATQ. TOTIVS HELVETIAE DESCRIPTIO PER AEGIDIVM TSCHVDVM GLARONENSEM

Titel in Schriftrolle über dem oberen Kartenrand. Oben in der Mitte in Kartusche lateinisches Geleitwort in Typendruck *SEBASTIANVS MVNSTERVS COSMO- / MOGRAPHIAE (sic!) STVDIOSIS S.D.* (7 Zeilen). Oben rechts in Kartusche in Typendruck deutsches Geleitwort des Herausgebers dieser Auflage, des Basler Logikprofessors Konrad Wolfhardt (= Lycosthenes, 1518–1561), endend mit der Adresse *Getruckt zu Basel, bey denn erben Michaelis Isengrini, im Jar M.D.LX.* (insgesamt 48 Zeilen)

Holzschnitt mit allen Namen in Typendruck von 9 Stöcken, 9 Bll. in 3 Reihen zu je 3 Bll., Kartenformat 87 × 111 cm. Der Druck ist umgeben von einem dekorativen Rand, der von 12 separaten Stöcken gedruckt ist und vermutlich nicht zur Originalausgabe gehörte. Format einschließlich Zierrand 114 × 129 cm

Das einzige bekannte Exemplar dieser Ausgabe ist in der Öffentlichen Bibliothek der Universität, Basel (Vollfaksimile Zürich 1883/1962). Zu diesem Basler Exemplar gehören eine lateinische Fassung des Geleitwortes von Wolfhardt (gedacht zum Aufkleben auf die Karte) sowie eine Liste von Orten und Koordinaten.

Eine weitere Auflage wurde 1614 von dem Basler Drucker Konrad Waldkirch veranstaltet. Der Zierrand ist neu geschnitten, Münsters Geleitwort ist ins Deutsche übertragen. Das einzige bekannte Exemplar dieser Ausgabe ist in der Stadt- und Universitätsbibliothek, Bern.

Diese Karte der Schweiz von Tschudi hatte großen Einfluß. Sie wurde typenbildend bis zum Ende des 16. Jahrhunderts und auch von Ortelius ohne wesentliche Änderungen für das *Theatrum* übernommen (Nr. 31).

1530 war Gilg Tschudi Landvogt von Glarus geworden. Bemerkenswert ist, daß er trotz seiner freundschaftlichen Beziehungen zur reformierten Basler Humanistenszene Katholik blieb. 1536–1540 macht er Reisen nach Frankreich und Italien, 1559 war er als Abgesandter der Eidgenossenschaft auf dem Reichstag in Augsburg. An einer verbesserten Fassung seiner Karte der Schweiz hat er beständig weitergearbeitet. Sie wurde jedoch nicht mehr gedruckt. Ein Konvolut von etwa 60 handschriftlichen Kartenzeichnungen gehört zum umfangreichen Nachlaß Tschudis, der sich heute in der Stiftsbibliothek in St. Gallen befindet. Gilg Tschudi starb 1572 in Glarus.

Lit.:
- BAGROW, *Catalogus II*, S. 87–91
- BALMER, H.: Die Schweizerkarte des Aegidius Tschudi von 1538. In: *Gesnerus* 30, 1973, S. 7–22
- BLUMER, W.: Die Schweizer Karte von Gilg Tschudi und Gerhard Mercator. In: *Geographica Helvetica* 5, 1950, S. 190–193.
- BLUMER, W.: The map drawings of Aegidius Tschudi (1505–1572). In: *Imago Mundi* 10, 1953, S. 57–60
- BLUMER, W.: *Bibliographie der Gesamtkarten der Schweiz von Anfang bis 1802* (= Bibliographia Helvetica 2). Bern 1957, S. 35 ff.
- GALLATI, F.: Gilg Tschudi und die ältere Geschichte des Landes Glarus. In: *Jahrbuch des Historischen Vereins des Kantons Glarus* 49, 1938, S. 1–398
- *Aegidius Tschudi, Nova Rhaetiae atque totius Helvetiae descriptio* (Vollfaksimile). Zürich 1883, Neudruck Zürich 1962.

Pierre TURREL

Leben und Werk von Pierre Turrel (auch Turel und Tureau, lat. Petrus Turellus) sind noch weitgehend unerforscht. Er wurde etwa um 1490 in Autun geboren. Später wirkte er als Lehrer der Mathematik und Philosophie sowie als Rektor eines Kollegs in Dijon, wo er um 1547 starb. Publizistisch nachweisbar ist er vor allem als Autor einiger kleinerer astrologischer und mathematischer Schriften wie *Le grand prognosticon ... pour l'an M.CCCCC et XXIII* (Dijon 1522), *Computus novus* (Dijon 1525), *Fatale precision par les astres et disposition d'icelle sur la region de Jupiter, maintenant appelée Bourgoigne, pour l'an 1529* (s.l.) und *La periode, c'est a dire la fin du monde contenant la disposition des choses terrestres par la vertu et influences des corps celestes* (s.l. 1531).

Der Hinweis auf eine von Pierre Turrel geschaffene „Descriptio" Burgunds ist im *Catalogus Auctorum* zitiert nach LA CROIX DU MAINE, der zu Turrel angibt: *Il a escrit une table chorographique de Bourgongne*. Nun ist einmal nicht sicher, ob es sich hier überhaupt um eine Darstellung in Form einer wirklichen Karte oder nicht vielleicht nur um eine Darstellung in Text- oder Tabellenform handelt. Weiterhin ist auch denkbar, daß sich LA CROIX DU MAINE hier geirrt hat. Turrel war der Autor einer *Histoire de Bourgogne et table chronologique* (sic!) *du meme pays*. Eine Handschrift dieses Werkes befand sich in der Sammlung des Historikers und Staatsmannes Philibert de la Mare (1615–1687) in Dijon. Wie aber auch immer: Die Burgund-Karte von Pierre Turrel ist nicht erhalten. Für die Kartenausstattung des *Theatrum* hatte sie keinerlei Bedeutung, und überhaupt sind Einflüsse dieses Werkes – so es denn existiert hat – in der Kartographie des späteren 16. Jahrhunderts nicht erkennbar.

Lit.:
- *Biographie universelle ancienne et moderne. Nouvelle edition*. Bd 42, Leipzig–Paris 1862 (Neudruck Graz 1970), S. 304–305
- CIORANESCO, A.: *Bibliographie de la litterature française du seizième siècle*. Paris 1959, S. 671
- LA CROIX DU MAINE, F.: *Le premier volume de la bibliothèque du Sieur de La Croix du Maine*. Paris 1584, S. 417
- OURSEL, C.: Notes sur le libraire et imprimeur dijonnais Pierre Grangier, a propos d'une édition inconnue du Computus Novus de P. Turrel. In: *Mémoires de la Société eduenne* 34, 1906, S. 289–309.

Florian UNGLER

Der Eintrag zu *Florianus* (nicht *Ioannes Florianus*!) im *Catalogus Auctorum* ist etwas verwirrend. Es handelt sich hier um den etwa von 1510 bis 1528 in Krakau tätigen Drucker Florian Ungler. Dieser erhielt am 18. Oktober 1526 vom polnischen König Sigismund I. ein Privileg zum Druck von insgesamt drei Karten:

- *Tabula seu mappa totum Regnum Nostrum et Masoviam et pleraque alia loca complectens*
- *Tabula Ducatus Prussiae, Pomeraniae, Samogethiae et Magni Ducatus Nostri Lithuaniae*
- *Tabula Regni Nostri Poloniae et etiam Hungariae ac Valachiae, Turciae, Tartariae et Masoviae* (i.e. *Moscoviae*).

Übertragen heißt dies, Ungler erhielt ein Privileg zum Druck

1. einer Karte des Königreichs Polen,
2. einer Karte des nördlichen Osteuropa,
3. einer Karte des südlichen Osteuropa.

Alle diese Karten waren lange Zeit ohne die geringste Spur verloren. Erst 1932 fand PIEKARSKI in alten Einbänden des Staatsarchivs in Warschau insgesamt acht Fragmente sehr alter Kartendrucke, die sich in der Analyse als Teile der oben unter 1 und 3 genannten Karten erwiesen. Danach sind in etwa folgende bibliographische Angaben möglich:

Zu 1. (Mapp)*a in qua illustr* (antur ditionis Regni) *Poloniae ac magni d* (ucatus Lithuaniae pars)

Titel über dem oberen Kartenrand. Oben Mitte in Kartusche die Druckeradresse mit dem Wort *floriano* und der Ziffer 6 (als Fragment der Jahreszahl 1526?)

Holzschnitt vielleicht von 4 Blöcken, Gesamtformat um 85 × 90 cm

Abb. bei BUCZEK, Fig. 12–14.

Zu 2. Keine Angaben.

Zu 3. Titel vielleicht ähnlich wie der Wortlaut im *Catalogus Auctorum*

Holzschnitt vielleicht von 4 Blöcken, alle Namen und Texte in Typendruck, Gesamtformat um 46 × 60 cm.

Siehe Abb. 72

Laut dem *Catalogus Auctorum* erschien die Karte 3 im Jahre 1528. Der Publikationszeitraum war allerdings sehr kurz. Die Holzstöcke wurden vernichtet, als Unglers Druckerei im April 1528 abbrannte. Auch die von PIEKARSKI gefundenen Kartenfragmente existieren nicht mehr. Sie gingen 1944 beim Warschauer Aufstand verloren. Karol BUCZEK ließ Faksimiles anfertigen für die erste Folge der von ihm geplanten „Monumenta Poloniae Cartographica". Die bereits gedruckte Auflage wurde 1939 bei der Besetzung Krakaus durch deutsche Truppen zerstört. Nur wenige Probedrucke blieben erhalten.

Mit der wissenschaftlichen Erarbeitung aller drei Karten hatte Florian Ungler allerdings nichts zu tun. Bereits das Privileg von 1528 nennt als kartographischen Urheber Bernard Wapowski, den „Vater der polnischen Kartographie". Er wurde um 1475 in Radochońce bei Przemyśl geboren, sein Vater war ein wohlhabender Adliger aus dem nahegelegenen Dorf Wapowce. 1493 wurde Wapowski an der Universität Krakau immatrikuliert, während der mathematischen und astronomischen Studien dort machte er auch die Bekanntschaft von Nicolaus Copernicus. Bereits in jenen Jahren erhielt er nach der Priesterweihe auch ein Kanonikat in Krakau. Um 1500 ging er nach Italien, 1505 promovierte er zum Doktor des Kirchenrechts in Bologna. Anschließend lebte er in Rom, wo er von Papst Julius II. gefördert wurde. In Rom machte er auch die Bekanntschaft von Marcus Beneventanus, dem Bearbeiter der Ptolemäus-Ausgabe Rom 1507. Zu diesem Werk trug Wapowski landeskundliche Informationen bei, die eingingen in die *Tabula Moderna Poloniae, Ungariae, Boemiae, Germaniae, Russiae, Lithuaniae* dieser Ausgabe. 1515 kehrte er nach Polen zurück und trat als Sekretär in den Dienst von König Sigismund I. in Krakau. Intrigen verhinderten eine weitere Karriere im Kirchendienst. So widmete sich Bernard Wapowski umfassenden humanistischen Studien und Arbeiten. Von seinen Karten kennen wir eben nur das Ergebnis, die äußeren Umstände ihrer Entstehung sind unbekannt. In späteren Jahren arbeitete er an einer Chronik Polens, die aber Fragment und zu Lebzeiten ungedruckt blieb. Er starb am 2. November 1535 in Krakau.

Die drei Karten Bernard Wapowskis sind der Beginn der neuzeitlichen Kartographie Osteuropas. Auch wenn sie nicht im Original erhalten sind, so sind sie dennoch zum Teil durch Spuren in späteren Kartenwerken zu rekonstruieren. Die Polen-Karte (oben Nr. 1) war eine wichtige Grundlage für die auch von Ortelius übernommene Karte von Wacław → Grodecki sowie für die östlichen Teile der Deutschland-Wandkarte von Christian → Sgrothen. Die beiden anderen Karten (oben Nr. 2 und 3) bildeten wahrscheinlich die Hauptquelle für die Darstellung Osteuropas auf der Europa-Wandkarte von Gerard → Mercator.

Lit.:
- BUCZEK, *Polish Cartography*, S. 30ff.
- CHOWANIEC, C.: The first geographical map of Bernard Wapowski. In: *Imago Mundi* 12, 1955, S. 59–64
- PIEKARSKI, K.: *Pierwsza drukarnia Florjana Unglera 1510–1516.* Krakau 1926
- PIETKIEWICZ, S.: *Studia nad dokladnoscia dawnych map polskich. Trzy mapy z XVI i XVII wieku* (= Studia i materialy z dziejow nauki polskiej, Ser.C, Nr. 24). Warschau 1980, S. 37–62.

Giovanni Andrea di VAVASSORE

Daten zur Biographie von Giovanni Andrea di Vavassore (auch Valvassore, Vavassore di Vadagnino bzw. di Guadignino u.ä.) sind spärlich. Er war seit etwa 1510 in Venedig als Drucker und Holzschneider tätig, seine frühen Arbeiten signierte er mit den Initialen Z.A.V. = Zuan Andrea di Vavassore. Zeitweilig arbeitete er auch mit seinem Bruder Florio zusammen (ca. 1537–1544). Durch seine Arbeiten ist er nachweisbar bis 1572, Ort und Datum seines Todes sind unbekannt.

Unter den Drucken Vavassores sind auch etwa 20 größerformatige Stadtansichten und Landkarten; ihre Bibliographie bei BAGROW ist immer noch gültig, bedarf aber allmählich doch einer Revision. Etwas unklar ist, ob Vavassore auch eigenständiger Kartograph war. Bei den meisten seiner Karten handelt es sich um Kopien früherer Werke, z.B. der Karten von → Bellarmati, → Cusanus, → Finé (Frankreich-Karte), → Lazarus Secretarius, → Paletino, → Sophianus und → Vopelius (Weltkarte). Ohne eine klar erkennbare Vorlage hingegen ist die bei Ortelius im *Catalogus Auctorum* genannte, ansonsten aber nicht im *Theatrum* verwendete Italien-Karte:

ITALIA / OPERA DI IOANNE / ANDREA DI VAVA / SSORI DITTO / VADAGNINO

Titel unten links in Kartusche

Holzschnitt, 37,5 × 53,5 cm

Exemplare: Stadt- und Universitätsbibliothek, Bern; Harvard University Library, Cambridge/Mass.; British Library, London; Biblioteca Apostolica Vaticana, Rom; Österreichische Nationalbibliothek, Wien.

Siehe Abb. 73

Die Entstehung dieser altertümlichen ostorientierten Karte wird von ALMAGIA auf etwa 1540 datiert.

Im *Catalogus Auctorum* nicht genannt ist die von Giovanni Andrea di Vavassore 1557 publizierte typenbildende Friaul-Karte:

Kein eigentlicher Kartentitel. Unten links in Rahmen typengedruckter Text *La vera descrittione del Friu- / li, & patria con le Citta ...*, endend *In Vinegia per Giovanni Andrea Val- / vassori detto Guadagnino, / M.D.LVII.* (insgesamt 39 Zeilen)

Holzschnitt, 36 × 52 cm

Das einzige beschriebene Exemplar ist in der Universiteitsbibliotheek, Leiden (Abb. bei ALMAGIA, *Mon. Ital. Cart.*, Tav. XXXII-2).

Diese Originalausgabe oder eine der zahlreichen italienischen Kopien war die Vorlage für die Friaul-Karte des *Theatrum* (Nr. 35c).

Lit.:
- ALMAGIA, *Mon. Ital. Cart.*, S. 28
- ALMAGIA, R.: La carta d'Italia di G.A. Vavassore. In: *La Bibliofilia* 16, 1914, S. 81–88
- BAGROW, L.: *Giovanni Andreas di Vavassore. A Venetian cartographer of the 16th century. A descriptive list of his maps* (= Publications of the George H. Beans Library 14). Jenkintown 1939
- LAGO, L. und G. ROSSIT: *Descriptio Histriae*. Triest 1981
- MARINELLI, O.: *Un' antica carta geografica del Friuli*. Florenz 1902
- WAWRIK, F.: Giovanni Andrea di Vavassore. In: *Lexikon zur Geschichte der Kartographie*, S. 851.

Anders Sørensen VEDEL

Die seit 1590 im *Theatrum* enthaltene Karte Islands (Nr. 121) beruht laut dem *Catalogus Auctorum* auf einer Handzeichnung, die – vielleicht auf Vermittlung von Heinrich von →Rantzau – an Ortelius geschickt wurde von dem Mann, der auch die Widmung an den dänischen König Friedrich II. (1559–1588) signierte; des Königs Todesjahr ist der Terminus ante quem für die Fertigstellung dieser Vorlage. Anders Sørensen Vedel (Andreas Velleius) wurde am 9. November 1542 in Vejle/Ostjütland als Sohn eines Kaufmanns geboren. Nach einer ersten Ausbildung auf der Lateinschule in Ribe nahm ihn sein dortiger Lehrer, der Historiker und Altphilologe Hans Thomesen (1532–1573), mit nach Kopenhagen, wo Vedel ab 1561 die Universität besuchte. Bald darauf ging er auf eine längere Studienreise, die ihn zu Tycho Brahe nach Hven führte und danach an die Universitäten Leipzig und Wittenberg, wo er 1566 das Magisterexamen ablegte. In die Heimat zurückgekehrt, suchte Vedel zunächst vergeblich eine Anstellung im Schul- oder Kirchendienst. Finanziell abgesichert war er erst seit 1573, als er ein Kanonikat an der Domkirche in Ribe erhielt. Bereits um 1570 hatte er – unterstützt von dem dänischen Staatsmann Niels Kaas (1534–1594) – mit seinem wissenschaftlichen Lebenswerk begonnen: einer historisch-geographischen Beschreibung des Königreichs Dänemark, das zu dieser Zeit auch Grönland, Island, Norwegen und Teile Schwedens umfaßte. Für dieses Projekt hat Vedel selbst auch Karten gezeichnet, eine Reise zur Landesaufnahme in Dänemark ist für 1588–1590 belegt. Von diesen Karten sind jedoch keine Spuren erhalten, wie überhaupt das große Werk unvollendet blieb und zu seinen Lebzeiten nicht veröffentlicht wurde. Anders Sørensen Vedel starb am 13. Februar 1616 in Ribe.

An der kartographischen Erarbeitung der Island-Karte hatte Vedel – falls überhaupt – nur einen geringen Anteil. In *De scriptoribus danicus libellus* (Sp. 449) berichtet der dänische Historiker Claus Lyschander (1558–1624) über die *Descriptionem Islandiae per Gudbrandum loci istius episcopum summo studio et diligenti concinnatam et sibi communicatam, artificiose aeri insculptam opera et impensis Ortelii publici fecit iuris*. Der hier genannte wahre Autor, Gudbrandur Thorlaksson, wurde als Sohn eines lutherischen Pastors 1542 in Stadarbakki/Nordisland geboren. Nach der Ausbildung an der Kathedralschule in Holar 1553–1559 wirkte er zunächst als Lehrer, bevor er 1561–1564 ein Studium an der Universität Kopenhagen absolvierte. Wieder in Island, wurde Thorlaksson Rektor der Kathedralschule in Skálholt und 1570 Bischof von Holar. In diesem Amt verblieb er bis zu seinem Tode am 20. Juli 1627 in Holar.

Bereits in Kopenhagen hatte sich Thorlaksson mit Astronomie und Mathematik beschäftigt. In Island schuf er vor 1575 einen heute verlorenen Himmelsglobus. Auch ein Erdglobus wurde von ihm vorbereitet, aber vermutlich nie vollendet. In Holar stellte er die erste annähernd richtige Breitenbestimmung in Island an. So hat die Zuschreibung dieser Karte an Thorlaksson wohl ihre Berechtigung. Sie dürfte Teil des Materials gewesen sein, das er selbst an Vedel für dessen Landesbeschreibung Dänemarks geschickt hatte.

Lit.:
- GRÜNER-NIELSEN, H.: Anders Sørensen Vedel. In: *Dansk Biografisk Leksikon* 25, 1943, S. 183–192
- HERMANNSSON, H.: *Two cartographers*. Ithaka/N.Y. 1926

- KARKER, A.: *Anders Sørensen Vedel og den danske kronike* (= Studier fra Sprog- og Oldtidsforskning Bd 228). Kopenhagen 1955
- *Claudii Lyschandri historiographi danici De scriptoribus danicis libellus.* In WESTPHALEN, E.J. von (Hrsg.): *Monumenta inedita rerum Germanicarum.* Bd 3, Leipzig 1739, Sp. 447–486
- SIGURDSSON, H.: *Kortsaga Islands fra lokum 16 aldar til 1848.* Reykjavik 1978, S. 9–15
- WEGENER, C.F.: *Om Anders Sørensen Vedel.* Kopenhagen 1845.

Eufrosino della VOLPAIA

Die *Theatrum*-Karte des Kirchenstaates (Nr. 35b) von 1570 ist eine reduzierte Kopie einer großformatigen Wandkarte, die auch von italienischen Verlegern des 16. Jahrhunderts vielfach in kleinerem Format nachgedruckt wurde:

Ohne eigentlichen Titel. Oben links in Kartusche Widmung an Papst Paul III. (1534–1549): *Con quanta fatica io mi sia ingegnato di esprimere i ques / te carte il paese di Roma ...* (18 Zeilen). Unten rechts in Kartusche die Privilegien der päpstlichen, venezianischen und florentischen Behörden mit der Datierung 1547

Kupferstich auf 6 Bll., 2 Reihen zu je 3 Bll., Gesamtformat 111 × 124 cm

Exemplare: Biblioteca Apostolica Vaticana, Rom; Zentralbibliothek der Deutschen Klassik, Weimar; das Breslauer Exemplar ging 1945 verloren (Abb. bei ALMAGIA, *Mon. Cart. Vaticana*, Tav. IV–V und ASHBY).

Auf diese Karte wurde Ortelius später nochmals aufmerksam gemacht im Brief Winghes von 1590. Sie war anscheinend zu dieser Zeit noch im Handel.

Der Name des Autors ist auf der Originalausgabe und so natürlich auch bei Ortelius nicht genannt. Seine Identifizierung gelang ASHBY durch Auffinden des Druckprivilegs von 1547 für diese Karte im Archivio di Stato in Venedig. Es ist auf Eufrosino della Volpaia ausgestellt, der von 1516 bis zu seinem Tode 1552 in Florenz zusammen mit seinem Vater und seinen Brüdern als Hersteller wissenschaftlicher Instrumente belegt ist. Weitere Daten zu seiner Biographie sind nicht bekannt.

Lit.:
- ALMAGIA, *Mon. Cart. Vaticana II*, S. 18–20
- ALMAGIA, *Mon. Ital. Cart.*, S. 21
- ASHBY, T.: *La Campagna Romana al tempo di Paolo III. Mappa della Campagna Romana de 1547 di Eufrosino della Volpaia.* Rom 1914
- HESSELS, *Epistolae*, Nr. 185
- MACCAGNI, C.: The Florentine clock- and instrumentmakers of the Della Volpaia family. In: *Der Globusfreund* 18–20, 1971, S. 92–99
- TOMASSETTI, G.: *La Campagna Romana antica medioevale e moderna.* Rom 1910. Neuausgabe bearb. von L. CHIUMENTI und F. BILANCIA. Rom 1975.

Caspar VOPELIUS

Caspar Vopelius (auch Kaspar Vopell u.ä.) wurde 1511 in Medebach/Südwestfalen als Sohn einer Grundbesitzerfamilie geboren. 1526 wurde er in die Artistenfakultät der Universität Köln immatrikuliert, wo er 1529 das Magisterexamen ablegte. Anschließend wurde er Mathematiklehrer an einem Kölner Gymnasium. Über seinen weiteren Lebensweg sind nur wenige Daten bekannt. Noch 1542 lebte er in Köln. Anschließend hat er die Stadt möglicherweise in den Wirren um die Einführung der Reformation für einige Zeit verlassen; sein Schwiegervater, der Kölner Drucker Arnd van Aich, kam mehrfach wegen der Verbreitung reformatorischer Schriften mit der Kölner Obrigkeit in Konflikt. Vopelius starb 1561 in Köln.

Die wissenschaftliche Tätigkeit von Caspar Vopelius begann auf dem Gebiet des Instrumentenbaues. Er schuf Himmelsgloben (1532, 1536), Erdgloben (1542), Armillarsphären (1543–1545), Uhren und Astrolabien (1540–1561). Seine ersten kartographischen Arbeiten waren Erd- und Himmelskarten zu einem heute verschollenen Werk *Astrolabium novum varium ac plenum* (Köln 1540). 1545 publizierte Vopelius eine große Weltkarte. Die Editio princeps ist nicht erhalten. Die älteste bekannte Fassung ist ein Raubdruck von 1558 durch Giovanni Andrea di → Vavassore (einziges Exemplar heute in der Houghton Library der Harvard University, Cambridge/Mass.). Die älteste erhaltene Fassung, die von Vopelius vermutlich authorisiert war, ist eine auf 1570 datierte Ausgabe durch Bernard van der Putte in Antwerpen:

NOVA ET INTEGRA VNIVERSALISQVE ORBIS TOTIVS IVXTA GERMANAM NEOTERIM TRADITIONEM DESCRIPTIO

Titel entlang des oberen Kartenrandes. Am unteren Rand die Schriftleiste *CASPAR VOPELLIUS MEDEB. MATHEMATI. CON-*

SCRIPSIT. Oben rechts in Kartusche die Adresse ANTVERPIAE / Impressum per Bernardum Put / teanum ... 1570 (4 Zeilen). Oben links in Kartusche Widmung an Kaiser Karl V., signiert Casp. Vopellius Medeb. (7 Zeilen). Die Karte enthält zahlreiche weitere Kartuschen mit weiteren Erläuterungstexten

Holzschnitt mit Namen und Texten in Typendruck, 12 Bll., in 3 Reihen zu je 4 Bll., Gesamtformat 105,5 × 193 cm

Das einzige bekannte Exemplar ist in der Herzog August Bibliothek, Wolfenbüttel (Abb. bei SHIRLEY, Plate 106).

Der für 1570 recht altertümliche Stil und insbesondere die Widmung an Karl V. (abgedankt 1556) legen die Vermutung nahe, daß es sich hier um einen Abzug von älteren, vielleicht sogar den originalen Holzstöcken handelt. Die Weltkarte des Vopelius wurde von van der Putte spätestens seit 1557 an Plantin geliefert, 1562 bezog auch Ortelius ein Exemplar. Ihre herzförmige Projektion diente ihm als Vorlage für seine eigene Weltkarte von 1564 (vgl. 3.3), für das *Theatrum* wurde die Weltkarte von Vopelius nicht verwendet.

Am 13. Dezember 1555 erhielt Caspar Vopelius vom Kölner Rat zehn Gulden für ein überreichtes Exemplar einer Europa-Karte, die vermutlich im gleichen Jahr erstmals gedruckt wurde. Auch hier ist ein Exemplar der Erstausgabe nicht bekannt. Antwerpener Ausgaben lieferte van der Putte seit 1561 an Plantin, bekannt sind Exemplare seit 1566:

EVROPAE / PRIMAE ET POTENTISSI- / MAE TERTIAE TERRAE / PARTIS RECENS DESCRIPTIO. / ... / *Caspare Vopelio Medebach. Mathematico authore* (insgesamt 9 Zeilen)

Typengedruckter Titel oben Mitte in Kartusche. Entlang des oberen Kartenrandes Widmung an die Kaiser Karl V. und Ferdinand. Unten halblinks in Kartusche die Adresse *Ghedruckt Thäwerpen in onser / liever Vrouwē strate, inde Gul- / den Rinck, by my Bernaerd vā / de Putte Figuersnyder An. 1566*. In weiteren Kartuschen stehen verschiedene Erläuterungstexte

Holzschnitt mit Texten und einem Teil der Namen in Typendruck, 9 Bll. und 3 Halbbll. in 3 Reihen zu je 3 1/2 Bll., Gesamtformat 93 × 134 cm

Ein Exemplar dieser Ausgabe 1566, dem das zweite Blatt der mittleren Reihe fehlt, ist in der Bibliothèque Nationale, Paris. Ein Exemplar mit dem Datum 1572 ist in der Herzog August Bibliothek, Wolfenbüttel.

Siehe Abb. 74

Auch hier dürfte es sich um die spätere Verwendung älterer Holzblöcke handeln. Die Holzstöcke gelangten später an den Kölner Verleger Wilhelm Lützenkirchen, der 1597 eine weitere Ausgabe publizierte. Das einzige bekannte Exemplar dieser Auflage befand sich in der ehemaligen Herzoglichen Bibliothek in Meiningen, es ist seit 1945 verschollen; Fragmente sind in der Hessischen Landesbibliothek, Darmstadt. Zu dieser Ausgabe gab Lützenkirchen auch einen Erläuterungstext *Supplementum Europae Vopelianae* (Köln 1597) heraus, geschrieben von dem Kölner Geographen und Kupferstecher Matthias Quad (1557–1613).

Schon am 18. März 1555 hatte Vopelius vom Kölner Rat acht Taler erhalten für ein überreichtes Exemplar seiner typenbildenden Rheinlauf-Karte, die im gleichen Jahr erstmals in Köln im Selbstverlag erschien:

RECENS ET GERMANA BICORNIS AC VVIDI RHENI OMNIVM GERMANIAE AMNIVM CELEBERRIMI DESCRIPTIO, ADDITIS FLVMINIB., ELECTORVM PROVINCIIS, DVCAT., COMITA, OPPI. ET CASTRIS PRAECIPVIS MAGNA CVM DILIGENTIA AC SVMPTIB. COLLECTA, AVTORE CASPARE VOPELIO MA.

Titel in eigenem Feld entlang des oberen Kartenrandes. Oben links in Kartusche Widmung an die Regenten aller auf der Karte dargestellten Länder durch *Caspar Vopelius Mathem.* (6 Zeilen). Oben rechts in Kartusche typengedrucktes Geleitwort *LECTORI CAND. CASPAR VOP.S.* (25 Zeilen). Unten links in Kartusche typengedrucktes Geleitwort mit Privileg, signiert ... *COLONIAE AGRIPPINAE APVD CASPA. VOPE. / M.D.LV.* (15 Zeilen)

Holzschnitt auf 5 Bll. nebeneinander, Gesamtformat 54 × 155 cm

Das einzige bekannte Exemplar dieser Erstausgabe ist in der Herzog August Bibliothek, Wolfenbüttel; es hat unter der Karte einen lateinischen Text im Typendruck mit einer geographischen Beschreibung des Rheinlaufes (Faksimile bei SEIFERT).

Eine Ausgabe von 1558 mit deutschem Begleittext war im Besitz der Mecklenburgischen

Landesbibliothek, Schwerin; sie ist seit 1945 verschollen.

Verloren ist ebenfalls das Exemplar einer Ausgabe von 1560 in der ehemaligen Herzoglichen Bibliothek, Meiningen; ein weiteres ist in der Sammlung Fritz Hellwig, Bonn.

Unklar ist, weshalb Ortelius diese bis weit ins 17. Jahrhundert oft kopierte Karte nicht für das *Theatrum* übernommen hat. Vielleicht hat das oblonge Format eine Rolle gespielt. Gerard de Jode ließ sich davon nicht abschrecken, er kopierte Vopelius' Rheinlauf-Karte in drei Teilen für sein *Speculum Orbis Terrarum*.

Lit.:
- BAGROW, *Catalogus I*, S. 92–97
- DÉNUCÉ, *Kaartmakers I–II* (mit zahlreichen Nennungen)
- KOCH, H.: *Caspar Vopelius. Kartograph in Köln 1511–1561* (= Aus der Geschichte der Familie Vopelius, Heft 4), Jena 1937
- MICHOW H,: Caspar Vopell, ein Kölner Kartenzeichner des 16. Jahrhunderts. In: *Hamburgische Festschrift zur Erinnerung an die Entdeckung Amerikas*. Bd 1, Hamburg 1892, S. 5–22
- RUGE, W.: Die Weltkarte des Kölner Kartographen Caspar Vopelius. In: *Sammelband zu Friedrich Ratzels Gedächtnis*. Leipzig 1904, S. 305–318
- SEIFERT, T. (Hrsg.): *Caspar Vopelius: Rheinkarte von 1555*. Faksimile mit Kommentar. Stuttgart 1982
- SHIRLEY, *World Maps*, Nr. 102 und 123
- STOPP, K.: *Die monumentalen Rheinlaufkarten aus der Blütezeit der Kartographie*. Wiesbaden (1969)
- ZINNER, *Astronomische Instrumente*, S. 578–579.

Lucas Janszoon WAGHENAER

Lucas Janszoon Waghenaer (Lucas Aurigarius) wurde 1533 oder 1534 in der niederländischen Hafenstadt Enkhuizen geboren. Über die ersten 45 Jahre seines Lebens sind keine Einzelheiten bekannt. Er war Seemann und hat wohl einen großen Teil der europäischen Küsten aus eigener Anschauung kennengelernt. Seine erste bekannte kartographische Arbeit ist ein Vogelschauplan seiner Heimatstadt, gestochen 1577 in Amsterdam von Harmen Janszoon Muller. Etwa um diese Zeit hat Waghenaer seine Arbeit als Seemann aufgegeben, er wurde auf Dauer in Enkhuizen ansässig und bekam dort eine Stelle als Zolleinnehmer. Fortan widmete er sein ganzes Leben einem einzigen Ziel: der Schaffung eines See-Atlas als Summe des gesammelten Wissens aus Portolanen, Segelanweisungen und eigener Erfahrung. Für ein solches Projekt erhielt er bereits 1579 ein königliches Privileg und 1580 ein Privileg der niederländischen Generalstaaten. Da er das ganze Vorhaben auf eigene Kosten realisieren mußte, scheint er sich an den ihm anvertrauten Geldern vergriffen zu haben. 1582 wurde Waghenaer als Zolleinnehmer entlassen und mußte fortan sein Werk durch Hilfsarbeiten finanzieren. Unterstützung fand er bei dem einflußreichen Enkhuizener Bürger François Maelson. Er stellte die Verbindung her zur Leidener Filiale des Hauses Plantin, wo die Publikation von Waghenaers See-Atlas 1583 endlich beginnen konnte; alle Karten Waghenaers wurden von Ioannes und Battista van Deutecum gestochen.

Die Angaben des *Catalogus Auctorum* zur Editionsgeschichte von Waghenaers See-Atlas sind etwas oberflächlich. Eine ausführliche Bibliographie der zahlreichen Ausgaben und Varianten in mehreren Sprachen gibt KOEMAN in *Atlantes Neerlandici IV*. Die wichtigsten Stufen der Edition waren:

- *Spieghel der Zeevaert*, Teil I: Küsten von Spanien bis Holland (Leiden: Plantin, 1583) mit 23 Karten;
- *Spieghel der Zeevaert*, Teil II: Küsten der Nord- und Ostsee (Leiden: Plantin, 1585) mit 21 Karten;
- Sammelausgabe Teile I und II (Leiden: Plantin, 1585 ff.);
- 1588 gehen die Rechte an den Amsterdamer Verleger Cornelius Claesz über;
- ab 1592 erscheint die Neubearbeitung *Thresoor der Zeevaert*.

Auf die Karten des *Theatrum* hat der See-Atlas von Waghenaer nur geringen Einfluß gehabt. Nur bei einigen Blättern (z.B. Anonymus → Germania Inferior II) ist zu vermuten, daß die Grundinformationen nach anderen Quellen geringfügig nach den Daten aus den Karten Waghenaers ergänzt wurden.

Mit der im *Catalogus Auctorum* genannten *Europae Tabula* ist eine Karte der gesamten europäischen Küsten gemeint, die 1589 auf Rechnung von Claesz und Waghenaer selbst erschien:

Generale pascaerte van gantsch Europa: Inhoudende de geheele Oostersche, Noortsch en Wester= / sche Zee vaert, desgelycx oock de navigatie van de gantsche middelantsche zee ... / ... / ... de fauten van de voorgaende pascaerten verbetert, / synde ende dit alles met grooter naersticheijt als nu int licht ghebracht / doer den ervarensten stierman Lucas Iansz. Wagenaer van Enchuijsen. / anno 1.5.89 (insgesamt 17 Zeilen)

Titel mit Erläuterung unten Mitte in Kartusche. Unten halbrechts in Kartusche die Adresse *Men vintse te coop bij Lucas Jansz. / Wagenaer te Enchuijsen / Ofte bij / Cornelis Claesz opt water te Amsterdam.* Rechts daneben die Stechersignatur *Ioannes a Dotecum Baptista a / Dotecum fecerunt*

Kupferstich auf 4 Bll., 2 Reihen zu je 2 Bll., Gesamtformat 73,5 × 90,5 cm

Das einzige bekannte Exemplar ist in der Universiteitsbibliotheek, Amsterdam (Abb. bei SCHILDER 1989).

Für das *Theatrum* wurde diese großartige Karte nicht erkennbar verwendet.

Zusammen mit Claesz publizierte Waghenaer ab 1598 das *Enchuyser Zeecaertboeck;* der Titel verwirrt den heutigen Leser etwas, es handelt sich um ein Segelhandbuch mit nur zwei Karten. Auch arbeitete er mit Petrus →Plancius zusammen an den Karten zu Linschotens *Itinerario.* Obwohl er zeitweilig an seinen Büchern nicht schlecht verdient hat, starb Lucas Janszoon Waghenaer 1606 in Enkhuizen in Armut.

Lit.:
- KOEMAN, C.: Lucas Janszoon Waghenaer: a sixteenth century marine cartographer. In: *The Geographical Journal* 131, 1965, S. 202–217
- KOEMAN, *Atlantes Neerlandici IV,* S. 465–516
- SCHILDER, *Monumenta I,* S. 17–34
- SCHILDER, G.: The chart of Europe in four sheets of 1589 by Lucas Jansz. Waghenaer. In: *Theatrum Orbis Librorum. Liber Amicorum presented to Nico Israel on the occasion of his seventieth birthday.* Amsterdam 1989, S. 78–93
- *Lucas Janszoon Waghenaer, Spieghel der Zeevaert, Leiden 1584–85.* Facsimile with a bibliographical note by R.A. SKELTON. Amsterdam 1964
- *Lucas Janszoon Waghenaer, Thresoor der Zeevaert, Amsterdam 1592.* Facimile with a bibliographical note by R.A. SKELTON. Amsterdam 1965
- *Lucas Jansz. Waghenaer van Enckhuysen. De maritime cartografie in de Nederlanden in de zestiende en het beginn van de zeventiende eeuw.* Enkhuizen 1984.

Martin WALDSEEMÜLLER

Im *Catalogus Auctorum* wird Martin Waldseemüller (auch Waltzemüller u.ä.) gleich zweimal genannt, unter diesem deutschen Geburtsnamen und zusätzlich unter der gräzisierten Form Martinus Ylacomylus (auch Hylacomylus u.ä.). Wohl auf Grund seiner eigenen Übersetzung vermutete Abraham Ortelius richtig, daß es sich bei diesen beiden Namensformen um ein und dieselbe Person handelte. Diese Doppelnennung ist in gewisser Weise illustrativ für das Bild Martin Waldseemüllers in der zeitgenössischen und auch noch in der späteren Literatur. Gemessen an seiner Bedeutung, sind feste Daten zu seiner Biographie spärlich. Geboren wurde Waldseemüller um 1472–1475, entweder in Freiburg im Breisgau oder in Radolfzell am Bodensee als Sohn eines aus Freiburg stammenden Fleischers. Am 7. Dezember 1490 wurde *Martinus Walzemuller de Friburgo* in die Matrikel der Universität Freiburg im Breisgau eingetragen. Zu seinen Lehrern dort gehörte wahrscheinlich der Karthäusermönch Gregor Reisch (um 1470–1525), später der Autor des zu seiner Zeit weitverbreiteten Kosmographie-Lehrbuchs *Margarita philosophica* (Freiburg 1503 und spätere Ausgaben). Das Berufsbild Waldseemüllers nach dem Verlassen der Universität ist schwer zu fassen. Seit etwa 1500 lebte er in St. Dié in Lothringen als Mitglied des „Gymnasium Vosagense", einer von dem Humanisten Gaultier Ludd (1448–1547) gegründeten und von Herzog René II. von Lothringen (reg. 1473–1508) geförderten wissenschaftlich-literarischen Akademie.

In dieser fruchtbaren Umgebung hat Martin Waldseemüller – immer in enger Zusammenarbeit mit dem Philologen Martin Ringmann (Philesius, um 1482–1511) – entscheidend zum Fortschritt des Kartenmachens beigetragen. Erstaunlich ist allerdings, daß fast die Hälfte dieser Arbeiten keinerlei Hinweis auf Waldseemüller als Autor tragen. 1507 erschienen ohne Angabe des Druckortes – wohl Straßburg – zwei Ausgaben von Waldseemüllers Schrift *Cosmographiae introductio.* Darin ist u.a. die Rede von einem Globus und einer Weltkarte, zu deren Erläuterung eben diese Schrift erschienen sei. Dies ist zunächst der erste bekannte gedruckte Erdglobus (12 Segmente in Holzschnitt, ⌀ 12 cm; Exemplare in der James-Ford-Bell Collection der University Library, Minneapolis und in einer amerikanischen Privatsammlung; SHIRLEY Nr. 27). Die Weltkarte wurde 1901 von Joseph FISCHER wiederentdeckt:

VNIVERSALIS COSMOGRAPHIA SECVNDVM PTHOLOMEI TRADITIONEM ET AMERICI VESPVCII ALIORV̄QVE LVSTRATIONES

Titel entlang des unteren Kartenrandes. In den Ecken der Karte weitere typengedruckte Geleitworte, aber ohne einen Hinweis auf Autor, Ort und Jahr

Holzschnitt auf 12 Bll., 3 Reihen zu je 4 Bll., Gesamtformat 132 × 236 cm

Das einzige bekannte Exemplar ist in der Bibliothek von Schloß Wolfegg/Württemberg (Faksimile bei FISCHER – WIESER, Abb. auch bei SHIRLEY, Plate 31).

Globus und Weltkarte haben in der Kartengeschichte epochalen Rang, nicht nur wegen der erstmaligen Verwendung des Namens „Amerika". Waldseemüllers Weltkarte ist die erste großformatige gedruckte Wandkarte der Erde. Auf ihr erscheint auch erstmals im Druck ein völlig neues Kartenbild der Erde als Ergebnis aktueller Ergebnisse der Entdeckungsreisen. Vorlagen Waldseemüllers waren hier handgezeichnete Karten italienischer und portugiesischer Provenienz. Seine Informationen sind ähnlich denen, wie sie auf einigen handgezeichneten Planisphären vom Ende des 15. Jahrhunderts erscheinen. Sowohl den Globus als auch diese Weltkarte Waldseemüllers hat Ortelius anscheinend nicht gekannt, zumindest fehlen sie im *Catalogus Auctorum*.

1511 erschien im Straßburger Verlag von Johannes Grüninger eine von Ringmann verfaßte Schrift *Instructio manuductionem prestans in cartam itinerariam Martini Hilacomili* bzw. in der deutschen Ausgabe als *Underwysung, wie die abgerißne und verzeichte Carta Itineraria Europae oder Land Carte gebraucht und verstanden sol werden*. Die zugehörige Karte ist die Straßenkarte von Europa, die im *Catalogus Auctorum* unter dem Namen *Martinus Ylacomylus Friburgensis* aufgeführt ist mit dem Zusatz, sie sei „irgendwo in Deutschland" erschienen. Ein auf 1511 datiertes Exemplar dieser Karte ist nicht bekannt. Erhalten ist nur eine spätere Ausgabe:

CARTA EVROPAE TOPICA NEOTERICA CIVITATVM FLVVIOR. ET MONTIVM DISTANCIAS ECIAM SITVS TAM MEDIOS QVAM VEROS INDICANS

Titel in Schriftleiste über der Karte. Unter der Karte Schriftleiste mit der Autorenangabe *OPVS COROGRAPHIC. ET GEOGRAPHICVM MARTINI ILACOMILI FRIBVRGENSIS*. Rechts unterhalb von der Mitte in Kartusche typengedruckte Widmung an Kaiser Karl V. (reg. als Kaiser 1520 – 1556), signiert von Johannes Grüninger ohne Datum. Die Karte ist umgeben von einem Rand mit insgesamt 145 Wappen, darunter das Wappen des Erzbischofs von Magdeburg mit dem Zusatz *Primas Germaniae 1520*

Holzschnitt auf 4 Bll., 2 Reihen zu je 2 Bll., Gesamtformat einschließlich Wappenrand 106,5 × 140,5 cm

Das einzige erhaltene Exemplar ist im Tiroler Landesmuseum Ferdinandeum, Innsbruck (Faksimile bei MEINE).

Denkbar ist, daß diese Ausgabe eben 1520 zur Krönung Karls V. erschienen ist. Der Inhalt dürfte gegenüber der Erstausgabe unverändert geblieben sein. Er beruht zu einem großen Teil auf den Straßenkarten Mitteleuropas des Nürnberger Kartographen Erhard Etzlaub (um 1460 – 1532) von 1500 – 1501. Für das *Theatrum* wurde diese Karte Waldseemüllers nicht verwendet.

Seit etwa 1507 arbeiteten Martin Waldseemüller und Martin Ringmann an einer Neuausgabe der *Geographia* des Ptolemäus. Als das „Gymnasium Vosagense" 1508 mit dem Tode von Herzog René II. seinen Mäzen verlor, geriet diese Arbeit zunächst ins Stocken. Erst 1513 konnte das *Claudii Ptolemei ... geographiae opus novissima* bei dem Straßburger Verleger Johann Schott erscheinen (2. Auflage 1520). Als Herausgeber werden genannt die Straßburger Kaufleute Jakob Aeszler und Georg Ubelin, sie hatten wohl die Vorarbeiten nach 1508 weiter finanziert. Der besondere Stellenwert dieser Straßburger Ptolemäus-Ausgabe beruht einmal auf der enorm vermehrten Zahl von nunmehr 20 holzgeschnittenen „Tabulae Modernae". Weiterhin wurden sie hier erstmals zu einem eigenständigen, vom eigentlichen ptolemäischen Corpus unabhängigen Buchteil *Claudii Ptolemaei Supplementum* zusammengefaßt, der als erster Vertreter des modernen Typus Weltatlas gelten kann (vgl. auch Abschnitt 1 der Einführung). Kartenredakteur dieser Ausgabe war ohne Zweifel Waldseemüller, elf der „Tabulae Modernae" können als seine eigenen kartographischen Leistungen gewertet werden. Seine Mitarbeit ist allerdings in keiner Stelle des Buches erwähnt. Erst eine dritte Auflage Straßburg 1522 mit diesem Kartensatz, redigiert von Lorenz → Fries, nennt ihn als Kartenautor.

Erst 1516 erschien die im *Catalogus Auctorum* unter dem Namen *Martinus Waldseemuller* genannte Weltkarte in der Art einer Seekarte:

CARTA MARINA NAVIGATORIA PORTVGALLEN. NAVIGATIONES ATQVE TOCIVS COGNITI ORBIS TERRE MARISQVE FORMAM NATVRAM SITVS ET TERMINOS

NOSTRIS TEMPORIBVS RECOGNITOS ET AB / ANTIQVORVM TRADITIONE DIFFERENTES ECIAM QVOR. VETVSTI NON MEMINERVNT AVTORES HEC GENERALITER INDICAT

Titel in Schriftleiste über der Karte. Unten rechts im Rand: *CONSVMATVM EST IN OPPIDO S. DEODATI COMPOSITIONE ET DIGESTIONE MARTINI WALDSEEMVLLER*. Die Karte enthält in zahlreichen weiteren Kartuschen typengedruckte Texte, darunter rechts in der Mitte einen Privilegvermerk mit der Datierung 1516

Holzschnitt auf 12 Bll., 3 Reihen zu je 4 Bll., Gesamtformat 133,5 × 248 cm

Das einzige bekannte Exemplar ist in der Bibliothek von Schloß Wolfegg/Württemberg (Faksimile bei FISCHER-WIESER, Abb. auch bei SHIRLEY, Plate 43).

Drucker und Druckort der Karte sind nicht genannt, sie erschien aber wohl in Straßburg. Sie wurde – wie auch eine Neufassung von Lorenz Fries aus dem Jahre 1525 – für das *Theatrum* nicht verwendet. Bemerkenswert ist, daß auf dieser Waldseemüller-Karte der Name Amerika nicht mehr erscheint, er ist ersetzt durch *Terra Nova*.

Über die letzten Jahre von Martin Waldseemüller ist wenig bekannt. Er hat wahrscheinlich an einer *Chronica mundi* gearbeitet, die mit einem Satz neuer Karten ausgestattet werden sollte. Dies sind vielleicht die Karten, die in der Ptolemäus-Ausgabe von Fries enthalten sind. Waldseemüller starb an unbekanntem Ort zwischen 1518 und 1522.

Lit.:
- D'AVEZAC DE CASTERA-MACAYA, M.A.P.: *Martin Hylacomylus Waltzemuller. Ses ouvrages et ses collaborateurs.* Paris 1867, Neudruck Amsterdam 1980
- BAGROW, *Catalogus II*, S. 97–104
- FISCHER, J. und F. von WIESER: *Die älteste Karte mit dem Namen Amerika aus dem Jahre 1507 und die Carta Marina aus dem Jahre 1516 des Martin Waldseemüller (Ilacomilus)*. Innsbruck 1903, Neudruck Amsterdam 1968
- GÖTZ, F.: Wurde der Kartograph Martin Waldseemüller in Radolfzell geboren? In: *Der Hegau* 17, 1964, S. 51–62
- HARRIS, E.: The Waldseemüller world map: a typographic appraisal. In: *Imago Mundi* 37, 1985, S. 30–53
- LAUBENBERGER, F.: Ringmann oder Waldseemüller? Eine kritische Untersuchung über den Urheber des Namens Amerika. In: *Erdkunde* 13, 1959, S. 163–179
- MEINE, K.H.: *Erläuterungen zur ersten gedruckten (Straßen-)Wandkarte von Europa, der Carta Itineraria Europae der Jahre 1511 bzw. 1520 von Martin Waldseemüller.* Bonn–Bad Godesberg 1971
- *Claudius Ptolemaeus, Geographia, Strasbourg 1513.* Facsimile edition with an introduction by R.A. SKELTON. Amsterdam 1966
- SHIRLEY, *World Maps*, S. 28 ff.
- STEVENSON, E.L.: Martin Waldseemüller and the early Lusitano-Germanic cartography of the New World. In: *Bulletin of the American Geographical Society* 36, 1904, S. 193–215, Wiederabdruck in *Acta Cartographica* 15, 1972, S. 315–337
- WIESER, F. von (Hrsg.): *Die Cosmographiae Introductio des Martin Waldseemüller (Ilacomylus).* Straßburg 1907.

Marcus WELSER

Unter den Mitgliedern des berühmten Augsburger Kaufmannsgeschlechtes, die eine wissenschaftliche Laufbahn einschlugen, war Marcus Welser (Marx Welser, auch Velserus und Welserus) ohne Zweifel der Bedeutendste. Geboren am 20. Juni 1558 in Augsburg, erhielt er seine Ausbildung auf mehreren italienischen Universitäten; zu nennen ist vor allem ein Studium der Altphilologie in Rom. Seit etwa 1583 lebte er wieder in Augsburg und machte rasch Karriere in der Verwaltung seiner Heimatstadt. Seit 1592 war er Mitglied des Stadtrates, 1600 wurde er erstmals Bürgermeister. Er starb am 23. Juni 1614 in Augsburg.

Die beruflichen und wirtschaftlichen Umstände erlaubten Marcus Welser ein weitgehend unabhängiges Leben als gelehrter Humanist. Er korrespondierte mit zahlreichen Gelehrten, trug eine umfangreiche Bibliothek zusammen und betrieb zeitweilig auch eine eigene Druckerei. Vor allem beschäftigte er sich mit historiographischen Forschungen, als deren Frucht mehrere Standardwerke entstanden. Den Anfang machten die *Inscriptiones antiquae Augustae Vindelicorum* (Venedig 1590), eine Sammlung archäologischer Denkmäler des Augsburger Raumes; eine deutsche Ausgabe erschien 1595 in Frankfurt. Dies war die erste Stufe zu einer ausführlichen Stadtgeschichte *Rerum Augustanorum Vindelicorum ...* (Frankfurt 1595), die gleichzeitig auch in Deutsch erschien als *Chronica der weitberuempten Keyserlichen Freyen und des H. Reichs Statt Augspurg in Schwaben ...* (Frankfurt 1595). Beiden Ausgaben ist die von Welser selbst entworfene archäologische Karte des Raumes zwischen Donau und Adria beigefügt, die Ortelius im *Catalogus Auctorum* anführt:

> *VINDELICIAE VETERIS DESCRIPTIO / Raetiae maioris pars, aliquando Raetia secunda appellata. Terminos habet ...* (insgesamt 4 Zeilen)

Titel in Schriftfeld über dem oberen Kartenrand

Kupferstich, 28 × 32,5 cm.

Siehe Abb. 75

Unmittelbar nach Erscheinen sandte Welser ein Exemplar dieses Buches an Ortelius, ihre Korrespondenz ist bis 1598 belegt. Für das *Theatrum* wurde die Karte aber nicht verwendet. Ihren Abschluß fanden die wissenschaftlichen Arbeiten Welsers mit dem bayerischen Geschichtswerk *Rerum Boicarum libri quinque ...* (Augsburg 1602 und spätere Ausgaben), zu dem er den Auftrag von Herzog Maximilian I. erhalten hatte.

In die Geschichte der Kartographie ist Marcus Welser vor allem eingegangen als erster Editor der Tabula Peutingeriana. Zunächst war Welser nur im Besitz von handgezeichneten Kopien zweier Ausschnitte des ersten erhaltenen Segmentes, die um 1511 von Konrad Peutinger (1465–1547) selbst angefertigt worden waren. Sie waren die Grundlage für seine erste Publikation zu diesem Thema, den *Fragmenta tabulae antiquae, in quis aliquot per romana provincia itinera. Ex Peutingerorum Bibliotheca edente et explicente Marco Velsero* (Venedig 1591); über das Erscheinen dieses Werkes wurde Ortelius im Juli 1592 von Winghe informiert. In der Zwischenzeit hatte Welser wohl auch von dem Interesse von Abraham Ortelius an der Tabula Peutingeriana erfahren (vgl. oben 3.4). Die Quellenlage und die Chronologie sind hier nicht ganz eindeutig. Am 2. Juli 1597 informierte Welser Ortelius über das Wiederauffinden der vollständigen Handschrift und schickte eine von dem Augsburger Johannes Moller angefertigte Kopie nach Antwerpen. Denkbar ist, daß Welser an eine Edition gemeinsam mit Ortelius gedacht hat. Als Ortelius dem Tode nahe war, wurde Joannes Moretus zu Welsers Kontaktmann in Antwerpen. Er besorgte die Editio princeps als *Tabula itineraria ex illustri Peutingerorum Bibliotheca, quae Augustae Vindelicorum est, beneficio Marci Velseri septemviri Augustani in lucem edita* mit acht Kupferstichen, die von Moretus signierte Widmung an Welser datiert vom 1. Dezember 1598. Abzüge von diesen Platten wurden in einigen sehr späten Ausgaben des *Theatrum* – nach 1604 – dem *Parergon* beigefügt (Nr. Add 39P/III).

Lit.:
- DÉNUCÉ, *Kaartmakers II,* S. 84–86 und 241–242
- HESSELS, *Epistolae,* Nr. 204, 217 und 306
- JOACHIMSEN, P.: *Marx Welser als bayerischer Geschichtsschreiber.* München 1905
- MILLER, K.: *Itineraria Romana. Römische Reisewege an der Hand der Tabula Peutingeriana dargestellt.* Stuttgart 1916 (Neudruck Bregenz 1988), S. XIII bis XXIV
- ROTH, F.: Marcus Welser. In: *Allgemeine Deutsche Biographie* 41, 1896, S. 687–689
- RUELENS, C.: *La première édition de la Table de Peutinger.* Brüssel 1884.

Antonius WIED

Antonius Wied (auch Wiedt, Wida, Wed, Weide, Vyd u.ä.) wurde 1508 in Oberwesel am Mittelrhein geboren. Über seine Ausbildung und die Umstände, wie er nach Osteuropa kam, ist nichts bekannt. 1534 wurde er Mitglied der Malerzunft in Krakau, 1545 Hofmaler am pommerschen Herzogshof in Stettin. Später lebte er in Danzig, wo er für verschiedene Auftraggeber vor allem als Porträtmaler tätig war. In Danzig starb er am 21. Januar 1558.

Vermutlich im Jahre 1542 ist Antonius Wied mit dem Danziger Ratsherrn Johann Koppe nach Wilna in Litauen gereist. Dort trafen sie mit dem russischen Bojaren Ivan Lyatsky (Ivan Vasil'evic Ljackij, Johannes Jatzkius; genaue Lebendaten unbekannt) zusammen, der umfangreiches Material zur Topographie von Rußland gesammelt hatte. Der Maler Wied übernahm nun die Aufgabe, diese Unterlagen in eine graphisch brauchbare Form zu bringen. Die so entstandene Karte wurde zunächst in Manuskriptform verbreitet. Eine Fassung gelangte an Sebastian →Münster, der sie ab 1544 in seiner Kosmographie publizierte. Als vermutliche Originalausgabe gilt eine Wandkarte, die ohne Angabe von Druckort und Verleger erschien:

> Ohne eigentlichen Titel. Unten links in Kartusche Geleitwort *Anthonius Wied candido lectori S.* (insgesamt 17 Zeilen), endend ... *Vale ex Wilda Lithuaniae anno 1555, Cal: Novemb:.* Unten rechts in Kartusche Widmung an Johann Koppe (insgesamt 23 Zeilen), endend ... *Wilda Lithuaniae, 13 Kal. April. Anno 1555*

Kupferstich auf 6 Bll., 2 Reihen zu je 3 Bll., Gesamtformat 98,5 × 99,5 cm

Das einzige bekannte Exemplar ist in der Herzog August Bibliothek, Wolfenbüttel (Abb. u.a. bei MICHOW 1905 und BAGROW, *Russia* I, Fig. 22).

Laut dem *Catalogus Auctorum* ist diese Karte in Antwerpen erschienen, wohl unmittelbar nach 1555. Zahlreiche Ortsnamen und ein weiteres Geleitwort unten halbrechts in Kartusche sind in kirchenslawischer Sprache, oben rechts steht eine Konkordanz der kirchenslawischen und lateinischen Alphabete. Die Zuordnung zur Handschrift eines Kupferstechers, der um jene Zeit in Antwerpen tätig war, ist bisher noch nicht gelungen.

Für das *Theatrum* spielte die Karte Wieds keine Rolle, da Ortelius hier die jüngere Rußland-Karte des Anthony →Jenkinson übernahm. Allerdings wurde die Wied-Karte von Frans →Hogenberg trotzdem kopiert:

Ohne eigentlichen Titel. Unten links in Kartusche Geleitwort *Anthonius Wied candido lectori S.* (insgesamt 22 Zeilen), endend ...*Vale ex Wilda Lithuaniae anno. 1555 Cal: Novemb:*. Unten rechts in Kartusche Widmung an Johann Koppe (insgesamt 24 Zeilen), endend ... *Ex Wilda Lithuaniae 13 Kal. April A.º 1555.* Oben links in Kartusche die Signatur *Franciscus Ho- / genb. ex ve- / ro sculpsit / 1570.*

Alle kirchenslawischen Beschriftungen, mit Ausnahme eines einzigen Ortsnamens oben links, sind weggelassen

Kupferstich, 34,5 × 48 cm

Exemplare: Öffentliche Bibliothek der Universität, Basel; Bibliothèque Royale, Brüssel; British Library, London.

Siehe Abb. 76

Der Grund für die Edition dieses Blattes ist schwierig zu erkennen. Wegen des Datums 1570 ist es wenig wahrscheinlich, daß dieser Stich eben doch ursprünglich zur Aufnahme in das *Theatrum* vorgesehen war. Vermutlich hat Frans Hogenberg diese Version, gleich zu Anfang seiner Kölner Zeit, als Einblattdruck auf eigene Rechnung publiziert.

Lit.:
– BAGROW, *Catalogus II*, S. 104–106
– BAGROW, *Russia*, S. 61–70
– MICHOW, H.: *Anton Wied, ein Danziger Kartograph des 16. Jahrhunderts.* Hamburg 1905
– MICHOW, H.: *Die ältesten Karten von Rußland* (Sammelband älterer Aufsätze). Amsterdam 1962
– THIEME–BECKER 35, 1942, S. 524.

Wolfgang WISSENBURG

Wolfgang Wissenburg (auch Weissenburger, Weyssenburger, Wissenburgius u.ä.) wurde 1496 in Basel geboren, sein Vater ist dort als Ratsherr nachgewiesen. 1510 wurde er an der Universität seiner Heimatstadt immatrikuliert. Nach dem Baccalaureat 1512 und dem Magisterexamen 1515 studierte er Theologie, und hörte auch mathematische Vorlesungen bei Heinrich Glarean (1488–1563). Nach der Priesterweihe wirkte Wissenburg als Pfarrer am Basler Spital (ab 1518), seit 1520 hatte er auch eine Dozentur für Theologie an der Basler Universität. Nach dem Übertritt zur Reformation trat er publizistisch hervor, vor allem mit zahlreichen theologischen Kleinschriften. Aus der Verbindung dieser Arbeiten mit seinen früheren mathematischen Studien entstand wohl auch seine Beschäftigung mit der Geographie Palästinas. Seine erste Veröffentlichung zu dieser Thematik war eine *Terrae Sanctae descriptio ordinem alphabeti*, sie erschien als Appendix zur zweiten Ausgabe (Straßburg 1536) der Geographie von Jakob →Ziegler. Es ist eine Liste biblischer Ortnamen mit Angabe der Fundstellen, also ein früher Vorläufer des *Theatrum Terrae Sancta* von →Adrichomius.

1538 publizierte Wolfgang Wissenburg seine Karte des Heiligen Landes:

DESCRIPTIO / PALESTINAE / NOVA PER WOLFG. / WISSENBVRG BASILIENS.

Titel oben Mitte in Kartusche. Oben links in Kartusche typengedruckte *Beschreibung Palaestinae oder deß Gelobten Landts Canaan*, darunter in Holzschnitt Widmung an Thomas Cranmer. Rechts unten in der Maßstabsangabe das Monogramm *C.H.*

Holzschnitt auf 8 Bll., 2 Reihen zu je 4 Bll., Gesamtformat 74 × 105 cm

Das einzige derzeit bekannte Exemplar ist in der Bibliothèque Nationale, Paris (Abb. bei NEBENZAHL, Plate 25).

Die ehemalige Königliche Öffentliche Bibliothek in Dresden besaß ein Exemplar, das unter der Karte einen angeklebten Begleittext von 1630 hatte. Es ging im Zweiten Weltkrieg verloren.

Der Dedikant Thomas Cranmer (1489–1556) war Bischof von Canterbury und einer der Förderer der Reformation in England. Zu dem Monogramm C.H. vgl. das Kapitel zur Karte von Nicolaus →Sophianus.

Die Karte trägt keinerlei Angabe zu Druckjahr und -ort. Diese Daten sind zu erschließen aus zwei zugehörigen Erläuterungsschriften *Declaratio tabulae quae descriptionem Terrae Sanctae continet* bzw. in deutscher Ausgabe *Erklerung der Tafel über das Heilig Land,* die 1538 in Straßburg von Wendel Rihel gedruckt wurden.

Die Palästina-Karte Wissenburgs wurde mehrere Male von italienischen Verlegern kopiert. Zur Zeit von Ortelius war sie jedoch durch jüngere Arbeiten überholt und spielte so für das *Theatrum* keine Rolle.

Beruflich blieb Wolfgang Wissenburg auf zwei Gebieten tätig. Seit 1529 wirkte er als Prediger in Basel an St. Theodor, seit 1543 an St. Peter. Weiterhin blieb er der Basler Universität verbunden, deren Rektor er 1536, 1549 und 1557 war. Zum Dr. theol. wurde er erst 1540 promoviert, ein Jahr später übernahm er den Basler Lehrstuhl des Theologen und Geographen Simon Grynäus (1493–1541) für die Theologie des Neuen Testamentes. Wissenburg starb am 9. März 1575 in Basel.

Lit.:
- BAGROW, *Catalogus II,* S. 107–109
- DESTOMBES, M.: Cartes, globes et instruments scientifiques allemands du XVIe siècle à la Bibliothèque Nationale de Paris. In KOEMAN, C. (Hrsg.): *Land- und Seekarten im Mittelalter und in der frühen Neuzeit* (= Wolfenbütteler Forschungen Bd 7). Wolfenbüttel–München 1980, S. 43–68
- HANTZSCH, V.: Wolfgang Weyssenburger. In: *Allgemeine Deutsche Biographie* 42, 1897, S. 291–292
- NEBENZAHL, *Maps of the Bible Lands,* S. 74–75
- WACKERNAGEL, H.G.: *Die Matrikel der Universität Basel.* Bd 1. Basel 1951, S. 302.

Warmund YGL

Warmund Ygl (auch Igl, ab Ygel, Ygl von Volderturn, Igl in Volderturn u.ä.) entstammte einem niederadligen Geschlecht, das seit dem Ende des 15. Jahrhunderts im Besitz des Dorfes Volderturn bei Hall/Tirol war. Sein Vater († 1587) war zunächst Bergwerksverwalter in Tirol, dann seit 1564 Leiter einer Kupferhütte in Ungarn. Warmund Ygl wurde in Volderturn geboren, das Geburtsjahr ist nicht bekannt. Auch er war zunächst in Ungarn tätig. 1583 kehrte er nach Tirol zurück und trat in Graz als Schreiber in den Kanzleidienst ein, 1600 wurde er zum Kammerbuchhalter befördert. 1603 wurde er an den Hof von Kaiser Rudolf II. nach Prag berufen. Dort starb er als Kaiserlicher Rat und Buchhalter am 14. Mai 1611.

Publizistisch tätig wurde Warmund Ygl erstmals 1597 mit einer deutschen Übersetzung des *Judicium articulis Augustanae Confessionis* von Johann Hofmeister († 1597), die er schon 1574 abgeschlossen hatte. Seine wichtigste Arbeit war eine Karte der Grafschaft Tirol:

TIROLIS COMITATVS AMPLISS: REGIONVMQ: FINITIMARVM NOVA TABVLA / ... (es folgen 2 Zeilen Widmung an Kaiser Rudolf II.) ... */ ab eiusdem S. Caes.^{tis} apud Cameram Aulicam Praefecto Rationum / Warmundo Ygl in Volderturn*

Titel und Widmung in Kopfkartusche. Unten links im Rand die Datierung *M.DC.IIII.,* unten rechts im Rand die Holzschneidersignatur *JW* (= Johann Willenberger) und die erneute Datierung *1604.* Zu der Karte gehört ein am rechten Rand angeklebter Begleittext, er enthält die Adresse des Prager Druckers Georg Nigrinus und ein zehnjähriges Privileg mit der Datierung 1605.

Holzschnitt mit Typendruck auf 9 Bll., 3 Reihen zu je 3 Bll., Gesamtformat ohne den Text 115 × 86,5 cm.
Exemplare: Österreichische Nationalbibliothek, Wien; Tiroler Landesmuseum Ferdinandeum, Innsbruck (Edition bei KINZL).

Von den originalen Druckstöcken veranstaltete der Münchener Drucker Peter König (Sebastian von →Rotenhan) 1621 eine Neuausgabe (Exemplar in der Niedersächsischen Staats- und Universitätsbibliothek, Göttingen). 1645 brachte Ygls Sohn Friedrich einen verkleinerten Nachdruck in Holzschnitt (52 × 42 cm) heraus (Exemplar in der Universitätsbibliothek, Brno), er wurde 1703 nochmals aufgelegt (Exemplar in der Österreichischen Nationalbibliothek, Wien).

Diese Tiroler Karte beruht in der Darstellung der Randgebiete auf fremden Vorlagen, vor allem auf den Karten von →Lazius, →Secznagel und →Tschudi, im Hauptteil jedoch auf eigenen Aufnahmearbeiten. Damit war Warmund Ygl schon lange vor der Veröffentlichung der Karte beschäftigt. 1596 schrieb Andreas Dycchius aus Venedig an Ortelius, daß er Ygl während einer Reise durch Tirol getroffen habe. Dieser kenne das Land so gut, daß er eine Karte dieser Region in Vorbereitung habe. Auch habe er ein neues Vermessungsgerät für seine eigene Arbeit entwickelt. Er – Dycchius – habe Ygl empfohlen, sich selbst mit Ortelius in Verbindung zu setzen. Dies scheint in der Tat auch geschehen zu sein, wenngleich die betreffende Korrespondenz nicht erhalten ist. Bereits 1601 ist Ygl mit seiner Tirol-Karte im *Catalogus Auctorum* genannt. Hier steht nun allerdings ein Datierungsproblem im Raum. Entweder haben die Ortelius-Nachfolger die Tirol-Karte Ygls vorab in den *Catalogus Auctorum* aufgenommen oder es hat eine heute unbekannte Ausgabe gegeben, die früher erschienen ist als die oben beschriebene von 1605. Verwendet worden ist die Karte im *Theatrum* ansonsten nicht.

Lit.:
- HESSELS, *Epistolae*, Nr. 296
- KINZL, H. (Hrsg.): *Die Karte von Tirol des Warmund Ygl 1604/1605*. Faksimile mit Begleitheft. Innsbruck 1962
- RANGGER, L.: Warmund Ygl und seine Karte von Tirol. In: *Forschungen und Mitteilungen zur Geschichte Tirols und Vorarlbergs* 1, 1904, S. 183–207.

Christoph ZELL

Über Christoph Zell ist sehr wenig bekannt. Er war in Nürnberg als Drucker und Holzschneider tätig und starb nach 1544. 1530 druckte er eine Schrift von Johannes →Haselberg, 1540 die Karte der bayerischen Pfalz von Erhard →Reich. Der *Catalogus Auctorum* des Ortelius nennt ihn in Zusammenhang mit einer Europa-Karte, bei der es sich nur um den folgenden Druck handeln kann:

NOVA EVROPAE DESCRIPTIO, IN QVA VNIVER ... (Teil fehlt) ... *CONTEMPLARI LICEBAT ADIECTA SVNT ETIAM MARIA, FLVMINA, STAGNAQVE IPSIVS CE- / LEBRIORA: INSVPER ET INSVLAE, MONTES, SOLITVDINES, SYLVAE, HAEC OMNIA D...* (Rest fehlt)

Titel entlang des oberen Randes. Oben links in Kartusche Widmung an Kaiser Karl V. mit der unvollständigen Datierung *D.C.* und der Signatur *Vrbanus atq. Christophorus Zell* (5 Zeilen). Oben rechts in Kartusche Geleitwort *LECTORI S.* (21 Zeilen)

Holzschnitt mit Namen und Texten in Typendruck, insgesamt 8 Bll. in 2 Reihen zu je 4 Bll. (das 2. Bl. der oberen Reihe fehlt); Gesamtformat 84 × 122 cm

Das einzige bekannte Exemplar ist in der Staatsbibliothek Preußischer Kulturbesitz, Berlin.

Siehe Abb. 77

Das wissenschaftshistorische Umfeld dieser Karte besteht fast nur aus offenen Fragen. Als Erläuterung zu dieser Karte druckte Christoph Zell einen *Canon oder ausslegung diser gegenwertigen Mappen, Europa genant*. Die Erstausgabe dieser Schrift erschien 1533 in Nürnberg (Exemplar in der Herzog August Bibliothek, Wolfenbüttel). Sie wurde 1536 wiederaufgelegt, lateinische Übersetzungen von Christoph Zells Verwandten Anselm und Urban erschienen 1535 und 1538 in Antwerpen. Der Zusammenhang zwischen der achtblättrigen Karte und diesem Text ist gesichert. Das einzige erhaltene Exemplar dieser Karte in Berlin stammt allerdings nicht aus einer Auflage von 1533. Es enthält einen Hinweis auf die Eroberung von Tunis durch Karl V., Terminus post quem für seine Publikation ist also das Jahr 1535.

Und wer war der wissenschaftliche Urheber dieser Karte? Allem heutigen Wissen nach war Christoph Zell nur Drucker und Holzschneider. Die gegenwärtige Forschung betrachtet sie – Leo BAGROW folgend – als ein Werk von Heinrich →Zell. Sein Verwandtschaftsverhältnis zu Christoph Zell ist unbekannt. Es bestanden aber enge Verbindungen. Christoph Zell druckte in Nürnberg Heinrich Zells Karte von Preußen (1542) und wahrscheinlich auch die heute verschollene Erstausgabe von dessen Germania-Karte. Nun ist erst durch jüngere Forschungen für Heinrich Zell das Geburtsjahr 1518 recht sicher belegt. Selbst wenn man die relativ hohe inhaltliche Abhängigkeit dieser Zellschen Europa-Wandkarte von derjenigen Martin →Waldseemüllers berücksichtigt, so ist es doch fraglich, ob Heinrich Zell im Alter von 15 oder allenfalls 17 Jahren zu einem solchen Werk in der Lage war. Dafür, daß Heinrich Zell überhaupt eine Europa-Karte gemacht hat, findet sich der einzige Hinweis im *Catalogus Auctorum* bei Ortelius. Weitere Spuren gibt es nicht, so daß hier die Möglichkeit einer Verwechslung bzw. Fehlinformation durch Ortelius nicht ganz außer Betracht gelassen werden sollte.

Um die Konfusion noch zu vergrößern: Von dem *Canon* gibt es eine bisher unbibliographierte lateinische Fassung als *De situ ac moribus regnorum omnium quae hac praesentis Europae charta continentur* (Nürnberg: Christoph Zell, s.d.). Das einzige bisher bekannte Exemplar dieses Druckes (Bayerische Staatsbibliothek, München) trägt in zeitgenössischer Schrift den handschriftlichen Vermerk *Authore Joan. Dryander Medico et Matematico Marpurgi Anno 1537.* Die hier genannte Autorenschaft von Johannes →Dryander ist natürlich möglich, derzeit aber noch völlig unbelegbar. Hier bleiben die Ergebnisse weiterer Forschung abzuwarten.

Lit.:
- BAGROW, *Catalogus II,* S. 109–110.

Heinrich ZELL

Nach dem gelegentlich geführten Beinamen Agrippinus stammte Heinrich Zell (auch Zeel, Zeellen und Zellius) vermutlich aus Köln, als Geburtsjahr ist 1518 wahrscheinlich. 1532 begann er ein Studium an der Universität Basel, wo er sicherlich auch mit Sebastian →Münster in Kontakt kam. Seit 1538 studierte er in Wittenberg, zu seinen Lehrern dort gehörte der Mathematiker Georg Joachim Rheticus (1514–1574). Mit ihm ging Zell 1539–1541 nach Frauenburg zu Nicolaus Copernicus (1473–1543). 1540 gaben Zell und Rheticus in Danzig die epochale *Narratio prima de libris revolutionum Nicolai Copernici,* die erste Darstellung der Theorie des heliozentrischen Weltbildes, heraus. Seit etwa 1541 lebte Zell in Straßburg, wo er 1546 das Bürgerrecht erhielt. Er war tätig als Lehrer für alte Sprachen und auch als Drucker, 1553 gab er einen Holzschnitt mit Darstellung der Belagerung von Thérouanne (Dep. Pas-de-Calais) heraus (einziges Exemplar in der British Library, London). Für 1549 ist auch eine Mitarbeit an der Restaurierung des Globus an der Schauuhr des Straßburger Münsters belegt. Kurz nach 1553 ist Heinrich Zell nach Ostpreußen übergesiedelt, 1555 wurde er als *mathematicus excellens* und *cosmographus* an der Universität Königsberg immatrikuliert. 1557 trat er als Schloßbibliothekar in den Dienst von Herzog Albrecht Friedrich in Königsberg. In diesem Amt wirkte er bis zu seinem Tode 1564.

Umfang und wahre Bedeutung des kartographischen Gesamtwerkes von Heinrich Zell sind – sicherlich nicht zuletzt wegen einer ungünstigen Überlieferungslage – schwer festzustellen. Die Problematik um die ihm zugeschriebene Europa-Karte ist oben im Abschnitt über seinen Verwandten Christoph →Zell angesprochen. Verloren, vielleicht aber auch nie erschienen ist eine *Carta marina.* Als kartographisches Hauptwerk wird allgemein die Karte von Ostpreußen angesehen, deren Druck aus technischen und stilistischen Gründen Christoph Zell in Nürnberg zuzuschreiben ist:

Ohne eigentlichen Titel. Unten links in Kartusche Widmung an den Danziger Ratsherrn Johann Clur, signiert *HEINRICHVS ZEELLIVS AGRIPPINAS* und datiert *1542* (6 Zeilen). Im Rand unten links und rechts nochmals die Initialen *H* und *Z*

Holzschnitt mit Namen in Typendruck, 4 Bll. in 2 Reihen zu je 2 Bll., Gesamtformat 42 × 67 cm

Das einzige bekannte Exemplar ist in der Biblioteca Marciana, Venedig.

Siehe Abb. 78

Eine Kopie dieser typenbildenden Karte findet sich im *Theatrum* seit der Erstausgabe (Nr. 22b). Sie ist genordet, während das Original ostorientiert ist. Einige wenige Orte an der Küste hat Ortelius hinzugefügt nach anderen Quellen, wahrscheinlich nach der Karte von →Anthoniszoon. Seit 1584 enthält das *Theatrum* eine neue Karte von Ostpreußen, kopiert nach der jüngeren Karte von →Henneberger.

Obwohl diese Karte Ostpreußens nur von Heinrich Zell signiert ist, war er nicht unbedingt auch der alleinige kartographische Urheber. Möglich ist, daß Rheticus und vielleicht sogar auch Copernicus hier wissenschaftliche Anteile hatten.

Anscheinend nicht gekannt hat Ortelius eine von Heinrich Zell publizierte Germania-Karte. Sie wurde ebenfalls typenbildend und mehrfach in Italien und den Niederlanden – hier vor allem von Gerard de Jode – kopiert. Auch zu diesem Werk ist die heutige Überlieferungslage ungünstig und unübersichtlich. Die folgenden Fakten und Aspekte sind festzuhalten:

- Es liegt vor eine Ausgabe von 1560 mit dem Titel *Ein neuwe und eygentliche Beschreibung des Teutschen Lands ...,* das Impressum lautet *Durch Helrich Zeellen zu Strassburg. Im jar Christi M.D.LX* (Holzschnitt mit Typendruck, 4 Bll. in 2 Reihen zu je 2 Bll., Gesamtformat 58 × 73 cm); das einzige bekannte Exemplar ging 1945 in Dresden verloren (Abb. bei MEURER, Tafel 5).

- Allem heutigen Wissen nach hat Zell 1560 in Straßburg nicht mehr gedruckt. Weiterhin zeigt der Stil des Holzschnittes eine hohe Ähnlichkeit mit der Ostpreußen-Karte Heinrich Zells und auch mit der Europa-Karte des Christoph Zell. Eine Hypothese lautet, daß es sich bei dieser Ausgabe von 1560 um die Neuverwendung älterer, möglicherweise der originalen Druckstöcke handelt.
- Diese Erstausgabe muß vor 1550 erschienen sein, aus diesem Jahr datieren zwei kleinerformatige Kopien (Abb. bei MEURER, Nr. 11).
- Nur durch archivalische Belege kannte CARACI eine 1546 in Venedig bei Matteo Pagano gedruckte Germania-Karte von → Gastaldi, den er als den eigentlichen Urheber des in der Literatur unter dem Namen Zells geführten Typus der Germania-Karten reklamiert. Diese Gastaldi-Karte ist nun bekannt geworden. Sie trägt den Titel *Nova & verissima totius Germaniae descriptio*, die Adresse Paganos, aber keine Angabe zu Autor und Erscheinungsdatum (Holzschnitt mit Typendruck, 4 Bll., in 2 Reihen zu je 2 Bll., Gesamtformat 46,5 × 67,5 cm); das einzige bekannte Exemplar ist in der Bibliothèque de la Sorbonne, Paris.

In der Tat bestehen frappierende Übereinstimmungen zwischen dieser Pagano-Karte und der Straßburger Ausgabe von 1560, die bis in die Dekoration gehen. Andererseits enthält die italienische Fassung doch etliche Fehler vor allem in der Schreibung der geographischen Namen. Solange kein Exemplar der Erstausgabe der Karte Zells gefunden ist, mußte die Entscheidung über die Urheberschaft zwischen Zell und Gastaldi (?) offen bleiben. In der vorläufigen Wertung sprechen die Argumente sicherlich für Zell, die Editio princeps wäre also auf vor 1546 zu datieren.

Lit.:
- BAGROW, *Catalogus II*, S. 110–114
- BAGROW, L.: Der deutsche Kartograph Heinrich Zell. In: *Petermanns Geographische Mitteilungen* 72, 1926, S. 63–66
- BURMEISTER, K.H.: Georg Joachim Rheticus as a geographer and his contribution to the map of Prussia. In: *Imago Mundi* 23, 1969, S. 75–76
- BURMEISTER, K.H.: Der Kartograph Heinrich Zell (1518–1564). In: *Science and History. Studies in honor of Edward Rosen.* Breslau 1978, S. 427–442
- CARACI, G.: Heinrich Zell, G. Gastaldi und einige der ältesten Karten von Deutschland. In: *Petermanns Geographische Mitteilungen* 72, 1927, S. 200–205
- JÄGER, E.: *Prussia-Karten 1542–1810.* Weißenhorn 1982, S. 44 ff. und 251 ff.
- KOLB, A.: Der Kartograph Heinrich Zell, ein unbekannter Straßburger Drucker. In: *Gutenberg-Jahrbuch* 1972, S. 174–177
- MEURER, P.H.: *Mappae Germaniae. Die schönsten und bedeutendsten Deutschlandkarten von 1482–1803.* Bad Neustadt a. d. Saale 1984.

Nicolò ZENO

Der im *Catalogus Auctorum* genannte Name *Nicolaus Genus* führt hin zu einem der großen Rätsel – und zu einer der großen Kontroversen – der alten Kartographie. Nicolò Zeno (1515–1565) war Schriftsteller und Geograph, auch stand er als Diplomat im Dienste seiner Heimatstadt Venedig. Sein wissenschaftliches Hauptwerk ist ein Buch *Dei commentarii del viaggio in Persia di M. Caterino Zeno ... et dello scoprimento dell'isole Frisland, Eslanda, Engrovelanda, Estotilanda et Icaria, fatto sotto il Polo Arctico da due fratelli Zeni, M. Nicolò il K. e M. Antonio* (Venedig: Francesco Marcelino, 1558). Laut eigener Aussage Zenos handelt es sich beim zweiten Teil dieser Schrift um die Edition eines älteren Manuskriptes über den Bericht einer Reise in den hohen Norden Europas bis nach Nordamerika, die von zweien seiner Vorfahren, den Gebrüdern Nicolò und Antonio Zeno, im Jahre 1380 durchgeführt worden sei. Dem Buch ist eine Karte beigegeben, die Zeno – ebenfalls nach eigener Aussage – gezeichnet hat aus dem Gedächtnis heraus nach einer Vorlage, die sich in den nachgelassenen Unterlagen seiner Vorfahren befunden habe, die er aber in früheren Jahren in Unkenntnis und Unwissenheit verbrannt habe:

CARTA DA NAVEGAR DE NICOLO ET ANTONIO ZENI FVRONE IN TRAMONTANA LANO M.CCC.LXXX.

Titel über dem oberen Rand

Holzschnitt, 28,5 × 38 cm.

Siehe Abb. 79

Diese Originalausgabe in den *Commentarii* von 1558 hat Ortelius vermutlich nicht gekannt. Im *Catalogus Auctorum* zitiert er die Zeno-Karte nach der Kopie in der italienischen Ptolemäus-Ausgabe Venedig 1561.

Characteristica der Zeno-Karte sind eine sehr detaillierte Darstellung von Grönland, der fiktiven Inseln Estland, Frisland und Icaria sowie das Anschneiden von Estotiland ganz am linken Kartenrand. Letzteres würde hindeuten auf eine Kenntnis Amerikas im Mittelmeerraum lange vor Kolumbus. Andererseits wird gerade dieses Detail als Hauptargument dafür genommen, um den gesamten Zeno-Bericht als Fälschung des späteren Nicolò Zeno anzusehen. Hintergrund dafür wäre die Absicht gewesen, ältere Rechte Venedigs an der Entdeckung Amerikas gegenüber Kolumbus und damit Genua zu reklamieren. In der Tat ist es gelungen, viele Details des Berichtes und der Karte in älteren Quellen wiederzufinden. Rätselhaft aber bleiben dennoch andere Fakten, wie etwa die relativ genaue Darstellung von Süd-Grönland. Von dem älteren Nicolò Zeno ist bekannt, daß er 1385 an einer Fahrt venezianischer Handelsschiffe nach Flandern und vielleicht weiter nach Nordeuropa teilnahm.

Ob nun kompilierte Erfindung oder vielleicht doch das Resultat einer frühen Reise in den hohen Norden: Die Zeno-Karte hatte einen recht großen Einfluß auf das Kartenmachen um die Mitte des 16. Jahrhunderts. Details wie die Inseln Frisland und Estland wurden u.a. von Gerard →Mercator in seine große Weltkarte übernommen. Im *Theatrum* trug sie einige Ortsnamen für die Karte der *Septentrionalium Regionum* bei (vgl. oben unter 5.3.1).

Lit.:
- BAGROW, *Catalogus II*, S. 114–116
- DREYER-EIMBCKE, O.: The mythical island of Frisland. In: *The Map Collector* 26, 1984, S. 48–49
- HENNIG, R.: *Terrae Incognitae*. Bd III, Leiden 1953, S. 393–405
- HOBBS, W.H.: Zeno and the cartography of Greenland. In: *Imago Mundi* 6, 1949, S. 15–19
- LUCAS, F.W.: *The annals of the voyages of the brothers Nicolo and Antonio Zeno in the North Atlantic about the end of the fourteenth century and the claim founded thereon to a Venetian discovery of America*. London 1898.

Jakob ZIEGLER

Die Biographie des um 1470 in Landau an der Isar geborenen Jakob Ziegler (lat. Jacobus Zieglerus, auch Lateranus) weist in vielem die Züge auf, wie sie typisch sind für das Bild eines Gelehrten der deutschen Frührenaissance. Er wurde 1491 an der Universität Ingolstadt immatrikuliert, wo der deutsche „Erzhumanist" Konrad Celtis zu seinen Lehrern und Förderern gehörte. Bereits im Grundstudium beschäftigte sich Ziegler mit der Mathematik und Astronomie. Ein Studium der Theologie brach er 1500 ab und begab sich anschließend auf eine längere Wanderschaft, über die wenig bekannt ist. Zwischen ca. 1502 und 1504 war er in Köln. Um diese Zeit schuf er eine handschriftliche Bearbeitung der Schrift des arabischen Astronomen az-Zarquali über die Sphärendarstellung. 1504 folgte Ziegler seinem Mentor Celtis zum weiteren Studium nach Wien, zu seinen akademischen Lehrern dort gehörte Georg →Tannstetter. Ab 1508 lebte er als Lehrer in Mähren, wo er mit der Lehre der „Böhmischen Brüder" in Kontakt kam, die er widerlegte in seiner ersten gedruckten Arbeit *Contra Heresim Valdensium* (Leipzig 1512). Über seine Tätigkeit in den nächsten Jahren ist wenig bekannt. 1511–1512 war er in Leipzig, danach wieder in Wien und von 1514 bis 1520 in Ungarn.

1521 ging Jakob Ziegler nach Italien. Er lebte als Gelehrter am päpstlichen Hof in Rom und später auch in Ferrara und Venedig. In dieser Zeit wurde er zu einem radikalen Kirchenkritiker, insbesondere wegen des politischen Engagements des Papsttums. 1531 verließ er Italien, im gleichen Jahr erschien sein Werk *In C. Plinii de natura historia librum secundum commentarius* (Basel 1531); mit den Schriften von Plinius hatte sich Ziegler seit seinem Aufenthalt in Mähren beschäftigt, wie auch mit einer – nie realisierten – Bearbeitung der Schriften von Ptolemäus. Hoffnungen auf eine Professur in Wittenberg zerschlugen sich. Statt dessen wurde Ziegler 1531 in Straßburg ansässig. Hier erschien 1532 ein Sammelband mit Schriften zur Geographie Palästinas und Nordeuropas: *Syria, ad Ptolomaici operis rationem. Praeterea Strabone, Plinio et Antonio auctoribus locupletata. Palestina, iisdem auctoribus. Praeterea historia sacra, et Iosepho et divo Hieronymo locupletata. Arabia Petraea, sive Itinera Filiorum Israel per desertum, iisdem auctoribus. Aegyptus, iisdem auctoribus. ... Schondia, tradita ab auctoribus, qui in eius operis prologo memorantus ...* (Straßburg: Peter Schöffer, 1532). Eine zweite Ausgabe *Terrae Sanctae, quam Palestinam nominant, Syriae, Arabiae, Aegypti et Schondia doctissima descriptio* (Straßburg: Wendel Rihel, 1536) verwendete zum neuen Titelblatt alte Druckbogen; als Supplement beigegeben ist ihr die Palästina-Beschreibung von Wolfgang →Wissenburg. Beide Ausgaben sind illustriert mit einem Satz von acht Holzschnittkarten im durchschnittlichen Format um 23,5 × 35 cm. Sie haben keine eigenen Titel, statt dessen auf den Blattrückseiten typengedruckte Inhaltsangaben:

- *PRIMA TABULA CONTINET Syriam ...*
- *SECUNDA TABULA CONTINET Partem Phoeniciae ...*
- *TERTIA TABULA CONTINET Samariam ...*
- *QUARTA TABULA CONTINET Iudaeam ...*
- *QUINTA TABULA UNIVERSALIS PALAESTINAE*
- *SEXTA TABULA CONTINET Marmaricam et Aegyptum*
- *SEPTIMA TABULA CONTINET Tribum Iuda rursus ...*
- *OCTAVA TABULA CONTINET Chersonnesum Schondiam, Regna autem potissima, Nordvegiam, Sueciam, Gothiam, Findlandiam, Gentem Lapones.*

Der wissenschaftsgeschichtliche Wert dieser Schrift Zieglers, deren Manuskript in der Universitätsbibliothek Oslo erhalten ist, beruht vor allem auf der Beschreibung Nordeuropas mit der letzten der acht Karten. Die Informationen hierzu hatte er, wie er in der Einführung sagt, während seines Aufenthaltes in Rom von vier skandinavischen Bischöfen erhalten, die um jene Zeit ebenfalls dort lebten. Dort ist er auch mit Olaus → Magnus zusammengetroffen. Zieglers Schondia-Karte zeigt zum ersten Male in der Kartengeschichte ein halbwegs zutreffendes, wenngleich auch noch verzerrtes Bild Nordeuropas. Einen größeren Einfluß in der Kartographie des 16. Jahrhunderts hat sie indessen nicht gehabt, sie wurde abgelöst von der Karte von Olaus Magnus. Auch für das *Theatrum* fanden Zieglers Karten keinerlei Verwendung. Ortelius zitiert das Buch Zieglers im *Catalogus Auctorum* mit einer summarischen Inhaltsangabe nach dem Titel der Erstausgabe 1532.

In Straßburg überwarf sich Jakob Ziegler mit der dortigen Reformatorenszene. 1534 verließ er die Stadt wiederum und wirkte einige Jahre als Prinzenerzieher in Baden-Baden und Althausen im Elsaß; 1536 erschien in Basel seine Schrift *De solidae sphaerae constructione* als Neufassung seines Jugendwerkes. Im letzten Abschnitt seines Lebens hat er sich kaum noch mit der Geographie beschäftigt. Das Projekt einer großangelegten Kosmographie blieb unvollendet. Auch hat er wieder seinen Frieden mit der katholischen Kirche gemacht. Von 1541 bis 1543 wirkte er als Professor für Alttestamentarische Theologie an der Universität Wien. Seine letzten Jahre verbrachte er am Hofe des Bischofs Wolfgang von Salm in Passau, wo er im August 1549 starb.

Lit.:
- BAGROW, *Catalogus II*, S. 116–118
- GÜNTHER, S.: *Jacob Ziegler, ein bayerischer Geograph und Mathematiker* (= Forschungen zur Kultur- und Literaturgeschichte Bayerns Bd 4). Ansbach 1896
- NEBENZAHL, *Maps of the Bible Lands*, S. 70–71
- NISSEN, K.: *Jacob Ziegler's Palestine Schondia Manuscript, University Library Oslo. MS 917-4°*. In: *Imago Mundi* 13, 1956, S. 45–52
- SCHOTTENLOHER, K.: *Jakob Ziegler aus Landau an der Isar. Ein Gelehrtenleben aus der Zeit des Humanismus und der Reformation* (= Reformationsgeschichtliche Studien und Texte, Heft 8–10). Münster 1910.

Zuan Domenico ZORZI

Mit dem Kartenautor, der im *Catalogus Auctorum* als *Joannes Dominicus Methoneus* aufgeführt ist, hat sich die kartenhistorische Forschung seit BAGROW recht schwer getan, und erst DESTOMBES ist hier der Durchbruch gelungen. Der eigentliche Geburtsname ist unbekannt. In den zeitgenössischen Quellen seiner späteren italienischen Heimat wird er Zuan Domenico Zorzi genannt, auch dürfte er identisch sein mit dem Maler Domenico dalle Greche. Zorzi stammte aus der Hafenstadt Methóni (Modon) an der Westküste des Peloponnes, danach bildete er später das Cognomen Methoneus bzw. Mothoneus. Er war noch ein Kind, als seine Eltern bei der Eroberung von Methóni durch die Türken 1498 versklavt wurden. Über seine Jugendjahre ist wenig bekannt. Er scheint die ganze Levante bereist zu haben. 1525 war er in Konstantinopel, wo er – heute verlorene – Karten der Welt und des Peloponnes auf Leinwand malte. In Konstantinopel lernte Zorzi den venezianischen Kaufmann und Diplomaten Piero kennen, der ihn protegierte und mit nach Venedig nahm, wo er seit 1531 nachweisbar ist. Er war als Maler tätig, bis um 1544 arbeitete er u.a. an den Wandkarten-Fresken des Palazzo Ducale. Danach begann Zorzis Zusammenarbeit mit dem venezianischen Holzschneider und Verleger Matteo Pagano. Ihre wohl bedeutendste gemeinsame Arbeit war die im *Catalogus Auctorum* genannte Europa-Wandkarte von 1545:

VERA DESCRIPTIO TOTIVS EVROPE ET PARTIS ASIE ET AFRICE CVM MARINIS LITORIBVS SECVNDVM CARTAM NAVIGANTIVM

Titel entlang des oberen Randes. Oben links in Kartusche die Signatur: *Ioan. Dominicus /*

Mothoneus / (1 Wort unleserlich) *hanc Europam Ratio- / nibus Matematicis men- / suris Qtam Maritimis qu- / am Terestibus Fecit Anno Chri- / sti M.D.XXXXV.* Rechts daneben in weiterer Kartusche die Adresse: *Stampata in Venetia / per Matio Pagan / in Frezaria a l'insie- / gna de la Fede*

Holzschnitt von 8 Blöcken, 2 Reihen zu je 4 Bll., Gesamtformat 77 × 109 cm

Das einzige bekannte Exemplar ist in der Bibliothèque de la Sorbonne, Paris (Abb. bei DESTOMBES).

Die Karte ist eine Kompilation von Informationen aus gedruckten Karten und italienischen Portolanen. Für das *Theatrum* wurde sie nicht verwendet.

Das kartographische Werk von Zuan Domenico Zorzi ist noch nicht in seinem ganzen Umfang faßbar. Eine gemeinsam mit Pagano publizierte Weltkarte ist verschollen, die Zuschreibung von Karten Zyperns und Kretas (→ Camocio) an ihn ist fraglich. Gesichert ist, daß von Pagano publizierte Monumentalveduten von Jerusalem (1546) und Kairo (1549) auf Zeichnungen von Zorzi basieren. Der Tod des Malers Domenico dalle Greche ist in Venedig für 1558 belegt.

Lit.:
- BAGROW, *Catalogus I*, S. 62 (als Giovanni Domenici)
- BIER, E.: Unbekannte Arbeiten des Domenico dalle Greche. In: *Maso Finiguerra* 2, 1937, S. 207–218
- DESTOMBES, M.: La grande carte d'Europe de Zuan Domenico Zorzi (1545) et l'activité de Matteo Pagano à Venice de 1538 à 1565. Wiederabdruck dieses entlegen erschienenen Aufsatzes von 1973 in DESTOMBES, *Contributions*, S. 443–459
- GALLO, R.: Le mappe geografiche del Palazzo Ducale de Venezia. In: *Archivio Veneto*, ser. 5, tom. 32–33, 1943, S. 43–113

Matthias ZÜNDT

Matthias Zündt (auch (Zynndt, Zindt, Cinthius u.ä.) war als Goldschmied und Kupferstecher in Nürnberg tätig. 1556 erhielt er dort das Bürgerrecht, durch seine Arbeiten ist es nachweisbar bis 1571. Die Feststellung von weiteren Daten zu seiner Biographie ist mit einem Problem konfrontiert. Es ist noch fraglich, ob er mit dem Nürnberger Goldschmied Matthes Zinck identisch ist, von dem ein Porträtstich erschien, der die Lebensdaten 1498 bis 1581 nennt. Nach Nürnberger Archivquellen wiederum wurde dieser Matthes Zinck am 25. Februar 1572 begraben.

Wie auch immer: Matthias Zündt begann 1565 in Nürnberg mit der Publikation von Karten und Ansichten, die alle als Einblattdrucke erschienen. Ein Schwergewicht lag auf Darstellungen der Schauplätze von Ereignissen der Zeitgeschichte, vor allem der Kriege zwischen dem Abendland und dem Osmanischen Reich. Seine erste Arbeit war eine Darstellung von Malta 1565. 1566 folgten Abbildungen der Belagerungen von Sziget und Gyalla in Ungarn. Im gleichen Jahr erschien auch Zündts erste Ungarn-Karte:

DAS KHYNIGREICH HVNGERN

Titel oben Mitte in Rahmen entlang des Kartenrandes. Unten rechts in Rahmen: *Ain warhafftige beschreibung des khünigreichs Hungern, / die viernemsten Stetten und Vestungen mit sampt der / Belagerten Orten, Ouch der Christlich und Thürkē / Herzug angezaygt / GOTT der Allmechtig wolle den Christen / Genediglich bey ston. Amen / 1566. / Nürnberg Mathes Zyndt.*

Kupferstich, 28 × 38 cm

Exemplare: Nationalbibliothek Széchenyi, Budapest; British Library, London; Historisch Museum, Rotterdam; Österreichisches Kriegsarchiv, Wien; Schloß Wolfegg/Württemberg (Abb. bei SZATHMARY, Nr. 69).

Die Karte beruht im wesentlichen auf → Lazius, eingearbeitet sind einige Ergänzungen nach der Karte von → Lazarus Secretarius.

Für seine zweite, die im *Catalogus Auctorum* genannte, Ungarn-Karte erhielt Matthias Zündt am 16. Januar 1567 vom Nürnberger Rat ein Geschenk von 20 Gulden:

Neuwe und Gründtliche beschreibunge Des Ganczen Künigreichs Unngern mit den Anstossenden Landen

Titel über dem oberen Kartenrand. Unten rechts in Kartusche weiterer Titel:

NOVA TOTIVS VNGARIAE DESCRIPTIO ACCVRA / TA ET DILIGENS DESVMPTA EX PLVRIMIS ALIORVM / EDITIS COSMOGRAPHICIS CHARTIS ET TYPIS AEREIS IN / CISA A MATTHIA CYNTHIO NORIMBERGENSI ANNO / A CHRISTO NATO M.D.LXVII. /

Ein Neuwe warhafftige beschreibung Des ganczen Ungerlandts mit Sunderem / fleys auss Andern Lanthaffeln Zu samen gebracht unnd in druck ver / ferttiget durch Mathias Zündten Zu Nörmberg. / Im Jar nach Christi geburt / 1567

Kupferstich von 6 Platten, 2 Reihen zu je 3 Bll., Gesamtformat 50,5 × 86,5 cm

Exemplare: Nationalbibliothek Széchenyi, Budapest; Österreichische Nationalbibliothek, Wien; das Breslauer Exemplar ging 1945 verloren (Abb. bei SZATHMARY, Nr. 69).

Die Platten wurden 1587 und 1594 von dem Drucker Jakob Pross in Prag für Neuausgaben verwendet (Exemplare in der Österreichischen Nationalbibliothek, Wien), eine letzte Ausgabe publizierte der Nürnberger Verleger Balthasar Caymox um 1600 (Exemplar in der Bayerischen Staatsbibliothek, München).

In ein Grundgerüst nach Lazius sind auf dieser Karte Informationen nach zahlreichen weiteren Quellen eingearbeitet. Zündts Fassung war typenbildend und wurde z.B. kopiert von de Jode. Für das *Theatrum* wurde sie nicht verwendet.

Erstaunlicherweise hat Ortelius anscheinend nicht gekannt Zündts Karte der Niederlande *Tabula complectens totam Belgicam, Flandriam, Brabantiam, Selandiam, Holandiam, Frisiam, Hannoniam, Gelriam cum aliis quibusdam locis adiacentibus* von 1568 (Kupferstich 30 × 47,5 cm; Exemplare u.a. in der British Library, London und im Germanischen Nationalmuseum, Nürnberg). Dies ist eine generalisierte, im Osten etwas nach anderen Quellen erweiterte Kopie nach der großen Wandkarte der Niederlande von Gerard de Jode von 1566 (Anonymus → Germania Inferior I). Für das *Theatrum* hatte sie keine Bedeutung.

Lit.:
- BAGROW, *Catalogus II*, S. 118–120
- BANFI, F.: Sole surviving specimens of early Hungarian cartography. In: *Imago Mundi* 13, 1956, S. 89–100
- MEURER, P.H.: De kaart van de Nederlanden van Matthias Zündt (1568). In: *Caert Thresoor* 7, 1988, S. 52–55
- SZATHMARY, *Descriptio Hungariae*, S. 157–160.

PERSONENREGISTER

Nicht berücksichtigt sind in diesem Register – bis auf wenige Ausnahmen – Autoren von Sekundärliteratur, marginal erwähnte und im kartenhistorischen Zusammenhang unwichtige Personen der Zeitgeschichte, Eintragungen in den Anmerkungen und in den Tabellen I–III sowie zu Abraham Ortelius. *Kursive* Seitenzahlen verweisen auf einen eigenen Namensartikel zu diesem Kartographen im Katalogteil, wichtige Namensvarianten sind durch Verweis erfaßt (z. B. Hylacomylus → Waldseemüller).

Abstemius, Paulus   182
Abulfeda, Ismael   150
Acquaviva, Andrea Matteo   241
Adams, Clement   123, 175
Adgerus, Cornelius   34, 46, *98,* 170
Adrichomius, Christianus   46, 98 f., 120, 170, 268
Aedgerus → Adgerus
Aelst, Nicolaes van   118
Aeszler, Jakob   265
Aggere, Petrus ab   44, *99 f.*
Agnese, Battista   157
Aich, Arnd van   261
Alba, Fernando   14, 180
Albert von Österreich   215
Alberti, Leandro   44 ff., *101,* 103, 114, 119, 144, 158, 187
Albrecht V. von Bayern   106 f., 168
Albrecht Friedrich von Preußen   164, 271
Aleotti, Giovanni Battista   47, *101 f.,* 214
Alfonso II. von Ferrara   153
Algoet, Lievin   14, 36, 43 f., *102 f.*
Alsberghe → Algoet
Althamer, Andreas   135
Amaseo, Gregorio   44, 101, *103*
Amaseo, Leonardo   103
Ambrosius, Marcus   44, *103 f.,* 218
Amman, Jost   106
Androuet du Cerceau, Jacques   209
d'Angelo, Jacopo   7
Anthoniszoon, Cornelis   13, 36, 39, 41, 44, *104 f.,* 171, 271
Apian, Georg   9, 105, 111
Apian, Peter   9, 20, 44, 51, 100, *105 ff.,* 111, 145, 147, 155, 173 f., 181 f., 225, 235, 253
Apian, Philipp   9, 28, 41, 44, 47, *106 f.,* 111, 148
Arameius, Bartholus (i. e. Abraham Ortelius)   17
Arboreus, Heinrich   107
d'Argentré, Bertrand   37, 49, *107 f.,* 199
d'Argentré, Pierre   108
Arias Montanus, Benito   14, 18, 34, 45, *108 f.,* 111
Ariosto, Ludovico   102
Arnoldi, Arnoldo di   188
Arsenius, Ambrosius   29 f.

Arsenius, Ferdinand   29 f.
Artopaeus, Petrus   49, *109 f.,* 205
Assonleville, Christophe de   251
August von Sachsen   132, 245
Aurelius, Cornelius   48
Aurigarius → Waghenaer
Aust → Honter
Avanzi, Lodovico degli   101
Aventinus, Johannes   9, 28, 39, 41, 44, 105, 107, *110 f.,* 121, 173
Avila y Zuniga, Luiz de   116

Baartwijk → Barvicius
Bacci, Andrea   192
Bagrow, Leo   2, 17, 100, 120, 259
Bakócz, Tamás   181
Baldini, Vittorio   101
Barbari, Jacopo de   101
Barbuda, Luiz Jorge de   34, 46, 109, *111 f.,*
Barentsz, Willem   46, *112,* 216
Baroni, Angela   101
Barozzi da Vignola, Giacomo   137
Barvicius, Joannes   24, 57
Baumann, Georg   163
Baumann, Hans   235
Bebel, Johannes   10, 173, 257
Bebel, Peter → Boeckel, Peter
Becker → Artopaeus
Beeldesnyder, Jan de → Hoirne, Jan van
Beeldesnyder, Joost Jansz.   170
Behaim, Martin   207
Beke, Pieter van der   196
Belbraeus, Joannes   143
Bellarmati, Girolamo   22, 44, *113,* 259
Bellay, René du   113
Bellerus, Jan   56
Bellio, Domenico → Macaneo, Domenico
Bellio, Melchior   187
Belon, Pierre   98, *113 f.*
Beneventanus, Marcus   8, 259
Bennewitz → Apian, Georg und Peter

Beotio → Boazio
Berey, Nicolas   128, 239
Berganus, Georgius Jodocus   46, 101, *114*
Berghen, Adrian van   162
Bernardus → Barentsz
Bernegger, Matthias   182
Bertazuolo, Gabriele   49
Bertelli, Fernando   10, 94, 118, 130, 151 ff., 217
Bienewitz → Apian, Georg und Peter
Birckmann (Verlag)   18, 185, 201, 249
Blaeu (Verlag)   12, 29, 228
Blanchon, Joachim   143
Bloemmarts, Jan → Florianus, Johannes
Blydeuen, Iac   254
Boazio, Giovanni Battista   47, *114 f.*
Boeckel, Cornelis   115
Boeckel, Peter   13, 44, 47, *115*, 221
Boileau de Bouillon, Gilles   13, 39, 44, *116 f.*, 180, 186
Boleavus → Boileau de Bouillon
Bompar, Pierre-Jean de   40, 46, *117*
Bonifacio, Francesco   118
Bonifacio, Gaspare → Bonifacio, Giovanni
Bonifacio, Giovanni   *117 f.*, 214, 225
Bonifacio, Giovanni Bernardino   144
Bonifacio, Natale   34, 40, 46 ff., *118*, 212 ff.
Bonomi, Sebastiano   189
Bordone, Benedetto   8, 44, 101, *119*
Bordoni, Girolamo   34, 46, *119*
Borough, William   175
Bossozel, Guillaume de   119
Bouguereau, Maurice   15, 29, 40, 46 f., 108, 143, 146, 254
Bracelli, Horatio   188
Brahe, Tycho   141, 221, 233, 260
Brandmair, Eduard   2, 17, 92 f.
Brandis, Lucas   120
Braun, Georg   27, 99 f., 129, 168 f., 179, 214, 222, 247
Breidenbach, Bernhard von   144
Brennwald, Heinrich   249
Breton, Richard   177
Breughel, Pieter   18
Brimeu, Charles de   238
Brion, Martin de   10, 43 f., *119*
Brochardus, Bonaventura   43 f., *120*
Brognoli → Brugnoli
Brosamer, Hans   225
Brugnoli, Alvise   120
Brugnoli, Bernardino   40, 46, *120 f.*
Brusch, Kaspar   44, 111, *121*
Bry, Theodor de   14 f., 128
Bucius → Putsch
Buczek, Karol   159 f., 258
Bulionius → Boileau de Bouillon
Buonaventura, Federico   189
Buoncompagni, Jacopo   136
Buonsignori, Stefano   40, 46, *121 f.*, 136
Burgkmair, Hans   134

Cabot, John   122
Cabot, Sebastian   44, 94, *122 f.*, 127, 161

Cacchi, Giuseppe   174
Cagno, Paolo   46, *123 f.*
Calameus → Chaumeau
Camden, William   88
Camerarius, Elias   46, *124*, 199, 256
Camerarius, Joachim (I und II)   124
Camerarius, Johann   124
Cametti → Camocio
Camocio, Giovanni Francesco   10, 37, 41, *125*
Campbell, Tony   134
Campi, Antonio   40, 46, 89, *126*
Canius → Cagno
Capello, Giovanni Battista   124
Capriolo, Elia   48
Caracci, Agostino   126
Cartaro, Mario   136, 175, 248
Castaldi, Giacomo → Gastaldi, Jacobo
Castiglioni, Bonaventura   44, *126 f.*
Castiglioni, Giovanni Antonio   126
Caymox, Balthasar   276
Caymox, Cornelius   27
Celtis, Konrad   110 f., 225, 273
Ceneau, Robert   44 ff., 207, 222
Cesi, Frederico   118
Chalons, René de   138
Chancellor, Richard   175
Chaumeau, Jean   44, *127*
Chaves, Alonso de   123, 127
Chaves, Gerónimo de   44, 92, 123, *127*
Chesne, Marc du   177
Chouen, Alexandre   209
Christian II. von Dänemark   178, 221
Christoph von Württemberg   148
Cicero, Marcus Tullius   35
Cimber, Cilicius → Rantzau, Heinrich von
Cinthius → Zündt
Claesz, Cornelis   112, 215 f.
Claudianus, Nicolaus   48
Clemens VIII. (Papst)   101 f.
Clough, Richard   184
Clur, Johann   271
Clusius, Carolus   21 f., 33, 37, 44, 89, 113, *127 ff.*, 142, 156
Cock, Hendrik   46, *129*
Cock, Hieronymus   13, 15, 116, 128, 151, 155, 162, 166, 169, 237 ff.
Coignet, Michel   30
Cole, Jacob (d. Ä.)   19
Cole (Junior), Jacob   17 ff., 26, 158, 188, 248
Colinaeus, Simon   145
Collimitus → Tannstetter
Contarini, Giovanni Matteo   9, 48
Contarini, Giovanni Pietro   49
Copernicus, Nicolaus   259, 271
Coppens van Diest, Gilles   28, 103
Coppo, Pietro   40, 44, 48, 101, *130 f.*
Coriander → Honter
Coronelli, Vincenzo   43
Cousin, Gilbert   131
Cousin, Hugues (I und II)   *131*

Craneveld, Franciscus 195
Cranmer, Thomas 269
Cratander, Andreas 135
Crato, Johannes (Arzt und Humanist) 33, 58, 143
Crato, Johannes (Drucker) 179, 245
Creffeldt, Martinus Carolus 46, *131 f.*
Cremer → Mercator
Creutzig → Cruciger
Criginger, Johannes 44, *132 f.*, 233
Cruciger, Johann 104, 163
Crucius → Adrichomius
Crudé → La Croix du Maine
Cusanus, Nicolaus 44, 48, *133 ff.*, 204, 207, 259
Cuspinianus, Johannes 44, *135 f.*, 181, 242
Custos, Dominicus 15
Cybo, Alberico 212

Dalmatino, Natale → Bonifacio, Natale
Danti, Egnazio 34, 40, 46, 121, *136 f.*, 248
Danti, Giulio 136
Dasypodus, Konrad 243
Daventria, Jacobus de → Deventer, Jacob van
Dax, Paul 242
Delfino, Giovanni 153
Dénucé, Jan 2, 17, 100
Desprez, François 224
Destombes, Marcel 182, 274
Deutecum, Battista van 15, 91, 112, 215, 239, 263 f.
Deutecum, Joannes van 15, 91, 128, 215, 239, 263 f.
Deutecum, Lucas van 15, 128
Deventer, Jacob van 13, 27, 36 ff., 40, 44, 49, 91, *137 ff.*, 155, 169, 184, 196, 250
Dicey, Cluer 228
Dittmar, Christian 165
Doetecum → Deutecum
Draecks, Peter 156
Drosius, Johannes 195
Dryander, Johannes 34, 45, *140*, 244, 271
Duchetti, Claudio 10, 210
Duclos, Julien 108
Duran, Diego 93
Durand de Villegagnon, Nicolas 255
Dycchius, Andreas 269

Echter von Mespelbrunn, Julius 236
Eck, Johannes 9
Eck, Leonhard von 105
Edeling, Petrus von 34, 40, 49, *140 f.*
Eduard VI. von England 123
Eichmann → Dryander
Eitzing, Michael von 49
Elisabeth I. von England 88, 114, 228
Elstracke, Renold 114
Emmanuel Philibert von Savoyen 116
Emmius, Ubbo 49
Enenckel, Georgius Acacius 46, *141*
Erasmus von Rotterdam 102
l'Escluse → Clusius
d'Este, Ippolito 185

Etzlaub, Erhard 48, 204, 265
Ewoutszoon, Jan 104

Fabius, Scipio 22
Fabricius, David 46, *141 f.*
Fabricius, Johannes 141 f.
Fabritius, Paul 28, 33, 40, 45, 128, 133, *142 f.*
Farnese, Alexander 14
Fayen, Jean 40, 46 f., *143*
Felbinger, Caspar 164 f.
Feltria della Rovere, Isabella 175
Ferdinand I. (deutscher Kaiser) 182 f., 226, 242, 262
Ferdinand Erzherzog von Österreich 220, 256
Ferraris, Antonio de 44, 46, 101, *144*, 241
Ferroni, Clemente 189
Finckh, Georg Philipp 107
Finé, Oronce 10, 44, 105, *144 f.*, 186, 195, 259
Flemalia, Georgius 129
Florentinus → Buonsignori
Florianus → Ungler, Florian
Florianus, Johannes 34, 41, 46, *145 f.*
Fluddus → Lhuyd
Foret, Jean de la 218
Forlani, Paolo 10, 87, 89, 97, 120, 126, 150 ff., 171
Formaceriis, Jacopo de 117
Franchese, Stefano 252
Franck, Sebastian 121
Franco, Giacomo 97, 225, 228
François, Isaac 40, 46 f., *146*
Francus, Jacobus → Franco, Giacomo
Francus, Ysaacus → François, Isaac
Franz I. von Frankreich 113, 144, 177
Friedrich II. von Dänemark 115, 260
Friedrich III. (deutscher Kaiser) 103
Fries, Lorenz (Arzt und Kartograph) 10, 40, 48, *146 ff.*, 265 f.
Fries, Lorenz (Historiker) 147
Fritsch, Ambrosius 233
Froschauer, Christoph 10, 173, 206, 249
Fugger, Jakob 128
Fugger, Marcus 150

Gadner, Georg 26, 34, 41, 46 f., 97, 107, *148*
Gaignot, Louis 209
Galateo → Ferraris
Galilei, Galileo 187, 248
Galle, Jan 29
Galle, Philipp 20, 26 f., 29 f., 91 f., 109
Galle, Theodoor 29
Garzoni, Giovanni 101
Gastaldi, Jacobo (Giacomo) 10, 20 ff., 35 ff., 40, 44, 47 ff., 51, 87 f., 96, 141, *148 ff.*, 194, 218, 272
Gatti, Alitteno 113
Gavotta → Cabot
Geltenhofer → Keltenhofer
Geminus, Thomas 44, 48, *154 f.*, 157, 237
Gemma Frisius, Regnier 13, 44, 51, 100, 105, 137, *155 f.*, 195
Génard, Pierre 17

Genus → Zeno
Georg von Brandenburg 256
Georg II. von Wertheim 204
Georgius, Ludovicus → Barbuda, Luiz Jorge de
Gerasimov, Dimitri 157
Gerbel, Nikolaus 242
Germanus → Nicolaus Germanus
Gerrits, Hessel 249
Gesner, Konrad 44, 46, 106, 209
Ghebellini, Stefano 37, 46, 48, 128, *156*
Ghim, Walter 26
Giaccarelli, Anselmo 101
Gibellino → Ghebellini
Giliolus, Hieronymus 102
Giolito, Gabriele 153
Giovio, Paolo 39, 45, *157*, 194
Giustiniani, Agostino 44f., 101, *157f.*
Glarean, Heinrich 268
Goethals → Algoet
Goltzius, Hubert 19, 21, 226
Goulart, Jacques 47, *158f.*, 172
Goulart, Simon (I und II) 158
Gourmont, Jérome I de 9, 119, 145
Gourmont, Jérome II de 219
Granvella → Perrenot de Granvella
Grassi, Bartolomeo 213
Grassis, Christoforo de 119
Greche, Domenico dalle → Zorzi, Zuan Domenico
Greutter, Matthäus 244
Gritti, Andrea 130
Grodecki, Jan 159
Grodecki, Wacław 10, 37, 45, 47, *159f.*, 217, 259
Groesbeeck, Gerard van 239
Grüninger, Johannes 10, 147, 265
Gruppenbach, Georg 96, 141
Grynäus, Simon 144, 269
Gryphius, Antonius 127
Guicciardini, Francesco 160
Guicciardini, Giovanni Battista 13, 45, 99, *160*
Guicciardini, Lodovico 160
Guillotière, François de la 34, 41, 49, *161*, 255
Gustav I. Wasa von Schweden 189
Gutiérrez, Diego 13, 20, 38, 45, 94, 123, *161f.*, 192
Gutiérrez, Juan 192
Gutiérrez, Sancho 123, 162
Guyet, Lézin 37, 40, 43, 46, *162*

Hakluyt, Richard 123
Haselberg, Johann 13, 43, 45 ff., *162f.*, 270
Hauber, Eberhard David 96f.
Hausmann, Sebastian 235
Heemskerck, Jacob van 112
Heinrich II. von Frankreich 207f.
Heinrich VII. von England 122
Helwig, Martin I 39, 45, *163*
Helwig, Martin II 163
Hemminga, Doco ab 44, 46, *164*
Hemminga, Sixtus ab 164
Henneberger, Caspar 40f., 46, *164f.*, 218

Herberstein, Sigismund von 43, 45, *165f.*
Herlin, Christian 242
Herreweyers, Anne 18
Hessels, Jan Hendrik 2, 17, 34
Heuss, Philipp 235
Heydanus, Carolus 13, 43 ff., *166*
Heyden, Carel van der 166
Heyden, Gaspard van der 155, 203
Heyden, H.A.M. van der 91
Heyden, Jakob van der 15, 182
Heyden, Pieter van der 100, 109
Heyns, Pieter 28 ff.
Hirschvogel, Augustin 45, *166f.*, 227
Hirschvogel, Veit 167
Hoefnagel, Georg 18, 27, 46, 89, *167f.*
Hoefnagel, Jacob 168
Hofmann, Elias 34, 46, *168f.*
Hofmeister, Johann 269
Hogenberg, Abraham 170
Hogenberg, Frans 14, 26, 41f., 46, 49, 98ff., 137ff., 168, *169f.*, 179, 193, 222, 244, 246f., 268
Hogenberg, Johann 170
Hogenberg, Nikolaus 137, 169
Hogenberg, Remigius 170, 191, 228, 256
Hoirne, Jan van 45, 91, *170f.*
Holl, Lienhard 8, 207, 222
Homem, Diego 46, *171*
Homem, Lopo 171
Hommel → Humelius
Hondius, Henricus 172
Hondius, Jodocus I 12, 15, 29, 46f., 88, 112, 158, *171f.*, 199f.
Hondius, Jodocus II 172
Honter, Johannes 8, 49, 116, *172ff.*, 226, 249
Hooftman, Gilles 26f.
Hooghe, Cornelis de 49, 228
Hopper, Joachim 46f., *174*
Horn, Joannes a → Hoirne, Jan van
Houdaen, Vinzenz 239
Houve, Paul de la 237f.
Hoya, Johann von 191, 256
Hubertis, Luca Antonio de 48
Hübschmann, Donat 227
Huefnagel → Hoefnagel
Hulsius, Levinus 15
Hulst, Felix van 17
Humelius, Johannes 233
Hurtado de Mendoza, Diego 194, 241
Hylacomylus → Waldseemüller

Iasolino, Giulio 40, 46, *174f.*, 248
Igl → Ygl
Ilacomylus → Waldseemüller
Ingrassia, Filippo 174
Iovius → Giovio
Isabella Clara Eugenia (Prinzessin von Spanien) 91
Isengrin, Michael 10, 173, 257

Jaillot, Alexis-Hubert 128
Jakob I. von England 88
Janicius, Clemens 104
Jansen → Fabricius
Janssonius, Joannes 12, 170, 172, 228
Jasolino → Iasolino
Jeffrys, Thomas 228
Jemme → Gemma Frisius
Jenkinson, Anthony 21, 36, 45, *175f.*, 268
Jobin, Bernard 232, 244
Jode, Cornelis de 29, 46, 167, *176*
Jode, Gerard de 12, 14 f., 20 f., 27, 34, 49, 91, 93, 102, 149, 166 f., 176, 189, 202, 230 ff., 234, 239 f., 255, 271, 276
Johann Albrecht von Mecklenburg 244 f.
Jolivet, Jean 36, 41, 45, 127, *176ff.*, 219
Jordan, Christoph 235
Jorden, Mark 40 f., 43, 45, 47 f., 170, *178ff.*, 222
Judeis, Gerardus de → Jode, Gerard de
Jumeau → Geminus

Kaas, Niels 260
Kaerius, Petrus 172
Kalbermatter, Johannes 230
Kammermeister → Camerarius
Karl III. von Lothringen 197, 231
Karl III. von Savoyen 187
Karl V. (deutscher Kaiser und König von Spanien) 94, 104, 106, 116, 121 f., 131, 137 ff., 155, 157, 180, 192, 196 ff., 220 f., 237, 250, 262, 265, 270
Karl IX. von Frankreich 114, 219
Katzenberger, Christoph 235
Keerbergen, Joannes von 30
Keere → Kaerius
Kegel → Pyramius
Keltenhofer, Stephan 13, 45, 47, *179*
Kempen, Gottfried van 198
Kepler, Johannes 141, 187
Keschedt, Peter 188
Klausenburg, Thomas Jordan von 143
Köbel, Jakob 204
Koeman, Cornelis 2, 17, 91
König, Peter 225, 269
Koler, Johann 58
Kolumbus, Christoph 157, 273
Koppe, Johann 267
Krafft → Crato
Kraft von Obernburg → Obernberg
Kremer, Gerhard → Mercator, Gerard
Kremer, Gisbert 194
Kriegner → Criginger
Kringerus → Criginger
Kromer, Martin 160, 249
Krüger → Criginger
Krumm, Martin 232
Kruys van Adrichem → Adrichomius
Kryffts, Nicholas → Cusanus, Nicolaus
Kuchenmeister → Artopaeus
Kues, Nikolaus von → Cusanus, Nicolaus

La Croix du Maine, François 44, 46, 161 f., 209, 224, 258
Lafreri, Antonio (Lafréry, Antoine) 10 f., 95, 185
Laicksteen, Petrus 28, 40 f., 45, *180*, 239, 245
Lalaing, Philippe 139
Lampadius, Heinrich 141
Langren, Arnold Floris van 29
Langren, Arnold Floris van 15, 215
Lannoy, Charles de 180
Lannoy, Ferdinand de 13, 29, 34, 39 f., 45, 116, 131, *180*
Lapis, Domenicus de 7
Lasso, Bartolomeo 216
Lateranus → Ziegler
Latz → Lazius
Laurin, Marc 19 f., 38, 196, 226
Lazarus Secretarius 9, 45, 48, 105, 136, *181ff.*, 186, 227, 253, 259, 275
Lazius, Wolfgang 28, 33, 40 f., 45, 136, *181ff.*, 227, 269, 275 f.
Lea, Philipp 228
Le Baud, Pierre 108
Le Beau, Philippe 223
Le Clerc, Jean 161
Leichtstein, Hermann 7
Leo X. (Papst) 157
Leo Africanus 145
Leo, Sibrandus 34, 41, 46, 174, *184*
Leoncelli, Giacomo Filippo 212
Le Pievre, Guillaume 224
Le Preux, Poncet 120
Le Testu, Guillaume 255
Lhuyd, Humphrey 28, 33, 39, 42, 45, *184f.*, 197, 229
Licinio, Fabio 96, 150 f.
Liefrinck, Hans 13, 115 f.
Liefrinck, Mynken 13
Liesveldt, Hans von 179
Ligorio, Pirro 10, 45, 47, 124, *185f.*, 213
Lily, George 155, 157
Linschoten, Jan Huygen van 216, 264
Lluyd → Lhuyd
Loew, Joachim 178
Loose, Arnold de 98
Lopez, Duarte 213
Lopez de Velasco, Juan 93
Lorichs, Melchior 50
Luchini, Vincenzo 10, 95
Ludd, Gaulthier 264
Ludwig von Württemberg 236
Lützenkirchen, Wilhelm 262
Lyatsky, Ivan 267
Lycosthenes → Wolfhardt
Lyschander, Claus 260
Lythe, Robert 115

Macaneo, Domenico 44 f., 48, 101, *187*
Macciadus, Caspar Alvarez 35
Machaneus → Macaneo
Maelson, François 263
Magdeburg, Hiob 135, 139, 233
Magini, Fabio 189

Magini, Giovanni Antonio   46 f., 175, *187 ff.*, 214, 226, 248
Maggi, Giovanni   192
Magnus, Hans   189
Magnus, Olaus   36, 45, 104, *189 f.*, 274
Maillé, François   146
Maior, Johannes   183
Makowski, Tomasz   249
Manlius, Christoph   233
Marcellino, Francesco   272
Mare, Philibert de la   258
Margarethe von Parma   162
Maria von Ungarn   221
Maria I. von England   155
Marsselarius, Hadrianus   95
Martin, Johann   232
Martinengo, Marcantonio   156
Martini, Aegidius   47, *190 f.*
Mascop, Godfried   41, 45, 170, *191*, 256
Masio → Amaseo
Matal, Jean   169
Mathonière, Denis de   219
Mathonière, Nicolas de   219
Mauro, Giubilio   34, 44, 46 f., *192*
Maximilian I. (deutscher Kaiser)   135, 253
Maximilian II. (deutscher Kaiser)   128, 142, 151, 238
Maximilian von Egmont   139
Mayer, Albrecht   232
Medici, Cosimo I. de   136
Medici, Francesco Maria de   121 f.
Medici, Katharina von   208, 252
Medina, Pedro de   45, 161, *192 f.*, 208, 211
Mela, Pomponius   105, 204
Melanchthon, Philipp   132, 159 f., 163, 178, 244 f.
Mellinger, Johannes   27, 45, 49, *193 f.*, 246
Mendezius, Didacus   46, 92, 152, *194*
Mercator, Arnold   50, 199 f.
Mercator, Gerard   9 ff., 19 ff., 26 ff., 33 ff., 45 ff., 88, 94, 102, 124, 138, 144 ff., 155, 162, 169, 172, 176, 179, 183, 185, *194 ff.*, 216, 221 f., 228, 231, 244, 250, 256, 259, 273
Mercator, Johannes   46, 50, 199, *200*
Mercator, Michael   46, 199
Mercator, Rumold   141, 176, 179, 199, *201*, 221
Merian, Matthäus   15
Merianus, Petrus → Heyden, Pieter van der
Merica, Petrus a → Heyden, Pieter van der
Metellus → Matal
Meteren, Emmanuel van   17
Meteren, Jacob van   17 f.
Methoneus, Dominicus → Zorzi, Zuan Domenico
Meurs → Moers
Meyerpeck, Wolfgang (I und II)   132 f.
Michaelis, Laurent   14, 34, 40, 46, 96, *201 f.*
Michaelis, Martin   201
Migliori, Antonio   213
Moerentorf, Jan → Moretus, Joannes
Moers, Joist   43, 46, *202*
Moflinus, Johannes   112
Molanus, Johannes   201
Moller, Bernhard   191

Moller, Johann   267
Monachus, Franciscus   13, 43, 45, 155, *202 f.*
Monau, Jakob   206
Monaldeschio, Monaldo   137
Monelia, Paulus de   34, 119
Montano, Cola   187
Monteleporis → Haselberg
Monte Sion, Burchardus de   120
Moravius, Johannes Jonas   35
Moretus, Balthasar   14, 29
Moretus, Joannes I   14, 24, 29, 46, 267
Moretus, Joannes II   14
Morhardt, Ulrich   96 f.
Morus, Thomas   24
Mozzi Scolari, Stefano   214
Münster, Sebastian   9 f., 34, 40, 45, 51, 109 f., 116, 135, 140, 147, 173, 178, *203 ff.*, 220, 225, 228 ff., 246 f., 249, 257, 267, 271
Münzer, Hieronymus   48
Muller, Harmen Janszoon   263
Murer, Christoph   206
Murer, Jost   34, 46, *205 f.*
Musi, Agostino   94
Musinus, Bartholomäus   49
Mylius, Arnold   19, 22, 99, 169, 185, 201
Myrica, Caspar a → Heyden, Gaspard van der
Myrica, Petrus a → Heyden, Pieter van der
Myszkowski, Zygmunt   217

Navarra, Francisco de   211
Nelli, Nicolo   216
Nicolai, Arnold   13, 104, 138
Nicolai, Cornelius → Claesz, Cornelis
Nicolaus Germanus   7, 44 f., *206 f.*, 222
Nicolay, Nicolas de   13, 43 ff., 192, *207 f.*
Nidecki, Andrzej Patryzy   217
Nigrinus, Georg   269
Nöttelein, Jörg   49, *208 f.*
Nöttelein, Niklas   209
Nordenskjöld, Adolf Erik   8
Nowell, Lawrence   185, 197
Nunez, Pedro   253

Obernberg, Hermagoras Kraft von   44, 46, 48, 106, *209*
Oettinger, Johannes   148
Ogea → Ojea
Ogier, Macé   40, 46, *209*
Ojea, Fernando   47, *210*
Oldersum, Johann von   142
Olgiato, Girolamo   153
Oliver, Jérôme   209
Omnibonus → Algoet
Oporinus, Johannes   10, 135, 159, 166, 241 f.
Orlandi, Cesare   30, 40, 49, 95, 122, *210*
Orsini, Valerio   113
Ortels, Anne   18 f.
Ortels, Elisabeth   19
Ortels, Imbert   17
Ortels, Leonhard   17 f.

Ortels, Odile 17
Ortels, Wilhelm 17
Ostendorfer, Michael 105
Osterberger, Georg 164
Owen, Hugh 185
Owen, Robert 185
Oxea → Ojea

Pagano, Matteo 10, 47, 125, 149 ff., 211, 272, 274 f.
Paletino, Vincenzo 45, 192, *211*, 237, 259
Panagathus → Algoet
Panewitz → Apian, Georg und Peter
Parenzi, Gellio 46, *211 f.*
Parijs, Silvester van 203
Parisio, Prospero 34, 46, 118, *212 f.*
Paul III. (Papst) 157, 261
Paul IV. (Papst) 185
Pellegrino Brocardi 120
Pellikan, Konrad 203
Penzio de Leuche, Giacomo 241
Perna, Peter 144
Perrenot de Granvella, Antoine 180, 196 f., 237
Petreius, Johannes 182
Petri, Adam 110, 203
Petri, Heinrich 10, 205
Peuerbach, Georg 253
Peutinger, Konrad 24, 134, 267
Philesius → Ringmann
Philipp II. von Spanien 14, 18, 26, 108, 116, 129, 131, 139, 149, 155, 174, 180, 213
Phlegapheta, Philippus → Pigafetta, Filippo
Phries, Laurent → Fries, Lorenz (Arzt und Kartograph)
Pigafetta, Antonio 213
Pigafetta, Filippo 29, 34, 40, 46, 117 f., 188 f., *213 f.*
Pignatelli, Scipio 123
Pinandello, Giovanni 34, 40, *214 f.*, 226
Pithou, Pierre 34, 161
Pitsch, Franz Xaver 106
Pius IV. (Papst) 185
Planche, Adam de la 34, 161
Plancius, Petrus 15, 29, 34 ff., 41, 46, 112, 177, 198, *215 f.*, 264
Plantin, Christophe (Plantijn, Christoffel) 14, 18 ff., 28 f., 108 f., 113, 117, 120, 128 f., 160, 164, 166, 169, 196 ff., 219, 238, 262 f.
Platevoet → Plancius
Poelmann, Jan 129
Pograbka, Andrzej 28, 37, 45, 48, 160, *216 f.*
Pomarius, Christoph 173
Pontanus → Terbruggen
Porcacchi di Castiglione, Tomaso 37
Porebski, Stanislaw 40, 45, *217 f.*
Porro, Girolamo 187
Portantius, Johannes 45, 104, *218*, 249
Postel, Guillaume 18, 21, 40 f., 45 f., 151, 177, 215, *218 ff.*
Préaulx, Manassez de 58, 177
Pross, Jakob 276
Ptolemäus, Claudius 7 ff., 22, 51, 144, 187, 203, 206 ff., 222, 241, 265, 273

Puraye, Jean 17
Puteanus → Putte
Puteolus, Antonius 114
Putsch, Johannes 43, 45, *220*
Putte, Bernard van der 13, 138 f., 238, 245, 261 f.
Puys, Jacques du 108
Pyramius, Christoph 13, 45, *220 f.*

Quad, Matthias 169, 244, 262
Querino, Hieronymo 190
Quintin, Jean 49

Radermacher, Jan 26 f.
Radziwiłł, Mikolaj Krystof 249
Raimundus, Johannes Battista 111
Ramboldo, Nicola 120
Ramusio, Giovanni Battista 149, 218
Rantzau, Heinrich von 27, 34, 46, 48, 115, 170, 179, *221 f.*, 260
Rauscher, Andreas 163
Ravelingen, Frans 20, 56
Razzano, Pietro 144
Re, Sebastiano de 185 f., 234
Reckwill → Regerwyl
Refinger, Bartholomäus 106
Reger, Johannes 207, *222*
Reger, Nicolaus 44, 46, 207, *222*
Regerwyl, Wolfgang 40, 46, *223*
Regibus Clodiensis, Sebastianus a → Re, Sebastiano de
Regiomontanus, Johannes 253
Regnardus, Joannes 44, 46 f., *223*
Reich, Erhard 9, 45, *223 f.*, 270
Reisch, Gregor 264
Reiser (Familie) 134
René d'Anjou 44, 46, *224*
René II. von Lothringen 264 f.
Reych → Reich
Reynolds, Nicholas 175, 228
Rhedinger, Nikolaus 163
Rhedinger, Thomas 128
Rhenanus, Beatus 182, 203
Rheticus, Georg Joachim 271
Rhoda, Hieronymus de 28
Ridolfi, Nicolo 241
Rihel, Wendel 269, 273
Ring, Hermann tom 256
Ringmann, Martin 264
Robert de Vaugondy, Didier 93
Roelofsz, Jakob → Deventer, Jacob van
Rogers, Daniel 185
Rogier, Pierre 40, 43, 46, *224*
Romano, Giulio 242
Rosselli, Francesco 9, 48
Rossi, Giuseppe de 192
Rotenhan, Sebastian von 9, 45, *224 f.*, 236, 269
Rover, Paolo 46, 97, 118, *225 f.*
Roville, Guillaume 252
Rudd, John 228
Rudolf II. (deutscher Kaiser) 168, 269

Ruscelli, Girolamo 227
Ryff, Andreas 242
Ryther, Augustine 228

Sabellico, Marcantonio 130
Sambucus, Johannes 19f., 34, 40f., 45, 49, 128, 167, 173, 181, 183, *226f.*
Sámboky → Sambucus
Sanson, Nicolas 12
Santa Cruz, Alonso de 49, 94
Sanuto, Giulio 227
Sanuto, Livio 37, 46, 97, 151, *227f.*
Sauracher, Adalbert 43, 46, *228*, 232
Savary, Claude 220
Saxton, Christopher 15, 42, 46, 170, 185, *228f.*
Saxton, Robert 229
Scardeone, Bernardino 119
Scatter, Francis 228
Scepsius → Schoepf
Schalbetter, Johannes 46, 205, *229f.*
Scharffenberg, Crispin 163
Scharffenberg, Georg 233
Schedel, Hartmann 48
Scheubel, Johann 97
Schilder, Günter 17, 227, 237
Schille, Jan van 14, 20, 29, 34, 44, 46f., *230ff.*
Schinbain, Johann Georg 50, 236
Schmück, Michael 93
Schnitt, Conrad 205
Schöffer, Peter 273
Schoepf, Thomas 34, 43, 46, 228, *232*
Scholiers, Jérome 20, 231
Scholz → Scultetus
Schott, Andreas 129
Schröter, Johann 242
Schrott → Sgrothen
Schweicker, Christoph 242
Schweynheim, Conrad 7
Scillius → Schille
Scinzinzeler, Ulrich 187
Scultetus, Bartholomäus 40, 45, *232ff.*
Secco, Fernando Alvarez 14, 45, *234*
Seckford, Thomas 228
Secovius, Nicolaus 217
Secznagel, Marcus 45, *235*, 269
Septala → Settala
Seltzlin, David 40, 45, *235f.*
Settala, Giovanni Giorgio 45, 128, 155, *237*
Setznagel → Secznagel
Sforza, Guido 234
Sgrothen, Christian 13, 22, 28f., 34ff., 39ff., 44ff., 91, 104, 139, 166, 178, 180, 191, *237ff.*, 245, 259
Shirley, Rodney W. 100
Siciliano, Hieronymo 124
Sigismund II. August von Polen 159
Silvano, Bernardo 43, 45, 48, 114, *240f.*
Simeoni → Syméoni
Sivori, Antoniotto 188
Sixtus V. (Papst) 213

Sizlin, Johann 97
Smunck → Monachus
Solinus, C. Julius 105, 204
Somentius, Dionysius 157
Sonetti, Bartolomeo dalli 8
Sophianus, Nicolaus 10, 23, 43, 45, 186, 194, *241f.*, 259
Sorba, Laurentio Lomellino 158
Sorte, Christoforo 49, *242f.*
Soto, Hernando de 127
Spangenberg, Cyriacus 193
Specklin, Daniel 26, 34, 40, 46, 170, *243f.*, 246
Spießheimer → Cuspinianus
Stabius, Johannes 253
Statius, Achilles 234
Steelsius, Jan 13, 120, 207
Stella, Christoph Tilemann 246
Stella, Tilemann 13, 22, 40f., 45ff., 170, 193, 204, 239, *244ff.*
Stempel, Gerhard 46, 170, *247*
Stigliola, Modesto 248
Stigliola, Nicola Antonio 44, 46, *247f.*
Stöffler, Johannes 203
Stoltz → Stella
Stopius, Nicolaus 125, 211
Strauss, Wolf 106
Strubicz, Maciej 46, 170, *248f.*
Stumpf, Johannes 9f., 45, *249f.*
Sudbury, John 114
Sudermann, Heinrich 27
Suffridus, Petrus 44, 164, 174, 184
Superanti, Francesco 94
Surhon, Jacques de 13, 29, 34, 40, 45, 47, 155, *250ff.*
Surhon, Jean de 13, 29, 34, 40, 45, 47, 155, 250, *251f.*
Susato, Tilman 13, 100, 179
Sweerts, Frans 17, 26, 91
Sydney, Henry 175
Sylvanus → Silvano
Sylvius, Willem 13, 104, 139
Syméoni, Gabriel 45, *252*

Tabourot, Etienne 44, 46, 88ff., 137, *252f.*
Tabourot des Accordes, Etienne 252
Tannstetter, Georg 45, 48, 105, 136, 173, 181, 227, *253*, 273
Tavernier, Gabriel 15, 108, 143, 146, 254
Tebaldini, Nicolo 189
Tedescho, Nicolo 206
Teixeira, Luis 34f., 46, *253f.*
Teixeira, Pero Fernandez 253
Teixeira Albernaz, Joao (I und II) 253
Teixeira Albernaz, Miguel 253
Teixeira Albernaz, Pedro 253
Temps, Adam du 254
Temps, Jean du 46, *254*
Temporarius → Temps
Teotonichus, Nicolo 206
Terbruggen, Hendrik 99f., 169
Tercera → Teixeira
Terwoort, Lenaert 228
Teunissen → Anthoniszoon

Thevet, André 14, 34, 41, 43, 45, 161, *254f.*
Thomaso, Giovanni 190
Thomesen, Hans 260
Thonisz → Anthoniszoon
Thorlaksson, Gudbrandur 260
Thukydides 141
Thurmair → Aventinus
Thurneisser, Leonhard 44, 46, *256*
Tibianus → Schinbain
Tiele, Pieter Anton 17
Todescho, Nicolo 8, 206
Tomicki, Mikolaj 216
Totti, Pompilio 212
Tramezzino, Francesco 10 f.
Tramezzino, Michele 10 f., 27, 155, 185, 234
Transylvanus, Jacobus 246
Truchseß von Waldburg, Gebhard 247
Truschet, Olivier 177
Tschudi, Gilg 10, 45, 204, 249, *256f.*, 269
Turmair → Aventinus
Turpin, Jean 212
Turrel, Pierre 44, 46, *257f.*
Tweeling → Geminus

Ubelin, Georg 265
Uffenbach, Philipp 168
Ulhardt, Johann Anton 236
Ungler, Florian 43, 45, 48, 197, *258f.*
Uranius, Henricus 191
Usodimare, Francesco 22

Vavassore, Florio di 259
Vavassore, Giovanni Andrea di 10, 46, 103, 186, *259f.*, 261
Vaucelles, Mathieu 209
Vedel, Anders Sørensen 34, 40, 46, *260f.*
Velleius → Vedel
Veneto de Vitalibus, Bernardino 8
Veneziano → Musi
Ventadour, Anne de 143
Verantius, Antonius 173
Verheyen, Johannes 98
Verweyen, Jan 183
Vesalius, Andreas 154
Viglius ab Aytta, Joachim 174, 238
Villard, Jean du 159
Vincentius, Balthasar 58
Vincentius Corsulensis → Paletino, Vincenzo
Vinitor, Johannes 178
Visconti, Caspare 187
Visscher, Claes Janszoon 12, 89, 195, 201
Vito, Domenico 122
Vivien, Jean 20, 231
Vogtherr, Heinrich 173, 242, 249
Volpaia, Eufrosino della 34, 49, *261*
Vopelius, Caspar 13, 20, 45, 49, 259, *261ff.*
Vrients, Joan Baptist 29 f., 33, 42, 46 f., 89, 91 f., 102, 115, 158, 176, 188 f., 210, 214 ff., 228

Wachtendonk, Arnold 55

Wacker von Wackenfels, Matthäus 24
Waghenaer, Lucas Janszoon 15, 46, *263f.*
Waldkirch, Konrad 257
Waldseemüller, Martin 8, 10 f., 45, 48, 51, 105, 147, 203, *264ff.*, 270
Wale, Pierre de 100
Wapowski, Bernard 48, 160, 197, 259
Wassilij III. von Moskau 157
Wauwermans, Henri Emmanuel 17
Web, William 258
Wechel, Christian 220
Weigel, Hans 167, 209
Weiner, Peter 107
Weissenburger, Wolfgang → Wissenburg, Wolfgang
Welser, Marcus 24, 46, *266f.*
Werdenfels, Georg von 246
Weyrich, Hans 168
Weyssenburger, Johann 110
Wied, Anton 13, 45, 170, *267f.*
Wiericx, Jan 58, 109
Wilhelm von Jülich-Kleve-Berg 196 f.
Willdey, George 228
Willem van Nassau 139
Willenberger, Johann 269
Winghe, Philipp 34, 113, 118, 137, 192, 213 ff., 255
Wissenburg, Wolfgang 45, *268f.*, 273
Wit, Frederick de 12
Wolfhardt, Konrad 257
Wolfius, Johann 193
Wortels, Matthias 17
Wortels (Familie) → Ortels
Worthington, William 123
Wright, Benjamin 88, 189
Wurtisen, Christian 204

Ygl, Friedrich 269
Ygl, Warmund 46 f., *269f.*

Zeitz, Peter 246
Zell, Anselm 270
Zell, Christoph 9, 45, 163, 223, *270ff.*
Zell, Heinrich 9, 41, 45, 49, 149, 164 f., 270, *271f.*
Zell, Urban 270
Zelst, Adrian 247
Zenaro, Damiano 228
Zeno, Antonio 272
Zeno, Nicolo I 272
Zeno, Nicolo II 20, 36, 45, *272f.*
Zetzner, Lazarus 141
Ziegler, Jakob 45, 189, 195, 253, 268, *273f.*
Zilletti, Jordanus 157
Zimmermann, Michael 182 f.
Zindt → Zündt
Zipser, Nikolaus 233
Zorzi, Zuan Domenico 10, 45, 218, *274f.*
Zsámboky → Sambucus
Zündt, Matthias 9, 45, 49, 183, *275f.*
Zwingli, Ulrich 249

KARTENTEIL

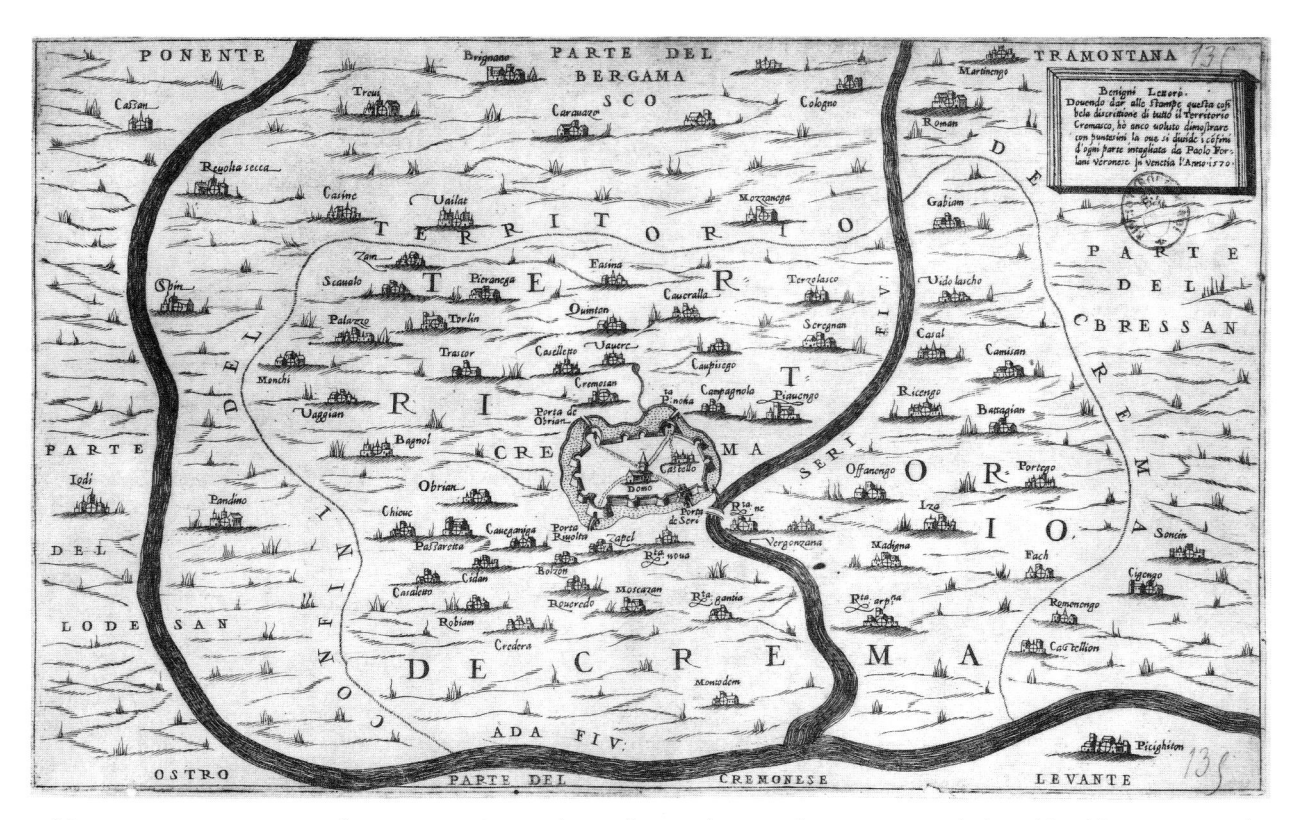

Abb. 5: Anonymus, Karte des Raumes Crema (Venedig 1570). Avec la permission de la Bibliothèque Nationale, Paris

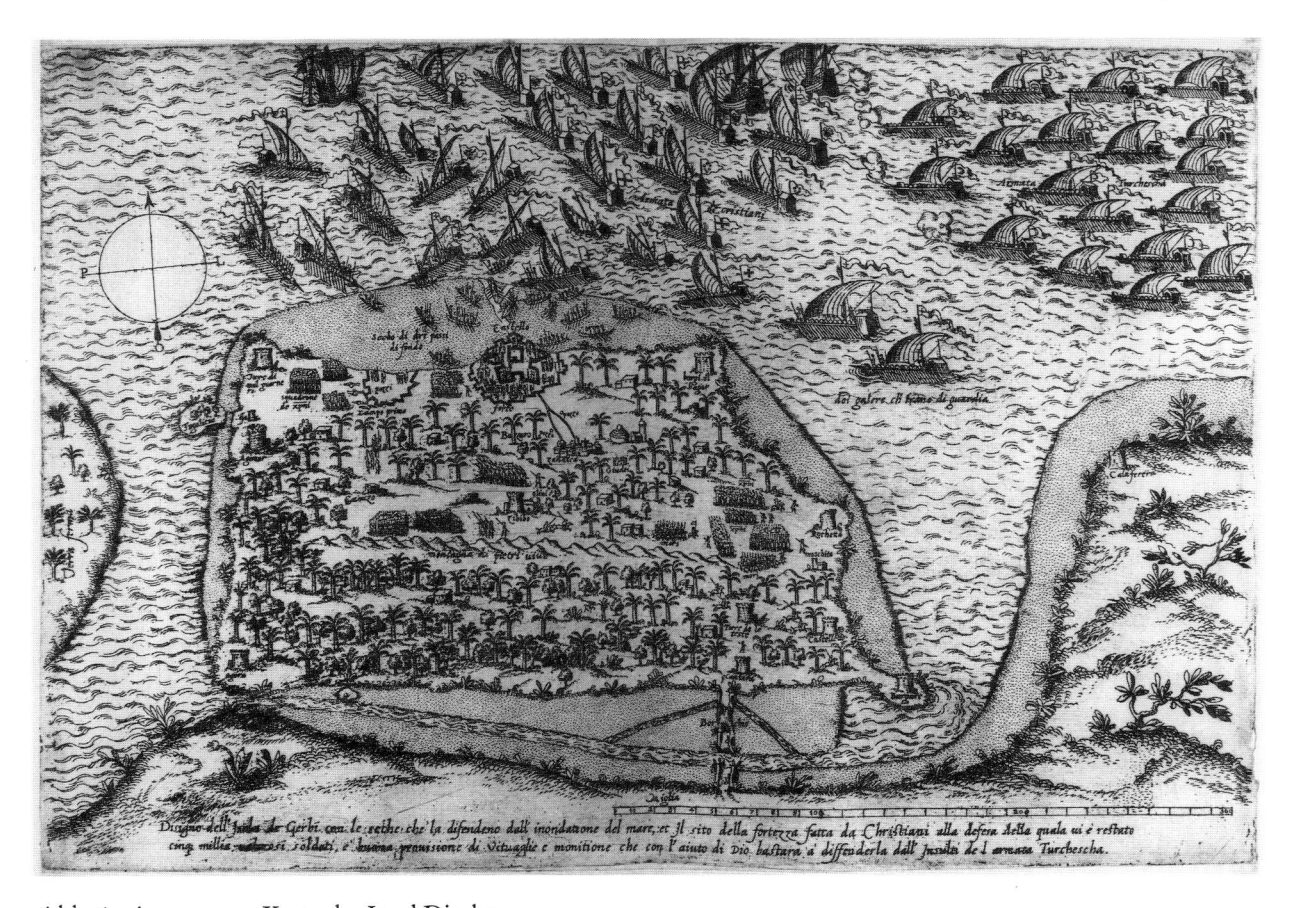

Abb. 6: Anonymus, Karte der Insel Djerba

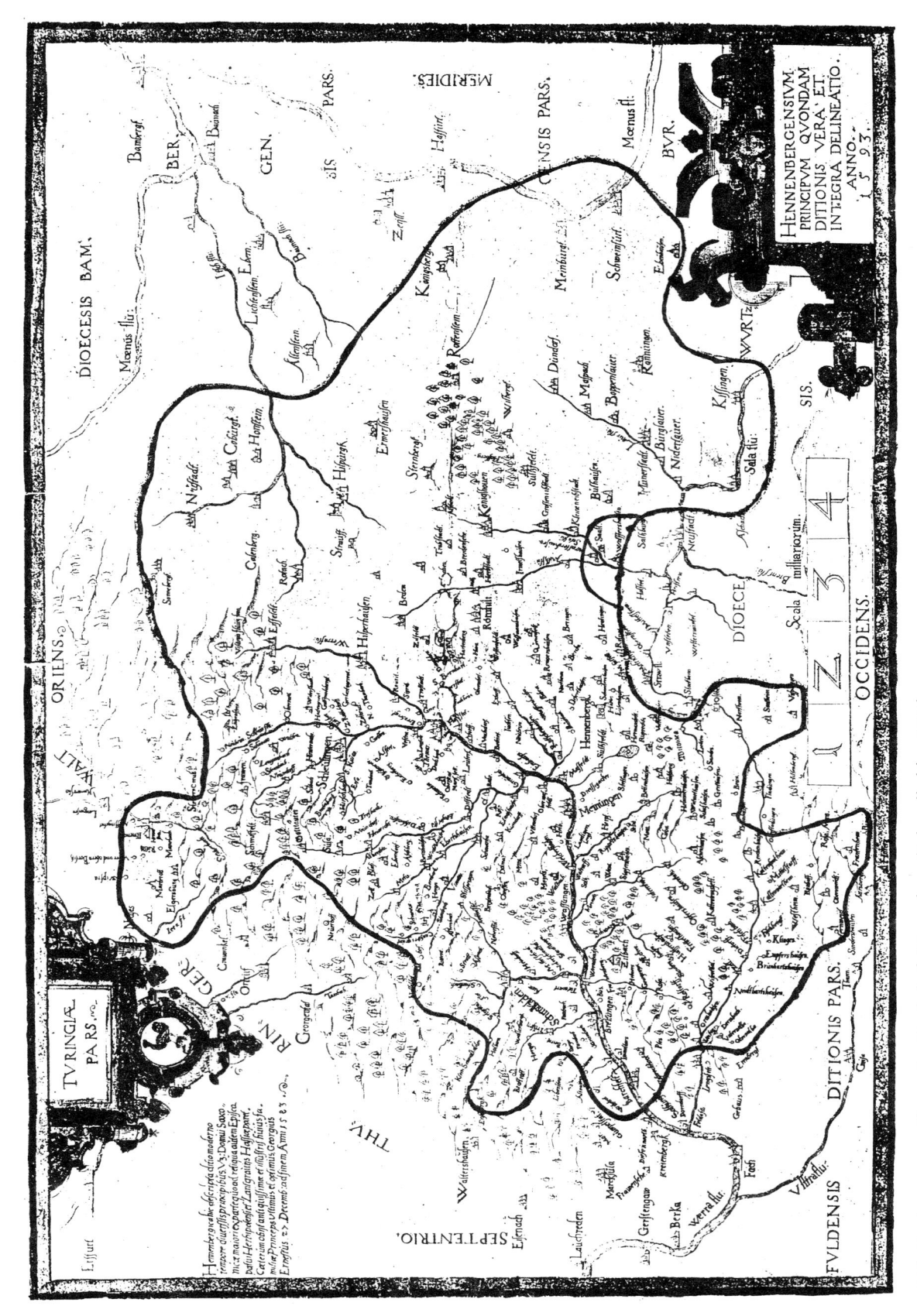

Abb. 7: Anonymus, Karte der Grafschaft Henneberg (Schmalkalden 1593)

Abb. 8: Anonymus, Karte von Württemberg (Tübingen 1559). Mit Erlaubnis der Universitätsbibliothek, Basel

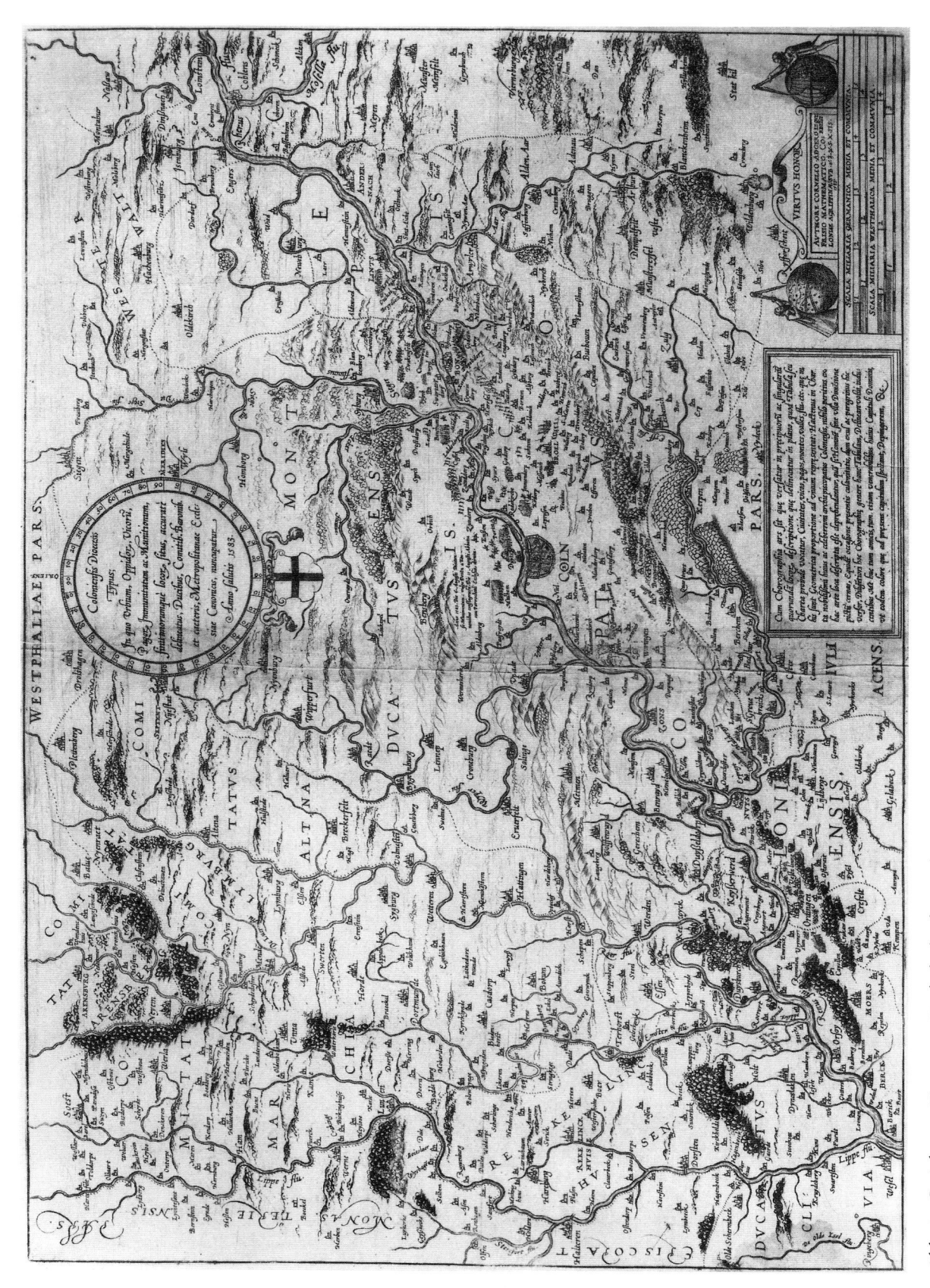

Abb. 9: C. Adgerus, Karte von Kurköln (Köln 1583)

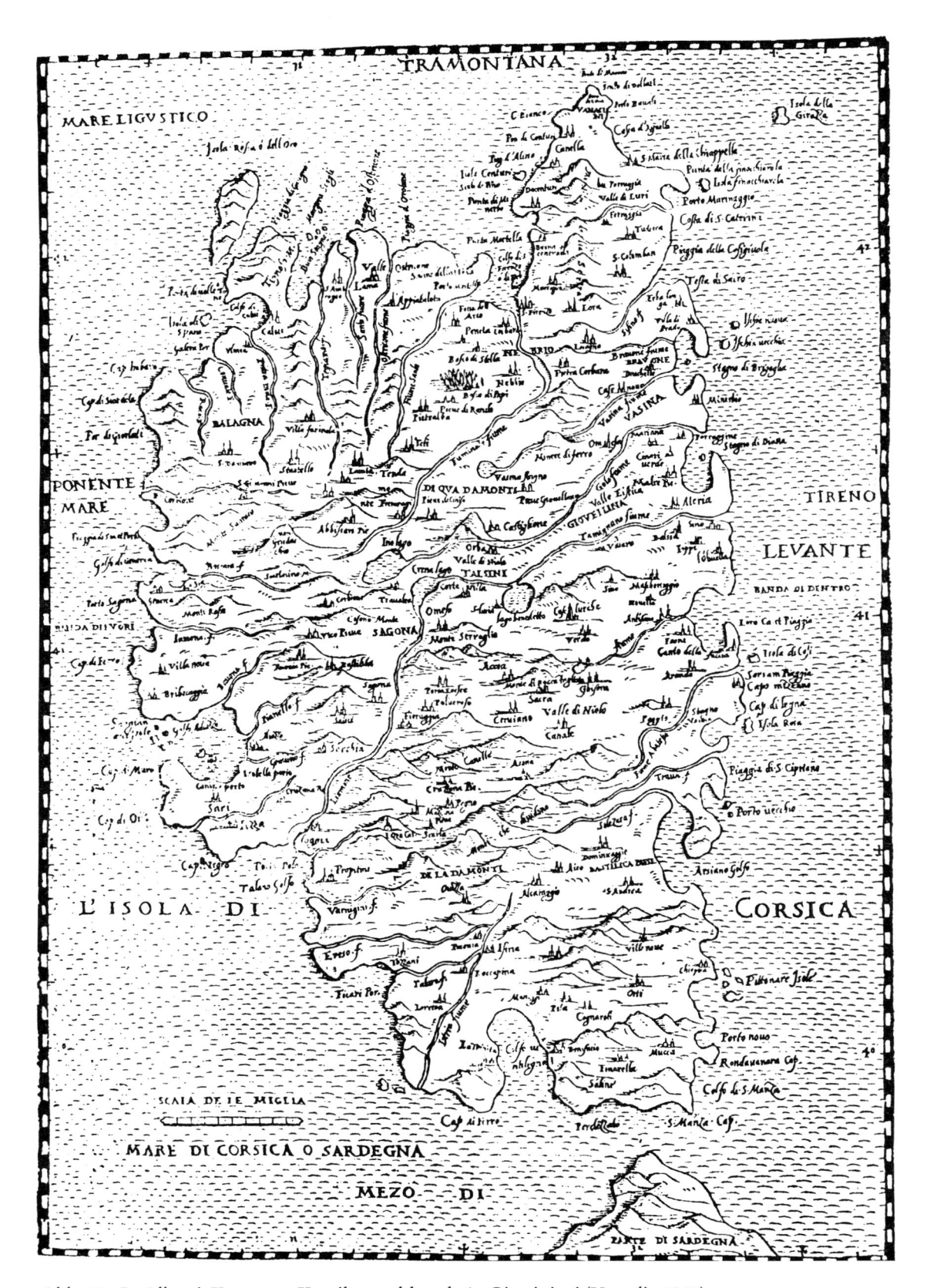

Abb. 10: L. Alberti, Karte von Korsika, wohl nach A. Giustiniani (Venedig 1567)

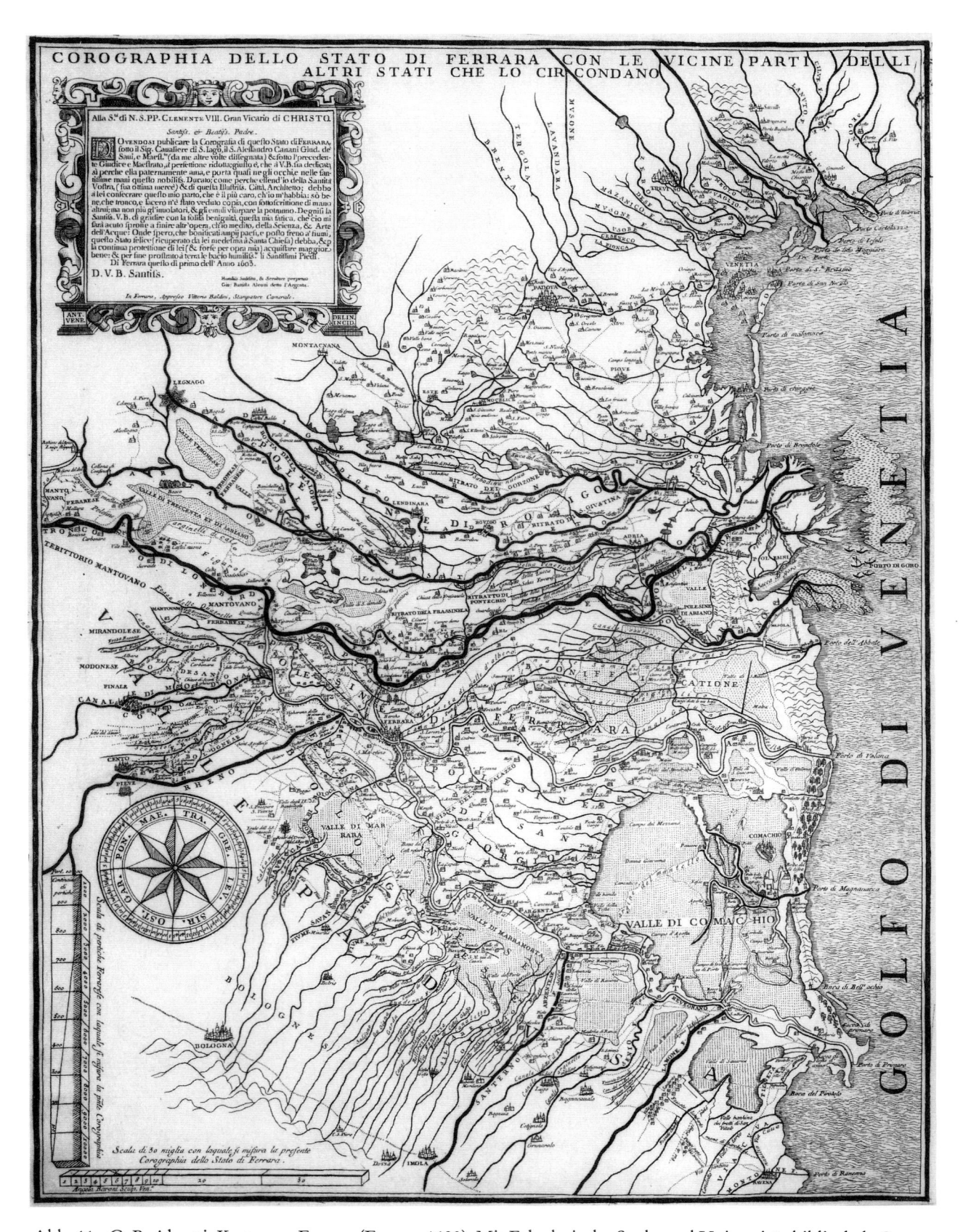

Abb. 11: G. B. Aleotti, Karte von Ferrara (Ferrara 1603). Mit Erlaubnis der Stadt- und Universitätsbibliothek, Bern

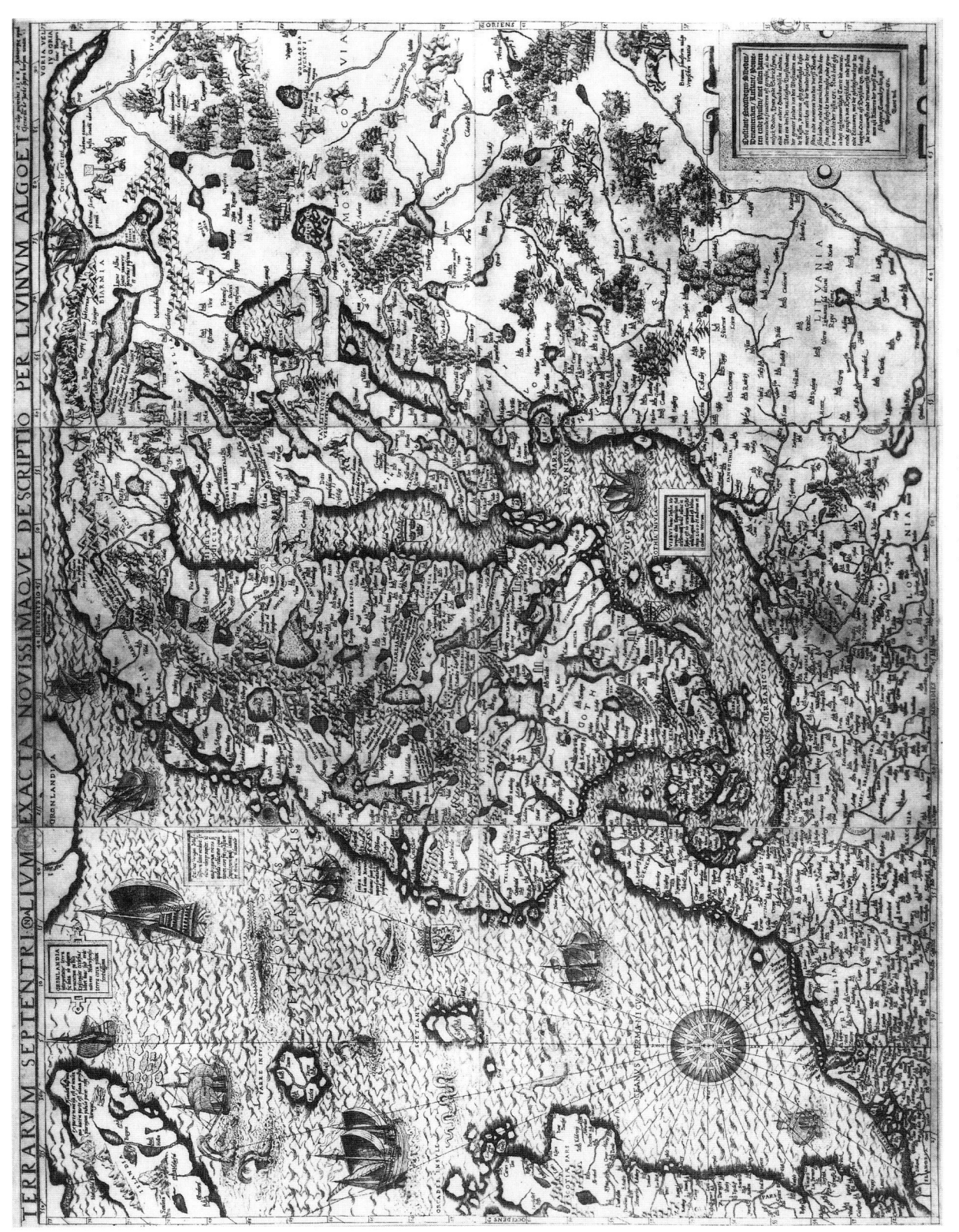

Abb. 12: L. Algoet, Nordeuropa-Karte (Antwerpen, vor 1562). Avec la permission de la Bibliothèque Nationale, Paris

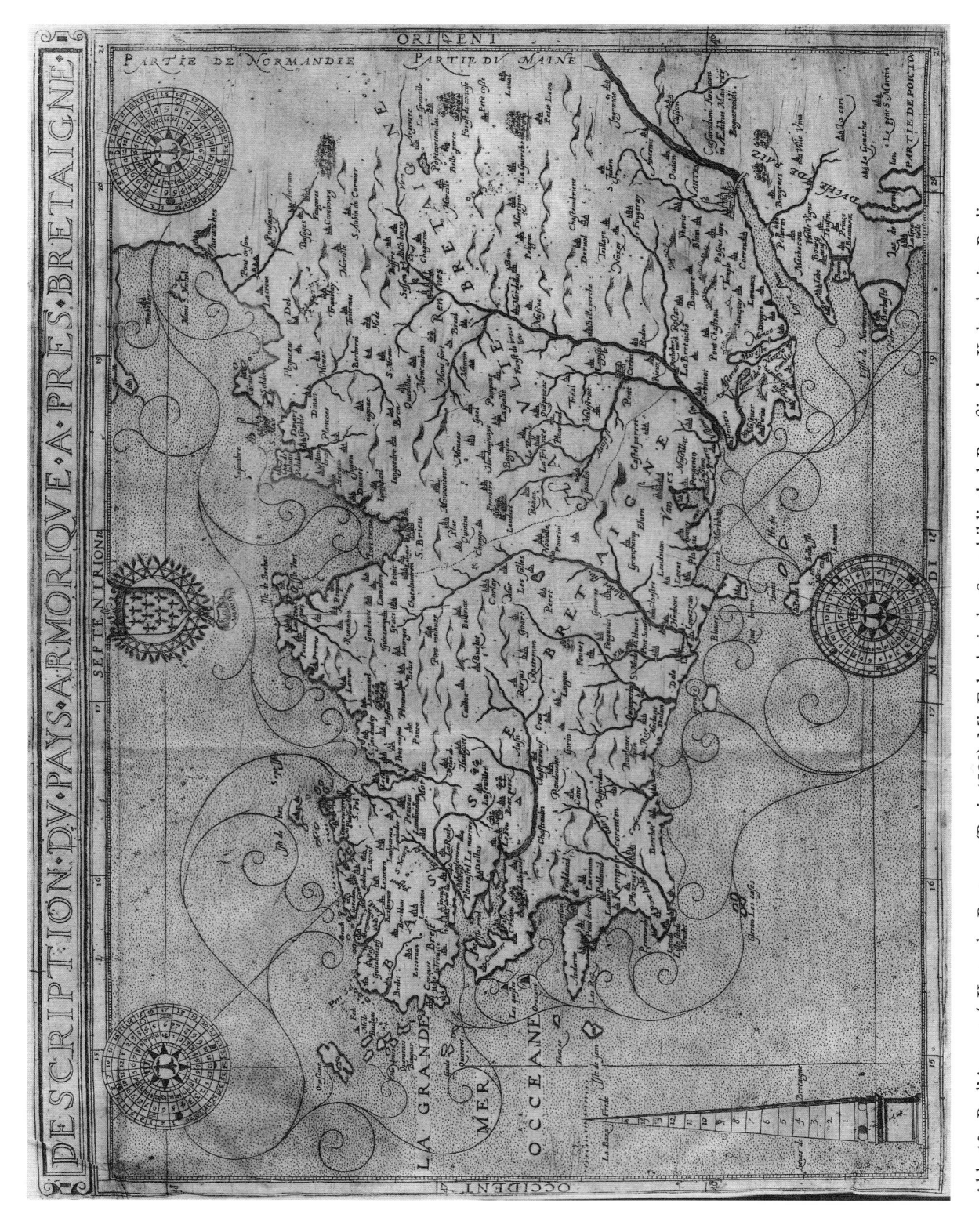

Abb. 13: B. d'Argentré, Karte der Bretagne (Paris 1588). Mit Erlaubnis der Staatsbibliothek Preußischer Kulturbesitz, Berlin

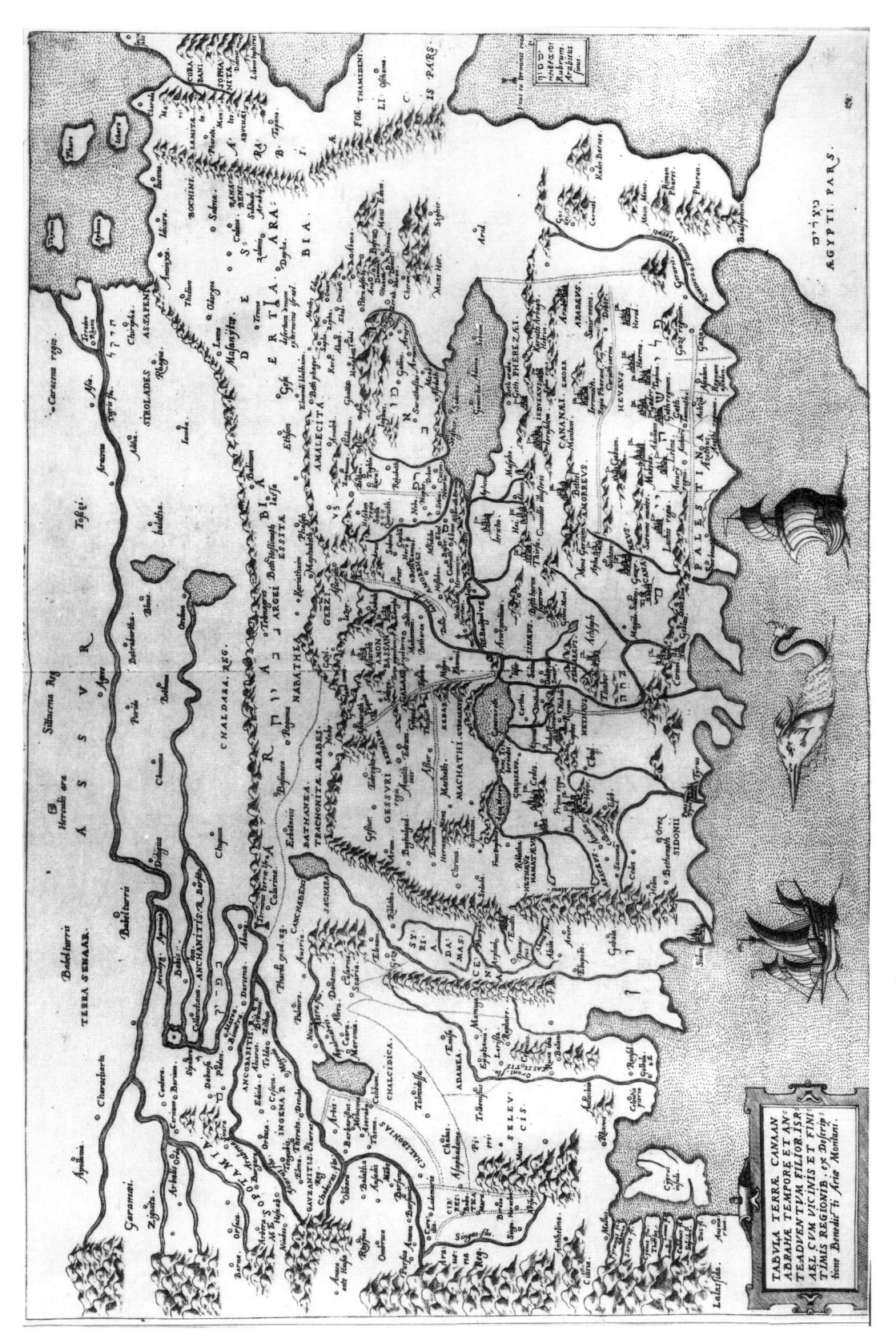

Abb. 14: B. Arias Montanus, Karte von Kanaan (Antwerpen 1572). Mit Erlaubnis der Herzog August Bibliothek, Wolfenbüttel

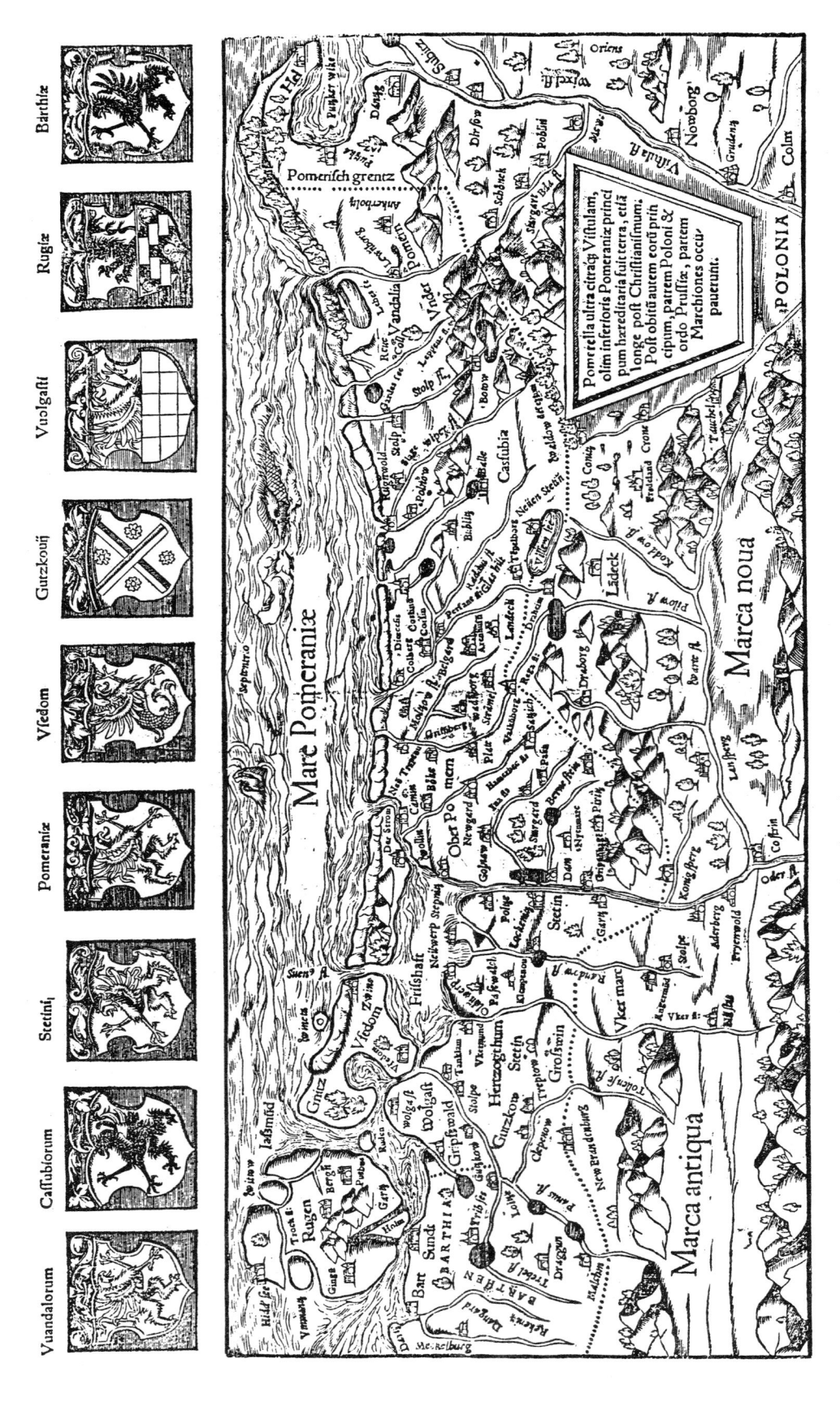

Abb. 15: P. Artopaeus, Pommern-Karte bei S. Münster (Basel 1550)

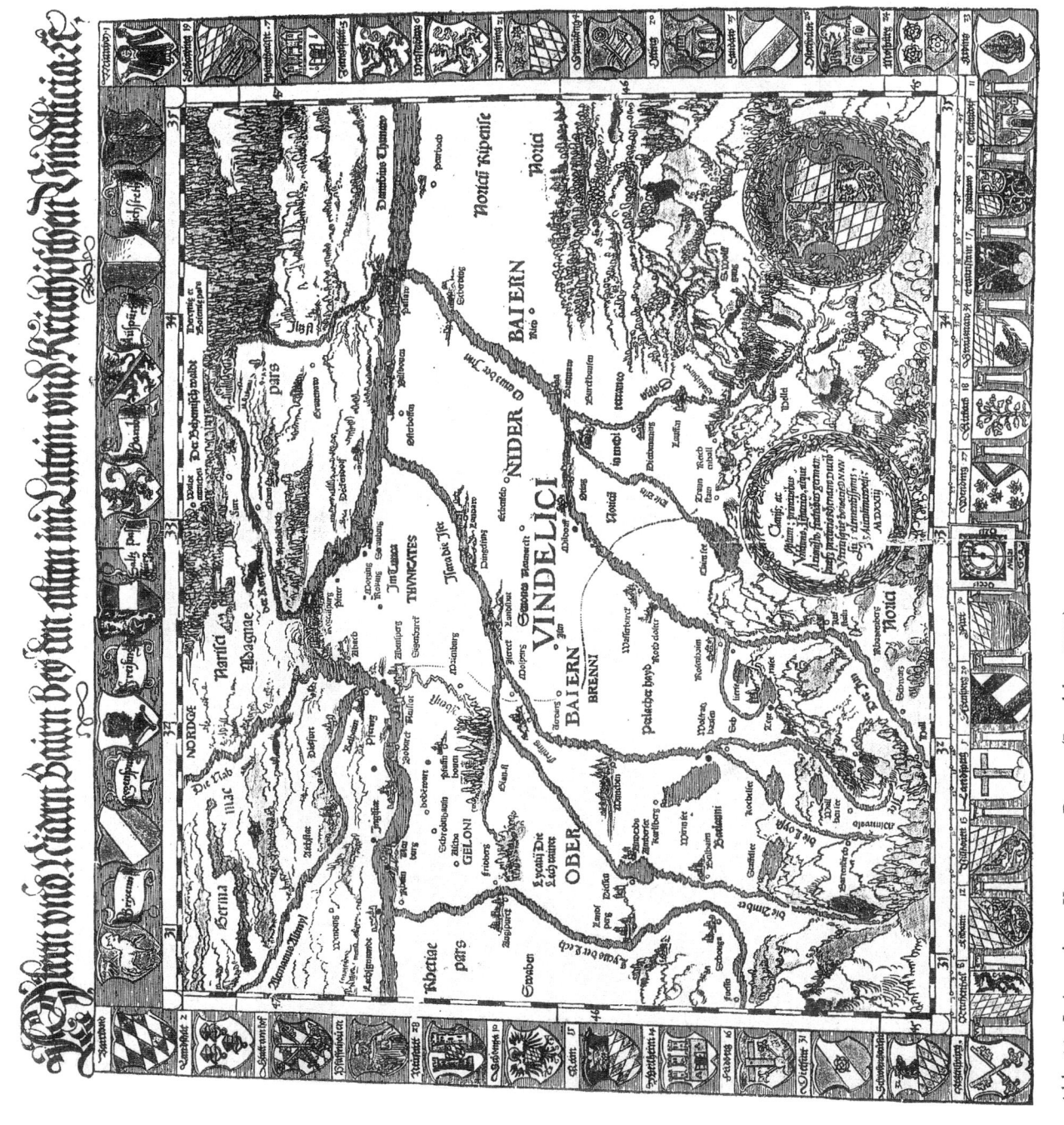

Abb. 16: J. Aventinus, Karte von Bayern (Landshut 1523)

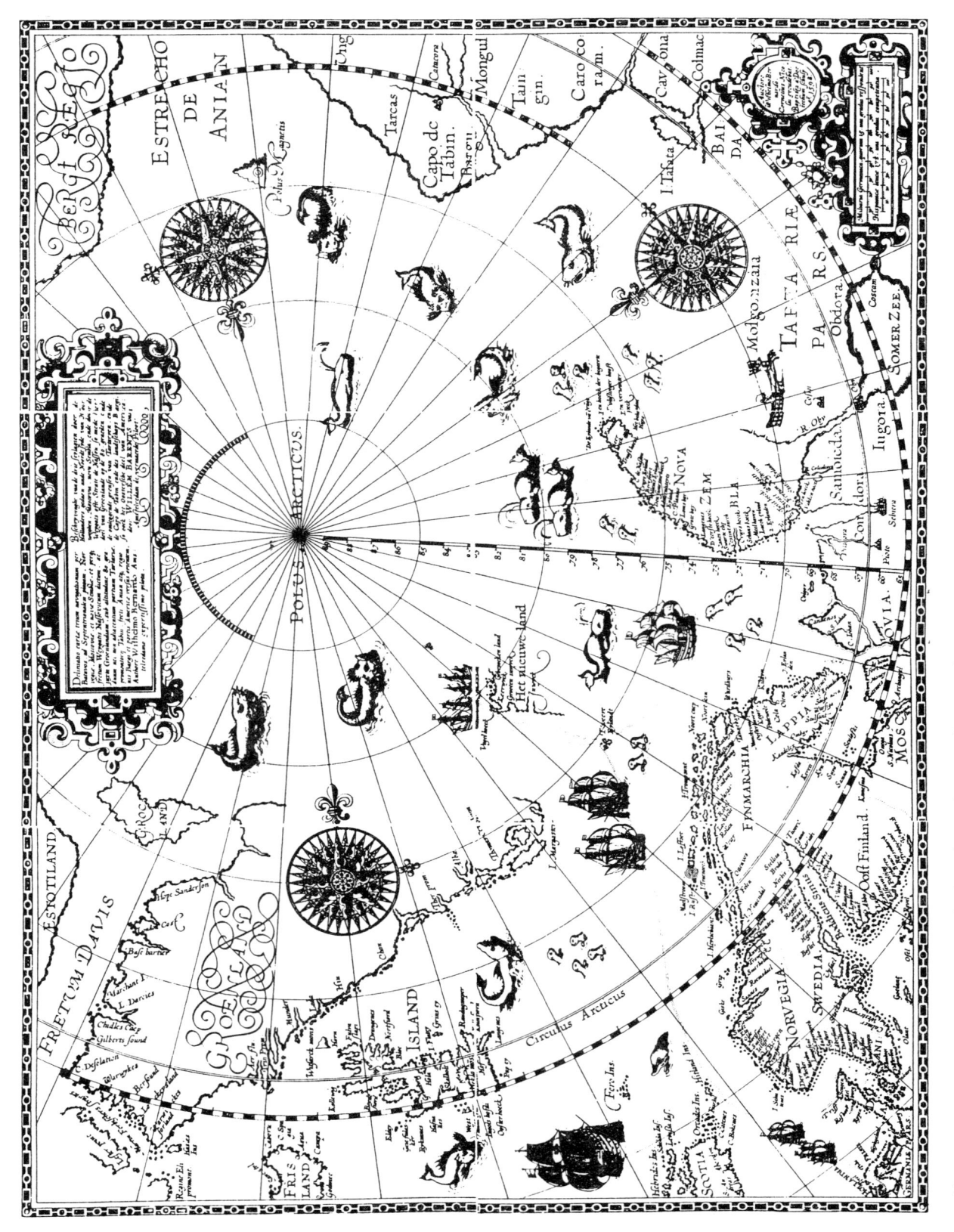

Abb. 17: W. Barentsz, Karte des Nordpolargebietes (Amsterdam 1598)

Abb. 18: G. J. Berganus, Karte des Garda-Sees (Verona 1556)

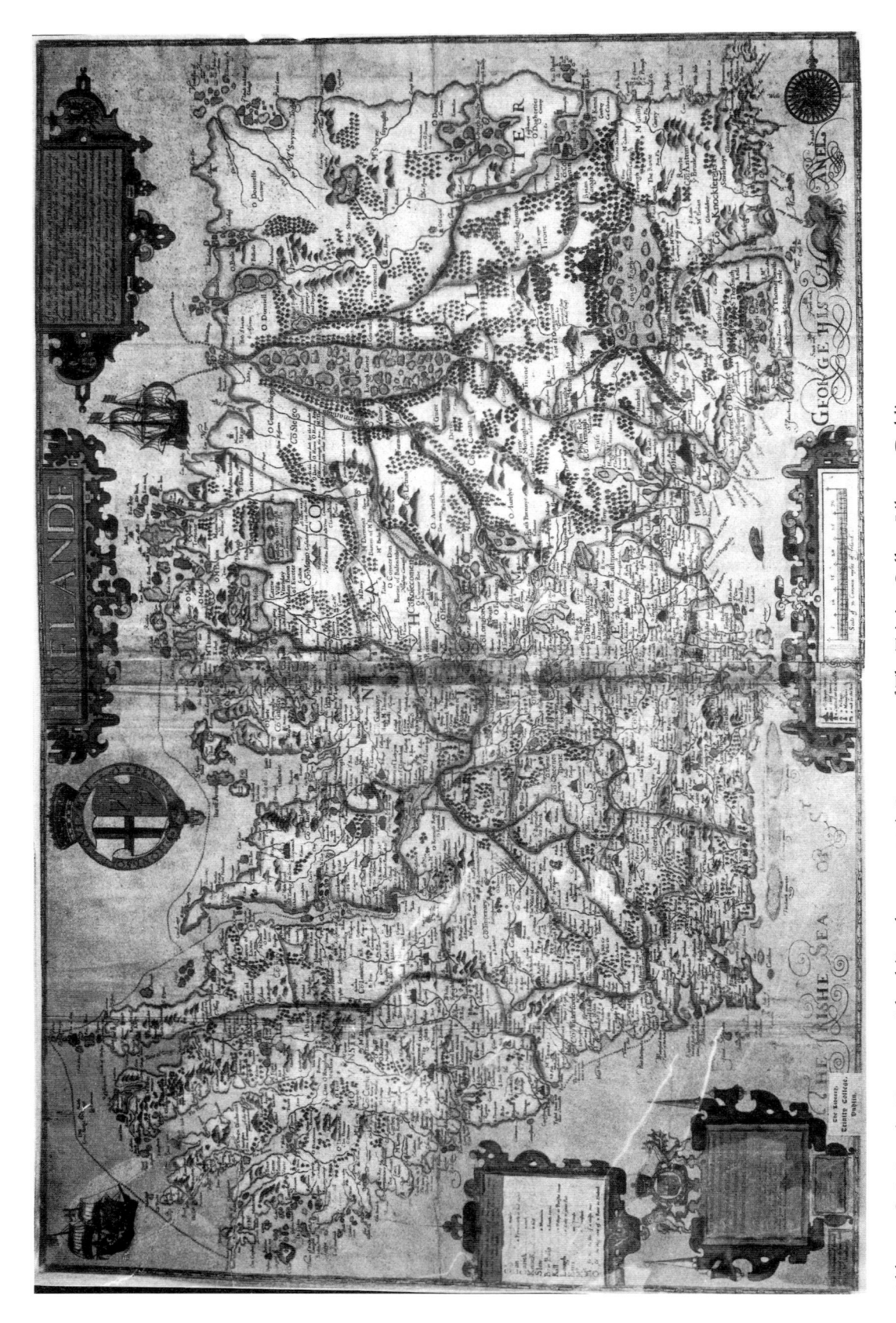

Abb. 19: G. B. Boazio, Karte von Irland (London um 1599). By courtesy of The Trinity College Library, Dublin

Abb. 20: P. Boeckel, Karte von Dithmarschen (Antwerpen 1559). Mit Erlaubnis der Österreichischen Nationalbibliothek, Wien

Abb. 21: G. Boileau de Bouillon, Karte von Savoyen (Antwerpen 1556). Mit Erlaubnis der Herzog August Bibliothek, Wolfenbüttel

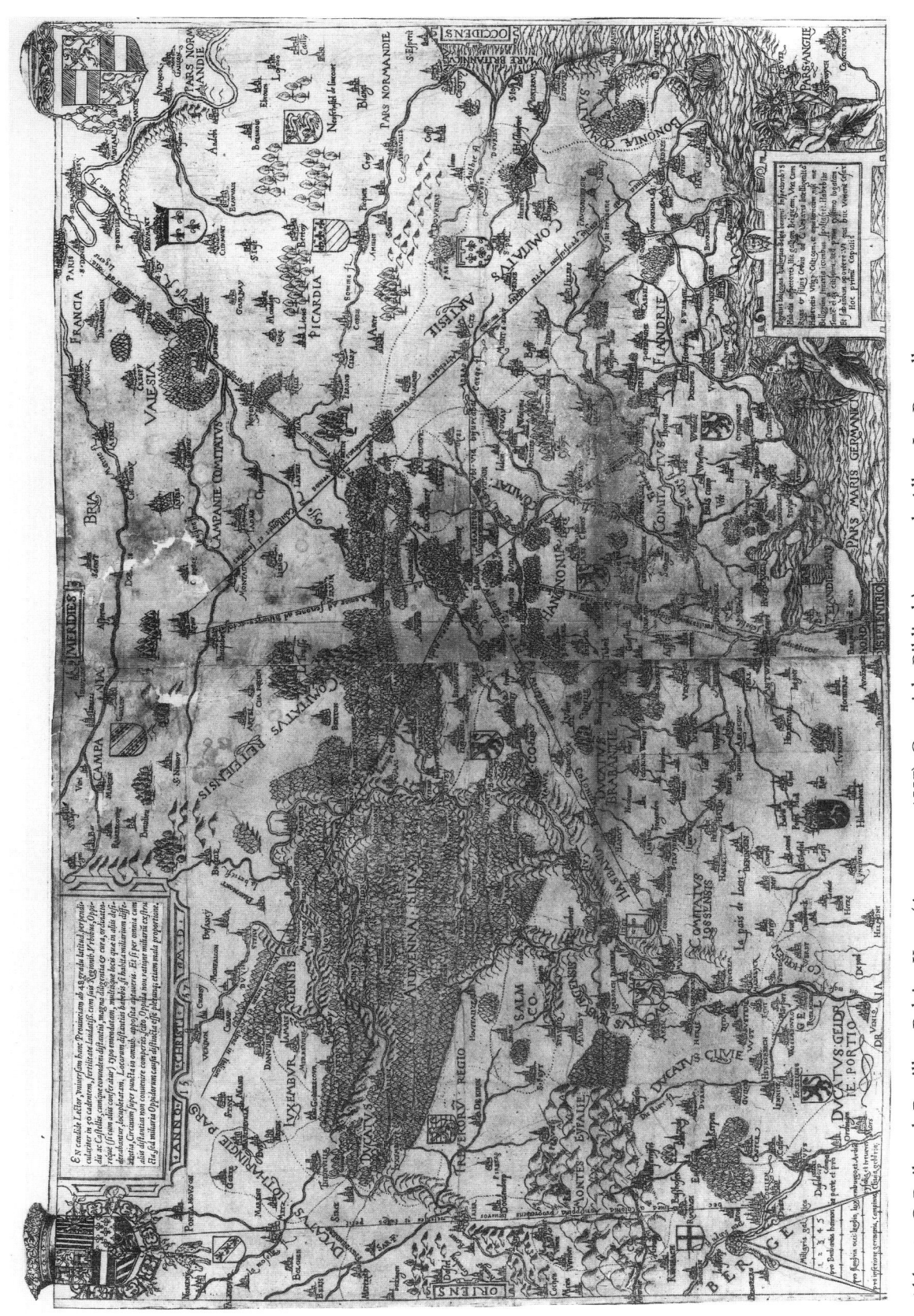

Abb. 22: G. Boileau de Bouillon, Belgien-Karte (Antwerpen 1557). Copyright Bibliothèque royale Albert Ier, Bruxelles

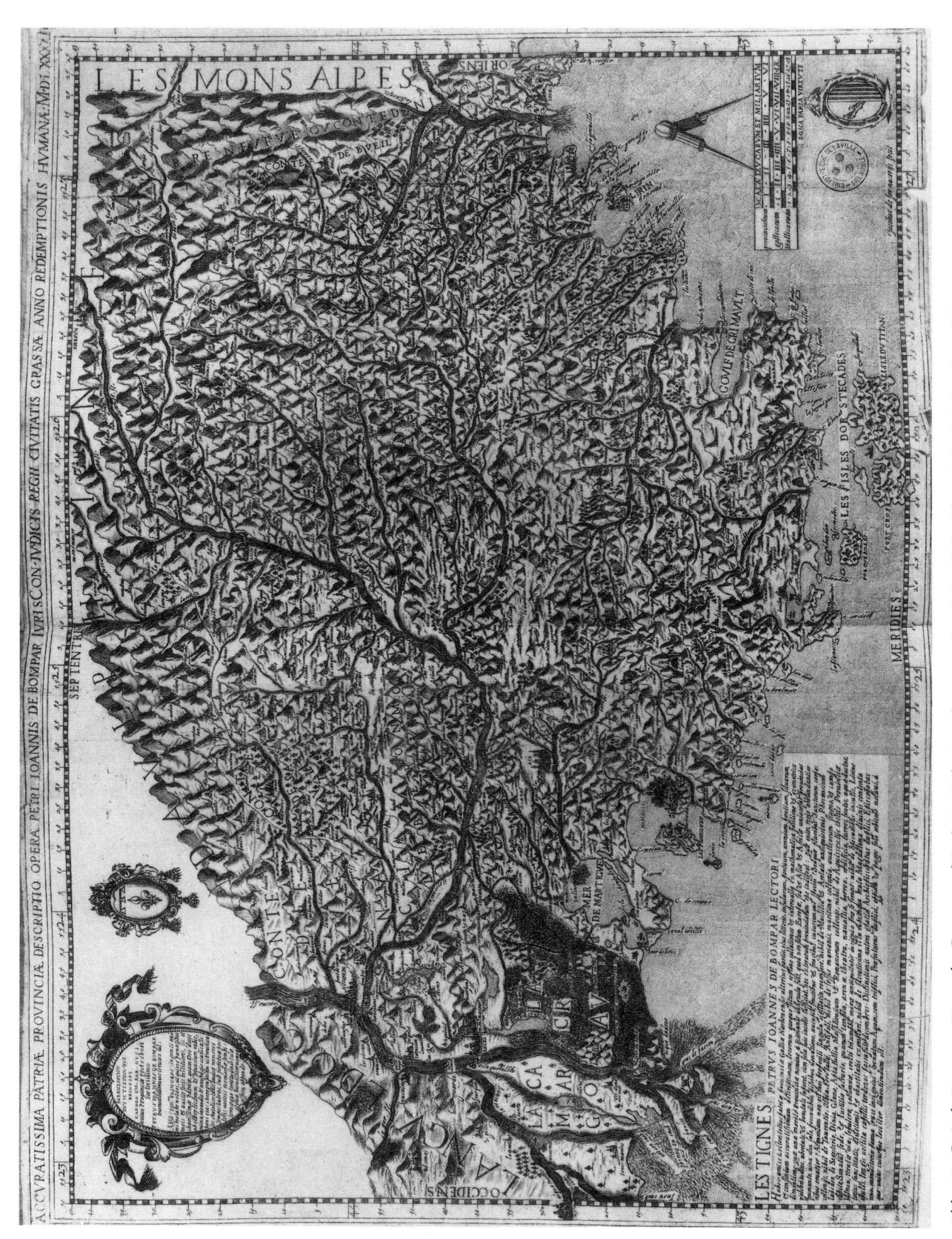

Abb. 23: P.-J. de Bompar, Karte der Provence (Turin? 1591). Avec la permission de la Bibliothèque Municipale, Grenoble

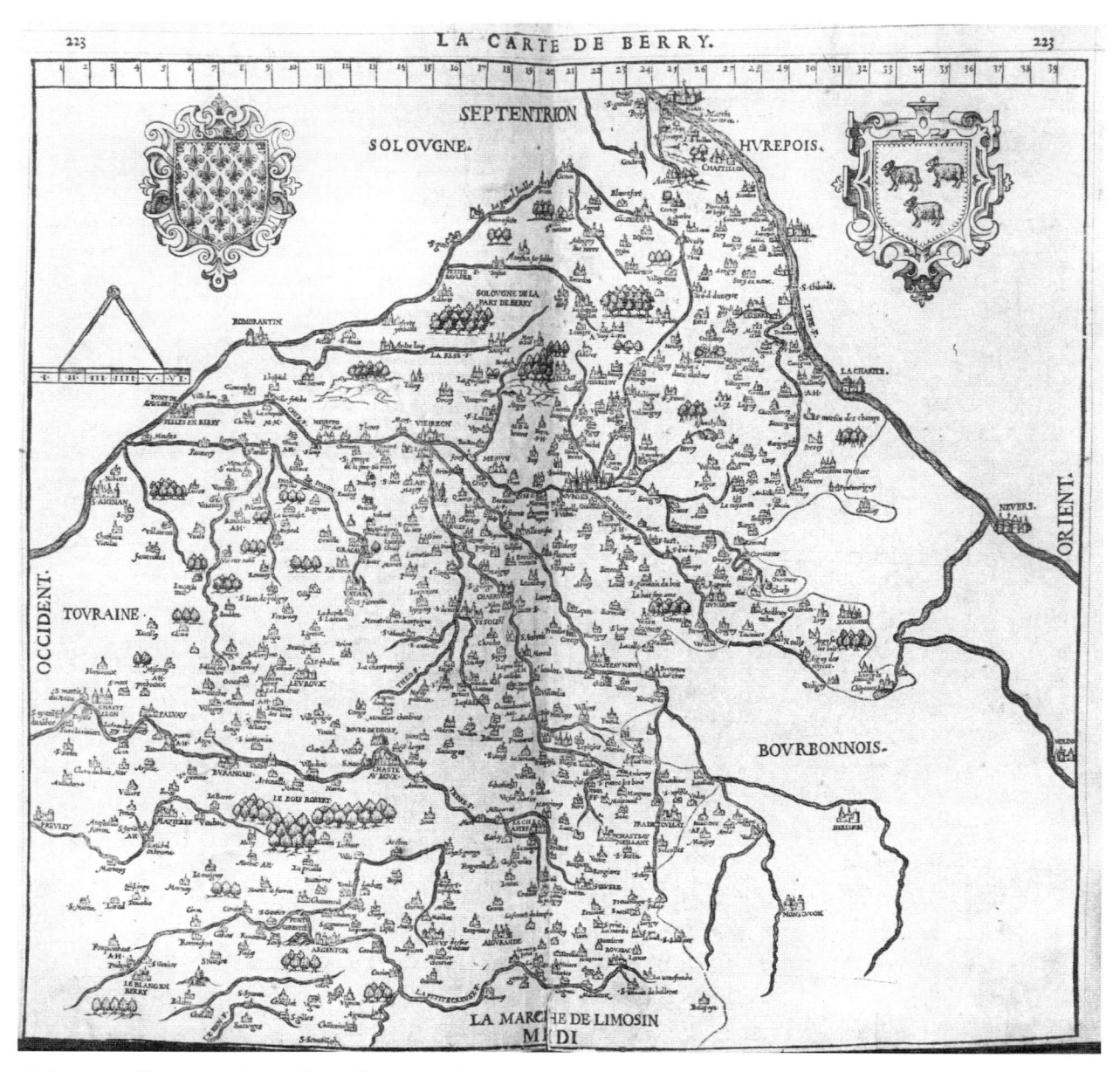

Abb. 24: J. Chaumeau, Berry-Karte (Lyon 1566)

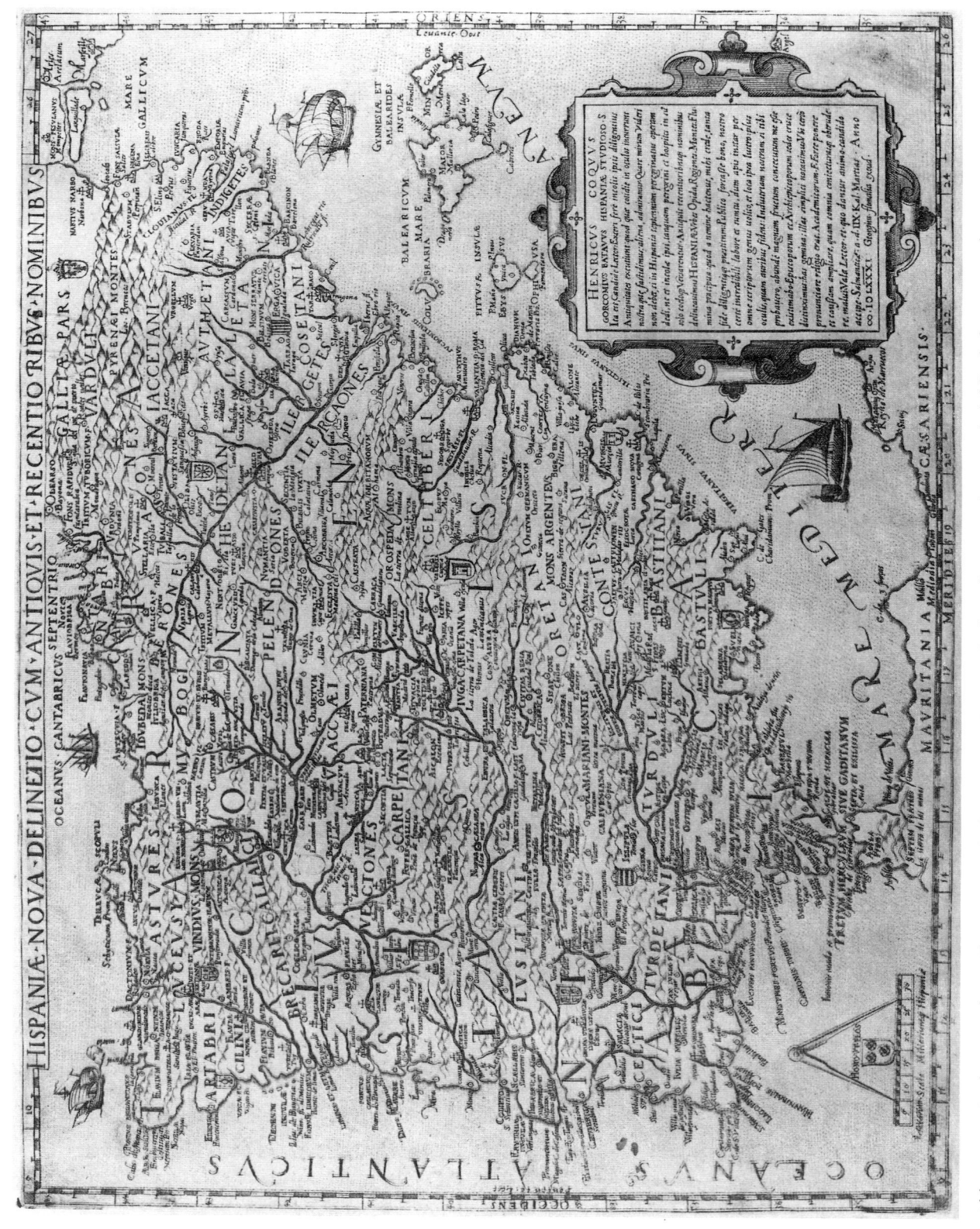

Abb. 25: H. Cock, Karte des antiken Spanien (Salamanca 1581). Mit Erlaubnis der Hessischen Landesbibliothek, Darmstadt

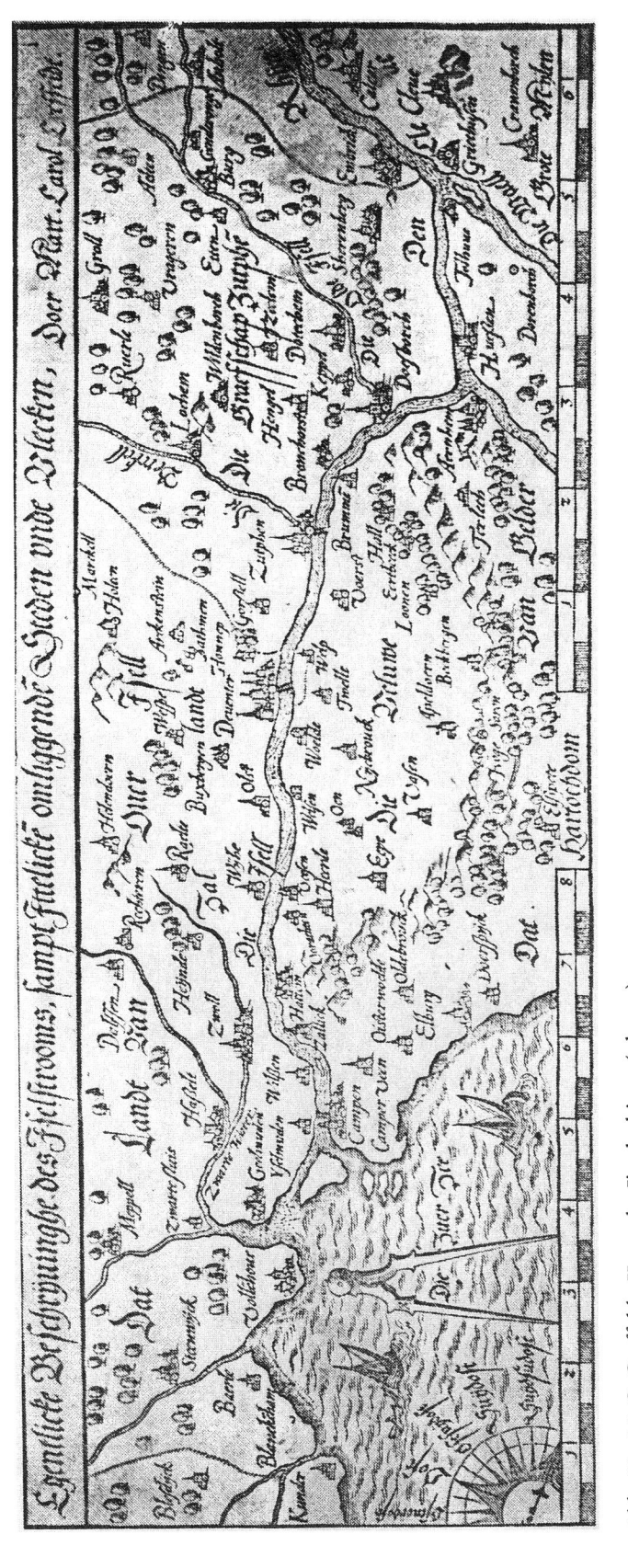

Abb. 26: M. C. Creffeldt, Karte des Ijsselgebietes (s.l., s.a.)

Abb. 27: J. Criginger (?), Karte von Meissen-Thüringen (Leipzig, s.a.). Mit Erlaubnis der Universitätsbibliothek, Basel

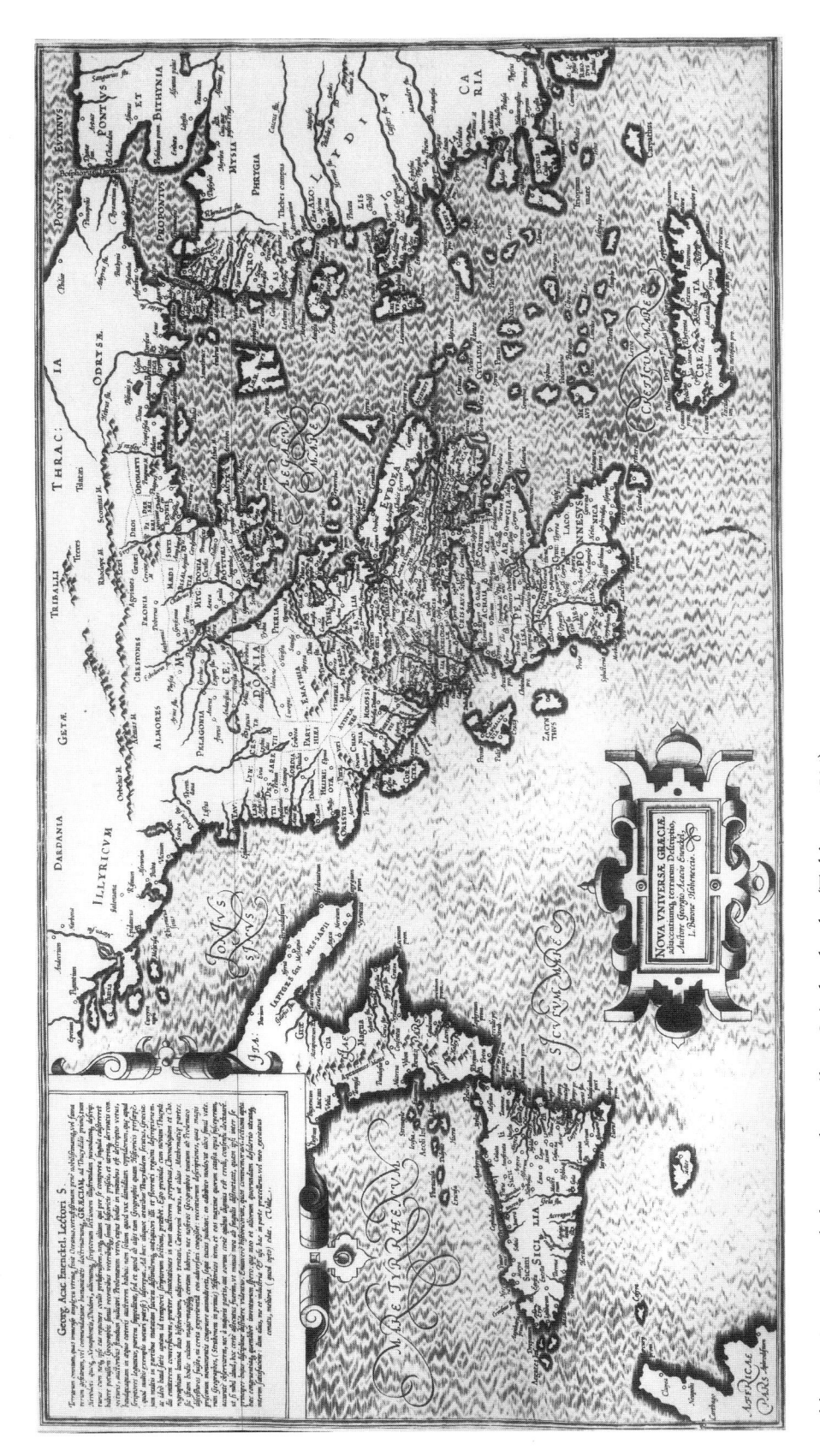

Abb. 28: G. A. Enenckel, Karte des antiken Griechenlandes (Tübingen 1596)

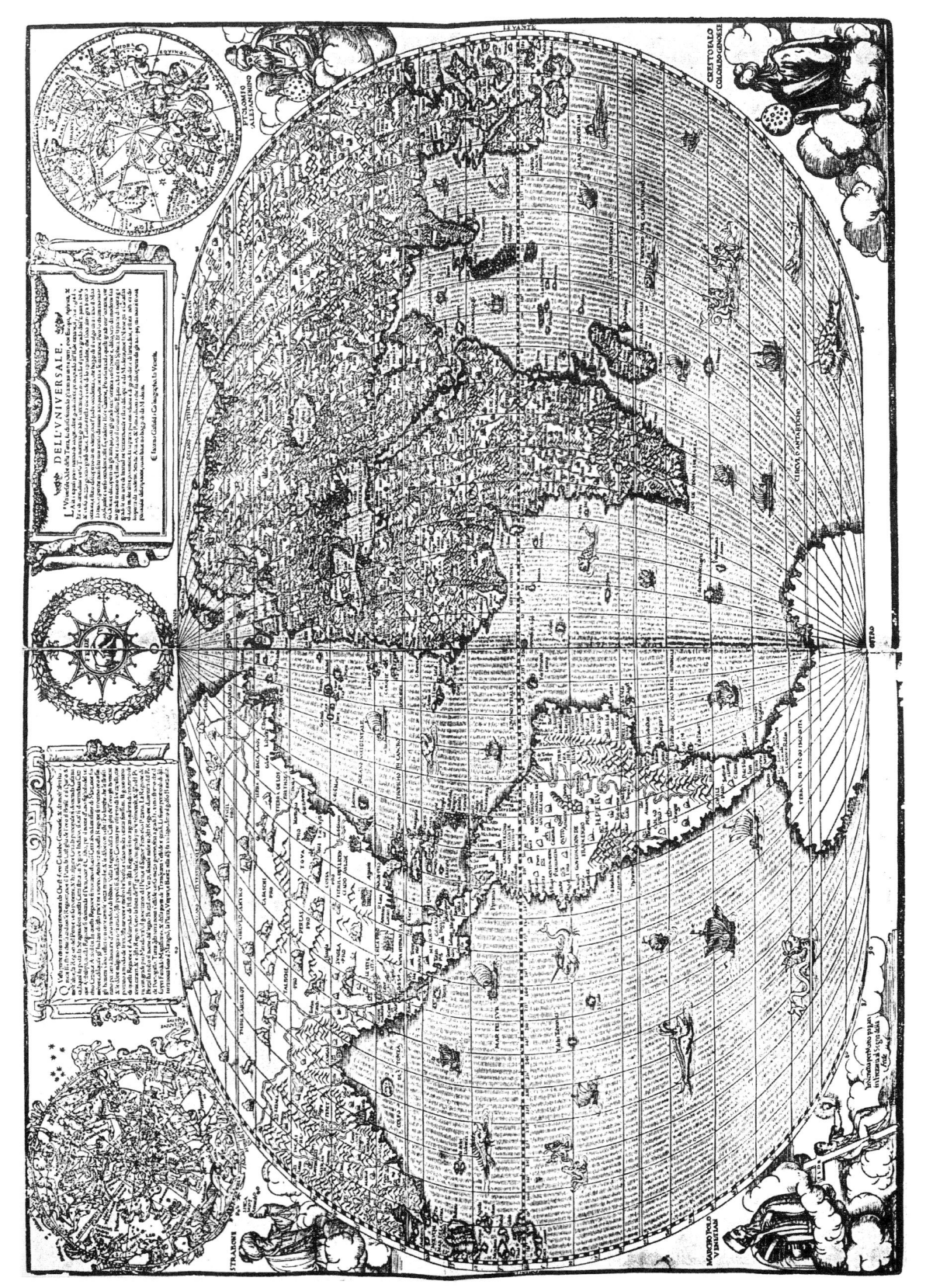

Abb. 29: Weltkarte von J. Gastaldi, hier die Ausgabe bei M. Pagano (Venedig um 1555). By permission of The British Library, London

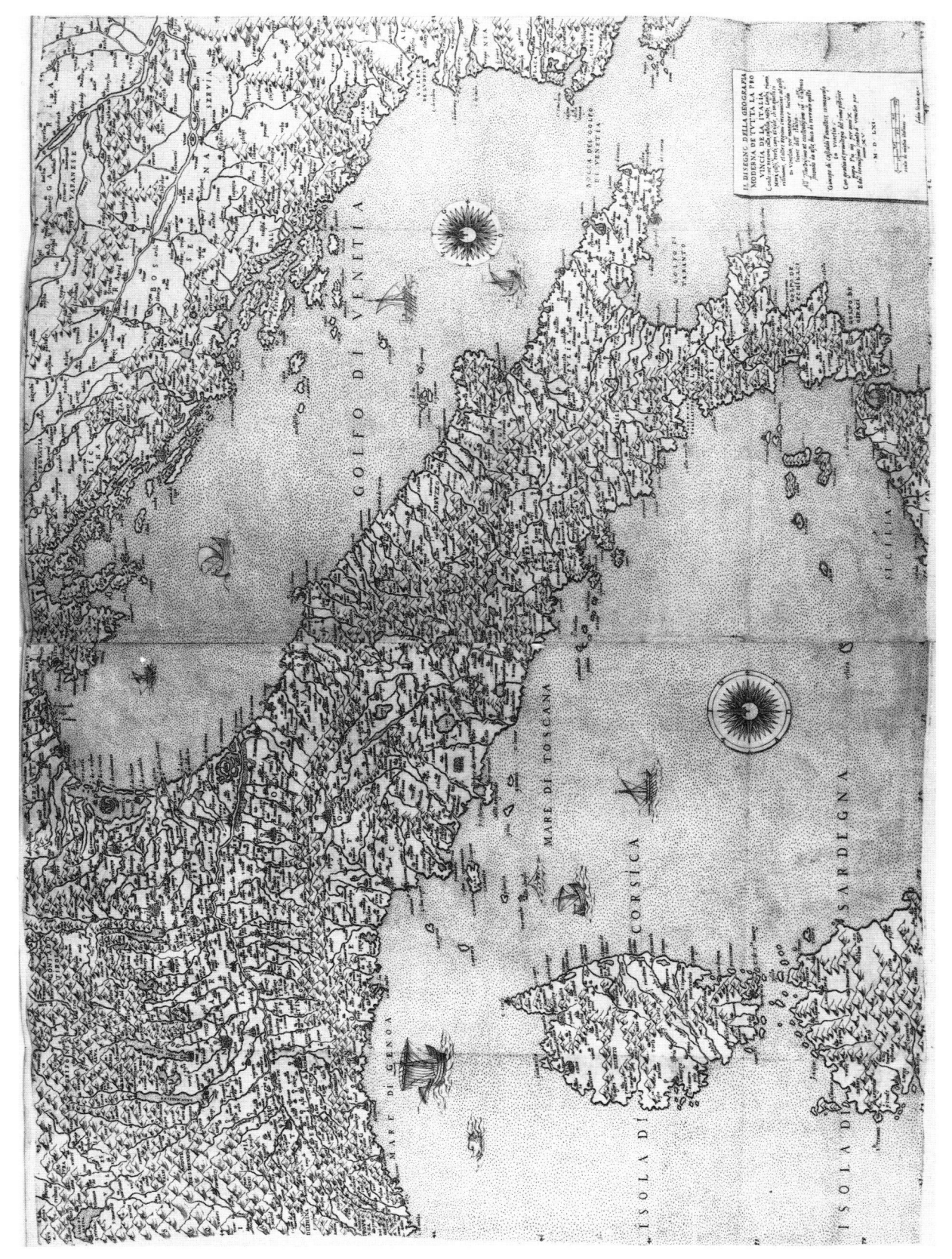

Abb. 30: J. Gastaldi, Italien-Karte (Venedig 1561). Mit Erlaubnis der Herzog August Bibliothek, Wolfenbüttel

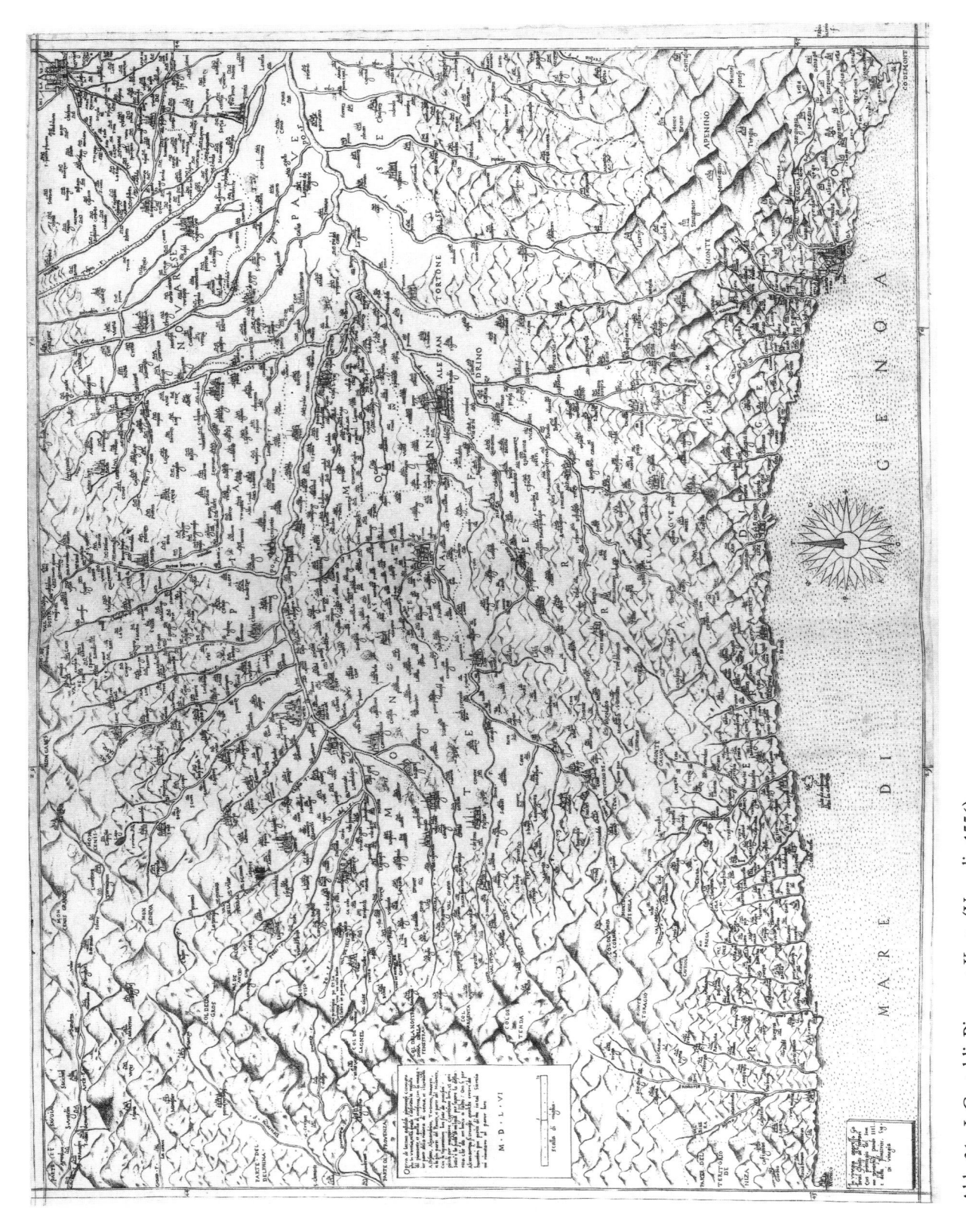

Abb. 31: J. Gastaldi, Piemont-Karte (Venedig 1556)

Abb. 32: S. Ghebellini, Karte des Venaissin (s.l. 1574).
Avec la permission de la Bibliothèque Nationale, Paris

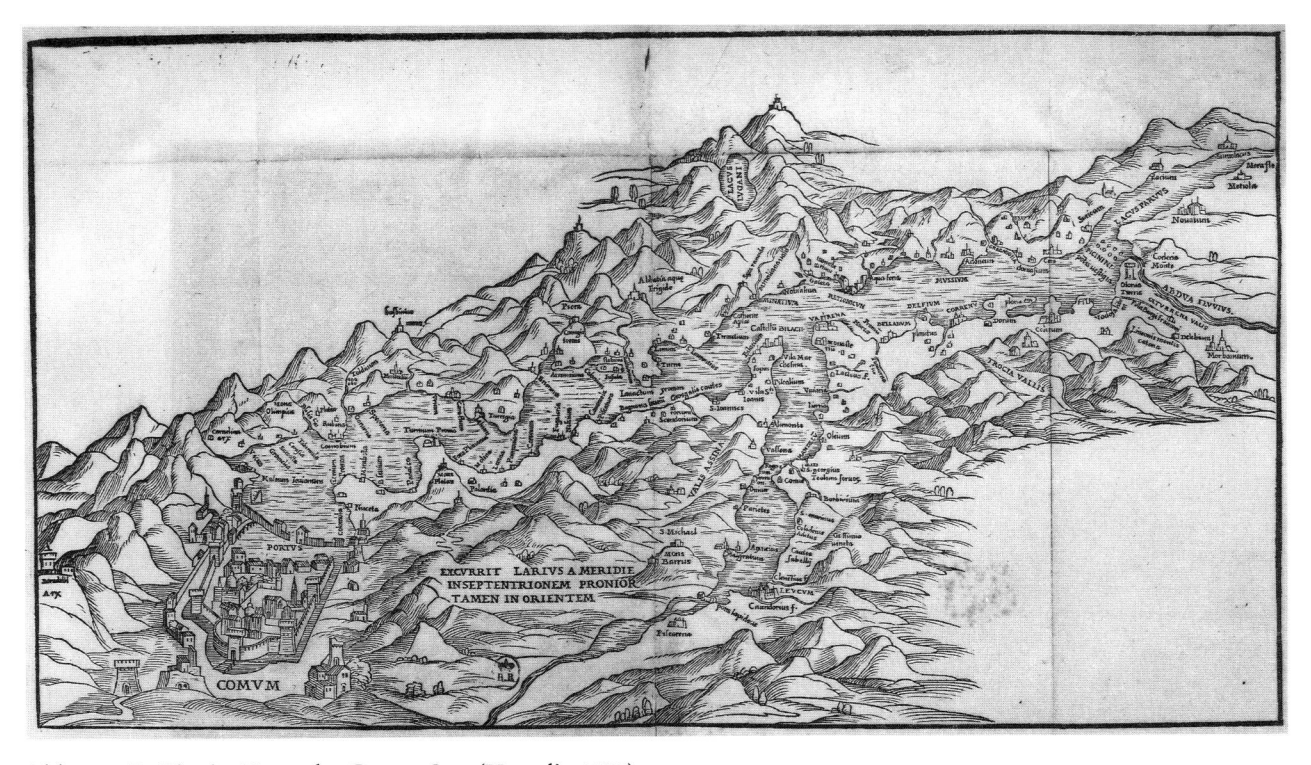

Abb. 33: P. Giovio, Karte des Comer Sees (Venedig 1559)

Abb. 34: W. Grodecki, Karte von Polen und Litauen (Basel um 1560)

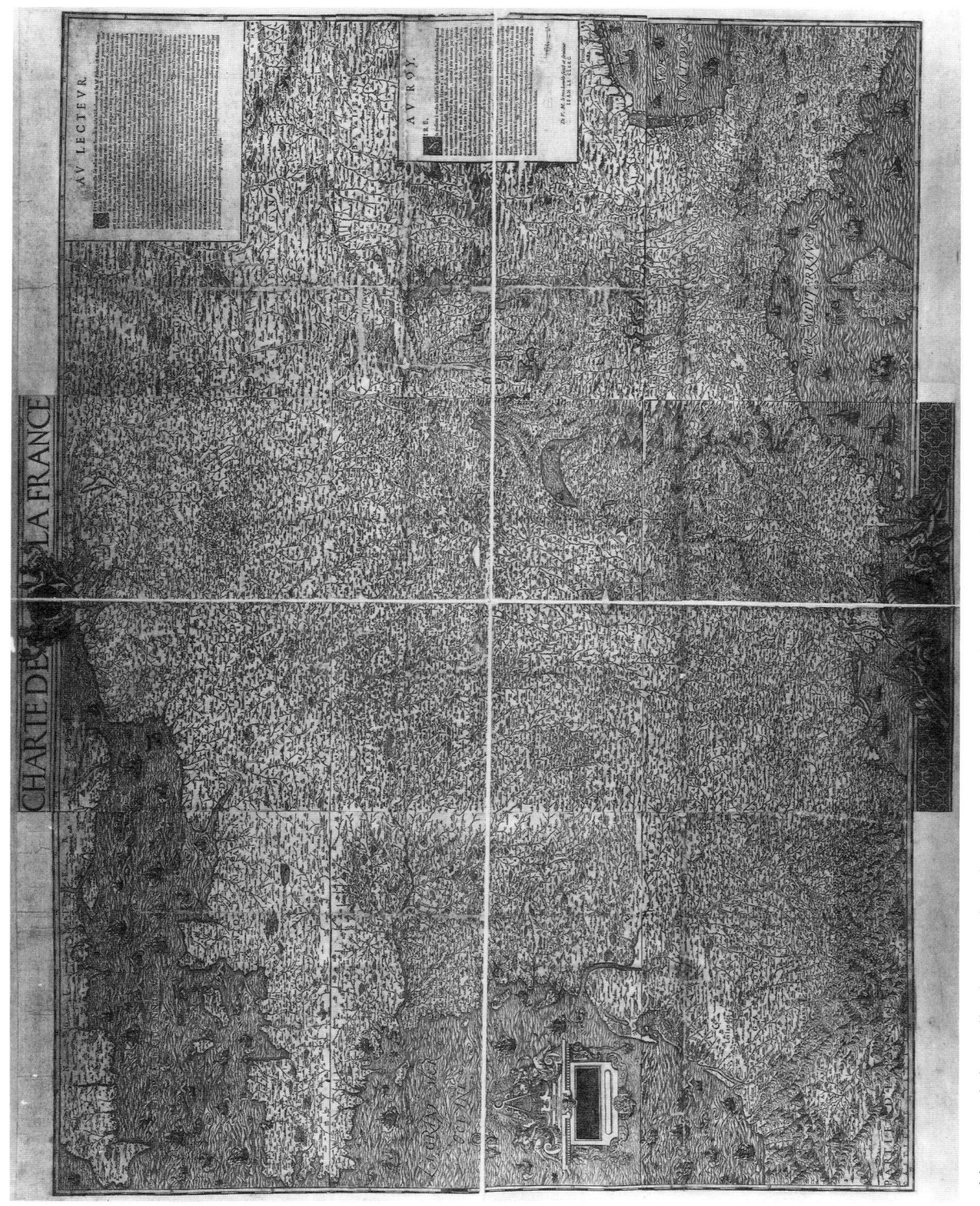

Abb. 35: F. de la Guillotière, Frankreich-Karte (Paris 1613). Avec la permission de la Bibliothèque Nationale, Paris

Abb. 36: M. Helwig, Karte von Schlesien (Neisse 1561). Mit Erlaubnis der Badischen Landesbibliothek, Karlsruhe

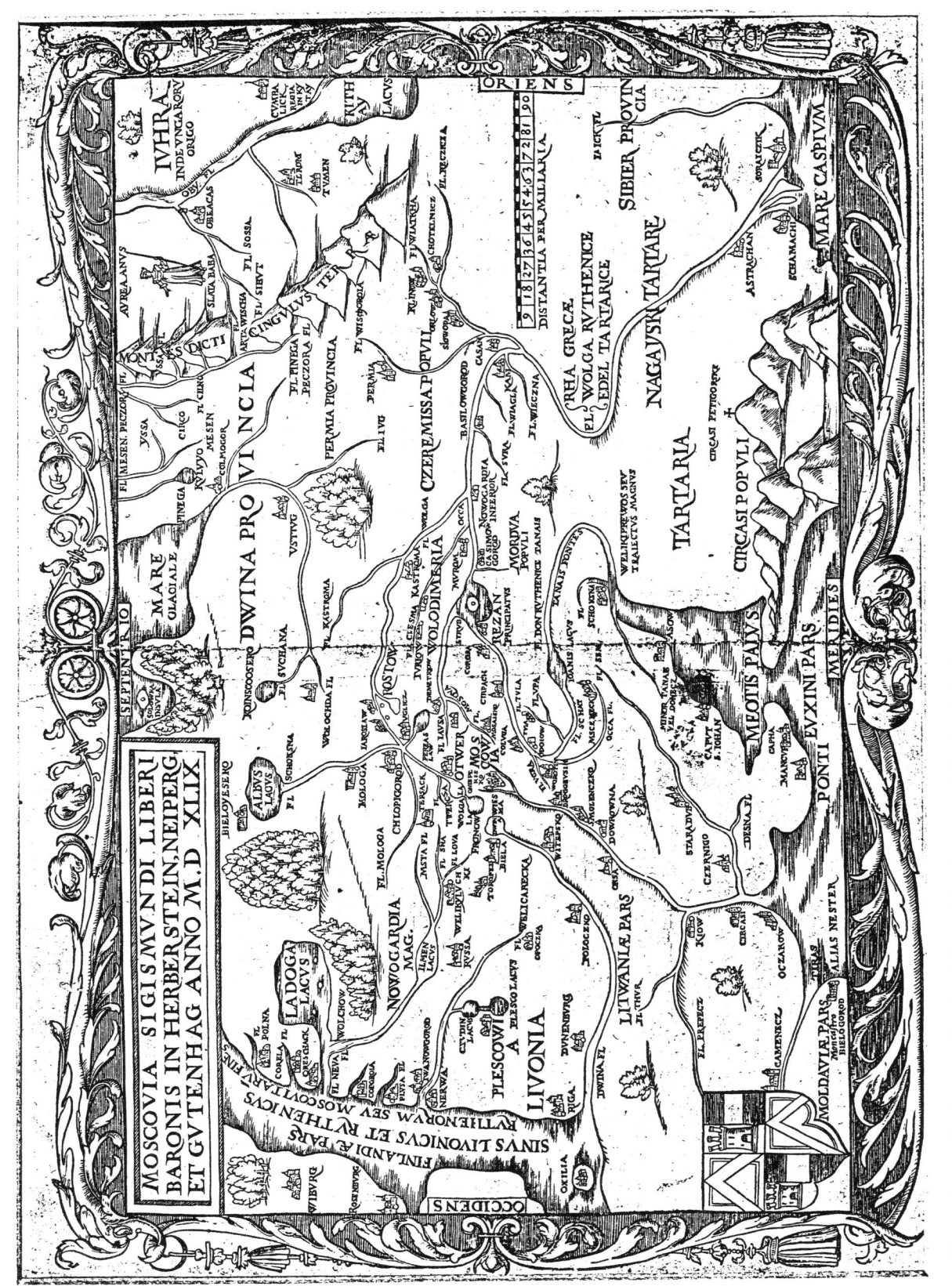

Abb. 37: S. von Herberstein, Rußland-Karte (hier in der Ausgabe Basel 1556)

Abb. 38: E. Hofmann, Karte des Raumes Frankfurt am Main (Frankfurt 1588)

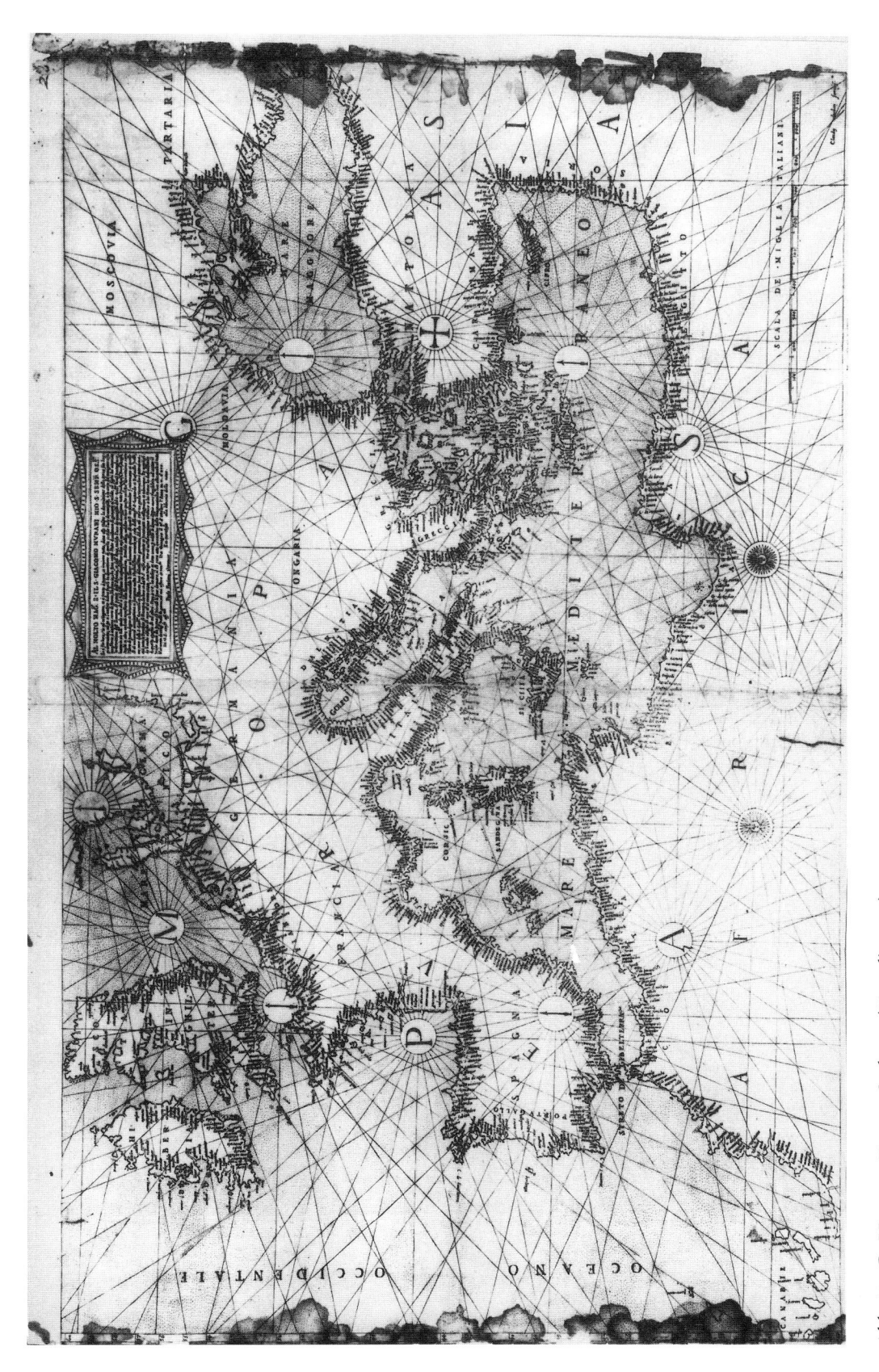

Abb. 39: D. Homem, Europa-Seekarte (Venedig 1569)

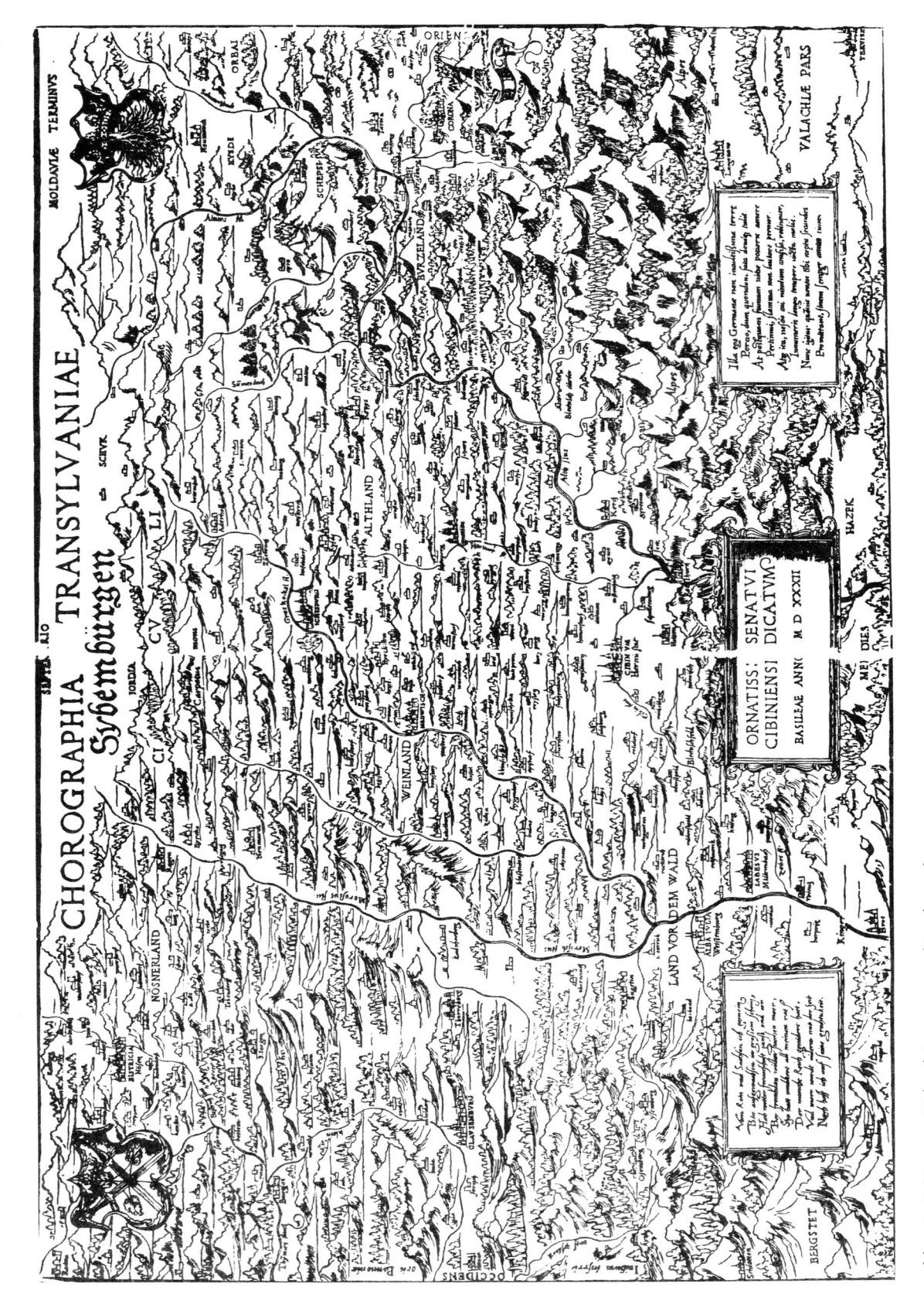

Abb. 40: J. Honter, Siebenbürgen-Karte (Basel 1532)

Abb. 41: C. de Jode, Frankreich-Karte (Antwerpen 1592). Avec la permission de la Bibliothèque Nationale, Paris

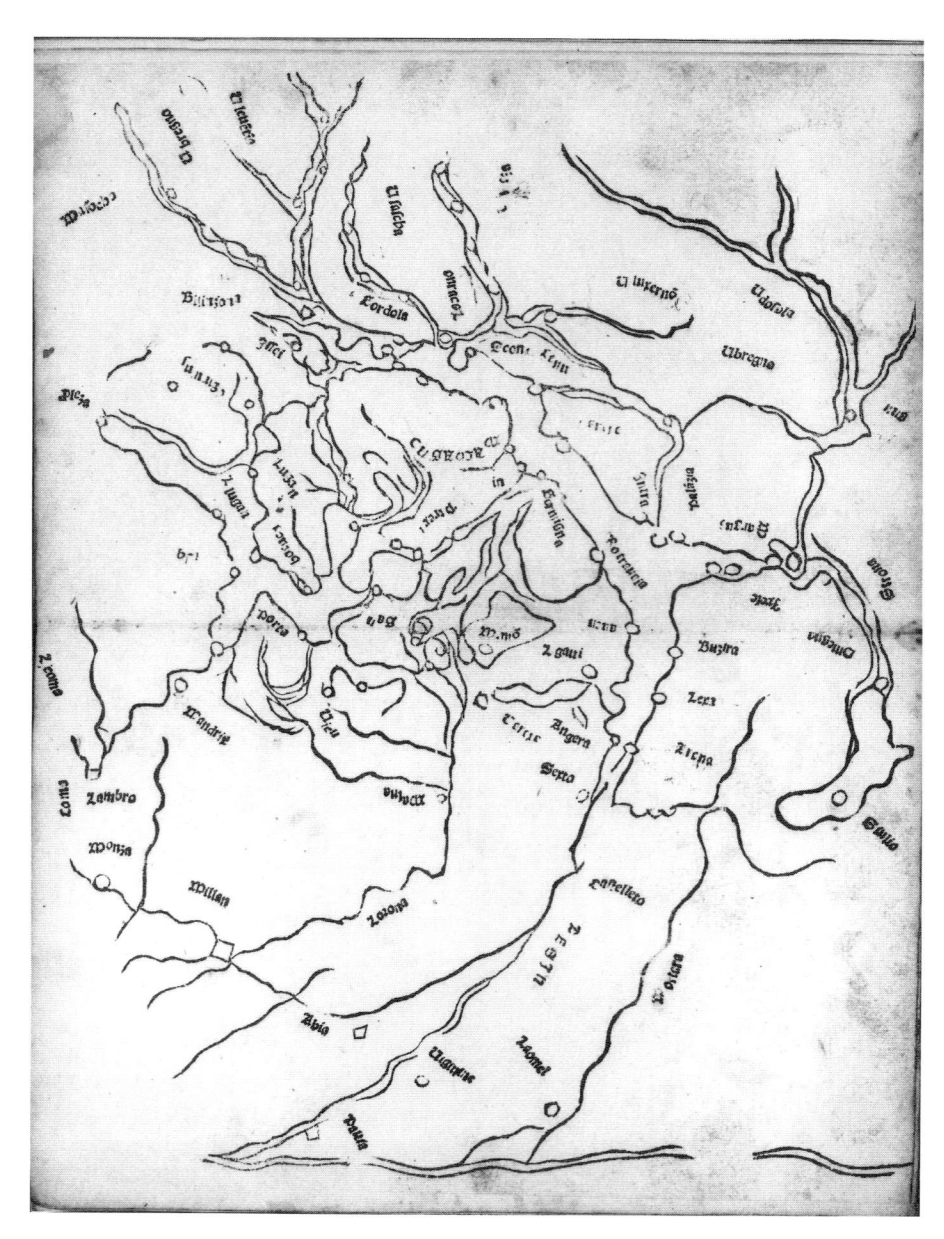

Abb. 42: D. Macaneo, Karte der Region um den Lago Maggiore (Mailand 1490).
By permission of The British Library, London

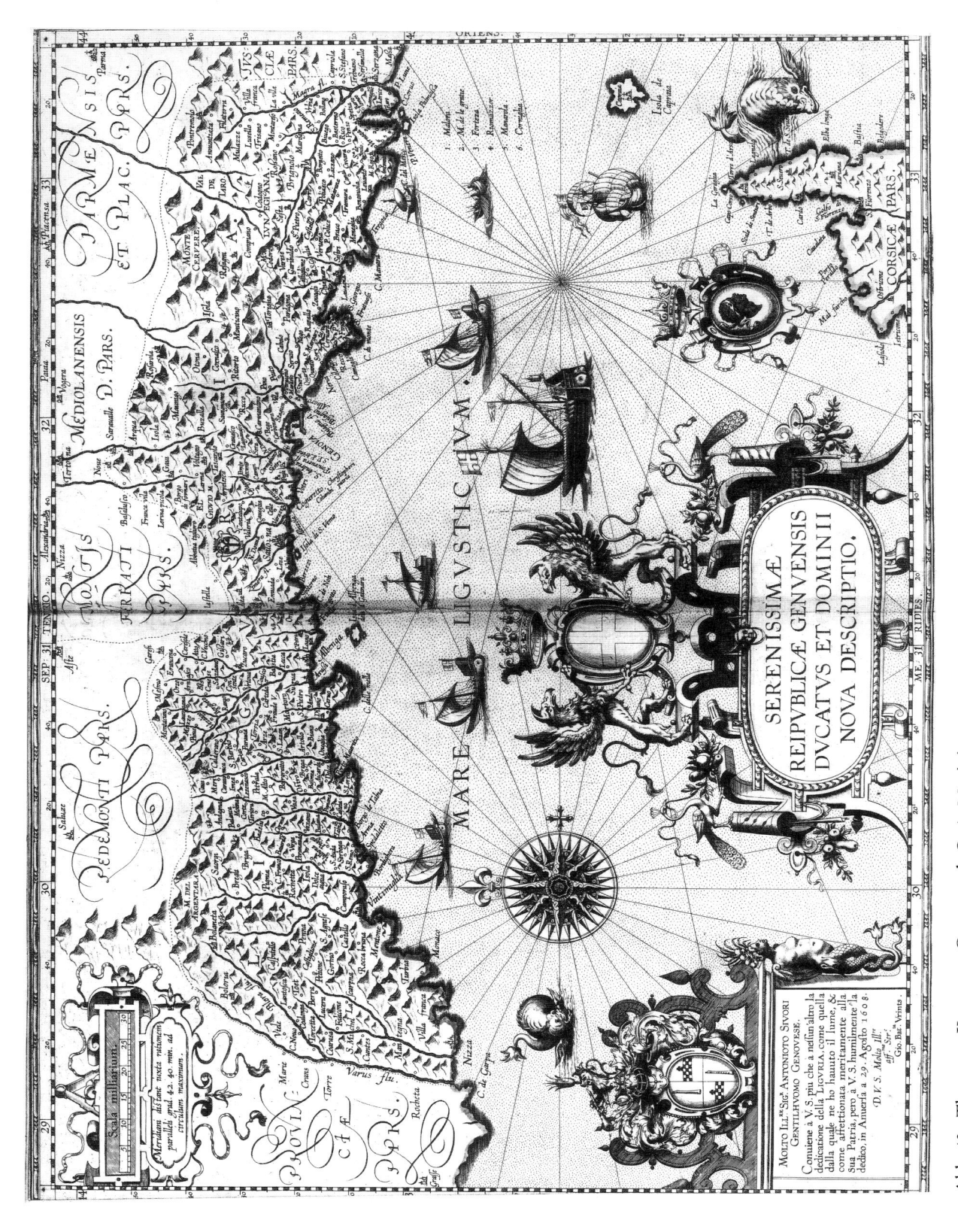

Abb. 43: Theatrum-Karte von Genua nach G. A. Magini

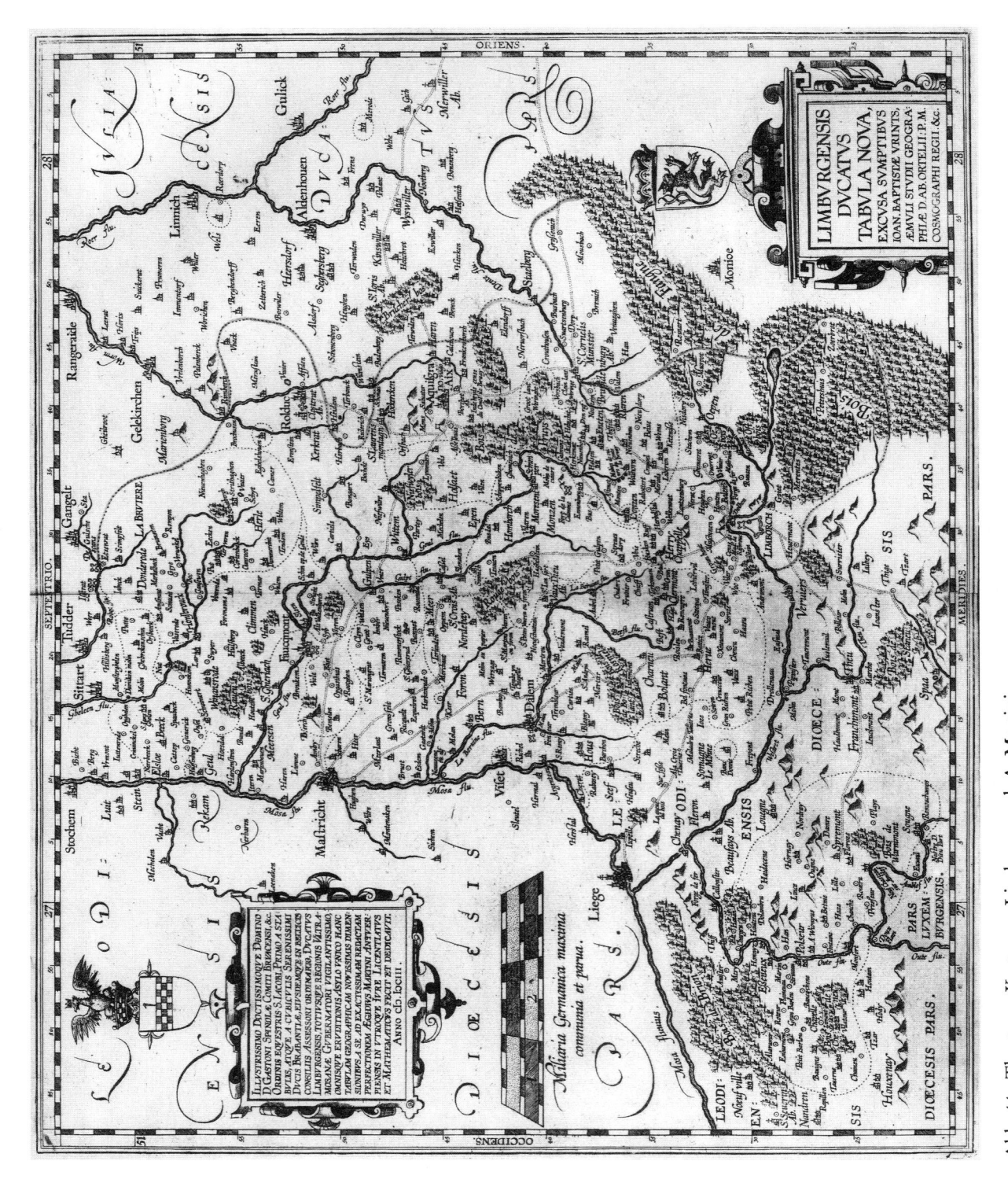

Abb. 44: Theatrum-Karte von Limburg, nach A. Martini

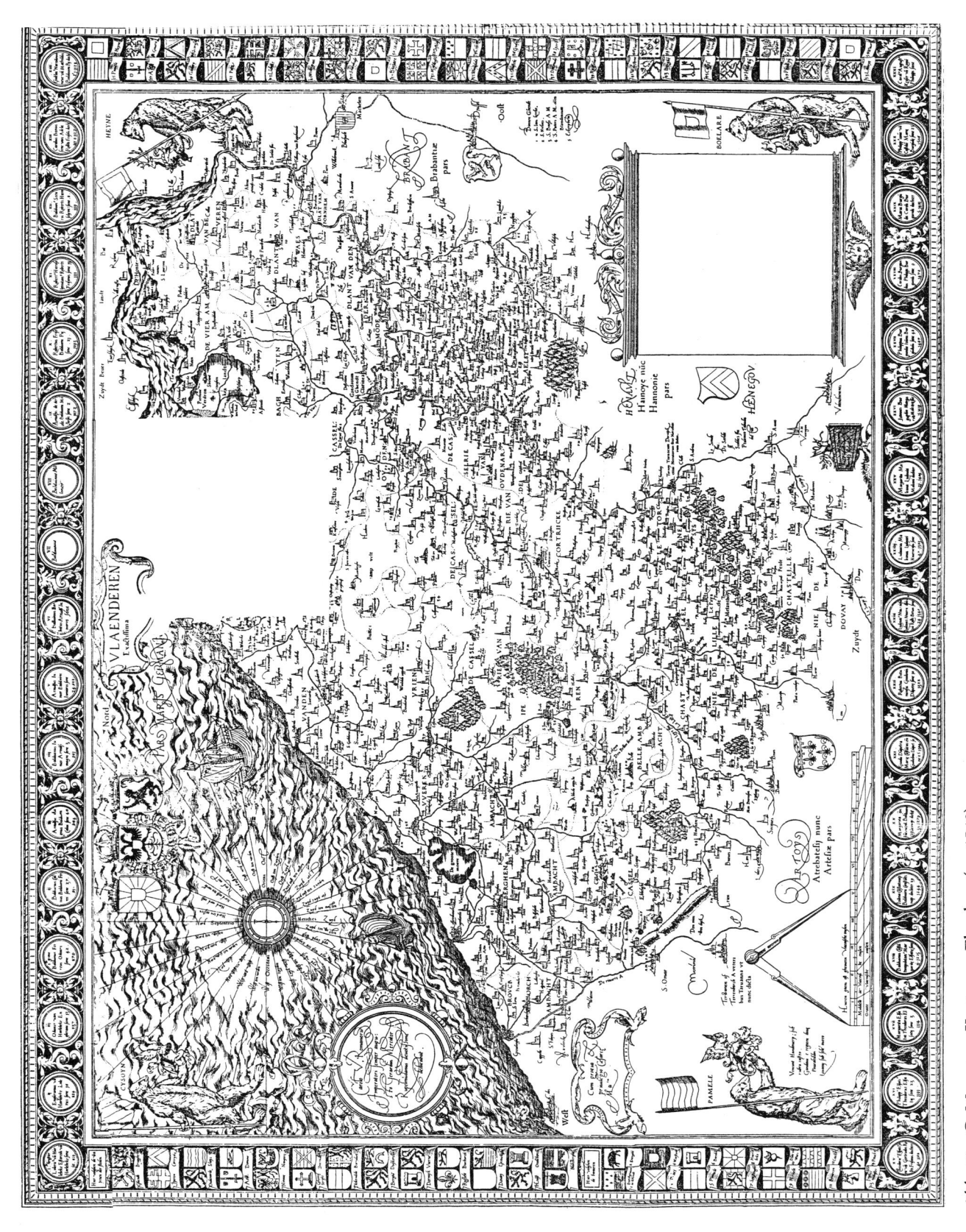

Abb. 45: G. Mercator, Karte von Flandern (ca. 1540)

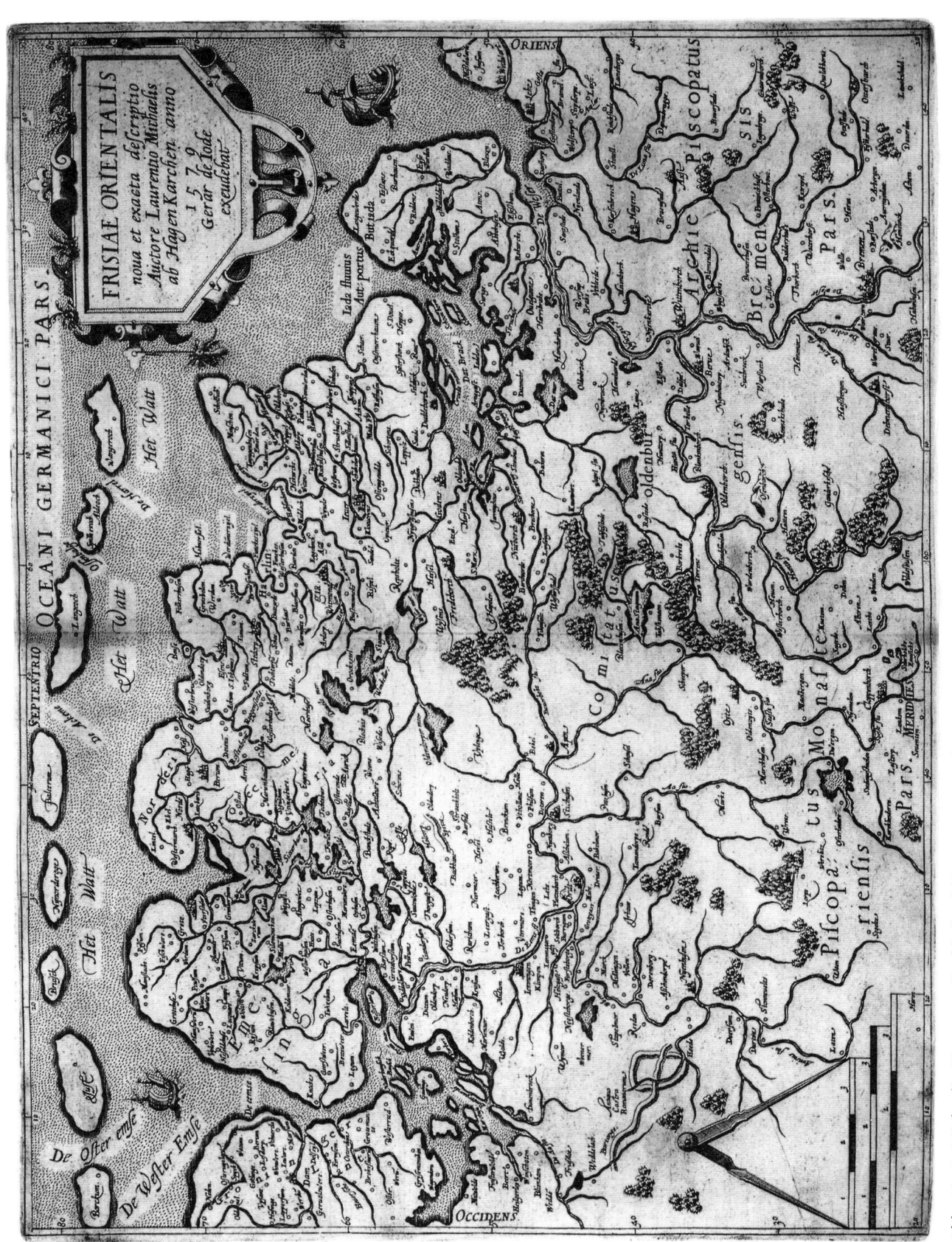

Abb. 46: L. Michaelis, Karte von Ostfriesland (Antwerpen 1579)

Abb. 47: N. de Nicolay, Europa-Seekarte (Antwerpen? 1544). Avec la permission de la Bibliothèque Nationale, Paris

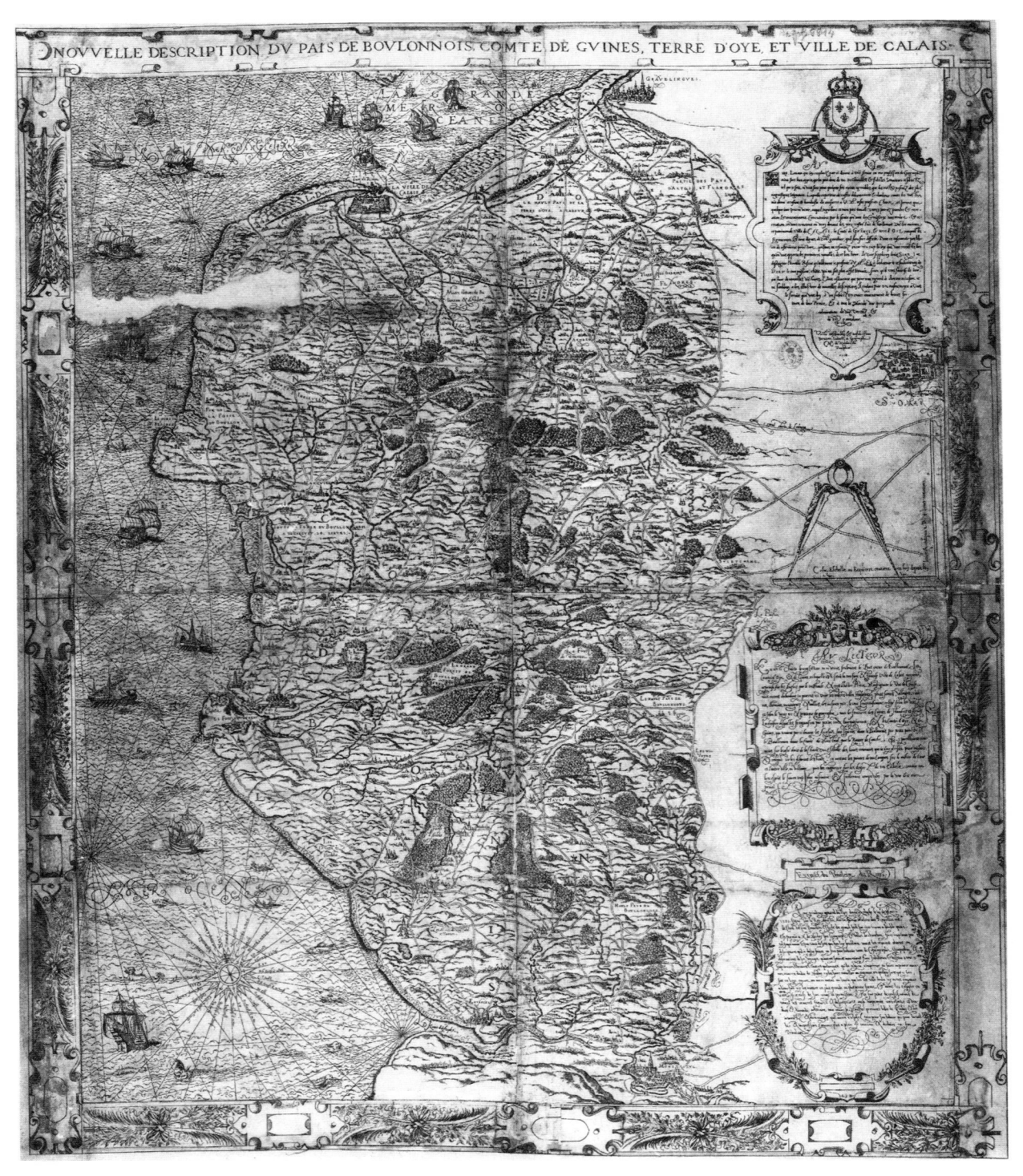

Abb. 48: N. de Nicolay, Karte des Raumes Boulogne – Calais (Paris 1558). Avec la permission de la Bibliothèque Nationale, Paris

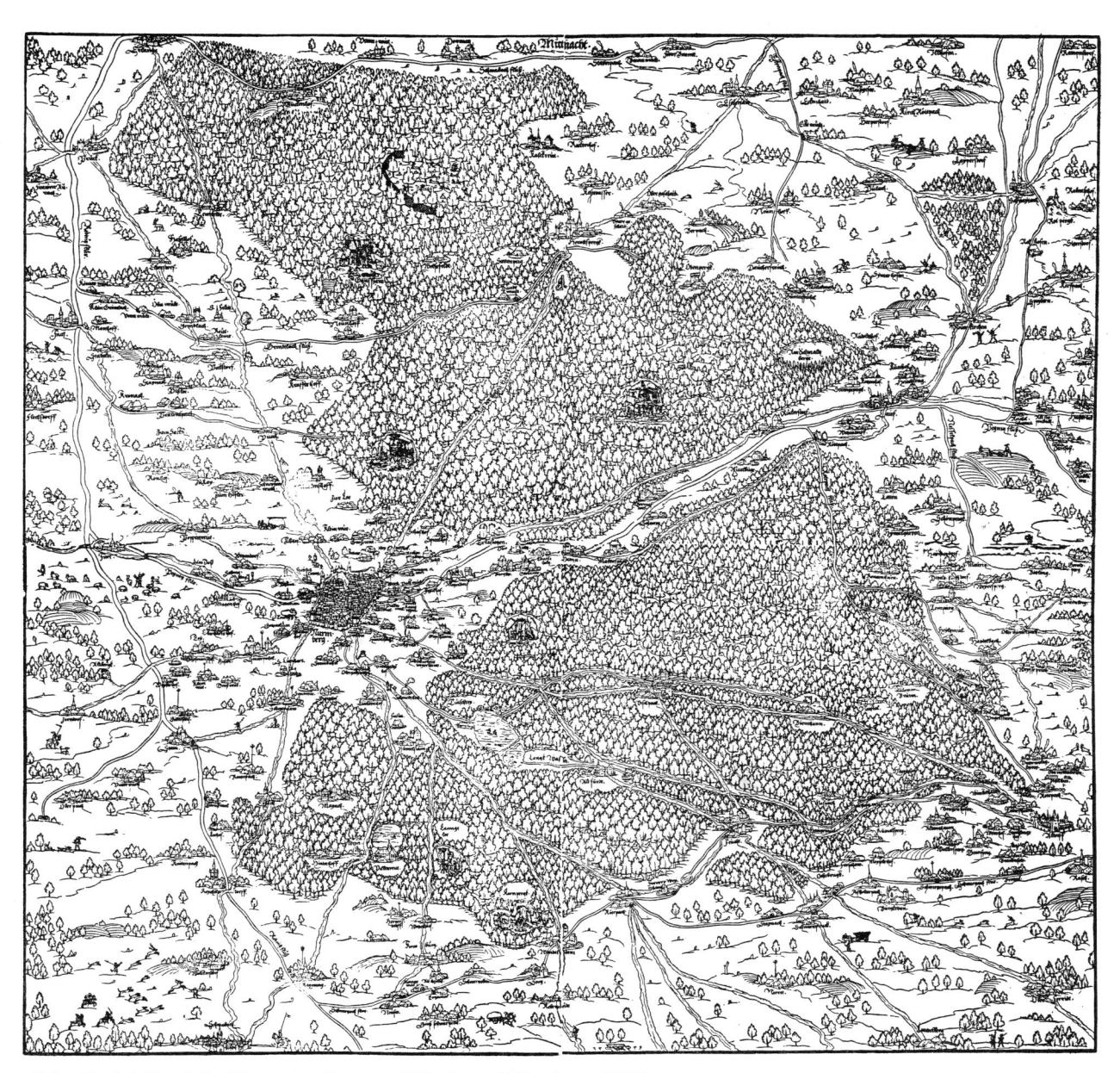

Abb. 49: J. Nöttelein, Karte des Raumes Nürnberg (Nürnberg 1559)

Abb. 50: Theatrum-Karte von Galizien, nach F. Ojea

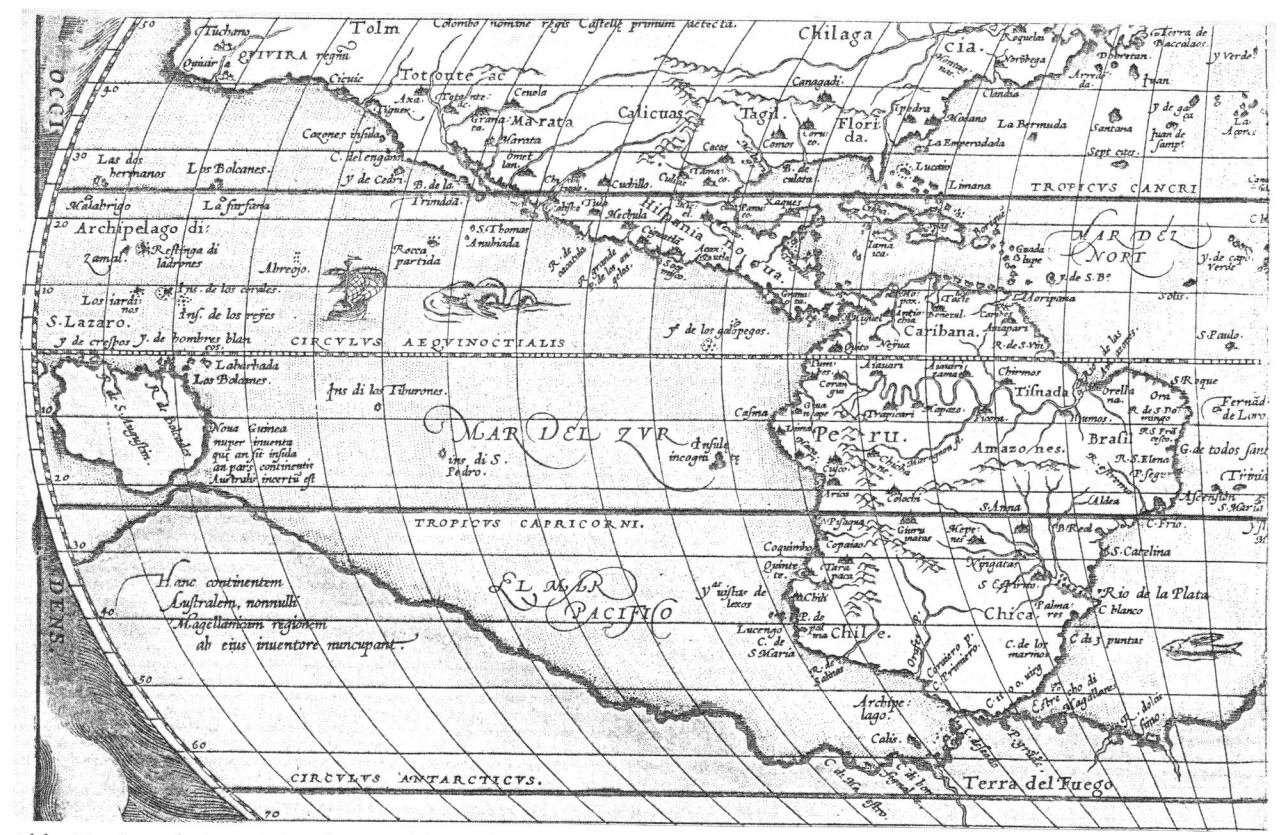

Abb. 51: Ausschnitt aus der alten Weltkarte des Theatrum (Nr. 1) mit der alten Darstellung der Westküste Südamerikas nach G. Mercator und dem Fehlen der Salomonen

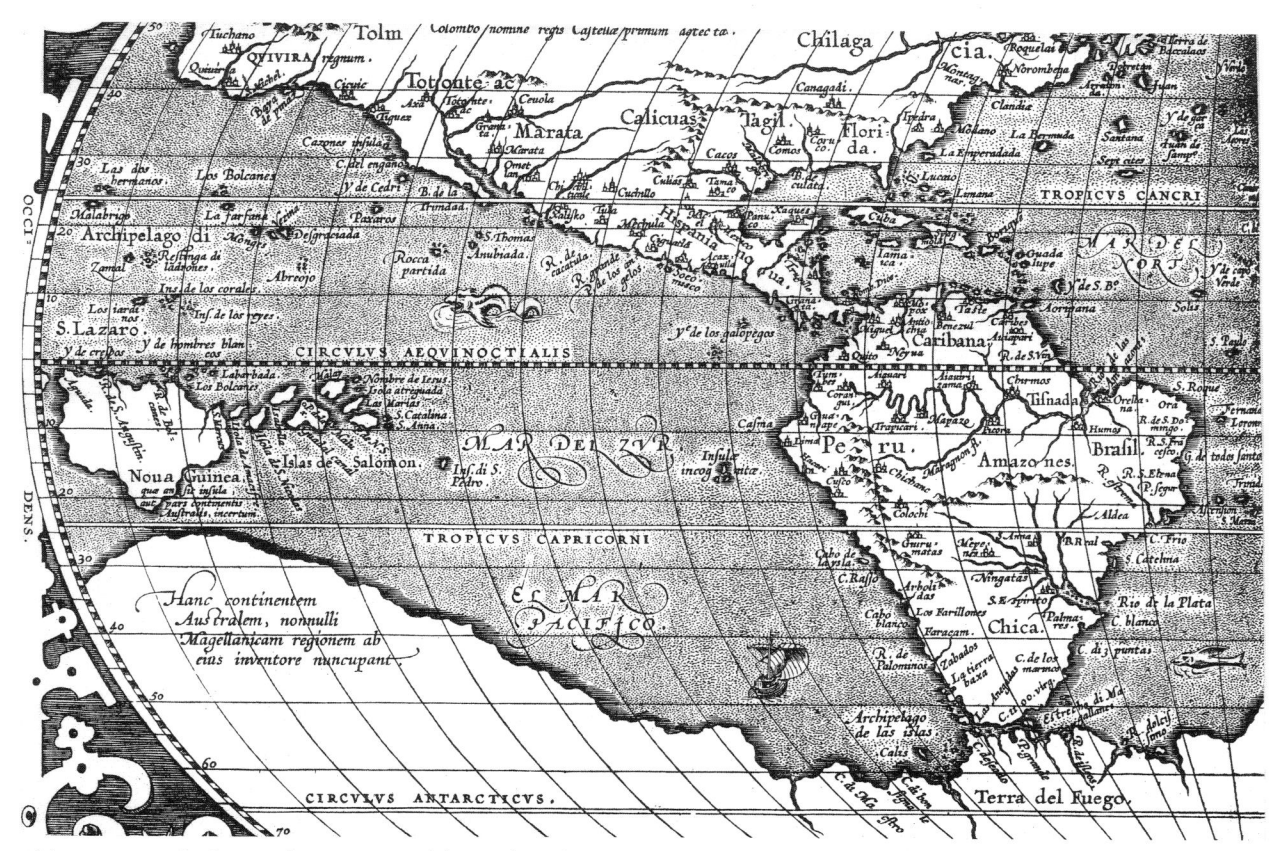

Abb. 52: Ausschnitt aus der neuen Weltkarte des Theatrum von 1587 (Nr. 113) mit der verbesserten Darstellung der Westküste Südamerikas und der Salomonen nach dem Material bei P. Plancius

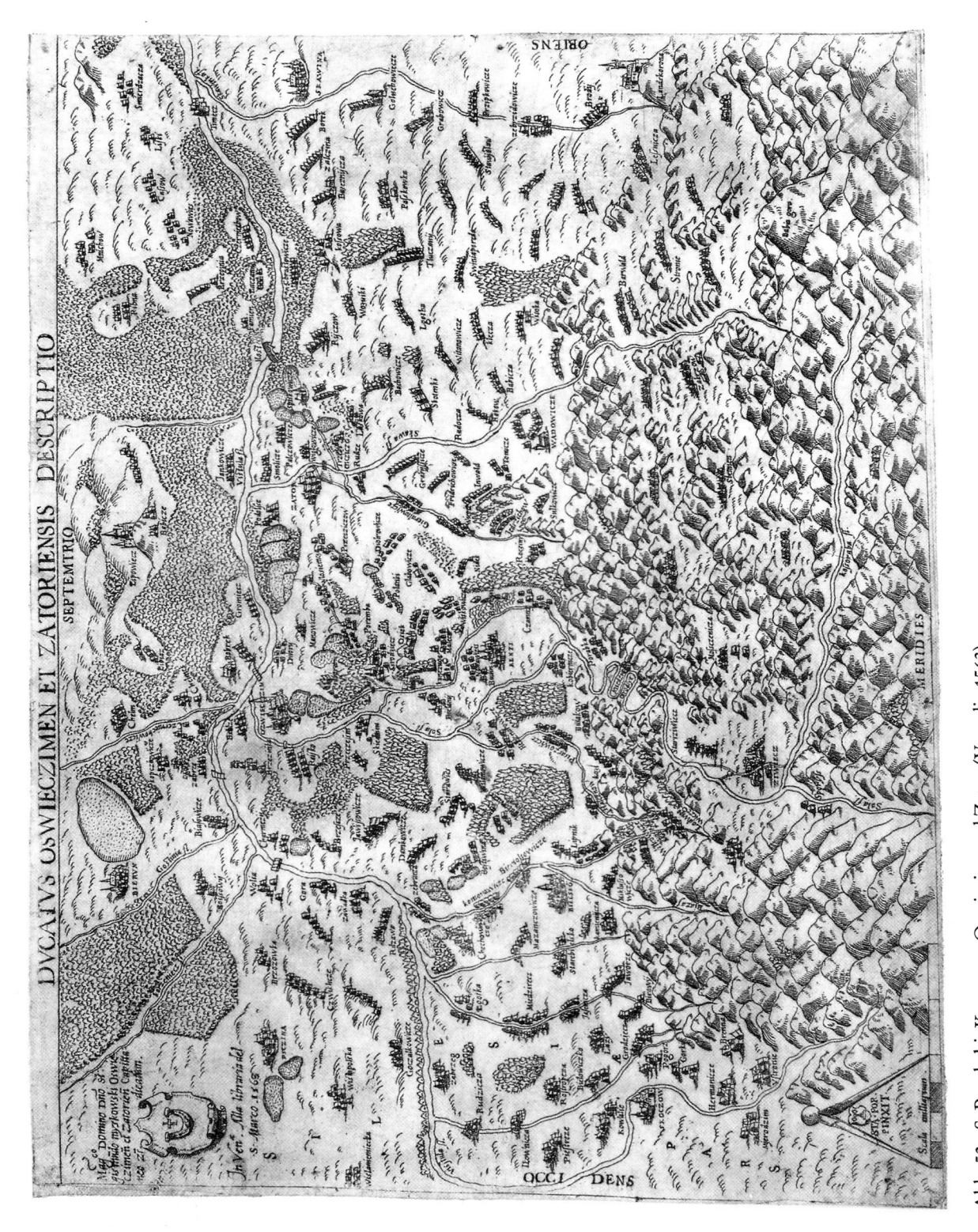

Abb. 53: S. Porebski, Karte von Oswiecim und Zator (Venedig 1563)

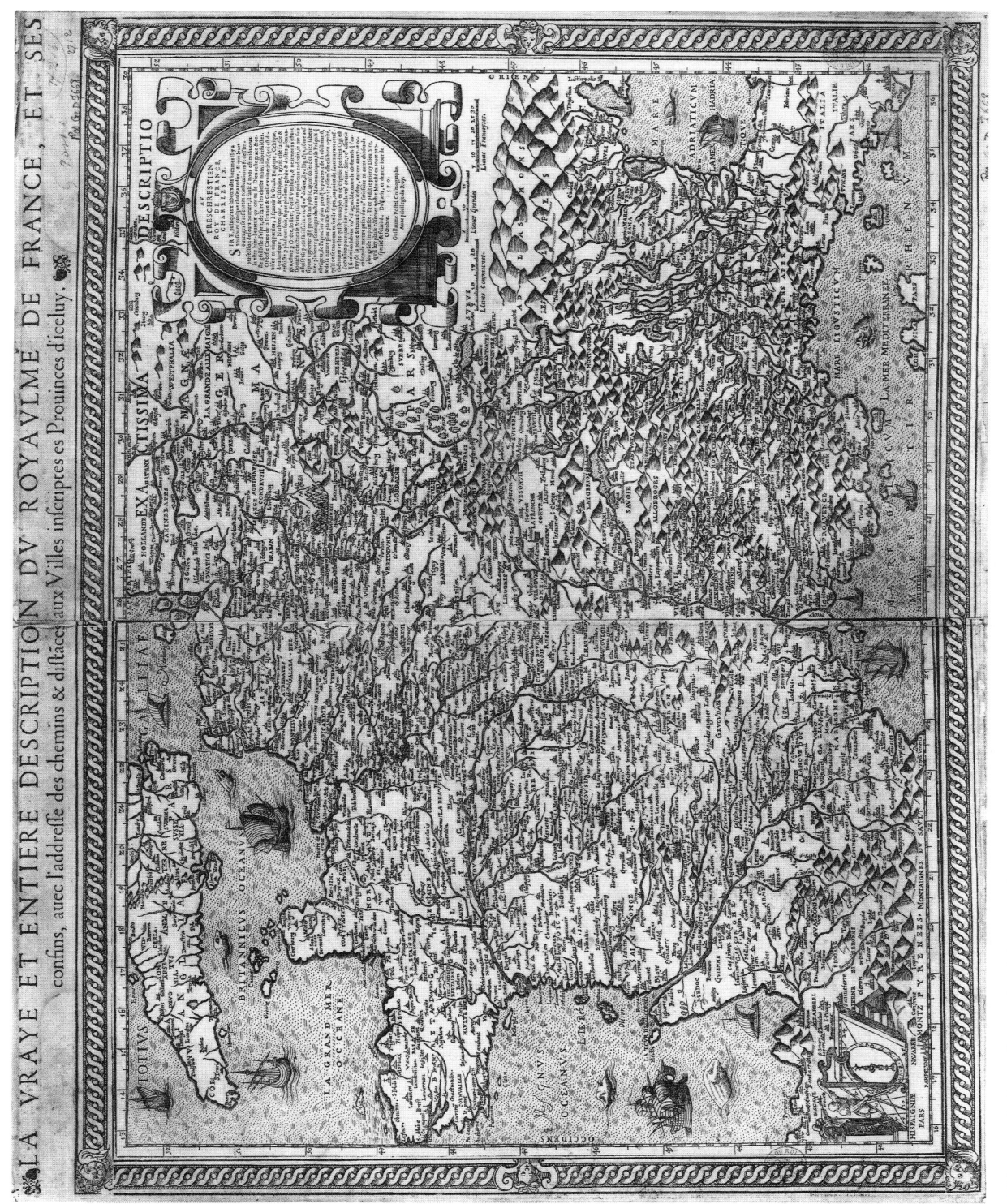

Abb. 54: G. Postel, Frankreich-Karte (Paris 1570). Avec la permission de la Bibliothèque Nationale, Paris

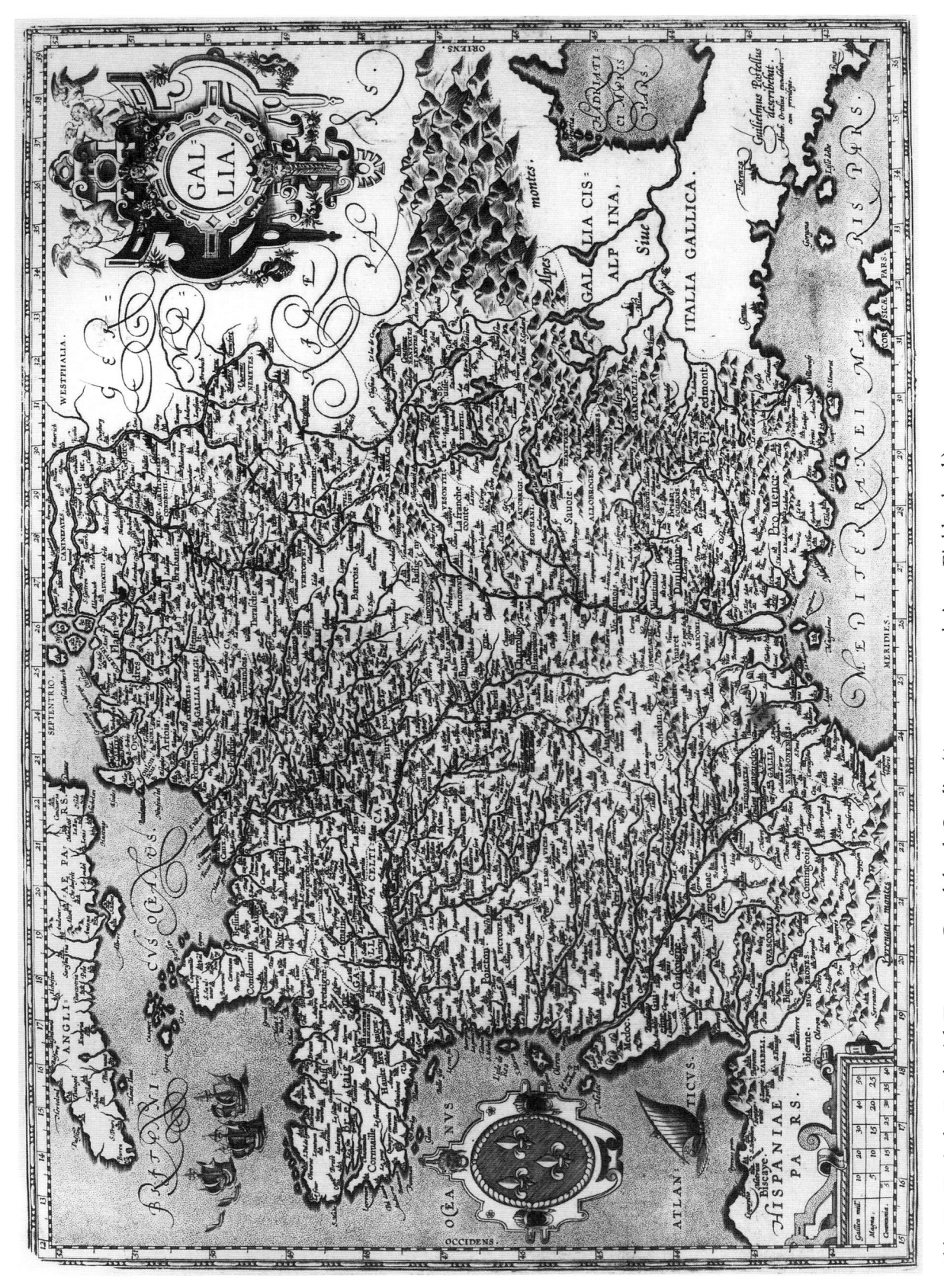

Abb. 55: Kopie der Frankreich-Karte von Postel durch Ortelius (Antwerpen, undatierter Einblattdruck)

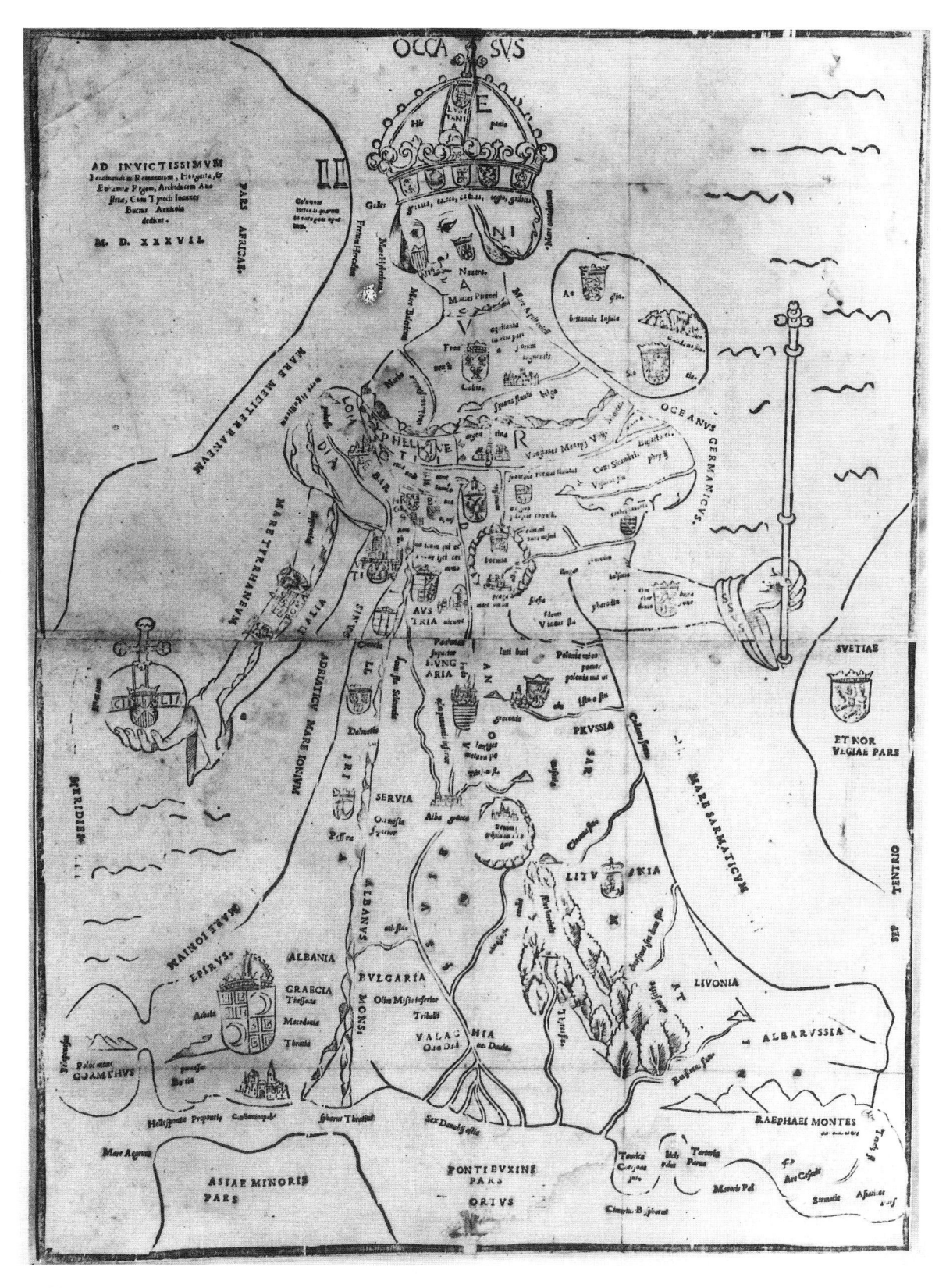

Abb. 56: J. Putsch, Karte der Europa in Frauengestalt (Paris 1537). Mit Erlaubnis des Tiroler Landesmuseums, Innsbruck

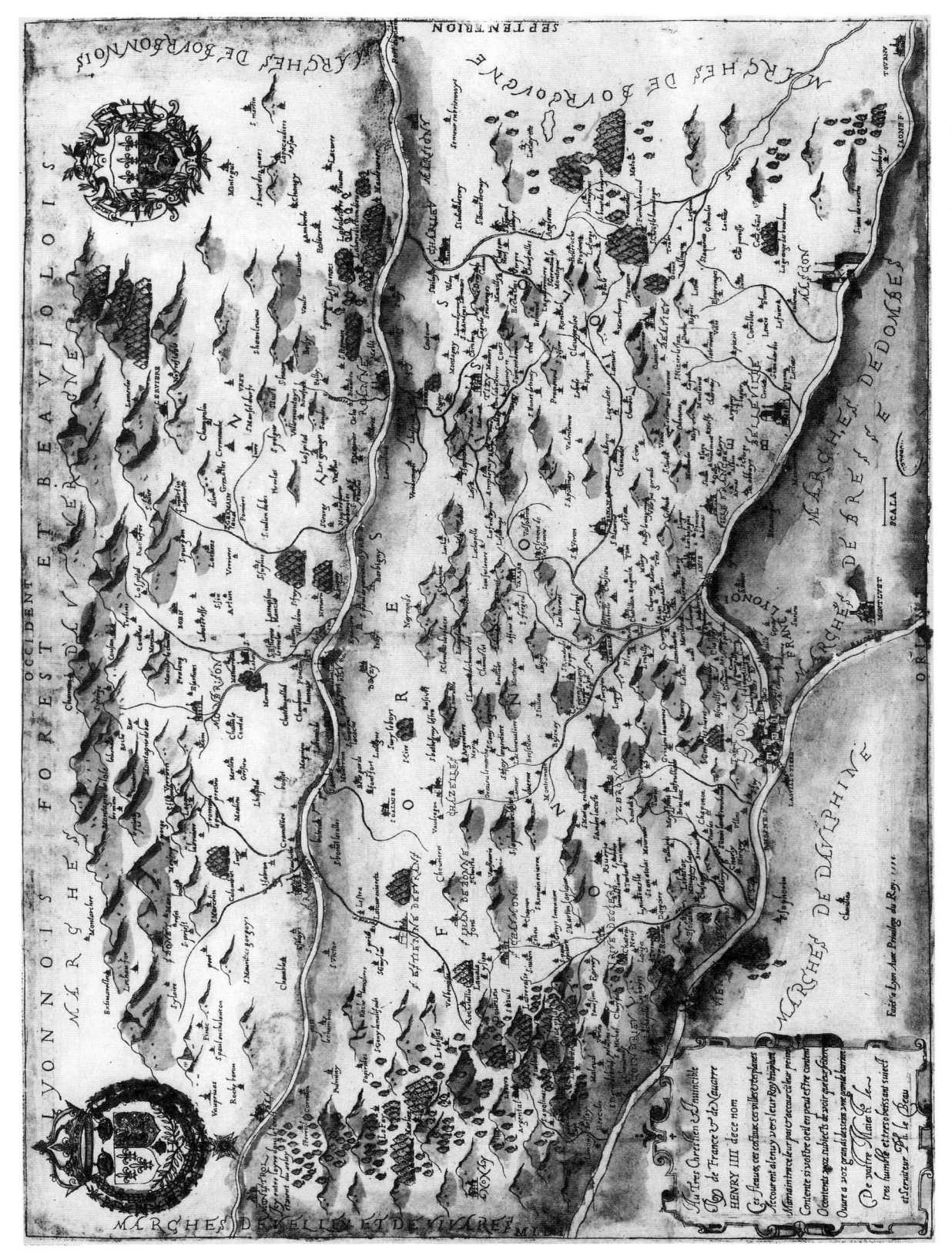

Abb. 57: Ph. Le Beau, Karte des Lyonnais, Forez und Beaujolais (Lyon 1596), vielleicht ähnlich der Arbeit von Joannes Regnardus. Avec la permission des Archives Nationales, Paris

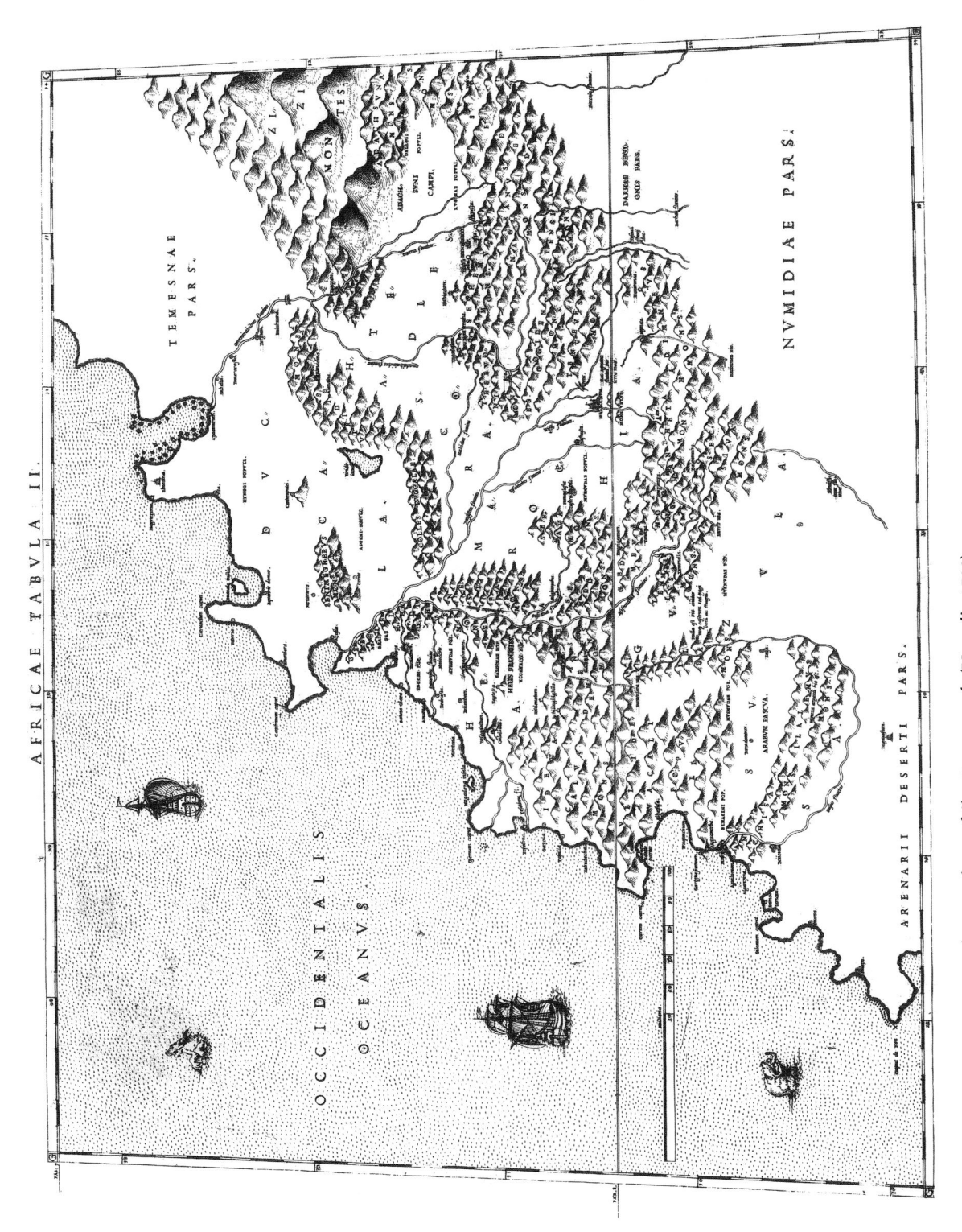

Abb. 58: L. Sanuto, Zweites Blatt aus dem Afrika-Kartenwerk (Venedig 1588)

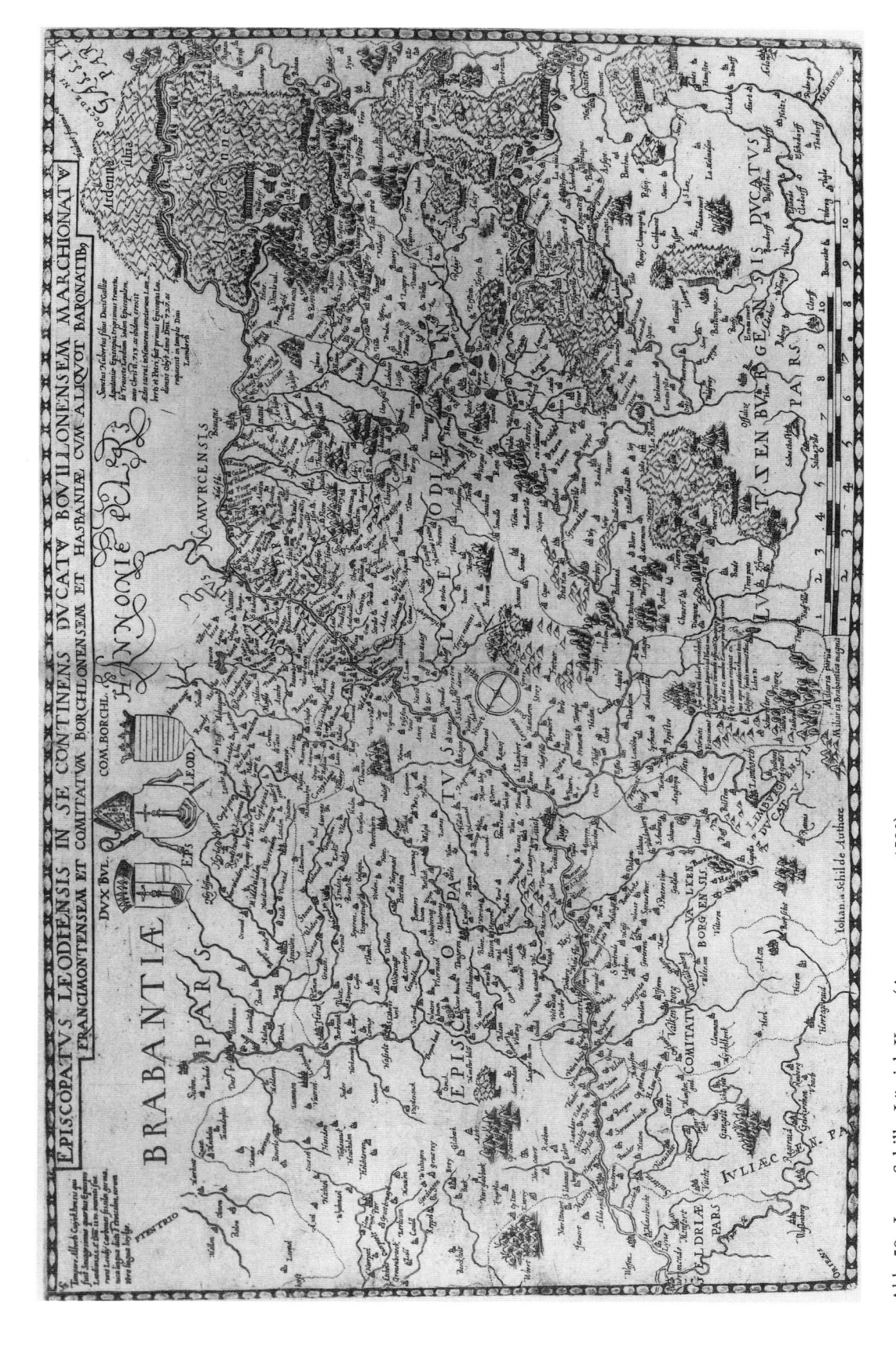

Abb. 59: J. van Schille, Lüttich-Karte (Antwerpen vor 1593)

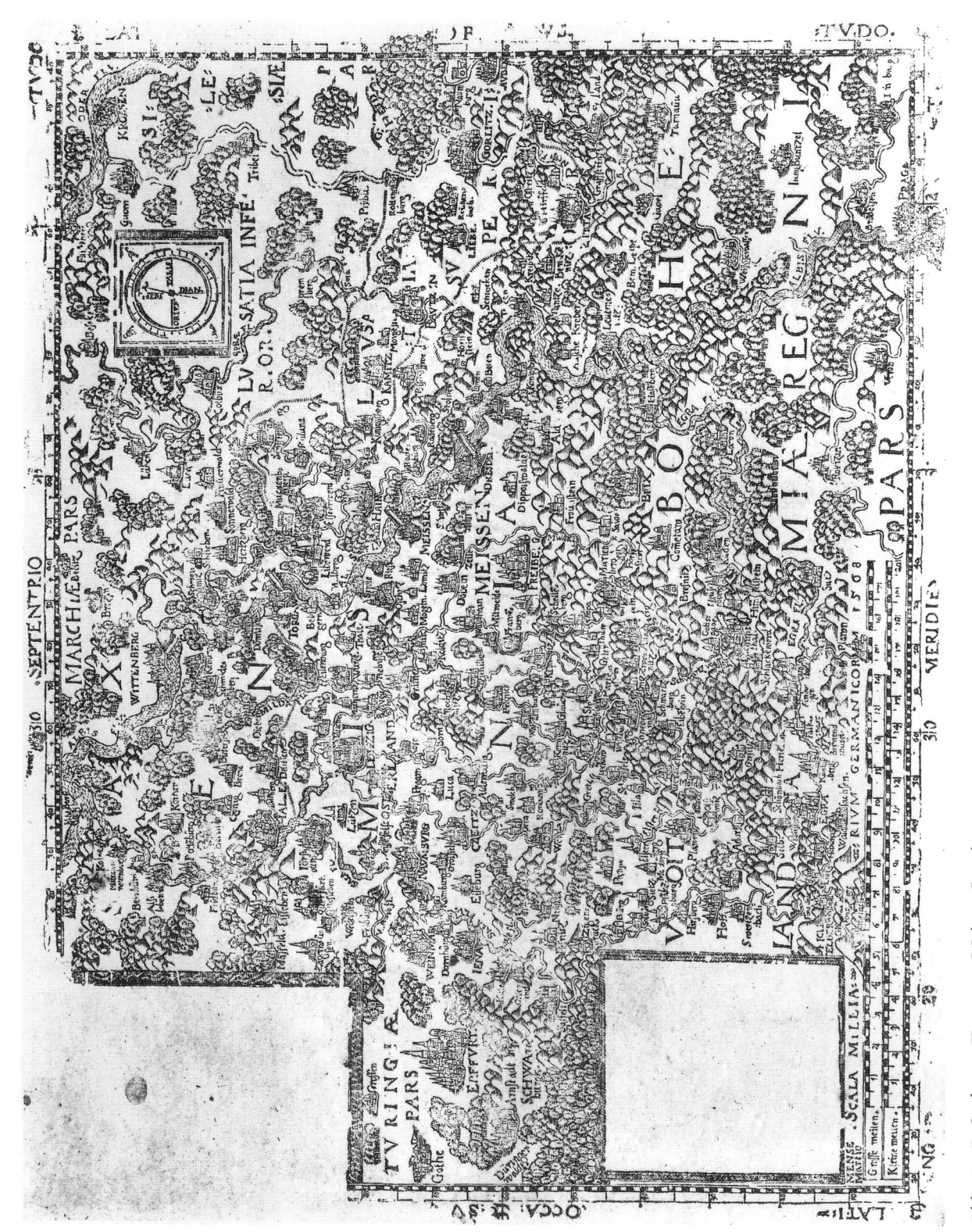

Abb. 60: B. Sculetus, Karte von Meissen-Lausitz

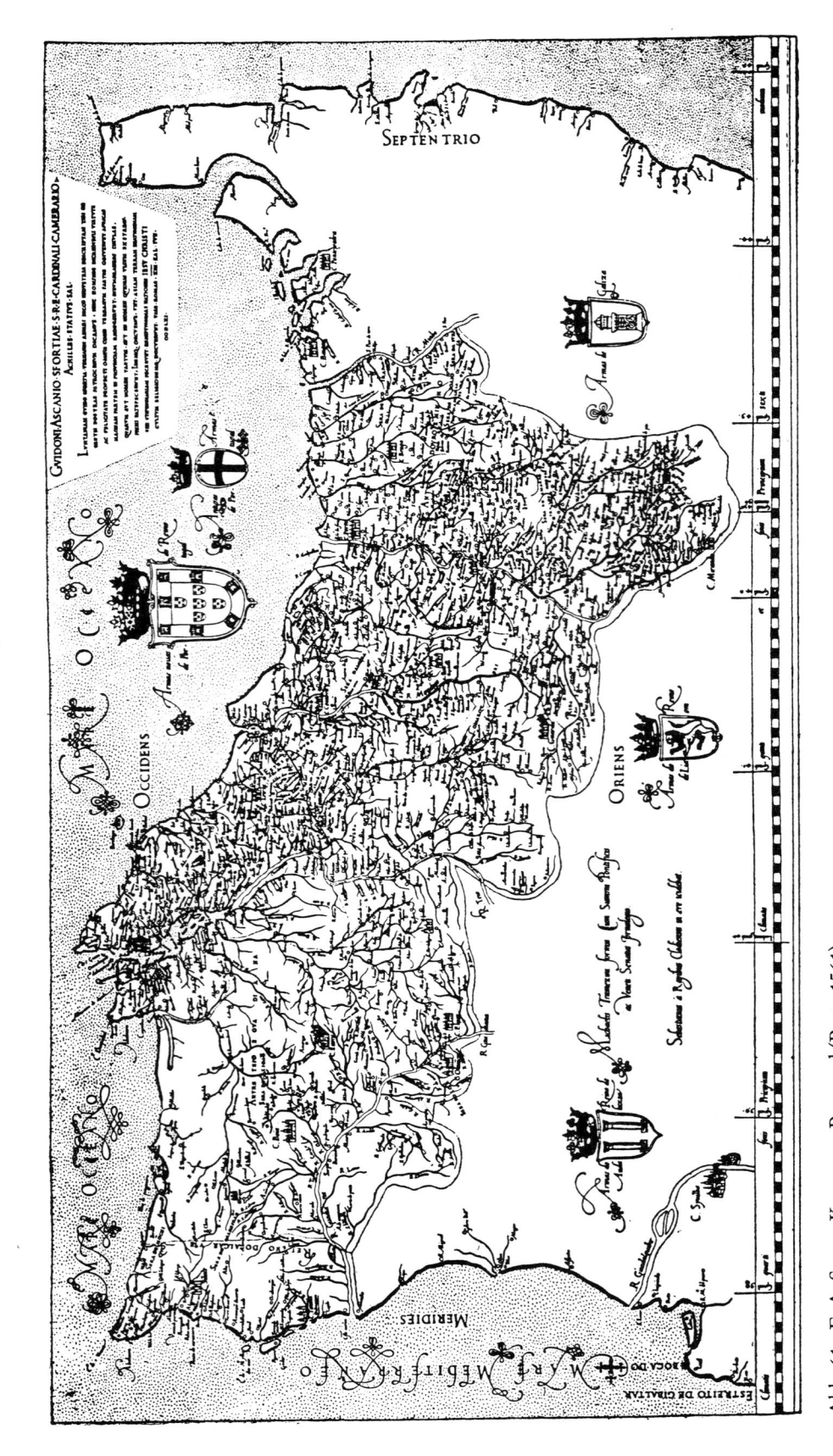

Abb. 61: F. A. Secco, Karte von Portugal (Rom 1561)

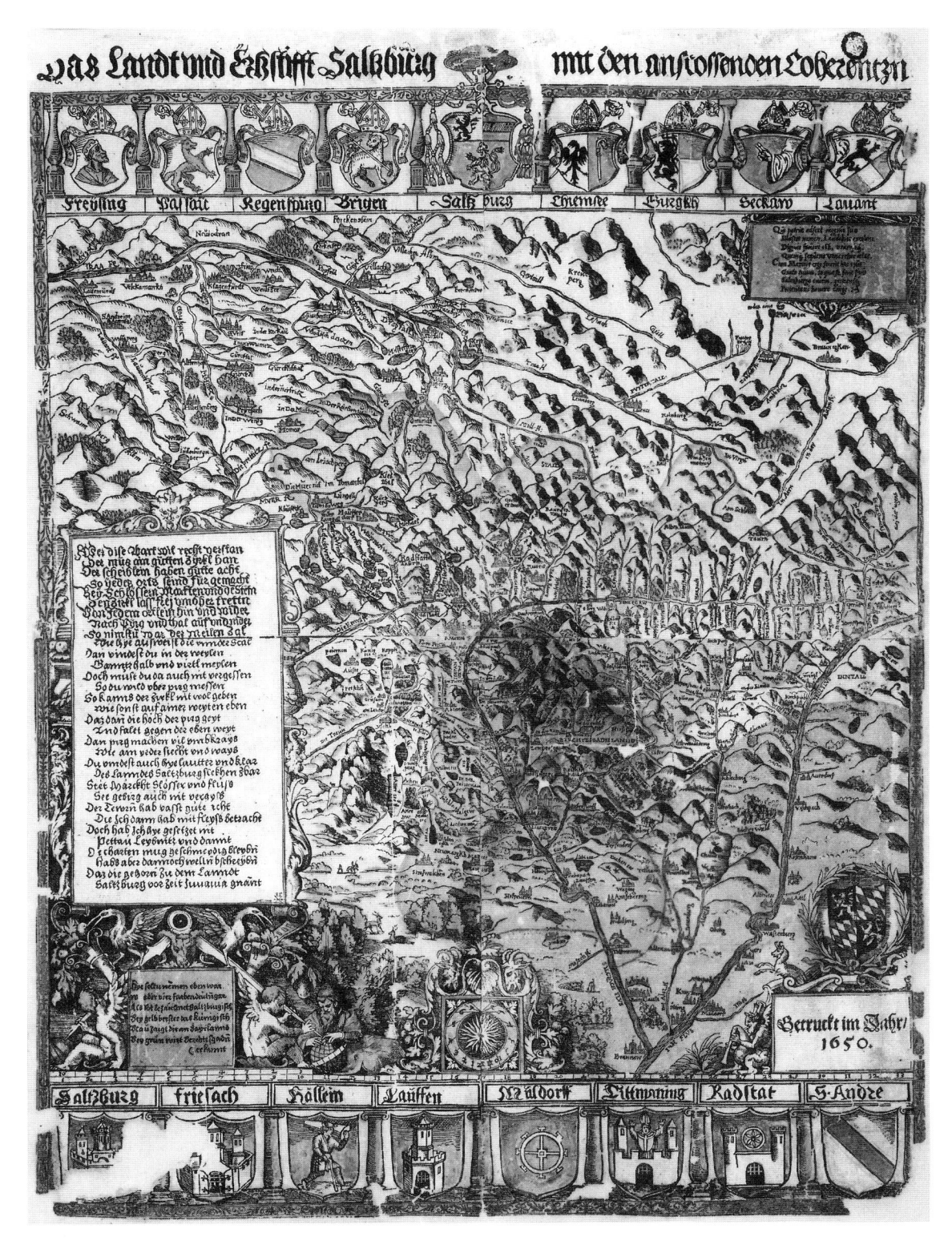

Abb. 62: M. Secznagel, Karte von Salzburg (hier spätere Auflage Salzburg 1650). Mit Erlaubnis der Bayerischen Staatsbibliothek, München

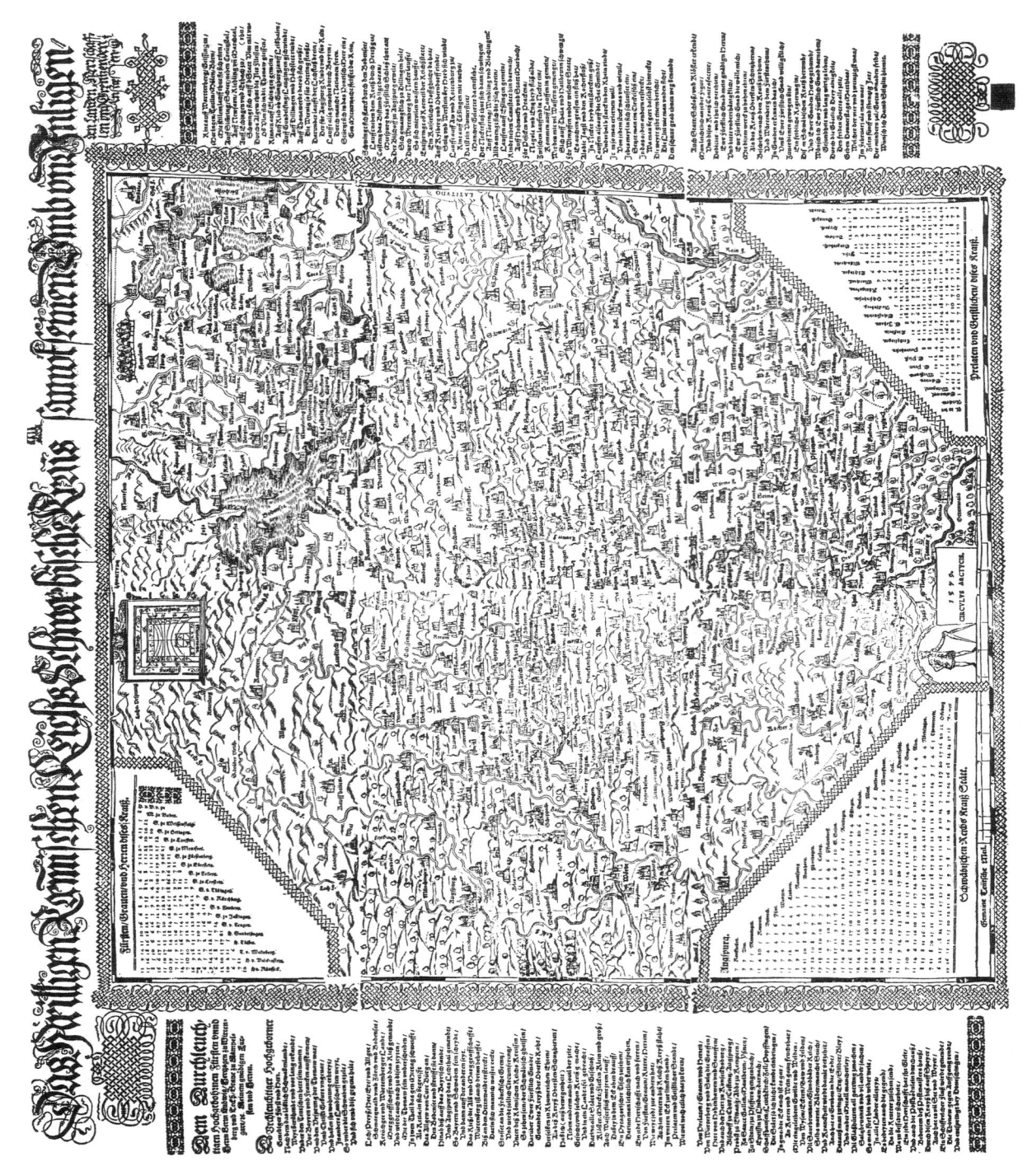

Abb. 63: D. Seltzlin, Karte des Schwäbischen Reichskreises (hier Ausgabe Ulm 1579)

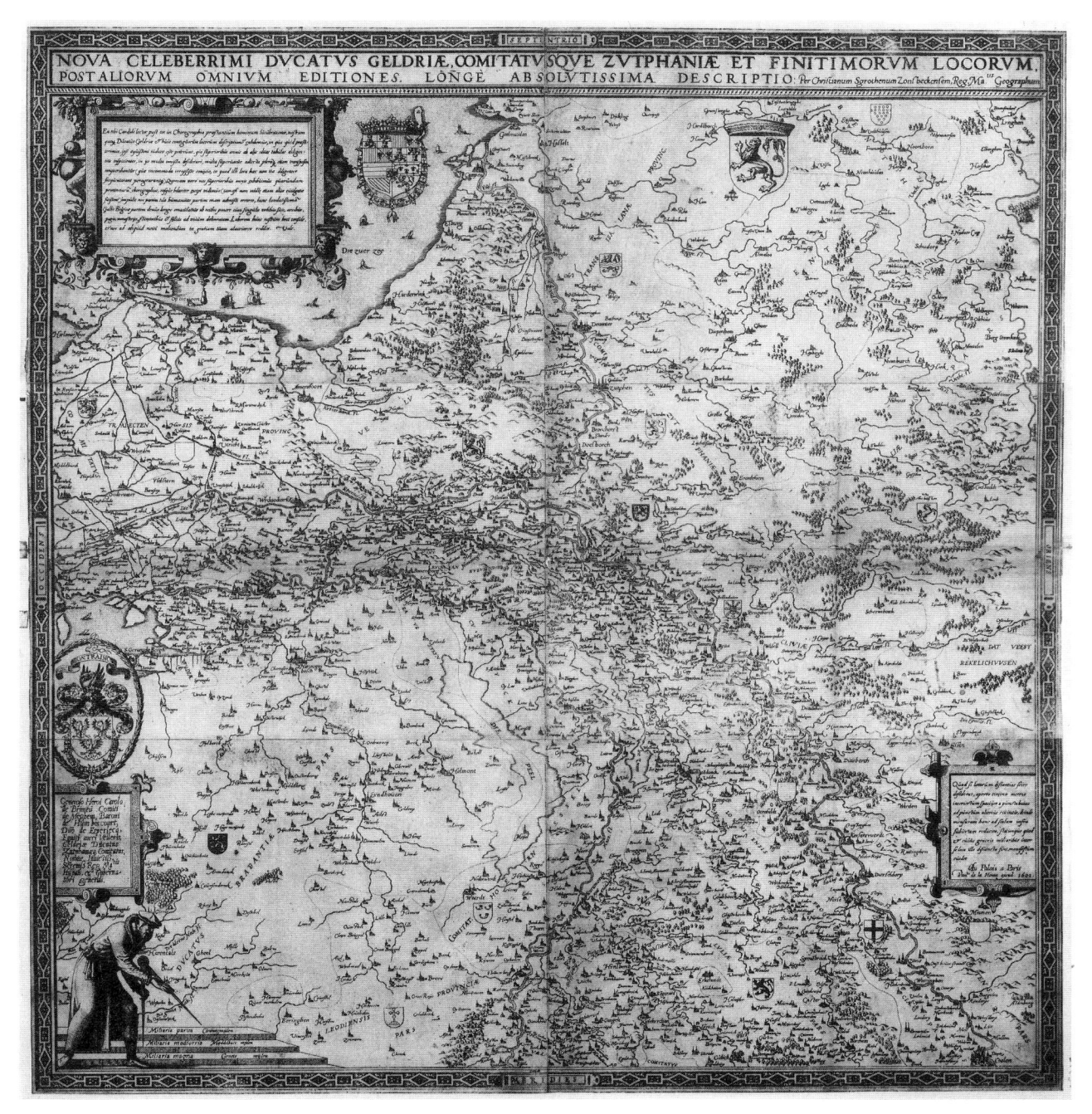

Abb. 64: C. Sgrothen, Gelderland-Karte (spätere Ausgabe Paris 1601). Avec la permission de la Bibliothèque Nationale, Paris

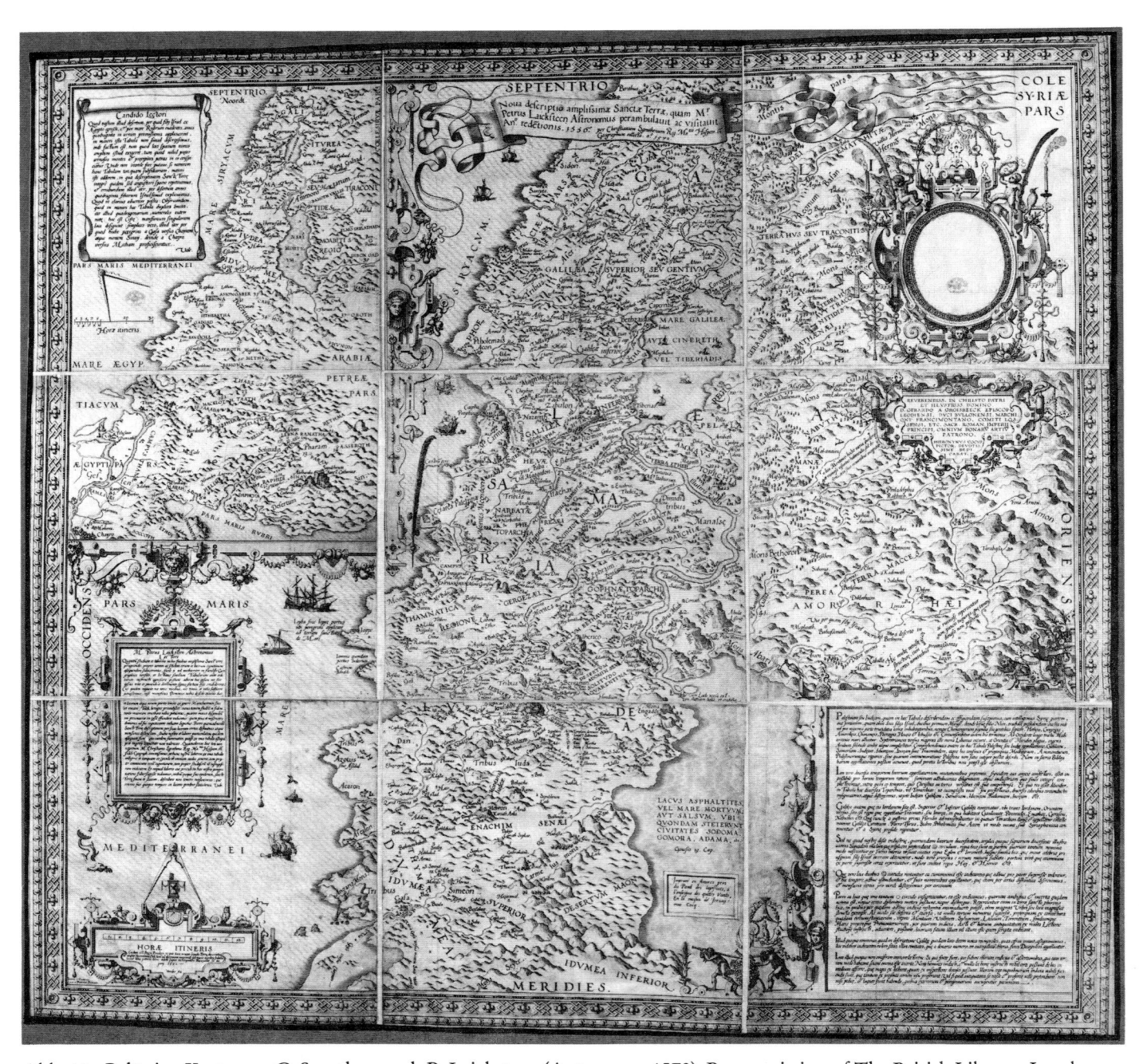

Abb. 65: Palästina-Karte von C. Sgrothen nach P. Laicksteen (Antwerpen 1570). By permission of The British Library, London

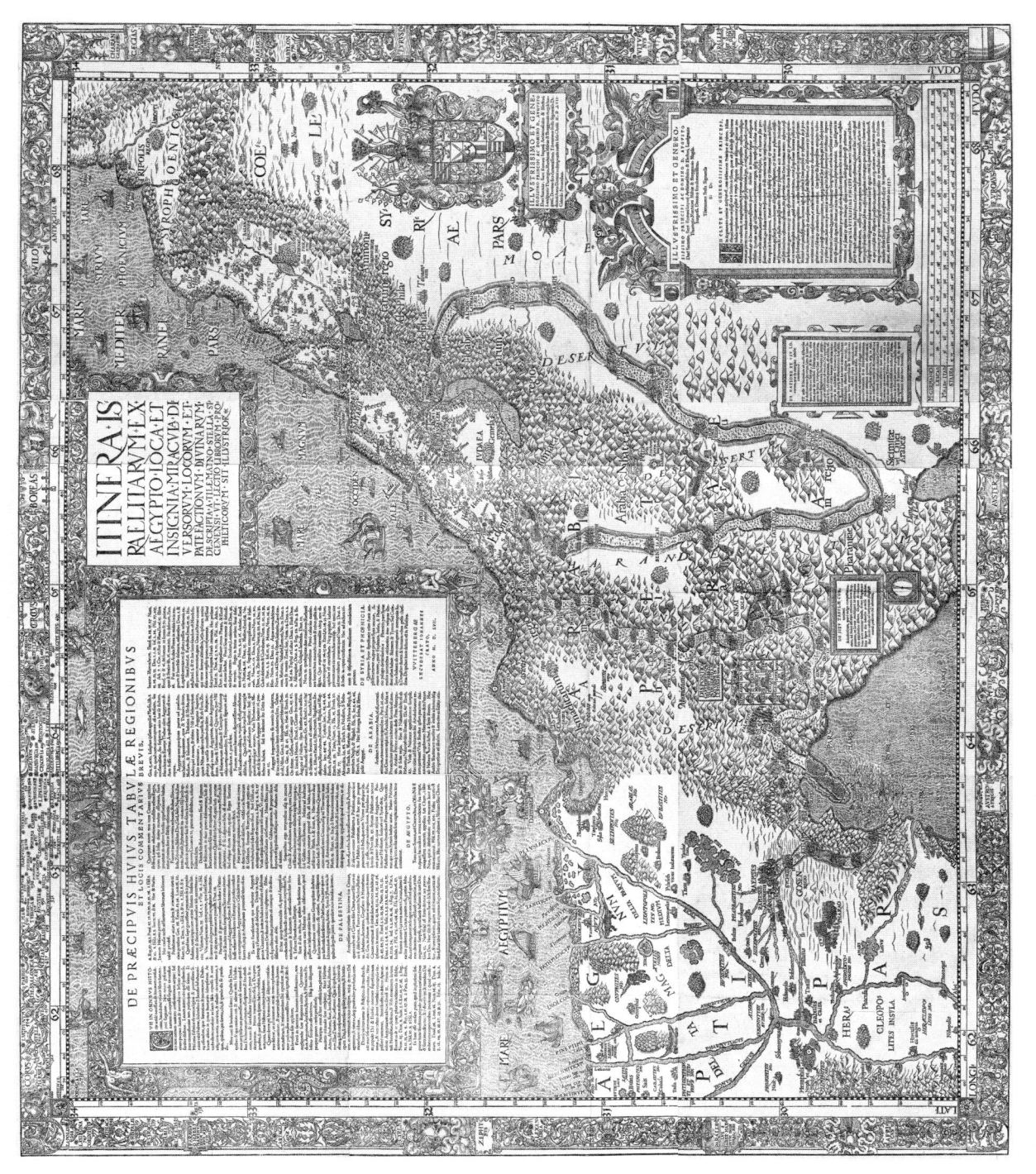

Abb. 66: T. Stella, Karte des Auszuges aus Ägypten (Antwerpen und Wittenberg 1557). Mit Erlaubnis der Universitätsbibliothek, Basel

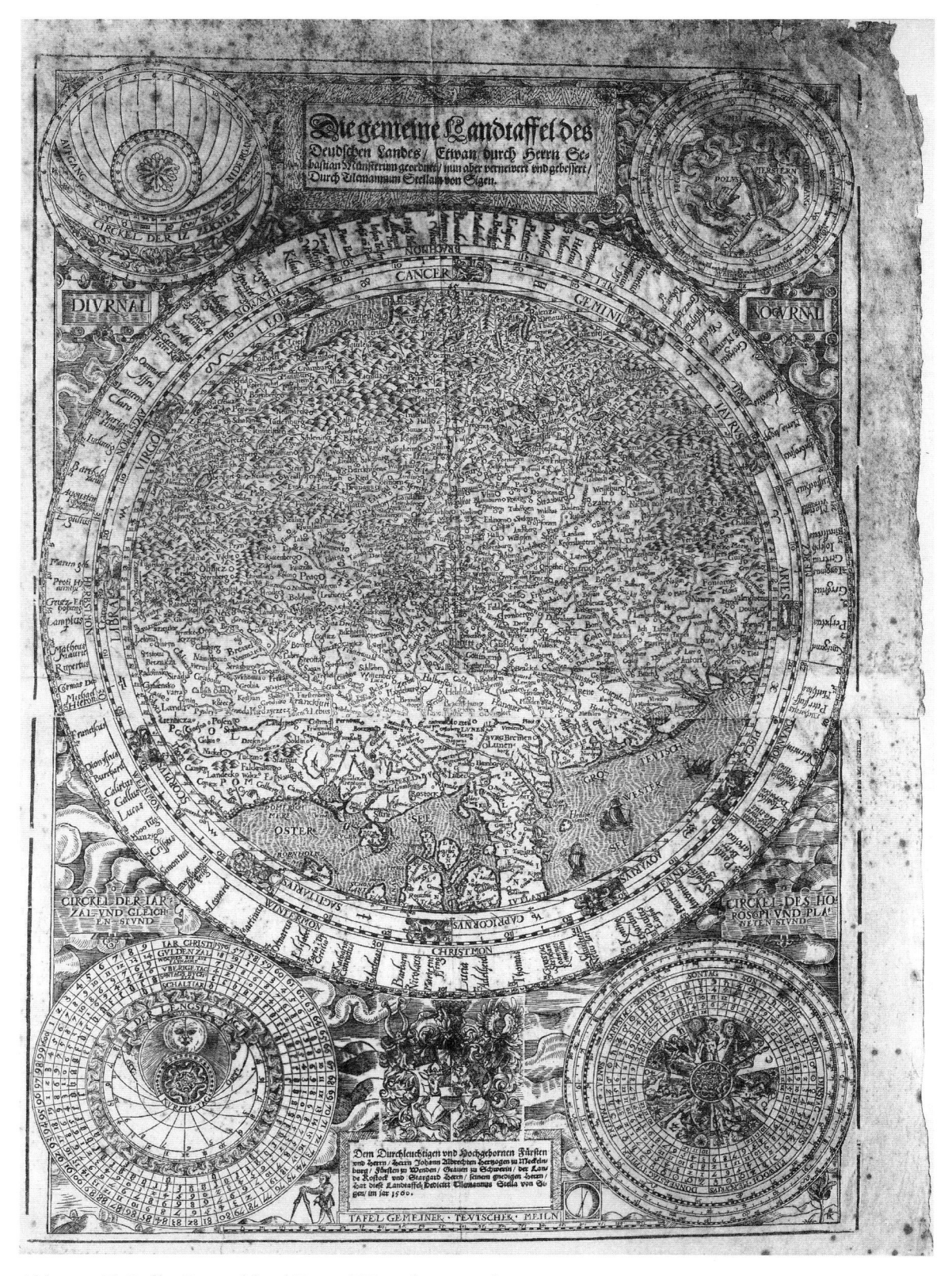

Abb. 67: T. Stella, Deutschland-Karte (Wittenberg 1560)

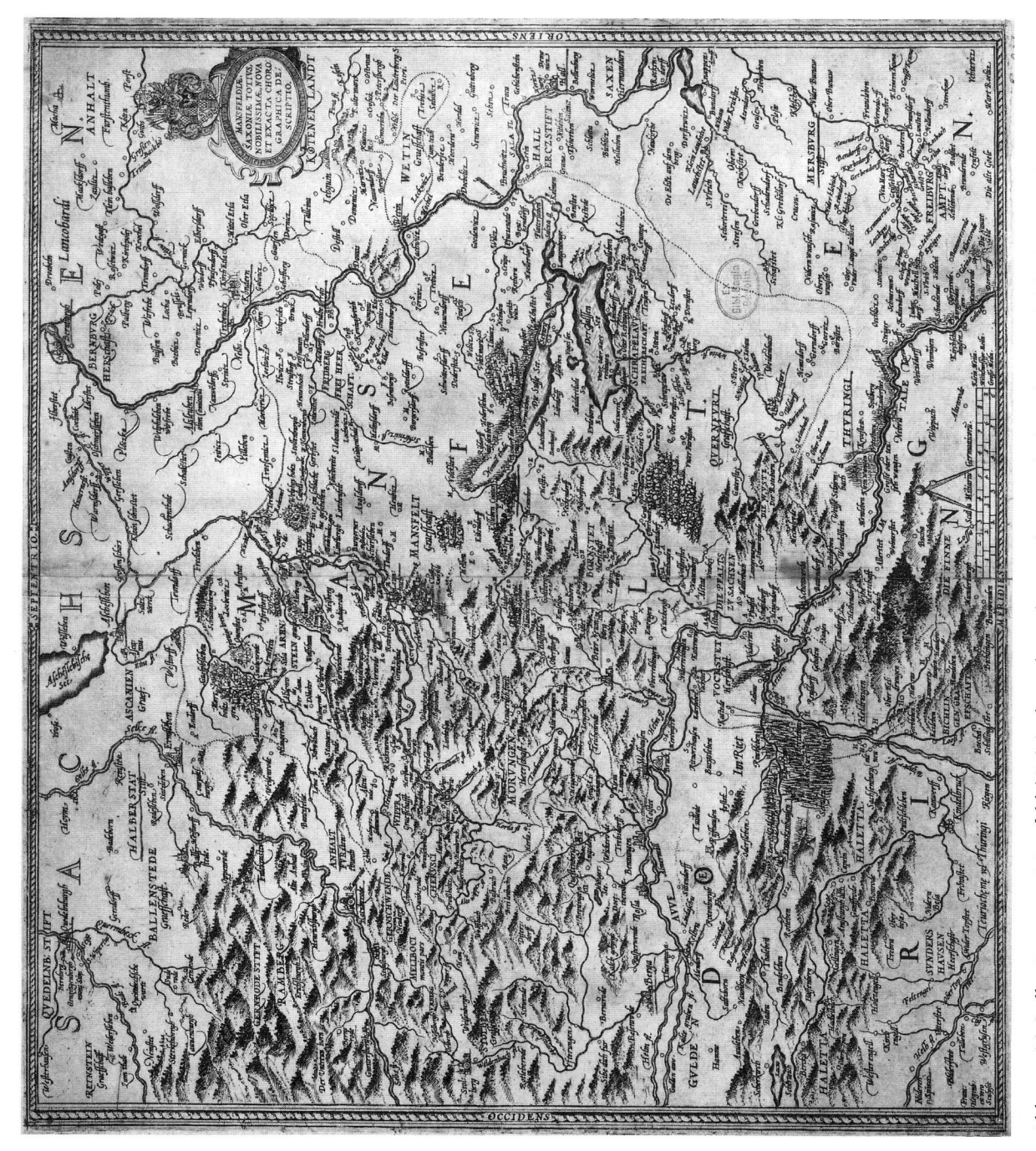

Abb. 68: T. Stella, Karte von Mansfeld (Originalausgabe Köln? 1570). Mit Erlaubnis der Staatsbibliothek Preußischer Kulturbesitz, Berlin

Abb. 69: M. Strubicz, Osteuropa-Karte (Köln 1589)

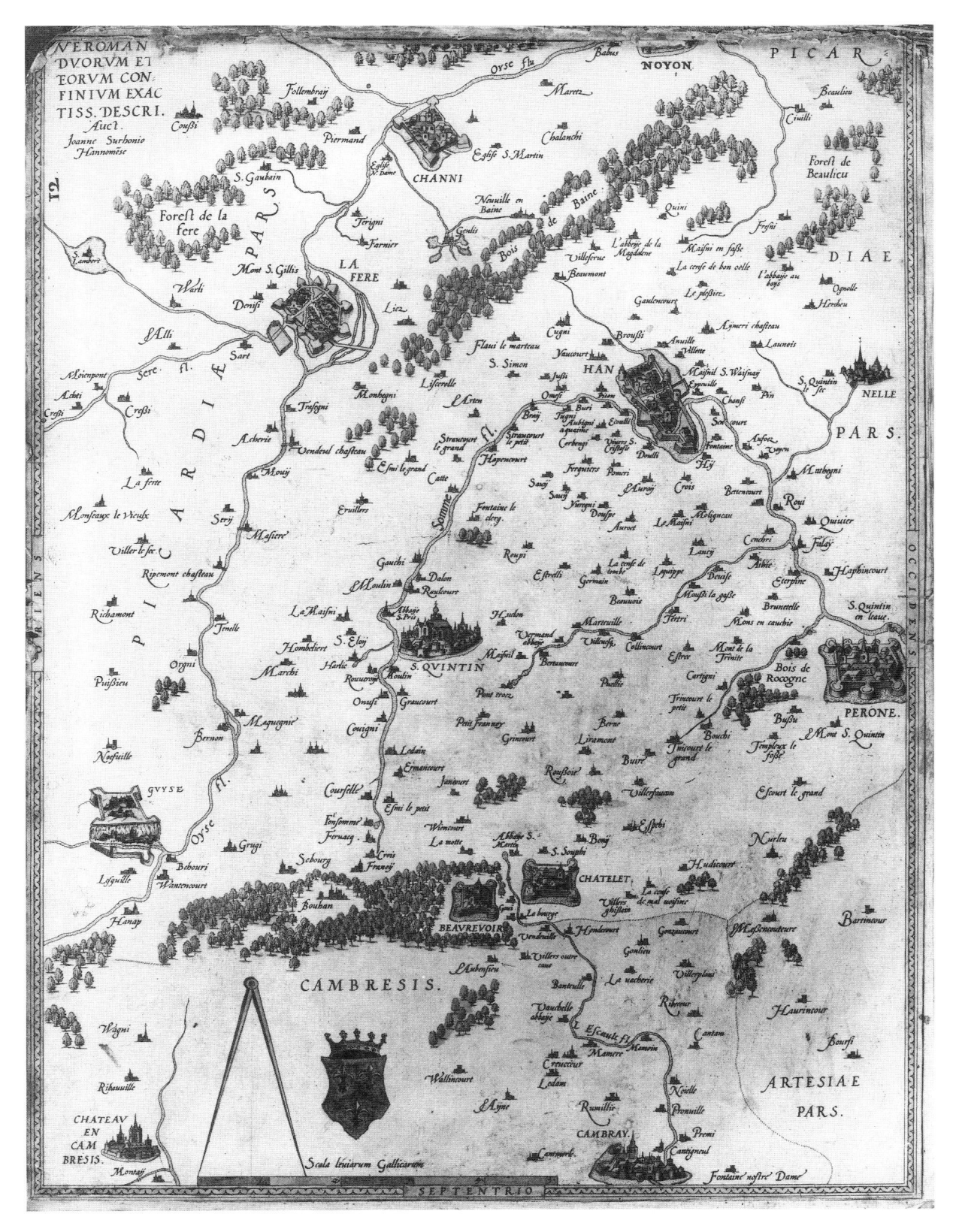

Abb. 70: Jean de Surhon, Karte des Veromandois (Antwerpen 1557?).
Copyright Bibliothèque royale Albert Ier, Bruxelles

Abb. 71: G. Symeoni, Karte der Limagne (Lyon 1560). Avec la permission de la Bibliothèque Nationale, Paris

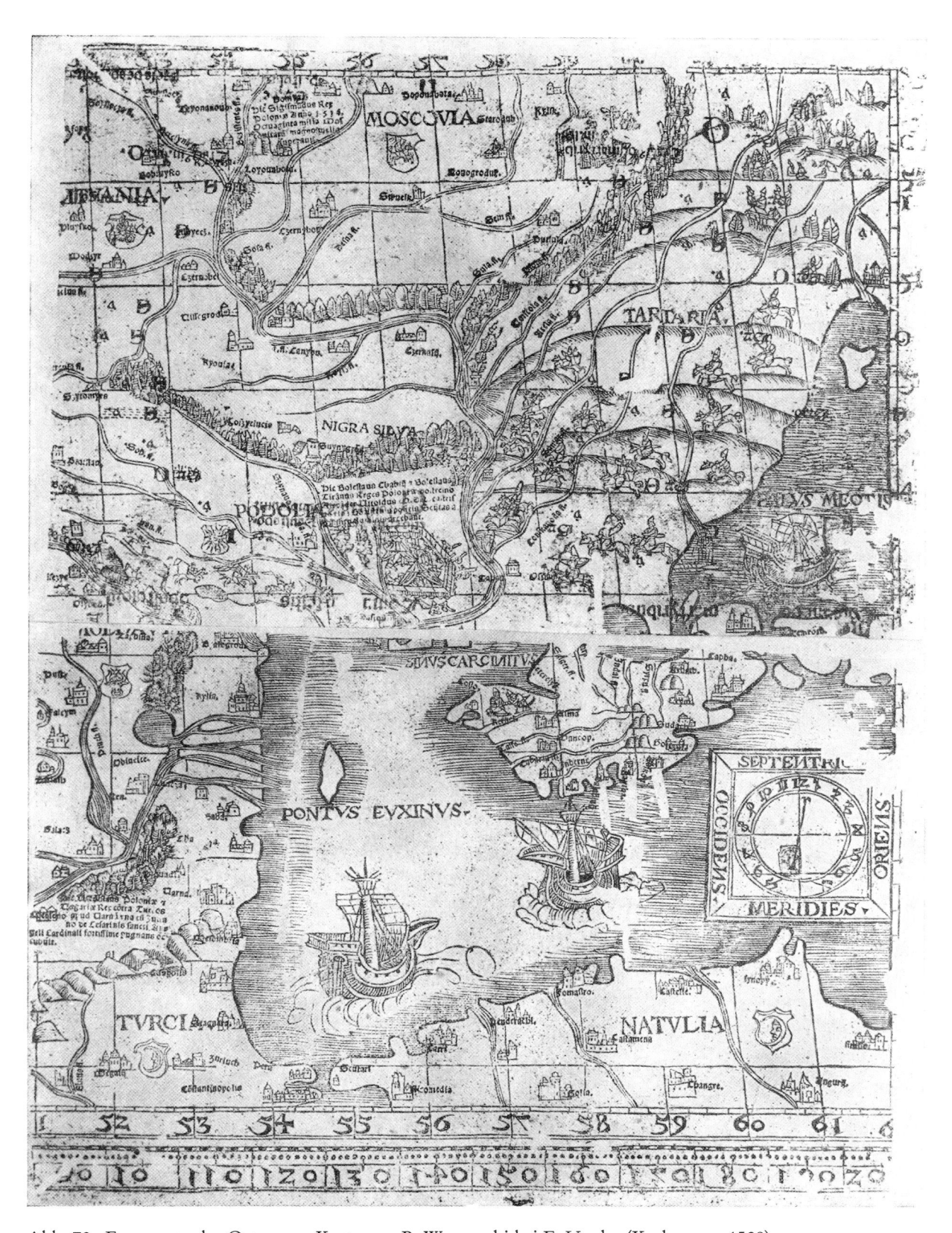

Abb. 72: Fragmente der Osteuropa-Karte von B. Wapowski bei F. Ungler (Krakau um 1528)

Abb. 73: G. A. di Vavassore, Italien-Karte (Venedig, etwa 1540). By permission of The British Library, London

Abb. 74: C. Vopelius, Europa-Karte (Ausgabe Antwerpen 1566). Mit Erlaubnis der Herzog August Bibliothek, Wolfenbüttel

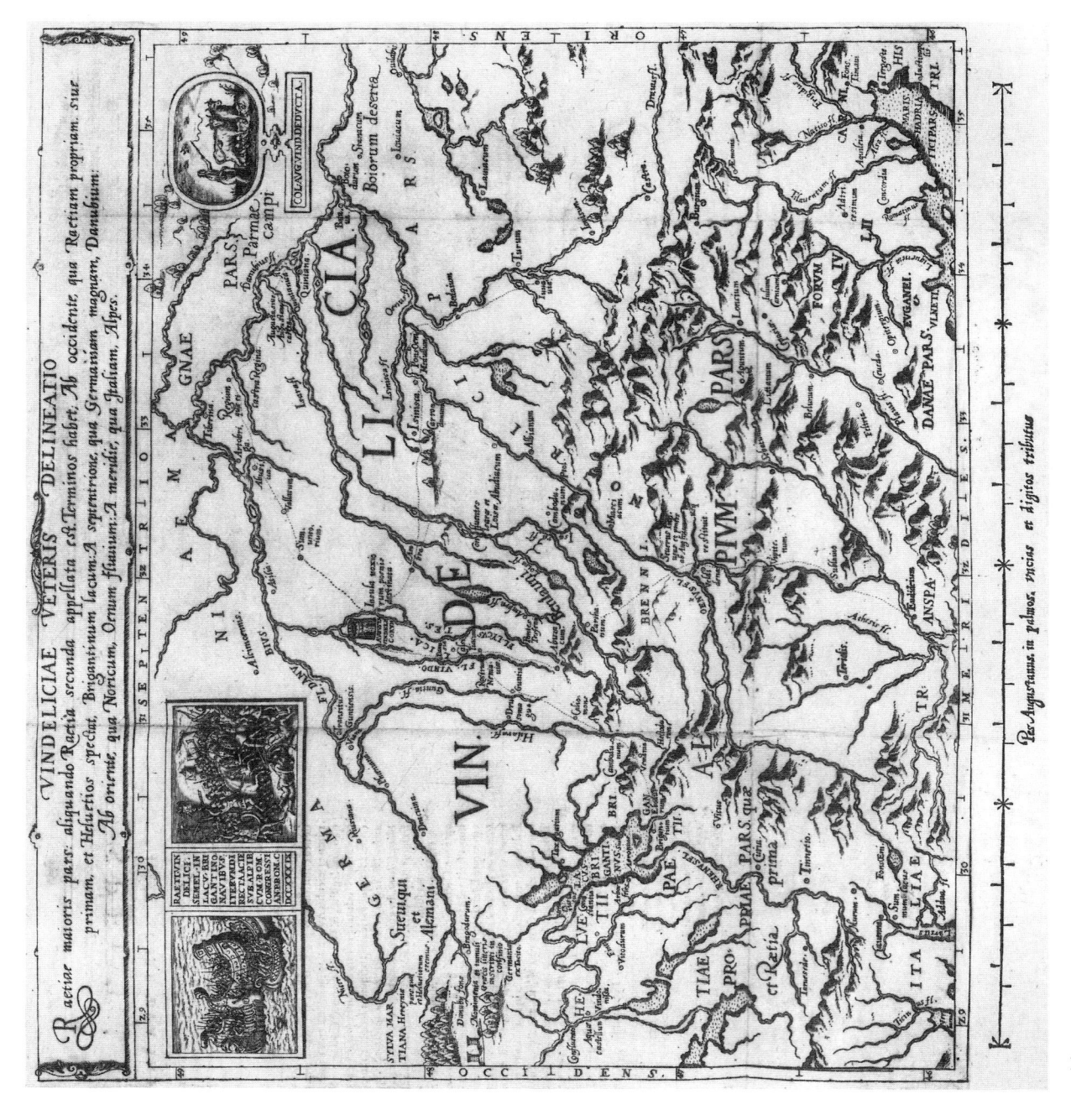

Abb. 75: M. Welser, Karte der ‚Vindelicia Vetera' (Frankfurt 1595)

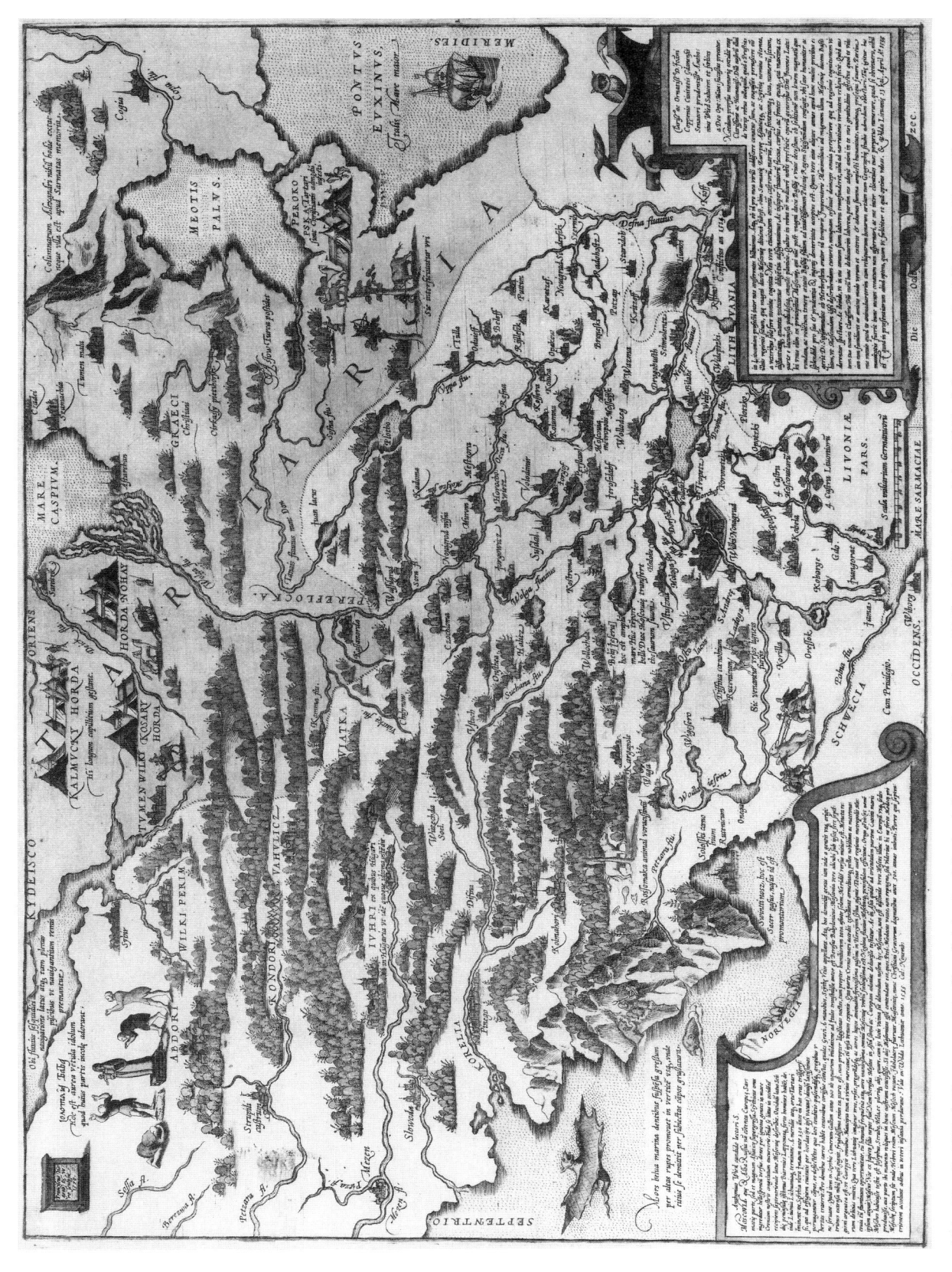

Abb. 76: A. Wied, Karte von Rußland, hier im Nachstich von F. Hogenberg (Köln 1570). Copyright Bibliothèque royale Albert Ier, Bruxelles

Abb. 77: Europa-Karte bei Christoph Zell (Nürnberg um 1536). Mit Erlaubnis der Staatsbibliothek Preußischer Kulturbesitz, Berlin

Abb. 78: H. Zell, Karte von Preussen (Nürnberg 1542)

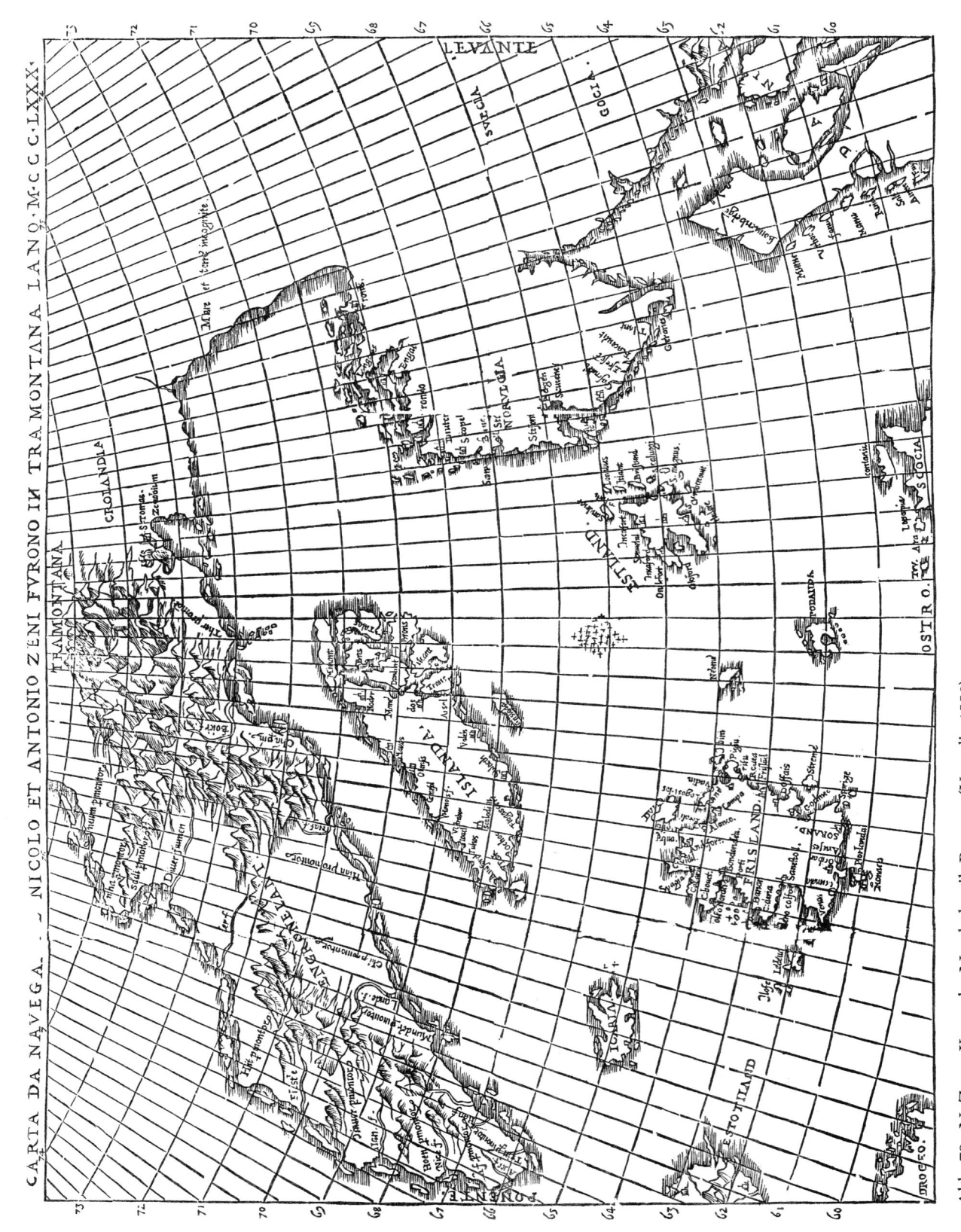

Abb. 79: N. Zeno, Karte des Nordatlantik-Raumes (Venedig 1558)